精通 STM32F4(寄存器版)

刘 军 张 洋 严汉宇 左忠凯 编著

北京航空航天大学出版社

内 容 简 介

本书由浅入深,带领大家学习 STM32F407 的各个功能。本书总共分为 3 篇:硬件篇,主要介绍本书所讲实例对应的实验平台;软件篇,主要介绍 STM32F4 常用开发软件的使用以及一些下载调试的技巧,并详细介绍了几个常用的系统文件(程序);实战篇,通过 43 个实例(绝大部分是直接操作寄存器完成的)带领大家一步步深入了解 STM32F4。

本书可配套 ALIENTEK 探索者 STM32F4 开发板学习使用,本书的配套资料里面有详细原理图以及所有实例的完整代码,并且,这些代码都有详细的注释,且都经过严格测试,不会有任何警告和错误。另外,源码有生成好的 hex 文件,大家只需要通过串口/仿真器下载到开发板即可看到实验现象,亲自体验实验过程。

本书不仅适合广大学生和电子爱好者学习 STM32F4,其大量的实验以及详细的解说也是公司产品开发的不二参考。

图书在版编目(CIP)数据

精通 STM32F4 :寄存器版 / 刘军等编著. -- 北京 :
北京航空航天大学出版社,2015.4
ISBN 978 - 7 - 5124 - 1737 - 3

Ⅰ. ①精… Ⅱ. ①刘… Ⅲ. ①微控制器 Ⅳ.
①TP332.3

中国版本图书馆 CIP 数据核字(2015)第 058653 号

精通 STM32F4(寄存器版)

刘 军 张 洋 严汉宇 左忠凯 编著
责任编辑 董立娟 张耀军

*

北京航空航天大学出版社出版发行

北京市海淀区学院路 37 号(邮编 100191) http://www.buaapress.com.cn
发行部电话:(010)82317024 传真:(010)82328026
读者信箱:emsbook@buaacm.com.cn 邮购电话:(010)82316936
涿州市新华印刷有限公司印装 各地书店经销

*

开本:710×1 000 1/16 印张:37 字数:832 千字
2015 年 4 月第 1 版 2017 年 8 月第 3 次印刷 印数:5 001 - 7 000 册
ISBN 978 - 7 - 5124 - 1737 - 3 定价:79.00 元

若本书有倒页、脱页、缺页等印装质量问题,请与本社发行部联系调换。联系电话:(010)82317024

前 言

作为 Cortex - M3 市场的最大占有者,ST 公司在 2011 年推出了基于 Cortex - M4 内核的 STM32F4 系列产品。相比 STM32F1/F2 等 Cortex - M3 产品,STM32F4 最大的优势就是新增了硬件 FPU 单元以及 DSP 指令,同时,STM32F4 的主频也提高了很多,达到 168 MHz(可获得 210 DMIPS 的处理能力),这使得 STM32F4 尤其适用于需要浮点运算或 DSP 处理的应用,也被称为 DSC,具有非常广泛的应用前景。

STM32F4 相对于 STM32F1,主要优势如下:

① 更先进的内核。STM32F4 采用 Cortex - M4 内核,带 FPU 和 DSP 指令集,而 STM32F1 采用的是 Cortex - M3 内核,不带 FPU 和 DSP 指令集。

② 更多的资源。STM32F4 拥有 192 KB 的片内 SRAM,带摄像头接口(DCMI)、加密处理器(CRYP)、USB 高速 OTG、真随机数发生器、OTP 存储器等。

③ 增强的外设功能。对于相同的外设部分,STM32F4 具有更快的模/数转换速度、更低的 ADC/DAC 工作电压、32 位定时器、带日历功能的实时时钟(RTC)、复用功能大大增强的 I/O、4 KB 的电池备份 SRAM 以及更快的 USART 和 SPI 通信速度。

④ 更高的性能。STM32F4 最高运行频率可达 168 MHz,而 STM32F1 只能到 72 MHz;STM32F4 拥有 ART 自适应实时加速器,可以达到相当于 FLASH 零等待周期的性能,STM32F1 则需要等待周期;STM32F4 的 FSMC 采用 32 位多重 AHB 总线矩阵,相比 STM32F1 总线访问速度明显提高。

⑤ 更低的功耗。STM32F40x 的功耗为 238 μA/MHz,其中,低功耗版本的 STM32F401 更是低到 140 μA/MHz,而 STM32F1 则高达 421 μA/MHz。

STM32F4 家族目前拥有 STM32F40x、STM32F41x、STM32F42x 和 STM32F43x 等几个系列、数十个产品型号,不同型号之间软件和引脚具有良好的兼容性,可方便客户迅速升级产品。其中,STM32F42x/43x 系列带了 LCD 控制器和 SDRAM 接口,对于想要驱动大屏或需要大内存的读者来说,是个不错的选择。目前,STM32F4 这些芯片型号都已量产,可以方便地购买到,不过性价比最高的是 STM32F407。本书将以 STM32F407 为例来讲解 STM32F4。

内容特点

学习 STM32F4 有几份资料经常用到:《STM32F4xx 中文参考手册》、《STM32F3 与 F4 系列 Cortex - M4 内核编程手册》英文版、《Cortex - M3 与 M4 权威指南》英文版。

其中,最常用的是《STM32F4xx 中文参考手册》,该文档是 ST 官方针对 STM32 的一份通用参考资料,内容翔实,但是没有实例,也没有对 Cortex - M4 构架进行太多介绍,读者只能根据自己对书本的理解来编写相关代码。该文档目前已经有中文版本的了,极大地方便了读者的学习。

《STM32F3 与 F4 系列 Cortex - M4 内核编程手册》文档则重点介绍了 Cortex - M4 内核的汇编指令及其使用、内核相关寄存器(比如 SCB、NVIC、SYSTICK 等寄存器),是《STM32F4xx 中文参考手册》的重要补充。很多在《STM32F4xx 中文参考手册》无法找到的内容,都可以在这里找到答案,不过目前该文档没有中文版本,只有英文版。

最后,《Cortex - M3 与 M4 权威指南》文档详细介绍了 Cortex - M3 和 Cortex - M4 内核的体系架构,并配有简单实例。对于想深入了解 Cortex - M4 内核的读者,此文档是非常好的参考资料。不过该文档目前只有英文版。不过由于 Cortex - M3 和 Cortex - M4 很多地方都是通用的,所以有的时候可以参考《Cortex - M3 权威指南(中文版)》文档。

本书将结合以上 3 份资料的优点,从寄存器级别出发,深入浅出,向读者展示 STM32F4 的各种功能。总共配有 43 个实例,基本上每个实例均配有软硬件设计,在介绍完软硬件之后马上附上实例代码,并带有详细注释及说明,让读者快速理解代码。

这些实例涵盖了 STM32F4 的绝大部分内部资源,并且提供了很多实用级别的程序,如内存管理、文件系统、图片解码、IAP 等。所有实例在 MDK5.11A 编译器下编译通过,读者只须下载程序到 ALIENTEK 探索者 STM32 开发板即可验证实验。

读者对象

不管你是一个 STM32 初学者,还是一个老手,本书都非常适合。尤其对于初学者,本书将手把手地教你如何使用 MDK,包括新建工程、编译、仿真、下载调试等一系列步骤,让你轻松上手。本书不适用于想通过库函数学习 STM32 的读者,因为本书的绝大部分内容都是直接操作 STM32 寄存器的;如果想通过库函数学习 STM32F4,请看《精通 STM32F4(库函数版)》一书。

配套资料

本书的实验平台是 ALIENTEK 探索者 STM32 开发板,有这款开发板的朋友可直接拿本书配套的例程在开发板上运行、验证。而没有这款开发板的朋友,可以上淘宝购买。当然,如果已有了一款自己的开发板,而又不想再买,也是可以的,只要你的板子上有 ALIENTEK 探索者 STM32 开发板上的相同资源(需要实验用到的),代码一般都是可以通用的,你需要做的就只是把底层的驱动函数(比如 I/O 口修改)稍做修改,使之适合你的开发板即可。

本书配套资料包括:探索者 STM32F407 开发板及其相关模块原理图(pdf 格式)、视频教程、文档教程、配套软件、各例程程序源码和相关参考资料等。所有这些资料读者都可以在 http://openedv.com/posts/list/13912.htm 下载到。

感谢

衷心感谢意法半导体(ST)中国区高级市场经理曹锦东先生对本书的大力支持,他为本书提供了很多参考资料和指导意见。

衷心感谢陈贵东、谭春风、李小虎、刘勇材、罗建、周莉等人审稿,帮我找到了很多缺陷和错误,并提出了宝贵的意见。

衷心感谢北航出版社的支持,正是编辑的认真工作才使得本书能够顺利的与读者见面。

作者力求将本书的内容写好,由于时间有限,书中难免会有出错的地方,欢迎读者指正,作者邮箱:liujun6037@foxmail.com,也可以去 www.openedv.com 论坛给我留言,在此先向各位读者表示诚挚的感谢!

刘 军

2015 年 3 月

目 录

第1篇 硬件篇

第1章 实验平台简介 ·········· 2

1.1 ALIENTEK 探索者 STM32F4 开发板资源初探 ········· 2

1.2 ALIENTEK 探索者 STM32F4 开发板资源说明 ········· 4

   1.2.1 硬件资源说明 ········· 4

   1.2.2 软件资源说明 ········· 10

第2章 实验平台硬件资源详解 ········· 12

2.1 开发板原理图详解 ········· 12

2.2 开发板使用注意事项 ········· 29

2.3 STM32F4 学习方法 ········· 30

第2篇 软件篇

第3章 MDK5 软件入门 ········· 33

3.1 MDK5 简介 ········· 33

3.2 新建 MDK5 工程 ········· 34

3.3 MDK5 使用技巧 ········· 45

   3.3.1 文本美化 ········· 45

   3.3.2 语法检测与代码提示 ········· 48

   3.3.3 代码编辑技巧 ········· 49

   3.3.4 其他小技巧 ········· 53

第4章 下载与调试 ········· 55

4.1 STM32F4 程序下载 ········· 55

4.2 STM32F4 在线调试 ········· 59

第5章 SYSTEM 文件夹介绍 ········· 67

5.1 delay 文件夹代码介绍 ········· 67

5.2 sys 文件夹代码介绍 ········· 73

   5.2.1 I/O 口的位操作实现 ········· 73

   5.2.2 时钟配置函数 ········· 74

   5.2.3 Sys_Soft_Reset 函数 ········· 78

   5.2.4 Sys_Standby 函数 ········· 79

   5.2.5 I/O 设置函数 ········· 81

   5.2.6 中断管理函数 ········· 88

5.3 usart 文件夹介绍 ········· 95

   5.3.1 USART1_IRQHandler 函数 ········· 95

   5.3.2 uart_init 函数 ········· 96

第 3 篇 实战篇

第 6 章 跑马灯实验 ·· 100

第 7 章 按键输入实验 ·· 106

第 8 章 串口通信实验 ·· 111

第 9 章 外部中断实验 ·· 117

第 10 章 独立看门狗(IWDG)实验 ·· 122

第 11 章 窗口看门狗(WWDG)实验 ·· 127

第 12 章 定时器中断实验 ··· 132

第 13 章 PWM 输出实验 ··· 138

第 14 章 输入捕获实验 ·· 143

第 15 章 TFTLCD 显示实验 ··· 151

第 16 章 USMART 调试组件实验 ··· 177

第 17 章 RTC 实时时钟实验 ·· 187

第 18 章 待机唤醒实验 ·· 202

第 19 章 ADC 实验 ·· 209

第 20 章 DAC 实验 ·· 219

第 21 章 DMA 实验 ··· 227

第 22 章 I²C 实验 ·· 237

第 23 章 SPI 实验 ··· 245

第 24 章 RS485 实验 ·· 253

第 25 章 CAN 通信实验 ·· 261

第 26 章 触摸屏实验 ·· 284

第 27 章 6 轴传感器 MPU6050 实验 ·· 304

第 28 章 FLASH 模拟 EEPROM 实验 ·· 322

第 29 章 摄像头实验 ·· 332

第 30 章 外部 SRAM 实验 ·· 353

第 31 章 内存管理实验 ·· 360

第 32 章 SD 卡实验 ··· 370

第 33 章 FATFS 实验 ··· 391

第 34 章 汉字显示实验 ·· 403

第 35 章 图片显示实验 ·· 417

第 36 章 音乐播放器实验 ··· 427

第 37 章 视频播放器实验 ··· 452

第 38 章 FPU 测试(Julia 分形)实验 ·· 472

第 39 章 DSP 测试实验 ·· 479

第 40 章 串口 IAP 实验 ·· 491

第 41 章 USB 读卡器(Slave)实验 ··· 504

第 42 章 USB U 盘(Host)实验 ··· 515

第 43 章 USB 鼠标、键盘(Host)实验 ·· 523

第 44 章 网络通信实验 ·· 530

第 45 章 μC/OS－II 实验 1──任务调度 ··· 544

第 46 章 μC/OS－II 实验 2──信号量和邮箱 ··································· 553

第 47 章 μC/OS－II 实验 3──消息队列、信号量集和软件定时器 ········· 561

第 48 章 探索者 STM32F4 开发板综合实验 ····································· 577

参考文献 ··· 583

第1篇 硬件篇

实践出真知,要想学好 STM32F4,实验平台必不可少! 本篇将详细介绍我们用来学习 STM32F4 的硬件平台——ALIENTEK 探索者 STM32F4 开发板,使读者了解其功能及特点。

为了让读者更好地使用 ALIENTEK 探索者 STM32F4 开发板,本篇还介绍了开发板的一些使用时的注意事项,读者在使用开发板的时候一定要注意。

本篇将分为如下两章:

1. 实验平台简介;

2. 实验平台硬件资源详解。

第1章

实验平台简介

本章简要介绍实验平台：ALIENTEK 探索者 STM32F4 开发板。通过本章的学习，读者对实验平台有个大概了解，为后面的学习做铺垫。

1.1 ALIENTEK 探索者 STM32F4 开发板资源初探

在 ALIENTEK 探索者 STM32F4 开发板之前，ALIENTEK 推出的两款 STM32F1 系列开发板：MiniSTM32 开发板和战舰 STM32 开发板，常年稳居淘宝销量前列，累计出货量超过 3 万多套。而这款探索者 STM32F4 开发板，则是 ALIENTEK 推出的首款 Cortex – M4 开发板，资源图如图 1.1 所示。

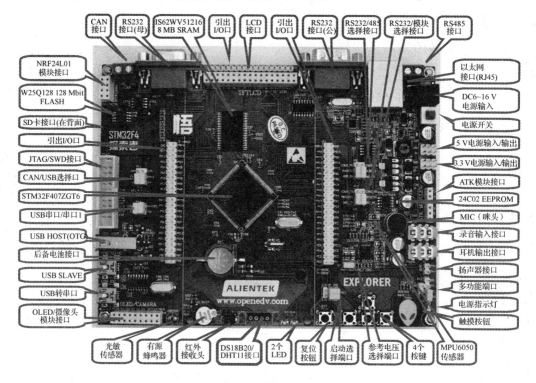

图 1.1 探索者 STM32F4 开发板资源图

从图 1.1 可以看出，ALIENTEK 探索者 STM32F4 开发板资源十分丰富，并把 STM32F407 的内部资源发挥到了极致，基本所有 STM32F407 的内部资源都可以在此开发板上验证，同时扩充了丰富的接口和功能模块，整个开发板显得十分大气。

　　开发板的外形尺寸为 121 mm×160 mm，板子的设计充分考虑了人性化设计，并结合 ALIENTEK 多年的 STM32 开发板设计经验，同时听取了很多网友以及客户的建议，经过多次改进（面市之前，硬件改版超过 5 次，目前最新版本为 V1.6），最终确定了这样的设计。

　　ALIENTEK 探索者 STM32F4 开发板板载资源如下：

➤ CPU：STM32F407ZGT6，LQFP144，FLASH：1 024 KB，SRAM：192 KB；

➤ 外扩 SRAM：IS62WV51216，1 MB；

➤ 外扩 SPI FLASH：W25Q128，16 MB；

➤ 一个电源指示灯（蓝色）；

➤ 2 个状态指示灯（DS0：红色，DS1：绿色）；

➤ 一个红外接收头，并配备一款小巧的红外遥控器；

➤ 一个 EEPROM 芯片，24C02，容量 256 字节；

➤ 一个 6 轴（陀螺仪＋加速度）传感器芯片，MPU6050；

➤ 一个高性能音频编解码芯片，WM8978；

➤ 一个 2.4G 无线模块接口，支持 NRF24L01 无线模块；

➤ 一路 CAN 接口，采用 TJA1050 芯片；

➤ 一路 485 接口，采用 SP3485 芯片；

➤ 2 路 RS232 串口（一公一母）接口，采用 SP3232 芯片；

➤ 一路数字温湿度传感器接口，支持 DS18B20/DHT11 等；

➤ 一个 ATK 模块接口，支持 ALIENTEK 蓝牙/GPS 模块；

➤ 一个光敏传感器；

➤ 一个标准的 2.4/2.8/3.5/4.3/7 寸 LCD 接口，支持电阻/电容触摸屏；

➤ 一个摄像头模块接口；

➤ 一个 OLED 模块接口；

➤ 一个 USB 串口，可用于程序下载和代码调试（USMART 调试）；

➤ 一个 USB SLAVE 接口，用于 USB 从机通信；

➤ 一个 USB HOST(OTG)接口，用于 USB 主机通信；

➤ 一个有源蜂鸣器；

➤ 一个 RS232/RS485 选择接口；

➤ 一个 RS232/模块选择接口；

➤ 一个 CAN/USB 选择接口；

➤ 一个串口选择接口；

➤ 一个 SD 卡接口（在板子背面）；

➤ 一个百兆以太网接口（RJ45）；

> ➢ 一个标准的 JTAG/SWD 调试下载口;
> ➢ 一个录音头(MIC/咪头);
> ➢ 一路立体声音频输出接口;
> ➢ 一路立体声录音输入接口;
> ➢ 一路扬声器输出接口,可接 1 W 左右小喇叭;
> ➢ 一组多功能端口(DAC/ADC/PWM DAC/AUDIO IN/TPAD);
> ➢ 一组 5 V 电源供应/接入口;
> ➢ 一组 3.3 V 电源供应/接入口;
> ➢ 一个参考电压设置接口;
> ➢ 一个直流电源输入接口(输入电压范围:DC6~16 V);
> ➢ 一个启动模式选择配置接口;
> ➢ 一个 RTC 后备电池座,并带电池;
> ➢ 一个复位按钮,可用于复位 MCU 和 LCD;
> ➢ 4 个功能按钮,其中 KEY_UP(即 WK_UP)兼具唤醒功能;
> ➢ 一个电容触摸按键;
> ➢ 一个电源开关,控制整个板的电源;
> ➢ 独创的一键下载功能;
> ➢ 除晶振占用的 I/O 口外,其余所有 I/O 口全部引出。

ALIENTEK 探索者 STM32F4 开发板的特点包括:

① 接口丰富。板子提供十来种标准接口,可以方便地进行各种外设的实验和开发。

② 设计灵活。板上很多资源都可以灵活配置,以满足不同条件下的使用。这里引出了除晶振占用的 I/O 口外的所有 I/O 口,可以极大地方便读者扩展及使用。另外,板载一键下载功能可避免频繁设置 B0、B1 的麻烦,仅通过一根 USB 线即可实现 STM32 的开发。

③ 资源充足。主芯片采用自带 1 MB FLASH 的 STM32F407ZGT6,并外扩 1 MB SRAM 和 16 MB FLASH,满足大内存需求和大数据存储。板载高性能音频编解码芯片、6 轴传感器、百兆网卡、光敏传感器以及各种接口芯片,满足各种应用需求。

④ 人性化设计。各个接口都有丝印标注,使用起来一目了然;接口位置设计安排合理,方便顺手;资源搭配合理,物尽其用。

1.2 ALIENTEK 探索者 STM32F4 开发板资源说明

这里分为两个部分说明:硬件资源说明和软件资源说明。

1.2.1 硬件资源说明

首先详细介绍探索者 STM32F4 开发板的各个部分(图 1.1 中的标注部分)的硬件

资源,这里将按逆时针的顺序依次介绍。

(1) NRF24L01 模块接口

这是开发板板载的 NRF24L01 模块接口(U6),只要插入模块就可以实现无线通信,从而使得板子具备了无线功能,但是这里需要 2 个模块和 2 个开发板同时工作才可以,只有一个开发板或一个模块是没法实现无线通信的。

(2) W25Q128 128 Mbit FLASH

这是开发板外扩的 SPI FLASH 芯片(U11),容量为 128 Mbit,也就是 16 MB,可用于存储字库和其他用户数据,满足大容量数据存储要求。当然,如果觉得 16 MB 还不够用,则可以把数据存放在外部 SD 卡。

(3) SD 卡接口

这是开发板板载的一个标准 SD 卡接口(SD_CARD),开发板的背面采用大 SD 卡接口(即相机卡,TF 卡是不能直接插的,TF 卡得加卡套才行),SDIO 方式驱动。有了这个 SD 卡接口,就可以满足海量数据存储的需求。

(4) 引出 I/O 口(总共有 3 处)

这是开发板 I/O 引出端口,总共有 3 组主 I/O 引出口:P3、P4 和 P5。其中,P3 和 P4 分别采用 2×22 排针引出,共引出 86 个 I/O 口;P5 采用 1×16 排针,按顺序引出 FSMC_D0～D15 共 16 个 I/O 口。而 STM32F407ZGT6 总共只有 112 个 I/O,除去 RTC 晶振占用的 2 个 I/O,还剩下 110 个,前面 3 组主引出排针,总共引出 102 个 I/O,剩下的分别通过 P6、P9、P10 和 P11 引出。

(5) JTAG/SWD 接口

这是 ALIENTEK 探索者 STM32F4 开发板板载的 20 针标准 JTAG 调试口 (JTAG),直接可以和 ULINK、JLINK 或者 STLINK 等调试器(仿真器)连接。同时,由于 STM32 支持 SWD 调试,这个 JTAG 口也可以用 SWD 模式来连接。

用标准的 JTAG 调试,需要占用 5 个 I/O 口,有时可能造成 I/O 口不够用,而用 SWD 则只需要 2 个 I/O 口,大大节约了 I/O 数量,但达到的效果是一样的,所以强烈建议仿真器使用 SWD 模式!

(6) CAN/USB 选择口

这是一个 CAN/USB 的选择接口(P11),因为 STM32 的 USB 和 CAN 共用一组 I/O(PA11 和 PA12),所以通过跳线帽来选择不同的功能,以实现 USB/CAN 的实验。

(7) STM32F407ZGT6

这是开发板的核心芯片(U4),型号为 STM32F407ZGT6。该芯片集成 FPU 和 DSP 指令,并具有 192 KB SRAM、1 024 KB FLASH、12 个 16 位定时器、2 个 32 位定时器、2 个 DMA 控制器(共 16 个通道)、3 个 SPI、2 个全双工 I^2S、3 个 I^2C、6 个串口、2 个 USB(支持 HOST /SLAVE)、2 个 CAN、3 个 12 位 ADC、2 个 12 位 DAC、一个 RTC(带日历功能)、一个 SDIO 接口、一个 FSMC 接口、一个 10/100M 以太网 MAC 控制器、一个摄像头接口、一个硬件随机数生成器以及 112 个通用 I/O 口等。

(8) USB 串口/串口 1

这是 USB 串口同 STM32F407ZGT6 的串口 1 进行连接的接口(P6),标号 RXD 和 TXD 是 USB 转串口的 2 个数据口(对 CH340G 来说),而 PA9(TXD)和 PA10(RXD) 则是 STM32 的串口 1 的两个数据口(复用功能下)。它们通过跳线帽对接就可以和连接在一起了,从而实现 STM32 的程序下载以及串口通信。

设计成 USB 串口是考虑到现在计算机上串口正在消失,尤其是笔记本,几乎都没有串口,所以板载了 USB 串口方便读者下载代码和调试。而板子上并没有直接连接在一起,则是出于使用方便的考虑。这样就可以把 ALIENTEK 探索者 STM32F4 开发板当成一个 USB 转 TTL 串口来和其他板子通信,而其他板子的串口也可以方便地接到 ALIENTEK 探索者 STM32F4 开发板上。

(9) USB HOST(OTG)

这是开发板板载的一个侧插式的 USB - A 座(USB_HOST)。由于 STM32F4 的 USB 是支持 HOST 的,所以可以通过这个 USB - A 座连接 U 盘/USB 鼠标/USB 键盘等其他 USB 从设备,从而实现 USB 主机功能。不过特别注意,USB HOST 和 USB SLAVE 共用 PA11 和 PA12,所以不可以同时使用。

(10) 后备电池接口

这是 STM32 后备区域的供电接口,可以用来给 STM32 的后备区域提供能量。在外部电源断电的时候,维持后备区域数据的存储以及 RTC 的运行。

(11) USB SLAVE

这是开发板板载的一个 MiniUSB 头(USB_SLAVE),用于 USB 从机(SLAVE)通信,一般用于 STM32 与计算机的 USB 通信。通过此 MiniUSB 头,开发板就可以和计算机进行 USB 通信了。注意:该接口不能和 USB HOST 同时使用。

开发板总共板载了 2 个 MiniUSB 头:一个(USB_232)用于 USB 转串口,连接 CH340G 芯片;另外一个(USB_SLAVE)用于 STM32 内带的 USB。同时开发板可以通过此 MiniUSB 头供电,板载两个 MiniUSB 头(不共用),主要是考虑了使用的方便性以及可以给板子提供更大的电流(两个 USB 都接上)这两个因素。

(12) USB 转串口

这是开发板板载的另外一个 MiniUSB 头(USB_232),用于 USB 连接 CH340G 芯片,从而实现 USB 转串口。同时,此 MiniUSB 接头也是开发板电源的主要提供口。

(13) OLED/摄像头模块接口

这是开发板板载的一个 OLED/摄像头模块接口(P8)。如果是 OLED 模块,靠左插即可(右边两个孔位悬空);如果是摄像头模块(ALIENTEK 提供),则刚好插满。通过这个接口,可以分别连接 2 个外部模块,从而实现相关实验。

(14) 光敏传感器

这是开发板板载的一个光敏传感器(LS1)。通过该传感器,开发板感知周围环境光线的变化,从而实现类似自动背光控制的应用。

(15) 有源蜂鸣器

这是开发板的板载蜂鸣器(BEEP),可以实现简单的报警/闹铃,让开发板听得见。

(16) 红外接收头

这是开发板的红外接收头(U13),可以实现红外遥控功能。通过这个接收头可以接收市面上常见的各种遥控器的红外信号,甚至可以自己实现万能红外解码。当然,如果应用得当,该接收头也可以用来传输数据。

探索者 STM32F4 开发板配备了一个小巧的红外遥控器,外观如图 1.2 所示。

(17) DS18B20/DHT11 接口

这是开发板的一个复用接口(U12),由 4 个镀金排孔组成,可以用来接 DS18B20/DS1820 等数字温度传感器或 DHT11 这样的数字温湿度传感器,实现一个接口 2 个功能。不用的时候可以拆下上面的传感器,放到其他地方去用,使用十分方便灵活。

(18) 2 个 LED

这是开发板板载的 2 个 LED 灯(DS0 和 DS1),DS0 是红色的,DS1 是绿色的,方便识别。这里提醒读者不要停留在 51 跑马灯的思维,这么多灯除了浪费 I/O 口,实在是想不出其他什么优点。

图 1.2 红外遥控器

一般应用中 2 个 LED 足够了,在调试代码的时候,使用 LED 来指示程序状态是非常不错的辅助调试方法。探索者 STM32F4 开发板几乎每个实例都使用了 LED 来指示程序的运行状态。

(19) 复位按钮

这是开发板板载的复位按键(RESET),用于复位 STM32;还具有复位液晶的功能,因为液晶模块的复位引脚和 STM32 的复位引脚是连接在一起的,按下该键时 STM32 和液晶一并被复位。

(20) 启动选择端口

这是开发板板载的启动模式选择端口(BOOT)。STM32 有 BOOT0(B0)和 BOOT1(B1)两个启动选择引脚,用于选择复位后 STM32 的启动模式;作为开发板,这两个是必须的。在开发板上,我们通过跳线帽选择 STM32 的启动模式。

(21) 参考电压选择端口

这是 STM32 的参考电压选择端口(P7),默认接开发板的 3.3 V(VDDA)。如果想设置其他参考电压,只需要把参考电压源接到 V_{ref+} 和 GND 即可。

(22) 4 个按键

这是开发板板载的 4 个机械式输入按键(KEY0、KEY1、KEY2 和 KEY_UP),其中,KEY_UP 具有唤醒功能,连接到 STM32 的 WAKE_UP(PA0)引脚,可用于待机模式下的唤醒；在不使用唤醒功能的时候，也可以当作普通按键输入使用。

其他 3 个是普通按键，可以用于人机交互的输入，这 3 个按键是直接连接在
STM32 的 I/O 口上的。注意，KEY_UP 是高电平有效，而 KEY0、KEY1 和 KEY2 是
低电平有效。

(23) MPU6050 传感器

这是开发板板载的一个 6 轴传感器（U8）。MPU6050 是一个高性能的 6 轴传感
器，内部集成一个 3 轴加速度传感器和一个 3 轴陀螺仪，并且带 DMP 功能。该传感器
在 4 轴飞控方面应用非常广泛，所以喜欢玩 4 轴的读者，也可以通过开发板进行学习。

(24) 触摸按钮

这是开发板板载的一个电容触摸输入按键（TPAD），利用电容充放电原理实现触
摸按键检测。

(25) 电源指示灯

这是开发板板载的一颗蓝色的 LED 灯（PWR），用于指示电源状态。电源开启的
时候（通过板上的电源开关控制），该灯会亮；否则，不亮。通过这个 LED 可以判断开发
板的上电情况。

(26) 多功能端口

这是一个由 6 个排针组成的一个接口（P2&P12）。不过读者可别小看这 6 个排
针，这可是本开发板设计很巧妙的一个端口（由 P2 和 P12 组成），这组端口通过组合可
以实现的功能有 ADC 采集、DAC 输出、PWM DAC 输出、外部音频输入、电容触摸按
键、DAC 音频、PWM DAC 音频、DAC ADC 自测等，所有这些只需要一个跳线帽的设
置就可以逐一实现。

(27) 扬声器接口

这是开发板预留的一个扬声器接口（P1），可以外接 1 W（8 Ω）左右的小喇叭（喇叭
需要自备），这样使用 WM8978 放音的时候，就可以直接推动喇叭输出音频了。

(28) 耳机输出接口

这是开发板板载的音频输出接口（PHONE），该接口可以插 3.5 mm 的耳机。当
WM8978 放音的时候，就可以通过在该接口插入耳机，欣赏音乐。

(29) 录音输入接口

这是开发板板载的外部录音输入接口（LINE_IN），通过咪头只能实现单声道的录
音，而通过这个 LINE_IN 却可以实现立体声录音。

(30) MIC(咪头)

这是开发板的板载录音输入口（MIC），该咪头直接接到 WM8978 的输入上，可以
用来实现录音功能。

(31) 24C02 EEPROM

这是开发板板载的 EEPROM 芯片（U14），容量为 2 kbit，也就是 256 字节，用于存
储一些掉电不能丢失的重要数据，比如系统设置的一些参数/触摸屏校准数据等。有了
这个就可以方便地实现掉电数据保存。

(32) ATK 模块接口

这是开发板板载的一个 ALIENTEK 通用模块接口(U7),目前可以支持 ALIEN-TEK 开发的 GPS 模块和蓝牙模块,直接插上对应的模块就可以进行开发。

(33) 3.3 V 电源输入/输出

这是开发板板载的一组 3.3 V 电源输入/输出排针(2×3)(VOUT1),用于给外部提供 3.3 V 的电源,也可以用于从外部接 3.3 V 的电源给板子供电。注意,USB 供电的时候,最大电流不能超过 500 mA;外部供电的时候,最大可达 1 000 mA。

(34) 5 V 电源输入/输出

这是开发板板载的一组 5 V 电源输入/输出排针(2×3)(VOUT2),用于给外部提供 5 V 的电源,也可以用于从外部接 5 V 的电源给板子供电。

(35) 电源开关

这是开发板板载的电源开关(K1)。该开关用于控制整个开发板的供电,如果切断,则整个开发板都将断电,电源指示灯(PWR)会随着此开关的状态而亮灭。

(36) DC 6~16 V 电源输入

这是开发板板载的一个外部电源输入口(DC_IN),采用标准的直流电源插座。开发板板载了 DC-DC 芯片(MP2359),用于给开发板提供高效、稳定的 5 V 电源。由于采用了 DC-DC 芯片,所以开发板的供电范围十分宽,读者可以很方便地找到合适的电源(只要输出范围在 DC 6~16 V 的基本都可以)来给开发板供电。在耗电比较大的情况下,比如用到 4.3 屏/7 寸屏/网口的时候,建议使用外部电源供电,可以提供足够的电流给开发板使用。

(37) 以太网接口(RJ45)

这是开发板板载的网口(EARTHNET),可以用来连接网线、实现网络通信功能。该接口使用 STM32F4 内部的 MAC 控制器外加 PHY 芯片,实现 10/100M 网络的支持。

(38) RS485 总线接口

这是开发板板载的 RS485 总线接口(RS485),通过 2 个端口和外部 485 设备连接。这里提醒大家,RS485 通信的时候,必须 A 接 A、B 接 B,否则可能通信不正常!

(39) RS232/模块选择接口

这是开发板板载的一个 RS232(COM3)/ATK 模块接口(U7)选择接口(P10),通过该选择接口,我们可以选择 STM32 的串口 3 连接在 COM3 还是连接在 ATK 模块接口上面,以实现不同的应用需求。这样的设计还有一个好处,就是我们的开发板还可以充当 RS232 到 TTL 串口的转换(注意,这里的 TTL 高电平是 3.3 V)。

(40) RS232/485 选择接口

这是开发板板载的 RS232(COM2)/485 选择接口(P9)。因为 RS485 基本上就是一个半双工的串口,为了节约 I/O,我们把 RS232(COM2)和 RS485 共用一个串口,通过 P9 来设置当前是使用 RS232(COM2)还是 RS485。这样设计还有一个好处就是我们的开发板既可以充当 RS232 到 TTL 串口的转换,又可以充当 RS485 到 TTL485 的转换。(注意,这里的 TTL 高电平是 3.3 V。)

(41) RS232 接口(公)

这是开发板板载的一个 RS232 接口(COM3),通过一个标准的 DB9 公头和外部的串口连接。通过这个接口,我们可以连接带有串口的计算机或者其他设备,实现串口通信。

(42) LCD 接口

这是开发板板载的 LCD 模块接口,该接口兼容 ALIENTEK 全系列 TFTLCD 模块,包括 2.4 寸、2.8 寸、3.5 寸、4.3 寸和 7 寸等,并且支持电阻/电容触摸功能。

(43) IS62WV51216 8M SRAM

这是开发板外扩的 SRAM 芯(U3)片,容量为 8 Mbit,也就是 1 MB,这样,对大内存需求的应用(比如 GUI),就可以很好地实现了。

(44) RS232 接口(母)

这是开发板板载的另外一个 RS232 接口(COM2),通过一个标准的 DB9 母头和外部的串口连接。通过这个接口,我们可以连接带有串口的计算机或者其他设备,实现串口通信。

(45) CAN 接口

这是开发板板载的 CAN 总线接口,通过 2 个端口和外部 CAN 总线连接,即 CANH 和 CANL。注意,CAN 通信的时候,必须 CANH 接 CANH、CANL 接 CANL,否则可能通信不正常!

1.2.2 软件资源说明

接下来介绍探索者 STM32F4 开发板的软件资源。探索者 STM32F4 开发板提供的标准例程多达 59 个,限于篇幅,本书将只介绍其中 43 个,其他实验例程的教程请看本书配套资料的"STM32F4 开发指南(寄存器版本).pdf"。

一般的 STM32 开发板仅提供库函数代码,而我们则提供寄存器和库函数两个版本的代码(本书是寄存器版本)。我们提供的这些例程基本都是原创,拥有非常详细的注释,代码风格统一、循序渐进,非常适合初学者入门。而其他开发板的例程大都是来自 ST 库函数的直接修改,注释也比较少,对初学者来说不那么容易入门。

本书要介绍的探索者 STM32F4 开发板的例程如表 1.1 所列。此表仅列出了本书将要介绍的例程,其他还有 16 个例程本书没介绍,但是其源码和配套教程(即《STM32F4 开发指南(寄存器版)》)都放在本书配套资料里面了,学习的时候请注意这个问题!

从表 1.1 可以看出,ALIENTEK 探索者 STM32F4 开发板的例程基本上涵盖了 STM32F407ZGT6 的所有内部资源,并且外扩展了很多有价值的例程,比如 FLASH 模拟 EEPROM 实验、USMART 调试实验、μC/OS‑II 实验、内存管理实验、IAP 实验、综合实验等。而且从表 1.1 可以看出,例程安排是循序渐进的,首先从最基础的跑马灯开始,然后一步步深入,从简单到复杂,有利于读者的学习和掌握。

表 1.1 探索者 STM32F4 开发板例程表

编 号	实验名字	编 号	实验名字
1	跑马灯实验	23	FLASH 模拟 EEPROM 实验
2	按键输入实验	24	摄像头实验
3	串口通信实验	25	外部 SRAM 实验
4	外部中断实验	26	内存管理实验
5	独立看门狗实验	27	SD 卡实验
6	窗口看门狗实验	28	FATFS 实验
7	定时器中断实验	29	汉字显示实验
8	PWM 输出实验	30	图片显示实验
9	输入捕获实验	31	音乐播放器实验
10	TFTLCD 实验	32	视频播放器实验
11	USMART 调试实验	33	FPU 测试(Julia 分形)实验
12	RTC 实验	34	DSP 测试实验
13	待机唤醒实验	35	串口 IAP 实验
14	ADC 实验	36	USB 读卡器(Slave)实验
15	DAC 实验	37	USB U 盘(Host)实验
16	DMA 实验	38	USB 鼠标键盘(Host)实验
17	I^2C 实验	39	网络通信实验
18	SPI 实验	40	μC/OS - II 实验 1——任务调度
19	RS485 实验	41	μC/OS - II 实验 2——信号量和邮箱
20	CAN 实验	42	μC/OS - II 实验 3——消息队列、信号量集和软件定时器
21	触摸屏实验	43	综合测试实验
22	6 轴传感器 MPU6050 实验		

第 **2** 章

实验平台硬件资源详解

本章详细介绍 ALIENTEK 探索者 STM32F4 开发板各部分的硬件原理图,让读者对该开发板的各部分硬件原理有个深入理解,同时介绍开发板的使用注意事项,为后面的学习做好准备。

2.1 开发板原理图详解

1. MCU

ALIENTEK 探索者 STM32F4 开发板选择 STM32F407ZGT6 作为 MCU,拥有的资源包括集成 FPU 和 DSP 指令、192 KB SRAM、1 024 KB FLASH、12 个 16 位定时器、2 个 32 位定时器、2 个 DMA 控制器(共 16 个通道)、3 个 SPI、2 个全双工 I²S、3 个 I²C、6 个串口、2 个 USB(支持 HOST /SLAVE)、2 个 CAN、3 个 12 位 ADC、2 个 12 位 DAC、一个 RTC(带日历功能)、一个 SDIO 接口、一个 FSMC 接口、一个 10/100M 以太网 MAC 控制器、一个摄像头接口、一个硬件随机数生成器以及 112 个通用 I/O 口等。该芯片的配置十分"强悍",很多功能相对 STM32F1 来说进行了重大改进,比如 FSMC 的速度,F4 刷屏速度可达 3 300W 像素/秒,而 F1 的速度则只有 500W 左右。

MCU 部分的原理图如图 2.1(原理图比较大,细节可参考本书配套资料)所示。图中 U4 为主芯片:STM32F407ZGT6。这里主要讲解以下 3 个地方:

① 后备区域供电引脚 V_{BAT} 的供电采用 CR1220 纽扣电池和 VCC3.3 混合供电的方式,在有外部电源(VCC3.3)的时候,CR1220 不给 V_{BAT} 供电;而在外部电源断开的时候,则由 CR1220 给其供电。这样,V_{BAT} 总是有电的,以保证 RTC 的走时以及后备寄存器的内容不丢失。

② 图中的 R31 和 R32 用来隔离 MCU 部分和外部的电源,这样的设计主要是考虑了后期维护。如果 3.3 V 电源短路,那么可以断开这两个电阻来确定是 MCU 部分短路、还是外部短路,有助于生产和维修。当然在自己的设计上,这两个电阻是完全可以去掉的。

③ 图中 P7 是参考电压选择端口。开发板默认接板载的 3.3 V 作为参考电压,如果想用自己的参考电压,则把参考电压接入 V_{ref+} 即可。

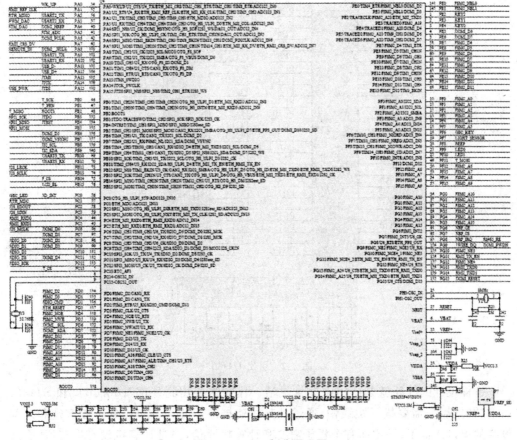

图 2.1　MCU 部分原理图

2. 引出 I/O 口

ALIENTEK 探索者 STM32F4 开发板引出了 STM32F407ZGT6 的所有 I/O 口，如图 2.2 所示。图中 P3、P4 和 P5 为 MCU 主 I/O 引出口，这 3 组排针共引出了 102 个 I/O 口。STM32F407ZGT6 总共有 112 个 I/O，除去 RTC 晶振占用的 2 个，还剩 110 个，这 3 组主引出排针总共引出了 102 个 I/O，剩下的 8 个 I/O 口分别通过 P6（PA9 & PA10）、P9（PA2 & PA3）、P10（PB10 & PB11）和 P11（PA11 & PA12）这 4 组排针引出。

3. USB 串口/串口 1 选择接口

ALIENTEK 探索者 STM32F4 开发板板载的 USB 串口和 STM32F407ZGT6 的串口是通过 P6 连接起来的，如图 2.3 所示。图中 TXD/RXD 是相对 CH340G 来说的，也就是 USB 串口的发送和接收脚。而 USART1_RX 和 USART1_TX 则是相对于 STM32F407ZGT6 来说的。这样，通过对接就可以实现 USB 串口和 STM32F407ZGT6 的串口通信了。同时，P6 是 PA9 和 PA10 的引出口。

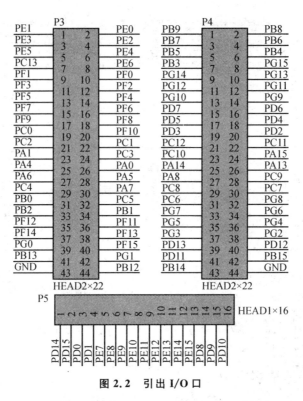

图 2.2　引出 I/O 口

　　这样设计的好处就是使用上非常灵活。比如需要用到外部 TTL 串口和 STM32 通信的时候,只需要拔了跳线帽,通过杜邦线连接外部 TTL 串口,就可以实现和外部设备的串口通信了;又比如有个板子需要和计算机通信,但是计算机没有串口,那么就可以使用开发板的 RXD 和 TXD 来连接设备,把开发板当成 USB 转串口用了。

4. JTAG/SWD

　　ALIENTEK 探索者 STM32F4 开发板板载的标准 20 针 JTAG/SWD 接口电路如图 2.4 所示。这里采用的是标准的 JTAG 接法,但是 STM32 还有 SWD 接口,SWD 只需要最少 2 根线(SWCLK 和 SWDIO)就可以下载并调试代码了,这同我们使用串口下载代码差不多,而且速度非常快,能调试。所以建议读者在设计产品的时候可以留出 SWD 来下载调试代码,而摒弃 JTAG。STM32 的 SWD 接口与 JTAG 是共用的,只要接上 JTAG 就可以使用 SWD 模式了(其实并不需要 JTAG 这么多线)。当然,调试器必须支持 SWD 模式,JLINK V7/V8、ULINK2 和 ST LINK 等都支持 SWD 调试。

　　特别提醒:JTAG 有几个信号线用来接其他外设了,但是 SWD 是完全没有接任何其他外设的,所以在使用的时候,推荐读者一律使用 SWD 模式!

5. SRAM

　　ALIENTEK 探索者 STM32F4 开发板外扩了 1 MB 的 SRAM 芯片,如图 2.5 所

示。注意,图中的地址线标号是以 IS61LV51216 为模版的,但是和 IS62WV51216 的 datasheet 标号有出入,不过,因为地址的唯一性,这并不会影响我们使用 IS62WV51216 (特别提醒:地址线可以乱,但是数据线必须一致),因此,该原理图对这两个芯片都是可以正常使用的。

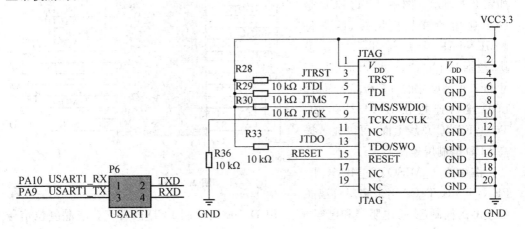

图 2.3 USB 串口/串口 1 选择接口   图 2.4 JTAG/SWD 接口

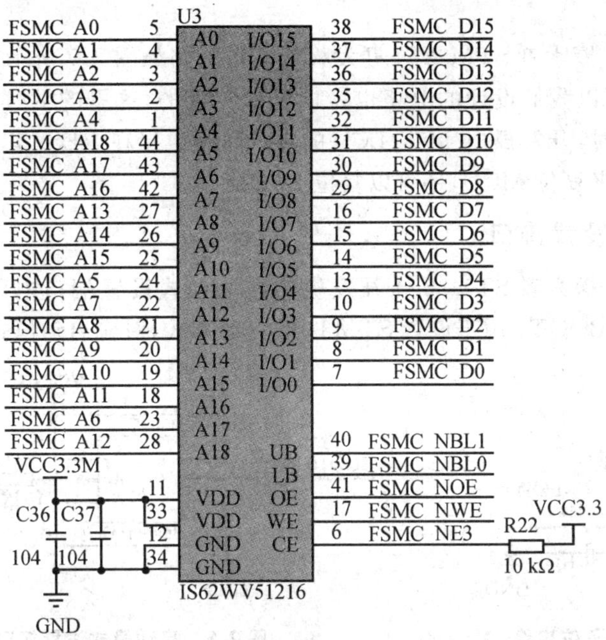

图 2.5 外扩 SRAM

图中 U3 为外扩的 SRAM 芯片,型号为 IS62WV51216,容量为 1 MB,挂在 STM32 的 FSMC 上。这样大大扩展了 STM32 的内存(芯片本身有 192 KB),从而在需要大内存的场合,探索者 STM32F4 开发板也可以胜任。

6. LCD 模块接口

ALIENTEK 探索者 STM32F4 开发板板载的 LCD 模块接口电路如图 2.6 所示。图中 TFT_LCD 是一个通用的液晶模块接口，支持 ALIENTEK 全系列 TFTLCD 模块，包括 2.4 寸、2.8 寸、3.5 寸、4.3 寸和 7 寸等尺寸的 TFTLCD 模块。LCD 接口连接在 STM32F407ZGT6 的 FSMC 总线上面，可以显著提高 LCD 的刷屏速度。

图中的 T_MISO、T_MOSI、T_PEN、T_CS、T_CS 用来实现对液晶

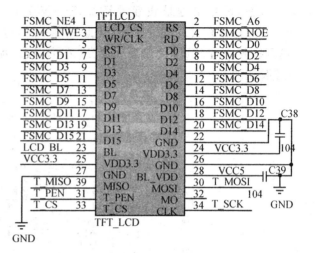

图 2.6　LCD 模块接口

触摸屏的控制(支持电阻屏和电容屏)。LCD_BL 则控制 LCD 的背光。液晶复位信号 RESET 则是直接连接在开发板的复位按钮上，和 MCU 共用一个复位电路。

7. 复位电路

ALIENTEK 探索者 STM32F4 开发板的复位电路如图 2.7 所示。因为 STM32 是低电平复位的，所以我们设计的电路也是低电平复位的，这里的 R24 和 C48 构成了上电复位电路。同时，开发板把 TFT_LCD 的复位引脚也接在 RESET 上，这样这个复位按钮不仅可以用来复位 MCU，还可以复位 LCD。

8. 启动模式设置接口

ALIENTEK 探索者 STM32F4 开发板的启动模式设置端口电路如图 2.8 所示。其中，BOOT0 和 BOOT1 用于设置 STM32 的启动方式，对应启动模式如表 2.1 所列。

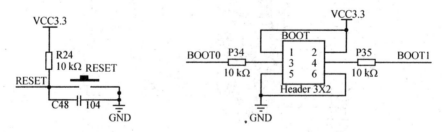

图 2.7　复位电路　　　　　图 2.8　启动模式设置接口

可见，一般情况下如果我们想用串口下载代码，则必须配置 BOOT0 为 1，BOOT1 为 0；而如果想让 STM32 一按复位键就开始跑代码，则需要配置 BOOT0 为 0，BOOT1 随便设置都可以。ALIENTEK 探索者 STM32F4 开发板专门设计了一键下载电路，通过串口的 DTR 和 RTS 信号来自动配置 BOOT0 和 RST 信号，因此不需要用户手动切换它们的状态，直接串口下载软件自动控制可以非常方便地下载代码。

表 2.1 BOOT0、BOOT1 启动模式表

BOOT0	BOOT1	启动模式	说　明
0	X	用户闪存存储器	用户闪存存储器,也就是 FLASH 启动
1	0	系统存储器	系统存储器启动,用于串口下载
1	1	SRAM 启动	SRAM 启动,用于在 SRAM 中调试代码

9. RS232 串口

ALIENTEK 探索者 STM32F4 开发板板载了一公一母两个 RS232 接口,电路原理图如图 2.9 所示。

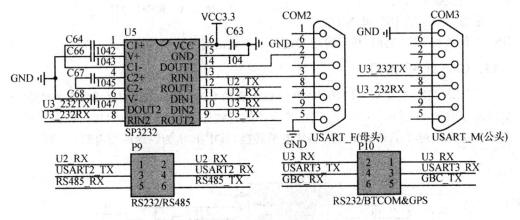

图 2.9 RS232 串口

因为 RS232 电平不能直接连接到 STM32,所以需要一个电平转换芯片。这里选择 SP3232(也可以用 MAX3232)来做电平转接,同时图中的 P9 用来实现 RS232(COM2)、RS485 的选择,P10 用来实现 RS232(COM3)、ATK 模块接口的选择,以满足不同实验的需要。

图中 USART2_TX、USART2_RX 连接在 MCU 的串口 2 上(PA2、PA3),所以这里的 RS232(COM2)、RS485 都是通过串口 2 来实现的。图中 RS485_TX 和 RS485_RX 信号连接在 SP3485 的 DI 和 RO 信号上。而图中的 USART3_TX/USART3_RX 则连接在 MCU 的串口 3 上(PB10、PB11),所以 RS232(COM3)、ATK 模块接口都是通过串口 3 来实现的。图中 GBC_RX 和 GBC_TX 连接在 ATK 模块接口 U7 上面。

P9、P10 的存在其实还带来另外一个好处,就是我们可以把开发板变成一个 RS232 电平转换器或者 RS485 电平转换器。比如你买的核心板可能没有板载 RS485、RS232 接口,通过连接探索者 STM32F4 开发板的 P9、P10 端口,就可以让你的核心板拥有 RS232、RS485 的功能。

10. RS485 接口

ALIENTEK 探索者 STM32F4 开发板板载的 RS485 接口电路如图 2.10 所示。

RS485 电平也不能直接连接到 STM32,同样需要电平转换芯片。这里使用 SP3485 来做 RS485 电平转换,其中 R44 为终端匹配电阻,而 R38 和 R40 则是两个偏置电阻,以保证静默状态时 485 总线维持逻辑 1。

RS485_RX/RS485_TX 连接在 P9 上面;通过 P9 跳线来选择是否连接在 MCU 上面;RS485_RE 则是直接连接在 MCU 的 I/O 口(PG8)上的,用来控制 SP3485 的工作模式(高电平为发送模式,低电平为接收模式)。

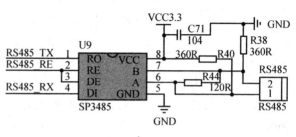

图 2.10 RS485 接口

注意:RS485_RE 和 NRF_IRQ 共同接在 PG8 上面,在同时用到这两个外设的时候需要注意下。

11. CAN/USB 接口

ALIENTEK 探索者 STM32F4 开发板板载的 CAN 接口电路以及 STM32 USB 接口电路如图 2.11 所示。CAN 总线电平也不能直接连接到 STM32,同样需要电平转换芯片。这里使用 TJA1050 来做 CAN 电平转换,其中 R51 为终端匹配电阻。

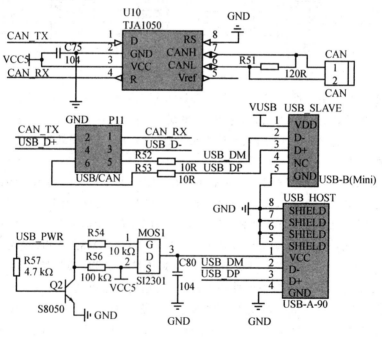

图 2.11 CAN/USB 接口

USB_D+/USB_D−连接在 MCU 的 USB 口(PA12/PA11)上,同时,因为 STM32 的 USB 和 CAN 共用这组信号,所以通过 P11 来选择使用 USB 还是 CAN。图中共有 2 个 USB 口:USB_SLAVE 和 USB_HOST,前者用来做 USB 从机通信,后者则是用来

做 USB 主机通信。

USB_SLAVE 可以用来连接计算机,实现 USB 读卡器或声卡等 USB 从机实验。另外,该接口还具有供电功能,VUSB 为开发板的 USB 供电电压,通过这个 USB 口就可以给整个开发板供电了。

USB HOST 可以用来接如 U 盘、USB 鼠标、USB 键盘和 USB 手柄等设备,实现 USB 主机功能。该接口可以对从设备供电,且供电可控,通过 USB_PWR 控制该信号连接在 MCU 的 PA15 引脚上,与 JTDI 共用 PA15,所以用 JTAG 仿真的时候,USB_PWR 就不受控了,这也是推荐读者使用 SWD 模式而不用 JTAG 模式的另外一个原因。

12. EEPROM

ALIENTEK 探索者 STM32F4 开发板板载的 EEPROM 电路如图 2.12 所示。EEPROM 芯片使用的是 24C02,该芯片的容量为 2 kbit,也就是 256 字节,对于普通应用来说是足够了的。当然,也可以选择换大的芯片,因为电路在原理上是兼容 24C02～24C512 全系列 EEPROM 芯片的。

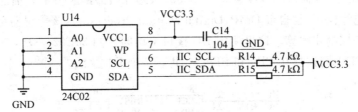

图 2.12　EEPROM

这里把 A0～A2 均接地,对 24C02 来说也就是把地址位设置成 0 了,写程序的时候要注意这点。IIC_SCL 接在 MCU 的 PB8 上,IIC_SDA 接在 MCU 的 PB9 上,这里虽然接到了 STM32 的硬件 I²C 上,但是并不提倡使用硬件 I²C,因为 STM32 的 I²C 是"鸡肋",请谨慎使用。IIC_SCL、IIC_SDA 总线上总共挂了 3 个器件:24C02、MPU6050 和 WM8978,后续再介绍另外两个器件。

13. 光敏传感器

ALIENTEK 探索者 STM32F4 开发板板载了一个光敏传感器,可以用来感应周围光线的变化,电路如图 2.13 所示。图中的 LS1 就是光敏传感器,其实就是一个光敏二极管,周围环境越亮,电流越大,反之电流越小,即可等效为一个电阻,环境越亮阻值越小,反之越大,通过读取 LIGHT_SENSOR 的电压即可知道周围环境光线强弱。LIGHT_SENSOR 连接在 MCU 的 ADC3_IN5(ADC3 通道 5)上面,即 PF7 引脚。

14. SPI FLASH

ALIENTEK 探索者 STM32F4 开发板板载的 SPI FLASH 电路如图 2.14 所示。SPI FLASH 芯片型号为 W25Q128,该芯片的容量为 128 Mbit,也就是 16 MB。该芯片和 NRF24L01 共用一个 SPI(SPI1),通过片选来选择使用某个器件,使用其中一个器件的时候,须务必禁止另外一个器件的片选信号。

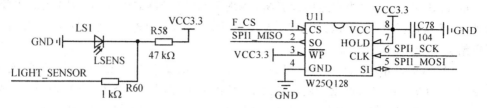

图 2.13　光敏传感器电路　　　　图 2.14　SPI FLASH 芯片

图中 F_CS 连接在 MCU 的 PB14 上,SPI1_SCK、SPI1_MOSI、SPI1_MISO 则分别连接在 MCU 的 PB3、PB5、PB4 上,其中 PB3、PB4 又是 JTAG 的 JTDO 和 JTRST 信号,所以在 JTAG 仿真的时候 SPI 就用不了了,但是用 SWD 仿真则不存在任何问题,所以推荐使用 SWD 仿真!

15. 6轴加速度传感器

ALIENTEK 探索者 STM32F4 开发板板载的 6 轴加速度传感器电路如图 2.15 所示。6 轴加速度传感器芯片型号为 MPU6050,该芯片内部集成一个 3 轴加速度传感器和一个 3 轴陀螺仪,并且自带 DMP(Digital Motion Processor),该传感器可以用于 4 轴飞行器的姿态控制和解算。这里使用 I^2C 接口来访问。同 24C02 一样,该芯片的 IIC_SCL 和 IIC_SDA 同样挂在 PB8 和 PB9 上,共享一个 I^2C 总线。

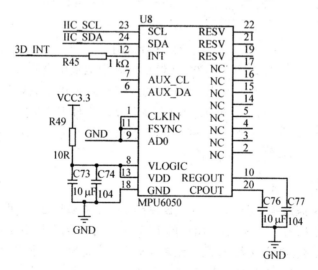

图 2.15　3D 加速度传感器

16. 温湿度传感器接口

ALIENTEK 探索者 STM32F4 开发板板载的温湿度传感器接口电路如图 2.16 所示。该接口支持 DS18B20、DS1820、DHT11 等单总线数字温湿度传感器。1WIRE_DQ 是传感器的数据线,该信号连接在 MCU 的 PG9 上。特别注意:该引脚同时还接到了摄像头模块的 DCMI_PWDN 信号上面,不能同时使用,但可以分时复用。

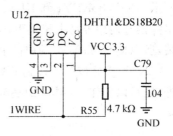

图 2.16　温湿度传感器接口

17. 红外接收头

ALIENTEK 探索者 STM32F4 开发板板载的红外接收头电路如图 2.17 所示。HS0038 是一个通用的红外接收头,几乎可以接收市面上所有红外遥控器的信号,有了它,就可以用红外遥控器来控制开发板了。REMOTE_IN 为红外接收头的输出信号,连接在 MCU 的 PA8 上。特别注意:PA8 同时连接了 DCMI_XCLK,如果要用到 DCMI_XCLK, HS0038 就不能同时使用了,但可以分时复用。

18. 无线模块接口

ALIENTEK 探索者 STM32F4 开发板板载的无线模块接口电路如图 2.18 所示。该接口用来连接 NRF24L01 等 2.4G 无线模块,从而实现开发板与其他设备的无线数据传输(注意:NRF24L01 不能和蓝牙、WIFI 连接)。NRF24L01 无线模块的最大传输速度可以达到 2 Mbps,传输距离最大可以到 30 m 左右(空旷地,无干扰)。

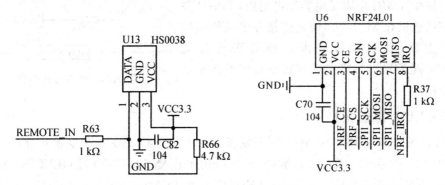

图 2.17　红外接收头　　　　　　图 2.18　无线模块接口

NRF_CE、NRF_CS、NRF_IRQ 连接在 MCU 的 PG6、PG7、PG8 上,而另外 3 个 SPI 信号则和 SPI FLASH 共用,接 MCU 的 SPI1。注意,PG8 还接了 RS485 的 RE 信号,所以在使用 NRF24L01 中断引脚的时候,不能和 RS485 同时使用;不过,如果没用到 NRF24L01 的中断引脚,那么 RS485 和 NRF24L01 模块就可以同时使用了。

19. LED

ALIENTEK 探索者 STM32F4 开发板板载总共有 3 个 LED,原理图如图 2.19 所示。其中 PWR 是系统电源指示灯,为蓝色。LED0(DS0)和 LED1(DS1)分别接在 PF9 和 PF10 上。为了方便判断,这里选择了 DS0 为红色的 LED,DS1 为绿色的 LED。

20. 按键

ALIENTEK 探索者 STM32F4 开发板板载总共有 4 个输入按键,其原理图如图 2.20

所示。KEY0、KEY1 和 KEY2 用作普通按键输入,分别连接在 PE4、PE3 和 PE2 上,这里并没有使用外部上拉电阻,但是 STM32 的 I/O 作为输入的时候,可以设置上下拉电阻,所以使用 STM32 的内部上拉电阻来为按键提供上拉。

KEY_UP 按键连接到 PA0(STM32 的 WKUP 引脚),除了可以用作普通输入按键外,还可以用作 STM32 的唤醒输入。注意:这个按键是高电平触发的。

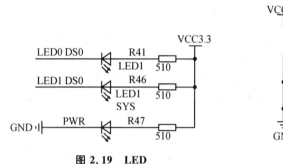

图 2.19 LED

图 2.20 输入按键

21. TPAD 电容触摸按键

ALIENTEK 探索者 STM32F4 开发板板载了一个电容触摸按键,其原理图如图 2.21 所示。图中 1 MΩ 电阻是电容充电电阻,TPAD 并没有直接连接在 MCU 上,而是连接在多功能端口(P12)上面,通过跳线帽来选择是否连接到 STM32。电容触摸按键的原理将在后续的实战篇里面介绍。

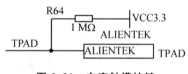

图 2.21 电容触摸按键

22. OLED/摄像头模块接口

ALIENTEK 探索者 STM32F4 开发板板载了一个 OLED/摄像头模块接口,其原理图如图 2.22 所示。图中 P8 是接口,可以用来连接 ALIENTEK OLED 模块或者 ALIENTEK 摄像头模块。如果是 OLED 模块,则 DCMI_PWDN 和 DCMI_XCLK 不需要接(在板上靠左插即可);如果是摄像头模块,则需要用到全部引脚。

其中,DCMI_SCL、DCMI_SDA、DCMI_RESET、DCMI_PWDN、DCMI_XCLK 这 5 个信号是不属于 STM32F4 硬件摄像头接口的信号,通过普通 I/O 控制即可,分别接在 MCU 的 PD6、PD7、PG15、PG9、PA8 上面。特别注意:DCMI_PWDN 和 1WIRE_DQ 信号共用 PG9 这个 I/O,所以摄像头和 DS18B20、DHT11 不能同时使用,但是可以分时复用。另外,DCMI_XCLK 和 REMOTE_IN 共用,在用到 DCMI_XCLK 信号的时候,则红外接收和摄像头不可同时使用,不过同样可以分时复用的。

其他信号全接在 STM32F4 的硬件摄像头接口上,DCMI_VSYNC、DCMI_HREF、DCMI_D0、DCMI_D1、DCMI_D2、DCMI_D3、DCMI_D4、DCMI_D5、DCMI_D6、DCMI_D7、DCMI_PCLK 分别连接在 PB7、PA4、PC6、PC7、PC8、PC9、PC11、PB6、PE5、PE6、PA6 上。特别注意:这些信号和 DAC1 输出以及 SD 卡、I²S 音频等有 I/O 共用,所以在

使用 OLED 模块或摄像头模块的时候,不能和 DAC1 的输出、SD 卡使用和 I²S 音频播放这 3 个功能同时使用,只能分时复用。

23. 有源蜂鸣器

ALIENTEK 探索者 STM32F4 开发板板载了一个有源蜂鸣器,其原理图如图 2.23 所示。有源蜂鸣器是指自带了振荡电路的蜂鸣器,一接上电就会自己振荡发声。而如果是无源蜂鸣器,则需要外加一定频率(2~5 kHz)的驱动信号才会发声。这里选择使用有源蜂鸣器,方便使用。

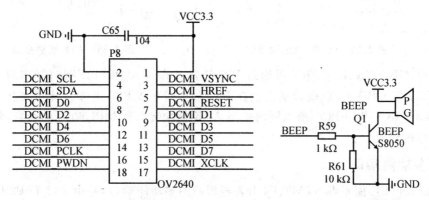

图 2.22　OLED/摄像头模块接口　　　　图 2.23　有源蜂鸣器

图中 Q1 用来扩流,R61 则是一个下拉电阻,避免 MCU 复位的时候蜂鸣器可能发声的现象。BEEP 信号直接连接在 MCU 的 PF8 上面,PF8 可以做 PWM 输出,所以如果想玩高级点(如控制蜂鸣器"唱歌"),就可以使用 PWM 来控制蜂鸣器。

24. SD 卡接口

ALIENTEK 探索者 STM32F4 开发板板载了一个 SD 卡(大卡/相机卡)接口,其原理图如图 2.24 所示。图中 SD_CARD 为 SD 卡接口,在开发板的底面,这也是探索者 STM32F4 开发板底面唯一的元器件。

SD 卡采用 4 位 SDIO 方式驱动,理论上最大速度可以达到 24 MB/s,非常适合需要高速存储的情况。图中,SDIO_D0、SDIO_D1、SDIO_D2、SDIO_D3、SDIO_SCK、SDIO_CMD 分别连接在 MCU 的 PC8、PC9、PC10、PC11、PC12、PD2 上面。特别注意,SDIO 和 OLED/摄像头的部分 I/O 有共用,所以在使用 OLED 模块或摄像头模块的时候只能和 SDIO 分时复用,不能同时使用。

25. ATK 模块接口

ALIENTEK 探索者 STM32F4 开发板板载了 ATK 模块接口,其原理图如图 2.25 所示。U7 是一个 1×6 的排座,可以用来连接 ALIENTEK 推出的一些模块,比如蓝牙串口模块、GPS 模块等。有了这个接口,我们连接模块就非常简单,插上即可工作。

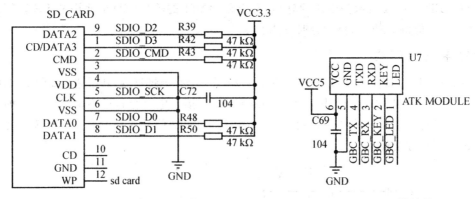

图 2.24　SD 卡/以太网接口　　　　　图 2.25　ATK 模块接口

图中,GBC_TX、GBC_RX 可通过 P10 排针选择接入 PB11、PB10(即串口 3),而 GBC_KEY 和 GBC_LED 则分别连接在 MCU 的 PF6 和 PC0 上面。特别注意:GBC_ LED 和 3D_INT 共用 PC0,所以同时使用 ATK 模块接口和 MPU6050 的时候,要注意 这个 I/O 的设置。

26. 多功能端口

ALIENTEK 探索者 STM32F4 开发板板载的多功能端口,是由 P12 和 P2 构成的 一个 6PIN 端口,其原理图如图 2.26 所示。从这个图,读者可能还看不出这个多功能 端口的全部功能,别担心,下面我们会详细介绍。

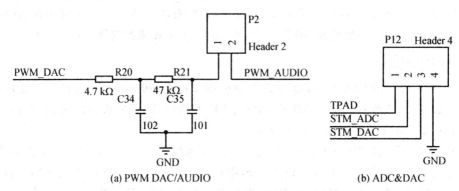

(a) PWM DAC/AUDIO　　　　　　　(b) ADC&DAC

图 2.26　多功能端口

首先介绍图 2.26(b)中的 P12,其中 TPAD 为电容触摸按键信号,连接在电容触摸 按键上。STM_ADC 和 STM_DAC 则分别连接在 PA5 和 PA4 上,用于 ADC 采集或 DAC 输出。当需要电容触摸按键的时候,我们通过跳线帽短接 TPAD 和 STM_ADC, 就可以实现电容触摸按键(利用定时器的输入捕获)。STM_DAC 信号既可以用作 DAC 输出,也可以用作 ADC 输入,因为 STM32 的该管脚同时具有这两个复用功能。 特别注意:STM_DAC 与摄像头的 DCMI_HREF 共用 PA4,所以不可以同时使用,但 是可以分时复用。

再来看看 P2。PWM_DAC 连接在 MCU 的 PA3,是定时器 2/5 的通道 4 输出,后面跟一个二阶 RC 滤波电路,其截止频率为 33.8 kHz。经过这个滤波电路,MCU 输出的方波就变为直流信号了。PWM_AUDIO 是一个音频输入通道,连接到 WM8978 的 AUX 输入,可通过配置 WM8978 输出到耳机/扬声器。特别注意:PWM_DAC 和 US-ART2_RX 共用 PA3,所以 PWM_DAC 和串口 2 的接收不可以同时使用,但是可以分时复用。

单独介绍完了 P12 和 P2,再来看看它们组合在一起的多功能端口,如图 2.27 所示。图中 AIN 是 PWM_AUDIO,PDC 是滤波后的 PWM_DAC 信号。下面来看看通过一个跳线帽,这个多功能接口可以实现哪些功能。

当不用跳线帽的时候:①AIN 和 GND 组成一个音频输入通道;②PDC 和 GND 组成一个 PWM_DAC 输出;③DAC 和 GND 组成一个 DAC 输出/ADC 输入(因为 DAC 脚也刚好也可以做 ADC 输入);④ADC 和 GND 组成一组 ADC 输入;⑤TPAD 和 GND 组成一个触摸按键接口,可以连接其他板子实现触摸按键。

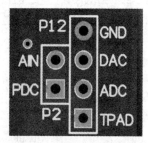

图 2.27　组合后的多功能端口

当使用一个跳线帽的时候:①AIN 和 PDC 组成一个 MCU 的音频输出通道,实现 PWM DAC 播放音乐。②AIN 和 DAC 同样可以组成一个 MCU 的音频输出通道,也可以用来播放音乐。③DAC 和 ADC 组成一个自输出测试,用 MCU 的 ADC 来测试 MCU 的 DAC 输出。④PDC 和 ADC 组成另外一个子输出测试,用 MCU 的 ADC 来测试 MCU 的 PWM DAC 输出。⑤ADC 和 TPAD 组成一个触摸按键输入通道,实现 MCU 的触摸按键功能。可以看出,这个多功能端口可以实现 10 个功能,所以,只要设计合理,1+1 是大于 2 的。

27. 以太网接口(RJ45)

ALIENTEK 探索者 STM32F4 开发板板载了一个以太网接口(RJ45),原理图如图 2.28 所示。STM32F4 内部自带网络 MAC 控制器,所以只需要外加一个 PHY 芯片即可实现网络通信功能。这里选择 LAN8720A 作为 STM32F4 的 PHY 芯片,该芯片采用 RMII 接口与 STM32F4 通信,占用 I/O 较少,且支持 auto mdix(可自动识别交叉、直连网线)功能。板载一个自带网络变压器的 RJ45 头(HR91105A),一起组成一个 10/100M 自适应网卡。

图中,ETH_MDIO、ETH_MDC、RMII_TXD0、RMII_TXD1、RMII_TX_EN、RMII_RXD0、RMII_RXD1、RMII_CRS_DV、RMII_REF_CLK、ETH_RESET 分别接在 MCU 的 PA2、PC1、PG13、PG14、PG11、PC4、PC5、PA7、PA1、PD3 上。特别注意:网络部分 ETH_MDIO 与 USART2_TX 共用 PA2,所以网络和串口 2 的发送不可以同时使用,但是可以分时复用。

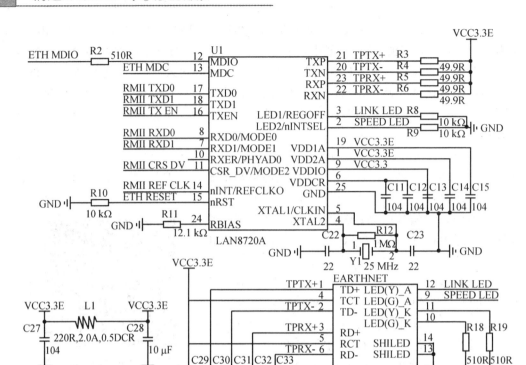

图 2.28 以太网接口电路

28. I²S 音频编解码器

ALIENTEK 探索者 STM32F4 开发板板载 WM8978 高性能音频编解码芯片,其原理图如图 2.29 所示。WM8978 是一颗低功耗、高性能的立体声多媒体数字信号编解码器,内部集成了 24 位高性能 DAC&ADC,可以播放最高 192K24 bit 的音频信号,并且自带段 EQ 调节,支持 3D 音效等功能。不仅如此,该芯片还结合了立体声差分麦克风的前置放大与扬声器、耳机和差分、立体声线输出的驱动,减少了应用时必需的外部组件,直接可以驱动耳机(16 Ω@40 mW)和喇叭(8 Ω/0.9 W),无须外加功放电路。

图中,P1 是扬声器接口,可以用来接外界 1 W 左右的扬声器。MIC 是板载的咪头,可用于录音机实验,实现录音。PHONE 是 3.5 mm 耳机输出接口,可以用来插耳机。LINE_IN 则是线路输入接口,可以用来外接线路输入,实现立体声录音。

该芯片采用 I²S 接口与 MCU 连接,图中 I2S_LRCK、I2S_SCLK、I2S_SDOUT、I2S_SDIN、I2S_MCLK、IIC_SCL、IIC_SDA 分别接在 MCU 的 PB12、PB13、PC2、PC3、PC6、PB8、PB9 上。特别注意:I2S_MCLK 和 DCMI_D0 共用 PC6,所以 I²S 音频播放和 OLED 模块/摄像头模块不可同时使用。另外,IIC_SCL 和 IIC_SDA 是与 24C02/MPU6050 等共用一个 I²C 接口。

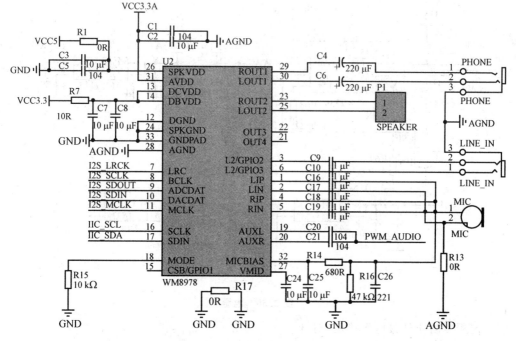

图 2.29　I²S 音频编解码芯片

29. 电　源

ALIENTEK 探索者 STM32F4 开发板板载的电源供电部分原理图如图 2.30 所示。图中,总共有 3 个稳压芯片:U15、U16、U18,DC_IN 用于外部直流电源输入,经过 U15 DC - DC 芯片转换为 5 V 电源输出。其中,D4 是防反接二极管,避免外部直流电源极性搞错的时候,烧坏开发板。K1 为开发板的总电源开关,F1 为 1 000 mA 自恢复保险丝,用于保护 USB。U16 和 U18 均为 3.3 V 稳压芯片,给开发板提供 3.3 V 电源,其中 U16 输出的 3.3 V 给数字部分用,U18 输出的 3.3 V 给模拟部分(WM8978)使用,分开供电,以得到最佳音质。

这里还有 USB 供电部分没有列出来,其中 VUSB 就来自于 USB 供电部分,我们将在相应章节进行介绍。

30. 电源输入输出接口

ALIENTEK 探索者 STM32F4 开发板板载了两组简单电源输入输出接口,其原理图如图 2.31 所示。图中,VOUT1 和 VOUT2 分别是 3.3 V 和 5 V 的电源输入输出接口,有了这 2 组接口,就可以通过开发板给外部提供 3.3 V 和 5 V 电源了;虽然功率不大(最大 1 000 mA),但是一般情况都够用了。同时,这两组端口也可以用来由外部给开发板供电。

图中 D5 和 D6 为 TVS 管,可以有效避免 VOUT 外接电源、负载不稳的时候(尤其是开发板外接电机、继电器、电磁阀等感性负载的时候),对开发板造成的损坏。同时还

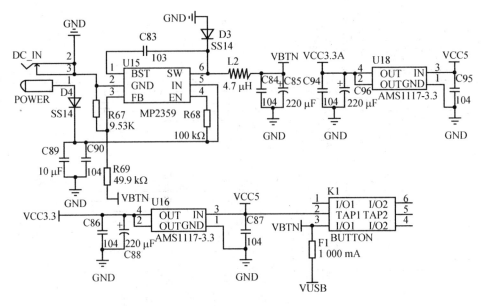

图 2.30 电源

能一定程度防止外接电源接反,对开
发板造成的损坏。

31. USB 串口

ALIENTEK 探索者 STM32F4
开发板板载了一个 USB 串口,其原
理图如图 2.32 所示。USB 转串口
这里选择的是 CH340G,是南京沁恒
的产品,稳定性经测试还不错。图中
Q3 和 Q4 的组合构成了开发板的一

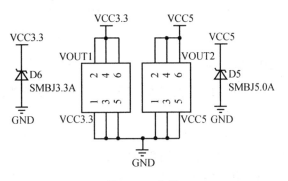

图 2.31 电源

键下载电路,只需要在 FlyMcu 软件设置 DTR 的低电平复位,RTS 高电平进 Boot-
Loader 就可以一键下载代码了,而不需要手动设置 B0 和按复位了。其中,RESET 是
开发板的复位信号,BOOT0 则是启动模式的 B0 信号。

一键下载电路的具体实现过程:首先,mcuisp 控制 DTR 输出低电平,则 DTR_N
输出高,然后 RTS 置高,则 RTS_N 输出低,这样 Q4 导通了,BOOT0 被拉高,即实现设
置 BOOT0 为 1,同时 Q3 也会导通,STM32F4 的复位脚被拉低,实现复位。然后,延时
100 ms 后,mcuisp 控制 DTR 为高电平,则 DTR_N 输出低电平,RTS 维持高电平,则
RTS_N 继续为低电平,此时由于 Q3 不再导通,STM32F4 的复位引脚变为高电平,
STM32F4 结束复位,但是 BOOT0 还是维持为 1,从而进入 ISP 模式。接着 mcuisp 就
可以开始连接 STM32F4 下载代码了,从而实现一键下载。

USB_232 是一个 MiniUSB 座,提供 CH340G 和计算机通信的接口,同时可以给开
发板供电,VUSB 就是来自计算机 USB 的电源,USB_232 是本开发板的主要供电口。

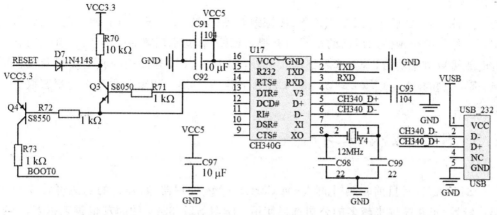

图 2.32　USB 串口

2.2　开发板使用注意事项

为了让读者更好地使用 ALIENTEK 探索者 STM32F4 开发板,这里总结该开发板使用的时候尤其要注意的一些问题:

① 开发板一般情况由 USB_232 口供电,在第一次上电的时候由于 CH340G 在和计算机建立连接的过程中,导致 DTR/RTS 信号不稳定,会引起 STM32 复位 2～3 次,这个现象是正常的,后续按复位键就不会出现这种问题了。

② 一个 USB 供电最多 500 mA,且由于导线电阻存在,供到开发板的电压一般都不会有 5 V。如果使用了很多大负载外设,比如 4.3 寸屏、网络、摄像头模块等,那么可能引起 USB 供电不够。所以如果是使用 4.3 屏或者同时用到多个模块,建议读者使用一个独立电源供电。如果没有独立电源,建议可以同时插 2 个 USB 口,并插上 JTAG,这样供电可以更足一些。

③ JTAG 接口有几个信号(JTDI、JTDO、JTRST)被 USB_PWR(USB HOST)、SPI1(W25Q128 和 NRF24L01)占用了,所以调试这几个模块的时候建议选择 SWD 模式,其实最好就是一直用 SWD 模式。

④ 想使用某个 I/O 口用作其他用处的时候,须先看看开发板的原理图,该 I/O 口是否连接在开发板的某个外设上,如果有,该外设的这个信号是否会对你的使用造成干扰,先确定无干扰,再使用这个 I/O。比如 PF8 就不适合再用做其他输出,因为它接了蜂鸣器,如果输出高电平就会听到蜂鸣器的叫声了。

⑤ 开发板上的跳线帽比较多,使用某个功能的时候,要先查查这个是否需要设置跳线帽,以免浪费时间。

⑥ 当液晶显示白屏的时候,须先检查液晶模块是否插好(拔下来重新插试试);如果还不行,可以通过串口看看 LCD ID 是否正常,再做进一步的分析。

⑦ 开发板的 USB SLAVE 和 USB HOST 共用同一个 USB 口,所以不可以同时

使用。

至此,本书实验平台(ALIENTEK 探索者 STM32F4 开发板)的硬件部分就介绍完了。了解了整个硬件对后面的学习会有很大帮助,有助于理解后面的代码,在编写软件的时候可以事半功倍,希望读者细读! 另外,ALIENTEK 开发板的其他资料及教程更新,都可以在技术论坛 www.openedv.com 下载到,读者可以经常去这个论坛获取更新的信息。

2.3 STM32F4 学习方法

STM32F4 是目前较热门的 ARM Cortex-M4 处理器,其强大的功能可替代 DSP 很多特性,正在被越来越多的公司选择使用。学习 STM32F4 的朋友也越来越多,初学者可能认为 STM32F4 很难学,以前可能只学过 51,或者甚至连 51 都没学过的,一看到 STM32F4 那么多寄存器就懵了。其实,万事开头难,只要掌握了方法,学好 STM32F4 还是非常简单的,这里总结学习 STM32F4 的几个要点:

① 一款实用的开发板。

这个是实验的基础,有个开发板在手,什么东西都可以直观地看到。但开发板不宜多,多了的话连自己都不知道该学哪个了,觉得这个也还可以,那个也不错,那就这个学半天,那个学半天,结果学个四不像。倒不如从一而终,学完一个再学另外一个。

② 3 本参考资料,即《STM32F4xx 中文参考手册》、《STM32F3 与 F4 系列 Cortex-M4 内核编程手册》和《Cortex-M3 与 M4 权威指南》

《STM32F4xx 中文参考手册》是 ST 的官方资料,有 STM32F4 的详细介绍,包括了 STM32F4 的各种寄存器定义以及功能等,是学习 STM32F4 的必备资料之一。而《STM32F3 与 F4 系列 Cortex-M4 内核编程手册》则是对《STM32F4xx 中文参考手册》的补充,很多关于 Cortex-M4 内核的介绍(寄存器等)都可以在这个文档找到答案,该文档同样是 ST 的官方资料,专门针对 ST 的 Cortex-M4 产品。最后,《Cortex-M3 与 M4 权威指南》则针对 Cortex-M4 内核进行了详细介绍,并配有简单实例,对于想深入了解 Cortex-M4 内核的朋友,此文档是非常好的参考资料。

③ 掌握方法,勤学善悟。

STM32F4 不是"妖魔鬼怪",不要畏难,STM32F4 的学习和普通单片机一样,基本方法就是:

a) 掌握时钟树图(见《STM32F4xx 中文参考手册》图 13)

任何单片机必定是靠时钟驱动的,时钟是动力,STM32F4 也不例外,通过时钟树,我们可以知道,各种外设的时钟是怎么来的? 有什么限制? 从而理清思路,方便理解。

b) 多思考,多动手

所谓熟能生巧,先要熟,才能巧。如何熟悉? 这就要靠大家自己动手,多多练习了,光看/说是没什么太多用的,很多人问笔者,STM32F4 这么多寄存器,如何记得啊? 回答是:不需要全部记住。学习 STM32F4,不是应试教育,不需要考试,不需要倒背如流。只需要知道这些寄存器在哪个地方,用到的时候可以迅速查找到就可以了。完全是可以翻书、可以查资料、可以抄袭的,不需要死记硬背。掌握学习的方法远比掌握学习的内容重要得多。

　　熟悉之后就应该进一步思考,也就是所谓的巧了。我们提供了几十个例程供大家学习,跟着例程走,无非就是熟悉 STM32F4 的过程,只有进一步思考,才能更好地掌握STM32F4,即所谓的举一反三。例程是死的,人是活的,所以,可以在例程的基础上自由发挥,实现更多的其他功能,并总结规律,为以后的学习/使用打下坚实的基础,如此,方能信手拈来。

　　所以,学习一定要自己动手,光看视频,光看文档,是不行的。举个简单的例子,你看视频,教你如何煮饭,几分钟估计你就觉得学会了,实际上可以自己测试下是否真能煮好?

　　只要以上 3 点做好了,学习 STM32F4 基本上就不会有什么太大问题了。如果遇到问题,可以在我们的技术论坛(开源电子网 www.openedv.com)提问,论坛 STM32板块已经有 3W 多个主题,很多疑问已经有网友提过了,所以可以先在论坛搜索一下,很多时候可以直接找到答案。论坛是一个分享交流的好地方,是一个可以让大家互相学习、互相提高的平台,所以有时间可以多上去看看。

　　另外,很多 ST 官方发布的所有资料(芯片文档、用户手册、应用笔记、固件库、勘误手册等),大家都可以在 www.stmcu.org 下载到。也可以经常关注一下,ST 会将最新的资料都放到这个网址。

第 2 篇 软件篇

上一篇介绍了本书的实验平台,本篇将详细介绍 STM32F4 的开发软件:MDK5。通过该篇的学习可以了解到:①如何在 MDK5 下新建 STM32F4 工程;②工程的编译;③MDK5 的一些使用技巧;④软件仿真;⑤程序下载;⑥在线调试。这几个环节概括了一个完整的 STM32F4 开发流程。本篇将图文并茂地介绍以上几个方面,通过本篇的学习,希望读者能掌握 STM32F4 的开发流程,并能独立开始 STM32F4 的编程和学习。

本篇将分为如下 3 个章节:

① MDK5 软件入门;

② 下载与调试;

③ SYSTEM 文件夹介绍。

第 **3** 章

MDK5 软件入门

本章将介绍 MDK5 软件的使用,通过本章的学习,我们最终将建立一个自己的 MDK5 工程,同时还介绍 MDK5 软件的一些使用技巧。

3.1 MDK5 简介

MDK 源自德国的 KEIL 公司,是 RealView MDK 的简称。在全球 MDK 被超过 10 万的嵌入式开发工程师使用,目前最新版本为 MDK5.11a;该版本使用 μVision5 IDE 集成开发环境,是目前针对 ARM 处理器,尤其是 Cortex – M 内核处理器的最佳开发工具。

MDK5 向后兼容 MDK4 和 MDK3 等,以前的项目同样可以在 MDK5 上进行开发 (但是头文件方面得全部自己添加),MDK5 同时加强了针对 Cortex – M 微控制器开发 的支持,并且对传统的开发模式和界面进行升级。MDK5 由两个部分组成:MDK Core 和 Software Packs。其中,Software Packs 可以独立于工具链进行新芯片支持和中间 库的升级,如图 3.1 所示。

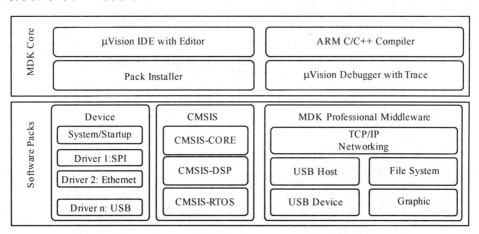

图 3.1 MDK5 组成

从图 3.1 可以看出,MDK Core 又分成 4 个部分:μVision IDE with Editor(编辑 器)、ARM C/C++ Compiler(编译器)、Pack Installer(包安装器)、μVision Debugger with Trace(调试跟踪器)。μVision IDE 从 MDK4.7 版本开始就加入了代码提示功能

和语法动态检测等实用功能,相对于以往的 IDE 改进很大。

Software Packs(包安装器)又分为 Device(芯片支持)、CMSIS(ARM Cortex 微控制器软件接口标准)和 Mdidleware(中间库)3 个小部分,通过包安装器可以安装最新的组件,从而支持新的器件、提供新的设备驱动库以及最新例程等,加速产品开发进度。

同以往的 MDK 不同,以往的 MDK 把所有组件到包含到了一个安装包里面,显得十分"笨重",MDK5 则不一样,MDK Core 是一个独立的安装包,并不包含器件支持、设备驱动、CMSIS 等组件,大小才 300M 左右,相对于 MDK4.70A 的 500 多 M,"瘦身明显"。MDK5 安装包可以在 http://www.keil.com/demo/eval/arm.htm 下载到;而器件支持、设备驱动、CMSIS 等组件,则可以单击 MDK5 的 Build Toolbar 的最后一个图标调出 Pack Installer 来安装各种组件,也可以在 http://www.keil.com/dd2/pack 下载安装。

最后,学习 STM32F407 必须要安装两个包:ARM.CMSIS.4.1.1.pack(用于支持 ST 标准库,也就是所谓的库函数)和 Keil.STM32F4xx_DFP.1.0.8.pack(STM32F4 的器件库)。这两个包以及 MDK5.11a 的安装软件可以在本书配套资料里面查找并自行安装即可。

3.2 新建 MDK5 工程

MDK5 的安装可参考本书配套资料:1,ALIENTEK 探索者 STM32F4 开发板入门资料→MDK5.11a 安装手册.pdf,里面详细介绍了 MDK5 的安装方法。本节教读者如何新建一个 STM32 的 MDK5 工程。为了方便参考,我们将本节最终新建好的工程模板存放在本书配套资料:4,程序源码\1,标准例程-寄存器版本\实验 0 新建工程实验,如遇新建工程问题,请打开该实验对比。

首先,打开 MDK(以下将 MDK5 简称为 MDK)软件,然后选择 Project→New μVision Project 菜单项,则弹出如图 3.2 所示对话框。

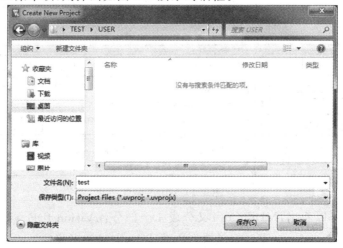

图 3.2 保存工程界面

在桌面新建一个 TEST 的文件夹,然后在 TEST 文件夹里面新建 USER 文件夹,将工程名字设为 test,保存在这个 USER 文件夹里面后,弹出选择器件的对话框,如图 3.3 所示。因为 ALIENTEK 探索者 STM32F4 开发板所使用的 STM32 型号为 STM32F407ZGT6,所以这里选择 STMicroelectronics → STM32F4 Series → STM32F407→STM32F407ZGT6(如果使用的是其他系列的芯片,选择相应的型号就可以了,特别注意:一定要安装对应的器件 pack 才会显示这些内容)。单击 OK,则 MDK 会弹出 Manage Run - Time Environment 对话框,如图 3.4 所示。

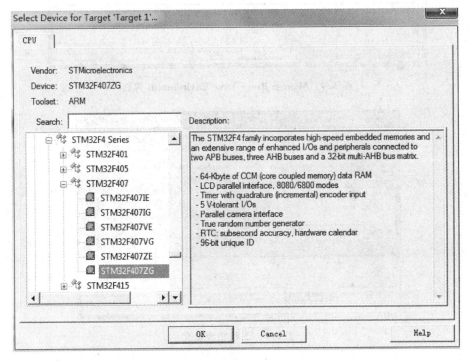

图 3.3　器件选择界面

这是 MDK5 新增的一个功能,在这个界面可以添加自己需要的组件,从而方便构建开发环境,这里不详细介绍。所以在图 3.4 所示界面直接单击 Cancel 即可,于是弹出如图 3.5 所示界面。

到这里,我们还只是建了一个框架,还需要添加启动代码以及.c 文件等。这里先介绍一下启动代码。启动代码是一段和硬件相关的汇编代码,是必不可少的,主要作用如下:①堆栈(SP)的初始化;②初始化程序计数器(PC);③设置向量表异常事件的入口地址;④调用 main 函数。

ST 公司为 STM32F40x 和 STM32F41x 系列的 STM32F4 提供了一个共同的启动文件,名字为 startup_stm32f40_41xxx.s。我们开发板使用的是 STM32F407ZGT6,属于 STM32F40x 系列里面的,所以直接使 startup_stm32f40_41xxx.s 启动文件即可。不过这个启动文件我们做了一点点修改,具体是 Reset_Handler 函数,该函数修改后代码如下:

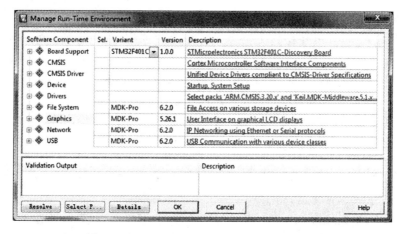

图 3.4　**Manage Run – Time Environment** 界面

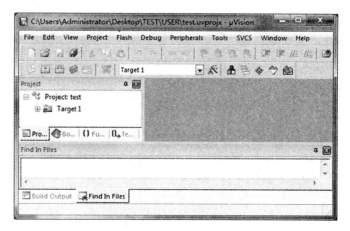

图 3.5　工程初步建立

```
Reset_Handler       PROC
                    EXPORT   Reset_Handler          [WEAK]
        ;IMPORT   SystemInit      ;寄存器代码,不需要在这里调用 SystemInit 函数
                                  ;故屏蔽掉,库函数版本代码,可以留下
                                  ;不过需要在外部实现 SystemInit 函数,否则会报错
        IMPORT   __main
                 LDR     R0, = 0xE000ED88      ;使能浮点运算 CP10,CP11
                 LDR     R1,[R0]
                 ORR     R1,R1,#(0xF << 20)
                 STR     R1,[R0]
                ;LDR     R0, = SystemInit      ;寄存器代码,未用到,屏蔽
                ;BLX     R0                    ;寄存器代码,未用到,屏蔽
                 LDR     R0, = __main
                 BX      R0
                 ENDP
```

　　这段代码主要加入了开启 STM32F4 硬件 FPU 的代码,以使能 STM32F4 的浮点运算单元。其中,0xE000ED88 就是协处理器控制寄存器(CPACR)的地址,该寄存器

的第 20～23 位用来控制是否支持浮点运算，这里全设置为 1，以支持浮点运算。关于 CPACR 寄存器的详细描述可参见本书配套资料的"STM32F3 与 F4 系列 Cortex－M4 内核编程手册.pdf"4.6.1 小节。另外，寄存器版本还屏蔽了 SystemInit 函数的调用，如果是库函数版本，则可以取消这个函数的注释，并在外部实现 SystemInit 函数。

特别注意：我们在汇编代码里面使能了 FPU，所以在 MDK 里面也要设置使用 FPU，否则代码可能会无法运行，设置方法如下：选择 Options for Target 'Target1'打开 Target 选项卡，在 Code Generation 栏里面选择 Use FPU，如图 3.6 所示。

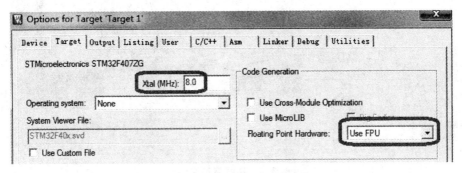

图 3.6　MDK 开启浮点运算

这样，MDK 编译生成的代码就可以直接使用硬件 FPU 了。其实就 2 个步骤：①设置 CPACR 寄存器 20～23 位全为 1，使能硬件 FPU。②设置 MDK 选型，选择 Use FPU。另外，图 3.6 中，MDK 默认 STM32F4 外部晶振为 12 MHz，我们板子用的 8 MHz，所以这里设置为 8 MHz。

修改后的这个启动文件在书本配套资料：4，程序源码→STM32 启动文件这个文件夹里面，这里把这个 startup_stm32f40_41xxx.s 复制到刚刚新建的 USER 文件夹里面。

在图 3.5 中找到 Target1→Source Group1 并双击，再设置打开文件类型为 Asm Source file，然后选择 startup_stm32f40_41xxx.s，单击 Add，如图 3.7 所示，添加完成，则得到如图 3.8 所示的界面。

至此，我们就可以开始编写自己的代码了。不过，在此之前先来做两件事：第一件，先编译一下，看看什么情况？编译后如图 3.9 所示。图 3.9 中①处为编译当前目标按钮，②处为全部重新编译按钮（工程大的时候编译耗时较久，建议少用）。出错和警告信息在下面的 Bulilt Output 对话框中提示出来了。因为工程中没有 main 函数，所以报错了。

第二件事，让我们看看存放工程的文件夹有什么变化？打开刚刚建立的 TEST 文件夹，如图 3.10 所示。看到文件夹下面多了很多文件（如果工程大，文件更多），但是其中真正有用的文件就两个：startup_stm32f40_41xxx.s 和 test.uvproj。其他都是编译过程产生的文件，整个看起来很乱。所以，我们在 TEST 目录下新建一个文件夹 OBJ。这样，USER 文件夹专门用来存放启动文件（startup_stm32f40_41xxx.s）、工程文件（test.uvproj）等不可缺少的文件，而 OBJ 则用来存放这些编译过程中产生的过程文件（包括.hex 文件也存放在这个文件夹里面）。然后把这些东西全部移到相应的文件夹

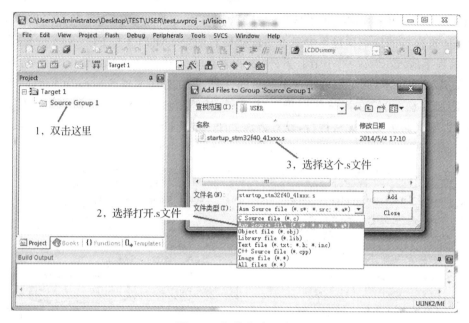

图 3.7　加载启动文件

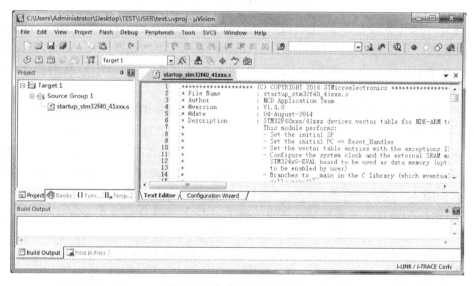

图 3.8　成功添加启动文件

下(当然要先关闭 MDK 软件)。整理后效果如图 3.11 所示。

　　由于上面还没有任何代码在工程里面,这里把系统代码复制过来(即 SYSTEM 文件夹,该文件夹由 ALIENTEK 提供,可以在本书配套资料任何一个实例的工程目录下找到,不过不要复制错了,不要把库函数代码的系统文件夹复制到寄存器代码里面用,反之亦然! 这些代码在任何 STM32F40x/STM32F41x 的芯片上都是通用的,可以用于快速构建自己的工程,后面会有详细介绍)。完成之后,TEST 文件夹下的文件如图3.12所示。

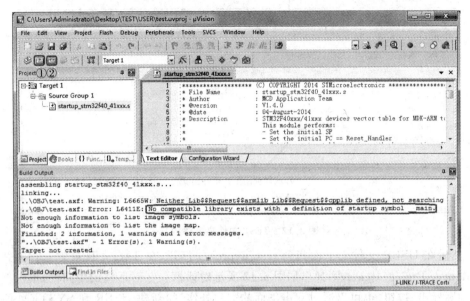

图 3.9　编译结果

图 3.10　编译后工程文件夹的变化

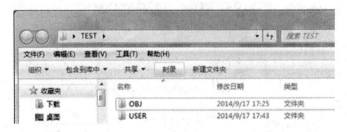

图 3.11　整理后效果

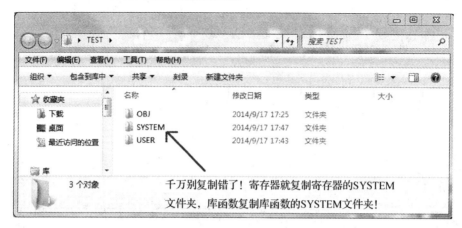

图 3.12 TEST 文件夹最终模样

然后在 USER 文件夹下面找到 test. uvproj 并打开,在 Target 目录树上右击并选择 Manage Project Items,则弹出如图 3.13 所示对话框。在对话框的中间栏,单击新建(用圆圈标出)按钮(也可以通过双击下面的空白处实现)新建 USER 和 SYSTEM 两个组。然后单击 Add Files 按钮,把 SYSTEM 文件夹 3 个子文件夹里面的 sys. c、usart. c、delay. c 加入到 SYSTEM 组中。注意:此时 USER 组下还是没有任何文件,得到如图 3.14 所示的界面。

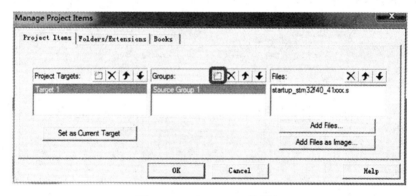

图 3.13 Components 选项卡

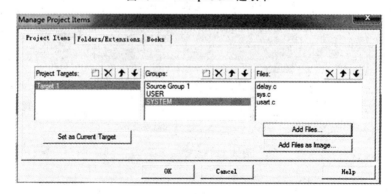

图 3.14 修改结果

单击 OK 退出该界面返回 IDE。这时发现，在 Target1 树下多了 2 个组名，就是我们刚刚新建的 2 个组，如图 3.15 所示。

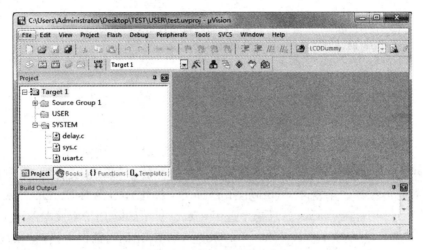

图 3.15　在编辑状态下的体现

接着，我们新建一个 test. c 文件并保存在 USER 文件夹下。然后双击 USER 组，则弹出加载文件的对话框，此时在 USER 目录下选择 test. c 文件加入到 USER 组下，得到如图 3.16 所示的界面。至此，我们就可以开始编写代码了。在 test. c 文件里面输入如下代码：

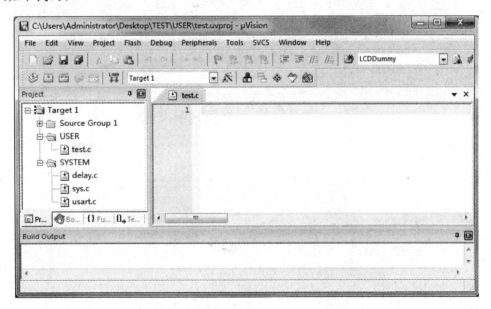

图 3.16　在 USER 组下加入 test. c 文件

```
# include "sys. h"
# include "usart. h"
# include "delay. h"
```

```
int main(void)
{
    u8 t = 0;
    Stm32_Clock_Init(336,8,2,7);//初始化时钟为 168 MHz
    delay_init(168);             //初始化延时函数
    uart_init(84,115200);        //串口初始化为 115200
    while(1)
    {
        printf("t:% d\r\n",t);
        delay_ms(500);
        t ++ ;
    }
}
```

　　如果此时编译的话,则生成的过程文件还是会存放在 USER 文件夹下,所以先设置输出路径再编译。单击 (Options for Target 按钮),则弹出 Options for Target 'Target 1'对话框,在 Output 选项卡中选中 Create Hex File(用于生成 Hex 文件,后面会用到)复选框,并单击 Select Folder for Objects,在弹出的对话框中找到 OBJ 文件夹再单击 OK,如图 3.17 所示。

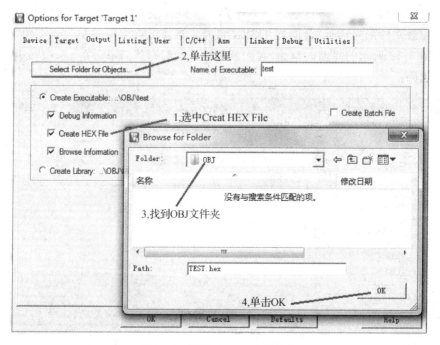

图 3.17　设置 Output 文件路径

　　接着设置 Listings 文件路径,在图 3.17 的基础上选择 Listing 选项卡,单击 Select Folder for Listings 按钮,在弹出的对话框中找到 OBJ 文件夹再单击 OK,如图 3.18 所示。

　　最后单击 OK 回到 IDE 主界面,如图 3.19 所示。这个界面同我们刚输入完代码的时候一样,第一行出现一个红色的"X",把光标放上面会看到提示信息:fatal error:

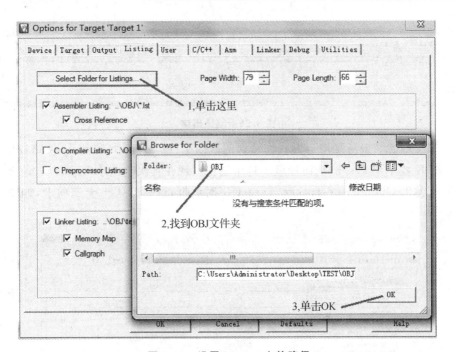

图 3.18　设置 Listings 文件路径

'sys. h' file not found,意思是找不到 sys. h 这个源文件。这是 MDK4.7 以上才支持的动态语法检查功能,不需要编译就可以实时检查出语法错误,方便编写代码,非常实用的一个功能,后续会详细介绍。当然,也可以编译一下,MDK 会报错,然后双击第一个错误即可定位到出错的地方,如图 3.20 所示。

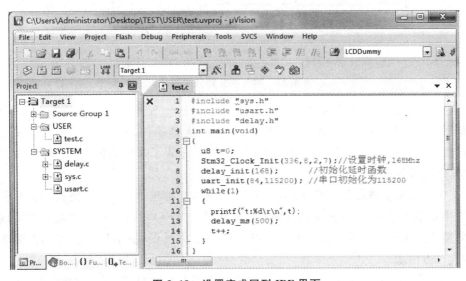

图 3.19　设置完成回到 IDE 界面

　　双击红圈内的内容会发现,在 test.c 的 01 行出现了一个浅绿色的三角箭头,说明错误是这个地方产生的(这个功能很实用,用于快速定位错误、警告产生的地方)。

图 3.20　编译出错

错误提示已经很清楚地告诉我们错误的原因了:就是 sys.h 的 include 路径没有加进去,MDK 找不到 sys.h,从而导致了这个错误。现在再次单击(Options for Target 按钮),则弹出 Options for Target'Target 1'对话框,选择 C/C++选项卡,如图 3.21 所示。

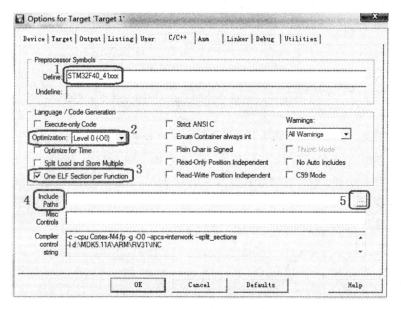

图 3.21　加入头文件包含路径

这里特别提醒:图中 1 处设置的 STM32F40_41xxx 宏是为了兼容低版本的 MDK (比如 MDK4/MDK3 等)才添加的,MDK5 在用户选择器件的时候就会内部定义这个宏,因此在 MDK5 下面这里不设置也是可以的。但是为了兼容低版本的 MDK,我们还是将这个宏添加进来。

图中 2 处是编译器优化选项,有-O0~-O3 这 4 种选择(default 则是-O2),值越大,优化效果越强,但是仿真调试效果越差。这里选择-O0 优化,以得到最好的调试效果,方便开发代码。代码调试结束后可以选择-O2 之类的优化,得到更好的性能和更少的代码占用量。

图中 3 处,One ELF Section per Function 主要是用来对冗余函数的优化。通过这个选项可以在最后生成的二进制文件中将冗余函数排除掉,以便最大程度地优化最后生成的二进制代码,所以一般选中这项,从而减少整个程序的代码量。

然后在 Include Paths 处(4 处)单击 5 处的按钮。在弹出的对话框中加入 SYS-TEM 文件夹下的 3 个文件夹名字,把这几个路径都加进去(此操作即加入编译器的头文件包含路径,后面会经常用到),如图 3.22 所示。单击 OK 确认,回到 IDE,此时再单击🔳按钮,再编译一次,发现没错误了,得到如图 3.23 所示的界面。

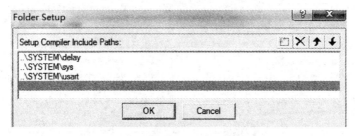

图 3.22　头文件包含路径设置

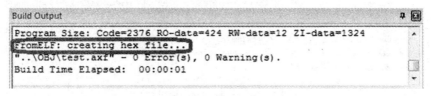

图 3.23　再次编译后的结果

　　因为我们之前选择了生成 Hex 文件,所以在编译的时候,MDK 会自动生成 Hex 文件(图中圈出部分)。这个文件在 OBJ 文件夹里面,串口下载的时候,我们就是下载这个文件到 STM32F4 里面的,这个在后面的程序下载一节会介绍。

　　这里有的读者编译后可能会出现一个警告:warning:♯1 - D last line of file ends without a newline。这个警告是在告诉我们,在某个 C 文件的最后没有输入新行,我们只需要双击这个警告,跳转到警告处,然后在后面输入多一个空行就好了。

　　至此,一个完整的 STM32F4 开发工程在 MDK5 下建立了。接下来就可以进行代码下载和仿真调试了。

3.3　MDK5 使用技巧

　　通过前面的学习,我们已经了解了如何在 MDK5 里面建立属于自己的工程。下面介绍 MDK5 软件的一些使用技巧,这些技巧在代码编辑和编写方面会非常有用,希望大家好好掌握,最好实际操作一下,加深印象。

3.3.1　文本美化

　　文本美化主要是设置一些关键字、注释、数字等的颜色和字体。前面在介绍 MDK5 新建工程的时候看到界面如图 3.23 所示,这是 MDK 默认的设置,可以看到其中的关键字和注释等字体的颜色不是很漂亮,而 MDK 提供了自定义字体颜色的功能。我们可以在工具条上单击🔧(配置对话框),则弹出如图 3.24 所示界面。

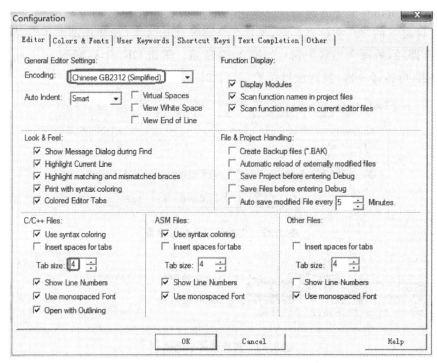

图 3.24 配置对话框

在该对话框中,先设置 Encoding 为 Chinese GB2312(Simplified),然后设置 Tab size 为 4,以更好地支持简体中文(否则,复制到其他地方的时候,中文可能是一堆的问号),同时 TAB 间隔设置为 4 个单位。然后,选择 Colors&Fonts 选项卡,在该选项卡内就可以设置自己代码的字体和颜色了。由于我们使用的是 C 语言,故在 Window 栏选择 C/C++ Editor Files,于是在右边就可以看到相应的元素了,如图 3.25 所示。

然后单击各个元素修改为喜欢的颜色(注意,是双击,有时候可能需要设置多次才生效,MDK 的 bug),当然也可以在 Font 栏设置字体的类型以及字体的大小等。设置成之后,单击 OK 就可以在主界面看到修改后的结果,例如修改后的代码显示效果如图 3.26 所示。这就比开始的效果好看一些了。字体大小可以直接按住 Ctrl+鼠标滚轮进行放大或者缩小,也可以在刚刚的配置界面设置字体大小。

细心的读者可能会发现,上面的代码里面有一个 u8 还是黑色的,这是一个用户自定义的关键字,为什么不显示蓝色(假定刚刚已经设置了用户自定义关键字颜色为蓝色)呢?这就又要回到我们刚刚的配置对话框了,但这次要选择 User Keywords 选项卡,同样选择 C/C++ Editor Files,在右边的 User Keywords 对话框下面输入自己定义的关键字,如图 3.27 所示。

图 3.28 中定义了 u8、u16、u32 这 3 个关键字,这样在以后的代码编辑里面只要出现这 3 个关键字,肯定就会变成蓝色。单击 OK 再回到主界面,则可以看到 u8 变成了蓝色,如图 3.28 所示。其实这个编辑配置对话框里面还可以对其他很多功能进行设置,比如动态语法检测等,下面详细介绍。

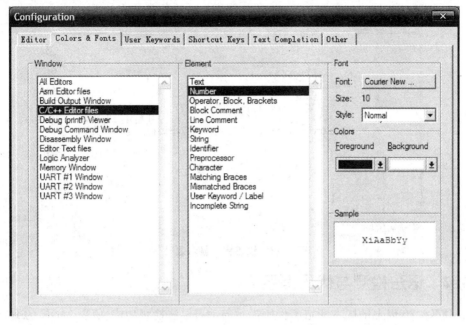

图 3.25　Colors & Fonts 选项卡

```
test.c
 1    #include "sys.h"
 2    #include "usart.h"
 3    #include "delay.h"
 4    int main(void)
 5  {
 6        u8 t=0;
 7        Stm32_Clock_Init(336,8,2,7);//设置时钟,168MHz
 8        delay_init(168);          //初始化延时函数
 9        uart_init(84,115200);     //串口初始化为115200
10        while(1)
11        {
12            printf("t:%d\r\n",t);
13            delay_ms(500);
14            t++;
15        }
16  }
```

图 3.26　设置完后显示效果

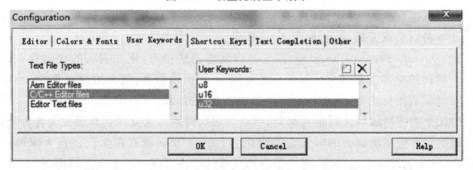

图 3.27　用户自定义关键字

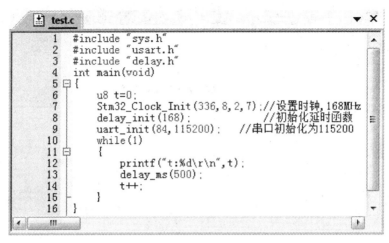

图 3.28　设置完后显示效果

3.3.2　语法检测与代码提示

　　MDK4.70 以上的版本新增了代码提示与动态语法检测功能,使得 MDK 的编辑器越来越好用了,这里简单说一下如何设置。单击🔧打开配置对话框,选择 Text Completion 选项卡,如图 3.29 所示。

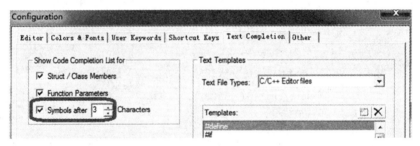

图 3.29　Text Completion 选项卡设置

➢ Struct/Class Members,用于开启结构体/类成员提示功能。

➢ Function Parameters,用于开启函数参数提示功能。

➢ Symbols after xx characters,用于开启代码提示功能,即在输入多少个字符以后提示匹配的内容(比如函数名字、结构体名字、变量名字等),这里默认设置 3 个字符以后就开始提示,如图 3.30 所示。

➢ Dynamic Syntax Checking,用于开启动态语法检测,比如编写的代码存在语法错误的时候会在对应行前面出现✖图标,如出现警告,则会出现⚠图标,将鼠标光标放图标上面,则会提示产生的错误/警告的原因,如图 3.31 所示。

　　这几个功能对编写代码很有帮助,可以加快代码编写速度并且及时发现各种问题。不过语法动态检测功能有的时候会误报(比如 sys.c 里面就有很多误报),大家可以不用理会,只要能编译通过(0 错误,0 警告),这样的语法误报一般直接忽略即可。

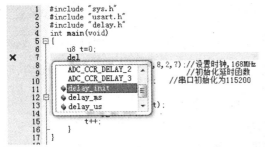

| 图 3.30 代码提示 | 图 3.31 语法动态检测功能 |

3.3.3 代码编辑技巧

这里介绍几个常用的技巧,这些小技巧能给代码编辑带来很大的方便。

1. TAB 键的妙用

TAB 键在很多编译器里面都是用来空位的,每按一下移空几个位。但是 MDK 的 TAB 键和一般编译器的 TAB 键有不同的地方,和 C++的 TAB 键差不多。MDK 的 TAB 键支持块操作。也就是可以让一片代码整体右移固定的几个位,也可以通过 SHIFT+TAB 键整体左移固定的几个位。

假设前面的串口 1 中断响应函数如图 3.32 所示,这样的代码大家肯定不会喜欢,这还只是短短的 30 来行代码,如果代码有几千行,肯定是难以接受的,这时就可以通过 TAB 键的妙用来快速修改为比较规范的代码格式。具体方法:选中一块代码然后按 TAB 键,则可以看到整块代码都跟着右移了一定距离,如图 3.33 所示。

接下来就是要多选几次,然后多按几次 TAB 键就可以达到迅速使代码规范化的目的,最终效果如图 3.34 所示。其中的代码相对于图 3.32 中的要好看多了,整个代码变得有条理多了,看起来很舒服。

2. 快速定位函数/变量被定义的地方

在调试代码或编写代码的时候,一定有时想看看某个函数是在那个地方定义的、具体里面的内容是怎么样的,也可能想看看某个变量或数组是在哪个地方定义的等。尤其在调试代码或者看别人代码的时候,如果编译器没有快速定位的功能,就只能慢慢地自己找,如果代码量一大,就要花很长时间来找这个函数到底在哪里。幸好 MDK 提供了这样的快速定位的功能:只要把光标放到这个函数/变量(xxx)的上面(xxx 为你想要查看的函数或变量的名字)右击,弹出如图 3.35 所示的菜单栏。

在图 3.35 中选择 Go to Definition Of 'STM32_Clock_Init' 就可以快速跳到 STM32_Clock_Init 函数的定义处(注意要先在 Options for Target 的 Output 选项卡里面选中 Browse Information 选项,再编译、定位,否则无法定位),如图 3.36 所示。

对于变量,也可以按这样的操作快速来定位这个变量被定义的地方,大大缩短了查找代码的时间。

```
62   void USART1_IRQHandler(void)
63  {
64   u8 res;
65  #ifdef OS_CRITICAL_METHOD    //如果OS_CRITICAL_METHOD定义了,说明使用ucosII了。
66   OSIntEnter();
67  #endif
68   if(USART1->SR&(1<<5))//接收到数据
69  {
70   res=USART1->DR;
71   if((USART_RX_STA&0x8000)==0)//接收未完成
72  {
73   if(USART_RX_STA&0x4000)//接收到了0x0d
74  {
75   if(res!=0x0a)USART_RX_STA=0;//接收错误,重新开始
76   else USART_RX_STA|=0x8000;   //接收完成了
77  }else //还没收到0X0D
78  {
79   if(res==0x0d)USART_RX_STA|=0x4000;
80   else
81  {
82   USART_RX_BUF[USART_RX_STA&0X3FFF]=res;
83   USART_RX_STA++;
84   if(USART_RX_STA>(USART_REC_LEN-1))USART_RX_STA=0;//接收数据错误,重新开始接收
85  }
86  }
87  }
88  }
89  #ifdef OS_CRITICAL_METHOD    //如果OS_CRITICAL_METHOD定义了,说明使用ucosII了。
90   OSIntExit();
91  #endif
92  }
```

图 3.32　头大的代码

```
62   void USART1_IRQHandler(void)
63  {
64       u8 res;
65       #ifdef OS_CRITICAL_METHOD    //如果OS_CRITICAL_METHOD定义了,说明使用ucosII了。
66       OSIntEnter();
67       #endif
68       if(USART1->SR&(1<<5))//接收到数据
69      {
70       res=USART1->DR;
71       if((USART_RX_STA&0x8000)==0)//接收未完成
72      {
73       if(USART_RX_STA&0x4000)//接收到了0x0d
74      {
75       if(res!=0x0a)USART_RX_STA=0;//接收错误,重新开始
76       else USART_RX_STA|=0x8000;   //接收完成了
77      }else //还没收到0X0D
78      {
79       if(res==0x0d)USART_RX_STA|=0x4000;
80       else
81      {
82       USART_RX_BUF[USART_RX_STA&0X3FFF]=res;
83       USART_RX_STA++;
84       if(USART_RX_STA>(USART_REC_LEN-1))USART_RX_STA=0;//接收数据错误,重新开始接收
85      }
86      }
87      }
88      }
89       #ifdef OS_CRITICAL_METHOD    //如果OS_CRITICAL_METHOD定义了,说明使用ucosII了。
90       OSIntExit();
91       #endif
92  }
```

图 3.33　代码整体偏移

很多时候,利用 Go to Definition 看完函数/变量的定义后,又想返回之前的代码继续看,此时可以通过 IDE 上的 ← 按钮(Back to previous position)快速返回之前的位置。

```
62    void USART1_IRQHandler(void)
63    {
64        u8 res;
65    #ifdef OS_CRITICAL_METHOD    //如果OS_CRITICAL_METHOD定义了,说明使用ucosII了。
66        OSIntEnter();
67    #endif
68        if(USART1->SR&(1<<5))//接收到数据
69        {
70            res=USART1->DR;
71            if((USART_RX_STA&0x8000)==0)//接收未完成
72            {
73                if(USART_RX_STA&0x4000)//接收到了0x0d
74                {
75                    if(res!=0x0a)USART_RX_STA=0;//接收错误,重新开始
76                    else USART_RX_STA|=0x8000;    //接收完成了
77                }else //还没收到0X0D
78                {
79                    if(res==0x0d)USART_RX_STA|=0x4000;
80                    else
81                    {
82                        USART_RX_BUF[USART_RX_STA&0X3FFF]=res;
83                        USART_RX_STA++;
84                        if(USART_RX_STA>(USART_REC_LEN-1))USART_RX_STA=0;//接收数据错误,重新开始接收
85                    }
86                }
87            }
88        }
89    #ifdef OS_CRITICAL_METHOD    //如果OS_CRITICAL_METHOD定义了,说明使用ucosII了。
90        OSIntExit();
91    #endif
92    }
```

图 3.34　修改后的代码

```
1    #include "sys.h"
2    #include "usart.h"
3    #include "delay.h"
4    int main(void)
5    {
6        u8 t=0;
7        Stm32_Clock_Init(336,8,2,7);//设置时钟 168M
8        delay_i
9        uart_in
10       while(1
11       {
12           pri
13           del
14           t++
15       }
16   }
17
```

（右键菜单）
- Split Window horizontally
- Insert '#include file'　▶
- Go to Headerfile
- ● **Insert/Remove Breakpoint**　F9
- ○ Enable/Disable Breakpoint　Ctrl+F9
- **Go To Definition Of 'Stm32_Clock_Init'**
- Go To Reference To 'Stm32_Clock_Init'

图 3.35　快速定位

3. 快速注释与快速消注释

在调试代码的时候,你可能会想注释某一片的代码来看看执行的情况,MDK 提供了这样的快速注释/消注释块代码的功能,也是通过右键实现的。这个操作比较简单,就是先选中要注释的代码区然后右击,选择 Advanced→Comment Selection 就可以了。

以 Stm32_Clock_Init 函数为例,比如要注释掉图 3.37 中所选中区域的代码,则只要在选中了之后右击,再选择 Advanced→Comment Selection 就可以把这段代码注释掉了,结果如图 3.38 所示。

这样就快速注释掉了一片代码,而在某些时候又希望这段注释的代码能快速地取消注释,MDK 也提供了这个功能。与注释类似,先选中被注释掉的地方,然后右击,在弹出的级联菜单中选择 Advanced,然后选择 Uncomment Selection 即可。

```
214    //系统时钟初始化函数
215    //plln:主PLL倍频系数(PLL倍频),取值范围:64~432.
216    //pllm:主PLL和音频PLL分频系数(PLL之前的分频),取值范围:2~63.
217    //pllp:系统时钟的主PLL分频系数(PLL之后的分频),取值范围:2,4,6,8.(仅限这4个值!)
218    //pllq:USB/SDIO/随机数产生器等的主PLL分频系数(PLL之后的分频),取值范围:2~15.
219    void Stm32_Clock_Init(u32 plln,u32 pllm,u32 pllp,u32 pllq)
220  □ {
221        RCC->CR|=0x00000001;              //设置HISON,开启内部高速RC振荡
222        RCC->CFGR=0x00000000;             //CFGR清零
223        RCC->CR&=0xFEF6FFFF;              //HSEON,CSSON,PLLON清零
224        RCC->PLLCFGR=0x24003010;          //PLLCFGR恢复复位值
225        RCC->CR&=~(1<<18);                //HSEBYP清零,外部晶振不旁路
226        RCC->CIR=0x00000000;              //禁止RCC时钟中断
227        Sys_Clock_Set(plln,pllm,pllp,pllq);//设置时钟
228        //配置向量表
229  □ #ifdef  VECT_TAB_RAM
230        MY_NVIC_SetVectorTable(1<<29,0x0);
231    #else
232        MY_NVIC_SetVectorTable(0,0x0);
233   ⌐#endif
234    }
```

图 3.36 定位结果

```
214    //系统时钟初始化函数
215    //plln:主PLL倍频系数(PLL倍频),取值范围:64~432.
216    //pllm:主PLL和音频PLL分频系数(PLL之前的分频),取值范围:2~63.
217    //pllp:系统时钟的主PLL分频系数(PLL之后的分频),取值范围:2,4,6,8.(仅限这4个值!)
218    //pllq:USB/SDIO/随机数产生器等的主PLL分频系数(PLL之后的分频),取值范围:2~15.
219    void Stm32_Clock_Init(u32 plln,u32 pllm,u32 pllp,u32 pllq)
220  □ {
221        RCC->CR|=0x00000001;              //设置HISON,开启内部高速RC振荡
222        RCC->CFGR=0x00000000;             //CFGR清零
223        RCC->CR&=0xFEF6FFFF;              //HSEON,CSSON,PLLON清零
224        RCC->PLLCFGR=0x24003010;          //PLLCFGR恢复复位值
225        RCC->CR&=~(1<<18);                //HSEBYP清零,外部晶振不旁路
226        RCC->CIR=0x00000000;              //禁止RCC时钟中断
227        Sys_Clock_Set(plln,pllm,pllp,pllq);//设置时钟
228        //配置向量表
229  □ #ifdef  VECT_TAB_RAM
230        MY_NVIC_SetVectorTable(1<<29,0x0);
231    #else
232        MY_NVIC_SetVectorTable(0,0x0);
233   ⌐#endif
234    }
```

图 3.37 选中要注释的区域

```
214    //系统时钟初始化函数
215    //plln:主PLL倍频系数(PLL倍频),取值范围:64~432.
216    //pllm:主PLL和音频PLL分频系数(PLL之前的分频),取值范围:2~63.
217    //pllp:系统时钟的主PLL分频系数(PLL之后的分频),取值范围:2,4,6,8.(仅限这4个值!)
218    //pllq:USB/SDIO/随机数产生器等的主PLL分频系数(PLL之后的分频),取值范围:2~15.
219    void Stm32_Clock_Init(u32 plln,u32 pllm,u32 pllp,u32 pllq)
220  □ {
221    //    RCC->CR|=0x00000001;              //设置HISON,开启内部高速RC振荡
222    //    RCC->CFGR=0x00000000;             //CFGR清零
223    //    RCC->CR&=0xFEF6FFFF;              //HSEON,CSSON,PLLON清零
224    //    RCC->PLLCFGR=0x24003010;          //PLLCFGR恢复复位值
225    //    RCC->CR&=~(1<<18);                //HSEBYP清零,外部晶振不旁路
226    //    RCC->CIR=0x00000000;              //禁止RCC时钟中断
227    //    Sys_Clock_Set(plln,pllm,pllp,pllq);//设置时钟
228    //    //配置向量表
229    //#ifdef  VECT_TAB_RAM
230    //    MY_NVIC_SetVectorTable(1<<29,0x0);
231    //#else
232    //    MY_NVIC_SetVectorTable(0,0x0);
233    //#endif
234    }
```

图 3.38 注释完毕

3.3.4　其他小技巧

除了前面介绍的几个比较常用的技巧,这里还介绍几个其他的小技巧,希望能让读者的代码编写"如虎添翼"。

第一个是快速打开头文件。将光标放到要打开的引用头文件上,然后右键选择 Open document"XXX",就可以快速打开这个文件了(XXX 是你要打开的头文件名字),如图 3.39 所示。

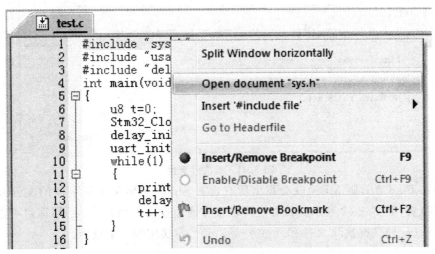

图 3.39　快速打开头文件

第二个小技巧是查找替换功能。这个和 WORD 等很多文档操作的替换功能是差不多的,在 MDK 里面查找替换的快捷键是"CTRL＋H",只要按下该按钮就会调出如图 3.40 所示界面。这个替换的功能在有的时候很有用,用法与其他编辑工具或编译器的差不多。

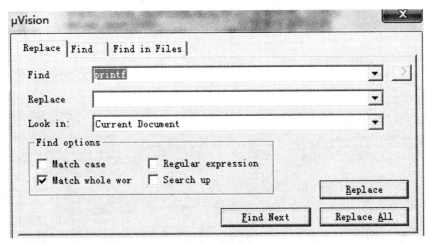

图 3.40　替换文本

第三个小技巧是跨文件查找功能,先双击要找的函数/变量名(这里还是以系统时钟初始化函数 Stm32_Clock_Init 为例),然后再单击 IDE 上面的,则弹出如图 3.41 所示对话框。

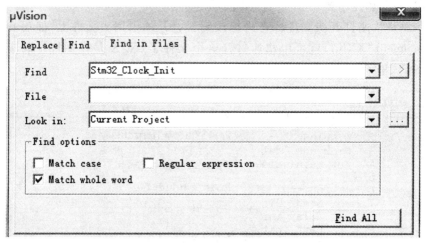

图 3.41　跨文件查找

单击 Find All,则 MDK 就会找出所有含有 Stm32_Clock_Init 字段的文件并列出其所在位置,如图 3.42 所示。该方法可以很方便地查找各种函数/变量,而且可以限定搜索范围(比如只查找.c 文件和.h 文件等),是非常实用的一个技巧。

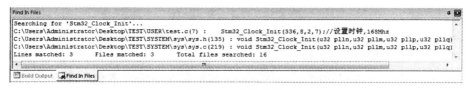

图 3.42　查找结果

第 **4** 章

下载与调试

本章介绍 STM32F4 的代码下载以及调试。这里的调试即硬件调试（在线调试）必须有仿真器（JLINK/ULINK/STLINK 等）才可以。通过本章的学习，可以了解到：①STM32F4程序下载；②利用 JLINK 对 STM32F4 进行在线调试。

4.1　STM32F4 程序下载

STM32F4 程序下载有多种方法，USB、串口、JTAG、SWD 等，最简单也是最经济的就是通过串口给 STM32F4 下载代码。本节介绍如何利用串口给 STM32F4（以下简称 STM32）下载代码。

STM32 的串口一般是通过串口 1 下载的，本书的实验平台 ALIENTEK 探索者 STM32F4 开发板不是通过 RS232 串口下载的，而是通过自带的 USB 串口来下载。看起来像是 USB 下载（只需一根 USB 线，并不需要串口线）的，实际上是通过 USB 转成串口再下载的。下面就一步步教读者如何在实验平台上利用 USB 串口来下载代码。

首先要在板子上设置一下，把 RXD 和 PA9（STM32 的 TXD）、TXD 和 PA10（STM32 的 RXD）通过跳线帽连接起来，这样就把 CH340G 和 MCU 的串口 1 连接上了。这里由于 ALIENTEK 这款开发板自带了一键下载电路，所以我们并不需要去关心 BOOT0 和 BOOT1 的状态，但是为了让下载完后可以按复位执行程序，建议读者把 BOOT1 和 BOOT0 都设置为 0。设置完成如图 4.1 所示。

这里简单说明一键下载电路的原理。我们知道，STM32 串口下载的标准方法是两个步骤：①把 B0 接 V3.3（保持 B1 接 GND）；②按一下复位按键。通过这两个步骤就可以通过串口下载代码了。下载完成之后，如果没有设置从 0X08000000 开始运行，则代码不会立即运行，此时，还需要把 B0 接回 GND，然后再按一次复位，才会开始运行刚刚下载的代码。所以整个过程需要跳动 2 次跳线帽、按 2 次复位，比较繁琐。而一键下载电路则利用串口的 DTR 和 RTS 信号，分别控制 STM32 的复位和 B0，配合上位机软件（FlyMcu，即 mcuisp 的最新版本）设置：DTR 的低电平复位，RTS 高电平进 BootLoader，这样，B0 和 STM32 的复位完全可以由下载软件自动控制，从而实现一键下载。

接着在 USB_232 处插入 USB 线，并接上计算机，如果之前没有安装 CH340G 的驱动（如果已经安装过了驱动，则应该能在设备管理器里面看到 USB 串口，如果不能则要先卸载之前的驱动，卸载完后重启计算机，再重新安装我们提供的驱动），则需要先安

图 4.1　开发板串口下载跳线设置

装 CH340G 的驱动,找到本书配套资料中软件资料→软件文件夹下的 CH340 驱动,安装该驱动。

　　在驱动安装成功之后,拔掉 USB 线,然后重新插入计算机,此时计算机就会自动给其安装驱动了。在安装完成之后,就可以在计算机的设备管理器里面找到 USB 串口(如果找不到,则重启下计算机),如图 4.2 所示。在图 4.2 中可以看到,我们的 USB 串口被识别为 COM3。注

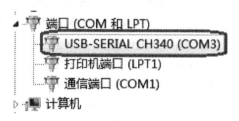

图 4.2　USB 串口

意:不同计算机可能不一样,你的可能是 COM4、COM5 等,但是 USB‑SERIAL CH340 一定是一样的。如果没找到 USB 串口,则有可能是安装有误或者系统不兼容。

　　安装了 USB 串口驱动之后,就可以开始串口下载代码了。这里串口下载软件选择的是 FlyMcu,该软件是 mcuisp 的升级版本(FlyMcu 新增对 STM32F4 的支持),由 ALIENTEK 提供部分赞助,mcuisp 作者开发,可以在 www. mcuisp. com 免费下载。本书配套资料也附带了这个软件,版本为 V0.188。该软件启动界面如图 4.3 所示。

　　然后选择要下载的 Hex 文件,以前面新建的工程为例,因为我们前面在工程建立的时候就已经设置了生成 Hex 文件,所以编译的时候已经生成了 Hex 文件,只需要找到这个 Hex 文件下载即可。

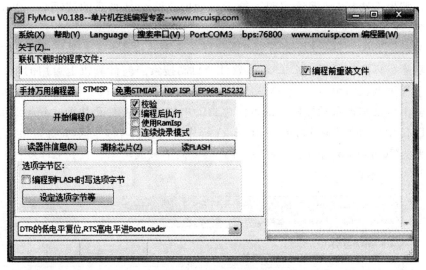

图 4.3　FlyMcu 启动界面

用 FlyMcu 软件打开 OBJ 文件夹，找到 TEST.hex 打开并进行相应设置后，如图 4.4 所示。图中圆圈中的设置是我们建议的设置。编程后执行，这个选项在无一键下载功能的条件下是很有用的。选中该选项之后，可以在下载完程序之后自动运行代码；否则，还需要按复位键才能开始运行刚刚下载的代码。

图 4.4　FlyMcu 设置

编程前重装文件，该选项也比较有用，当选中该选项之后，FlyMcu 会在每次编程之前，将 hex 文件重新装载一遍，这对于代码调试的时候是比较有用的。特别提醒：不要选择使用 RamIsp，否则，可能没法正常下载。

最后，我们选择 DTR 的低电平复位，RTS 高电平进 BootLoader，这个选择项选中，FlyMcu 就会通过 DTR 和 RTS 信号来控制板载的一键下载功能电路，以实现一键下载功能。如果不选择,则无法实现一键下载功能。这个是必要的选项(在 BOOT0 接GND 的条件下)。

在装载了 hex 文件之后,我们要下载代码还需要选择串口,这里 FlyMcu 有智能串口搜索功能。每次打开 FlyMcu 软件,软件会自动搜索当前计算机上可用的串口,然后选中一个作为默认的串口(一般是最后一次关闭时选择的串口)。也可以通过单击菜单栏的搜索串口来实现自动搜索当前可用串口。串口波特率则可以通过 bps 那里设置,对于 STM32F4,由于 F4 自带的 bootlaoder 程序对高波特率支持不太好,所以,推荐设置波特率为 76 800 bps,高的波特率将导致极低的下载成功率。找到 CH340 虚拟的串口,如图 4.5 所示。

图 4.5　CH340 虚拟串口

从之前 USB 串口的安装可知,开发板的 USB 串口被识别为 COM3 了(如果你的计算机是被识别为其他的串口,则选择相应的串口即可),所以我们选择 COM3,波特率设置为 76800。设置好之后就可以通过按开始编程(P)按钮一键下载代码到 STM32上,下载成功后如图 4.6 所示。

图 4.6　下载完成

图 4.6 中,第 1 个圈圈出了 FlyMcu 对一键下载电路的控制过程,其实就是控制 DTR 和 RTS 电平的变化,控制 BOOT0 和 RESET,从而实现自动下载。第 2 个圈这里需要特别注意,因为 STM32F4 的每次下载都需要整片擦除,而 STM32F4 的整片擦除是非常慢的(STM32F1 比较快),这里的全片擦除得等待几十秒钟才可以执行完成。但是 JLINK 下载不存在这个问题,所以,建议最好还是用 JLINK 下载比较快。

另外,下载成功后会有"共写入 xxxxKB,耗时 xxxx 毫秒"的提示,并且从 0X8000000 处开始运行了。打开串口调试助手(XCOM V2.0,在本书配套资料的 6,软件资料→软件→串口调试助手里面)选择 COM3(根据实际情况选择),设置波特率为 115200,则发现从 ALIENTEK 探索者 STM32F4 开发板发回来的信息,如图 4.7 所示。接收到的数据和我们期望的是一样的,证明程序没有问题。至此,说明下载代码成功了,并且从硬件上验证了代码的正确性。

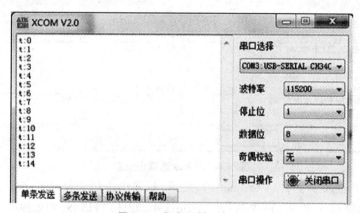

图 4.7　程序开始运行了

4.2　STM32F4 在线调试

4.1 节介绍了如何利用串口给 STM32 下载代码,并在 ALIENTEK 探索者 STM32F4 开发板上验证了程序的正确性。这个代码比较简单,所以不需要硬件调试,我们直接就一次成功了。可是,如果代码工程比较大,难免存在一些 bug,这时就有必要通过在线调试来解决问题了。

串口只能下载代码,并不能实时跟踪调试,而利用调试工具,比如 JLINK、ULINK、STLINK 等就可以实时跟踪程序,从而找到你程序中的 bug,使开发事半功倍。这里以 JLINK V8 为例说说如何在线调试 STM32F4。

JLINK V8 支持 JTAG 和 SWD,同时 STM32F4 也支持 JTAG 和 SWD。所以,我们有 2 种方式来调试,JTAG 调试的时候,占用的 I/O 线比较多,而 SWD 调试的时候占用的 I/O 线很少,只需要两根即可。

JLINK V8 的驱动安装比较简单,这里就不说了。安装了 JLINK V8 的驱动之后,接 JLINK V8,并把 JTAG 口插到 ALIENTEK 探索者 STM32F4 开发板上,打开 3.2 节新建的工程,单击 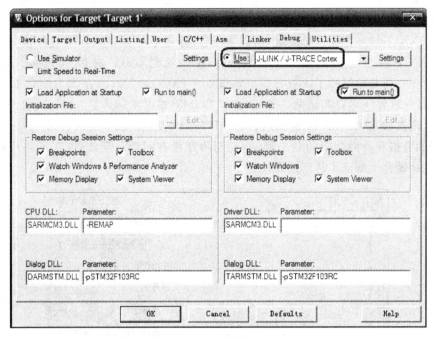（小图标）,打开 Options for Target 对话框,在 Debug 选项卡选择仿真工具为 J – LINK/J – TRACE Cortex,如图 4.8 所示。

图 4.8 Debug 选项卡设置

图 4.8 中还选中了 Run to main(),之后,只要单击仿真就会直接运行到 main 函数;如果没选择这个选项,则先执行 startup_stm32f40_41xxx.s 文件的 Reset_Handler,再跳到 main 函数。然后单击 Settings 设置 J – LINK 的一些参数,如图 4.9 所示。图中使用 J – LINK V8 的 SW 模式调试,因为 JTAG 需要占用比 SW 模式多很多的I/O口,而在 ALIENTEK 探索者 STM32F4 开发板上这些 I/O 口可能被其他外设用到,可能造成部分外设无法使用。所以,建议调试时一定要选择 SW 模式。Max Clock 项可以单击 Auto Clk 来自动设置,图 4.9 中设置 SWD 的调试速度为 10 MHz。这里,如果你的 USB 数据线比较差,那么可能会出问题,此时可以通过降低这里的速率来试试。

单击 OK 完成此部分设置,接下来还需要在 Utilities 选项卡里面设置下载时的目标编程器,如图 4.10 所示。图中直接选中 Use Debug Driver,即和调试一样,选择 JLINK 来给目标器件的 FLASH 编程,然后单击 Settings,设置如图 4.11 所示。

这里 MDK5 会根据我们新建工程时选择的目标器件,自动设置 FLASH 算法。我们使用的是 STM32F407ZGT6,FLASH 容量为 1 MB,所以 Programming Algorithm 里面默认会有 1 MB 型号的 STM32F4xx FLASH 算法。特别提醒:这里的 1 MB FLASH 算法,不仅仅针对 1 MB 容量的 STM32F4,对于小于 1 MB FLASH 的型号也是采用这个 FLASH 算法的。最后,选中 Reset and Run 选项,以实现在编程后自动运行,其他默认设置即可。设置完成之后,如图 4.11 所示。连续两次单击 OK 按钮,回到 IDE 界面,编译工程。然后单击 （开始/停止仿真按钮）,开始仿真(如果开发板的代

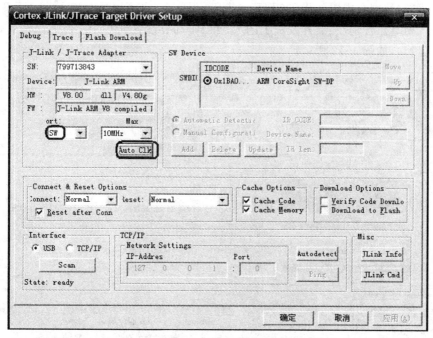

图 4.9　J-LINK 模式设置

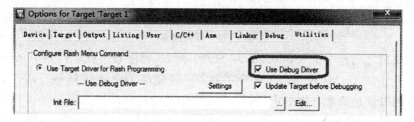

图 4.10　FLASH 编程器选择

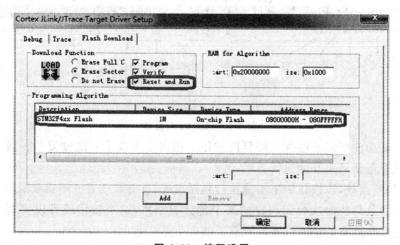

图 4.11　编程设置

码没被更新过,则会先更新代码(即下载代码)再仿真;也可以通过按 ^{LOAD},只下载代码,而不进入仿真。特别注意:开发板上的 B0 和 B1 都要设置到 GND,否则代码下载后不会自动运行),如图 4.12 所示。

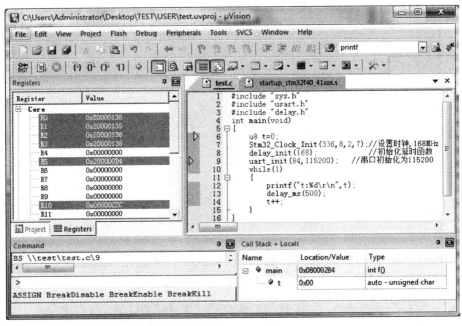

图 4.12　开始仿真

因为我们之前选中了 Run to main()选项,所以,程序直接就运行到了 main 函数的入口处。另外,此时 MDK 多出了一个工具条。这就是 Debug 工具条。这个工具条在我们仿真的时候是非常有用的,下面简单介绍相关按钮的功能。Debug 工具条部分按钮的功能如图 4.13 所示。

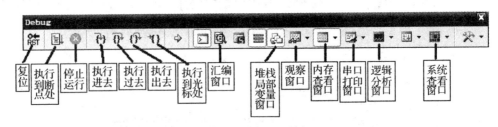

图 4.13　Debug 工具条

复位:其功能等同于硬件上按复位按钮。相当于实现了一次硬复位。按下该按钮之后,代码会重新从头开始执行。

执行到断点处:该按钮用来快速执行到断点处,有时候读者并不需要观看每步是怎么执行的,而是想快速执行到程序的某个地方看结果,这个按钮就可以实现这样的功能,前提是已在查看的地方设置了断点。

停止运行:此按钮在程序一直执行的时候会变为有效,通过按该按钮就可以使程序停止下来,进入到单步调试状态。

执行进去:该按钮用来实现执行到某个函数里面去的功能,在没有函数的情况下等同于执行过去按钮。

执行过去:在碰到有函数的地方,通过该按钮就可以单步执行过这个函数,而不进入这个函数单步执行。

执行出去:该按钮是在进入了函数单步调试的时候,有时候可能不必再执行该函数的剩余部分了,通过该按钮就直接一步执行完函数余下的部分并跳出函数,回到函数被调用的位置。

执行到光标处:该按钮可以迅速使程序运行到光标处,其实类似执行到断点处按钮功能,但是两者是有区别的,断点可以有多个,但是光标所在处只有一个。

汇编窗口:通过该按钮可以查看汇编代码,这对分析程序很有用。

堆栈局部变量窗口:通过该按钮弹出的显示 Call Stack＋Locals 窗口,可以显示当前函数的局部变量及其值,方便查看。

观察窗口:MDK5 提供 2 个观察窗口(下拉选择),按下该按钮则弹出一个显示变量的窗口,输入想要观察的变量、表达式即可查看其值,是很常用的一个调试窗口。

内存查看窗口:MDK5 提供 4 个内存查看窗口(下拉选择),按下该按钮会弹出一个内存查看窗口,可以在里面输入要查看的内存地址,然后观察这一片内存的变化情况,是很常用的一个调试窗口。

串口打印窗口:MDK5 提供 4 个串口打印窗口(下拉选择),按下该按钮会弹出一个类似串口调试助手界面的窗口,用来显示从串口打印出来的内容。

逻辑分析窗口:该图标下面有 3 个选项(下拉选择),一般用第一个,也就是逻辑分析窗口(Logic Analyzer)。单击即可调出该窗口,通过 SETUP 按钮新建一些 I/O 口就可以观察其电平变化情况,以多种形式显示出来,比较直观。

系统查看窗口:该按钮可以提供各种外设寄存器的查看窗口(通过下拉选择),选择对应外设即可调出该外设的相关寄存器表,并显示这些寄存器的值,方便查看设置是否正确。

Debug 工具条上的其他几个按钮用的比较少,这里就不介绍了。以上介绍的是比较常用的,当然也不是每次都用得着这么多,具体看程序调试的时候有没有必要观看这些东西来决定要不要看。

特别注意:串口打印窗口和逻辑分析窗口仅在软件仿真的时候可用,而 MDK5 对 STM32F4 的软件仿真基本上不支持(故本书没有介绍软件仿真),所以,基本上这两个窗口用不着。但是对 STM32F1 的软件仿真,MDK5 是支持的,在 F1 开发的时候可以用到。

这样,我们在上面的仿真界面里面调出堆栈局部变量窗口,如图 4.14 所示。

把光标放到 test.c 第 9 行左侧的灰色区域然后单击,则可放置一个断点(红色的实心点,也可以通过鼠标右键弹出菜单来加入),再次单击则取消。然后单击📄,执行到该断点处,如图 4.15 所示。

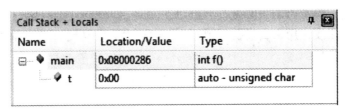

图 4.14　堆栈局部变量查看窗口

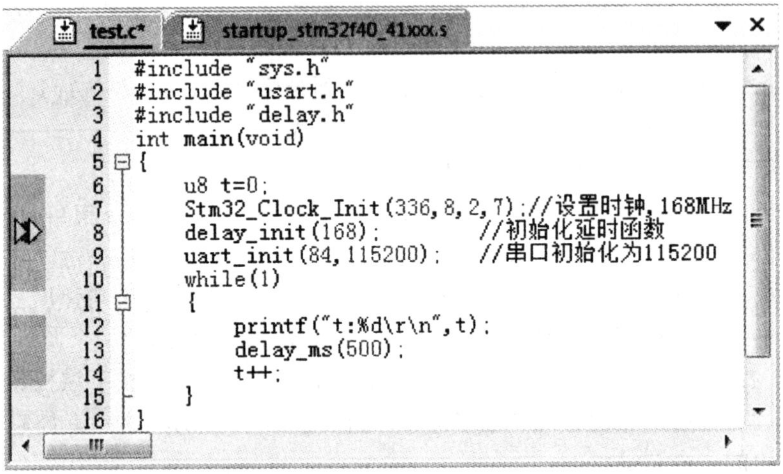

```
1  #include "sys.h"
2  #include "usart.h"
3  #include "delay.h"
4  int main(void)
5  {
6      u8 t=0;
7      Stm32_Clock_Init(336,8,2,7);//设置时钟,168MHz
8      delay_init(168);          //初始化延时函数
9      uart_init(84,115200);     //串口初始化为115200
10     while(1)
11     {
12         printf("t:%d\r\n",t);
13         delay_ms(500);
14         t++;
15     }
16 }
```

图 4.15　执行到断点处

现在先不忙着往下执行,选择 Peripherals→System Viewer→USART→USART1 菜单项可以看到,有很多外设可以查看,这里查看的是串口 1 的情况,如图 4.16 所示。单击 USART1 后会在 IDE 右侧出现一个如图 4.17(a)所示的界面。

图 4.17(a)是 STM32 串口 1 的默认设置状态,从中可以看到所有与串口相关的寄存器全部在这上面表示出来了。接着单击一下🔘,执行完串口初始化函数,得到了如图 4.17(b)所示的串口信息。对比一下这两个图,就知道"uart_init(84,115200);"函数里面大概执行了哪些操作。

通过图 4.17(b)可以查看串口 1 的各个寄存器设置状态,从而判断我们写的代码是否有问题,只有这里的设置正确之后,才有可能在硬件上正确地执行。这样的方法也可以适用于很多其他外设,读者慢慢体会吧! 这一方法不论是在排错还是在编写代码的时候都是非常有用的。

此时,先打开串口调试助手(XCOM V2.0,在本书配套资料的 6,软件资料→软件→串口调试助手里面),设置好串口号和波特率,然后继续单击🔘按钮,一步步执行,此时在堆栈局部变量窗口可以看到 t 值的变化,同时在串口调试助手中也可看到打印出 t 的值,如图 4.18 和 4.19 所示。

STM32F4 的硬件调试就介绍到这里,这仅仅是一个简单的 demo 演示,在实际使用中,硬件调试更是大有用处,所以读者一定要好好掌握。

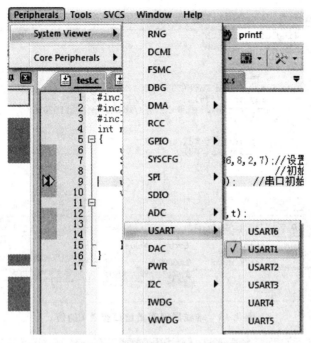

图 4.16 查看串口 1 相关寄存器

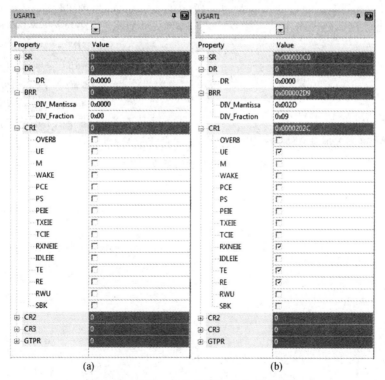

图 4.17 串口 1 各寄存器初始化前后对比

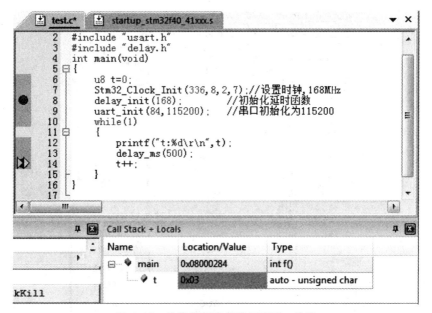

图 4.18　堆栈局部变量窗口查看 t 的值

图 4.19　串口调试助手收到的数据

第 **5** 章

SYSTEM 文件夹介绍

第 4 章介绍了如何在 MDK5.11a 下建立 STM32F4 工程,这个新建的工程中用到了一个 SYSTEM 文件夹里面的代码,此文件夹里面的代码由 ALIENTEK 提供,是 STM32F4xx 系列的底层核心驱动函数,可以用在 STM32F4xx 系列的各个型号上面,方便大家快速构建自己的工程。

SYSTEM 文件夹下包含了 delay、sys、usart 这 3 个文件夹,分别包含了 delay.c、sys.c、usart.c 及其头文件。通过这 3 个 c 文件,可以快速给任何一款 STM32F4 构建最基本的框架,使用起来很方便。

本章将介绍这些代码,使大家了解到这些代码的由来,并可以灵活使用 SYSTEM 文件夹提供的函数来快速构建工程,并实际应用到自己的项目中去。

5.1 delay 文件夹代码介绍

delay 文件夹内包含了 delay.c 和 delay.h 两个文件,用来实现系统的延时功能,其中包含 4 个函数(这里不讲 SysTick_Handler 函数,后面介绍 μC/OS 的时候再介绍):void delay_init(u8 SYSCLK)、void delay_ms(u16 nms)、void delay_xms(u16 nms)、void delay_us(u32 nus)。

下面分别介绍这 4 个函数,首先了解一下编程思想:Cortex-M4 内核的处理和 Cortex-M3 一样,内部都包含了一个 SysTick 定时器。SysTick 是一个 24 位的倒计数定时器,当计到 0 时,则从 RELOAD 寄存器中自动重装载定时初值。只要不把它在 SysTick 控制及状态寄存器中的使能位清除,就永不停息。SysTick 在《STM32xx 中文参考手册》里面基本没有介绍,详细介绍请参阅《STM32F3 与 F4 系列 Cortex-M4 内核编程手册》第 230 页。我们就是利用 STM32 的内部 SysTick 来实现延时的,这样既不占用中断,也不占用系统定时器。

这里介绍的是 ALIENTEK 提供的最新版本延时函数,支持在 μC/OS 下面使用,可以和 μC/OS 共用 systick 定时器。首先简单介绍下 μC/OS 的时钟:μC/OS 运行需要一个系统时钟节拍(类似"心跳"),而这个节拍是固定的(由 OS_TICKS_PER_SEC 设置),比如 5 ms(设置 OS_TICKS_PER_SEC=200 即可)。在 STM32 下面,一般是由 systick 来提供这个节拍,也就是 systick 要设置为 5 ms 中断一次,为 μC/OS 提供时钟节拍,而且这个时钟一般是不能被打断的(否则就不准了)。

因为在 μC/OS 下 systick 不能再被随意更改,如果还想利用 systick 来做 delay_us 或者 delay_ms 的延时,就必须想点办法了,这里利用的是时钟摘取法。以 delay_us 为例,比如 delay_us(50),在刚进入 delay_us 的时候先计算好这段延时需要等待的 systick 计数次数,这里为 $50×21$(假设系统时钟为 168 MHz,因为 systick 的频率为系统时钟频率的 1/8,那么 systick 每增加 1,就是 $1/21$ μs),然后就一直统计 systick 的计数变化,直到这个值变化了 $50×21$,一旦检测到变化达到或者超过这个值,就说明延时 50 μs 时间到了。下面我们开始介绍这几个函数。

1. delay_init 函数

该函数用来初始化 2 个重要参数:fac_us 以及 fac_ms;同时,把 SysTick 的时钟源选择为外部时钟,如果使用了 μC/OS,那么还会根据 OS_TICKS_PER_SEC 的配置情况来配置 SysTick 的中断时间,并开启 SysTick 中断。具体代码如下:

```
//初始化延迟函数
//当使用 μC/OS 的时候,此函数会初始化 μC/OS 的时钟节拍
//SYSTICK 的时钟设置为 AHB 时钟的 1/8
//SYSCLK:系统时钟
void delay_init(u8 SYSCLK)
{
#ifdef OS_CRITICAL_METHOD //OS_CRITICAL_METHOD 定义了,说明使用 μC/OS-II 了
    u32 reload;
#endif
    SysTick->CTRL&= ~(1<<2);      //SYSTICK 使用外部时钟源
    fac_us = SYSCLK/8;            //不论是否使用 μC/OS,fac_us 都需要使用
#ifdef OS_CRITICAL_METHOD //OS_CRITICAL_METHOD 定义了,说明使用 μC/OS-II 了
    reload = SYSCLK/8;                //每秒钟的计数次数 单位为 K
    reload *= 1000000/OS_TICKS_PER_SEC;//根据 OS_TICKS_PER_SEC 设定溢出时间
            //reload 为 24 位寄存器,最大值:16777216,在 168M 下,约 0.7989 s
    fac_ms = 1000/OS_TICKS_PER_SEC;//代表 μC/OS 可以延时的最少单位
    SysTick->CTRL| = 1<<1;         //开启 SYSTICK 中断
    SysTick->LOAD = reload;     //每 1/OS_TICKS_PER_SEC 秒中断一次
    SysTick->CTRL| = 1<<0;         //开启 SYSTICK
#else
    fac_ms = (u16)fac_us * 1000;     //非 μC/OS 下,代表每个 ms 需要的 systick 时钟数
#endif
}
```

可以看到,delay_init 函数使用了条件编译来选择不同的初始化过程,如果不使用 μC/OS,则和《STM32 不完全手册》介绍的方法是一样的;而如果使用 μC/OS 的时候,则会进行一些不同的配置,这里的条件编译是根据 OS_CRITICAL_METHOD 宏来确定的,因为只要使用了 μC/OS,就一定会定义 OS_CRITICAL_METHOD 宏。

SysTick 是 MDK 定义了的一个结构体(在 core_m4.h 里面),里面包含 CTRL、LOAD、VAL、CALIB 这 4 个寄存器。SysTick→CTRL 的各位定义如表 5.1 所列。SysTick→LOAD 的定义如表 5.2 所列。SysTick→VAL 的定义如表 5.3 所列。SysTick→CALIB 不常用,我们不介绍了。

表 5.1　SysTick→CTRL 寄存器各位定义

位　段	名　称	类　型	复位值	描　述
16	COUNTFLAG	R	0	如果在上次读取本寄存器后,SysTick 已经数到了 0,则该位为 1。如果读取该位,该位将自动清零
2	CLKSOURCE	R/W	0	0＝HCLK/8 1＝HCLK
1	TICKINT	R/W	0	1＝SysTick 倒数到 0 时产生 SysTick 异常请求 0＝数到 0 时无动作
0	ENABLE	R/W	0	SysTick 定时器的使能位

表 5.2　SysTick→LOAD 寄存器各位定义

位　段	名　称	类　型	复位值	描　述
23：0	RELOAD	R/W	0	当倒数至零时,将被重装载的值

表 5.3　SysTick→VAL 寄存器各位定义

位　段	名　称	类　型	复位值	描　述
23：0	CURRENT	R/Wc	0	读取时返回当前倒计数的值,写它则使之清零,同时还会清除在 SysTick 控制及状态寄存器中的 COUNTFLAG 标志

"SysTick→CTRL&＝0xfffffffb;"把 SysTick 的时钟选择 HCLK/8,也就是 CPU 时钟频率的 1/8。假设外部晶振为 8 MHz,然后倍频到 168 MHz,那么 SysTick 的时钟即为 21 MHz,也就是 SysTick 的计数器 VAL 每减 1,就代表时间过了 $1/21$ μs。

在不使用 $\mu C/OS$ 的时候:fac_us 为 μs 延时的基数,也就是延时 1 μs,为 SysTick→LOAD 应设置的值。fac_ms 为 ms 延时的基数,也就是延时 1 ms,为 SysTick→LOAD 应设置的值。fac_us 为 8 位整型数据,fac_ms 为 16 位整型数据。Systick 的时钟来自系统时钟 8 分频,正因为如此,系统时钟如果不是 8 的倍数(不能被 8 整除),则会导致延时函数不准确,这也是推荐外部时钟选择 8 MHz 的原因。这点要特别留意。

当使用 $\mu C/OS$ 的时候,fac_us 还是 μs 延时的基数,不过这个值不会被写到 SysTick→LOAD 寄存器来实现延时,而是通过时钟摘取的办法实现的(后面会介绍)。而 fac_ms 则代表 $\mu C/OS$ 自带的延时函数所能实现的最小延时时间(如 OS_TICKS_PER_SEC＝200,那么 fac_ms 就是 5 ms)。

2. delay_us 函数

该函数用来延时指定的 μs,其参数 nus 为要延时的微秒数。该函数有使用 $\mu C/OS$ 和不使用 $\mu C/OS$ 两个版本,这里分别介绍。首先是不使用 $\mu C/OS$ 的时候,实现函数如下:

```
//延时 nus
//nus 为要延时的 μs 数
```

```
//注意:nus 的值,不要大于 798 915 μs
void delay_us(u32 nus)
{
    u32 temp;
    if(nus == 0)return;                 //nus = 0,直接退出
    SysTick→LOAD = nus * fac_us;     //时间加载
    SysTick→VAL = 0x00;              //清空计数器
    SysTick→CTRL = 0x01 ;            //开始倒数
    do
    {
        temp = SysTick - >CTRL;
    }while((temp&0x01)&&! (temp&(1<<16)));//等待时间到达
    SysTick→CTRL = 0x00;             //关闭计数器
    SysTick→VAL  = 0X00;             //清空计数器
}
```

有了上面对 SysTick 寄存器的描述,这段代码不难理解。其实就是先把要延时的 μs 数换算成 SysTick 的时钟数,然后写入 LOAD 寄存器。然后清空当前寄存器 VAL 的内容,再开启倒数功能。等到倒数结束,即延时了 nus。最后关闭 SysTick,清空 VAL 的值。实现一次延时 nus 的操作,但是这里要注意 nus 的值不能太大,必须保证 nus≤2^{24}/fac_us,否则将导致延时时间不准确。这里特别说明一下:"temp&0x01"用来判断 systick 定时器是否还处于开启状态,可以防止 systick 被意外关闭导致的死循环。

再来看看使用 μC/OS 的时候,delay_us 的实现函数如下:

```
//延时 nus
//nus:要延时的 μs 数
//nus:0~204522252
void delay_us(u32 nus)
{
    u32 ticks;
    u32 told,tnow,tcnt = 0;
    u32 reload = SysTick - >LOAD;       //LOAD 的值
    if(nus == 0)return;                 //nus = 0,直接退出
    ticks = nus * fac_us;              //需要的节拍数
    tcnt = 0;
    OSSchedLock();                     //阻止 μC/OS 调度,防止打断 μs 延时
    told = SysTick - >VAL;             //刚进入时的计数器值
    while(1)
    {
        tnow = SysTick - >VAL;
        if(tnow! = told)
        {
            if(tnow<told)tcnt + = told - tnow;//注意 SYSTICK 是一个递减的计数器
            else tcnt + = reload - tnow + told;
            told = tnow;
            if(tcnt> = ticks)break;//时间超过/等于要延迟的时间,则退出
        }
    };
    OSSchedUnlock();                   //开启 μC/OS 调度
}
```

这里就正是利用了我们前面提到的时钟摘取法,ticks 是延时 nus 需要等待的 SysTick 计数次数(也就是延时时间),told 用于记录最近一次的 SysTick→VAL 值,tnow 是当前的 SysTick→VAL 值,通过对比累加实现 SysTick 计数次数的统计,统计值存放在 tcnt 里面,然后通过对比 tcnt 和 ticks 来判断延时是否到达,从而达到不修改 SysTick 实现 nus 的延时,从而可以和 μC/OS 共用一个 SysTick。

　　上面的 OSSchedLock 和 OSSchedUnlock 是 μC/OS 提供的两个函数,用于调度上锁和解锁,这里为了防止 μC/OS 在 delay_us 的时候打断延时可能导致的延时不准,所以利用这两个函数来实现免打断,从而保证延时精度! 同时,此时的 delay_us 可以实现最长 2^{32}/fac_us,在 168 MHz 主频下,最大延时大概是 204 s。

3. delay_xms 函数

　　该函数仅在没用到 μC/OS-II 的时候使用,用来延时指定的 ms,其参数 nms 为要延时的毫秒数。该函数代码如下:

```
//延时 nms
//注意 nms 的范围
//SysTick→LOAD 为 24 位寄存器,所以,最大延时为
//nms< = 0xffffff * 8 * 1000/SYSCLK
//SYSCLK 单位为 Hz,nms 单位为 ms
//对 168M 条件下,nms< = 798 ms
void delay_xms(u16 nms)
{
    u32 temp;
    SysTick→LOAD = (u32)nms * fac_ms;//时间加载(SysTick→LOAD 为 24 bit)
    SysTick→VAL = 0x00;             //清空计数器
    SysTick→CTRL = 0x01 ;           //开始倒数
    do
    {
        temp = SysTick - >CTRL;
    }while((temp&0x01)&&! (temp&(1<<16)));//等待时间到达
    SysTick→CTRL = 0x00;            //关闭计数器
    SysTick→VAL = 0X00;             //清空计数器
}
```

　　此部分代码和 delay_us(非 μC/OS 版本)大致一样,但是要注意因为 LOAD 仅仅是一个 24 bit 的寄存器,延时的 ms 数不能太长;否则,超出了 LOAD 的范围,高位会被舍去,导致延时不准。最大延迟 ms 数可以通过公式 nms< = 0xffffff * 8 * 1000/SYSCLK 计算。SYSCLK 单位为 Hz,nms 的单位为 ms。如果时钟为 168 MHz,那么 nms 的最大值为 798 ms。超过这个值,建议通过多次调用 delay_xms 实现,否则就会导致延时不准确。

　　很显然,仅仅提供 delay_xms 函数是不够用的,很多时候延时都是大于 798 ms 的,所以需要再做一个 delay_ms 函数,下面将介绍该函数。

4. delay_ms 函数

　　该函数同 delay_xms 一样,也是用来延时指定的 ms 的,其参数 nms 为要延时的毫

秒数。该函数有使用 μC/OS 和不使用 μC/OS 两个版本,这里分别介绍。首先是不使用 μC/OS 的时候,实现函数如下:

```
//延时 nms
//nms:0~65535
void delay_ms(u16 nms)
{
    u8 repeat = nms/540;        //这里用 540,是考虑到某些客户可能超频使用
                            //比如超频到 248M 的时候,delay_xms 最大只能延时 541 ms 左右
    u16 remain = nms % 540;
    while(repeat)
    {
        delay_xms(540);
        repeat -- ;
    }
    if(remain)delay_xms(remain);
}
```

该函数其实就是多次调用前面所讲的 delay_xms 函数来实现毫秒级延时的。注意,这里以 540 ms 为周期是考虑到 MCU 超频使用的情况。

再来看看使用 μC/OS 的时候,delay_ms 的实现函数如下:

```
//延时 nms
//nms:要延时的 ms 数
//nms:0~65535
void delay_ms(u16 nms)
{
    if(OSRunning == OS_TRUE&&OSLockNesting == 0)//os 在跑了? &&OSLockNesting == 0?
    {
        if(nms> = fac_ms)              //延时的时间大于 μC/OS 的最少时间周期
        {
            OSTimeDly(nms/fac_ms);    //μC/OS 延时
        }
        nms % = fac_ms;    //μC/OS 已经无法提供这么小的延时了,采用普通方式延时
    }
    delay_us((u32)(nms * 1000));      //普通方式延时
}
```

该函数中,OSRunning 是 μC/OS 正在运行的一个标志,OSTimeDly 是 μC/OS 提供的一个基于 μC/OS 时钟节拍的延时函数,其参数代表延时的时钟节拍数(假设 OS_TICKS_PER_SEC=200,那么 OSTimeDly(1),就代表延时 5 ms)。

当 μC/OS 还未运行的时候,delay_ms 就是直接由 delay_us 实现的,μC/OS 下的 delay_us 可以实现很长的延时(达到 204 s)而不溢出,所以放心的使用 delay_us 来实现 delay_ms。不过由于 delay_us 的时候,任务调度被上锁了,所以还是建议不要用 delay_us 来延时很长的时间,否则影响整个系统的性能。

当 μC/OS 运行的时候,delay_ms 函数将先判断延时时长是否大于等于一个 μC/OS 时钟节拍(fac_ms),当大于这个值的时候,我们就通过调用 μC/OS 的延时函数来实现(此时任务可以调度);不足一个时钟节拍的时候,直接调用 delay_us 函数实现(此时

任务无法调度)。

5.2　sys 文件夹代码介绍

sys 文件夹内共 4 个文件:sys. c、sys. h、stm32f4xx. h 和 system_stm32f4xx. h。其中,sys. c 和 sys. h 是由 ALIENTEK 提供,我们将重点介绍。而 stm32f4xx. h 和 system_stm32f4xx. h 则是复制自 STM32F4 的 CMSIS 库文件,主要包含了 STM32F4 的寄存器定义、位定义以及内存映射等,我们的代码里面需要用到这些内容,所以直接复制就可以,这两个文件我们就不介绍了。

sys. h 里面定义了 STM32F4 的 I/O 口输入读取宏定义和输出宏定义。sys. c 里面定义了很多与 STM32F4 底层硬件很相关的设置函数,包括系统时钟的配置、I/O 配置、中断的配置等。下面分别介绍这两个文件。

5.2.1　I/O 口的位操作实现

该部分代码在 sys. h 里面,实现对 STM32F4 各个 I/O 口的位操作,包括读入和输出。当然在这些函数调用之前,必须先进行 I/O 口时钟的使能和 I/O 口功能定义。此部分仅仅对 I/O 口进行输入输出读取和控制。代码如下:

```
#define BITBAND(addr, bitnum) ((addr & 0xF0000000) + 0x2000000 + ((addr &0xFFFFF)<<5)
+ (bitnum<<2))
#define MEM_ADDR(addr)     *((volatile unsigned long    *)(addr))
#define BIT_ADDR(addr, bitnum)    MEM_ADDR(BITBAND(addr, bitnum))
//I/O 口地址映射
#define GPIOA_ODR_Addr    (GPIOA_BASE + 20)      //0x40020014
……//省略部分代码
#define GPIOI_ODR_Addr    (GPIOI_BASE + 20)      //0x40022014
#define GPIOA_IDR_Addr    (GPIOA_BASE + 16)      //0x40020010
……//省略部分代码
#define GPIOI_IDR_Addr    (GPIOI_BASE + 16)      //0x40022010
//I/O 口操作,只对单一的 I/O 口
//确保 n 的值小于 16
#define PAout(n)     BIT_ADDR(GPIOA_ODR_Addr,n)     //输出
#define PAin(n)      BIT_ADDR(GPIOA_IDR_Addr,n)     //输入
……//省略部分代码
#define PIout(n)     BIT_ADDR(GPIOI_ODR_Addr,n)     //输出
#define PIin(n)      BIT_ADDR(GPIOI_IDR_Addr,n)     //输入
```

以上代码的实现得益于 Cortex - M4 的位带操作,具体的实现比较复杂,请参考《Cortex - M3 与 M4 权威指南》6. 7 节(215 页),或者参考《Cortex - M3 权威指南(中文)》第 5 章(87 页~92 页)。有了上面的代码就可以像 51/AVR 一样操作 STM32F4 的 I/O 口了。比如,要 PORTA 的第七个 I/O 口输出 1,则可以使用"PAout(6)=1;"实现。要判断 PORTA 的第 15 个位是否等于 1,则可以使用"if(PAin(14)==1)…;"。

这里顺便说一下,在 sys. h 中的一些全局宏定义,它们是:

```
//0,不支持 μC/OS
//1,支持 μC/OS
# define SYSTEM_SUPPORT_UCOS        0          //定义系统文件夹是否支持 μC/OS
//Ex_NVIC_Config专用定义
# define GPIO_A                     0
……//省略部分代码
# define GPIO_I                     8
# define FTIR                       1          //下降沿触发
# define RTIR                       2          //上升沿触发
//GPIO 设置专用宏定义
# define GPIO_MODE_IN               0          //普通输入模式
# define GPIO_MODE_OUT              1          //普通输出模式
# define GPIO_MODE_AF               2          //AF 功能模式
# define GPIO_MODE_AIN              3          //模拟输入模式
# define GPIO_SPEED_2M              0          //GPIO 速度 2 MHz
# define GPIO_SPEED_25M             1          //GPIO 速度 25 MHz
# define GPIO_SPEED_50M             2          //GPIO 速度 50 MHz
# define GPIO_SPEED_100M    3                  //GPIO 速度 100 MHz
# define GPIO_PUPD_NONE             0          //不带上下拉
# define GPIO_PUPD_PU               1          //上拉
# define GPIO_PUPD_PD               2          //下拉
# define GPIO_PUPD_RES              3          //保留
# define GPIO_OTYPE_PP              0          //推挽输出
# define GPIO_OTYPE_OD              1          //开漏输出
//GPIO 引脚编号定义
# define PIN0                       1<<0
……//省略部分代码
# define PIN15                      1<<15
```

SYSTEM_SUPPORT_UCOS 宏定义用来定义 SYSTEM 文件夹是否支持 μC/OS,如果在 μC/OS 下面使用 SYSTEM 文件夹,那么设置这个值为 1 即可,否则设置为 0(默认)。Ex_NVIC_Config 部分的宏定义是在使用 Ex_NVIC_Config 函数设置外部中断的时候才用到。GPIO 设置专用宏定义和 GPIO 引脚编号宏定义,是在使用 GPIO_Set 函数或者 GPIO_AF_Set 设置 I/O 口的时候才用到。这些宏定义的使用详见相关函数的说明。

5.2.2 时钟配置函数

STM32F4 相对于 STM32F1 来说,时钟部分复杂了很多,STM32F4 的时钟配置,我们提供两个函数:Sys_Clock_Set 和 Stm32_Clock_Init。其中,Sys_Clock_Set 是核心的系统时钟配置函数,由 Stm32_Clock_Init 调用,实现对系统时钟的配置。外部程序一般调用 Stm32_Clock_Init 函数来配置时钟。

在介绍这两个函数之前,先来看看 STM32F4 的时钟树图(非常重要),如图 5.1 所示。从左往右看就是整个 STM32F4 的时钟走向。这里挑选出 9 个重要的地方进行介绍(图 5.1 中标出的①~⑨)。

① 这是进入 PLL 之前的一个时钟分频系数(M),取值范围是 2~63,一般取 8。注意,这个分频系数对主 PLL 和 PLLI2S 都有效。

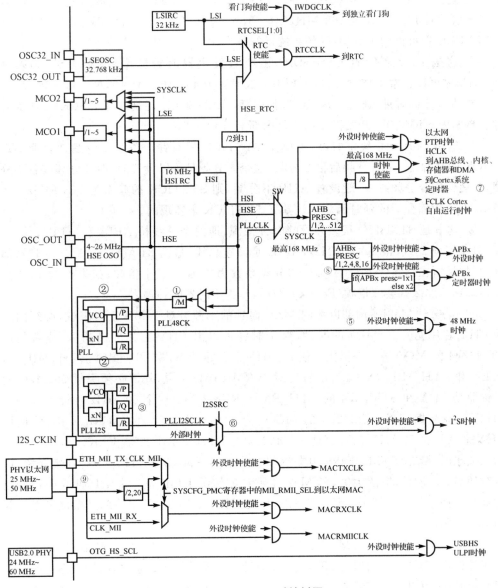

图 5.1　STM32F4 时钟树图

②　这是 STM32F4 的主 PLL,用来控制 STM32F4 的主频率(PLLCLK)和 USB/SDIO/随机数发生器等外设的频率(PLL48CK)。其中,N 是主 PLL vco 的倍频系数,取值范围是 64~432;P 是系统时钟的主 PLL 分频系数,取值范围是 2、4、6 和 8(仅限这 4 个值);Q 是 USB/SDIO/随机数产生器等的主 PLL 分频系数,取值范围是 2~15;R 没用到。

③　这是 STM32F4 I^2S 部分的 PLL,主要用于设置 STM32F4 I^2S 内部输入时钟频率。其中,N 是用于 PLLI2S vco 的倍频系数,取值范围是 192~432;R 是 I^2S 时钟的分频系数,取值范围是 2~7;P 和 Q 没用到。

④ 这是 PLL 之后的系统主时钟(PLLCLK),STM32F4 的主频最高是 168 MHz,所以一般设置 PLLCLK 为 168 MHz($M=8,N=336,P=2$),通过 SW 选择 SYSCLK = PLLCLK 即可得到 168 MHz 的系统运行频率。

⑤ 这是 PLL 之后的 USB/SDIO/随机数发生器时钟频率,由于 USB 必须是 48 MHz 才可以正常工作,所以这个频率一般设置为 48 MHz($M=8,N=336,Q=7$)。

⑥ 是 I²S 的时钟,通过 I2SSRC 选择内部 PLLI2SCLK 还是外部 I2SCKIN 作为时钟。探索者 STM32F4 开发板使用的是内部 PLLI2SCLK。

⑦ 这是 Cortex 系统定时器,也就是 SYSTICK 的时钟。图 5.1 清楚地表明 SYSTICK 的来源是 AHB 分频后再 8 分频(这个 8 分频是可以设置的,即 8 分频或者不分频,一般使用 8 分频)。一般设置 AHB 不分频,则 SYSTICK 的频率为 168 MHz/8 = 21 MHz。前面介绍的延时函数就是基于 SYSTICK 来实现的。

⑧ 这里是 STM32F4 很多外设的时钟来源,即两个总线桥 APB1 和 APB2,其中,APB1 是低速总线(最高 42 MHz),APB2 是高速总线(最高 84 MHz)。另外定时器部分中,如果所在总线(APB1/APB2)的分频系数为 1,那么就不倍频;如果不为 1(比如 2/4/8/16),那么就会 2 倍频(Fabpx·2)后,作为定时器时钟输入。

⑨ 这是 STM32F4 内部以太网 MAC 时钟的来源。对于 MII 接口来说,必须向外部 PHY 芯片提供 25 MHz 的时钟,这个时钟可以由 PHY 芯片外接晶振,或者使用 STM32F4 的 MCO 输出来提供。然后,PHY 芯片再给 STM32F4 提供 ETH_MII_TX_CLK 和 ETH_MII_RX_CLK 时钟。对于 RMII 接口来说,外部必须提供 50 MHz 的时钟驱动 PHY 和 STM32F4 的 ETH_RMII_REF_CLK,这个 50 MHz 时钟可以来自 PHY、有源晶振或者 STM32F4 的 MCO。我们的开发板使用的是 RMII 接口,使用 PHY 芯片提供 50 MHz 时钟驱动 STM32F4 的 ETH_RMII_REF_CLK。

关于时钟,在《STM32F4xx 中文参考手册》第 6.2 节(106~113 页)有详细介绍,可以对照研究。最后,提醒大家,STM32F4 默认的情况下(比如串口 IAP 时或未初始化时钟时),使用的是内部 16 MHz 的 HSI 作为时钟的,所以不需要外部晶振也可以下载和运行代码的。

从图 5.1 可以看出 STM32F4 的时钟设计的比较复杂,各个时钟基本都是可控的,任何外设都有对应的时钟控制开关,这样的设计对降低功耗是非常有用的,不用的外设不开启时钟,可以大大降低其功耗。

下面开始 Sys_Clock_Set 函数的介绍。该函数用于配置 STM32F4 的时钟,包括系统主时钟、USB/SDIO/随机数发生器时钟、APB1 和 APB2 时钟等。该函数代码如下:

```
//时钟设置函数
//Fvco = Fs * (plln/pllm);
//Fsys = Fvco/pllp = Fs * (plln/(pllm * pllp));
//Fusb = Fvco/pllq = Fs * (plln/(pllm * pllq));
//Fvco:VCO 频率
//Fsys:系统时钟频率
//Fusb:USB,SDIO,RNG 等的时钟频率
//Fs:PLL 输入时钟频率,可以是 HSI,HSE 等
```

```
//plln:主 PLL 倍频系数(PLL 倍频),取值范围:64~432
//pllm:主 PLL 和音频 PLL 分频系数(PLL 之前的分频),取值范围:2~63
//pllp:系统时钟的主 PLL 分频系数(PLL 之后的分频),取值范围:2,4,6,8.(仅限这 4 个值)
//pllq:USB/SDIO/随机数产生器等的主 PLL 分频系数(PLL 之后的分频),取值范围:2~15
//外部晶振为 8M 的时候,推荐值:plln = 336,pllm = 8,pllp = 2,pllq = 7
//得到:Fvco = 8 * (336/8) = 336 MHz
//       Fsys = 336/2 = 168 MHz
//       Fusb = 336/7 = 48 MHz
//返回值:0,成功;1,失败
u8 Sys_Clock_Set(u32 plln,u32 pllm,u32 pllp,u32 pllq)
{
    u16 retry = 0;
    u8 status = 0;
    RCC - >CR| = 1<<16;            //HSE 开启
    while(((RCC - >CR&(1<<17)) == 0)&&(retry<0X1FFF))retry ++ ;//等待 HSE RDY
    if(retry == 0X1FFF)status = 1;    //HSE 无法就绪
    else
    {
        RCC - >APB1ENR| = 1<<28;        //电源接口时钟使能
        PWR - >CR| = 3<<14;             //高性能模式,时钟可到 168 MHz
        RCC - >CFGR| = (0<<4)|(5<<10)|(4<<13);//HCLK 不分频;APB1 4 分频;APB2 2 分频
        RCC - >CR& = ~(1<<24);          //关闭主 PLL
        RCC - >PLLCFGR = pllm|(plln<<6)|(((pllp>>1) - 1)<<16)|(pllq<<24)|(1<<22);
        //配置主 PLL,PLL 时钟源来自 HSE
        RCC - >CR| = 1<<24;             //打开主 PLL
        while((RCC - >CR&(1<<25)) == 0);//等待 PLL 准备好
        FLASH - >ACR| = 1<<8;           //指令预取使能.
        FLASH - >ACR| = 1<<9;           //指令 cache 使能.
        FLASH - >ACR| = 1<<10;          //数据 cache 使能.
        FLASH - >ACR| = 5<<0;           //5 个 CPU 等待周期.
        RCC - >CFGR& = ~(3<<0);         //清零
        RCC - >CFGR| = 2<<0;            //选择主 PLL 作为系统时钟
        while((RCC - >CFGR&(3<<2))! = (2<<2));//等待主 PLL 作为系统时钟成功
    }
    return status;
}
```

在 Sys_Clock_Set 函数中,我们设置了 APB1 为 4 分频,APB2 为 2 分频,HCLK 不分频,同时选择 PLLCLK 作为系统时钟。该函数有 4 个参数,具体意义和计算方法见函数前面的说明。一般推荐设置为:Sys_Clock_Set(336,8,2,7),即可设置 STM32F4 运行在 168 MHz 的频率下,APB1 为 42 MHz,APB2 为 84 MHz,USB/SDIO/随机数发生器时钟为 48 MHz。

以上代码中,RCC 和 FLASH 都是 MDK 定义的一个结构体,包含 RCC/FLASH 相关的寄存器组,其寄存器名与《STM32F4xx 中文参考手册》里面定义的寄存器名字一样,所以不明白的时候可以到《STM32F4xx 中文参考手册》里面查找一下。特别注意,由于 FLASH 速度远远跟不上 CPU 的运行频率,所以这里设置了 FLASH 的等待周期为 5,很明显,FLASH 会大大拖慢程序的运行,不过 STM32F4 有自适实时存储器加速器(ART),通过这个加速器,可以让 STM32F4 获得相当于 0 FLASH 等待周期的运行效果。关于 STM32F4 的 FLASH 以及 ART 等的介绍可参考《STM32F4xx 中文参考手册》第 3.3 节(59 页开始)。

接下来看 Stm32_Clock_Init 函数,该函数代码如下:

```
//系统时钟初始化函数
//plln:主 PLL 倍频系数(PLL 倍频),取值范围:64～432
//pllm:主 PLL 和音频 PLL 分频系数(PLL 之前的分频),取值范围:2～63
//pllp:系统时钟的主 PLL 分频系数(PLL 之后的分频),取值范围:2,4,6,8.(仅限这 4 个值)
//pllq:USB/SDIO/随机数产生器等的主 PLL 分频系数(PLL 之后的分频),取值范围:2～15
void Stm32_Clock_Init(u32 plln,u32 pllm,u32 pllp,u32 pllq)
{
    RCC ->CR| = 0x00000001;              //设置 HISON,开启内部高速 RC 振荡
    RCC ->CFGR = 0x00000000;             //CFGR 清零
    RCC ->CR& = 0xFEF6FFFF;              //HSEON,CSSON,PLLON 清零
    RCC ->PLLCFGR = 0x24003010;          //PLLCFGR 恢复复位值
    RCC ->CR& = ~(1<<18);                //HSEBYP 清零,外部晶振不旁路
    RCC ->CIR = 0x00000000;              //禁止 RCC 时钟中断
    Sys_Clock_Set(plln,pllm,pllp,pllq);  //设置时钟
    //配置向量表
#ifdef  VECT_TAB_RAM
    MY_NVIC_SetVectorTable(1<<29,0x0);
#else
    MY_NVIC_SetVectorTable(0,0x0);
#endif
}
```

该函数主要进行了时钟配置前的一些设置工作,然后通过调用 Sys_Clock_Set 函数实现对 STM32F4 的时钟配置。最后,根据代码运行的位置(FLASH or SRAM)调用函数 MY_NVIC_SetVectorTable 进行中断向量表偏移设置。

MY_NVIC_SetVectorTable 函数的代码如下:

```
//设置向量表偏移地址
//NVIC_VectTab:基址
//Offset:偏移量
void MY_NVIC_SetVectorTable(u32 NVIC_VectTab,u32 Offset)
{
    SCB ->VTOR = NVIC_VectTab|(Offset&(u32)0xFFFFFE00);
    //设置 NVIC 的向量表偏移寄存器,VTOR 低 9 位保留,即[8:0]保留
}
```

该函数是用来配置中断向量表基址和偏移量,决定是在哪个区域。当在 RAM 中调试代码的时候,需要把中断向量表放到 RAM 里面,这就需要通过这个函数来配置。关于向量表的详细介绍请参考《Cortex - M3 与 M4 权威指南》第 4.5.3 小节(117 页)或者《Cortex - M3 权威指南》第 7 章,第 113 页的向量表一章。关于 SCB→VTOR 寄存器,请参考《STM32F3 与 F4 系列 Cortex - M4 内核编程手册》第 4.4.4 小节(212 页)。

5.2.3　Sys_Soft_Reset 函数

该函数用来实现 STM32F4 的软复位,代码如下:

```
//系统软复位
void Sys_Soft_Reset(void)
{
    SCB->AIRCR = 0X05FA0000|(u32)0x04;
}
```

SCB 为 MDK 定义的一个寄存器组，里面包含了很多与内核相关的控制器，该结构体在 core_m3.h 里面可以找到，具体的定义如下所示：

```
typedef struct
{
    __I  uint32_t  CPUID;           //CPUID 寄存器
    __IO uint32_t  ICSR;            //中断控制及状态控制寄存器
    __IO uint32_t  VTOR;            //向量表偏移量寄存器
    __IO uint32_t  AIRCR;           //应用程序中断及复位控制寄存器
    ……//省略部分代码
    __I  uint32_t  ISAR[5];         //ISA 功能寄存器
    uint32_t RESERVED0[5];          //保留
    __IO uint32_t CPACR;            //协处理器访问控制寄存器
} SCB_TypeDef;
```

在 Sys_Soft_Reset 函数里面，我们只是对 SCB→AIRCR 进行了一次操作即实现了 STM32F4 的软复位。AIRCR 寄存器的各位定义如表 5.4 所列。可以看出，要实现 STM32F4 的软复位，只要置位 BIT2，这样就可以请求一次软复位。这里要注意 bit31～16 的访问钥匙，要将访问钥匙 0X05FA0000 与我们要进行的操作相或，然后写入 AIRCR，这样才被 Cortex - M4 接受。

表 5.4　AIRCR 寄存器各位定义

位　段	名　称	类　型	复位值	描　述
31：16	VECTKEY	RW	—	访问钥匙：任何对该寄存器的写操作，都必须同时把 0x05FA 写入此段，否则写操作被忽略。若读取此半字，则 0xFA05
15	ENDIANESS	R	—	指示端设置。1＝大端(BE8)，0＝小端。此值是在复位时确定的，不能更改
10：8	PRIGROUP	R/W	0	优先级分组
2	SYSRESETREQ	W	—	请求芯片控制逻辑产生一次复位
1	VECTCLRACTIVE	W	—	清零所有异常的活动状态信息。通常只在调试时用，或者在 OS 从错误中恢复时用。
0	VECTRESET	W	—	复位 CM4 处理器内核(调试逻辑除外)，但是此复位不影响芯片上在内核以外的电路

5.2.4　Sys_Standby 函数

STM32F4 提供了 3 种低功耗模式，以达到不同层次的降低功耗的目的，这 3 种模式分别是睡眠模式(Cortex - M4 内核停止工作，外设仍在运行)、停止模式(所有的时钟都停止)、待机模式。其中，睡眠模式又分为有深度睡眠和睡眠之分。Sys_Standby 函数用来使 STM32F4 进入待机模式,在该模式下,STM32F4 所消耗的功耗最低。表 5.5 是一个 STM32F4 的低功耗一览表。表 5.6 展示了如何让 STM32F4 进入和退出待机模式,更详细介绍请参考《STM32F4xx 参考手册》第 5.3.5 小节(96 页)。

表 5.5 STM32F4 低功耗模式一览表

模式名称	进 入	唤 醒	对 1.2 V 域时钟的影响	对 V_{DD} 域时钟的影响	调压器
睡眠(立即休眠或退出时休眠)	WFI	任意中断	CPU CLK 关闭对其它时钟或模拟时钟源无影响	无	开启
	WFE	唤醒事件			
停止	PDDS 和 LPDS 位+ SLEEPDEEP 位+ WFI 或 WFE	任意 EXTI 线(在 EXTI 寄存器中配置,内部线和外部线)	所有 1.2 V 域时钟都关闭	HSI 和 HSE 振荡器关闭	开启或处于低功耗模式(取决于用于 STM32F405xx/07xx 和 STM32F415xx/17xx 的 PWR 电源控制寄存器(PWR_CR)和用于 STM32F42xxx 和 STM32F43xxx 的 PWR 电源控制寄存器(PWR_CR)
待机	PDDS 位+ SLEEPDEEP 位+ WFI 或 WFE	WKUP 引脚上升沿、RTC 闹钟(闹钟 A 或闹钟 B)、RTC 唤醒事件、RTC 入侵事件、RTC 时间戳事件、NRST 引脚外部复位、IWDG 复位	所有 1.2 V 域时钟都关闭	HSI 和 HSE 振荡器关闭	关闭

表 5.6 待机模式进入及退出方法

待机模式	说 明
进入模式	WFI(等待中断)或 WFE(等待事件),且: —将 Cortex-M4F 系统控制寄存器中的 SLEEPDEEP 位置 1 —将电源控制寄存器(PWR_CR)中的 PDDS 位置 1 —将电源控制/状态寄存器(PWR_CSR)中的 WUF 位清零 —将与所选唤醒源(RTC 闹钟 A、RTC 闹钟 B、RTC 唤醒、RTC 入侵或 RTC 时间戳标志)对应的 RTC 标志清零
退出模式	WKUP 引脚上升沿、RTC 闹钟(闹钟 A 和闹钟 B)、RTC 唤醒事件、RTC 入侵事件、RTC 时间戳事件、NRST 引脚外部复位和 IWDG 复位
唤醒延迟	复位阶段

根据上面的了解，我们就可以写出进入待机模式的代码，Sys_Standby 的具体实现代码如下：

```
//进入待机模式
void Sys_Standby(void)
{
    SCB->SCR| = 1<<2;              //使能 SLEEPDEEP 位(SYS->CTRL)
    RCC->APB1ENR| = 1<<28;        //使能电源时钟
    PWR->CSR| = 1<<8;             //设置 WKUP 用于唤醒
    PWR->CR| = 1<<2;              //清除 Wake-up 标志
    PWR->CR| = 1<<1;              //PDDS 置位
    WFI_SET();                    //执行 WFI 指令,进入待机模式
}
```

这里用到了一个 WFI_SET() 函数，该函数其实是在 C 语言里面嵌入一条汇编指令，因为 Cortex-M4 内核的 STM32F4 支持的 THUMB 指令并不能内嵌汇编，所以需要通过这个方法来实现汇编代码的嵌入。该函数的代码如下：

```
//THUMB 指令不支持汇编内联
//采用如下方法实现执行汇编指令 WFI
__asm void WFI_SET(void)
{
    WFI;
}
```

在执行完 WFI 指令之后，STM32F4 就进入待机模式了，系统将停止工作，此时 JTAG 会失效，这点要注意。这里顺带介绍 sys.c 里面的另外几个嵌入汇编的代码：

```
//关闭所有中断(但是不包括 fault 和 NMI 中断)
__asm void INTX_DISABLE(void)
{
    CPSID    I
    BX       LR
}
//开启所有中断
__asm void INTX_ENABLE(void)
{
    CPSIE    I
    BX       LR
}
//设置栈顶地址
//addr:栈顶地址
__asm void MSR_MSP(u32 addr)
{
    MSR MSP, r0              //set Main Stack value
    BX r14
}
```

INTX_DISABLE 和 INTX_ENABLE 用于关闭和开启所有中断，是 STM32F4 的中断总开关。而 MSR_MSP 函数用来设置栈顶指针，在 IAP 实验的时候会用到。

5.2.5　I/O 设置函数

该部分包含两个函数：GPIO_Set 和 GPIO_AF_Set。相对于 STM32F1 来说，STM32F4

的 GPIO 设置显得更为复杂,也更加灵活,尤其是复用功能部分,比 STM32F1 改进了很多,使用起来更加方便。

STM32F4 每组通用 I/O 端口包括 4 个 32 位配置寄存器(MODER、OTYPER、OSPEEDR 和 PUPDR)、2 个 32 位数据寄存器(IDR 和 ODR)、一个 32 位置位/复位寄存器(BSRR)、一个 32 位锁定寄存器(LCKR)和 2 个 32 位复用功能选择寄存器(AFRH 和 AFRL)等。

这样,STM32F4 每组 I/O 有 10 个 32 位寄存器控制,其中常用的有 4 个配置寄存器+2 个数据寄存器+2 个复用功能选择寄存器,共 8 个。如果在使用的时候,每次都直接操作寄存器配置 I/O,代码会比较多,也不容易记住,所以 ALIENTEK 提供 GPIO_Set 和 GPIO_AF_Set 两个函数,用于 I/O 配置和复用功能设置。

同 STM32F1 一样,STM32F4 的 I/O 可以由软件配置成如下 8 种模式中的任何一种:输入浮空、输入上拉、输入下拉、模拟输入、开漏输出、推挽输出、推挽式复用功能、开漏式复用功能。

关于这些模式的介绍及应用场景,这里就不详细介绍了,感兴趣的朋友可以看看这个帖子了解下:http://www.openedv.com/posts/list/32730.htm。接下来详细介绍 I/O 配置常用的 8 个寄存器:MODER、OTYPER、OSPEEDR、PUPDR、ODR、IDR、AFRH 和 AFRL。

1. MODER 寄存器

该寄存器是 GPIO 端口模式控制寄存器,用于控制 GPIOx(STM32F4 最多有 9 组 I/O,分别用大写字母表示,即 x=A/B/C/D/E/F/G/H/I,下同)的工作模式,该寄存器各位描述如图 5.2 所示。该寄存器各位在复位后,一般都是 0(个别不是 0,比如 JTAG 占用的几个 I/O 口),也就是默认条件下一般是输入状态的。每组 I/O 下有 16 个 I/O 口,该寄存器共 32 位,每 2 个位控制一个 I/O,不同设置对应的模式如图 5.2 描述。

31	30	29	28	27	26	25	24	23	22	21	20	19	18	17	16
MODER15[1:0]		MODER14[1:0]		MODER13[1:0]		MODER12[1:0]		MODER11[1:0]		MODER10[1:0]		MODER9[1:0]		MODER8[1:0]	
rw	rw	rw	rw	rw	rw	rw	rw	rw	rw	rw	rw	rw	rw	rw	rw

15	14	13	12	11	10	9	8	7	6	5	4	3	2	1	0
MODER7[1:0]		MODER6[1:0]		MODER5[1:0]		MODER4[1:0]		MODER3[1:0]		MODER2[1:0]		MODER1[1:0]		MODER0[1:0]	
rw	rw	rw	rw	rw	rw	rw	rw	rw	rw	rw	rw	rw	rw	rw	rw

MODERy[1:0]端口 x 配置位(Port x configuration bits)(y=0..15)
这些位通过软件写入,用于配置 I/O 方向模式。
00:输入(复位状态);01:通用输出模式;10:复用功能模式;11:模拟模式

图 5.2 GPIOx MODER 寄存器各位描述

2. OTYPER 寄存器

该寄存器用于控制 GPIOx 的输出类型,各位描述如图 5.3 所示。该寄存器仅用于输出模式,在输入模式(MODER[1:0]=00/11 时)下不起作用。该寄存器低 16 位有效,每一个位控制一个 I/O 口,复位后,该寄存器值均为 0。

31	30	29	28	27	26	25	24	23	22	21	20	19	18	17	16
Reserved															

15	14	13	12	11	10	9	8	7	6	5	4	3	2	1	0
OT15	OT14	OT13	OT12	OT11	OT10	OT9	OT8	OT7	OT6	OT5	OT4	OT3	OT2	OT1	OT0
rw	rw	rw	rw	rw	rw	rw	rw	rw	rw	rw	rw	rw	rw	rw	rw

位 31：16 保留，必须保持复位值。

位 15：0   OTy[1：0]：端口 x 配置位(Port x configuration bits)(y＝0..15)

这些位通过软件写入,用于配置 I/O 端口的输出类型。

0：输出推挽(复位状态)；1：输出开漏

图 5.3   GPIOx OTYPER 寄存器各位描述

3. OSPEEDR 寄存器

该寄存器用于控制 GPIOx 的输出速度,该寄存器各位描述如图 5.4 所示。该寄存器也仅用于输出模式,在输入模式(MODER[1：0]＝00/11 时)下不起作用。该寄存器每 2 个位控制一个 I/O 口,复位后,该寄存器值一般为 0。

31	30	29	28	27	26	25	24	23	22	21	20	19	18	17	16
OSPEEDR15[1：0]		OSPEEDR14[1：0]		OSPEEDR13[1：0]		OSPEEDR12[1：0]		OSPEEDR11[1：0]		OSPEEDR10[1：0]		OSPEEDR9[1：0]		OSPEEDR8[1：0]	
rw	rw	rw	rw	rw	rw	rw	rw	rw	rw	rw	rw	rw	rw	rw	rw

15	14	13	12	11	10	9	8	7	6	5	4	3	2	1	0
OSPEEDR7[1：0]		OSPEEDR6[1：0]		OSPEEDR5[1：0]		OSPEEDR4[1：0]		OSPEEDR3[1：0]		OSPEEDR2[1：0]		OSPEEDR1[1：0]		OSPEEDR0[1：0]	
rw	rw	rw	rw	rw	rw	rw	rw	rw	rw	rw	rw	rw	rw	rw	rw

OSPEEDR[1：0]端口 x 配置位(Port x configuration bits)(y＝0..15)

这些位通过软件写入,用于配置 I/O 输出速度。

00：2 MHz(低速)；01：25 MHz(中速)；10：50 MHz(快速)；11：30 pF 时为 100 MHz(高速)(15 pF 时为 80 MHz 输出(最大速度))

图 5.4   GPIOx OSPEEDR 寄存器各位描述

4. PUPDR 寄存器

该寄存器用于控制 GPIOx 的上拉/下拉,该寄存器各位描述如图 5.5 所示。该寄存器每 2 个位控制一个 I/O 口,用于设置上下拉。注意,STM32F1 是通过 ODR 寄存器控制上下拉的,而 STM32F4 则由单独的寄存器 PUPDR 控制上下拉,使用起来更加灵活。复位后,该寄存器值一般为 0。

31	30	29	28	27	26	25	24	23	22	21	20	19	18	17	16
PUPDR15[1：0]		PUPDR14[1：0]		PUPDR13[1：0]		PUPDR12[1：0]		PUPDR11[1：0]		PUPDR10[1：0]		PUPDR9[1：0]		PUPDR8[1：0]	
rw	rw	rw	rw	rw	rw	rw	rw	rw	rw	rw	rw	rw	rw	rw	rw

15	14	13	12	11	10	9	8	7	6	5	4	3	2	1	0
PUPDR7[1：0]		PUPDR6[1：0]		PUPDR5[1：0]		PUPDR4[1：0]		PUPDR3[1：0]		PUPDR2[1：0]		PUPDR1[1：0]		PUPDR0[1：0]	
rw	rw	rw	rw	rw	rw	rw	rw	rw	rw	rw	rw	rw	rw	rw	rw

PUPDRy[1：0]端口 x 配置位(Port x configuration bits)(y＝0..15)

这些位通过软件写入,用于配置 I/O 上拉或下拉。

00：无上拉或下拉；01：上拉；10：下拉；11：保留

图 5.5   GPIOx PUPDR 寄存器各位描述

5. ODR 寄存器

该寄存器用于控制 GPIOx 的输出,各位描述如图 5.6 所示。该寄存器用于设置某个 I/O 输出低电平(ODRy=0)还是高电平(ODRy=1),也仅在输出模式下有效,在输入模式(MODER[1:0]=00/11 时)下不起作用。

31	30	29	28	27	26	25	24	23	22	21	20	19	18	17	16
							Reserved								
15	14	13	12	11	10	9	8	7	6	5	4	3	2	1	0
ODR15	ODR14	ODR13	ODR12	ODR11	ODR10	ODR9	ODR8	ODR7	ODR6	ODR5	ODR4	ODR3	ODR2	ODR1	ODR0
rw	rw	rw	rw	rw	rw	rw	rw	rw	d	rw	rw	rw	rw	rw	rw

位 31:16 保留,必须保持复位值。

位 15:0 ODRy[15:0]端口输入数据(Port output data)(y=0:15)
这些位可通过软件读取和写入。

图 5.6 GPIOx ODR 寄存器各位描述

6. IDR 寄存器

该寄存器用于读取 GPIOx 的输入,各位描述如图 5.7 所示。该寄存器用于读取某个 I/O 的电平,如果对应的位为 0(IDRy=0),则说明该 I/O 输入的是低电平,如果是 1(IDRy=1),则表示输入的是高电平。

31	30	29	28	27	26	25	24	23	22	21	20	19	18	17	16
							Reserved								
15	14	13	12	11	10	9	8	7	6	5	4	3	2	1	0
IDR15	IDR14	IDR13	IDR12	IDR11	IDR10	IDR9	IDR8	IDR7	IDR6	IDR5	IDR4	IDR3	IDR2	IDR1	IDR0
r	r	r	r	r	r	r	r	r	r	r	r	r	r	r	r

位 31:16 保留,必须保持复位值。

位 15:0 IDRy[15:0]端口输入数据(Port input data)(y=0:15)
这些位只读形式,只能在字模式下访问。它们包含相应 I/O 端口的输入值

图 5.7 GPIOx IDR 寄存器各位描述

通过以上 6 个寄存器的介绍,我们结合实例来讲解 STM32F4 的 I/O 设置,熟悉下这几个寄存器的使用。比如,我们要设置 PORTC 的第 12 个 I/O(即 PC11)为推挽输出,速度为 100 MHz,不带上下拉,并输出高电平。代码如下:

```
RCC->AHB1ENR| = 1<<2;                    //使能 PORTC 时钟
GPIOC->MODER& = ~(3<<(11*2));            //先清除 PC11 原来的设置
GPIOC->MODER| = 1<<(11*2);               //设置 PC11 为输出模式
GPIOC->OTYPER& = ~(1<<11);               //清除 PC11 原来的设置
GPIOC->OTYPER| = 0<<11;                  //设置 PC11 为推挽输出
GPIOC->OSPEEDR& = ~(3<<(11*2));          //先清除 PC11 原来的设置
GPIOC->OSPEEDR| = 3<<(11*2);             //设置 PC11 输出速度为 100 MHz
GPIOC->PUPDR& = ~(3<<(11*2));            //先清除 PC11 原来的设置
GPIOC->PUPDR| = 0<<(11*2);               //设置 PC11 不带上下拉
GPIOC->ODR| = 1<<11;                     //设置 PC11 输出 1(高电平)
```

以上代码中,第一句为开启 PORTC 时钟操作,STM32F4 的所有外设使用,都必须先开启时钟。通过以上配置,我们就可以设置 PC11 为推挽输出,速度为 100 MHz,且

输出高电平了,可以看到,即便是简单的一个 I/O 设置,其代码还是比较长的。

又比如,我们要设置 PORTE 的第 4 个 I/O(即 PE3)为带上拉的输入。代码如下:

```
RCC - >AHB1ENR| = 1<<4;                //使能 PORTE 时钟
GPIOE - >MODER& = ~(3<<(3 * 2));       //先清除 PE3 原来的设置
GPIOE - >MODER| = 0<<(3 * 2);          //设置 PE3 为输入模式
GPIOE - > PUPDR& = ~(3<<(3 * 2));      //先清除 PE3 原来的设置
GPIOE - > PUPDR| = 1<<(3 * 2);         //设置 PE3 上拉
```

通过以上配置,我们就设置了 PE3 为上拉输入,相对输出配置来说,输入设置简单了不少。有了这个输入配置,读取 GPIOE→IDR 的 bit3 位就可以得到 PE3 引脚上面的电平了。

经过以上了解,我们便可以设计一个通用的 GPIO 设置函数来设置 STM32F4 的 I/O,即 GPIO_Set 函数,该函数代码如下:

```
//GPIO 通用设置
//GPIOx:GPIOA~GPIOI
//BITx:0X0000~0XFFFF,位设置,每个位代表一个 I/O
//第 0 位代表 Px0,第 1 位代表 Px1,依次类推. 比如 0X0101,代表同时设置 Px0 和 Px8
//MODE:0~3;模式选择,0,输入(系统复位默认状态);1,普通输出;2,复用功能;3,模拟输入
//OTYPE:0/1;输出类型选择,0,推挽输出;1,开漏输出
//OSPEED:0~3;输出速度设置,0,2 MHz;1,25 MHz;2,50 MHz;3,100 MHz
//PUPD:0~3;上下拉设置,0,不带上下拉;1,上拉;2,下拉;3,保留
//注意:在输入模式(普通输入/模拟输入)下,OTYPE 和 OSPEED 参数无效
void GPIO_Set(GPIO_TypeDef * GPIOx,u32 BITx,u32 MODE,u32 OTYPE,u32 OSPEED,
            u32 PUPD)
{
    u32 pinpos = 0,pos = 0,curpin = 0;
    for(pinpos = 0;pinpos<16;pinpos ++ )
    {
        pos = 1<<pinpos;            //一个个位检查
        curpin = BITx&pos;         //检查引脚是否要设置
        if(curpin == pos)          //需要设置
        {
            GPIOx - >MODER& = ~(3<<(pinpos * 2));    //先清除原来的设置
            GPIOx - >MODER| = MODE<<(pinpos * 2);    //设置新的模式
            if((MODE == 0X01)||(MODE == 0X02))       //如果是输出模式/复用功能模式
            {
                GPIOx - >OSPEEDR& = ~(3<<(pinpos * 2));     //清除原来的设置
                GPIOx - >OSPEEDR| = (OSPEED<<(pinpos * 2)); //设置新的速度值
                GPIOx - >OTYPER& = ~(1<<pinpos) ;          //清除原来的设置
                GPIOx - >OTYPER| = OTYPE<<pinpos;           //设置新的输出模式
            }
            GPIOx - >PUPDR& = ~(3<<(pinpos * 2));       //先清除原来的设置
            GPIOx - >PUPDR| = PUPD<<(pinpos * 2);       //设置新的上下拉
        }
    }
}
```

该函数支持对 STM32F4 的任何 I/O 进行设置,并且支持同时设置多个 I/O(功能一致时),有了这个函数,我们便可以大大简化 STM32F4 的 I/O 设置过程,比如同样实

现上面设置 PC11 为推挽输出,利用 GPIO_Set 函数实现,代码如下:

```
RCC->AHB1ENR|=1<<2;                    //使能 PORTC 时钟
GPIO_Set(PORTC,1<<11,1,0,3,0);         //设置 PC11 推挽输出,100 MHz,不带上下拉
GPIOC->ODR|=1<<11;                     //设置 PC11 输出 1(高电平)
```

这样,仅仅 3 行代码就可以实现之前代码一样的功能,大大简化了设置 I/O 时的操作。并且,我们为 GPIO_Set 定义了一些列的宏,方便记忆,这些宏在 sys.h 里面,之前已有介绍。如果全换成宏,则:

```
GPIO_Set(PORTC,1<<11,1,0,3,0);         //设置 PC11 推挽输出,100 MHz,不带上下拉
```

可以写成:

```
GPIO_Set(PORTC,PIN11,GPIO_MODE_OUT,GPIO_OTYPE_PP,GPIO_SPEED_100M,
    GPIO_PUPD_NONE);                   //设置 PC11 推挽输出,100 MHz,不带上下拉
```

这样,虽然看起来长了一点,但是一眼便知参数设置的意义,具有很好的可读性。所以,推荐读者用这种方式设置 I/O。GPIO_Set 函数就介绍到这。

前面介绍了 6 个 GPIO 相关寄存器,还有 AFRL 和 AFRH 寄存器没有介绍。这两个寄存器用来设置 I/O 引脚复用和映射的,与 STM32F1 的复用不同,STM32F4 每个 I/O 引脚通过一个复用器连接到板载外设/模块,该复用器一次仅允许一个外设的复用功能(AF)连接到 I/O 引脚,这样,可以确保共用同一个 I/O 引脚的外设之间不会发生冲突,而 STM32F1 则可能存在冲突的情况。引脚复用功能选择正是通过 AFRL 和 AFRH 来控制的,其中 AFRL 控制 0～7 这 8 个 I/O 口,AFRH 控制 8～15 这 8 个 I/O 口。

AFRL 寄存器各位描述如图 5.8 所示。AFRL 寄存器每 4 个位控制一个 I/O,用于选择 AF0～AF15。寄存器总共 32 位,即可以控制 8 个 I/O,另外 8 个 I/O 由 AFRH 寄存器控制,这里就不再贴出了。

31	30	29	28	27	26	25	24	23	22	21	20	19	18	17	16
AFRL7[3:0]				AFRL6[3:0]				AFRL5[3:0]				AFRL4[3:0]			
rw	rw	rw	rw	rw	rw	rw	rw	rw	rw	rw	rw	rw	rw	rw	rw

15	14	13	12	11	10	9	8	7	6	5	4	3	2	1	0
AFRL3[3:0]				AFRL2[3:0]				AFRL1[3:0]				AFRL0[3:0]			
rw	rw	rw	rw	rw	rw	rw	rw	rw	rw	rw	rw	rw	rw	rw	rw

位 32:0 AFRLy:端口 x 位 y 人复用功能选择(Alternate function selection for port x bits)(y=0..4)这些位通过软件写入,用于配置复用功能 I/O。

AFRLY 选择:0000:AF0;0001:AF1;001Q:AF2;0011:AF3;0100:AF4;0101:AF5;0110:AF6;0111:AF7;1000:AF8;1001:AF9;1010:AF10;1011:AF11;1100:AF12;1101:AF13;1110:AF14;1111:AF15

图 5.8 AFRL 寄存器各位描述

对于 STM32F40xx/STM32F41xx 来说,其简单的复用功能映射关系如图 5.9 所示。这里仅列出了部分复用情况,详细的 STM32F4 管脚复用情况请参考 STM32F407 的数据手册第 56 页 Table 7。

接下来简单说明一下这个图要如何看。举个例子,探索者 STM32F407 开发板的原理图上 PC11 的原理图如图 5.10 所示。PC11 可以作为 SPI3_MISO/U3_RX/U4_RX/SDIO_D3/DCMI_D4/I2S3ext_SD 等复用功能输出;这么多复用功能,如果这些外

对于引脚0到引脚7，GPIOx_AFR[31:0]寄存器会选择专用的复用功能

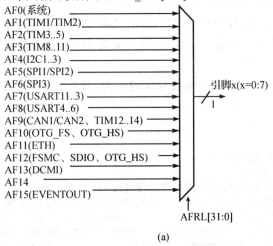

(a)

对于引脚8到引脚15，GPIOx_AFR[31:0]寄存器会选择专用的复用功能

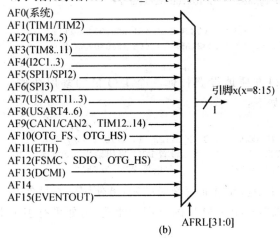

(b)

图 5.9　AFRL 和 AFRH 复用功能映射关系简图

设都开启了，那么对 STM32F1 来说，那就可能乱套了，外设之间可互相干扰，但是 STM32F4 有复用功能选择功能，可以让 PC11 仅连接到某个特定的外设，因此不存在互相干扰的情况。

| SDIO D3 | DCMI D4 | PC11 112 | PC11/SPI3 MISO/U3 RX/U4 RX/SDIO D3/DCMI D4/I2S3ext SD |

图 5.10　探索者 STM32F407 开发板 PC11 原理图

比如，我们要用 PC11 的复用功能为 SDIO_D3。因为 11 脚是由 AFRH[15：12] 控制，且属于 SDIO 功能复用，所以要选择 AF12，即设置 AFRH[15：12]＝AF12，代码如下：

```
RCC - >AHB1ENR| = 1<<2;          //使能 PORTC 时钟
GPIO_Set(PORTC,PIN11, GPIO_MODE_AF, GPIO_OTYPE_PP, GPIO_SPEED_100M
      GPIO_PUPD_PU);             //设置 PC11 复用输出,100MHz,上拉
```

```
GPIOC->AFR[1]&= ~(0X0F<<12;              //清除 PC11 原来的设置
GPIOC->AFR[1]| = 12<<12;                 //设置 PC11 为 AF12
```

注意,在 MDK 里面,AFRL 和 AFRH 被定义成 AFR[2],其中 AFR[0]代表 AFRL,AFR[1]代表 AFRH。经过以上设置,我们就将 PC11 设置为复用功能输出,且复用功能选择 SDIO_D3。

同样,我们将 AFRL 和 AFRH 的设置封装成函数,即 GPIO_AF_Set 函数,该函数代码如下:

```
//GPIO 复用设置
//GPIOx:GPIOA~GPIOI
//BITx:0~15,代表 IO 引脚编号
//AFx:0~15,代表 AF0~AF15
//AF0~15 设置情况(这里仅是列出常用的,详细的请见 407 数据手册,56 页 Table 7)
//AF0:MCO/SWD/ SWCLK/RTC  AF1:TIM1/2;      AF2:TIM3~5;         AF3:TIM8~11
//AF4:I2C1~I2C3;   AF5:SPI1/SPI2;          AF6:SPI3;           AF7:USART1~3;
//AF8:USART4~6;   AF9:CAN1/2/TIM12~14    AF10:USB_OTG/USB_HS   AF11:ETH
//AF12:FSMC/SDIO/OTG/HS   AF13:DCIM       AF14:               AF15:EVENTOUT
void GPIO_AF_Set(GPIO_TypeDef * GPIOx,u8 BITx,u8 AFx)
{
    GPIOx->AFR[BITx>>3]&= ~(0X0F<<((BITx&0X07) * 4));
    GPIOx->AFR[BITx>>3]| = (u32)AFx<<((BITx&0X07) * 4));
}
```

通过该函数就可以很方便地设置任何一个 I/O 口的复用功能了。同样以设置 PC11 为 SDIO_D3,代码如下:

```
RCC->AHB1ENR| = 1<<2;                    //使能 PORTC 时钟
GPIO_Set(PORTC,11, GPIO_MODE_AF, GPIO_OTYPE_PP, GPIO_SPEED_100M
         GPIO_PUPD_PU);                  //设置 PC11 复用输出,100MHz,上拉
GPIO_AF_Set(GPIOC,PIN11,AF12);           //设置 PC11 为 AF12
```

其中,AF12 是我们在 sys.h 里面定义好的宏,方便记忆。另外,需要注意 GPIO_AF_Set 函数,每次只能设置一个 I/O 口的复用功能选择,如果有多个 I/O 要设置,那么需要多次调用该函数。

STM32F4 的复用选择功能使得很多 I/O 口可以做同一个外设的输出,所以,在看 STM32F407 的原理图的时候可能有些迷糊:好几个引脚都是同样的功能,比如 U3_RX (串口 3 的接收引脚),在 PB11/PC11/PD9 上面都有这个复用功能,到底该选哪个呢? 这就要通过对应 I/O 的复用功能选择器来选择了,你可以选择这 3 个脚里面的任何一个作为 U3_RX,只需要设置对应引脚所在 GPIO 的 AFRL/AFRH 即可,而且,没有选择作为 U3_RX 复用的另外两个 I/O 口还是可以用来作为普通 I/O 输出或者其他复用功能输出的。因此,可以看出 STM32F4 的 I/O 复用,相对 STM32F1 来说,强大了很多。I/O 设置部分就介绍到这里。

5.2.6　中断管理函数

Cortex-M4 内核支持 256 个中断,其中包含了 16 个内核中断和 240 个外部中断,并且具有 256 级的可编程中断设置。但 STM32F4 并没有使用 Cortex-M4 内核的全

部东西,而是只用了它的一部分。STM32F40xx/STM32F41xx 总共有 92 个中断,
STM32F42xx/STM32F43xx 则总共有 96 个中断,以下仅以 STM32F40xx/41xx 为例
讲解。

　　STM32F40xx/STM32F41xx 的 92 个中断里面包括 10 个内核中断和 82 个可屏蔽
中断,具有 16 级可编程的中断优先级,而我们常用的就是这 82 个可屏蔽中断。在
MDK 内,与 NVIC 相关的寄存器,MDK 为其定义了如下的结构体:

```
typedef struct
{
    __IO uint32_t ISER[8];           /* ! < Interrupt Set Enable Register      */
         uint32_t RESERVED0[24];
    __IO uint32_t ICER[8];           /* ! < Interrupt Clear Enable Register    */
         uint32_t RSERVED1[24];
    __IO uint32_t ISPR[8];           /* ! < Interrupt Set Pending Register     */
         uint32_t RESERVED2[24];
    __IO uint32_t ICPR[8];           /* ! < Interrupt Clear Pending Register   */
         uint32_t RESERVED3[24];
    __IO uint32_t IABR[8];           /* ! < Interrupt Active bit Register      */
         uint32_t RESERVED4[56];
    __IO uint8_t  IP[240];           /* ! < Interrupt Priority Register, 8Bit wide */
         uint32_t RESERVED5[644];
    __O  uint32_t STIR;              /* ! < Software Trigger Interrupt Register */
} NVIC_Type;
```

　　STM32F4 的中断在这些寄存器的控制下有序地执行。只有了解这些中断寄存
器,才能方便地使用 STM32F4 的中断。下面重点介绍这几个寄存器:

　　ISER[8]:ISER 全称是 Interrupt Set - Enable Registers,这是一个中断使能寄存
器组。上面说了 Cortex - M4 内核支持 256 个中断,这里用 8 个 32 位寄存器来控制,每
个位控制一个中断。但是 STM32F4 的可屏蔽中断最多只有 82 个,所以对我们来说,
有用的就是 3 个(ISER[0~2]]),总共可以表示 96 个中断。而 STM32F4 只用了其中
的前 82 个。ISER[0] 的 bit0~31 分别对应中断 0~31,ISER[1] 的 bit0~32 对应中断
32~63,ISER[2] 的 bit0~17 对应中断 64~81,这样总共 82 个中断就分别对应上了。
要使能某个中断,必须设置相应的 ISER 位为 1,使该中断被使能(这里仅仅是使能,还
要配合中断分组、屏蔽、I/O 口映射等设置才算是一个完整的中断设置)。具体每一位
对应哪个中断,请参考 stm32f4xx.h 里面的第 188 行处。

　　ICER[8]:全称是 Interrupt Clear - Enable Registers,是一个中断除能寄存器组。
该寄存器组与 ISER 的作用恰好相反,是用来清除某个中断的使能的。其对应位的功
能也和 ICER 一样。这里要专门设置一个 ICER 来清除中断位,而不是向 ISER 写 0 来
清除,是因为 NVIC 的这些寄存器都是写 1 有效的,写 0 是无效的。

　　ISPR[8]:全称是 Interrupt Set - Pending Registers,是一个中断挂起控制寄存器
组。每个位对应的中断和 ISER 是一样的。通过置 1 可以将正在进行的中断挂起,而
执行同级或更高级别的中断。写 0 是无效的。

　　ICPR[8]:全称是 Interrupt Clear - Pending Registers,是一个中断解挂控制寄存

器组。其作用与 ISPR 相反,对应位也和 ISER 是一样的。通过设置 1 可以将挂起的中断接挂,写 0 无效。

IABR[8]:全称是 Interrupt Active Bit Registers,是一个中断激活标志位寄存器组。对应位所代表的中断和 ISER 一样,如果为 1,则表示该位所对应的中断正在被执行。这是一个只读寄存器,通过它可以知道当前在执行的中断是哪一个。在中断执行完了由硬件自动清零。

IP[240]:全称是 Interrupt Priority Registers,是一个中断优先级控制的寄存器组。这个寄存器组相当重要!STM32F4 的中断分组与这个寄存器组密切相关。IP 寄存器组由 240 个 8 bit 的寄存器组成,每个可屏蔽中断占用 8 bit,这样总共可以表示 240 个可屏蔽中断。而 STM32F4 只用到了其中的 82 个。IP[81]~IP[0]分别对应中断 81~0。而每个可屏蔽中断占用的 8 bit 并没有全部使用,而是只用了高 4 位。这 4 位又分为抢占优先级和子优先级。抢占优先级在前,子优先级在后。而这两个优先级各占几个位又要根据 SCB→AIRCR 中的中断分组设置来决定。

这里简单介绍一下 STM32F4 的中断分组:STM32F4 将中断分为 5 个组,组 0~4。该分组的设置是由 SCB→AIRCR 寄存器的 bit10~8 来定义的。具体的分配关系如表 5.7 所列。

表 5.7　AIRCR 中断分组设置表

组	AIRCR[10:8]	bit[7:4]分配情况	分配结果
0	111	0:4	0 位抢占优先级,4 位响应优先级
1	110	1:3	1 位抢占优先级,3 位响应优先级
2	101	2:2	2 位抢占优先级,2 位响应优先级
3	100	3:1	3 位抢占优先级,1 位响应优先级
4	011	4:0	4 位抢占优先级,0 位响应优先级

通过这个表可以清楚地看到组 0~4 对应的配置关系,例如组设置为 3,那么此时所有的 82 个中断,每个中断的中断优先寄存器的高 4 位中的最高 3 位是抢占优先级,低一位是响应优先级。每个中断可以设置抢占优先级为 0~7,响应优先级为 1 或 0。抢占优先级的级别高于响应优先级,而数值越小所代表的优先级就越高。

这里需要注意两点:第一,如果两个中断的抢占优先级和响应优先级都是一样,则看哪个中断先发生就先执行;第二,高优先级的抢占优先级是可以打断正在进行的低抢占优先级中断的。而抢占优先级相同的中断,高优先级的响应优先级不可以打断低响应优先级的中断。

结合实例说明一下:假定设置中断优先级组为 2,然后设置中断 3(RTC_WKUP 中断)的抢占优先级为 2,响应优先级为 1。中断 6(外部中断 0)的抢占优先级为 3,响应优先级为 0。中断 7(外部中断 1)的抢占优先级为 2,响应优先级为 0。那么这 3 个中断的优先级顺序为:中断 7>中断 3>中断 6。

上面例子中的中断 3 和中断 7 都可以打断中断 6 的中断。而中断 7 和中断 3 却不可以相互打断！

　　通过以上介绍,我们熟悉了 STM32F4 中断设置的大致过程。接下来介绍如何使用函数实现以上中断设置,使得我们以后的中断设置简单化。

　　第一个介绍的是 NVIC 的分组函数 MY_NVIC_PriorityGroupConfig,该函数的参数 NVIC_Group 为要设置的分组号,可选范围为 0～4,总共 5 组。如果参数非法,则将可能导致不可预料的结果。MY_NVIC_PriorityGroupConfig 函数代码如下:

```
//设置 NVIC 分组
//NVIC_Group:NVIC 分组 0～4 总共 5 组
void MY_NVIC_PriorityGroupConfig(u8 NVIC_Group)
{
    u32 temp,temp1;
    temp1 = (～NVIC_Group)&0x07;        //取后 3 位
    temp1<< = 8;
    temp = SCB - >AIRCR;                //读取先前的设置
    temp& = 0X0000F8FF;                 //清空先前分组
    temp| = 0X05FA0000;                 //写入钥匙
    temp| = temp1;
    SCB - >AIRCR = temp;                //设置分组
}
```

　　通过前面的介绍我们知道,STM32F4 的 5 个分组是通过设置 SCB→AIRCR 的 BIT[10∶8]来实现的,而我们知道 SCB→AIRCR 的修改需要通过在高 16 位写入 0X05FA 这个密钥才能修改,故在设置 AIRCR 之前,应该把密钥加入到要写入的内容的高 16 位,以保证能正常地写入 AIRCR。在修改 AIRCR 的时候,我们一般采用“读→改→写”的步骤来实现不改变 AIRCR 原来的其他设置。以上就是 MY_NVIC_PriorityGroupConfig 函数设置中断优先级分组的思路。

　　第二个函数是 NVIC 设置函数 MY_NVIC_Init。该函数有 4 个参数,分别为 NVIC_PreemptionPriority、NVIC_SubPriority、NVIC_Channel、NVIC_Group。第一个参数 NVIC_PreemptionPriority 为中断抢占优先级数值,第二个参数 NVIC_SubPriority 为中断子优先级数值,前两个参数的值必须在规定范围内,否则也可能产生意想不到的错误。第三个参数 NVIC_Channel 为中断的编号(对 STM32F40xx/41xx 来说是 0～81),最后一个参数 NVIC_Group 为中断分组设置(范围为 0～4)。该函数代码如下:

```
//设置 NVIC
//NVIC_PreemptionPriority:抢占优先级
//NVIC_SubPriority        :响应优先级
//NVIC_Channel            :中断编号
//NVIC_Group              :中断分组 0～4
//注意优先级不能超过设定的组的范围! 否则会有意想不到的错误
//组划分
//组 0:0 位抢占优先级,4 位响应优先级
//组 1:1 位抢占优先级,3 位响应优先级
//组 2:2 位抢占优先级,2 位响应优先级
//组 3:3 位抢占优先级,1 位响应优先级
```

```
//组 4:4 位抢占优先级,0 位响应优先级
//NVIC_SubPriority 和 NVIC_PreemptionPriority 的原则是,数值越小,越优先
void MY_NVIC_Init(u8 NVIC_PreemptionPriority,u8 NVIC_SubPriority,u8 NVIC_Channel,u8
NVIC_Group)
{
    u32 temp;
    MY_NVIC_PriorityGroupConfig(NVIC_Group);//设置分组
    temp = NVIC_PreemptionPriority<<(4 - NVIC_Group);
    temp| = NVIC_SubPriority&(0x0f>>NVIC_Group);
    temp& = 0xf;                        //取低 4 位
    NVIC - >ISER[NVIC_Channel/32]| = 1<<NVIC_Channel % 32;
    //使能中断位(要清除的话,设置 ICER 对应位为 1 即可)
    NVIC - >IP[NVIC_Channel]| = temp<<4;        //设置响应优先级和抢断优先级
}
```

通过前面的介绍我们知道,每个可屏蔽中断的优先级的设置是在 IP 寄存器组里面的,每个中断占 8 位,但只用了其中的 4 个位,以上代码就是根据中断分组情况来设置每个中断对应高 4 位的数值的。当然在该函数里面还引用了 MY_NVIC_Priority-GroupConfig 函数来设置分组。其实这个分组函数在每个系统里面只要设置一次就够了,设置多次则是以最后的那一次为准。但是只要多次设置的组号都是一样就没事,否则前面设置的中断会因为后面组的变化优先级而发生改变,这点在使用的时候要特别注意! 一个系统代码里面,所有的中断分组都要统一! 以上代码对要配置的中断号默认是开启中断的,也就是 ISER 中的值设置为 1 了。

通过以上两个函数就实现了对 NVIC 的管理和配置,但是外部中断的设置还需要配置相关寄存器才可以。下面就介绍外部中断的配置和使用。

STM32F4 的 EXTI 控制器支持 23 个外部中断/事件请求。每个中断设有状态位,每个中断/事件都有独立的触发和屏蔽设置。STM32F4 的 23 个外部中断为:线 0~15:对应外部 I/O 口的输入中断。线 16:连接到 PVD 输出。线 17:连接到 RTC 闹钟事件。线 18:连接到 USB OTG FS 唤醒事件。线 19:连接到以太网唤醒事件。线 20:连接到 USB OTG HS 唤醒事件。线 21:连接到 RTC 入侵和时间戳事件。线 22:连接到 RTC 唤醒事件。

对于外部中断 EXTI 控制 MDK 定义了如下结构体:

```
typedef struct
{
    __IO uint32_t IMR;            //EXTI Interrupt mask register
    __IO uint32_t EMR;            // EXTI Event mask register
    __IO uint32_t RTSR;           // EXTI Rising trigger selection register
    __IO uint32_t FTSR;           // EXTI Falling trigger selection register
    __IO uint32_t SWIER;          // EXTI Software interrupt event register
    __IO uint32_t PR;             // EXTI Pending register
} EXTI_TypeDef;
```

通过这些寄存器的设置,就可以对外部中断进行详细设置了。下面就重点介绍这些寄存器的作用。

IMR:中断屏蔽寄存器。这是一个 32 位寄存器。但是只有前 23 位有效。当位 x

设置为 1 时,则开启这个线上的中断,否则关闭该线上的中断。

EMR:事件屏蔽寄存器,同 IMR,只是该寄存器是针对事件的屏蔽和开启。

RTSR:上升沿触发选择寄存器。该寄存器同 IMR,也是一个 32 位的寄存器,只有前 23 位有效。位 x 对应线 x 上的上升沿触发,如果设置为 1,则是允许上升沿触发中断/事件。否则,不允许。

FTSR:下降沿触发选择寄存器。同 RTSR,不过这个寄存器是设置下降沿的。下降沿和上升沿可以被同时设置,这样就变成了任意电平触发了。

SWIER:软件中断事件寄存器。通过向该寄存器的位 x 写入 1,在未设置 IMR 和 EMR 的时候,将设置 PR 中相应位挂起。如果设置了 IMR 和 EMR,则将产生一次中断。被设置的 SWIER 位将会在 PR 中的对应位清除后清除。

PR:挂起寄存器。当外部中断线上发生了选择的边沿事件时,该寄存器的对应位会被置为 1。0 表示对应线上没有发生触发请求。通过向该寄存器的对应位写入 1 可以清除该位。在中断服务函数里面经常会要向该寄存器的对应位写 1 来清除中断请求。

以上就是与中断相关寄存器的介绍,更详细的介绍请参考《STM32F4xx 中文参考手册》第 244 页 10.3 节 EXTI 寄存器描述。

通过以上配置就可以正常设置外部中断了,但是外部 I/O 口的中断还需要一个寄存器配置,也就是外部中断配置寄存器 EXTICR。这是因为 STM32F4 任何一个 I/O 口都可以配置成中断输入口,但是 I/O 口的数目远大于中断线数(16 个)。于是 STM32F4 就这样设计,GPIOA～GPIOI 的[15:0]分别对应中断线 15～0。这样每个中断线对应了最多 9 个 I/O 口,以线 0 为例:它对应了 GPIOA. 0、GPIOB. 0、GPIOC. 0、GPIOD. 0、GPIOE. 0、GPIOF. 0、GPIOG. 0、GPIOH. O、GPIOI. 0。而中断线每次只能连接到一个 I/O 口上,这样就需要 EXTICR 来决定对应的中断线配置到哪个 GPIO 上了。

EXTICR 寄存器在 SYSCFG 的结构体中定义,如下:

```
typedef struct
{
    __IO uint32_t MEMRMP;
    __IO uint32_t PMC;
    __IO uint32_t EXTICR[4];
    uint32_t RESERVED[2];
    __IO uint32_t CMPCR;
} AFIO_TypeDef;
```

EXTICR 寄存器组总共有 4 个,因为编译器的寄存器组都是从 0 开始编号的,所以 EXTICR[0]～ EXTICR[3]对应《STM32F4xx 中文参考手册》里的 EXTICR1～ EX-TICR 4。每个 EXTICR 只用了其低 16 位。EXTICR[0]的分配如图 5.11 所示。

比如要设置 GPIOB. 1 映射到 EXTI1,则只要设置 EXTICR[0]的 bit[7:4]为 0001 即可。默认都是 0000 即映射到 GPIOA。从图 5.11 中可以看出,EXTICR[0]只管了 GPIO 的 0～3 端口,相应的其他端口由 EXTICR[1～3]管理,具体请参考

《STM32F4xx 中文参考手册》第 196～198 页。

31	30	29	28	27	26	25	24	23	22	21	20	19	18	17	16
Reserved															
15	14	13	12	11	10	9	8	7	6	5	4	3	2	1	0
EXT13[3：0]				EXT12[3：0]				EXT11[3：0]				EXT10[3：0]			
rw	rw	rw	rw	rw	rw	rw	rw	rw	rw	rw	rw	rw	rw	rw	rw

位 31：16　保留，必须保持复位值。

位 15：0　EXTIx[3：0]：EXTIx 配置(x=0 到 3)(EXTI x configuration(x=0 to 3))这些位通过软件写入，以
选择 EXTIx 外部中断的源输入。

0000：PA[x]引脚　　0011：PD[x]引脚　　0110：PG[x]引脚

0001：PB[x]引脚　　0100：PE[x]引脚　　0111：PH[x]引脚

0010：PC[x]引脚　　0101：PF[C]引脚　　1000：PI[x]引脚

图 5.11　寄存器 EXTICR[0]各位定义

通过对上面的分析我们就可以完成对外部中断的配置了，函数为 Ex_NVIC_Config。该函数有 3 个参数：GPIOx 为 GPIOA～I(0～8)，在 sys.h 里面有定义，代表要配置的 I/O 口。BITx 则代表这个 I/O 口的第几位。TRIM 为触发方式，低 2 位有效（0x01 代表下降触发；0x02 代表上升沿触发；0x03 代表任意电平触发）。其代码如下：

```
//外部中断配置函数
//只针对 GPIOA～I;不包括 PVD,RTC,USB_OTG,USB_HS,以太网唤醒等
//参数
//GPIOx:0～8,代表 GPIOA～I
//BITx:需要使能的位;
//TRIM:触发模式,1,下升沿;2,上升沿;3,任意电平触发
//该函数一次只能配置 1 个 I/O 口,多个 I/O 口,需多次调用
//该函数会自动开启对应中断,以及屏蔽线
void Ex_NVIC_Config(u8 GPIOx,u8 BITx,u8 TRIM)
{
    u8 EXTOFFSET = (BITx % 4) * 4;
    RCC - >APB2ENR| = 1<<14;                                 //使能 SYSCFG 时钟
    SYSCFG - >EXTICR[BITx/4]& = ~(0x000F<<EXTOFFSET);        //清除原来设置
    SYSCFG - >EXTICR[BITx/4]| = GPIOx<<EXTOFFSET;
    //EXTI.BITx 映射到 GPIOx.BITx
    //自动设置
    EXTI - >IMR| = 1<<BITx;   //开启 line BITx 上的中断(如果要禁止中断,则反操作即可)
    if(TRIM&0x01)EXTI - >FTSR| = 1<<BITx;       //line BITx 上事件下降沿触发
    if(TRIM&0x02)EXTI - >RTSR| = 1<<BITx;       //line BITx 上事件上升降沿触发
}
```

Ex_NVIC_Config 完全是按照我们之前的分析来编写的，首先开启 SYSCFG 的时钟，然后根据 GPIOx 的位得到中断寄存器组的编号，即 EXTICR 的编号，在 EXTICR 里面配置中断线应该配置到 GPIOx 的哪个位。然后使能该位的中断，最后配置触发方式，这样就完成了外部中断的配置。注意：该函数一次只能配置一个 I/O 口，如果有多个 I/O 口需要配置，则多次调用这个函数就可以了。

至此,我们对 STM32F4 的中断管理就介绍结束了。中断响应函数这里没有介绍,这个在后面的实例中会讲述的。

5.3　usart 文件夹介绍

usart 文件夹内包含了 usart.c 和 usart.h 两个文件,用于串口的初始化和中断接收。这里只是针对串口 1,若要用串口 2 或者其他的串口,则只要对代码稍作修改就可以了。usart.c 里面包含了 2 个函数,一个是 void USART1_IRQHandler(void);另外一个是 void uart_init(u32 pclk2,u32 bound),里面还有一段对串口 printf 的支持代码,如果去掉,则会导致 printf 无法使用,虽然软件编译不会报错,但是硬件上 STM32F4 是无法启动的,这段代码不要去修改。

5.3.1　USART1_IRQHandler 函数

void USART1_IRQHandler(void) 函数是串口 1 的中断响应函数,当串口 1 发生了相应的中断后,就会跳到该函数执行。这里设计了一个小小的接收协议:通过这个函数,配合一个数组 USART_RX_BUF[]、一个接收状态寄存器 USART_RX_STA(此寄存器其实就是一个全局变量,由读者自行添加。由于它起到类似寄存器的功能,这里暂且称之为寄存器)实现对串口数据的接收管理。USART_RX_BUF 的大小由 USART_REC_LEN 定义,也就是一次接收的数据最大不能超过 USART_REC_LEN 个字节。USART_RX_STA 是一个接收状态寄存器,其各位的定义如表 5.8 所列。

表 5.8　接收状态寄存器位定义表

位	bit15	bit14	bit13～0
说　明	接收完成标志	接收到 0X0D 标志	接收到的有效数据个数

设计思路如下:

当接收到从计算机发过来的数据时,把接收到的数据保存在 USART_RX_BUF 中,同时在接收状态寄存器(USART_RX_STA)中计数接收到的有效数据个数。当收到回车(回车的表示由 2 个字节组成:0X0D 和 0X0A)的第一个字节 0X0D 时,计数器将不再增加,等待 0X0A 的到来。而如果 0X0A 没有来到,则认为这次接收失败,重新开始下一次接收。如果顺利接收到 0X0A,则标记 USART_RX_STA 的第 15 位,这样完成一次接收,并等待该位被其他程序清除,从而开始下一次的接收。而如果迟迟没有收到 0X0D,那么在接收数据超过 USART_REC_LEN 的时候,则会丢弃前面的数据,重新接收。函数代码如下:

```
#if EN_USART1_RX     //如果使能了接收
//串口 1 中断服务程序
//注意,读取 USARTx－>SR 能避免莫名其妙的错误
u8 USART_RX_BUF[USART_REC_LEN];//接收缓冲,最大 USART_REC_LEN 个字节
//接收状态
```

```
//bit15,    接收完成标志
//bit14,    接收到 0x0d
//bit13~0,接收到的有效字节数目
u16 USART_RX_STA = 0;    //接收状态标记
void USART1_IRQHandler(void)
{
    u8 res;
#ifdef OS_CRITICAL_METHOD//如果 OS_CRITICAL_METHOD 定义了,则使用 μC/OS-II 了
    OSIntEnter();
#endif
    if(USART1->SR&(1<<5))//接收到数据
    {
        res = USART1->DR;
        if((USART_RX_STA&0x8000) == 0)//接收未完成
        {
            if(USART_RX_STA&0x4000)//接收到了 0x0d
            {
                if(res!= 0x0a)USART_RX_STA = 0;//接收错误,重新开始
                else USART_RX_STA| = 0x8000;     //接收完成了
            }else //还没收到 0X0D
            {
                if(res == 0x0d)USART_RX_STA| = 0x4000;
                else
                {
                    USART_RX_BUF[USART_RX_STA&0X3FFF] = res;
                    USART_RX_STA ++ ;
                    if(USART_RX_STA>(USART_REC_LEN-1))USART_RX_STA = 0;
                    //接收数据错误,重新开始接收
                }
            }
        }
    }
#ifdef OS_CRITICAL_METHOD //如果 OS_CRITICAL_METHOD 定义了,则使用 μC/OS-II 了
    OSIntExit();
#endif
}
#endif
```

EN_USART1_RX 和 USART_REC_LEN 都是在 usart.h 文件里面定义的,当需要使用串口接收的时候,我们只要在 usart.h 里面设置 EN_USART1_RX 为 1 就可以了。不使用的时候,设置 EN_USART1_RX 为 0 即可,这样可以省出部分 sram 和 flash,默认是设置 EN_USART1_RX 为 1,也就是开启串口接收的。

OS_CRITICAL_METHOD 用来判断是否使用 μC/OS,如果使用了 μC/OS,则调用 OSIntEnter 和 OSIntExit 函数;如果没有使用 μC/OS,则不调用这两个函数(这两个函数用于实现中断嵌套处理,这里先不理会)。

5.3.2 uart_init 函数

void uart_init(u32 pclk2,u32 bound)函数是串口 1 初始化函数。该函数有 2 个参

数,第一个为 pclk2,是 APB2 总线的时钟频率。第二个参数为需要设置的波特率,例如 9600、115200 等。这个函数的重点是在波特率的设置,由于 STM32F4 采用了分数波特率,所以 STM32F4 的串口波特率设置范围很宽,而且误差很小。

STM32F4 的每个串口都有一个自己独立的波特率寄存器 USART_BRR,通过设置该寄存器可以达到配置不同波特率的目的。其各位描述如图 5.12 所示。

31	30	29	28	27	26	25	24	23	22	21	20	19	18	17	16
Reserved															
15	14	13	12	11	10	9	8	7	6	5	4	3	2	1	0
DIV_Mantissa[11:0]												DIV_Fraction[3:0]			
rw	rw	rw	rw	rw	rw	rw	rw	rw	rw	rw	rw	rw	rw	rw	rw

位 31:16　保留,必须保持复位值

位 15:4　DIV_Mantissa[11:0]:USARTDIV 的尾数,这 12 个位用于定义 USART 除数(USARTDIV)的尾数

位 3:0　DIV_Fraction[3:0]:USARTDIV 的小数这 4 个位用于定义 USART 除数(SARTDIV)的小数。当 OVER8=1 时,不考虑 DIV_Fraction3 位,且必须将该位保持清零

图 5.12　寄存器 USART_BRR 各位描述

相对于 STM32F1 来说,STM32F4 多了一个接收器过采样设置位:OVER8 位,该位在 USART_CR1 寄存器里面设置,当 OVER8=0 的时候,采用 16 倍过采样,可以增加接收器对时钟的容差。当 OVER8=1 的时候,可以获得更高的速度。简单说,就是 OVER8=0 时精度高,容错性好;OVER8=1 的时候,容错差,但是速度快。这里一般设置 OVER8=0,以得到更好的容错性,以下皆以 OVER8=0 进行介绍。关于 OVER8 的详细介绍请看《STM32F4xx 中文参考手册》第 26.3.3 小节。

前面提到 STM32F4 的分数波特率概念,其实就是在这个寄存器(USART_BRR)里面体现的。USART_BRR 的最低 4 位(位[3:0],当 OVER8=0 时)用来存放小数部分 DIV_Fraction,紧接着的 12 位(位[15:4])用来存放整数部分 DIV_Mantissa,最高 16 位未使用。

这里简单介绍一下波特率的计算。STM32F4 的串口波特率计算公式(OVER8=0)如下:

$$\text{Tx/Rx 波特率} = \frac{f_{PCLKx}}{(16 \times USARTDIV)}$$

式中,f_{PCLKx} 是给串口的时钟(PCLK1 用于 USART2~5,PCLK2 用于 USART1 和 USART6),USARTDIV 是一个无符号定点数。只要得到 USARTDIV 的值,就可以得到串口波特率寄存器 USART1→BRR 的值,反过来,我们得到 USART1→BRR 的值,也可以推导出 USARTDIV 的值。但我们更关心的是如何从 USARTDIV 的值得到 USART_BRR 的值,因为一般知道的是波特率和 PCLKx 的时钟,要求的就是 USART_BRR 的值。

下面介绍如何通过 USARTDIV 得到串口 USART_BRR 寄存器的值。假设串口 1 要设置为 115 200 的波特率,而 PCLK2 的时钟(即 APB2 总线时钟频率)为 84 MHz。根据上面的公式有:

$$USARTDIV = 84\ 000\ 000/(115\ 200 \times 16) = 45.572$$

那么得到:DIV_Fraction$=16 \times 0.572 = 9 = 0X09$;DIV_Mantissa$=45 = 0X2D$。这样,我们就得到了 USART1→BRR 的值为 0X2D9。只要设置串口 1 的 BRR 寄存器值为 0X2D9 就可以得到 115200 的波特率。

当然,并不是任何条件下都可以随便设置串口波特率的,在某些波特率和 PCLK2 频率下还是会存在误差的,具体可以参考《STM32F4xx 中文参考手册》的第 693 页表 116。

接下来就可以初始化串口了,需要注意的是这里初始化串口是按 8 位数据格式,一位停止位,无奇偶校验位的。具体代码如下:

```
//初始化 I/O 串口 1
//pclk2:PCLK2 时钟频率(Mhz)
//bound:波特率
void uart_init(u32 pclk2,u32 bound)
{
    float temp; u16 mantissa; u16 fraction;
    temp = (float)(pclk2 * 1000000)/(bound * 16);        //得到 USARTDIV@OVER8 = 0
    mantissa = temp;                                     //得到整数部分
    fraction = (temp - mantissa) * 16;                   //得到小数部分@OVER8 = 0
    mantissa<< = 4;
    mantissa + = fraction;
    RCC - >AHB1ENR| = 1<<0;                              //使能 PORTA 口时钟
    RCC - >APB2ENR| = 1<<4;                              //使能串口 1 时钟
    GPIO_Set(GPIOA,PIN9|PIN10,GPIO_MODE_AF,GPIO_OTYPE_PP,GPIO_SPEED_50M,
            GPIO_PUPD_PU);                               //PA9,PA10,复用功能,上拉输出
    GPIO_AF_Set(GPIOA,9,7);                              //PA9,AF7
    GPIO_AF_Set(GPIOA,10,7);                             //PA10,AF7
    //波特率设置
    USART1 - >BRR = mantissa;                            //波特率设置
    USART1 - >CR1& = ~(1<<15);                           //设置 OVER8 = 0
    USART1 - >CR1| = 1<<3;                               //串口发送使能
#if EN_USART1_RX                                         //如果使能了接收
    //使能接收中断
    USART1 - >CR1| = 1<<2;                               //串口接收使能
    USART1 - >CR1| = 1<<5;                               //接收缓冲区非空中断使能
    MY_NVIC_Init(3,3,USART1_IRQn,2);                     //组 2,最低优先级
#endif
    USART1 - >CR1| = 1<<13;                              //串口使能
}
```

上面的代码实现了对串口 1 波特率的设置。通过该函数的初始化,我们就可以得到在当前频率(pclk2)下得到自己想要的波特率。

第3篇 实战篇

经过前两篇的学习，我们对 STM32F4 开发的软件和硬件平台都有了个比较深入的了解，接下来将通过实例，由浅入深，带大家一步步地学习 STM32F4。

STM32F4 的内部资源非常丰富，对于初学者来说，一般不知道从何开始。本篇将从 STM32F4 最简单的外设说起，然后一步步深入。每一个实例都配有详细的代码及解释，手把手教你如何入手 STM32F4 的各种外设。

本篇总共分为 43 章，每一章即一个实例，下面就开始精彩的 STM32F4 之旅！

第**6**章

跑马灯实验

任何一个单片机,最简单的外设莫过于 I/O 口的高低电平控制了,本章将通过一个经典的跑马灯程序,带大家开启 STM32F4 之旅。通过本章的学习,读者将了解到 STM32F4 的 I/O 口作为输出使用的方法。本章将通过代码控制 ALIENTEK 探索者 STM32F4 开发板上的两个 LED(DS0 和 DS1)交替闪烁,实现类似跑马灯的效果。

6.1　STM32F4 I/O 简介

本章将要实现的是控制 ALIENTEK 探索者 STM32F4 开发板上的两个 LED 实现一个类似跑马灯的效果,关键在于如何控制 STM32F4 的 I/O 口输出。通过这一章的学习,读者将初步掌握 STM32F4 基本 I/O 口的使用,这是迈向 STM32F4 的第一步。

STM32F4 的 I/O 主要由 MODER、OTYPER、OSPEEDR、PUPDR、ODR、IDR、AFRH 和 AFRL 这 8 个寄存器控制,这些在 5.2.5 小节详细介绍过了。本章主要使用 STM32F4 I/O 口的推挽输出功能,利用 GPIO_Set 函数来设置即可很简单地完成对 I/O 口的配置。

这里重点说一下 STM32F4 的 I/O 电平兼容性问题。STM32F4 的绝大部分 I/O 口都兼容 5 V,至于到底哪些是兼容 5 V 的,请看 STM32F40x 的数据手册(注意是数据手册,不是中文参考手册)Table 6,凡是有 FT/FTf 标志的,都是兼容 5 V 电平的 I/O 口,可以直接接 5 V 的外设(注意:如果引脚设置的是模拟输入模式,则不能接 5 V);凡是不是 FT/FTf 标志的,就都不要接 5 V 了,可能烧坏 MCU。

6.2　硬件设计

本章用到的硬件只有 LED(DS0 和 DS1),其电路在 ALIENTEK 探索者 STM32F4 开发板上默认是已经连接好了的。DS0 接 PF9,DS1 接 PF10。所以在硬件上不需要动任何东西。其连接原理图如图 6.1 所示。

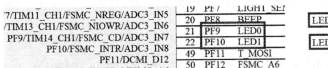

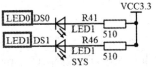

图 6.1　LED 与 STM32F4 连接原理图

6.3　软件设计

首先,找到 3.2 节新建的 TEST 工程(在本书配套资料:4,程序源码\1,标准例程-寄存器版本\实验 0 新建工程实验),在该工程文件夹下面新建一个 HARDWARE 的文件夹,用来存储以后与硬件相关的代码。然后在 HARDWARE 文件夹下新建一个 LED 文件夹,用来存放与 LED 相关的代码,如图 6.2 所示。

图 6.2　新建 HARDWARE 文件夹

然后打开 USER 文件夹下的 test. uvproj 工程,按 ▢ 按钮新建一个文件,然后保存在 HARDWARE→LED 文件夹下面,保存为 led. c。在该文件中输入如下代码:

```
＃include "led.h"
//初始化 PF9 和 PF10 为输出口.并使能这两个口的时钟
//LED IO初始化
void LED_Init(void)
{
    RCC－＞AHB1ENR| = 1<<5;//使能 PORTF 时钟
    GPIO_Set(GPIOF,PIN9|PIN10,GPIO_MODE_OUT,GPIO_OTYPE_PP,
            GPIO_SPEED_100M,GPIO_PUPD_PU); //PF9,PF10 设置
    LED0 = 1;//LED0 关闭
    LED1 = 1;//LED1 关闭
}
```

该代码里面就包含了一个函数 void LED_Init(void),该函数的功能就是用来实现配置 PF9 和 PF10 为推挽输出。I/O 配置采用 GPIO_Set 函数实现。

这里需要注意的是:在配置 STM32F4 外设的时候,任何时候都要先使能该外设的时钟！AHB1ENR 是 AHB1 总线上的外设时钟使能寄存器,其各位的描述如图 6.3 所示。

31	30	29	28	27	26	25	24	23	22	21	20	19	18	17	16
Reserved	OTGHS ULPIEN	OTGHS EN	ETHMA CPTPEN	ETHMA CRXEN	ETHMA CTXEN	ETHMA CEN	Reserved		DMA2 EN	DMA1 EN	CCMDAT ARAMEN	Res.	BKPSR AMEN	Reserved	
	rw	rw	rw	rw	rw	rw			rw	rw			rw		

15	14	13	12	11	10	9	8	7	6	5	4	3	2	1	0
Reserved			CRCEN	Reserved			GPIO IEN	GPIO HEN	GPIO GEN	GPIO FEN	GPIO EEN	GPIO DEN	GPI OCEN	GPIO BEN	GPIO AEN
			rw				rw	rw	rw	rw	rw	rw	rw	rw	rw

图 6.3　寄存器 AHB1ENR 各位描述

要使能 PORTF 的时钟使能位,则只要将该寄存器的 bit5 置 1 就可以使能 PORTF 的时钟了。该寄存器还包括了很多其他外设的时钟使能,以后会慢慢使用到的。这个寄存器的详细说明见《STM32F4xx 中文参考手册》的第 135 页。

设置完时钟之后就是配置完时钟,LED_Init 调用 GPIO_Set 函数完成对 PF9 和 PF10 的模式配置,然后控制 LED0 和 LED1 输出 1(LED 灭)。至此,两个 LED 的初始化完毕。

保存 led.c 代码,然后按照同样的方法,新建一个 led.h 文件,也保存在 LED 文件夹下面。在 led.h 中输入如下代码:

```
# ifndef __LED_H
# define __LED_H
# include "sys.h"
//LED 端口定义
# define LED0 PFout(9)              // DS0
# define LED1 PFout(10)             // DS1
void LED_Init(void);               //初始化
# endif
```

这段代码里最关键就是 2 个宏定义:

```
# define LED0 PFout(9)              // DS0
# define LED1 PFout(10)             // DS1
```

这里使用位带操作来实现操作某个 I/O 口。关于位带操作前面已经有介绍,这里不再多说。需要说明的是,这里可以使用另外一种操作方式实现。如下:

```
# define     LED0 (1<<9)        //led0    PF9
# define     LED1 (1<<10)       //led1    PF10
# define LED0_SET(x) GPIOF->ODR = (GPIOF->ODR&~LED0)|(x ? LED0:0)
# define LED1_SET(x) GPIOF->ODR = (GPIOF->ODR&~LED1)|(x ? LED1:0)
```

后者通过 LED0_SET(0) 和 LED0_SET(1) 来控制 PF9 的输出 0 和 1。而前者的类似操作为:LED0=0 和 LED0=1。显然前者简单很多,从而可以看出位带操作带来的好处。以后像这样的 I/O 口操作,我们都使用位带操作来实现,而不使用第二种方法。

将 led.h 也保存一下。接着,在 Manage Components 管理里面新建一个 HARD-

WARE 的组,并把 led.c 加入到这个组里面,如图 6.4 所示。

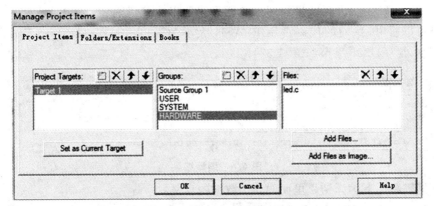

图 6.4 给工程新增 HARDWARE 组

单击 OK 回到工程,则会发现在 Project Workspace 里面多了一个 HARDWARE 的组,在该组下面有一个 led.c 的文件,如图 6.5 所示。

然后用之前介绍的方法(在 3.2 节介绍的)将 led.h 头文件包含路径加入到工程里面。回到主界面,在 main 函数里面编写如下代码:

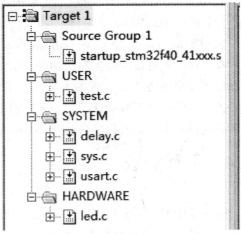

图 6.5 新增 HARDWARE 组

```c
#include "sys.h"
#include "delay.h"
#include "led.h"
int main(void)
{
    Stm32_Clock_Init(336,8,2,7);
    //设置时钟,168Mhz
    delay_init(168);         //初始化延时函数
    LED_Init();              //初始化 LED 时钟
    while(1)
    {
        LED0 = 0;            //DS0 亮
        LED1 = 1;            //DS1 灭
        delay_ms(500);
        LED0 = 1;            //DS0 灭
        LED1 = 0;            //DS1 亮
        delay_ms(500);
    }
}
```

代码包含了 #include "led.h" 这句,使得 LED0、LED1、LED_Init 等能在 main 函数里被调用。接下来,main 函数先调用 Stm32_Clock_Init 函数,配置系统时钟为 168 MHz,然后调用 delay_init 函数初始化延时函数。接着就是调用 LED_Init 来初始化

PF9 和 PF10 为输出。最后在死循环里实现 LED0 和 LED1 交替闪烁,间隔为 300 ms。然后按编译工程,得到结果如图 6.6 所示。可以看到没有错误,也没有警告。从编译信息可以看出,我们的代码占用 FLASH 大小为 1 828 字节(1 404+424),所用的 SRAM 大小为 1 336 字节(12+1 324)。

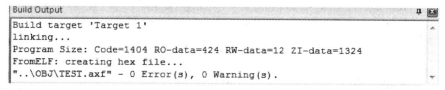

图 6.6　编译结果

这里解释一下编译结果里面的几个数据的意义:

➤ Code:表示程序所占用 FLASH 的大小(FLASH)。

➤ RO-data:即 Read Only-data,表示程序定义的常量,如 const 类型(FLASH)。

➤ RW-data:即 Read Write-data,表示已被初始化的全局变量(SRAM)。

➤ ZI-data:即 Zero Init-data,表示未被初始化的全局变量(SRAM)。

有了这个就可以知道当前使用的 FLASH 和 SRAM 大小了,所以,一定要注意的是程序的大小不是.hex 文件的大小,而是编译后的 Code 和 RO-data 之和。

接下来就可以下载验证了。如果有 JLINK,则可以用 JLINK 进行在线调试(需要先下载代码),单步查看代码的运行,STM32F4 的在线调试方法参见 4.2 节。

6.4　下载验证

这里使用 FlyMcu 下载(也可以通过 JLINK 等仿真器下载,下同),如图 6.7 所示。下载完之后,运行结果如图 6.8 所示。

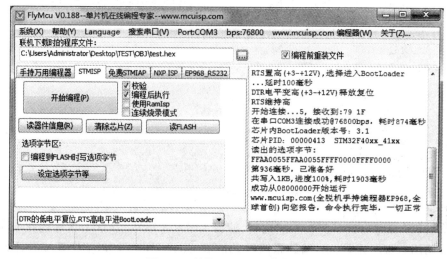

图 6.7　利用 FlyMcu 下载代码

图6.8 程序运行结果

至此,这一章的学习就结束了。本章作为 STM32F4 入门的第一个例子,介绍了 STM32F4 的 I/O 口的使用及注意事项,同时巩固了前面的学习,希望读者好好理解一下。

第 7 章

按键输入实验

这一章介绍如何使用 STM32F4 的 I/O 口作为输入用。我们将利用板载的 4 个按键来控制板载的两个 LED 的亮灭以及蜂鸣器的开关。通过本章的学习,你将了解到 STM32F4 的 I/O 口作为输入口的使用方法。

7.1   STM32F4 I/O 口简介

STM32F4 的 I/O 口做输入使用的时候,是通过读取 IDR 的内容来读取 I/O 口的状态的。了解了这一点,就可以开始我们的代码编写了。这一章将通过 ALIENTEK 探索者 STM32F4 开发板上载有的 4 个按钮(KEY_UP、KEY0、KEY1 和 KEY2)来控制板上的 2 个 LED(DS0 和 DS1)和蜂鸣器,其中 KEY_UP 控制蜂鸣器,按一次叫,再按一次停;KEY2 控制 DS0,按一次亮,再按一次灭;KEY1 控制 DS1,效果同 KEY2;KEY0 则同时控制 DS0 和 DS1,按一次,它们的状态就翻转一次。

7.2   硬件设计

本实验用到的硬件资源有指示灯 DS0、DS1;蜂鸣器;4 个按键:KEY0、KEY1、KEY2 和 KEY_UP。DS0 和 DS1 与 STM32F4 的连接在前面已经介绍了,蜂鸣器由 PF8 控制,这里就不介绍了(详细介绍请参考"STM32F4 开发指南(寄存器版). pdf")。探索者 STM32F4 开发板上的按键 KEY0 连接在 PE4 上,KEY1 连接在 PE3 上,KEY2 连接在 PE2 上,KEY_UP 连接在 PA0 上,如图 7.1 所示。注意:KEY0、KEY1 和 KEY2 是低电平有效的,而 KEY_UP 是高电平有效的,并且外部都没有上下拉电阻,所以,需要在 STM32F4 内部设置上下拉。

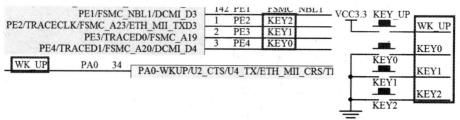

图 7.1   按键与 STM32F4 连接原理图

7.3　软件设计

　　这里的代码设计还是在之前的基础上继续编写，打开第 6 章的 TEST 工程，然后在 HARDWARE 文件夹下新建一个 KEY 文件夹，用来存放与按键相关的代码。然后打开 USER 文件夹下的 TEST. uvproj 工程，按　　按钮新建一个文件，然后保存在 HARDWARE→KEY 文件夹下面，保存为 key.c。在该文件中输入如下代码：

```
#include "key.h"
#include "delay.h"
//按键初始化函数
void KEY_Init(void)
{
    RCC->AHB1ENR| = 1<<0;        //使能 PORTA 时钟
    RCC->AHB1ENR| = 1<<4;        //使能 PORTE 时钟
    GPIO_Set(GPIOE,PIN2|PIN3|PIN4,GPIO_MODE_IN,0,0,GPIO_PUPD_PU);    //上拉输入
    GPIO_Set(GPIOA,PIN0,GPIO_MODE_IN,0,0,GPIO_PUPD_PD); //PA0 下拉输入
}
//按键处理函数
//返回按键值
//mode:0,不支持连续按;1,支持连续按;
//0,没有任何按键按下
//1,KEY0 按下
//2,KEY1 按下
//3,KEY2 按下
//4,KEY_UP 按下 即 WK_UP
//注意此函数有响应优先级,KEY0>KEY1>KEY2>KEY_UP!!
u8 KEY_Scan(u8 mode)
{
    static u8 key_up = 1;        //按键按松开标志
    if(mode)key_up = 1;        //支持连按
    if(key_up&&(KEY0 == 0||KEY1 == 0||KEY2 == 0||WK_UP == 1))
    {
        delay_ms(10);//去抖动
        key_up = 0;
        if(KEY0 == 0)return 1;
        else if(KEY1 == 0)return 2;
        else if(KEY2 == 0)return 3;
        else if(WK_UP == 1)return 4;
    }else if(KEY0 == 1&&KEY1 == 1&&KEY2 == 1&&WK_UP == 0)key_up = 1;
    return 0;// 无按键按下
}
```

　　这段代码包含 2 个函数，void KEY_Init(void)和 u8 KEY_Scan(u8 mode)，KEY_Init 是用来初始化按键输入的 I/O 口的。实现 PA0、PE2～4 的输入设置，这里和第 6 章的输出配置差不多，只是这里用来设置成输入而第 6 章是输出。

　　KEY_Scan 函数用来扫描这 4 个 I/O 口是否有按键按下，支持两种扫描方式，通过 mode 参数来设置。当 mode 为 0 的时候，KEY_Scan 函数将不支持连续按，扫描某个

按键时,该按键按下之后必须要松开,才能第二次触发,否则不会再响应这个按键。这样的好处就是可以防止按一次多次触发,而坏处就是在需要长按的时候比较不合适。当 mode 为 1 的时候,KEY_Scan 函数将支持连续按;如果某个按键一直按下,则会一直返回这个按键的键值,这样可以方便地实现长按检测。

有了 mode 这个参数,大家就可以根据自己的需要选择不同的方式。这里要提醒大家,因为该函数里面有 static 变量,所以该函数不是一个可重入函数,在有 OS 的情况下要留意下。注意,该函数的按键扫描是有优先级的,最优先的是 KEY0,第二优先的是 KEY1,接着 KEY2,最后是 KEY3(KEY3 对应 KEY_UP 按键)。该函数有返回值,如果有按键按下,则返回非 0 值,如果没有或者按键不正确,则返回 0。

保存 key.c 代码,然后按同样的方法,新建一个 key.h 文件,也保存在 KEY 文件夹下面。在 key.h 中输入如下代码:

```
#ifndef __KEY_H
#define __KEY_H
#include "sys.h"
#define KEY0        PEin(4)        //PE4
#define KEY1        PEin(3)        //PE3
#define KEY2        PEin(2)        //P32
#define WK_UP       PAin(0)        //PA0
#define KEY0_PRES   1           //KEY0 按下
#define KEY1_PRES   2           //KEY1 按下
#define KEY2_PRES   3           //KEY2 按下
#define WKUP_PRES   4        //KEY_UP 按下(即 WK_UP)
void KEY_Init(void);         //IO 初始化
u8 KEY_Scan(u8);             //按键扫描函数
#endif
```

这段代码里面最关键就是 4 个宏定义:KEY0、KEY1、KEY2 和 WK_UP,使用的是位带操作来实现读取某个 I/O 口的一个位的。同输出一样,我们也有另外一种方法可以实现上面代码的功能,如下:

```
#define    KEY0 (1<<4)        //KEY0    PE4
#define    KEY1 (1<<3)        //KEY1    PE3
#define    KEY2 (1<<2)        //KEY2    PE2
#define    WK_UP (1<<0)       //KEY_UP  PA0
#define KEY0_GET() ((GPIOE->IDR&(KEY0))? 1:0)        //读取按键 KEY0
#define KEY1_GET() ((GPIOE->IDR&(KEY1))? 1:0)        //读取按键 KEY1
#define KEY2_GET() ((GPIOE->IDR&(KEY2))? 1:0)        //读取按键 KEY2
#define WK_UP_GET() ((GPIOA->IDR&( WK_UP))? 1:0)      //读取按键 KEY_UP
```

同输出一样,我们使用第一种方法,比较简单,看起来也清晰明了,最重要的是修改起来比较方便,后续实例一般都使用第一种方法来实现输入口的读取。而第二种方法则适合在不同处理器之间移植,因为它不依靠处理器特性。具体选择哪种,大家可以根据自己的喜好来决定。

key.h 中还定义了 KEY0_PRES、KEY1_PRES、KEY2_PRES、WKUP_PRESS 这 4 个宏定义,分别对应开发板 4 个按键(KEY0、KEY1、KEY2、KEY_UP)按键按下时

KEY_Scan 返回的值。通过宏定义的方式判断返回值,方便大家记忆和使用。

　　将 key.h 也保存一下。接着,把 key.c 加入到 HARDWARE 这个组里面,这一次我们通过双击的方式来增加新的.c 文件。双击 HARDWARE,找到 key.c,加入到 HARDWARE 里面,如图 7.2 所示。可以看到,HARDWARE 文件夹里面多了一个 key.c 的文件,然后还是用老办法把 key.h 头文件所在的路径加入到工程里面。回到主界面,在 test.c 里面编写 main 函数代码:

图 7.2　将 key.c 加入 HARDWARE 组下

```
int main(void)
{
    u8 key;
    Stm32_Clock_Init(336,8,2,7);        //设置时钟,168 MHz
    delay_init(168);                    //延时初始化
    LED_Init();                         //初始化与 LED 连接的硬件接口
    BEEP_Init();                        //初始化蜂鸣器 I/O
    KEY_Init();                         //初始化与按键连接的硬件接口
    LED0 = 0;                           //先点亮红灯
    while(1)
    {
        key = KEY_Scan(0);              //得到键值
        if(key)
        {
            switch(key)
            {
                case WKUP_PRES:         //控制蜂鸣器
                    BEEP = ! BEEP;
                    break;
                case KEY2_PRES:         //控制 LED0 翻转
                    LED0 = ! LED0;
```

```
                    break;
            case KEY1_PRES:          //控制 LED1 翻转
                LED1 = ! LED1;
                break;
            case KEY0_PRES:          //同时控制 LED0,LED1 翻转
                LED0 = ! LED0;
                LED1 = ! LED1;
                break;
        }
    }else delay_ms(10);
    }
}
```

注意,要将 KEY 文件夹加入头文件包含路径,不能少,否则编译的时候会报错。

这段代码就实现前面 7.1 节所阐述的功能,相对比较简单。然后按 ,编译工程,得到结果如图 7.3 所示。可以看到没有错误,也没有警告。接下来就可以下载验证了。如果有 JLINK,则可以用 JLINK 进行在线调试(需要先下载代码),单步查看代码的运行,STM32F4 的在线调试方法介绍参见 4.2 节。

```
linking...
Program Size: Code=1812 RO-data=424 RW-data=12 ZI-data=1324
FromELF: creating hex file...
"..\OBJ\TEST.axf" - 0 Error(s), 0 Warning(s).
```

图 7.3 编译结果

7.4 下载验证

我们还是通过 FlyMcu 下载代码,下载完之后可以按 KEY0、KEY1、KEY2 和 KEY_UP 来看看 DS0 和 DS1 以及蜂鸣器的变化,是否和我们预期的结果一致?

至此,本章的学习就结束了。本章作为 STM32F4 的入门第 3 个例子,介绍了 STM32F4 的 I/O 作为输入的使用方法,同时巩固了前面的学习。希望大家在开发板上实际验证一下,从而加深印象。

第 **8** 章

串口通信实验

这一章教读者如何使用 STM32F4 的串口来发送和接收数据。本章将实现如下功能：STM32F4 通过串口和上位机的对话，在收到上位机发过来的字符串后原原本本地返回给上位机。

8.1　STM32F4 串口简介

串口作为 MCU 的重要外部接口，同时也是软件开发重要的调试手段，其重要性不言而喻。现在基本上所有的 MCU 都会带有串口，STM32 自然也不例外。

STM32F4 的串口资源相当丰富，功能也相当强劲。ALIENTEK 探索者 STM32F4 开发板使用的 STM32F407ZGT6 最多可提供 6 路串口，有分数波特率发生器、支持同步单线通信和半双工单线通信、支持 LIN、支持调制解调器操作、智能卡协议和 IrDA SIR ENDEC 规范、具有 DMA 等。

5.3 节对串口有过简单的介绍，接下来将从寄存器层面告诉读者如何设置串口，以达到最基本的通信功能。本章将实现利用串口 1 不停地打印信息到计算机上，同时接收从串口发过来的数据，把发送过来的数据直接送回给计算机。探索者 STM32F4 开发板板载了一个 USB 串口和 2 个 RS232 串口，本章介绍的是通过 USB 串口和计算机通信。

串口最基本的设置就是波特率的设置。STM32F4 的串口使用起来还是蛮简单的，只要开启了串口时钟，并设置相应 I/O 口的模式，然后配置一下波特率、数据位长度、奇偶校验位等信息，就可以使用了，详见 5.3.2 小节。下面简单介绍下这几个与串口基本配置直接相关的寄存器。

① 串口时钟使能。串口作为 STM32F4 的一个外设，其时钟由外设时钟使能寄存器控制，这里使用的串口 1 是在 APB2ENR 寄存器的第 4 位。APB2ENR 寄存器之前已经介绍过了，这里不再介绍。注意，除了串口 1 和串口 6 的时钟使能在 APB2ENR 寄存器，其他串口的时钟使能位都在 APB1ENR 寄存器。

② 串口波特率设置。每个串口都有一个自已独立的波特率寄存器 USART_BRR，通过设置该寄存器就可以达到配置不同波特率的目的，具体实现方法请参考 5.3.2小节。

③ 串口控制。STM32F4 的每个串口都有 3 个控制寄存器 USART_CR1～3，串口

的很多配置都是通过这 3 个寄存器来设置的。这里只要用到 USART_CR1 就可以实现我们的功能了,该寄存器的各位描述如图 8.1 所示。

31	30	29	28	27	26	25	24	23	22	21	20	19	18	17	16
Reserved															

15	14	13	12	11	10	9	8	7	6	5	4	3	2	1	0
OVER8	Reserved	UE	M	WAKE	PCE	PS	PEIE	TXEIE	TCIE	RXNEIE	IDLEIE	TE	RE	RWU	SBK
rw	Res.	rw	rw	rw	rw	rw	rw	rw	rw	rw	rw	rw	rw	rw	rw

图 8.1　USART_CR1 寄存器各位描述

该寄存器的高 16 位没有用到,低 16 位用于串口的功能设置。OVER8 为过采样模式设置位,一般设置为 0,即 16 倍过采样已获得更好的容错性;UE 为串口使能位,通过该位置 1,以使能串口;M 为字长选择位,当该位为 0 的时候设置串口为 8 个字长外加 n 个停止位,停止位的个数(n)是根据 USART_CR2 的[13:12]位设置来决定的,默认为 0;PCE 为校验使能位,设置为 0,则禁止校验,否则使能校验;PS 为校验位选择位,设置为 0 则为偶校验,否则为奇校验;TXIE 为发送缓冲区空中断使能位,设置该位为 1,当 USART_SR 中的 TXE 位为 1 时,将产生串口中断;TCIE 为发送完成中断使能位,设置该位为 1,当 USART_SR 中的 TC 位为 1 时,将产生串口中断;RXNEIE 为接收缓冲区非空中断使能,设置该位为 1,当 USART_SR 中的 ORE 或者 RXNE 位为 1 时,将产生串口中断;TE 为发送使能位,设置为 1,将开启串口的发送功能;RE 为接收使能位,用法同 TE。

其他位的设置这里就不一一列出来了,可以参考《STM32F4XX 中文参考手册》第 714 页的详细介绍。

④ 数据发送与接收。STM32F4 的发送与接收是通过数据寄存器 USART_DR 来实现的,这是一个双寄存器,包含了 TDR 和 RDR。当向 DR 寄存器写数据的时候,实际是写入 TDR,串口就会自动发送数据;当收到数据,读 DR 寄存器的时候,实际读取的是 RDR。TDR 和 RDR 对外是不可见的,所以我们操作的就只有 DR 寄存器,该寄存器的各位描述如图 8.2 所示。可以看出,虽然是一个 32 位寄存器,但是只用了低 9 位(DR[8:0]),其他都是保留。

31	30	29	28	27	26	25	24	23	22	21	20	19	18	17	16
保留															

15	14	13	12	11	10	9	8	7	6	5	4	3	2	1	0
保留							DR[8:0]								
							rw	rw	rw	rw	rw	rw	rw	rw	rw

图 8.2　USART_DR 寄存器各位描述

DR[8:0]为串口数据,包含了发送或接收的数据。由于它是由两个寄存器(TDR 和 RDR)组成的,一个给发送用(TDR),一个给接收用(RDR),该寄存器兼具读和写的功能。TDR 寄存器提供了内部总线和输出移位寄存器之间的并行接口。RDR 寄存器提供了输入移位寄存器和内部总线之间的并行接口。

当使能校验位(USART_CR1 中 PCE 位被置位)进行发送时,写到 MSB 的值(根据数据的长度不同,MSB 是第 7 位或者第 8 位)会被后来的校验位取代。当使能校验位进行接收时,读到的 MSB 位是接收到的校验位。

⑤ 串口状态。串口的状态可以通过状态寄存器 USART_SR 读取。USART_SR 的各位描述如图 8.3 所示。这里关注一下两个位,第 5、6 位 RXNE 和 TC。

31	30	29	28	27	26	25	24	23	22	21	20	19	18	17	16
								Reserved							

15	14	13	12	11	10	9	8	7	6	5	4	3	2	1	0
		Reserved				CTS	LBD	TXE	TC	RXNE	IDLE	ORE	NF	FE	PE
						rc_w0	rc_w0	r	rc_w0	rc_w0	r	r	r	r	r

图 8.3 USART_SR 寄存器各位描述

RXNE(读数据寄存器非空),当该位被置 1 的时候,就是提示已经有数据被接收到了,并且可以读出来了。这时候我们要做的就是尽快去读取 USART_DR,通过读 US-ART_DR 可以将该位清零,也可以向该位写 0,直接清除。

TC(发送完成),当该位被置位的时候,表示 USART_DR 内的数据已经被发送完成了。如果设置了这个位的中断,则会产生中断。该位也有两种清零方式:①读 US-ART_SR,写 USART_DR。②直接向该位写 0。

通过以上一些寄存器的操作及 I/O 口的配置,我们就可以达到串口最基本的配置了。串口更详细的介绍请参考《STM32F4XX 中文参考手册》第 676～720 页通用同步异步收发器这一章。

8.2 硬件设计

本实验需要用到的硬件资源有:指示灯 DS0、串口 1。串口 1 之前还没有介绍过,本实验用到的串口 1 与 USB 串口并没有在 PCB 上连接在一起,需要通过跳线帽连接。这里把 P6 的 RXD 和 TXD 用跳线帽与 PA9 和 PA10 连接起来,如图 8.4 所示。连接之后,硬件上就设置完成了,可以开始软件设计了。

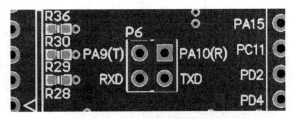

图 8.4 硬件连接图示意图

8.3 软件设计

本章的代码设计比前两章简单很多,因为我们的串口初始化代码和接收代码就是用之前介绍的 SYSTEM 文件夹下的串口部分的内容。这里对代码部分稍做讲解。

　　打开第 7 章的 TEST 工程,因为本章用不到按键和蜂鸣器等功能,所以把 key.c 和 beep.c 从工程 HARDWARE 组里面删除,删除方法(下同):光标放 key.c 上右击,在弹出的对话框中选择 Remove File'key.c'即可删除(beep.c 删除方法一样),从而减少工程代码量,后续我们也将这样,仅留下必须的.c 文件,无关的.c 文件尽量删掉,从而节省空间,加快编译速度。

　　然后在 SYSTEM 组下双击 usart.c 就可以看到该文件里面的代码,这部分代码在5.3 节已经介绍过了,这里就不再贴出,具体代码请参考 5.3 节。最后,在 test.c 里面修改 main 函数如下:

```
int main(void)
{
    u8 t;u8 len;
    u16 times = 0;
    Stm32_Clock_Init(336,8,2,7);                //设置时钟,168 MHz
    delay_init(168);                            //延时初始化
    uart_init(84,115200);                       //串口初始化为 115200
    LED_Init();                                 //初始化与 LED 连接的硬件接口
    while(1)
    {
        if(USART_RX_STA&0x8000)
        {
            len = USART_RX_STA&0x3fff;          //得到此次接收到的数据长度
            printf("\r\n 您发送的消息为:\r\n");
            for(t = 0;t<len;t ++ )
            {
                USART1 - >DR = USART_RX_BUF[t];
                while((USART1 - >SR&0X40) == 0);     //等待发送结束
            }
            printf("\r\n\r\n");//插入换行
            USART_RX_STA = 0;
        }else
        {
            times ++ ;
            if(times % 5000 == 0)
            {
                printf("\r\nALIENTEK 探索者 STM32F407 开发板 串口实验\r\n");
                printf("正点原子@ALIENTEK\r\n\r\n\r\n");
            }
            if(times % 200 == 0)printf("请输入数据,以回车键结束\r\n");
            if(times % 30 == 0)LED0 = ! LED0;        //闪烁 LED,提示系统正在运行
            delay_ms(10);
        }
    }
}
```

　　这段代码比较简单,重点看下以下两句:

```
USART1 - >DR = USART_RX_BUF[t];
while((USART1 - >SR&0X40) == 0);//等待发送结束
```

　　第一句其实就是发送一个字节到串口,通过直接操作寄存器来实现的。第二句就是

我们在写了一个字节在 USART1→DR 之后,要检测这个数据是否已经被发送完成了,通过检测 USART1→SR 的第 6 位是否为 1 来决定是否可以开始第二个字节的发送。

其他的代码比较简单,我们执行编译之后看看有没有错误,没有错误就可以开始仿真与调试了。整个工程的编译结果如图 8.5 所示。可以看到,编译没有任何错误和警告,下面可以开始下载验证了。

```
linking...
Program Size: Code=2324 RO-data=424 RW-data=12 ZI-data=1324
FromELF: creating hex file...
"..\OBJ\TEST.axf" - 0 Error(s), 0 Warning(s).
```

图 8.5　编译结果

8.4　下载验证

我们把程序下载到探索者 STM32F4 开发板,可以看到板子上的 DS0 开始闪烁,说明程序已经在跑了。串口调试助手选择 XCOM V2.0,该软件在本书配套资料已经提供,且无须安装,直接可以运行,但是需要计算中安装了 .NET Framework 4.0(WIN7直接自带了)或以上版本的环境才可以,该软件的详细介绍请:http://www.openedv.com/posts/list/22994.htm 帖子。

接着我们打开 XCOM V2.0,设置串口为开发板的 USB 转串口(CH340 虚拟串口,须根据自己的计算机选择,笔者的计算机是 COM3,另外注意:波特率是 115 200),可以看到如图 8.6 所示信息。

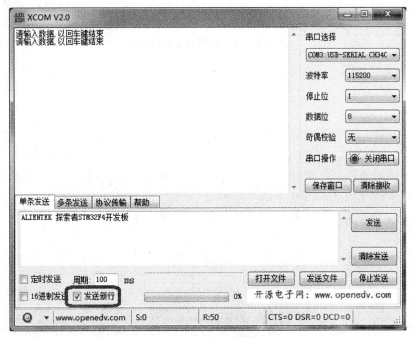

图 8.6　串口调试助手收到的信息

从图 8.6 可以看出,STM32F4 的串口数据发送是没问题的了。但是,因为程序上面设置了必须输入回车,串口才认可接收到的数据,所以必须在发送数据后再发送一个回车符,这里 XCOM 提供的发送方法是通过选中发送新行实现,如图 8.6 所示,只要选中了这个选项,每次发送数据后,XCOM 都会自动多发一个回车(0X0D+0X0A)。设置好了发送新行,我们再在发送区输入想要发送的文字,然后单击"发送",可以得到如图 8.7 所示结果。可以看到,发送的消息被发送回来了(图中圈圈内)。大家可以试试,如果不发送回车(取消发送新行),在输入内容之后,直接按发送是什么结果。

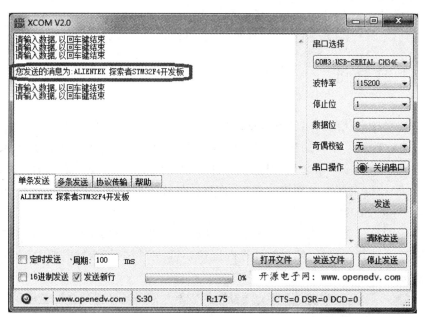

图 8.7 发送数据后收到的数据

第**9**章

外部中断实验

这一章介绍如何使用 STM32F4 的外部输入中断,介绍如何将 STM32F4 的 I/O 口作为外部中断输入。本章将以中断的方式,实现第 7 章实现的功能。

9.1 STM32F4 外部中断简介

STM32F4 的 I/O 口在第 6 章有详细介绍,而外部中断在第 5.2.6 小节也有详细阐述。这里介绍如何将这两者结合起来,通过中断的功能达到第 7 章实验的效果,即通过板载的 4 个按键,控制板载的两个 LED 的亮灭以及蜂鸣器的发声。

STM32F4 的每个 I/O 口都可以作为中断输入,这点很好、很强大。要把 I/O 口作为外部中断输入,有以下几个步骤:

① 初始化 I/O 口为输入。

这一步设置要作为外部中断输入的 I/O 口的状态,可以设置为上拉/下拉输入,也可以设置为浮空输入,但浮空的时候外部一定要带上拉或者下拉电阻,否则可能导致中断不停地触发。在干扰较大的地方,就算使用了上拉/下拉,也建议使用外部上拉/下拉电阻,这样可以一定程度防止外部干扰带来的影响。

② 开启 SYSCFG 时钟,设置 I/O 口与中断线的映射关系。

STM32F4 的 I/O 口与中断线的对应关系需要配置外部中断寄存器 EXTICR,这样我们要先开启 SYSCFG 的时钟,然后配置 I/O 口与中断线的对应关系(通过 EXTICR 寄存器设置),才能把外部中断与中断线连接起来。

③ 开启与该 I/O 口相对的线上中断,设置触发条件。

这一步要配置中断产生的条件,STM32F4 可以配置成上升沿触发、下降沿触发或者任意电平变化触发,但是不能配置成高电平触发和低电平触发。这里根据自己的实际情况来配置,同时要开启中断线上的中断。

④ 配置中断分组(NVIC),并使能中断。

这一步就是配置中断的分组以及使能。对 STM32F4 的中断来说,只有配置了 NVIC 的设置并开启才能被执行,否则是不会执行到中断服务函数里面去的。NVIC 的详细介绍请参考 5.2.6 小节。

⑤ 编写中断服务函数。

这是中断设置的最后一步,中断服务函数是必不可少的。如果在代码里面开启了中断,但是没编写中断服务函数,就可能引起硬件错误,从而导致程序崩溃! 所以在开启了某个中断后,一定要记得为该中断编写服务函数。在中断服务函数里面编写要执行的中断后的操作。

通过以上几个步骤的设置,我们就可以正常使用外部中断了。

本章要实现同第 7 章差不多的功能,但是这里使用的是中断来检测按键,还是 KEY_UP 控制蜂鸣器,按一次叫,再按一次停;KEY2 控制 DS0,按一次亮,再按一次灭;KEY1 控制 DS1,效果同 KEY2;KEY0 则同时控制 DS0 和 DS1,按一次,它们的状态就翻转一次。

9.2　硬件设计

本实验用到的硬件资源和第 7 章实验的一模一样,不再多做介绍了。

9.3　软件设计

软件设计还是在之前的工程上面增加,本章要用到按键和蜂鸣器,所以要先将 key.c 和 beep.c 添加到 HARDWARE 组下,然后在 HARDWARE 文件夹下新建 EXTI 的文件夹。然后打开 USER 文件夹下的工程,新建一个 exti.c 的文件和 exti.h 的头文件,保存在 EXTI 文件夹下,并将 EXTI 文件夹加入头文件包含路径(即设定编译器包含路径,3.2 节有介绍,以下类似)。在 exti.c 里输入如下代码:

```c
# include "exti.h"
# include "delay.h"
# include "led.h"
# include "key.h"
# include "beep.h"
//外部中断 0 服务程序
void EXTI0_IRQHandler(void)
{
    delay_ms(10);      //消抖
    if(WK_UP == 1) BEEP = ! BEEP;
    EXTI - >PR = 1<<0;   //清除 LINE0 上的中断标志位
}
//外部中断 2 服务程序
void EXTI2_IRQHandler(void)
{
    delay_ms(10);      //消抖
    if(KEY2 == 0) LED0 = ! LED0;
    EXTI - >PR = 1<<2;   //清除 LINE2 上的中断标志位
}
//外部中断 3 服务程序
void EXTI3_IRQHandler(void)
{
    delay_ms(10);      //消抖
```

```
    if(KEY1 == 0) LED1 = ! LED1;
    EXTI - >PR = 1<<3;    //清除 LINE3 上的中断标志位
}
//外部中断 4 服务程序
void EXTI4_IRQHandler(void)
{
    delay_ms(10);        //消抖
    if(KEY0 == 0)
    {
        LED0 = ! LED0;
        LED1 = ! LED1;
    }
    EXTI - >PR = 1<<4;    //清除 LINE4 上的中断标志位
}
//外部中断初始化程序
//初始化 PE2~4,PA0 为中断输入
void EXTIX_Init(void)
{
    KEY_Init();
    Ex_NVIC_Config(GPIO_E,2,FTIR);       //下降沿触发
    Ex_NVIC_Config(GPIO_E,3,FTIR);       //下降沿触发
    Ex_NVIC_Config(GPIO_E,4,FTIR);       //下降沿触发
    Ex_NVIC_Config(GPIO_A,0,RTIR);       //上升沿触发
    MY_NVIC_Init(3,2,EXTI2_IRQn,2);      //抢占 3,子优先级 2,组 2
    MY_NVIC_Init(2,2,EXTI3_IRQn,2);      //抢占 2,子优先级 2,组 2
    MY_NVIC_Init(1,2,EXTI4_IRQn,2);      //抢占 1,子优先级 2,组 2
    MY_NVIC_Init(0,2,EXTI0_IRQn,2);      //抢占 0,子优先级 2,组 2
}
```

exti. c 文件总共包含 5 个函数。一个是外部中断初始化函数 void EXTIX_Init (void),另外 4 个都是中断服务函数。void EXTI0_IRQHandler(void)是外部中断 0 的服务函数,负责 KEY_UP 按键的中断检测;void EXTI2_IRQHandler(void)是外部中断 2 的服务函数,负责 KEY2 按键的中断检测;void EXTI3_IRQHandler(void)是外部中断 3 的服务函数,负责 KEY1 按键的中断检测;void EXTI4_IRQHandler(void)是外部中断 4 的服务函数,负责 KEY0 按键的中断检测。下面分别介绍这几个函数。

首先是外部中断初始化函数 void EXTIX_Init(void)。该函数严格按照我们之前的步骤来初始化外部中断,首先调用 KEY_Init,利用第 7 章按键初始化函数来初始化外部中断输入的 I/O 口;接着调用了两个函数 Ex_NVIC_Config 和 MY_NVIC_Init,其作用在 5.2.6 小节已经介绍了,这里不再多说。需要说明的是因为 KEY_UP 按键是高电平有效的,而 KEY0、KEY1 和 KEY2 是低电平有效的,所以设置 KEY_UP 为上升沿触发中断,而 KEY0、KEY1 和 KEY2 则设置为下降沿触发。这里把所有中断都分配到第二组,把按键的设置成子优先级一样,而抢占优先级不同,这 4 个按键中,KEY0 的优先级最高。

接下来介绍各个按键的中断服务函数,一共 4 个。先看 KEY_UP 的中断服务函数 void EXTI0_IRQHandler(void),该函数代码比较简单,先延时 10 ms 以消抖,再检测 KEY_UP 是否还为高电平,如果是,则执行此次操作(翻转蜂鸣器控制信号),如果不

是,则直接跳过,在最后"EXTI→PR=1<<0;"清除已经发生的中断请求。同样,我们可以发现 KEY0、KEY1 和 KEY2 的中断服务函数和 KEY_UP 按键的十分相似,就不逐个介绍了。

这里说明一下,STM32F4 的外部中断 0～4 都有单独的中断服务函数,但是从 5 开始就没有单独的服务函数了,而是多个中断共用一个服务函数,比如外部中断 5～9 的中断服务函数为 void EXTI9_5_IRQHandler(void),类似的,void EXTI15_10_IRQHandler(void)就是外部中断 10～15 的中断服务函数。另外,STM32F4 所有中断服务函数的名字都已经在 startup_stm32f40_41xx.s 里面定义好了,有不知道的去这个文件里面找就可以了。

将 exti.c 文件保存,然后加入到 HARDWARE 组下。exti.h 的代码比较简单,这里就不贴出来了,详见配套资源本例程源码。最后,在 test.c 里面写入如下内容:

```c
# include "sys.h"
# include "delay.h"
# include "usart.h"
# include "led.h"
# include "beep.h"
# include "exti.h"
int main(void)
{
    Stm32_Clock_Init(336,8,2,7);        //设置时钟,168 MHz
    delay_init(168);                    //延时初始化
    uart_init(84,115200);               //串口初始化
    LED_Init();                         //初始化与 LED 连接的硬件接口
    BEEP_Init();                        //初始化蜂鸣器 I/O
    EXTIX_Init();                       //初始化外部中断输入
    LED0 = 0;                           //先点亮红灯
    while(1)
    {
        printf("OK\r\n");
        delay_ms(1000);
    }
}
```

该部分代码很简单,在初始化完中断后点亮 LED0 就进入死循环等待了。这里,死循环里面通过一个 printf 函数来告诉我们系统正在运行,中断发生后就执行相应的处理,从而实现第 7 章类似的功能。

9.4　下载验证

在编译成功之后,就可以下载代码到探索者 STM32F4 开发板上,实际验证一下我们的程序是否正确。下载代码后,在串口调试助手里面可以看到如图 9.1 所示信息。可以看出,程序已经在运行了,此时可以通过按下 KEY0、KEY1、KEY2 和 KEY_UP 来观察 DS0、DS1 以及蜂鸣器是否跟着按键的变化而变化。

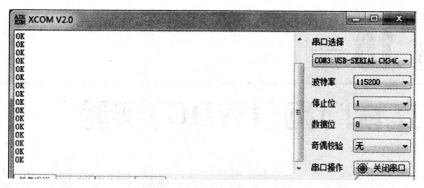

图 9.1　串口收到的数据

第 10 章

独立看门狗（IWDG）实验

这一章介绍如何使用 STM32F4 的独立看门狗（以下简称 IWDG）。STM32F4 内部自带了 2 个看门狗：独立看门狗（IWDG）和窗口看门狗（WWDG）。这一章只介绍独立看门狗，窗口看门狗将在下一章介绍。本章通过按键 KEY_UP 来喂狗，然后通过 DS0 提示复位状态。

10.1　STM32F4 独立看门狗简介

STM32F4 的独立看门狗由内部专门的 32 kHz 低速时钟（LSI）驱动，即使主时钟发生故障，它也仍然有效。注意，独立看门狗的时钟是一个内部 RC 时钟，所以并不是准确的 32 kHz，而是 15～47 kHz 之间一个可变化的时钟，只是我们在估算的时候是以 32 kHz 的频率来计算，看门狗对时间的要求不是很精确，所以，时钟有些偏差都是可以接受的。

独立看门狗有几个寄存器与这节相关，这里分别介绍这几个寄存器。首先是键值寄存器 IWDG_KR，各位描述如图 10.1 所示。

31 30 29 28 27 26 25 24 23 22 21 20 19 18 17 16	15	14	13	12	11	10	9	8	7	6	5	4	3	2	1	0
	KEY[15：0]															
Reserved	W	W	W	W	W	W	W	W	W	W	W	W	W	W	W	W

位 31：16　保留，必须保持复位值。

位 15：0　KEY[15：0]：键值（Key value）（只写位，读为 0000h）必须每隔一段时间便通过这些位写入键值 AAAAh，否则当计数器计数到 0 时，看门狗会产生复位。

写入键值 5555h 可使能对 IWDG_PR 和 IWDG_RLR 寄存器的访问

写入键值 CCCCh 可启动看门狗（选中硬件看门狗选项的情况除外）

图 10.1　IWDG_KR 寄存器各位描述

在键寄存器（IWDG_KR）中写入 0xCCCC 开始启用独立看门狗，此时计数器开始从其复位值 0xFFF 递减计数。当计数器计数到末尾 0x000 时，则产生一个复位信号（IWDG_RESET）。无论何时，只要键寄存器 IWDG_KR 中写入 0xAAAA，IWDG_RLR 中的值就会被重新加载到计数器中，从而避免产生看门狗复位。

IWDG_PR 和 IWDG_RLR 寄存器具有写保护功能。要修改这两个寄存器的值，必须先向 IWDG_KR 寄存器中写入 0x5555。将其他值写入这个寄存器将会打乱操作顺序，寄存器将重新被保护。重装载操作（即写入 0xAAAA）也会启动写保护功能。

接下来介绍预分频寄存器（IWDG_PR）。该寄存器用来设置看门狗时钟的分频系数,最低为 4,最高位 256。该寄存器是一个 32 位的寄存器,但是我们只用了最低 3 位,其他都是保留位。预分频寄存器各位定义如图 10.2 所示。

31 30 29 28 27 26 25 24 23 22 21 20 19 18 17 16 15 14 13 12 11 10 9 8 7 6 5 4 3	2 1 0
Reserved	PR[2：0]
	rw　rw　rw

位 31：3　保留,必须保持复位值。

位 2：0　PR[2：0]:预分频器(Prescaler divider)

这些位受写访问保护,通过软件设置这些位来选择计数器时钟的预分频因子。若要更改预分频器的分频系数,IWDG_SR 的 PVU 位必须为 0。

000:4 分频;100:64 分频;001:8 分频;101:128 分频;010:16 分频;110:256 分频;011:32 分频;111:256 分频

注意:读取该寄存器会返回 VDD 电压域的预分频器值。如果正在对该寄存器执行写操作,则读取的值可能不是最新的/有效的。因此,只有在 IWDG_SR 寄存器中的 PVU 位为 0 时,从寄存器读取的值才有效

图 10.2　IWDG_ PR 寄存器各位描述

再来介绍一下重装载寄存器。该寄存器用来保存重装载到计数器中的值,也是一个 32 位寄存器,但是只有低 12 位是有效的,各位描述如图 10.3 所示。

31 30 29 28 27 26 25 24 23 22 21 20 19 18 17 16 15 14 13 12	11 10 9 8 7 6 5 4 3 2 1 0
Reserved	RL[11：0]
	rw rw rw rw rw rw rw rw rw rw rw rw

位 31：12　保留,必须保持复位值。

位 11：0　RL[11：0]:看门狗计数器重载值(Watchdog counter reload value)

这些位受写访问保护,请参考之前介绍。这个值由软件设置,每次对 IWDR_KR 寄存器写入值 AAAh 时,这个值就会重装载到看门狗计数器中。之后,看门狗计数器便从该装载的值开始递减计数。超时周期由该值和时钟预分频器共同决定。

若要更改重载值,IWDG_SR 中的 RVU 位必须为 0。

注意:读取该寄存器会返回 VDD 电压哉的重载值。如果正在对该寄存器执行写操作,则读取的值可能不是最新的/有效的。因此,只有在 IWDG_SR 寄存器中的 RVU 位为 0 时,从寄存器读取的值才有效

图 10.3　重装载寄存器各位描述

只要对以上 3 个寄存器进行相应的设置,我们就可以启动 STM32F4 的独立看门狗,启动过程可以按如下步骤实现:

① 向 IWDG_KR 写入 0X5555。

通过这步,我们取消 IWDG_PR 和 IWDG_RLR 的写保护,使后面可以操作这两个寄存器。设置 IWDG_PR 和 IWDG_RLR 的值。这两步设置看门狗的分频系数和重装载的值。由此就可以知道看门狗的喂狗时间(也就是看门狗溢出时间),计算方式为:

$$T_{out}=((4\times2^{prer})\times rlr)/32$$

其中,T_{out} 为看门狗溢出时间(单位为 ms);prer 为看门狗时钟预分频值(IWDG_PR 值),范围为 0~7;rlr 为看门狗的重装载值(IWDG_RLR 的值);比如设定 prer 值为 4,rlr 值为 500,那么就可以得到 $T_{out}=64\times500/32=1\ 000$ ms,这样,看门狗的溢出时间就是 1 s,只要你在 1 s 之内有一次写入 0XAAAA 到 IWDG_KR,就不会导致看门狗复位(当然写入多次也是可以的)。注意,看门狗的时钟不是准确的 32 kHz,所以喂狗的时候最好不要太晚了,否则,有可能发生看门狗复位。

② 向 IWDG_KR 写入 0XAAAA。

通过这句将使 STM32F4 重新加载 IWDG_RLR 的值到看门狗计数器里面,即实

现独立看门狗的喂狗操作。

③ 向 IWDG_KR 写入 0XCCCC。

通过这句来启动 STM32F4 的看门狗。注意,IWDG 一旦启用,就不能再被关闭!想要关闭,只能重启,并且重启之后不能打开 IWDG,否则问题依旧。所以在这里提醒读者,如果不用 IWDG 的话,就不要去打开它,免得麻烦。

通过上面 3 个步骤就可以启动 STM32F4 的看门狗了,使能了看门狗,在程序里面就必须间隔一定时间喂狗,否则将导致程序复位。利用这一点,本章将通过一个 LED 灯来指示程序是否重启,从而验证 STM32F4 的独立看门狗。

在配置看门狗后,DS0 将常亮,如果 KEY_UP 按键按下,就喂狗,只要 KEY_UP 不停地按,看门狗就一直不会产生复位,保持 DS0 的常亮;一旦超过看门狗定溢出时间(T_{out})还没按,那么将会导致程序重启,这将导致 DS0 熄灭一次。

10.2　硬件设计

本实验用到的硬件资源有:指示灯 DS0、KEY_UP 按键、独立看门狗。

前面两个之前都有介绍,而独立看门狗实验的核心是在 STM32F4 内部进行,并不需要外部电路。但是考虑到指示当前状态和喂狗等操作,我们需要 2 个 I/O 口,一个用来输入喂狗信号,另外一个用来指示程序是否重启。喂狗采用板上的 KEY_UP 键来操作,而程序重启则是通过 DS0 来指示的。

10.3　软件设计

软件设计依旧是在前面的代码基础上往上加,因为没用到外部中断和蜂鸣器,所以先去掉 exti.c 和 beep.c(注意,此时 HARDWARE 组仅剩 led.c 和 key.c)。然后,在 HARDWARE 文件夹下面新建一个 WDG 的文件夹,用来保存与看门狗相关的代码。再打开工程,新建 wdg.c 和 wdg.h 两个文件,并保存在 WDG 文件夹下,并将 WDG 文件夹加入头文件包含路径。

在 wdg.c 里面输入如下代码:

```
#include "wdg.h"
//初始化独立看门狗
//prer:分频数:0~7(只有低 3 位有效!)
//rlr:自动重装载值,0~0XFFF
//分频因子 = 4 * 2^prer.但最大值只能是 256
//rlr:重装载寄存器值:低 11 位有效
//时间计算(大概):Tout = ((4 * 2^prer) * rlr)/32 (ms)
void IWDG_Init(u8 prer,u16 rlr)
{
    IWDG->KR = 0X5555;//使能对 IWDG->PR 和 IWDG->RLR 的写
    IWDG->PR = prer;  //设置分频系数
    IWDG->RLR = rlr;  //重加载寄存器 IWDG->RLR
```

```
        IWDG - >KR = 0XAAAA;//reload
            IWDG - >KR = 0XCCCC;//使能看门狗
}
//喂独立看门狗
void IWDG_Feed(void)
{
        IWDG - >KR = 0XAAAA;//reload
}
```

该代码就 2 个函数,void IWDG_Init(u8 prer,u16 rlr)是独立看门狗初始化函数,就是按照上面介绍的步骤来初始化独立看门狗的。该函数有 2 个参数,分别用来设置与预分频数与重装寄存器的值的。通过这两个参数就可以大概知道看门狗复位的时间周期为多少了。计算方式上面有详细的介绍,这里不再多说了。

void IWDG_Feed(void)函数用来喂狗,因为 STM32F4 的喂狗只需要向键值寄存器写入 0XAAAA 即可,所以,这个函数也很简单。保存 wdg.c,然后把该文件加入到 HARDWARE 组下。wdg.h 的代码这里就不贴出了,参考本例程源码。

最后来看主程序该如何写,在主程序里面先初始化一下系统代码,然后启动按键输入和看门狗,在看门狗开启后马上点亮 LED0(DS0),并进入死循环等待按键的输入,一旦 KEY_UP 有按键则喂狗,否则等待 IWDG 复位的到来。该部分代码如下:

```
int main(void)
{
        Stm32_Clock_Init(336,8,2,7);//设置时钟,168 MHz
        delay_init(168);            //延时初始化
        LED_Init();                 //初始化与 LED 连接的硬件接口
        KEY_Init();                 //初始化按键
        delay_ms(100);              //延时 100 ms 再初始化看门狗,LED0 的变化"可见"
        IWDG_Init(4,500);           //预分频数为 64,重载值为 500,溢出时间为 1 s
        LED0 = 0;                   //点亮 LED0
        while(1)
        {
            if(KEY_Scan(0) == WKUP_PRES)//如果 WK_UP 按下,则喂狗
            {
                IWDG_Feed();//喂狗
            }
            delay_ms(10);
        };
}
```

鉴于篇幅考虑,我们没有把头文件列出来(后续实例将会采用类同的方式处理),因为以后包含的头文件会越来越多,读者可以直接打开本书配套资料相关源码查看。至此,独立看门狗的实验代码就全部编写完了,接着要做的就是下载验证了,看看代码是否真的正确。

10.4　下载验证

在编译成功之后,我们就可以下载代码到探索者 STM32F4 开发板上实际验证程

序是否正确。下载代码后,可以看到 DS0 不停地闪烁,证明程序在不停地复位,否则只会 DS0 常亮。这时我们试试不停地按 KEY_UP 按键,可以看到 DS0 就常亮了,不会再闪烁,说明我们的实验是成功的。

第 **11** 章

窗口看门狗(WWDG)实验

这一章介绍如何使用 STM32F4 的另外一个看门狗,窗口看门狗(以下简称 WWDG)。本章将使用窗口看门狗的中断功能来喂狗,通过 DS0 和 DS1 提示程序的运行状态。

11.1 STM32F4 窗口看门狗简介

窗口看门狗(WWDG)通常用来监测由外部干扰或不可预见的逻辑条件造成的应用程序背离正常的运行序列而产生的软件故障。除非递减计数器的值在 T6 位 (WWDG→CR 的第 6 位)变成 0 前被刷新,看门狗电路在达到预置的时间周期时会产生一个 MCU 复位。在递减计数器达到窗口配置寄存器(WWDG→CFR)数值之前,如果 7 位的递减计数器数值(在控制寄存器中)被刷新,那么也将产生一个 MCU 复位,这表明递减计数器需要在一个有限的时间窗口中被刷新。它们的关系可以用图 11.1 来说明。图 11.1 中,T[6:0]就是 WWDG_CR 的低 7 位,W[6:0]即是 WWDG→ CFR 的低 7 位。T[6:0]就是窗口看门狗的计数器,而 W[6:0]则是窗口看门狗的上窗口,下窗口值是固定的(0X40)。当窗口看门狗的计数器在上窗口值之外被刷新,或者低于下窗口值时都会产生复位。

上窗口值(W[6:0])是由用户自己设定的,根据实际要求来设计窗口值,但是一定要确保窗口值大于 0X40,否则窗口就不存在了。

窗口看门狗的超时公式如下:

$$T_{wwdg} = (4\,096 \times 2^{WDGTB} \times (T[5:0]+1)) / F_{pclk1}$$

其中,T_{wwdg} 为 WWDG 超时时间(单位为 ms);F_{pclk1} 为 APB1 的时钟频率(单位为 kHz); WDGTB 为 WWDG 的预分频系数;$T[5:0]$为窗口看门狗的计数器低 6 位。

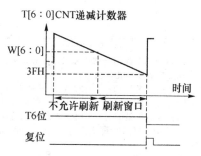

图 11.1 窗口看门狗工作示意图

根据上面的公式,假设 $F_{pclk1} = 42$ MHz,那么可以得到最小-最大超时时间表如表11.1 所列。

表 11.1　42 MHz 时钟下窗口看门狗的最小最大超时表

WDGTB	最小超时/μs T[5:0]=0x00	最大超时/ms T[5:0]=0x3F
0	97.52	6.24
1	195.05	12.48
2	390.10	24.97
3	780.19	49.93

接下来介绍窗口看门狗的 3 个寄存器。首先介绍控制寄存器(WWDG_CR),该寄存器的各位描述如图 11.2 所示。可以看出,这里的 WWDG_CR 只有低 8 位有效,T[6:0] 用来存储看门狗的计数器值,随时更新,每个窗口看门狗计数周期($4\,096 \times 2^{\text{WDGTB}}$)减 1。当该计数器的值从 0X40 变为 0X3F 的时候,则产生看门狗复位。

31	30	29	28	27	26	25	24	23	22	21	20	19	18	17	16
							Reserved								

15	14	13	12	11	10	9	8	7	6	5	4	3	2	1	0
			Reserved					WDGA			T[6:0]				
								rs			rw				

图 11.2　WWDG_CR 寄存器各位描述

WDGA 位是看门狗的激活位,该位由软件置 1,以启动看门狗,并且一定要注意的是该位一旦设置,就只能在硬件复位后才能清零了。

窗口看门狗的第二个寄存器是配置寄存器(WWDG_CFR),该寄存器的各位及其描述如图 11.3 所示。

31	30	29	28	27	26	25	24	23	22	21	20	19	18	17	16
							Reserved								

15	14	13	12	11	10	9	8	7	6	5	4	3	2	1	0
			Reserved			EWI	WDGTB[1:0]		W[6:0]						
						rs	rs		rw						

位 31:10　保留,必须保持复位值。

位 9　EWI:提前唤醒中断(Early wakeup interrupt)置 1 后,只要计数器值达到 0x40 就会产生中断。此中断只有在复位后才由硬件清零。

位 8:7　WDGTB[1:0]:定时器时基(Timer base)可按如下方式修改预分频器的时基;

00:CK 计数器时钟(PCLK1 div 4096)分频器 1;01:CK 计数器时钟(PCLK1 div 4096)分频器 2;

10:CK 计数器时钟(PCLK1 div 4096)分频器 4;11:CK 计数器时钟(PCLK1 div 4096)分频器 8;

位 6:0　W[6:0]:7 位窗口值(7 - bit window value)这些位包含用于与递减计数器进行比较的窗口值

图 11.3　WWDG_CFR 寄存器各位描述

该位中的 EWI 是提前唤醒中断,也就是在快要产生复位的前一段时间(T[6:0]= 0X40)来提醒我们需要进行喂狗了,否则将复位! 因此,一般用该位来设置中断,当窗口看门狗的计数器值减到 0X40 的时候,如果该位设置并开启了中断,则会产生中断,我们可以在中断里面向 WWDG_CR 重新写入计数器的值来达到喂狗的目的。注意,这里在进入中断后,必须在不大于一个窗口看门狗计数周期的时间(在 PCLK1 频率为 42 MHz且 WDGTB 为 0 的条件下,该时间为 97.52 μs)内重新写 WWDG_CR,否则, 看门狗将产生复位!

最后要介绍的是状态寄存器(WWDG_SR),该寄存器用来记录当前是否有提前唤醒的标志。该寄存器仅有位 0 有效,其他都是保留位。当计数器值达到 40h 时,此位由硬件置 1。它必须通过软件写 0 来清除,对此位写 1 无效。即使中断未被使能,在计数器的值达到 0X40 的时候,此位也会被置 1。

介绍完窗口看门狗的寄存器之后,我们要介绍如何启用 STM32F4 的窗口看门狗。这里介绍用中断的方式来喂狗,采取的步骤如下:

① 使能 WWDG 时钟。WWDG 不同于 IWDG,IWDG 有自己独立的 32 kHz 时钟,不存在使能问题。而 WWDG 使用的是 PCLK1 的时钟,需要先使能时钟。

② 设置 WWDG_CFR 和 WWDG_CR 两个寄存器。在时钟使能完后,我们设置 WWDG 的 CFR 和 CR 两个寄存器对 WWDG 进行配置,包括使能窗口看门狗、开启中断、设置计数器的初始值、设置窗口值并设置分频数 WDGTB 等。

③ 开启 WWDG 中断并分组。设置完 WWDG 后需要配置该中断的分组及使能, 这点通过我们之前编写的 MY_NVIC_Init 函数实现就可以了。

④ 编写中断服务函数。最后还是要编写窗口看门狗的中断服务函数,通过该函数来喂狗,喂狗要快,否则当窗口看门狗计数器值减到 0X3F 的时候,就会引起软复位了。中断服务函数里面也要将状态寄存器的 EWIF 位清空。

完成了以上 4 个步骤之后,我们就可以使用 STM32F4 的窗口看门狗了。这一章的实验将通过 DS0 来指示 STM32F4 是否被复位了,如果被复位了就会点亮 300 ms。 DS1 用来指示中断喂狗,每次中断喂狗翻转一次。

11.2 硬件设计

本实验用到的硬件资源有:指示灯 DS0 和 DS1、窗口看门狗。其中指示灯前面介绍过了,窗口看门狗属于 STM32F4 的内部资源,只需要软件设置好即可正常工作。我们通过 DS0 和 DS1 来指示 STM32F4 的复位情况和窗口看门狗的喂狗情况。

11.3 软件设计

这里,我们在之前的 IWDG 看门狗实例内增加部分代码来实现这个实验,由于没有用到按键,所以去掉 HARDWARE 组里面的 key.c 文件(注意,此时 HARDWARE 组仅剩 led.c 和 wdg.c)。首先打开上次的工程,然后在 wdg.c 加入如下代码(之前代码保留):

```
//保存 WWDG 计数器的设置值,默认为最大
u8 WWDG_CNT = 0x7f;
```

```
//初始化窗口看门狗
//tr    :T[6：0],计数器值
//wr    :W[6：0],窗口值
//fprer:分频系数(WDGTB),仅最低2位有效
//Fwwdg = PCLK1/(4096 * 2^fprer). 一般 PCLK1 = 42 MHz
void WWDG_Init(u8 tr,u8 wr,u8 fprer)
{
    RCC->APB1ENR| = 1<<11;    //使能 wwdg 时钟
    WWDG_CNT = tr&WWDG_CNT;//初始化 WWDG_CNT.
    WWDG->CFR| = fprer<<7;      //PCLK1/4096 再除 2^fprer
    WWDG->CFR& = 0XFF80;
    WWDG->CFR| = wr;         //设定窗口值
    WWDG->CR| = WWDG_CNT;//设定计数器值
    WWDG->CR| = 1<<7;        //开启看门狗
    MY_NVIC_Init(2,3,WWDG_IRQn,2);//抢占2,子优先级3,组2
    WWDG->SR = 0X00;       //清除提前唤醒中断标志位
    WWDG->CFR| = 1<<9;       //使能提前唤醒中断
}
//重设置 WWDG 计数器的值
void WWDG_Set_Counter(u8 cnt)
{
    WWDG->CR = (cnt&0x7F);//重设置 7 位计数器
}
//窗口看门狗中断服务程序
void WWDG_IRQHandler(void)
{
    WWDG_Set_Counter(WWDG_CNT);//重设窗口看门狗的值
    WWDG->SR = 0X00;//清除提前唤醒中断标志位
    LED1 = ! LED1;
}
```

新增的这 3 个函数都比较简单,第一个函数 void WWDG_Init(u8 tr,u8 wr,u8 fprer)用来设置 WWDG 的初始化值,包括看门狗计数器的值和看门狗比较值等。该函数就是按照上面 4 个步骤的思路设计出来的代码。注意,这里有个全局变量 WWDG_CNT,用来保存最初设置 WWDG_CR 计数器的值。后续的中断服务函数里面就又把该数值放回到 WWDG_CR 上。WWDG_Set_Counter 函数比较简单,就是用来重设窗口看门狗的计数器值的。

最后在中断服务函数里面,先重设窗口看门狗的计数器值,然后清除提前唤醒中断标志。最后对 LED1(DS1)取反来监测中断服务函数的执行状况。我们再把这几个函数名加入到头文件里面去,以方便其他文件调用。

在完成了以上部分之后就回到主函数,输入如下代码:

```
int main(void)
{
    Stm32_Clock_Init(336,8,2,7);    //设置时钟,168 MHz
    delay_init(168);                //延时初始化
    LED_Init();                     //初始化与 LED 连接的硬件接口
    LED0 = 0;                       //点亮 LED0
    delay_ms(300);                  //延时 300 ms 再初始化看门狗,LED0 的变化"可见"
```

```
WWDG_Init(0X7F,0X5F,3);          //计数器值为 7f,窗口寄存器为 5f,分频数为 8
while(1) LED0 = 1;               //关闭 LED0
}
```

　　该函数通过 LED0(DS0)来指示是否正在初始化,而 LED1(DS1)用来指示是否发生了中断。我们先让 LED0 亮 300 ms 然后关闭,用于判断是否有复位发生了。在初始化 WWDG 之后回到死循环,关闭 LED1,并等待看门狗中断的触发/复位。

　　在编译完成之后,我们就可以下载这个程序到探索者 STM32F4 开发板上,看看结果是不是和设计的一样。

11.4　下载验证

　　将代码下载到探索者 STM32F4 后可以看到,DS0 亮一下之后熄灭,紧接着 DS1 开始不停地闪烁。每秒钟闪烁 20 次左右,和预期一致,说明我们的实验是成功的。

第 **12** 章

定时器中断实验

这一章介绍如何使用 STM32F4 的通用定时器。STM32F4 的定时器功能十分强大,有 TIME1 和 TIME8 等高级定时器,也有 TIME2～TIME5、TIM9～TIM14 等通用定时器,还有 TIME6 和 TIME7 等基本定时器,总共 14 个定时器。本章将使用 TIM3 的定时器中断来控制 DS1 的翻转,在主函数用 DS0 的翻转来提示程序正在运行。本章选择难度适中的通用定时器来介绍。

12.1 STM32F4 通用定时器简介

STM32F4 的通用定时器包含一个 16 位或 32 位自动重载计数器(CNT),该计数器由可编程预分频器(PSC)驱动。STM32F4 的通用定时器可以被用于测量输入信号的脉冲长度(输入捕获)或者产生输出波形(输出比较和 PWM)等。使用定时器预分频器和 RCC 时钟控制器预分频器,可以使脉冲长度和波形周期可以在几个微秒到几个毫秒间调整。STM32F4 的每个通用定时器都是完全独立的,没有互相共享的任何资源。

STM32 的通用 TIMx (TIM2～TIM5 和 TIM9～TIM14)定时器功能包括:

① 16 位/32 位(仅 TIM2 和 TIM5)向上、向下、向上/向下自动装载计数器(TIMx_CNT)。注意:TIM9～TIM14 只支持向上(递增)计数方式。

② 16 位可编程(可以实时修改)预分频器(TIMx_PSC),计数器时钟频率的分频系数为 1～65 535 之间的任意数值。

③ 4 个独立通道(TIMx_CH1～4,TIM9～TIM14 最多 2 个通道),这些通道可以用于输入捕获、输出比较、PWM 生成(边缘或中间对齐模式)。注意:TIM9～TIM14 不支持中间对齐模式、单脉冲模式输出。

④ 可使用外部信号(TIMx_ETR)控制定时器和定时器互连(可以用一个定时器控制另外一个定时器)的同步电路。

⑤ 如下事件发生时产生中断/DMA(TIM9～TIM14 不支持 DMA):

A. 更新:计数器向上溢出/向下溢出,计数器初始化(通过软件或者内部/外部触发);

B. 触发事件(计数器启动、停止、初始化或者由内部/外部触发计数);

C. 输入捕获;

D. 输出比较;

E. 支持针对定位的增量(正交)编码器和霍尔传感器电路(TIM9～TIM14 不支持);

F. 触发输入作为外部时钟或者按周期的电流管理(TIM9～TIM14 不支持)。

由于 STM32F4 通用定时器比较复杂,这里不再多介绍,可参考《STM32F4xx 中文参考手册》第 392 页通用定时器一章。下面介绍与这章的实验密切相关的几个通用定时器的寄存器(以下均以 TIM2～TIM5 的寄存器介绍,TIM9～TIM14 的略有区别,具体请看《STM32F4xx 中文参考手册》对应章节)。

首先是控制寄存器 1(TIMx_CR1),该寄存器的各位描述如图 12.1 所示。

15	14	13	12	11	10	9	8	7	6	5	4	3	2	1	0
			Reserved			CKD[1:0]		ARPE	CMS		DIR	OPM	URS	UDIS	CEN
						rw	rw	rw	rw	rw	rw	rw	rw	rw	rw

位 0　CEN:计数器使能(Counter enable)
0:禁止计数器
1:使能计数器
注意:只有事先通过软件将 CEN 位置 1,才可以使用外部时钟、门控模式和编码器模式。而触发模式可通过硬件自动将 CE 位置 1。
在单脉冲模式下,当发生更新事件时会自动将 CEN 位清零

图 12.1　TIMx_CR1 寄存器各位描述

本实验只用到了 TIMx_CR1 的最低位,也就是计数器使能位,该位必须置 1,才能让定时器开始计数。接下来介绍第二个与这章密切相关的寄存器:DMA/中断使能寄存器(TIMx_DIER)。该寄存器是一个 16 位的寄存器,其各位描述如图 12.2 所示。

15	14	13	12	11	10	9	8	7	6	5	4	3	2	1	0
Res.	TDE	Res	CC4DE	CC3DE	CC2DE	CC1DE	UDE	Res.	TIE	Res	CC4IE	CC3IE	CC2IE	CC1IE	UIE
	rw		rw	rw	rw	rw	rw		rw		rw	rw	rw	rw	rw

位 0　UIE:更新中断使能(Update interrupt enable)
0:禁止更新中断
1:使能更新中断

图 12.2　TIMx_ DIER 寄存器各位描述

这里同样仅关心它的第 0 位,该位是更新中断允许位,本章用到的是定时器的更新中断,所以该位要设置为 1 来允许由于更新事件所产生的中断。

接下来看第三个与这章有关的寄存器:预分频寄存器(TIMx_PSC)。该寄存器用设置对时钟进行分频,然后提供给计数器,作为计数器的时钟。该寄存器的各位描述如图 12.3 所示。

15	14	13	12	11	10	9	8	7	6	5	4	3	2	1	0
							PSC[15:0]								
rw	rw	rw	rw	rw	rw	rw	rw	rw	rw	rw	rw	rw	rw	rw	rw

位 15:0　PSC[15:0]:预分频器值(Prescale value)
计数器时钟频率 CK_CNT 等于 $f_{CK\_PSC}/(PSC[15:0]+1)$。
PSC 包含在每次发生更新事件时要装载到实际预分频器寄存器的值

图 12.3　TIMx_ PSC 寄存器各位描述

这里,定时器的时钟来源有 4 个:内部时钟(CK_INT);外部时钟模式 1:外部输入脚(TIx);外部时钟模式 2:外部触发输入(ETR),仅适用于 TIM2、TIM3、TIM4;内部触发输入(ITRx):使用 A 定时器作为 B 定时器的预分频器(A 为 B 提供时钟)。这些

时钟具体选择哪个可以通过 TIMx_SMCR 寄存器的相关位来设置。这里的 CK_INT 时钟是从 APB1 倍频得来的,除非 APB1 的时钟分频数设置为 1(一般都不会是 1),否则通用定时器 TIMx 的时钟是 APB1 时钟的 2 倍。当 APB1 的时钟不分频的时候,通用定时器 TIMx 的时钟就等于 APB1 的时钟。注意,高级定时器以及 TIM9～TIM11 的时钟不是来自 APB1,而是来自 APB2。

这里顺带介绍一下 TIMx_CNT 寄存器,该寄存器是定时器的计数器,存储了当前定时器的计数值。

接着介绍自动重装载寄存器(TIMx_ARR),该寄存器在物理上实际对应着 2 个寄存器。一个是程序员可以直接操作的,另外一个是程序员看不到的,这个看不到的寄存器在《STM32F4xx 中文参考手册》里面被叫做影子寄存器。事实上真正起作用的是影子寄存器。根据 TIMx_CR1 寄存器中 APRE 位的设置:APRE＝0 时,预装载寄存器的内容可以随时传送到影子寄存器,此时 2 者是连通的;而 APRE＝1 时,在每一次更新事件(UEV)时,才把预装载寄存器(ARR)的内容传送到影子寄存器。自动重装载寄存器的各位描述如图 12.4 所示。

15	14	13	12	11	10	9	8	7	6	5	4	3	2	1	0
ARR[15：0]															
rw	rw	rw	rw	rw	rw	rw	rw	rw	rw	rw	rw	rw	rw	rw	rw

位 15： ARR[15：0]:自动重载值(Auto - reload value)
ARR 为要装载到实际自动重载寄存器的值。
当自动重载值为空时,计数器不工作

图 12.4　TIMx_ ARR 寄存器各位描述

最后要介绍的寄存器是状态寄存器(TIMx_SR)。该寄存器用来标记当前与定时器相关的各种事件/中断是否发生,各位描述如图 12.5 所示。

15	14	13	12	11	10	9	8	7	6	5	4	3	2	1	0
Reserved			CC4OF	CC3OF	CC2OF	CC1OF	Reserved		TIF		Res	CC4IF	CC3IF	CC2IF	CC1IF	UIF
			rc_w0	rc_w0	rc_w0	rc_w0			rc_w0			rc_w0	rc_w0	rc_w0	rc_w0	rc_w0

位 0　UIF:更新中断标志(Update interrupt flag)
● 该位在发生更新事件时通过硬件置 1。但需要通过软件清零。
0:未发生更新。
1:更新中断挂起。该位在以下情况下更新寄存器时由硬件置 1;
● 上溢或下溢(对于 TIM2 到 TIM5)以及当 TIMx_CR1 寄存器中 UDIS＝0 时。
● TIMx_CR1 寄存器中的 URS＝0 且 UDIS＝0,并且由软件使用 TIMx_EGR 寄存器中的 UG 位重新初始化 CNT 时。
TIMx_CR1 寄存器中的 URS＝0 且 UDIS＝0,并且 CNT 由触发事件重新初始化

图 12.5　TIMx_ SR 寄存器各位描述

关于这些位的详细描述,请参考《STM32F4xx 中文参考手册》第 429 页。只要对以上几个寄存器进行简单的设置就可以使用通用定时器了,并且可以产生中断。

这一章将使用定时器产生中断,然后在中断服务函数里面翻转 DS1 上的电平来指示定时器中断的产生。接下来以通用定时器 TIM3 为实例来说明要经过哪些步骤,才能达到这个要求,并产生中断。

① TIM3 时钟使能。这里通过 APB1ENR 的第一位来设置 TIM3 的时钟,因为 Stm32_Clock_Init 函数里面把 APB1 的分频设置为 4 了,所以 TIM3 时钟就是 APB1 时钟的 2 倍,等于系统时钟(84 MHz)。

② 设置 TIM3_ARR 和 TIM3_PSC 的值。通过这两个寄存器来设置自动重装的值以及分频系数。这两个参数加上时钟频率就决定了定时器的溢出时间。

③ 设置 TIM3_DIER 允许更新中断。因为我们要使用 TIM3 的更新中断,所以设置 DIER 的 UIE 位为 1,使能更新中断。

④ 允许 TIM3 工作。光配置好定时器还不行,没有开启定时器,照样不能用。配置完后要开启定时器,通过 TIM3_CR1 的 CEN 位来设置。

⑤ TIM3 中断分组设置。在定时器配置完成之后,因为要产生中断,必不可少的要设置 NVIC 相关寄存器,以使能 TIM3 中断。

⑥ 编写中断服务函数。最后,还是要编写定时器中断服务函数,通过该函数来处理定时器产生的相关中断。在中断产生后,通过状态寄存器的值来判断此次产生的中断属于什么类型。然后执行相关的操作,这里使用的是更新(溢出)中断,所以在状态寄存器 SR 的最低位。在处理完中断之后应该向 TIM3_SR 的最低位写 0,从而清除该中断标志。

通过以上几个步骤就可以达到我们的目的了,使用通用定时器的更新中断来控制 DS1 的亮灭。

12.2 硬件设计

本实验用到的硬件资源有:指示灯 DS0 和 DS1、定时器 TIM3。本章将通过 TIM3 的中断来控制 DS1 的亮灭,DS1 是直接连接到 PF10 上的,这个前面已经有介绍了。而 TIM3 属于 STM32F4 的内部资源,只需要软件设置即可正常工作。

12.3 软件设计

软件设计在之前的工程上面增加,不过没用到看门狗,所以先去掉 wdg.c(注意,此时 HARDWARE 组仅剩 led.c)。首先在 HARDWARE 文件夹下新建 TIMER 的文件夹。然后打开 USER 文件夹下的工程,新建一个 timer.c 的文件和 timer.h 的头文件,保存在 TIMER 文件夹下,并将 TIMER 文件夹加入头文件包含路径。

在 timer.c 里输入如下代码:

```
# include "timer.h"
# include "led.h"
//定时器 3 中断服务程序
void TIM3_IRQHandler(void)
{
    if(TIM3 - >SR&0X0001) LED1 = ! LED1;//溢出中断
    TIM3 - >SR& = ~(1<<0);//清除中断标志位
```

```
}
//通用定时器 3 中断初始化
//这里时钟选择为 APB1 的 2 倍,而 APB1 为 42 MHz
//arr:自动重装值
//psc:时钟预分频数
//定时器溢出时间计算方法:Tout = ((arr + 1) * (psc + 1))/Ft us
//Ft = 定时器工作频率,单位:MHz
//这里使用的是定时器 3
void TIM3_Int_Init(u16 arr,u16 psc)
{
    RCC - >APB1ENR| = 1<<1;         //TIM3 时钟使能
    TIM3 - >ARR = arr;              //设定计数器自动重装值
    TIM3 - >PSC = psc;              //预分频器
    TIM3 - >DIER| = 1<<0;           //允许更新中断
    TIM3 - >CR1| = 0x01;            //使能定时器 3
    MY_NVIC_Init(1,3,TIM3_IRQn,2);  //抢占 1,子优先级 3,组 2
}
```

该文件下包含一个中断服务函数和一个定时器 3 中断初始化函数,中断服务函数比较简单,在每次中断后,判断 TIM3 的中断类型,如果中断类型正确,则执行 LED1(DS1)的取反。

TIM3_Int_Init 函数就是执行上面介绍的那 5 个步骤,使得 TIM3 开始工作,并开启中断。该函数的 2 个参数用来设置 TIM3 的溢出时间。因为 Stm32_Clock_Init 函数里面已经初始化 APB1 的时钟为 4 分频,所以 APB1 的时钟为 42 MHz,而从 STM32F4 的内部时钟树图(图 5.1)得知:当 APB1 的时钟分频数为 1 的时候,TIM2～7 以及 TIM12～14 的时钟为 APB1 的时钟;而如果 APB1 的时钟分频数不为 1,那么 TIM2～7 以及 TIM12～14 的时钟频率将为 APB1 时钟的两倍。因此,TIM3 的时钟为 84 MHz,再根据我们设计的 arr 和 psc 的值,就可以计算中断时间了。计算公式如下:

$$T_{out} = ((arr+1)(psc+1))/T_{clk};$$

其中,T_{clk} 为 TIM3 的输入时钟频率(单位为 MHz),T_{out} 为 TIM3 溢出时间(单位为 μs)。

将 timer.c 文件保存,然后加入到 HARDWARE 组下。timer.h 的代码就不贴出了,可参考本例程源码。

最后,在主程序里面输入如下代码:

```
int main(void)
{
    Stm32_Clock_Init(336,8,2,7);     //设置时钟,168 MHz
    delay_init(168);                 //延时初始化
    LED_Init();                      //初始化 LED
    TIM3_Int_Init(5000 - 1,8400 - 1); //10 kHz 的计数频率,计数 5K 次为 500 ms
    while(1)
    {
        LED0 = ! LED0;
        delay_ms(200);
    };
}
```

这里的代码和之前大同小异,此段代码对 TIM3 进行初始化之后,进入死循环等待 TIM3 溢出中断,当 TIM3_CNT 的值等于 TIM3_ARR 的值的时候,就会产生 TIM3 的更新中断,然后在中断里面取反 LED1,TIM3_CNT 再从 0 开始计数。

12.4　下载验证

完成软件设计之后,将编译好的文件下载到探索者 STM32F4 开发板上,观看其运行结果是否与我们编写的一致。如果没有错误,我们将看到 DS0 不停闪烁(每 400 ms 闪烁一次),而 DS1 也是不停地闪烁,但是闪烁时间较 DS0 慢(1 s 一次)。

第 **13** 章

PWM 输出实验

第 12 章介绍了 STM32F4 的通用定时器 TIM3,用该定时器的中断来控制 DS1 的闪烁,这一章将介绍如何使用 STM32F4 的 TIM3 来产生 PWM 输出。本章将使用 TIM14 的通道 1 来产生 PWM 来控制 DS0 的亮度。

13.1　PWM 简介

脉冲宽度调制(PWM),是英文 Pulse Width Modulation 的缩写,简称脉宽调制,是利用微处理器的数字输出来对模拟电路进行控制的一种非常有效的技术。简单一点,就是对脉冲宽度的控制。PWM 原理如图 13.1 所示。

图 13.1 就是一个简单的 PWM 原理示意图。图中,假定定时器工作在向上计数 PWM 模式,且当 CNT<CCRx 时,输出 0,当 CNT>=CCRx 时输出 1。那么就可以得到该 PWM 示意图:当 CNT 值小于 CCRx 的时候,I/O 输出低电平(0);当 CNT 值大于等于 CCRx 的时候,I/O 输出高电平 (1);当 CNT 达到 ARR 值的时候,重新归零,然后重新向上计数,依次循环。改变

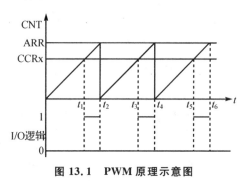

图 13.1　PWM 原理示意图

CCRx 的值就可以改变 PWM 输出的占空比,改变 ARR 的值就可以改变 PWM 输出的频率,这就是 PWM 输出的原理。

STM32F4 的定时器除了 TIM6 和 TIM7,其他的定时器都可以用来产生 PWM 输出。其中,高级定时器 TIM1 和 TIM8 可以同时产生多达 7 路的 PWM 输出。而通用定时器也能同时产生多达 4 路的 PWM 输出!这里仅使用 TIM14 的 CH1 产生一路 PWM 输出。

要使 STM32F4 的通用定时器 TIMx 产生 PWM 输出,除了第 12 章介绍的寄存器外,我们还会用到 3 个寄存器来控制 PWM。这 3 个寄存器分别是:捕获/比较模式寄存器(TIMx_CCMR1/2)、捕获/比较使能寄存器(TIMx_CCER)、捕获/比较寄存器(TIMx_CCR1~4)。接下来我们简单介绍一下这 3 个寄存器。

首先是捕获/比较模式寄存器(TIMx_CCMR1/2),该寄存器一般有 2 个:TIMx _CCMR1 和 TIMx _CCMR2,不过 TIM14 只有一个。TIMx_CCMR1 控制 CH1 和 2,而

TIMx_CCMR2 控制 CH3 和 4。以下以 TIM14 为例进行介绍。TIM14_CCMR1 寄存器各位描述如图 13.2 所示。

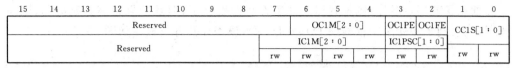

15	14	13	12	11	10	9	8	7	6	5	4	3	2	1	0
Reserved							OC1M[2：0]			OC1PE	OC1FE	CC1S[1：0]			
Reserved							IC1M[2：0]			IC1PSC[1：0]					
							rw	rw	rw	rw	rw	rw	rw	rw	rw

图 13.2　TIM14_CCMR1 寄存器各位描述

该寄存器的有些位在不同模式下，功能不一样，所以在图 13.1 把寄存器分了 2 层，上面一层对应输出而下面的则对应输入。关于该寄存器的详细说明请参考《STM32F4xx 中文参考手册》第 476 页 16.6.4 小节。这里需要说明的是模式设置位 OC1M，此部分由 3 位组成。总共可以配置成 7 种模式，我们使用的是 PWM 模式，所以这 3 位必须设置为 110/111。这两种 PWM 模式的区别就是输出电平的极性相反。另外，CC1S 用于设置通道的方向（输入/输出）默认为 0，就是设置通道作为输出使用。注意：这里是因为我们的 TIM14 只有一个通道，所以才只有第 8 位有效，高 8 位无效，其他有多个通道的定时器，高 8 位也是有效的，具体请参考《STM32F4xx 中文参考手册》对应定时器的寄存器描述。

接下来介绍 TIM14 的捕获/比较使能寄存器（TIM14_CCER），该寄存器控制着各个输入输出通道的开关。该寄存器的各位描述如图 13.3 所示。

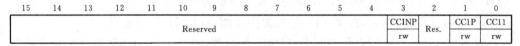

15	14	13	12	11	10	9	8	7	6	5	4	3	2	1	0
Reserved												CCINP	Res.	CC1P	CC1I
												rw		rw	rw

图 13.3　TIM14_CCER 寄存器各位描述

该寄存器比较简单，这里只用到了 CC1E 位，该位是输入/捕获 1 输出使能位，要想 PWM 从 I/O 口输出，这个位必须设置为 1，所以我们需要设置该位为 1。该寄存器更详细的介绍请参考《STM32F4xx 中文参考手册》第 478 页 16.6.5 小节。同样，因为 TIM14 只有一个通道，所以才只有低 4 位有效，如果是其他定时器，该寄存器的其他位也可能有效。

最后介绍一下捕获/比较寄存器（TIMx_CCR1～4），该寄存器总共有 4 个，对应 4 个输出通道 CH1～CH4。不过 TIM14 只有一个，即 TIM14_CCR1，该寄存器的各位描述如图 13.4 所示。

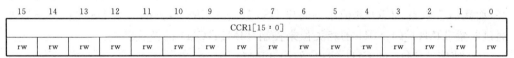

15	14	13	12	11	10	9	8	7	6	5	4	3	2	1	0
CCR1[15：0]															
rw	rw	rw	rw	rw	rw	rw	rw	rw	rw	rw	rw	rw	rw	rw	rw

位 15：0　CCR1[15：0]：捕获/比较 1 值（Capture/Compare 1 value）

如果通道 CC1 配置为输出：

CCR1 为要装载到实际捕获/比较 1 寄存器的值（预装载值）。

如果没有通过 TIMx_CCMR 寄存器中的 OC1PE 位来使能预装载功能，写入的数值会被直接传输至当前寄存器中。否则只在发生更新事件时生效（拷贝到实际起作用的捕获/比较寄存器 1）实际捕获/比较寄存器中包含要与计数器 TIMx_CNT 进行比较并在 OC1 输出上发出信号的值。

如果通道 CC1 配置为输入：

CCR1 为上一个输入捕获 1 事件（IC1）发生时的计数器值

图 13.4　寄存器 TIM14_CCR1 各位描述

在输出模式下,该寄存器的值与 CNT 的值比较,根据比较结果产生相应动作。利用这点,我们通过修改这个寄存器的值,就可以控制 PWM 的输出脉宽了。

如果是通用定时器,则配置以上 3 个寄存器就够了,但是如果是高级定时器,则还需要配置:刹车和死区寄存器(TIMx_BDTR),该寄存器各位描述如图 13.5 所示。

15	14	13	12	11	10	9	8	7	6	5	4	3	2	1	0
MOE	AOE	BKP	BKE	OSSR	OSS	LOCK[1:0]		DTG[7:0]							
rw	rw	rw	rw	rw	rw	rw	rw	rw	rw	rw	rw	rw	rw	rw	rw

位 15　MOE:主输出使能(Main output enable)

只要断路输入变为有效状态,此位便由硬件异步清零。此位由软件置 1,也可根据 AOE 位状态自动置 1。此位仅对配置为输出的通道有效。

0:OC 和 OCN 输出禁止或被强制为空闲状态。

1:如果 OC 和 OCN 输出的相应使能位(TIMx_CCER 寄存器中的 CCxE 和 CCxNE 位)均置 1,则使能 OC 和 OCN 输出

图 13.5　寄存器 TIMx_ BDTR 各位描述

对于该寄存器,我们只需要关注最高位 MOE 位。要想高级定时器的 PWM 正常输出,则必须设置 MOE 位为 1,否则不会有输出。注意:通用定时器不需要配置这个。其他位就不详细介绍了,请参考《STM32F4xx 中文参考手册》第 386 页 13.4.18 小节。

本章使用的是 TIM14 的通道 1,所以需要修改 TIM14_CCR1,以实现脉宽控制 DS0 的亮度。至此,我们把本章要用的几个相关寄存器都介绍完了,本章要实现通过 TIM14_CH1 输出 PWM 来控制 DS0 的亮度。下面介绍配置步骤:

① 开启 TIM14 时钟,配置 PF9 选择复用功能 AF9(TIM14)输出。

要使用 TIM14,我们必须先开启 TIM14 的时钟(通过 APB1ENR 设置),这点相信读者看了这么多代码,应该明白了。这里还要配置 PF9 为复用(AF9)输出,才可以实现 TIM14_CH1 的 PWM 经过 PF9 输出。

② 设置 TIM14 的 ARR 和 PSC。

在开启了 TIM14 的时钟之后,我们要设置 ARR 和 PSC 两个寄存器的值来控制输出 PWM 的周期。当 PWM 周期太慢(低于 50 Hz)的时候,我们就会明显感觉到闪烁了。因此,PWM 周期在这里不宜设置的太小。

③ 设置 TIM14_CH1 的 PWM 模式。

接下来要设置 TIM14_CH1 为 PWM 模式(默认是冻结的),因为 DS0 是低电平亮,而我们希望当 CCR1 的值小的时候 DS0 就暗,CCR1 值大的时候 DS0 就亮,所以要通过配置 TIM14_CCMR1 的相关位来控制 TIM14_CH1 的模式。

④ 使能 TIM14 的 CH1 输出,使能 TIM14。

完成以上设置之后,我们需要开启 TIM14 的通道 1 输出以及 TIM14。前者通过 TIM14_CCER1 来设置,是单个通道的开关,而后者则通过 TIM14_CR1 来设置,是整个 TIM14 的总开关。只有设置了这两个寄存器,这样我们才能在 TIM14 的通道 1 上看到 PWM 波输出。

⑤ 修改 TIM14_CCR1 来控制占空比。

最后,在经过以上设置之后,PWM 其实已经开始输出了,只是其占空比和频率都

是固定的,而通过修改 TIM14_CCR1 则可以控制 CH1 的输出占空比,继而控制 DS0 的亮度。

通过以上 5 个步骤就可以控制 TIM14 的 CH1 输出 PWM 波了。这里特别提醒一下读者,高级定时器虽然和通用定时器类似,但是高级定时器要想输出 PWM,必须还要设置一个 MOE 位(TIMx_BDTR 的第 15 位),以使能主输出,否则不会输出 PWM!

13.2　硬件设计

本实验用到的硬件资源有:指示灯 DS0、定时器 TIM14。这两个前面都已经介绍了,因为 TIM14_CH1 可以通过 PF9 输出 PWM,而 DS0 就是直接节在 PF9 上面的,所以电路上并没有任何变化。

13.3　软件设计

本章依旧是在第 12 章的基础上修改代码,先打开之前的工程,然后在第 12 章的基础上,在 timer.c 里面加入如下代码:

```
//TIM14 PWM 部分初始化
//PWM 输出初始化
//arr:自动重装值
//psc:时钟预分频数
void TIM14_PWM_Init(u32 arr,u32 psc)
{
    //此部分需手动修改 IO 口设置
    RCC->APB1ENR|=1<<8;          //TIM14 时钟使能
    RCC->AHB1ENR|=1<<5;          //使能 PORTF 时钟
    GPIO_Set(GPIOF,PIN9,GPIO_MODE_AF,GPIO_OTYPE_PP,GPIO_SPEED_100M
            GPIO_PUPD_PU);       //复用功能,上拉输出
    GPIO_AF_Set(GPIOF,9,9);      //PF9,AF9
    TIM14->ARR = arr;            //设定计数器自动重装值
    TIM14->PSC = psc;            //预分频器不分频
    TIM14->CCMR1|=6<<4;          //CH1 PWM1 模式
    TIM14->CCMR1|=1<<3;          //CH1 预装载使能
    TIM14->CCER|=1<<0;           //OC1 输出使能
    TIM14->CCER|=1<<1;           //OC1 低电平有效
    TIM14->CR1|=1<<7;            //ARPE 使能
    TIM14->CR1|=1<<0;            //使能定时器 14
}
```

此部分代码包含了上面介绍的 PWM 输出设置的前 5 个步骤。接着修改 timer.h 如下:

```
#ifndef __TIMER_H
#define __TIMER_H
#include "sys.h"
//通过改变 TIM14->CCR1 的值来改变占空比,从而控制 LED0 的亮度
#define LED0_PWM_VAL TIM14->CCR1
```

```
void TIM3_Int_Init(u16 arr,u16 psc);
void TIM14_PWM_Init(u32 arr,u32 psc);
#endif
```

这里头文件与第 12 章的不同是加入了 TIM14_PWM_Init 的声明以及宏定义了 TIM14 通道 1 的输入/捕获寄存器。通过这个宏定义,我们可以在其他文件里面修改 LED0_PWM_VAL 的值,就可以达到控制 LED0 的亮度的目的了,也就实现了前面介绍的最后一个步骤。

接下来,修改主程序里面的 main 函数如下:

```
int main(void)
{
    u16 led0pwmval = 0;
    u8 dir = 1;
    Stm32_Clock_Init(336,8,2,7);            //设置时钟,168 MHz
    delay_init(168);                        //延时初始化
    TIM14_PWM_Init(500 - 1,84 - 1);         //1 MHz 的计数频率,2 kHz 的 PWM
    while(1)
    {
        delay_ms(10);
        if(dir)led0pwmval ++ ;
        else led0pwmval -- ;
        if(led0pwmval>300)dir = 0;
        if(led0pwmval == 0)dir = 1;
        LED0_PWM_VAL = led0pwmval;
    }
}
```

这里,从死循环函数可以看出,我们控制 LED0_PWM_VAL 的值从 0 变到 300,然后又从 300 变到 0,如此循环,因此 DS0 的亮度也会跟着从暗变到亮,然后又从亮变到暗。这里的值为什么取 300?是因为 PWM 的输出占空比达到这个值的时候,我们的 LED 亮度变化就不大了(虽然最大值可以设置到 499),因此设计过大的值在这里是没必要的。至此,软件设计就完成了。

13.4　下载验证

完成软件设计之后,将我们将编译好的文件下载到探索者 STM32F4 开发板上,观看其运行结果是否与我们编写的一致。如果没有错误,我们将看到 DS0 不停地由暗变到亮,然后又从亮变到暗。每个过程持续时间大概为 3 s。实际运行结果如图 13.6 所示。

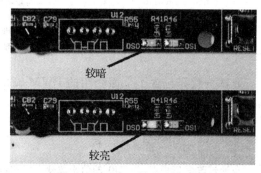

图 13.6　PWM 控制 DS0 亮度

第 **14** 章

输入捕获实验

这一章将介绍通用定时器作为输入捕获的使用。本章用 TIM5 的通道 1(PA0)来做输入捕获,捕获 PA0 上高电平的脉宽(用 KEY_UP 按键输入高电平),通过串口打印高电平脉宽时间。

14.1 输入捕获简介

输入捕获模式可以用来测量脉冲宽度或者测量频率。我们以测量脉宽为例,用一个简图来说明输入捕获的原理,如图 14.1 所示。

图 14.1 就是输入捕获测量高电平脉宽的原理,假定定时器工作在向上计数模式,图中 $t_1 \sim t_2$ 时间就是需要测量的高电平时间。测量方法如下:首先设置定时器通道 x 为上升沿捕获,这样,t_1 时刻就会捕获到当前的 CNT 值,然后立即清零 CNT,并设置通道 x 为下降沿捕获,这样到 t_2 时刻又会发生捕获事件,得到此时的 CNT 值,记为 CCRx2。这

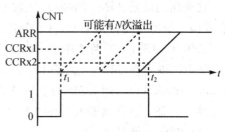

图 14.1 输入捕获脉宽测量原理

样,根据定时器的计数频率就可以算出 $t_1 \sim t_2$ 的时间,从而得到高电平脉宽。

在 $t_1 \sim t_2$ 之间可能产生 N 次定时器溢出,这就要求对定时器溢出做处理,防止高电平太长而导致数据不准确。如图 14.1 所示,$t_1 \sim t_2$ 之间,CNT 计数的次数等于 $N \cdot ARR + CCRx2$,有了这个计数次数,再乘以 CNT 的计数周期即可得到 $t_2 - t_1$ 的时间长度,即高电平持续时间。

STM32F4 的定时器,除了 TIM6 和 TIM7,其他定时器都有输入捕获功能。STM32F4 的输入捕获,简单说就是通过检测 TIMx_CHx 上的边沿信号,在边沿信号发生跳变(比如上升沿/下降沿)的时候,将当前定时器的值(TIMx_CNT)存放到对应通道的捕获/比较寄存器(TIMx_CCRx)里面,完成一次捕获。同时,还可以配置捕获时是否触发中断/DMA 等。

本章用到 TIM5_CH1 来捕获高电平脉宽,捕获原理如图 14.1 所示,这里就不再多说了。接下来介绍本章需要用到的一些寄存器配置,需要用到的寄存器有 TIMx_ARR、TIMx_PSC、TIMx_CCMR1、TIMx_CCER、TIMx_DIER、TIMx_CR1、TIMx_

CCR1。这些寄存器在前面 2 章全部都有提到(这里的 x＝5),这里就不再全部罗列了,只是针对性地介绍这几个寄存器的配置。

首先 TIMx_ARR 和 TIMx_PSC,这两个寄存器用来设自动重装载值和 TIMx 的时钟分频,用法同前面介绍的一样,这里不再介绍。

再来看看捕获/比较模式寄存器 1:TIMx_CCMR1,这个寄存器在输入捕获的时候非常有用,有必要重新介绍,该寄存器的各位描述如图 14.2 所示。

15	14	13	12	11	10	9	8	7	6	5	4	3	2	1	0
OC2CE	OC2M[2：0]			OC2PE	OC2FE	CC2S[1：0]		OC1CE	OC1M[2：0]			OC1PE	OC1FE	CC1S[1：0]	
	IC2F[3：0]			IC2PSC[1：0]					IC1F[3：0]			IC1PSC[1：0]			
rw	rw	rw	rw	rw	rw	rw	rw	rw	rw	rw	rw	rw	rw	rw	rw

图 14.2 TIMx_CCMR1 寄存器各位描述

当在输入捕获模式下使用的时候,对应图 14.2 的第二行描述。从图中可以看出,TIMx_CCMR1 明显是针对 2 个通道的配置,低 8 位[7：0]用于捕获/比较通道 1 的控制,而高 8 位[15：8]则用于捕获/比较通道 2 的控制,因为 TIMx 还有 CCMR2 这个寄存器,所以可以知道 CCMR2 是用来控制通道 3 和通道 4(详见《STM32F4xx 中文参考手册》435 页 15.4.8 小节)。

这里用到的是 TIM5 的捕获/比较通道 1,我们重点介绍 TIMx_CMMR1 的[7：0]位(其高 8 位配置类似),TIMx_CMMR1 的[7：0]位详细描述如图 14.3 所示。

其中,CC1S[1：0]两位用于 CCR1 的通道配置,这里设置 IC1S[1：0]＝01,也就是配置 IC1 映射在 TI1 上(关于 IC1、TI1 不明白的,可以看《STM32F4xx 中文参考手册》393 页的图 119),即 CC1 对应 TIMx_CH1。

输入捕获 1 预分频器 IC1PSC[1：0]比较好理解。我们是一次边沿就触发一次捕获,所以选择 00 就是了。

输入捕获 1 滤波器 IC1F[3：0]用来设置输入采样频率和数字滤波器长度。其中,f_{CK_INT} 是定时器的输入频率(TIMxCLK),一般为 84 MHz/168 MHz(看该定时器在哪个总线上),而 f_{DIS} 则是根据 TIMx_CR1 的 CKD[1：0]的设置来确定的,如果 CKD[1：0]设置为 00,那么 $f_{DIS}＝f_{CK\_INT}$。N 值就是滤波长度,举个简单的例子:假设 IC1F[3：0]＝0011,并设置 IC1 映射到通道 1 上,且为上升沿触发,那么在捕获到上升沿的时候,再以 f_{CK_INT} 的频率连续采样到 8 次通道 1 的电平,如果都是高电平,则说明却是一个有效的触发,就会触发输入捕获中断(如果开启了的话)。这样可以滤除那些高电平脉宽低于 8 个采样周期的脉冲信号,从而达到滤波的效果。这里不做滤波处理,所以设置 IC1F[3：0]＝0000,只要采集到上升沿就触发捕获。

再来看看捕获/比较使能寄存器:TIMx_CCER,该寄存器各位描述如图 13.3 所示。本章要用到该寄存器的最低 2 位,CC1E 和 CC1P 位。这两个位的描述如图 14.4 所示。

所以,要使能输入捕获,必须设置 CC1E＝1,而 CC1P 则根据自己的需要来配置。

位7：4	IC1F：输入捕获1滤波器(Input capture 1 filter) 此位域可定义了TI1输入的采样频率和适用于TI1的数字滤波器带宽。数字滤波器由事件计数器组成，每N个事件才视为一个有效边沿。

	0000：无滤波器，按f_{DTS}采样	1000：$f_{SAMPLING}=f_{DTS}/8$，$N=6$
	0001：$f_{SAMPLING}=f_{CK\_INT}$，$N=2$	1001：$f_{SAMPLING}=f_{DTS}/8$，$N=8$
	0010：$f_{SAMPLING}=f_{CK\_INT}$，$N=4$	1010：$f_{SAMPLING}=f_{DTS}/16$，$N=5$
	0011：$f_{SAMPLING}=f_{CK\_INT}$，$N=8$	1011：$f_{SAMPLING}=f_{DTS}/16$，$N=6$
	0100：$f_{SAMPLING}=f_{DTS}/2$，$N=6$	1100：$f_{SAMPLING}=f_{DTS}/16$，$N=8$
	0101：$f_{SAMPLING}=f_{DTS}/2$，$N=8$	1101：$f_{SAMPLING}=f_{DTS}/32$，$N=5$
	0110：$f_{SAMPLING}=f_{DTS}/4$，$N=6$	1110：$f_{SAMPLING}=f_{DTS}/32$，$N=6$
	0111：$f_{SAMPLING}=f_{DTS}/4$，$N=8$	1111：$f_{SAMPLING}=f_{DTS}/32$，$N=8$

	注意：在当前硅版本中，当ICxF[3：0]=1、2或3时，将用CK_INT代替公式中的f_{DTS}

位3：2	IC1PSC：输入捕获1预分频器(Input capture 1 prescaler) 此位域定义CC1输入(IC1)的预分频比。 只要CC1E=0(TIMx_CCER寄存器)，预分频器便立即复位。 00：无预分频器，捕获输入上每检测到一个边沿便执行捕获 01：每发生2个事件便执行一次捕获 10：每发生4个事件便执行一次捕获 11：每发生8个事件便执行一次捕获
位1：0	CC1S：捕获/比较1选择(Capture/Compare 1 selection) 此位域定义通道方向(输入/输出)以及所使用的输入。 00：CC1通道配置为输出 01：CC1通道配置为输入，IC1映射到TI1上； 10：CC1通道配置为输入，IC1映射到TI2上； 11：CC1通道配置为输入，IC1映射到TRC上。此模式仅在通过TS位(TIMx_SMCR寄存器)选择内部触发输入时有效 注意：仅当通道关闭时(TIMx_CCER中的CC1E=0)，才可向CC1S位写入数据

图 14.3　TIMx_CMMR1 [7：0]位详细描述

位1	CC1P：捕获/比较1输出极性(Capture/Compare 1 output polarity) CC1通道配置为输入： CC1NP/CC1P位可针对触发或捕获操作选择TI1FP1和TI2FP1的极性。 00：非反相/上升沿触发 电路对TIxFP1上升沿敏感(在复位模式、外部时钟模式或触发模式下执行捕获或触发操作)，TIxFP1未反相(在门控模式或编码器模式下执行触发操作)。 01：反相/下降沿触发 电路对TIxFP1下降沿敏感(在复位模式、外部时钟模式或触发模式下执行捕获或触发操作)，TIxFP1反相(在门控模式或编码器模式下执行触发操作)。 10：保留，不使用此配置。 11：非反相/上升沿和下降沿均触发 电路对TIxFP1上升沿和下降沿都敏感(在复位模式、外部时钟模式或触发模式下执行捕获或触发操作)，TIxFP1未反相(在门控模式下执行触发操作)。编码器模式下不得使用此配置。
位0	CC1E：捕获/比较1输出使能(Capture/Compare 1 output enable) CC1通道配置为输入： 此位决定了是否可以实际将计数器值捕获到输入捕获/比较寄存器(TIMx_CCR1)中。 0：禁止捕获 1：使能捕获

图 14.4　TIMx_CCER 最低 2 位描述

接下来看看 DMA/中断使能寄存器 TIMx_DIER,该寄存器的各位描述图 13.2 所示,本章需要用到中断来处理捕获数据,所以必须开启通道 1 的捕获比较中断,即 CC1IE 设置为 1。

控制寄存器 TIMx_CR1,我们只用到了它的最低位,也就是用来使能定时器的,前面两章都有介绍,请大家参考前面的章节。

最后再来看看捕获/比较寄存器 1:TIMx_CCR1,该寄存器用来存储捕获发生时 TIMx_CNT 的值,我们从 TIMx_CCR1 就可以读出通道 1 捕获发生时刻的 TIMx_CNT 值,通过两次捕获(一次上升沿捕获,一次下降沿捕获)的差值就可以计算出高电平脉冲的宽度(注意,对于脉宽太长的情况,还要计算定时器溢出的次数)。

至此,我们把本章要用的几个相关寄存器都介绍完了。本章要实现通过输入捕获来获取 TIM5_CH1(PA0)上面的高电平脉冲宽度,并从串口打印捕获结果。下面介绍输入捕获的配置步骤:

① 开启 TIM5 时钟,配置 PA0 为复用功能(AF2),并开启下拉电阻。

要使用 TIM5,则必须先开启 TIM5 的时钟(通过 APB1ENR 设置)。因为要捕获 TIM5_CH1 上面的高电平脉宽,所以先配置 PA0 为带下拉的复用功能,同时,为了让 PA0 的复用功能选择连接到 TIM5,所以设置 PA0 的复用功能为 AF2,即连接到 TIM5 上面。

② 设置 TIM5 的 ARR 和 PSC。

在开启了 TIM5 的时钟之后,我们要设置 ARR 和 PSC 两个寄存器的值来设置输入捕获的自动重装载值和计数频率。

③ 设置 TIM5 的 CCMR1。

TIM5_CCMR1 寄存器控制输入捕获 1 和 2 的模式,包括映射关系、滤波和分频等。这里设置通道 1 为输入模式,且 IC1 映射到 TI1(通道 1)上面,且不使用滤波(提高响应速度)器。

④ 设置 TIM5 的 CCER,开启输入捕获,并设置为上升沿捕获。

TIM5_CCER 寄存器是定时器的开关,并且可以设置输入捕获的边沿。只有 TIM5_CCER 寄存器使能了输入捕获,外部信号才能被 TIM5 捕获到,否则一切白搭。同时要设置好捕获边沿,才能得到正确的结果。

⑤ 设置 TIM5 的 DIER,使能捕获和更新中断,并编写中断服务函数。

因为我们要捕获的是高电平信号的脉宽,所以,第一次捕获是上升沿,第二次捕获时下降沿,必须在捕获上升沿之后,设置捕获边沿为下降沿;如果脉宽比较长,那么定时器就会溢出,对溢出必须做处理,否则结果就不准了。不过,由于 STM32F4 的 TIM5 是 32 位定时器,假设计数周期为 1 μs,那么需要 4 294 s 才会溢出一次,这基本上是不可能的。这两件事都在中断里面做,所以必须开启捕获中断和更新中断。

设置了中断必须编写中断函数,否则可能导致死机。我们需要在中断函数里面完成数据处理和捕获设置等关键操作,从而实现高电平脉宽统计。

⑥ 设置 TIM5 的 CR1,使能定时器。

最后,必须打开定时器的计数器开关,通过设置 TIM5_CR1 的最低位为 1,启动 TIM5 的计数器,开始输入捕获。

通过以上 6 步设置,定时器 5 的通道 1 就可以开始输入捕获了,同时因为还用到了串口输出结果,所以还需要配置一下串口。

14.2　硬件设计

本实验用到的硬件资源有指示灯 DS0、KEY_UP 按键、串口、定时器 TIM3、定时器 TIM5。前面 4 个在之前的章节均有介绍。本节将捕获 TIM5_CH1(PA0)上的高电平脉宽,通过 KEY_UP 按键输入高电平,并从串口打印高电平脉宽。同时保留前面的 PWM 输出,大家也可以通过用杜邦线连接 PF9 和 PA0 来测量 PWM 输出的高电平脉宽。

14.3　软件设计

本章是在第 13 章的基础上修改代码,先打开之前的工程,然后在 timer.c 里面加入如下代码:

```
//定时器 2 通道 1 输入捕获配置
//arr:自动重装值(TIM2,TIM5 是 32 位的!!)
//psc:时钟预分频数
void TIM5_CH1_Cap_Init(u32 arr,u16 psc)
{
    RCC - >APB1ENR| = 1<<3;        //TIM5 时钟使能
    RCC - >AHB1ENR| = 1<<0;        //使能 PORTA 时钟
    GPIO_Set(GPIOA,PIN0,GPIO_MODE_AF,GPIO_OTYPE_PP,GPIO_SPEED_100M,
            GPIO_PUPD_PD);         //复用功能,下拉
    GPIO_AF_Set(GPIOA,0,2);        //PA0,AF2
    TIM5 - >ARR = arr;             //设定计数器自动重装值
    TIM5 - >PSC = psc;             //预分频器
    TIM5 - >CCMR1| = 1<<0;         //CC1S = 01    选择输入端 IC1 映射到 TI1 上
    TIM5 - >CCMR1| = 0<<4;         //IC1F = 0000 配置输入滤波器 不滤波
    TIM5 - >CCMR1| = 0<<10;        //IC1PS = 00     配置输入分频,不分频
    TIM5 - >CCER| = 0<<1;          //CC1P = 0     上升沿捕获
    TIM5 - >CCER| = 1<<0;          //CC1E = 1     允许捕获计数器的值到捕获寄存器中
    TIM5 - >EGR| = 1<<0;           //软件控制产生更新事件,使写入 PSC 的值立即生效
    TIM5 - >DIER| = 1<<1;          //允许捕获 1 中断
    TIM5 - >DIER| = 1<<0;          //允许更新中断
    TIM5 - >CR1| = 0x01;           //使能定时器 2
    MY_NVIC_Init(2,0,TIM5_IRQn,2); //抢占 2,子优先级 0,组 2
}
//捕获状态
//[7]:0,没有成功的捕获;1,成功捕获到一次
//[6]:0,还没捕获到低电平;1,已经捕获到低电平了
//[5:0]:捕获低电平后溢出的次数(对于 32 位定时器来说,1μs 计数器加 1,溢出时间:4 294 s)
```

```
u8    TIM5CH1_CAPTURE_STA = 0;        //输入捕获状态
u32    TIM5CH1_CAPTURE_VAL;           //输入捕获值(TIM2/TIM5 是 32 位)
//定时器 5 中断服务程序
void TIM5_IRQHandler(void)
{
    u16 tsr = TIM5->SR;
    if((TIM5CH1_CAPTURE_STA&0X80) == 0)//还未成功捕获
    {
        if(tsr&0X01)//溢出
        {
            if(TIM5CH1_CAPTURE_STA&0X40)//已经捕获到高电平了
            {
                if((TIM5CH1_CAPTURE_STA&0X3F) == 0X3F)//高电平太长了
                {
                    TIM5CH1_CAPTURE_STA| = 0X80;            //标记成功捕获了一次
                    TIM5CH1_CAPTURE_VAL = 0XFFFFFFFF;
                }else TIM5CH1_CAPTURE_STA ++ ;
            }
        }
        if(tsr&0x02)//捕获 1 发生捕获事件
        {
            if(TIM5CH1_CAPTURE_STA&0X40)      //捕获到一个下降沿
            {
                TIM5CH1_CAPTURE_STA| = 0X80;//标记成功捕获到一次高电平脉宽
                TIM5CH1_CAPTURE_VAL = TIM5->CCR1;   //获取当前的捕获值
                TIM5->CCER& = ~(1<<1);          //CC1P = 0 设置为上升沿捕获
            }else                               //还未开始,第一次捕获上升沿
            {
                TIM5CH1_CAPTURE_STA = 0;            //清空
                TIM5CH1_CAPTURE_VAL = 0;
                TIM5CH1_CAPTURE_STA| = 0X40;        //标记捕获到了上升沿
                TIM5->CR1& = ~(1<<0);               //使能定时器 2
                TIM5->CNT = 0;                      //计数器清空
                TIM5->CCER| = 1<<1;                 //CC1P = 1 设置为下降沿捕获
                TIM5->CR1| = 0x01;                  //使能定时器 2
            }
        }
    }
    TIM5->SR = 0;//清除中断标志位
}
```

此部分代码包含两个函数,其中 TIM5_CH1_Cap_Init 函数用于 TIM5 通道 1 的输入捕获设置,其设置和我们上面讲的步骤是一样的,这里就不多说。特别注意:TIM5 是 32 位定时器,所以 arr 是 u32 类型的。接下来重点看看第二个函数。

TIM5_IRQHandler 是 TIM5 的中断服务函数,该函数用到了两个全局变量,用于辅助实现高电平捕获。其中,TIM5CH1_CAPTURE_STA 用来记录捕获状态,该变量类似我们在 usart.c 里面自行定义的 USART_RX_STA 寄存器(其实就是个变量,只是我们把它当成一个寄存器那样来使用)。TIM5CH1_CAPTURE_STA 各位描述如表14.1 所列。

表 14.1   TIM5CH1_CAPTURE_STA 各位描述

位	bit7	bit6	bit5～0
说　明	捕获完成标志	捕获到高电平标志	捕获高电平后定时器溢出的次数

另外一个变量 TIM5CH1_CAPTURE_VAL,则用来记录捕获到下降沿的时候 TIM5_CNT 的值。

现在来介绍捕获高电平脉宽的思路:首先,设置 TIM5_CH1 捕获上升沿,这在 TIM5_Cap_Init 函数执行的时候就设置好了,然后等待上升沿中断到来。当捕获到上升沿中断时,如果 TIM5CH1_CAPTURE_STA 的第 6 位为 0,则表示还没有捕获到新的上升沿,就先把 TIM5CH1_CAPTURE_STA、TIM5CH1_CAPTURE_VAL 和 TIM5→CNT 等清零,然后再设置 TIM5CH1_CAPTURE_STA 的第 6 位为 1,标记捕获到高电平,最后设置为下降沿捕获,等待下降沿到来。如果等待下降沿到来期间,定时器发生了溢出(对 32 位定时器来说很难溢出),就在 TIM5CH1_CAPTURE_STA 里面对溢出次数进行计数。当最大溢出次数来到的时候,就强制标记捕获完成(虽然此时还没有捕获到下降沿)。当下降沿到来的时候,先设置 TIM5CH1_CAPTURE_STA 的第 7 位为 1,标记成功捕获一次高电平,然后读取此时的定时器值到 TIM5CH1_CAP-TURE_VAL 里面,最后设置为上升沿捕获,回到初始状态。

这样就完成一次高电平捕获了,只要 TIM5CH1_CAPTURE_STA 的第 7 位一直为 1,那么就不会进行第二次捕获。在 main 函数处理完捕获数据后,将 TIM5CH1_CAPTURE_STA 置零,就可以开启第二次捕获。

接下来,修改主程序里面的 main 函数如下:

```
extern u8    TIM5CH1_CAPTURE_STA;              //输入捕获状态
extern u32   TIM5CH1_CAPTURE_VAL;              //输入捕获值
int main(void)
{
    long long temp = 0;
    Stm32_Clock_Init(336,8,2,7);               //设置时钟,168 MHz
    delay_init(168);                           //延时初始化
    uart_init(84,115200);                      //初始化串口波特率为 115200
    TIM14_PWM_Init(500 - 1,84 - 1);            //1Mhz 的计数频率,2 kHz 的 PWM
    TIM5_CH1_Cap_Init(0XFFFFFFFF,84 - 1);      //以 1 MHz 的频率计数
    while(1)
    {
        delay_ms(10);
        LED0_PWM_VAL ++ ;
        if(LED0_PWM_VAL == 300)LED0_PWM_VAL = 0;
        if(TIM5CH1_CAPTURE_STA&0X80)           //成功捕获到了一次高电平
        {
            temp = TIM5CH1_CAPTURE_STA&0X3F;
            temp * = 0XFFFFFFFF;               //溢出时间总和
            temp + = TIM5CH1_CAPTURE_VAL;      //得到总的高电平时间
            printf("HIGH: % lld us\r\n",temp); //打印总的高点平时间
```

```
                TIM5CH1_CAPTURE_STA = 0 ;              //开启下一次捕获
            }
        }
    }
```

该 main 函数是在 PWM 实验的基础上修改来的,保留了 PWM 输出,同时通过设置 TIM5_Cap_Init(0XFFFFFFFF,84−1),将 TIM5_CH1 的捕获计数器设计为 1 μs 计数一次,并设置重装载值为最大,所以捕获时间精度为 1 μs。

主函数通过 TIM5CH1_CAPTURE_STA 的第 7 位来判断有没有成功捕获到一次高电平,如果成功捕获,则将高电平时间通过串口输出到计算机。

至此,我们的软件设计就完成了。

14.4　下载验证

在完成软件设计之后,将编译好的文件下载到探索者 STM32F4 开发板上可以看到,DS0 的状态和第 13 章差不多,由暗→亮地循环,说明程序已经正常在跑了。我们再打开串口调试助手,选择对应的串口,然后按 KEY_UP 按键,可以看到串口打印的高电平持续时间,如图 14.5 所示。可以看出,有 2 次高电平在 50 μs 以内的,这就是按键按下时发生的抖动。这就是为什么我们按键输入的时候一般都需要做防抖处理,目的是防止类似的情况干扰正常输入。也可以用杜邦线连接 PA0 和 PF9,看看第 13 章中设置的 PWM 输出的高电平是如何变化的。

图 14.5　输入捕获结果

第 **15** 章

TFTLCD 显示实验

前面几章的实例均没涉及液晶显示,这一章介绍 LCD 的使用。本章介绍 ALIEN-TEK 2.8 寸 TFTLCD 模块,该模块采用 TFTLCD 面板,可以显示 16 位色的真彩图片。我们将使用探索者 STM32F4 开发板上的 LCD 接口来点亮 TFTLCD,并实现 ASCII 字符和彩色的显示等功能,同时在串口打印 LCD 控制器 ID,并在 LCD 上面显示。

15.1 TFTLCD&FSMC 简介

本章通过 STM32F4 的 FSMC 接口来控制 TFTLCD 的显示,所以本节分为两个部分,分别介绍 TFTLCD 和 FSMC。

15.1.1 TFTLCD 简介

TFTLCD 即薄膜晶体管液晶显示器,英文全称为 Thin Film Transistor - Liquid Crystal Display。TFTLCD 与无源 TN - LCD、STN - LCD 的简单矩阵不同,在液晶显示屏的每一个像素上都设置有一个薄膜晶体管(TFT),可有效地克服非选通时的串扰,使显示液晶屏的静态特性与扫描线数无关,因此大大提高了图像质量。TFTLCD 也叫真彩液晶显示器。

本章介绍 ALIENTEK TFTLCD 模块,该模块有如下特点:

➢ 2.4'/2.8'/3.5'/4.3'/7'这 5 种大小的屏幕可选。

➢ 320×240 的分辨率(3.5'分辨率为:320×480,4.3'和 7'分辨率为:800×480)。

➢ 16 位真彩显示。

➢ 自带触摸屏,可以用来作为控制输入。

本章以 2.8'(其他 3.5'/4.3'等 LCD 方法类似,参考 2.8 的即可)ALIENTEK TFTLCD 模块为例介绍,该模块支持 65K 色显示,显示分辨率为 320×240,接口为 16 位的 80 并口,自带触摸屏。该模块的外观图如图 15.1 所示。模块原理图如图 15.2 所示。TFTLCD 模块采用 2×17 的 2.54 公排针与外部连接,接口定义如图 15.3 所示。

ALIENTEK TFTLCD 模块采用 16 位的 8080 并口方式与外部连接,之所以不采用 8 位的方式,是因为彩屏的数据量比较大,尤其在显示图片的时候,如果用 8 位数据线,就会比 16 位方式慢一倍以上,我们当然希望速度越快越好,所以选择 16 位的接口。

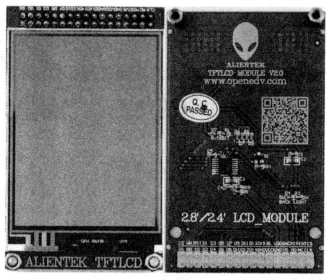

图 15.1　ALIENTEK 2.8 寸 TFTLCD 外观图

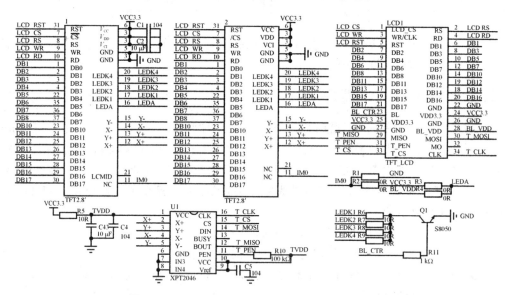

图 15.2　ALIENTEK 2.8 寸 TFTLCD 模块原理图

注意,我们标注的 DB1～DB8、DB10～DB17 是相对于 LCD 控制 IC 标注的,实际上就等同于 D0～D15(从小到大按顺序对应),依次连接 MCU 的 D0～D15 即可。

　　图 15.3 还列出了触摸屏芯片的接口,关于触摸屏本章不多介绍,后面的章节会有详细的介绍。该模块的 80 并口有如下一些信号线:CS:TFTLCD 片选信号;WR:向 TFTLCD 写入数据;RD:从 TFTLCD 读取数据;D[15:0]:16 位双向数据线;RST:硬复位 TFTLCD;RS:命令/数据标志(0,读写命令;1,读写数据)。

```
        LCD_CS   1 ┌─ LCD1 ─┐ 2   LCD_RS
        LCD_WR   3 │ LCD_CS  RS │ 4   LCD_RD
       LCD_RST   5 │ WR/CLK  RD │ 6   DB1
          DB2    7 │ RST    DB1 │ 8   DB3
          DB4    9 │ DB2    DB3 │ 10  DB5
          DB6   11 │ DB4    DB5 │ 12  DB7
          DB8   13 │ DB6    DB7 │ 14  DB10
         DB11   15 │ DB8   DB10 │ 16  DB12
         DB13   17 │ DB11  DB12 │ 18  DB14
         DB15   19 │ DB13  DB14 │ 20  DB16
         DB17   21 │ DB15  DB16 │ 22  GND
       BL_CTR   23 │ DB17   GND │ 24  VCC3.3
       VCC3.3   25 │ BL   VDD3.3│ 26  GND
          GND   27 │ VDD3.3 GND │ 28  BL_VDD
      T_MISO    29 │ GND  BL_VDD│ 30  T_MOSI
       T_PEN    31 │ MISO   MOSI│ 32
        T_CS    33 │ T_PEN   MO │ 34  T_CLK
                   │ T_CS   CLK │
                   └─ TFT_LCD ─┘
```

图 15.3　ALIENTEK 2.8 寸 TFTLCD 模块接口图

80 并口时序比较简单,可百度查找相关资料。需要说明的是,TFTLCD 模块的 RST 信号线是直接接到 STM32F4 的复位脚上,并不由软件控制,这样可以省下来一个 I/O 口。另外还需要一个背光控制线来控制 TFTLCD 的背光。所以,总共需要的 I/O 口数目为 21 个。

ALIENTEK 提供的 2.8 寸 TFTLCD 模块,其驱动芯片有很多种类型,比如有 ILI9341、ILI9325、RM68042、RM68021、ILI9320、ILI9328、LGDP4531、LGDP4535、SPFD5408、SSD1289、1505、B505、C505、NT35310、NT35510 等(具体的型号可以通过下载本章实验代码,通过串口或者 LCD 显示查看),这里仅以 ILI9341 控制器为例进行介绍,其他的控制基本类似,就不详细阐述了。

ILI9341 液晶控制器自带显存,显存总大小为 172 800(240×320×18/8),即 18 位模式(26 万色)下的显存量。在 16 位模式下,ILI9341 采用 RGB565 格式存储颜色数据,此时 ILI9341 的 18 位数据线与 MCU 的 16 位数据线、LCD GRAM 的对应关系如图 15.4 所示。可以看出,ILI9341 在 16 位模式下面,数据线有用的是 D17～D13 和 D11～D1,D0 和 D12 没有用到。实际上在我们 LCD 模块里面,ILI9341 的 D0 和 D12 压根就没有引出来,这样,ILI9341 的 D17～D13 和 D11～D1 对应 MCU 的 D15～D0。

9341 总线	D17	D16	D15	D14	D13	D12	D11	D10	D9	D8	D7	D6	D5	D4	D3	D2	D1	D0
MCU 数据 (16 位)	D15	D14	D13	D12	D11	NC	D10	D9	D8	D7	D6	D5	D4	D3	D2	D1	D0	NC
LCD GRAM (16 位)	R[4]	R[3]	R[2]	R[1]	R[0]	NC	G[5]	G[4]	G[3]	G[2]	G[1]	G[0]	B[4]	B[3]	B[2]	B[1]	B[0]	NC

图 15.4　16 位数据与显存对应关系图

这样 MCU 的 16 位数据,最低 5 位代表蓝色,中间 6 位为绿色,最高 5 位为红色。数值越大,表示该颜色越深。另外,特别注意 ILI9341 所有的指令都是 8 位的(高 8 位无效),且参数除了读/写 GRAM 的时候是 16 位,其他操作参数都是 8 位的,这个和

ILI9320 等驱动器不一样,必须加以注意。

接下来介绍一下 ILI9341 的几个重要命令,其他的可以找到 ILI9341 的 datasheet 看看。这里介绍:0XD3、0X36、0X2A、0X2B、0X2C、0X2E 这 6 条指令。

首先来看指令 0XD3,这个是读 ID4 指令,用于读取 LCD 控制器的 ID,该指令如表 15.1 所列。可以看出,0XD3 指令后面跟了 4 个参数,最后 2 个参数读出来是 0X93 和 0X41,刚好是我们控制器 ILI9341 的数字部分。于是,通过该指令即可判别所用的 LCD 驱动器是什么型号,这样,我们的代码就可以根据控制器的型号去执行对应驱动 IC 的初始化代码,从而兼容不同驱动 IC 的屏,使得一个代码支持多款 LCD。

表 15.1　0XD3 指令描述

顺　序	控　制			各位描述										HEX
	RS	RD	WR	D15~D8	D7	D6	D5	D4	D3	D2	D1	D0		
指令	0	1	↑	XX	1	1	0	1	0	0	1	1		D3H
参数 1	1	↑	1	XX	X	X	X	X	X	X	X	X		X
参数 2	1	↑	1	XX	0	0	0	0	0	0	0	0		00H
参数 3	1	↑	1	XX	1	0	0	1	0	0	1	1		93H
参数 4	1	↑	1	XX	0	1	0	0	0	0	0	1		41H

接下来看指令 0X36,这是存储访问控制指令,可以控制 ILI9341 存储器的读/写方向。简单说,就是在连续写 GRAM 的时候,可以控制 GRAM 指针的增长方向,从而控制显示方式(读 GRAM 也是一样)。该指令如表 15.2 所列。可以看出,0X36 指令后面紧跟一个参数,这里主要关注 MY、MX、MV 这 3 个位,通过这 3 个位的设置可以控制整个 ILI9341 的全部扫描方向,如表 15.3 所列。

表 15.2　0X36 指令描述

顺　序	控　制			各位描述									HEX
	RS	RD	WR	D15~D8	D7	D6	D5	D4	D3	D2	D1	D0	
指令	0	1	↑	XX	0	0	1	1	0	1	1	0	36H
参数	1	1	↑	XX	MY	MX	MV	ML	BGR	MH	0	0	0

表 15.3　MY、MX、MV 设置与 LCD 扫描方向关系表

控制位			效果 LCD 扫描方向(GRAM 自增方式)
MY	MX	MV	
0	0	0	从左到右,从上到下
1	0	0	从左到右,从下到上
0	1	0	从右到左,从上到下
1	1	0	从右到左,从下到上

续表 15.3

控制位			效果 LCD 扫描方向（GRAM 自增方式）
MY	MX	MV	
0	0	1	从上到下，从左到右
0	1	1	从上到下，从右到左
1	0	1	从下到上，从左到右
1	1	1	从下到上，从右到左

这样，我们在利用 ILI9341 显示内容的时候就有很大灵活性了，比如显示 BMP 图片、BMP 解码数据，就是从图片的左下角开始，慢慢显示到右上角，如果设置 LCD 扫描方向为从左到右、从下到上，那么只需要设置一次坐标，然后就不停地往 LCD 填充颜色数据即可，这样可以大大提高显示速度。

接下来看指令：0X2A，这是列地址设置指令，在从左到右、从上到下的扫描方式（默认）下面，该指令用于设置横坐标（x 坐标），该指令如表 15.4 所列。

表 15.4　0X2A 指令描述

顺　序	控　制			各位描述									HEX
	RS	RD	WR	D15～D8	D7	D6	D5	D4	D3	D2	D1	D0	
指令	0	1	↑	XX	0	0	1	0	1	0	1	0	2AH
参数 1	1	1	↑	XX	SC15	SC14	SC13	SC12	SC11	SC10	SC9	SC8	SC
参数 2	1	1	↑	XX	SC7	SC6	SC5	SC4	SC3	SC2	SC1	SC0	
参数 3	1	1	↑	XX	EC15	EC14	EC13	EC12	EC11	EC10	EC9	EC8	EC
参数 4	1	1	↑	XX	EC7	EC6	EC5	EC4	EC3	EC2	EC1	EC0	

在默认扫描方式时，该指令用于设置 x 坐标。该指令带有 4 个参数，实际上是 2 个坐标值 SC 和 EC，即列地址的起始值和结束值，SC 必须小于等于 EC，且 $0 \leqslant SC/EC \leqslant 239$。一般在设置 x 坐标的时候，我们只需要带 2 个参数，也就是设置 SC 即可，因为如果 EC 没有变化，我们只需要设置一次（在初始化 ILI9341 的时候设置），从而提高速度。

与 0X2A 指令类似，指令 0X2B 是页地址设置指令，在从左到右、从上到下的扫描方式（默认）下面，该指令用于设置纵坐标（y 坐标）。该指令如表 15.5 所列。

表 15.5　0X2B 指令描述

顺　序	控　制			各位描述									HEX
	RS	RD	WR	D15～D8	D7	D6	D5	D4	D3	D2	D1	D0	
指令	0	1	↑	XX	0	0	1	0	1	0	1	0	2BH
参数 1	1	1	↑	XX	SP15	SP14	SP13	SP12	SP11	SP10	SP9	SP8	SP
参数 2	1	1	↑	XX	SP7	SP6	SP5	SP4	SP3	SP2	SP1	SP0	

续表 15.5

顺 序	控 制			各位描述									HEX
	RS	RD	WR	D15~D8	D7	D6	D5	D4	D3	D2	D1	D0	
参数 3	1	1	↑	XX	EP15	EP14	EP13	EP12	EP11	EP10	EP9	EP8	EP
参数 4	1	1	↑	XX	EP7	EP6	EP5	EP4	EP3	EP2	EP1	EP0	

在默认扫描方式时,该指令用于设置 y 坐标。该指令带有 4 个参数,实际上是 2 个坐标值 SP 和 EP,即页地址的起始值和结束值,SP 必须小于等于 EP,且 $0 \leqslant SP/EP \leqslant 319$。一般在设置 y 坐标的时候,我们只需要带 2 个参数,也就是设置 SP 即可,因为如果 EP 没有变化,我们只需要设置一次即可(在初始化 ILI9341 的时候设置),从而提高速度。

接下来看指令 0X2C,该指令是写 GRAM 指令。在发送该指令之后,我们便可以往 LCD 的 GRAM 里面写入颜色数据了,该指令支持连续写,指令描述如表 15.6 所列。

可知,在收到指令 0X2C 之后,数据有效位宽变为 16 位,我们可以连续写入 LCD GRAM 值,而 GRAM 的地址将根据 MY/MX/MV 设置的扫描方向进行自增。例如:假设设置的是从左到右、从上到下的扫描方式,那么设置好起始坐标(通过 SC、SP 设置)后,每写入一个颜色值,GRAM 地址将会自动自增 1(SC++);如果碰到 EC,则回到 SC,同时 SP++,一直到坐标 EC、EP 结束,其间无需再次设置的坐标,从而大大提高写入速度。

表 15.6 0X2C 指令描述

顺 序	控 制			各位描述									HEX
	RS	RD	WR	D15~D8	D7	D6	D5	D4	D3	D2	D1	D0	
指令	0	1	↑	XX	0	0	1	0	1	1	0	0	2CH
参数 1	1	1	↑	D1[15:0]									XX
……	1	1	↑	D2[15:0]									XX
参数 n	1	1	↑	Dn[15:0]									XX

最后来看看指令:0X2E,该指令是读 GRAM 指令,用于读取 ILI9341 的显存(GRAM)。该指令在 ILI9341 的数据手册上面的描述是有误的,真实的输出情况如表15.7 所列。

表 15.7 0X2E 指令描述

顺 序	控 制			各位描述											HEX
	RS	RD	WR	D15~D11	D10	D9	D8	D7	D6	D5	D4	D3	D2	D1	D0	
指令	0	1	↑	XX				0	0	1	0	1	1	1	0	2EH
参数 1	1	↑	1	XX												dummy
参数 2	1	↑	1	R1[4:0]	XX			G1[5:0]						XX		R1G1

续表 15.7

顺　序	控　制			各位描述												HEX
	RS	RD	WR	D15~D11	D10	D9	D8	D7	D6	D5	D4	D3	D2	D1	D0	
参数 3	1	↑	1	B1[4:0]	XX			R2[4:0]					XX			B1R2
参数 4	1	↑	1	G2[5:0]		XX		B2[4:0]					XX			G2B2
参数 5	1	↑	1	R3[4:0]	XX			G3[5:0]						XX		R3G3
参数 N	1	↑	1	按以上规律输出												

该指令用于读取 GRAM,如表 15.7 所列。ILI9341 在收到该指令后,第一次输出的是 dummy 数据,也就是无效的数据,第二次开始读取到的才是有效的 GRAM 数据(从坐标 SC,SP 开始),输出规律为:每个颜色分量占 8 个位,一次输出 2 个颜色分量。比如:第一次输出是 R1G1,随后的规律为 B1R2→G2B2→R3G3→B3R4→G4B4→R5G5…依此类推。如果只需要读取一个点的颜色值,那么只需要接收到参数 3 即可;如果要连续读取(利用 GRAM 地址自增,方法同上),那么就按照上述规律去接收颜色数据。

以上就是操作 ILI9341 常用的几个指令,通过这几个指令便可以很好地控制 ILI9341 显示我们所要显示的内容了。

一般 TFTLCD 模块的使用流程如图 15.5 所示。任何 LCD 使用流程都可以简单地用该流程图表示。其中,硬复位和初始化序列只需要执行一次即可。而画点流程就是:设置坐标→写 GRAM 指令→写入颜色数据,然后在 LCD 上面就可以看到对应的点显示我们写入的颜色了。读点流程为:设置坐标→读 GRAM 指令→读取颜色数据,这样就可以获取到对应点的颜色数据了。

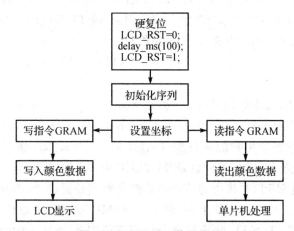

图 15.5　TFTLCD 使用流程

以上只是最简单的操作,也是最常用的操作,有了这些操作,一般就可以正常使用 TFTLCD 了。接下来将该模块用来显示字符和数字,通过以上介绍,我们可以得出 TFTLCD 显示需要的相关设置步骤如下:

① 设置 STM32F4 与 TFTLCD 模块相连接的 I/O。

这一步先将我们与 TFTLCD 模块相连的 I/O 口进行初始化,以便驱动 LCD。这里用到的是 FSMC,FSMC 将在 15.1.2 小节详细介绍。

② 初始化 TFTLCD 模块。

即图 15.5 的初始化序列,这里没有硬复位 LCD,因为探索者 STM32F4 开发板的 LCD 接口将 TFTLCD 的 RST 同 STM32F4 的 RESET 连接在一起了,只要按下开发板的 RESET 键,就会对 LCD 进行硬复位。初始化序列就是向 LCD 控制器写入一系列的设置值(比如伽马校准),这些初始化序列一般 LCD 供应商会提供给客户,我们直接使用这些序列即可,不需要深入研究。在初始化之后,LCD 才可以正常使用。

③ 通过函数将字符和数字显示到 TFTLCD 模块上。

这一步通过图 15.5 左侧的流程(即设置坐标→写 GRAM 指令→写 GRAM)来实现。但是这个步骤,只是一个点的处理,要显示字符、数字,就必须多次使用这个步骤,从而达到显示字符、数字的目的,所以需要设计一个函数来实现数字、字符的显示,之后调用该函数,就可以实现数字、字符的显示了。

15.1.2 FSMC 简介

STM32F407 或 STM32F417 系列芯片都带有 FSMC 接口,ALIENTEK 探索者 STM32F4 开发板的主芯片为 STM32F407ZGT6,是带有 FSMC 接口的。

FSMC(即灵活的静态存储控制器)能够与同步或异步存储器和 16 位 PC 存储器卡连接,STM32F4 的 FSMC 接口支持包括 SRAM、NAND FLASH、NOR FLASH 和 PSRAM 等存储器。框图如图 15.6 所示。可以看出,STM32F4 的 FSMC 将外部设备分为 2 类:NOR/PSRAM 设备、NAND/PC 卡设备。它们共用地址数据总线等信号,具有不同的 CS 以区分不同的设备,比如本章用到的 TFTLCD 就是用的 FSMC_NE4 做片选,其实就是将 TFTLCD 当成 SRAM 来控制。

这里介绍为什么可以把 TFTLCD 当成 SRAM 设备用:首先了解一下外部 SRAM 的连接,外部 SRAM 的控制一般有地址线(如 A0~A18)、数据线(如 D0~D15)、写信号(WE)、读信号(OE)、片选信号(CS),如果 SRAM 支持字节控制,那么还有 UB/LB 信号。而 TFTLCD 的信号包括 RS、D0~D15、WR、RD、CS、RST 和 BL 等,其中真正在操作 LCD 的时候需要用到的就只有 RS、D0~D15、WR、RD 和 CS。其操作时序和 SRAM 的控制完全类似,唯一不同就是 TFTLCD 有 RS 信号,但是没有地址信号。

TFTLCD 通过 RS 信号来决定传送的数据是数据还是命令,本质上可以理解为一个地址信号,比如把 RS 接在 A0 上面,那么当 FSMC 控制器写地址 0 的时候,会使得 A0 变为 0,对 TFTLCD 来说,就是写命令。而 FSMC 写地址 1 的时候,A0 将会变为 1,对 TFTLCD 来说,就是写数据了。这样,就把数据和命令区分开了,它们其实就是对应 SRAM 操作的两个连续地址。当然,RS 也可以接在其他地址线上,探索者 STM32F4 开发板是把 RS 连接在 A6 上面的。

STM32F4 的 FSMC 支持 8/16/32 位数据宽度,这里用到的 LCD 是 16 位宽度的,

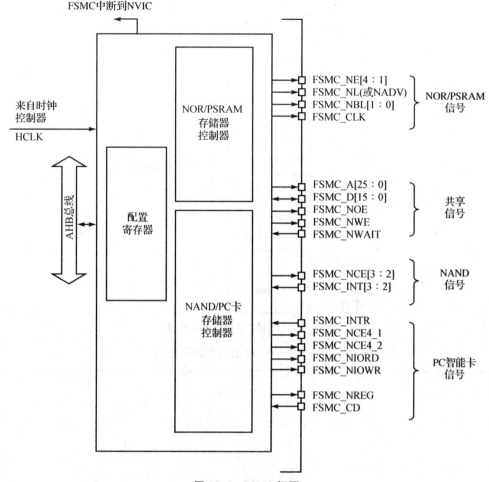

图 15.6　FSMC 框图

所以在设置的时候选择 16 位宽就可以了。再来看看 FSMC 的外部设备地址映像，STM32F4 的 FSMC 将外部存储器划分为固定大小为 256 MB 的 4 个存储块，如图 15.7 所示。可以看出，FSMC 总共管理 1 GB 空间，拥有 4 个存储块（Bank），本章用到的是块 1，所以本章仅讨论块 1 的相关配置，其他块的配置请参考《STM32F4xx 中文参考手册》第 32 章（1191 页）的相关介绍。

　　STM32F4 的 FSMC 存储块 1（Bank1）被分为 4 个区，每个区管理 64 MB 空间，每个区都有独立的寄存器对所连接的存储器进行配置。Bank1 的 256 MB 空间由 28 根地址线（HADDR[27：0]）寻址。

　　这里，HADDR 是内部 AHB 地址总线，其中 HADDR[25：0]来自外部存储器地址 FSMC_A[25：0]，而 HADDR[26：27]对 4 个区进行寻址，如表 15.7 所列。表中，我们要特别注意 HADDR[25：0]的对应关系：当 Bank1 接的是 16 位宽度存储器的时候：HADDR[25：1]→FSMC[24：0]；当 Bank1 接的是 8 位宽度存储器的时候：HADDR[25：0]→FSMC[25：0]。

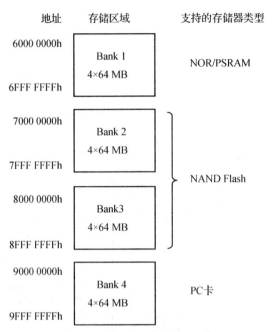

图 15.7   FSMC 存储块地址映像

表 15.7   Bank1 存储区选择表

Bank1 所选区	片选信号	地址范围	HADDR [27：26]	HADDR [25：0]
第 1 区	FSMC_NE1	0X6000 0000～63FF FFFF	00	FSMC_A[25：0]
第 2 区	FSMC_NE2	0X6400 0000～67FF FFFF	01	
第 3 区	FSMC_NE3	0X6800 0000～6BFF FFFF	10	
第 4 区	FSMC_NE4	0X6C00 0000～6FFF FFFF	11	

不论外部接 8 位/16 位宽设备,FSMC_A[0]永远接在外部设备地址 A[0]。这里,TFTLCD 使用的是 16 位数据宽度,所以 HADDR[0]并没有用到,只有 HADDR[25：1]是有效的,对应关系变为 HADDR[25：1]→FSMC[24：0],相当于右移了一位,这里要特别留意。另外,HADDR[27：26]的设置是不需要我们干预的,比如:当选择使用 Bank1 的第三个区,即使用 FSMC_NE3 来连接外部设备的时候,即对应了 HADDR[27：26]＝10,我们要做的就是配置对应第 3 区的寄存器组来适应外部设备即可。STM32F4 的 FSMC 各 Bank 配置寄存器如表 15.8 所列。

表 15.8   FSMC 各 Bank 配置寄存器表

内部控制器	存储块	管理的地址范围	支持的设备类型	配置寄存器
NOR FLASH 控制器	Bank1	0X6000 0000～0X6FFF FFFF	SRAM/ROM NOR FLASH PSRAM	FSMC_BCR1/2/3/4 FSMC_BTR1/2/2/3 FSMC_BWTR1/2/3/4

续表 15.8

内部控制器	存储块	管理的地址范围	支持的设备类型	配置寄存器
NAND FLASH /PC CARD 控制器	Bank2	0X7000 0000～ 0X7FFF FFFF	NAND FLASH	FSMC_PCR2/3/4 FSMC_SR2/3/4
	Bank3	0X8000 0000～ 0X8FFF FFFF		FSMC_PMEM2/3/4 FSMC_PATT2/3/4
	Bank4	0X9000 0000～ 0X9FFF FFFF	PC Card	FSMC_PIO4 FSMC_ECCR2/3

对于 NOR FLASH 控制器,主要是通过 FSMC_BCRx、FSMC_BTRx 和 FSMC_BWTRx 寄存器设置(其中 x＝1～4,对应 4 个区)。通过这 3 个寄存器可以设置 FSMC 访问外部存储器的时序参数,拓宽了可选用的外部存储器的速度范围。FSMC 的 NOR FLASH 控制器支持同步和异步突发两种访问方式。选用同步突发访问方式时,FSMC 将 HCLK(系统时钟)分频后,发送给外部存储器作为同步时钟信号 FSMC_CLK。此时需要的设置的时间参数有 2 个:

① HCLK 与 FSMC_CLK 的分频系数(CLKDIV),可以为 2～16 分频;

② 同步突发访问中获得第一个数据所需要的等待延迟(DATLAT)。

对于异步突发访问方式,FSMC 主要设置 3 个时间参数:地址建立时间(ADDSET)、数据建立时间(DATAST)和地址保持时间(ADDHLD)。FSMC 综合了 SRAM/ROM、PSRAM 和 NOR Flash 产品的信号特点,定义了 4 种不同的异步时序模型。选用不同的时序模型时,需要设置不同的时序参数,如表 15.9 所列。

表 15.9　NOR FLASH 控制器支持的时序模型

时序模型		简单描述	时间参数
异步	Mode1	SRAM/CRAM 时序	DATAST、ADDSET
	ModeA	SRAM/CRAM OE 选通型时序	DATAST、ADDSET
	Mode2/B	NOR FLASH 时序	DATAST、ADDSET
	ModeC	NOR FLASH OE 选通型时序	DATAST、ADDSET
	ModeD	延长地址保持时间的异步时序	DATAST、ADDSET、ADDHLK
同步突发		根据同步时钟 FSMC_CK 读取多个顺序单元的数据	CLKDIV、DATLAT

在实际扩展时,根据选用存储器的特征确定时序模型,从而确定各时间参数与存储器读/写周期参数指标之间的计算关系;利用该计算关系和存储芯片数据手册中给定的参数指标,可计算出 FSMC 所需要的各时间参数,从而对时间参数寄存器进行合理的配置。

本章使用异步模式 A(ModeA)方式来控制 TFTLCD,模式 A 的读操作时序如图15.8 所示。

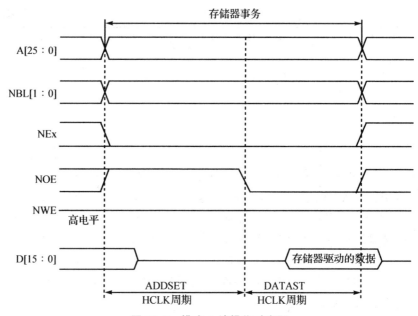

图 15.8　模式 A 读操作时序图

模式 A 支持独立的读/写时序控制,这个对我们驱动 TFTLCD 来说非常有用,因为 TFTLCD 在读的时候一般比较慢,而在写的时候可以比较快。如果读/写用一样的时序,那么只能以读的时序为基准,从而导致写的速度变慢,或者在读数据的时候,重新配置 FSMC 的延时,在读操作完成的时候,再配置回写的时序,这样虽然也不会降低写的速度,但是频繁配置比较麻烦。而如果有独立的读/写时序控制,那么只要初始化的时候配置好,之后就不用再配置,既可以满足速度要求,又不需要频繁改配置。模式 A 的写操作时序如图 15.9 所示。

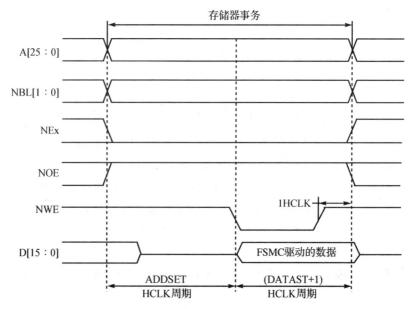

图 15.9　模式 A 写操作时序

图 15.8 和图 15.9 中的 ADDSET 与 DATAST 是通过不同的寄存器设置的,接下来讲解 Bank1 的几个控制寄存器。

首先介绍 SRAM/NOR 闪存片选控制寄存器:FSMC_BCRx(x=1~4),该寄存器各位描述如图 15.10 所示。该寄存器在本章用到的设置有:EXTMOD、WREN、MWID、MTYP 和 MBKEN,我们将逐个介绍。

31 30 29 28 27 26 25 24 23 22 21 20	19	18 17 16	15	14	13	12	11	10	9	8	7	6	5 4	3 2	1	0
Reserved	CBURSTRW	Reserved	ASCYCWAIT	EXTMOD	WAITEN	WREN	WAITCFG	WRAPMOD	WAITPOL	BURSTEN	Reserved	FACCEN	MWID	MTYP	MUXEN	MBKEN
	rw		rw	rw	rw	rw	rw	rw	rw	rw		rw	rw	rw	rw	rw

图 15.10　FSMC_BCRx 寄存器各位描述

EXTMOD:扩展模式使能位,也就是是否允许读/写不同的时序,很明显,本章需要读/写不同的时序,故该位需要设置为 1。

WREN:写使能位。我们需要向 TFTLCD 写数据,故该位必须设置为 1。

MWID[1:0]:存储器数据总线宽度。00,表示 8 位数据模式;01 表示 16 位数据模式;10 和 11 保留。我们的 TFTLCD 是 16 位数据线,所以设置 WMID[1:0]=01。

MTYP[1:0]:存储器类型。00 表示 SRAM、ROM;01 表示 PSRAM;10 表示 NOR FLASH;11 保留。前面提到,我们把 TFTLCD 当成 SRAM 用,所以需要设置 MTYP[1:0]=00。

MBKEN:存储块使能位。这个容易理解,我们需要用到该存储块控制 TFTLCD,当然要使能这个存储块了。

接下来看看 SRAM/NOR 闪存片选时序寄存器:FSMC_BTRx(x=1~4),该寄存器各位描述如图 15.11 所示。这个寄存器包含了每个存储器块的控制信息,可以用于 SRAM、ROM 和 NOR 闪存存储器。如果 FSMC_BCRx 寄存器中设置了 EXTMOD 位,则有两个时序寄存器分别对应读(本寄存器)和写操作(FSMC_BWTRx 寄存器)。因为我们要求读/写分开时序控制,所以 EXTMOD 是使能了的,也就是本寄存器是读操作时序寄存器,控制读操作的相关时序。本章要用到的设置有 ACCMOD、DATAST 和 ADDSET 这 3 个设置。

31 30	29 28	27 26 25 24	23 22 21 20	19 18 17 16	15 14 13 12 11 10 9 8	7 6 5 4	3 2 1 0
Reserved	ACCMOD	DATLAT	CLKDIV	BUSTURN	DATAST	ADDHLD	ADDSET
rw rw	rw rw	rw rw rw rw	rw rw rw rw	rw rw rw rw	rw rw rw rw rw rw rw rw	rw rw rw rw	rw rw rw rw

图 15.11　FSMC_BTRx 寄存器各位描述

ACCMOD[1:0]:访问模式。00 表示访问模式 A;01 表示访问模式 B;10 表示访问模式 C;11 表示访问模式 D,本章用到模式 A,故设置为 00。

DATAST[7:0]:数据保持时间。0 为保留设置,其他设置则代表保持时间为 DATAST 个 HCLK 时钟周期,最大为 255 个 HCLK 周期。对 ILI9341 来说,其实就是 RD 低电平持续时间,一般为 355 ns。而一个 HCLK 时钟周期为 6 ns 左右(1/168 MHz),为了兼容其他屏,这里设置 DATAST 为 60,也就是 60 个 HCLK 周期,时间大约是 360 ns。

ADDSET[3：0]:地址建立时间。其建立时间为:ADDSET 个 HCLK 周期,最大为 15 个 HCLK 周期。对 ILI9341 来说,这里相当于 RD 高电平持续时间,为 90 ns,我们设置 ADDSET 为 15,即 $15 \times 6 = 90$ ns。

最后再来看看 SRAM/NOR 闪写时序寄存器:FSMC_BWTRx(x=1～4),该寄存器各位描述如图 15.12 所示。

31	30	29	28	27	26	25	24	23	22	21	20	19	18	17	16	15	14	13	12	11	10	9	8	7	6	5	4	3	2	1	0
Res.		ACCMOD		DATLAT				CLKDIV				BUSTURN				DATAST								ADHLD				ADDSET			
		rw	rw	rw	rw	rw	rw	rw	rw	rw	rw	rw	rw	rw	rw	rw	rw	rw	rw	rw	rw	rw	rw	rw	rw	rw	rw	rw	rw	rw	rw

图 15.12　FSMC_BWTRx 寄存器各位描述

该寄存器在本章用作写操作时序控制寄存器,需要用到的设置同样是 ACCMOD、DATAST 和 ADDSET 这 3 个设置。这 3 个设置的方法同 FSMC_BTRx 一模一样,只是这里对应的是写操作的时序,ACCMOD 设置同 FSMC_BTRx 一模一样,同样是选择模式 A。另外 DATAST 和 ADDSET 则对应低电平和高电平持续时间,对 ILI9341 来说,这两个时间只需要 15 ns 就够了,比读操作快得多。所以这里设置 DATAST 为 2,即 3 个 HCLK 周期,时间约为 18 ns。然后 ADDSET 设置为 3,即 3 个 HCLK 周期,时间为 18 ns。

至此,对 STM32F4 的 FSMC 介绍就差不多了,通过以上两个小节的了解,我们可以开始写 LCD 的驱动代码了。不过,这里还要说一下,MDK 的寄存器定义里面并没有定义 FSMC_BCRx、FSMC_BTRx、FSMC_BWTRx 等这个单独的寄存器,而是将它们进行了一些组合。

FSMC_BCRx 和 FSMC_BTRx 组合成 BTCR[8]寄存器组,它们的对应关系如下:
➤ BTCR[0]对应 FSMC_BCR1,BTCR[1]对应 FSMC_BTR1;
➤ BTCR[2]对应 FSMC_BCR2,BTCR[3]对应 FSMC_BTR2;
➤ BTCR[4]对应 FSMC_BCR3,BTCR[5]对应 FSMC_BTR3;
➤ BTCR[6]对应 FSMC_BCR4,BTCR[7]对应 FSMC_BTR4。

FSMC_BWTRx 则组合成 BWTR[7],它们的对应关系如下:
➤ BWTR[0]对应 FSMC_BWTR1,BWTR[2]对应 FSMC_BWTR2;
➤ BWTR[4]对应 FSMC_BWTR3,BWTR[6]对应 FSMC_BWTR4;
➤ BWTR[1]、BWTR[3]和 BWTR[5]保留,没有用到。

15.2　硬件设计

本实验用到的硬件资源有:指示灯 DS0、TFTLCD 模块。TFTLCD 模块的电路如图 15.2 所示,这里介绍 TFTLCD 模块与 ALIETEK 探索者 STM32F4 开发板的连接。

探索者 STM32F4 开发板底板的 LCD 接口和 ALIENTEK TFTLCD 模块直接可以对插,连接关系如图 15.13 所示。图中圈出来的部分就是连接 TFTLCD 模块的接口,液晶模块直接插上去即可。

在硬件上,TFTLCD 模块与探索者 STM32F4 开发板的 I/O 口对应关系如下:LCD_BL(背光控制)对应 PB0;LCD_CS 对应 PG12 即 FSMC_NE4;LCD_RS 对应 PF12 即 FSMC_A6;LCD_WR 对应 PD5 即 FSMC_NWE;LCD_RD 对应 PD4 即 FSMC_NOE;LCD_D[15：0]则直接连接在 FSMC_D15～FSMC_D0。

图 15.13　TFTLCD 与开发板连接示意图

探索者 STM32F4 开发板的内部已经将这些线连接好了,我们只需要将 TFTLCD 模块插上去就好了。实物连接(4.3 寸 TFTLCD 模块)如图 15.14 所示。

图 15.14　TFTLCD 与开发板连接实物图

15.3　软件设计

软件设计依旧在之前的工程上面增加,去掉没用到的.c 文件(注意,此时 HARDWARE 组仅剩 led.c),然后在 HARDWARE 文件夹下新建一个 LCD 的文件夹。然后打开 USER 文件夹下的工程,新建一个 ILI93xx.c 的文件和 lcd.h 的头文件,保存在 LCD 文件夹下,并将 LCD 文件夹加入头文件包含路径。

在 ILI93xx.c 里面要输入的代码比较多,这里就不贴出来了,只针对几个重要的函数进行讲解。完整版的代码见本书配套资料:4,程序源码→标准例程-寄存器版本→实验 13 TFTLCD 显示实验的 ILI93xx.c 文件。

本实验用 FSMC 驱动 LCD,通过前面的介绍可知道,TFTLCD 的 RS 接在 FSMC 的 A6 上面,CS 接在 FSMC_NE4 上,并且是 16 位数据总线。即我们使用的是 FSMC

存储器 1 的第 4 区,我们定义如下 LCD 操作结构体(在 lcd. h 里面定义):

```
//LCD 操作结构体
typedef struct
{
    u16 LCD_REG;
    u16 LCD_RAM;
} LCD_TypeDef;
//使用 NOR/SRAM 的 Bank1.sector4,地址位 HADDR[27,26] = 11 A6 作为数据命令区分线
//注意 16 位数据总线时,STM32 内部地址会右移一位对齐!
#define LCD_BASE        ((u32)(0x6C000000 | 0x0000007E))
#define LCD            ((LCD_TypeDef * ) LCD_BASE)
```

其中,LCD_BASE 必须根据外部电路的连接来确定,我们使用 Bank1. sector4 就是从地址 0X6C000000 开始,而 0X0000007E 则是 A6 的偏移量。很多读者不理解这个偏移量的概念,简单说明:以 A6 为例,7E 转换成二进制就是 1111110,而 16 位数据时,地址右移一位对齐,那么实际对应到地址引脚的时候,就是 A6:A0 = 0111111,此时 A6 是 0,但是如果 16 位地址再加 1(注意:对应到 8 位地址是加 2,即 7E + 0X02),那么 A6:A0 = 1000000,此时 A6 就是 1 了,即实现了对 RS 的 0 和 1 的控制,其他地址线用同样的方法去设计即可。

将这个地址强制转换为 LCD_TypeDef 结构体地址,那么可以得到 LCD→LCD_REG 的地址就是 0X6C00,007E,对应 A6 的状态为 0(即 RS = 0),而 LCD→LCD_RAM 的地址就是 0X6C00,0080(结构体地址自增),对应 A6 的状态为 1(即 RS = 1)。

所以,有了这个定义,当我们要往 LCD 写命令/数据的时候,可以这样写:

```
LCD - >LCD_REG = CMD;        //写命令
LCD - >LCD_RAM = DATA;       //写数据
```

而读的时候反过来操作就可以了,如下所示:

```
CMD = LCD - >LCD_REG;        //读 LCD 寄存器
DATA = LCD - >LCD_RAM;       //读 LCD 数据
```

其中,CS、WR、RD 和 I/O 口方向都是由 FSMC 控制,不需要手动设置了。接下来,先介绍一下 lcd. h 里面的另一个重要结构体:

```
//LCD 重要参数集
typedef struct
{
    u16 width;           //LCD 宽度
    u16 height;          //LCD 高度
    u16 id;              //LCD ID
    u8  dir;             //横屏还是竖屏控制:0,竖屏;1,横屏
    u16   wramcmd;       //开始写 gram 指令
    u16   setxcmd;       //设置 x 坐标指令
    u16   setycmd;       //设置 y 坐标指令
}_lcd_dev;
//LCD 参数
extern _lcd_dev lcddev;     //管理 LCD 重要参数
```

该结构体用于保存一些 LCD 重要参数信息,比如 LCD 的长宽、LCD ID(驱动 IC

型号)、LCD 横竖屏状态等,这个结构体虽然占用了十几个字节的内存,但是却可以让我们的驱动函数支持不同尺寸的 LCD,同时可以实现 LCD 横竖屏切换等重要功能,所以还是利大于弊的。有了以上了解,下面开始介绍 ILI93xx. c 里面的一些重要函数。

先看 7 个简单,但是很重要的函数:

```
//写寄存器函数;regval:寄存器值
void LCD_WR_REG(vu16 regval)
{
    regval = regval;                    //使用 - O2 优化的时候,必须插入的延时
    LCD - >LCD_REG = regval;            //写入要写的寄存器序号
}
//写 LCD 数据;data:要写入的值
void LCD_WR_DATA(vu16 data)
{
    data = data;                        //使用 - O2 优化的时候,必须插入的延时
    LCD - >LCD_RAM = data;
}
//读 LCD 数据;返回值:读到的值
u16 LCD_RD_DATA(void)
{
    vu16 ram;                           //防止被优化
    ram = LCD - >LCD_RAM;
    return ram;
}
//写寄存器;LCD_Reg:寄存器地址;LCD_RegValue:要写入的数据
void LCD_WriteReg(vu16 LCD_Reg, vu16 LCD_RegValue)
{
    LCD - >LCD_REG = LCD_Reg;           //写入要写的寄存器序号
    LCD - >LCD_RAM = LCD_RegValue;      //写入数据
}
//读寄存器;LCD_Reg:寄存器地址;返回值:读到的数据
u16 LCD_ReadReg(vu16 LCD_Reg)
{
    LCD_WR_REG(LCD_Reg);                //写入要读的寄存器序号
    delay_us(5);
    return LCD_RD_DATA();               //返回读到的值
}
//开始写 GRAM
void LCD_WriteRAM_Prepare(void)
{
    LCD - >LCD_REG = lcddev.wramcmd;
}
//LCD 写 GRAM;RGB_Code:颜色值
void LCD_WriteRAM(u16 RGB_Code)
{
    LCD - >LCD_RAM = RGB_Code;//写 16 位 GRAM
}
```

因为 FSMC 自动控制了 WR、RD、CS 等这些信号,所以这 7 个函数实现起来都非常简单,我们就不多说。注意,上面有几个函数,我们添加了一些对 MDK - O2 优化的

支持,去掉的话,在-O2优化的时候会出问题。这些函数实现功能见函数前面的备注,通过这几个简单函数的组合,我们就可以对LCD进行各种操作了。

第七个要介绍的函数是坐标设置函数,该函数代码如下:

```
//设置光标位置
//Xpos:横坐标;Ypos:纵坐标
void LCD_SetCursor(u16 Xpos, u16 Ypos)
{
    if(lcddev.id == 0X9341||lcddev.id == 0X5310)
    {
        LCD_WR_REG(lcddev.setxcmd);
        LCD_WR_DATA(Xpos>>8);
        LCD_WR_DATA(Xpos&0XFF);
        LCD_WR_REG(lcddev.setycmd);
        LCD_WR_DATA(Ypos>>8);
        LCD_WR_DATA(Ypos&0XFF);
    }else if(lcddev.id == 0X6804)
    {
        if(lcddev.dir == 1)Xpos = lcddev.width-1-Xpos;//横屏时处理
        LCD_WR_REG(lcddev.setxcmd);
        LCD_WR_DATA(Xpos>>8);
        LCD_WR_DATA(Xpos&0XFF);
        LCD_WR_REG(lcddev.setycmd);
        LCD_WR_DATA(Ypos>>8);
        LCD_WR_DATA(Ypos&0XFF);
    }else if(lcddev.id == 0X5510)
    {
        LCD_WR_REG(lcddev.setxcmd);
        LCD_WR_DATA(Xpos>>8);
        LCD_WR_REG(lcddev.setxcmd+1);
        LCD_WR_DATA(Xpos&0XFF);
        LCD_WR_REG(lcddev.setycmd);
        LCD_WR_DATA(Ypos>>8);
        LCD_WR_REG(lcddev.setycmd+1);
        LCD_WR_DATA(Ypos&0XFF);
    }else
    {
        if(lcddev.dir == 1)Xpos = lcddev.width-1-Xpos;//横屏其实就是调转x,y坐标
        LCD_WriteReg(lcddev.setxcmd, Xpos);
        LCD_WriteReg(lcddev.setycmd, Ypos);
    }
}
```

该函数实现将LCD的当前操作点设置到指定坐标(x,y)。因为9341、5310、6804、5510等的设置同其他屏有些不太一样,所以进行了区别对待。

接下来介绍第八个函数:画点函数。该函数实现代码如下:

```
//画点
//x,y:坐标;POINT_COLOR:此点的颜色
void LCD_DrawPoint(u16 x,u16 y)
{
```

```
    LCD_SetCursor(x,y);              //设置光标位置
    LCD_WriteRAM_Prepare();          //开始写入 GRAM
    LCD->LCD_RAM = POINT_COLOR;
}
```

该函数实现比较简单,就是先设置坐标,然后往坐标写颜色。其中,POINT_COL-OR 是我们定义的一个全局变量,用于存放画笔颜色。顺带介绍一下另外一个全局变量:BACK_COLOR,该变量代表 LCD 的背景色。LCD_DrawPoint 函数虽然简单,但是至关重要,其他几乎所有上层函数都是通过调用这个函数实现的。

有了画点,当然还需要有读点的函数,第九个介绍的函数就是读点函数,用于读取LCD 的 GRAM。TFTLCD 模块为彩色的,以 16 位色计算,一款 320×240 的液晶,需要 320×240×2 个字节来存储颜色值,也就是需要 150 KB,这对任何一款单片机来说,都不是一个小数目了。而且在图形叠加的时候,可以先读回原来的值,然后写入新的值,完成叠加后又恢复原来的值。这样在做一些简单菜单的时候是很有用的。这里读取 TFTLCD 模块数据的函数为 LCD_ReadPoint,该函数直接返回读到的 GRAM 值。该函数使用之前要先设置读取的 GRAM 地址,通过 LCD_SetCursor 函数来实现。LCD_ReadPoint 的代码如下:

```
//读取个某点的颜色值
//x,y:坐标;返回值:此点的颜色
u16 LCD_ReadPoint(u16 x,u16 y)
{
    vu16 r = 0,g = 0,b = 0;
    if(x>= lcddev.width||y>= lcddev.height)return 0;      //超过了范围,直接返回
    LCD_SetCursor(x,y);
    if(lcddev.id == 0X9341||lcddev.id == 0X6804||lcddev.id == 0X5310)LCD_WR_REG(0X2E);
    //9341/6804/3510 发送读 GRAM 指令
    else if(lcddev.id == 0X5510)LCD_WR_REG(0X2E00);       //5510 发送读 GRAM 指令
    else LCD_WR_REG(R34);                                 //其他 IC 发送读 GRAM 指令
    if(lcddev.id == 0X9320)opt_delay(2);                  //FOR 9320,延时 2us
     LCD_RD_DATA();                                       //dummy Read
    opt_delay(2);
     r = LCD_RD_DATA();                                   //实际坐标颜色
     if(lcddev.id == 0X9341||lcddev.id == 0X5310||lcddev.id == 0X5510)
    {    //9341/NT35310/NT35510 要分 2 次读出

        opt_delay(2);
        b = LCD_RD_DATA();
        g = r&0XFF;//9341/5310/5510 等,第一次读取的是 RG 的值,R 在前,G 在后,各占 8 位
        g<<= 8;
    }
    if(lcddev.id == 0X9325||lcddev.id == 0X4535||lcddev.id == 0X4531||lcddev.id ==
        0XB505||lcddev.id == 0XC505)return r;             //这几种 IC 直接返回颜色值
    else if(lcddev.id == 0X9341||lcddev.id == 0X5310||lcddev.id == 0X5510)return (((r>
        >11)<<11)|((g>>10)<<5)|(b>>11));
                                        //ILI9341/NT35310/NT35510 需要公式转换一下
    else return LCD_BGR2RGB(r);                           //其他 IC
}
```

在 LCD_ReadPoint 函数中,因为我们的代码不止支持一种 LCD 驱动器,所以根据不同的 LCD 驱动器((lcddev. id)型号执行不同的操作,以实现对各个驱动器兼容,提高函数的通用性。

第十个要介绍的是字符显示函数 LCD_ShowChar。在介绍该函数之前,我们来介绍一下字符(ASCII 字符集)是怎么显示在 TFTLCD 模块上去的。要显示字符,我们先要有字符的点阵数据,ASCII 常用的字符集总共有 95 个,从空格符开始,分别为!"♯ $ %&'() * +,−0123456789:;<=>? @ABCDEFGHIJKLMNOPQRSTUVWXYZ [\]ˆˍˋabcdefghijklmnopqrstuvwxyz{|}~。

我们先要得到这个字符集的点阵数据,这里介绍一款很好的字符提取软件:PC-toLCD2002 完美版。该软件可以提供各种字符,包括汉字(字体和大小都可以自己设置)阵提取,且取模方式可以设置好几种,常用的取模方式该软件都支持。该软件还支持图形模式,也就是用户可以自己定义图片的大小,然后画图,根据所画的图形再生成点阵数据,这功能在制作图标或图片的时候很有用。该软件的界面如图 15.15 所示。然后选择设置,在设置里面设置取模方式如图 15.16 所示。图中设置的取模方式,在右上角的取模说明里面有,即从第一列开始向下每取 8 个点作为一个字节,如果最后不足 8 个点就补满 8 位。取模顺序是从高到低,即第一个点作为最高位。如 * −−−−−−−取为 10000000。其实就是按如图 15.17 所示的这种方式,从上到下,从左到右,高位在前。按这样的取模方式,然后把 ASCII 字符集按 12×6 大小、16×8 和 24×12 大小取模出来(对应汉字大小为 12×12、16×16 和 24×24,字符的只有汉字的一半大),保存在 font. h 里面,每个 12×6 的字符占用 12 个字节,每个 16×8 的字符占用 16 个字节,每个 24×12 的字符占用 36 个字节。具体见 font. h 部分代码(该部分不再这里列出来了,请参考本例程源代码)。

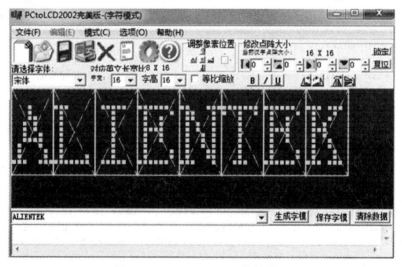

图 15.15　PCtoLCD2002 软件界面

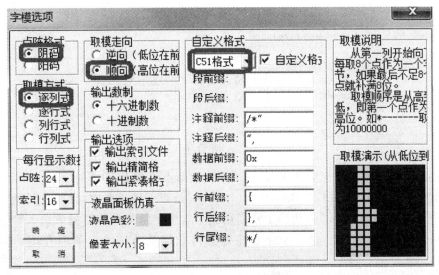

图 15.16　设置取模方式

知道了字符提取的方法，就很容易编写字符显示函数了，这里介绍的字符显示函数 LCD_ShowChar 可以以叠加方式显示或者以非叠加方式显示。叠加方式显示多用于在显示的图片上再显示字符，非叠加方式一般用于普通的显示。该函数实现代码如下：

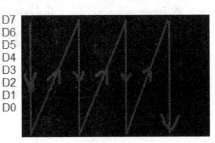

图 15.17　取模方式图解

```
//在指定位置显示一个字符
//x,y:起始坐标;num:要显示的字符:" " -- ->"~"
//size:字体大小 12/16/24;mode:叠加方式(1)还是非叠加方式(0)
void LCD_ShowChar(u16 x,u16 y,u8 num,u8 size,u8 mode)
{
    u8 temp,t1,t;
    u16 y0 = y;
    u8 csize = (size/8 + ((size%8)? 1:0)) * (size/2);//得到字体一个字符对应点阵集
                                                     //所占的字节数
    //设置窗口
    num = num - '';//得到偏移后的值
    for(t = 0;t<csize;t ++ )
    {
        if(size == 12)temp = asc2_1206[num][t];          //调用 1206 字体
        else if(size == 16)temp = asc2_1608[num][t];     //调用 1608 字体
        else if(size == 24)temp = asc2_2412[num][t];     //调用 2412 字体
        else return;                                     //没有的字库
        for(t1 = 0;t1<8;t1 ++ )
        {
            if(temp&0x80)LCD_Fast_DrawPoint(x,y,POINT_COLOR);
            else if(mode == 0)LCD_Fast_DrawPoint(x,y,BACK_COLOR);
            temp<< = 1;
```

```
        y ++ ;
        if(y> = lcddev.height)return;              //超区域了
        if((y - y0) == size)
        {
            y = y0; x ++ ;
            if(x> = lcddev.width)return;        //超区域了
            break;
        }
    }
  }
}
```

在 LCD_ShowChar 函数里面,我们采用快速画点函数 LCD_Fast_DrawPoint 来画点显示字符。该函数同 LCD_DrawPoint 一样,只是带了颜色参数,且减少了函数调用的时间,详见本例程源码。该代码中我们用到了 3 个字符集点阵数据数组 asc2_2412、asc2_1206 和 asc2_1608。这 3 个字符集的点阵数据就是按我们前面介绍的方法制作的。

最后再介绍一下 TFTLCD 模块的初始化函数 LCD_Init,该函数先初始化 STM32 与 TFTLCD 连接的 I/O 口,并配置 FSMC 控制器,然后读取 LCD 控制器的型号,根据控制 IC 的型号执行不同的初始化代码,其简化代码如下:

```
//初始化 lcd
//该初始化函数可以初始化各种型号的 LCD(详见本.c 文件最前面的描述)
void LCD_Init(void)
{
    vu32 i = 0;
    RCC ->AHB1ENR| = 0XF<<3;             //使能 PD,PE,PF,PG 时钟
    RCC ->AHB1ENR| = 1<<1;              //使能 PB 时钟
    RCC ->AHB3ENR| = 1<<0;              //使能 FSMC 时钟
    GPIO_Set(GPIOB,PIN15,GPIO_MODE_OUT,GPIO_OTYPE_PP,GPIO_SPEED_50M,GPIO_PUPD_
            PU);       //PB15 推挽输出,控制背光
    GPIO_Set(GPIOD,(3<<0)|(3<<4)|(7<<8)|(3<<14),GPIO_MODE_AF,GPIO_OTYPE_PP,
            GPIO_SPEED_100M,GPIO_PUPD_PU);       //PD0,1,4,5,8,9,10,14,15 AF OUT
    GPIO_Set(GPIOE,(0X1FF<<7),GPIO_MODE_AF,GPIO_OTYPE_PP,GPIO_SPEED_100
            M,GPIO_PUPD_PU);       //PE7~15,AF OUT
    GPIO_Set(GPIOF,PIN12,GPIO_MODE_AF,GPIO_OTYPE_PP,GPIO_SPEED_100M,
            GPIO_PUPD_PU);       //PF12,FSMC_A6
    GPIO_Set(GPIOG,PIN12,GPIO_MODE_AF,GPIO_OTYPE_PP,GPIO_SPEED_100M,
            GPIO_PUPD_PU);       //PG12,FSMC_NE4
     GPIO_AF_Set(GPIOD,0,12);            //PD0,AF12
        ……//省略部分代码
     GPIO_AF_Set(GPIOG,12,12);       //PG12,AF12
    //寄存器清零
    //bank1 有 NE1~4,每一个有一个 BCR + TCR,所以总共 8 个寄存器
    //这里我们使用 NE1,也就对应 BTCR[0],[1]。
    FSMC_Bank1 ->BTCR[6] = 0X00000000;
    FSMC_Bank1 ->BTCR[7] = 0X00000000;
    FSMC_Bank1E ->BWTR[6] = 0X00000000;
    //操作 BCR 寄存器    使用异步模式
    FSMC_Bank1 ->BTCR[6]| = 1<<12;               //存储器写使能
```

```
FSMC_Bank1->BTCR[6]| = 1<<14;          //读写使用不同的时序
FSMC_Bank1->BTCR[6]| = 1<<4;           //存储器数据宽度为 16 bit
//操作 BTR 寄存器
//读时序控制寄存器
FSMC_Bank1->BTCR[7]| = 0<<28;      //模式 A
FSMC_Bank1->BTCR[7]| = 0XF<<0;
//地址建立时间(ADDSET)为 15 个 HCLK 1/168M = 6ns * 15 = 90 ns
//因为液晶驱动 IC 的读数据的时候,速度不能太快,尤其是个别奇葩芯片
FSMC_Bank1->BTCR[7]| = 60<<8;
//数据保存时间(DATAST)为 60 个 HCLK = 6 * 60 = 360 ns
//写时序控制寄存器
FSMC_Bank1E->BWTR[6]| = 0<<28;      //模式 A
FSMC_Bank1E->BWTR[6]| = 9<<0;       //地址建立时间(ADDSET)为 9 个 HCLK = 54 ns
//9 个 HCLK(HCLK = 168M),某些液晶驱动 IC 的写信号脉宽,最少也得 50 ns
FSMC_Bank1E->BWTR[6]| = 8<<8;       //数据保存时间(DATAST)为 6ns * 9 个 HCLK = 54ns
//使能 BANK1,区域 4
FSMC_Bank1->BTCR[6]| = 1<<0;          //使能 BANK1,区域 1
  lcddev.id = LCD_ReadReg(0x0000);
    if(lcddev.id<0XFF||lcddev.id == 0XFFFF||lcddev.id == 0X9300)
//ID 不正确,新增 0X9300 判断,因为 9341 在未被复位的情况下会被读成 9300
{
    //尝试 9341 ID 的读取
    LCD_WR_REG(0XD3);
    lcddev.id = LCD_RD_DATA();            //dummy read
    lcddev.id = LCD_RD_DATA();            //读到 0X00
    lcddev.id = LCD_RD_DATA();            //读取 93
    lcddev.id<<= 8;
    lcddev.id| = LCD_RD_DATA();           //读取 41
    if(lcddev.id! = 0X9341)               //非 9341,尝试是不是 6804
    {
        LCD_WR_REG(0XBF);
        lcddev.id = LCD_RD_DATA();        //dummy read
        lcddev.id = LCD_RD_DATA();        //读回 0X01
        lcddev.id = LCD_RD_DATA();        //读回 0XD0
        lcddev.id = LCD_RD_DATA();        //这里读回 0X68
        lcddev.id<<= 8;
        lcddev.id| = LCD_RD_DATA();       //这里读回 0X04
        if(lcddev.id! = 0X6804)           //也不是 6804,尝试看看是不是 NT35310
        {
            LCD_WR_REG(0XD4);
            lcddev.id = LCD_RD_DATA();        //dummy read
            lcddev.id = LCD_RD_DATA();        //读回 0X01
            lcddev.id = LCD_RD_DATA();        //读回 0X53
            lcddev.id<<= 8;
            lcddev.id| = LCD_RD_DATA();       //这里读回 0X10
            if(lcddev.id! = 0X5310)           //也不是 NT35310,尝试看看是不是 NT35510
            {
                LCD_WR_REG(0XDA00);
                lcddev.id = LCD_RD_DATA();   //读回 0X00
                LCD_WR_REG(0XDB00);
                lcddev.id = LCD_RD_DATA();   //读回 0X80
```

```
                    lcddev.id<< = 8;
                    LCD_WR_REG(0XDC00);
                    lcddev.id| = LCD_RD_DATA();//读回 0X00
                    if(lcddev.id == 0x8000)lcddev.id = 0x5510;
                    //NT35510 读回的 ID 是 8000H,为方便区分,我们强制设置为 5510
                }
            }
        }
    }
    if(lcddev.id == 0X9341||lcddev.id == 0X5310||lcddev.id == 0X5510)
    {           //如果是这 3 个 IC,则设置 WR 时序为最快
        //重新配置写时序控制寄存器的时序
        FSMC_Bank1E->BWTR[6]& = ~(0XF<<0);      //地址建立时间(ADDSET)清零
        FSMC_Bank1E->BWTR[6]& = ~(0XF<<8);      //数据保存时间清零
        FSMC_Bank1E->BWTR[6]| = 3<<0;           //地址建立时间为 3 个 HCLK = 18 ns
        FSMC_Bank1E->BWTR[6]| = 2<<8;           //数据保存时间为 6ns * 3 个 HCLK = 18 ns
    }else if(lcddev.id == 0X6804||lcddev.id == 0XC505)//6804/C505 速度上不去,得降低
    {
        //重新配置写时序控制寄存器的时序
        FSMC_Bank1E->BWTR[6]& = ~(0XF<<0);      //地址建立时间(ADDSET)清零
        FSMC_Bank1E->BWTR[6]& = ~(0XF<<8);      //数据保存时间清零
        FSMC_Bank1E->BWTR[6]| = 10<<0;          //地址建立时间为 10 个 HCLK = 60 ns
        FSMC_Bank1E->BWTR[6]| = 12<<8;          //数据保存时间为 6ns * 13 个 HCLK = 78 ns
    }
    printf(" LCD ID:% x\r\n",lcddev.id); //打印 LCD ID
    if(lcddev.id == 0X9341)              //9341 初始化
    {
        ……//9341 初始化代码
    }else if(lcddev.id == 0xXXXX)        //其他 LCD 初始化代码
    {
        ……//其他 LCD 驱动 IC,初始化代码
    }
    LCD_Display_Dir(0);                  //默认为竖屏显示
    LCD_LED = 1;                         //点亮背光
    LCD_Clear(WHITE);
}
```

该函数先对 FSMC 相关 I/O 进行初始化,然后是 FSMC 的初始化,这个在前面都有介绍,最后根据读到的 LCD ID 对不同的驱动器执行不同的初始化代码。从上面的代码可以看出,这个初始化函数可以针对多款不同的驱动 IC 执行初始化操作,大大提高了整个程序的通用性。大家应该在以后的学习中多使用这样的方式,以提高程序的通用性、兼容性。

特别注意:本函数使用了 printf 来打印 LCD ID,所以,如果主函数里面没有初始化串口,那么将导致程序死在 printf 里面!如果不想用 printf,那么注释掉它。

保存 ILI93xx.c,并将该代码加入到 HARDWARE 组下。支持 LCD 驱动部分代码介绍就差不多了,lcd.h 的代码这里就不作介绍了,请参考本例程源码。

最后,在 test.c 里面修改 main 函数如下:

```
int main(void)
{
    u8 x = 0;
    u8 lcd_id[12];                    //存放 LCD ID 字符串
    Stm32_Clock_Init(336,8,2,7);//设置时钟,168 MHz
    delay_init(168);                  //延时初始化
    uart_init(84,115200);             //初始化串口波特率为 115200
    LED_Init();                       //初始化 LED
    LCD_Init();
    POINT_COLOR = RED;
    sprintf((char * )lcd_id,"LCD ID:%04X",lcddev.id);//将 LCD ID 打印到 lcd_id 数组
    while(1)
    {
        switch(x)
        {
            case 0:LCD_Clear(WHITE);break;
            ……//省略部分代码
            case 11:LCD_Clear(BROWN);break;
        }
        POINT_COLOR = RED;
        LCD_ShowString(30,40,210,24,24,"Explorer STM32F4");
        LCD_ShowString(30,70,200,16,16,"TFTLCD TEST");
        LCD_ShowString(30,90,200,16,16,"ATOM@ALIENTEK");
        LCD_ShowString(30,110,200,16,16,lcd_id);          //显示 LCD ID
        LCD_ShowString(30,130,200,12,12,"2014/5/4");
        x ++ ;
        if(x == 12)x = 0;
        LED0 = ! LED0;
        delay_ms(1000);
    }
}
```

该部分代码将显示一些固定的字符,字体大小包括 24×12、16×8 和 12×6 这 3 种,同时显示 LCD 驱动 IC 的型号,然后不停地切换背景颜色,每 1 s 切换一次。而 LED0 也会不停地闪烁,指示程序已经在运行了。其中我们用到一个 sprintf 的函数,该函数用法同 printf,只是 sprintf 把打印内容输出到指定的内存区间上,sprintf 的详细用法请百度。

另外特别注意:uart_init 函数不能去掉,因为在 LCD_Init 函数里面调用了 printf,所以一旦去掉这个初始化就会死机了! 实际上,只要你的代码用到 printf,就必须初始化串口,否则都会死机,即停在 usart.c 里面的 fputc 函数出不来。编译通过之后,我们开始下载验证代码。

15.4　下载验证

将程序下载到探索者 STM32 后,可以看到 DS0 不停地闪烁,提示程序已经在运行了。同时可以看到 TFTLCD 模块的显示如图 15.18 所示。屏幕的背景是不停切换的,

同时 DS0 不停地闪烁,证明我们的代码被正确执行了,达到了预期的目的。

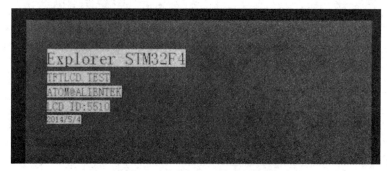

图 15.18 TFTLCD 显示效果图

第16章

USMART 调试组件实验

本章介绍一个十分重要的辅助调试工具：USMART 调试组件。该组件由 ALIENTEK 开发提供，功能类似 linux 的 shell(RTT 的 finsh 也属于此类)。USMART 最主要的功能就是通过串口调用单片机里面的函数并执行，对调试代码很有帮助。

16.1 USMART 调试组件简介

USMART 是由 ALIENTEK 开发的一个灵巧的串口调试互交组件，通过它可以实现通过串口助手调用程序里面的任何函数并执行。因此，读者可以随意更改函数的输入参数(支持数字(10/16 进制，支持负数)、字符串、函数入口地址等作为参数)，单个函数最多支持 10 个输入参数，并支持函数返回值显示，目前最新版本为 V3.2。

USMART 的特点如下：
➢ 可以调用绝大部分用户直接编写的函数。
➢ 资源占用极少(最少情况：FLASH：4 KB；SRAM：72 字节)。
➢ 支持参数类型多(数字、字符串、函数指针等)。
➢ 支持函数返回值显示。
➢ 支持参数及返回值格式设置。
➢ 支持函数执行时间计算(V3.1 后版本新特性)。
➢ 使用方便。

有了 USMART，就可以轻易修改函数参数、查看函数运行结果、运行时间等，从而快速解决问题。比如调试一个摄像头模块，需要修改其中的几个参数来得到最佳的效果，普通的做法：写函数→修改参数→下载→看结果→不满意→修改参数→下载→看结果→不满意……不停地循环，直到满意为止。这样做很麻烦，而且易损耗单片机寿命。利用 USMART 则只需要在串口调试助手里面输入函数及参数，然后直接串口发送给单片机，就执行了一次参数调整；不满意则在串口调试助手修改参数再发送就可以了，直到满意为止。这样，修改参数十分方便，不需要编译、不需要下载、不会让单片机"折寿"。

USMART 支持的参数类型基本满足任何调试了，支持的类型有 10 或者 16 进制数字、字符串指针(如果该参数是用作参数返回的话，可能会有问题)、函数指针等。因此，绝大部分函数可以直接被 USMART 调用；对于不能直接调用的，则只需要重写一个函数，把影响调用的参数去掉即可，这个重写后的函数即可以被 USMART 调用了。

USMART 的实现流程简单概括就是:第一步,添加需要调用的函数(在 usmart_config.c 中的 usmart_nametab 数组里面添加);第二步,初始化串口;第三步,初始化 USMART(通过 usmart_init 函数实现);第四步,轮询 usmart_scan 函数,处理串口数据。

经过以上简单介绍,我们对 USMART 有了个大概了解,接下来简单介绍 USMART 组件的移植。

USMART 组件总共包含 6 个文件如图 16.1 所示。其中,redeme.txt 是一个说明文件,不参与编译。其他 5 个文件中,usmart.c 负责与外部互交等,usmat_str.c 主要负责命令和参数解析,usmart_config.c 主要由用户添加需要由 usmart 管理的函数。usmart.h 和 usmart_str.h 是两个头文件,其中 usmart.h 里面含有几个用户配置宏定义,可以用来配置 usmart 的功能及总参数长度(直接和 SRAM 占用挂钩)、是否使能定时器扫描、是否使用读/写函数等。

名称	修改日期	类型	大小
readme.txt	2014/8/28 20:18	文本文档	3 KB
usmart.c	2014/8/28 20:11	C 文件	15 KB
usmart.h	2014/8/28 20:05	H 文件	6 KB
usmart_config.c	2014/8/29 10:56	C 文件	3 KB
usmart_str.c	2014/8/28 20:05	C 文件	12 KB
usmart_str.h	2014/8/28 20:05	H 文件	4 KB

图 16.1 USMART 组件代码

USMART 的移植只需要实现 5 个函数。其中 4 个函数都在 usmart.c 里面,另外一个是串口接收函数,必须由用户自己实现,用于接收串口发送过来的数据。

第一个函数,串口接收函数。该函数是通过 SYSTEM 文件夹默认的串口接收来实现的,5.3.1 小节介绍过,这里就不列出来了。SYSTEM 文件夹里面的串口接收函数最大可以一次接收 200 字节,用于从串口接收函数名和参数等。如果在其他平台移植,请参考 SYSTEM 文件夹串口接收的实现方式进行移植。

第二个是 void usmart_init(void)函数,该函数的实现代码如下:

```
//初始化串口控制器
//sysclk:系统时钟(MHz)
void usmart_init(u8 sysclk)
{
# if USMART_ENTIMX_SCAN == 1
    Timer4_Init(1000,(u32)sysclk * 100 - 1);  //分频,时钟为 10 kHz ,100 ms 中断一次
                        //注意,计数频率必须为 10 kHz,以和 runtime 单位(0.1 ms)同步
# endif
    usmart_dev.sptype = 1;    //十六进制显示参数
}
```

该函数有一个参数 sysclk,就是用于定时器初始化。另外,USMART_ENTIMX_

SCAN 是在 usmart. h 里面定义的一个是否使能定时器中断扫描的宏定义。如果为 1,则初始化定时器中断,并在中断里面调用 usmart_scan 函数。如果为 0,那么需要用户间隔一定时间(100 ms 左右为宜)自行调用一次 usmart_scan 函数,以实现串口数据处理。注意:如果要使用函数执行时间统计功能(runtime 1),则必须设置 USMART_ENTIMX_SCAN 为 1。另外,为了让统计时间精确到 0.1 ms,定时器的计数时钟频率必须设置为 10 kHz,否则时间就不是 0.1 ms 了。

第三和第四个函数仅用于服务 USMART 的函数执行时间统计功能(串口指令:runtime 1),分别是 usmart_reset_runtime 和 usmart_get_runtime,这两个函数代码如下:

```
//复位 runtime
//需要根据所移植到的 MCU 的定时器参数进行修改
void usmart_reset_runtime(void)
{
    TIM4 - >SR& = ~(1<<0);          //清除中断标志位
    TIM4 - >ARR = 0XFFFF;           //将重装载值设置到最大
    TIM4 - >CNT = 0;                //清空定时器的 CNT
    usmart_dev.runtime = 0;
}
//获得 runtime 时间
//返回值:执行时间,单位:0.1 ms,最大延时时间为定时器 CNT 值的 2 倍×0.1 ms
//需要根据所移植到的 MCU 的定时器参数进行修改
u32 usmart_get_runtime(void)
{
    if(TIM4 - >SR&0X0001)           //在运行期间,产生了定时器溢出
    {
        usmart_dev.runtime + = 0XFFFF;
    }
    usmart_dev.runtime + = TIM4 - >CNT;
    return usmart_dev.runtime;      //返回计数值
}
```

这里利用定时器 4 来做执行时间计算,usmart_reset_runtime 函数在每次 USMART 调用函数之前执行清除计数器,然后在函数执行完之后,调用 usmart_get_runtime 获取整个函数的运行时间。由于 usmart 调用的函数都是在中断里面执行的,所以我们不太方便再用定时器的中断功能来实现定时器溢出统计,因此,USMART 的函数执行时间统计功能最多可以统计定时器溢出一次的时间。STM32F4 的定时器 4 是 16 位的,最大计数是 65 535,而由于我们定时器设置的是 0.1 ms,即一个计时周期(10 kHz),所以最长计时时间是 65535×2×0.1 ms=13.1 s。也就是说,如果函数执行时间超过 13.1 s,那么计时将不准确。

最后一个是 usmart_scan 函数。该函数用于执行 usmart 扫描,需要得到两个参量,第一个是从串口接收到的数组(USART_RX_BUF),第二个是串口接收状态(US-ART_RX_STA)。接收状态包括接收到的数组大小以及接收是否完成。该函数代码如下:

```
//usmart 扫描函数
//通过调用该函数,实现 usmart 的各个控制.该函数需要每隔一定时间被调用一次
//以及时执行从串口发送过来的各个函数
//本函数可以在中断里面调用,从而实现自动管理
//非 ALIENTEK 开发板用户,则 USART_RX_STA 和 USART_RX_BUF[]需要用户自己实现
void usmart_scan(void)
{
    u8 sta,len;
    if(USART_RX_STA&0x8000)                      //串口接收完成
    {
        len = USART_RX_STA&0x3fff;               //得到此次接收到的数据长度
        USART_RX_BUF[len] = '\0';                //在末尾加入结束符
        sta = usmart_dev.cmd_rec(USART_RX_BUF);  //得到函数各个信息
        if(sta == 0)usmart_dev.exe();            //执行函数
        else
        {
            len = usmart_sys_cmd_exe(USART_RX_BUF);
            if(len! = USMART_FUNCERR)sta = len;
            if(sta)
            {
                switch(sta)
                {
                    case USMART_FUNCERR:printf("函数错误! \r\n"); break;
                    case USMART_PARMERR:printf("参数错误! \r\n"); break;
                    case USMART_PARMOVER:printf("参数太多! \r\n"); break;
                    case USMART_NOFUNCFIND:printf("未找到匹配的函数! \r\n"); break;
                }
            }
        }
        USART_RX_STA = 0;//状态寄存器清空
    }
}
```

该函数的执行过程:先判断串口接收是否完成(USART_RX_STA 的最高位是否为 1),如果完成,则取得串口接收到的数据长度(USART_RX_STA 的低 14 位),并在末尾增加结束符,再执行解析,解析完之后清空接收标记(USART_RX_STA 置零)。如果没执行完成,则直接跳过,不进行任何处理。

完成这几个函数的移植就可以使用 USMART 了。注意,usmart 同外部的互交一般通过 usmart_dev 结构体实现,所以 usmart_init 和 usmart_scan 的调用分别是通过 usmart_dev. init 和 usmart_dev. scan 实现的。

下面将在第 15 章实验的基础上移植 USMART,并通过 USMART 调用一些 TFTLCD 的内部函数,让大家初步了解 USMART 的使用。

16.2　硬件设计

本实验用到的硬件资源有:指示灯 DS0 和 DS1、串口、TFTLCD 模块。

这 3 个硬件在前面章节均有介绍,本章不再介绍。

16.3　软件设计

　　打开第 15 章的工程,复制 USMART 文件夹(该文件夹可以在本书配套资料:标准例程寄存器版本→实验 14 USMART 调试组件实验里面找到)到本工程文件夹下面。接着,打开工程,并新建 USMART 组,添加 USMART 组件代码,同时把 USMART 文件夹添加到头文件包含路径,在主函数里面加入 include"usmart. h",如图16.2 所示。

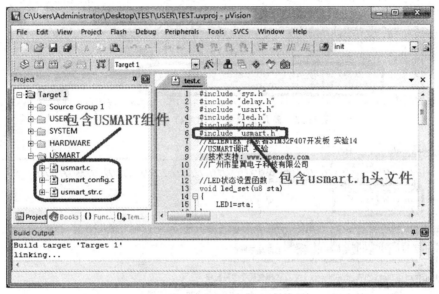

图 16.2　添加 USMART 组件代码

　　由于 USMART 默认提供了 STM32F4 的 TIM4 中断初始化设置代码,我们只需要在 usmart. h 里面设置 USMART_ENTIMX_SCAN 为 1,即可完成 TIM4 的设置。通过 TIM4 的中断服务函数调用 usmart_dev. scan()(就是 usmart_scan 函数),实现 usmart 的扫描。此部分代码不列出来了,请参考 usmart. c。

　　此时就可以使用 USMART 了,不过在主程序里面还得执行 usmart 的初始化,另外还需要针对自己想要被 USMART 调用的函数在 usmart_config. c 里面进行添加。下面先介绍如何添加自己想要被 USMART 调用的函数。打开 usmart_config. c,如图16.3 所示。

　　这里的添加函数很简单,只要把函数所在头文件添加进来,并把函数名按图 16.3 所示的方式增加即可,默认添加了两个函数:delay_ms 和 delay_us。另外,read_addr 和 write_addr 属于 usmart 自带的函数,用于读/写指定地址的数据,通过配置 USMART_USE_WRFUNS 可以使能或者禁止这两个函数。

　　这里根据自己的需要按图 16.3 的格式添加其他函数,添加完之后如图 16.4 所示。图中添加了 lcd. h,并添加了很多 LCD 函数,最后还添加了 led_set 和 test_fun 两个函数,这两个函数在 test. c 里面实现,代码如下:

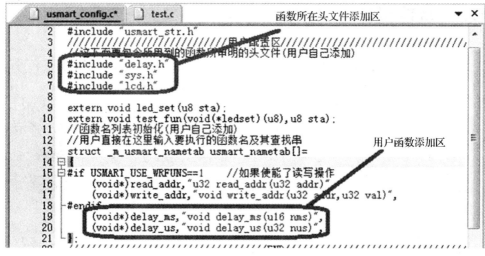

图 16.3　添加需要被 USMART 调用的函数

```
usmart_config.c*    test.c
2   #include "usmart_str.h"
3   ////////////////////////////用户配置区/////////////////////////////////
4   //这下面要包含用到的函数所声明的头文件(用户自己添加)
5   #include "delay.h"
6   #include "sys.h"
7   #include "lcd.h"
8
9   extern void led_set(u8 sta);
10  extern void test_fun(void(*ledset)(u8),u8 sta);
11  //函数名列表初始化(用户自己添加)
12  //用户直接在这里输入要执行的函数名及其查找串
13  struct _m_usmart_nametab usmart_nametab[]=
14  {
15  #if USMART_USE_WRFUNS==1    //如果使能了读写操作
16      (void*)read_addr,"u32 read_addr(u32 addr)",
17      (void*)write_addr,"void write_addr(u32 addr,u32 val)",
18  #endif
19      (void*)delay_ms,"void delay_ms(u16 nms)",
20      (void*)delay_us,"void delay_us(u32 nus)",
21      (void*)LCD_Clear,"void LCD_Clear(u16 Color)",
22      (void*)LCD_Fill,"void LCD_Fill(u16 xsta,u16 ysta,u16 xend,u16 yend,u16 color)",
23      (void*)LCD_DrawLine,"void LCD_DrawLine(u16 x1, u16 y1, u16 x2, u16 y2)",
24      (void*)LCD_DrawRectangle,"void LCD_DrawRectangle(u16 x1, u16 y1, u16 x2, u16 y2)",
25      (void*)LCD_Draw_Circle,"void Draw_Circle(u16 x0,u16 y0,u8 r)",
26      (void*)LCD_ShowNum,"void LCD_ShowNum(u16 x,u16 y,u32 num,u8 len,u8 size)",
27      (void*)LCD_ShowString,"void LCD_ShowString(u16 x,u16 y,u16 width,u16 height,u8 size,u8 *p)",
28      (void*)LCD_Fast_DrawPoint,"void LCD_Fast_DrawPoint(u16 x,u16 y,u16 color)",
29      (void*)LCD_ReadPoint,"u16 LCD_ReadPoint(u16 x,u16 y)",
30      (void*)LCD_Display_Dir,"void LCD_Display_Dir(u8 dir)",
31      (void*)LCD_ShowxNum,"void LCD_ShowxNum(u16 x,u16 y,u32 num,u8 len,u8 size,u8 mode)",
32      (void*)led_set,"void led_set(u8 sta)",
33      (void*)test_fun,"void test_fun(void(*ledset)(u8),u8 sta)",
34  };
```

图 16.4　添加函数后

```
//LED 状态设置函数
void led_set(u8 sta)
{
    LED1 = sta;
}
//函数参数调用测试函数
void test_fun(void(*ledset)(u8),u8 sta)
{
    ledset(sta);
}
```

led_set 函数用于设置 LED1 的状态,而 test_fun 函数则用于测试 USMART 对函数参数的支持,test_fun 的第一个参数是函数,在 USMART 里面也是可以被调用的。

添加完函数之后修改 main 函数,如下:

```
int main(void)
{
    Stm32_Clock_Init(336,8,2,7);           //设置时钟,168MHz
    delay_init(168);                       //延时初始化
    uart_init(84,115200);                  //初始化串口波特率为 115200
    usmart_dev.init(84);                   //初始化 USMART
    LED_Init();                            //初始化 LED
     LCD_Init();
    POINT_COLOR = RED;
    LCD_ShowString(30,50,200,16,16,"Explorer STM32F4");
    LCD_ShowString(30,70,200,16,16,"USMART TEST");
    LCD_ShowString(30,90,200,16,16,"ATOM@ALIENTEK");
    LCD_ShowString(30,110,200,16,16,"2014/5/5");
    while(1)
    {
        LED0 = ! LED0;
        delay_ms(500);
    }
}
```

此代码显示简单的信息后,就是在死循环等待串口数据。至此,整个 USMART 的移植就完成了。编译成功后就可以下载程序到开发板,开始 USMART 的体验。

16.4 下载验证

将程序下载到探索者 STM32 后可以看到,DS0 不停地闪烁,提示程序已经在运行了。同时,屏幕上显示了一些字符(就是主函数里面要显示的字符)。

如图 16.5 所示,打开串口调试助手 XCOM,选择正确的串口号,选择"多条发送",并选中"发送新行"(即发送回车键)选项,然后发送 list 指令即可打印所有 usmart 可调用函数。图 16.5 中 list、id、help、hex、dec 和 runtime 都属于 usmart 自带的系统命令,单击后方的数字按钮即可发送对应的指令。下面简单介绍下这几个命令:

➤ list:该命令用于打印所有 usmart 可调用函数。发送该命令后,串口将收到所有能被 usmart 调用得到函数,如图 16.5 所示。

➤ id:该指令用于获取各个函数的入口地址。比如前面写的 test_fun 函数就有一个函数参数,我们需要先通过 id 指令获取 ledset 函数的 id(即入口地址),然后将这个 id 作为函数参数传递给 test_fun。

➤ help(或者' ?'也可以):发送该指令后,串口将打印 usmart 使用的帮助信息。

➤ hex 和 dec:这两个指令可以带参数,也可以不带参数。当不带参数的时候,hex 和 dec 分别用于设置串口显示数据格式为 16 进制/10 进制。当带参数的时候,hex 和 dec 就执行进制转换,比如输入 hex 1234,串口将打印 HEX:0X4D2,也

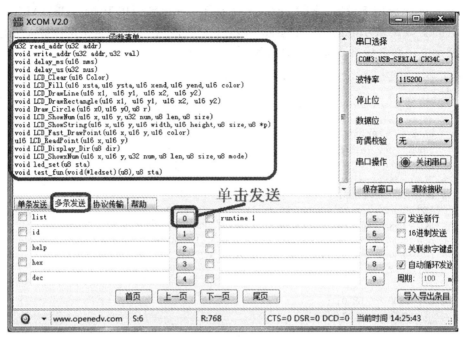

图 16.5　驱动串口调试助手

　　就是将 1234 转换为 16 进制打印出来。又比如输入 dec 0X1234,串口将打印 DEC:4660,就是将 0X1234 转换为 10 进制打印出来。

➤ runtime 指令,用于函数执行时间统计功能的开启和关闭,发送 runtime 1,则可以开启函数执行时间统计功能;发送 runtime 0,则可以关闭函数执行时间统计功能。函数执行时间统计功能,默认是关闭的。

　　读者可以亲自体验下这几个系统指令,注意,所有的指令都是大小写敏感的,不要写错。

　　接下来介绍如何调用 list 打印的这些函数。先来看一个简单的 delay_ms 的调用,我们分别输入 delay_ms(1000) 和 delay_ms(0x3E8),如图 16.6 所示。可以看出,delay_ms (1000) 和 delay_ms(0x3E8)的调用结果是一样的,都是延时 1 000 ms,因为 usmart 默认设置的是 hex 显示,所以看到串口打印的参数都是 16 进制格式的,读者可以通过发送 dec 指令切换为十进制显示。另外,由于 USMART 对调用函数的参数大小写不敏感,所以参数写成 0X3E8 或者 0x3e8 都是正确的。另外,发送 runtime 1,开启运行时间统计功能,从测试结果看,USMART 的函数运行时间统计功能是相当准确的。

　　再看另外一个函数,LCD_ShowString 函数,该函数用于显示字符串,我们通过串口输入 LCD_ShowString(20,200,200,100,16,"This is a test for usmart!!"),如图16.7所示。

　　该函数用于在指定区域显示指定字符串,发送给开发板后可以看到,LCD 在指定的地方显示了"This is a test for usmart!!"字符串。

　　其他函数的调用也都是一样的方法,这里就不多介绍了,最后说一下带有参数的函

XCOM V2.0

```
void Draw_Circle(u16 x0, u16 y0, u8 r)
void LCD_ShowNum(u16 x, u16 y, u32 num, u8 len, u8 size)
void LCD_ShowString(u16 x, u16 y, u16 width, u16 height, u8 size, u8 *p)
void LCD_Fast_DrawPoint(u16 x, u16 y, u16 color)
u16 LCD_ReadPoint(u16 x, u16 y)
void LCD_Display_Dir(u8 dir)
void LCD_ShowxNum(u16 x, u16 y, u32 num, u8 len, u8 size, u8 mode)
void led_set(u8 sta)
void test_fun(void(*ledset)(u8), u8 sta)


Run Time Calculation ON


delay_ms(0X3E8);
Function Run Time:1000.0ms

delay_ms(0X3E8);
Function Run Time:1000.0ms
```

图 16.6　串口调用 delay_ms 函数

XCOM V2.0

```
void LCD_Fast_DrawPoint(u16 x, u16 y, u16 color)
u16 LCD_ReadPoint(u16 x, u16 y)
void LCD_Display_Dir(u8 dir)
void LCD_ShowxNum(u16 x, u16 y, u32 num, u8 len, u8 size, u8 mode)
void led_set(u8 sta)
void test_fun(void(*ledset)(u8), u8 sta)


Run Time Calculation ON


delay_ms(0X3E8);
Function Run Time:1000.0ms

delay_ms(0X3E8);
Function Run Time:1000.0ms

LCD_ShowString(0X14,0XC8,0XC8,0X64,0X10,"This is a test for usmart!!");
Function Run Time:4.9ms
```

图 16.7　串口调用 LCD_ShowString 函数

数的调用。将 led_set 函数作为 test_fun 的参数,通过在 test_fun 里面调用 led_set 函数实现对 DS1(LED1)的控制。前面说过,要调用带有函数参数的函数,就必须先得到函数参数的入口地址(id),通过输入 id 指令可以得到 led_set 的函数入口地址是 0X080052C9,所以,在串口输入 test_fun(0X080052C9,0)就可以控制 DS1 亮了,如图16.8 所示。

在开发板上可以看到,收到串口发送的 test_fun(0X080052C9,0)后,开发板的 DS1 亮了,然后可以通过发送 test_fun(0X080052C9,1)来关闭 DS1。说明我们成功地通过 test_fun 函数调用 led_set 实现了对 DS1 的控制,也就验证了 USMART 对函数参数的支持。

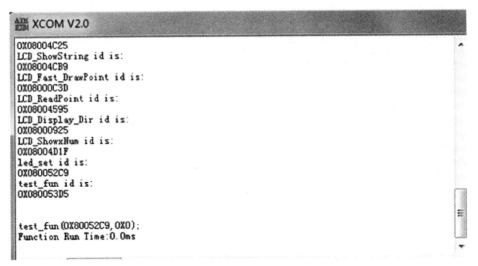

图 16.8　串口调用 test_fun 函数

　　USMART 调试组件的使用就介绍到这里。USMART 是一个非常不错的调试组件,希望读者能学会使用,可以达到事半功倍的效果。

第 **17** 章

RTC 实时时钟实验

这一章将介绍 STM32F4 的内部实时时钟(RTC)。本章使用 TFTLCD 模块来显示日期和时间,实现一个简单的实时时钟,并可以设置闹铃。同时,本章将介绍 BKP 的使用。

17.1　STM32F4 RTC 时钟简介

STM32F4 的实时时钟(RTC)相对于 STM32F1 来说改进了不少,带了日历功能,是一个独立的 BCD 定时器/计数器。RTC 提供一个日历时钟(包含年月日时分秒信息)、两个可编程闹钟(ALARM A 和 ALARM B)中断以及一个具有中断功能的周期性可编程唤醒标志。RTC 还包含用于管理低功耗模式的自动唤醒单元。两个 32 位寄存器(TR 和 DR)包含二进码十进数格式(BCD) 的秒、分钟、小时(12 或 24 小时制)、星期、日期、月份和年份。此外,还可提供二进制格式的亚秒值。

STM32F4 的 RTC 可以自动将月份的天数补偿为 28、29(闰年)、30 和 31 天,并且可以进行夏令时补偿。RTC 模块和时钟配置是在后备区域,即在系统复位或从待机模式唤醒后 RTC 的设置和时间维持不变,只要后备区域供电正常,那么 RTC 将可以一直运行。但是系统复位后会自动禁止访问后备寄存器和 RTC,以防止对后备区域(BKP)的意外写操作。所以设置时间之前先要取消备份区域(BKP)写保护。

RTC 的简化框图如图 17.1 所示。本章用到 RTC 时钟、日历以及闹钟功能。接下来简单介绍 STM32F4 RTC 时钟的使用。

1. 时钟和分频

首先看 STM32F4 的 RTC 时钟分频。STM32F4 的 RTC 时钟源(RTCCLK)通过时钟控制器,可以从 LSE 时钟、LSI 时钟以及 HSE 时钟三者中选择(通过 RCC_BDCR 寄存器选择)。一般选择 LSE,即外部 32.768 kHz 晶振作为时钟源(RTCCLK),而 RTC 时钟核心要求提供 1 Hz 的时钟,所以,我们要设置 RTC 的可编程预分配器。STM32F4 的可编程预分配器(RTC_PRER)分为 2 个部分:

① 一个通过 RTC_PRER 寄存器的 PREDIV_A 位配置的 7 位异步预分频器。

② 一个通过 RTC_PRER 寄存器的 PREDIV_S 位配置的 15 位同步预分频器。

图 17.1 中,ck_spre 的时钟可由如下计算公式计算:

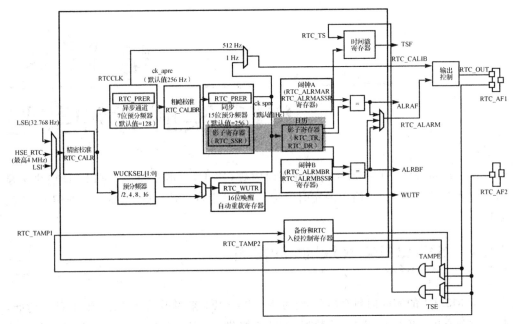

图 17.1 RTC 框图

$$Fck\_spre = Frtcclk/[(PREDIV\_S+1)\times(PREDIV\_A+1)]$$

其中,Fck_spre 可用于更新日历时间等信息。PREDIV_A 和 PREDIV_S 为 RTC 的异步和同步分频器。推荐设置 7 位异步预分频器(PREDIV_A)的值较大,以最大程度降低功耗。要设置为 32 768 分频,我们只需要设置:PREDIV_A=0X7F,即 128 分频;PREDIV_S=0XFF,即 256 分频,即可得到 1 Hz 的 Fck_spre。

另外,图 17.1 中 ck_apre 可作为 RTC 亚秒递减计数器(RTC_SSR)的时钟,Fck_apre 的计算公式如下:

$$Fck\_apre = Frtcclk/(PREDIV\_A+1)$$

当 RTC_SSR 寄存器递减到 0 的时候,会使用 PREDIV_S 的值重新装载 PREDIV_S。而 PREDIV_S 一般为 255,这样,我们得到亚秒时间的精度是 1/256 s,即 3.9 ms 左右。有了这个亚秒寄存器 RTC_SSR,就可以得到更加精确的时间数据。

2. 日历时间(RTC_TR)和日期(RTC_DR)寄存器

STM32F4 的 RTC 日历时间(RTC_TR)和日期(RTC_DR)寄存器用于存储时间和日期(也可以用于设置时间和日期),可以通过与 PCLK1(APB1 时钟)同步的影子寄存器来访问,这些时间和日期寄存器也可以直接访问,这样可避免等待同步的持续时间。

每隔 2 个 RTCCLK 周期,当前日历值便会复制到影子寄存器,并置位 RTC_ISR 寄存器的 RSF 位。我们可以读取 RTC_TR 和 RTC_DR 来得到当前时间和日期信息,需要注意的是:时间和日期都是以 BCD 码的格式存储的,读出来要转换一下才可以得到十进制的数据。

3. 可编程闹钟

STM32F4 提供两个可编程闹钟:闹钟 A(ALARM_A)和闹钟 B(ALARM_B)。通过 RTC_CR 寄存器的 ALRAE 和 ALRBE 位置 1 来使能可编程闹钟功能。当日历的亚秒、秒、分、小时、日期分别与闹钟寄存器 RTC_ALRMASSR/RTC_ALRMAR 和 RTC_ALRMBSSR/RTC_ALRMBR 中的值匹配时,则可以产生闹钟(需要适当配置)。本章利用闹钟 A 产生闹铃,即设置 RTC_ALRMASSR 和 RTC_ALRMAR 即可。

4. 周期性自动唤醒

STM32F4 的 RTC 不带秒钟中断了,但是多了一个周期性自动唤醒功能。周期性唤醒功能由一个 16 位可编程自动重载递减计数器(RTC_WUTR)生成,可用于周期性中断/唤醒。我们可以通过 RTC_CR 寄存器中的 WUTE 位设置使能此唤醒功能。

唤醒定时器的时钟输入可以是:2、4、8 或 16 分频的 RTC 时钟(RTCCLK),也可以是 ck_spre 时钟(一般为 1 Hz)。当选择 RTCCLK(假定 LSE 是 32.768 kHz)作为输入时钟时,可配置的唤醒中断周期介于 122 μs(因为 RTCCLK/2 时,RTC_WUTR 不能设置为 0)和 32 s 之间,分辨率最低为 61 μs。当选择 ck_spre(1 Hz)作为输入时钟时,可得到的唤醒时间为 1 s~36 h,分辨率为 1 s。并且这个 1 s~36 h 的可编程时间范围分为两部分:

> 当 WUCKSEL[2:1]=10 时为 1 s~18 h。
> 当 WUCKSEL[2:1]=11 时约为 18 h~36 h。

在后一种情况下,会将 2^{16} 添加到 16 位计数器当前值(即扩展到 17 位,相当于最高位用 WUCKSEL [1]代替)。

初始化完成后,定时器开始递减计数。在低功耗模式下使能唤醒功能时,递减计数保持有效。此外,当计数器计数到 0 时,RTC_ISR 寄存器的 WUTF 标志会置 1,并且唤醒寄存器会使用其重载值(RTC_WUTR 寄存器值)动重载,之后必须用软件清零WUTF 标志。

通过将 RTC_CR 寄存器中的 WUTIE 位置 1 来使能周期性唤醒中断时,可以使 STM32F4 退出低功耗模式。系统复位以及低功耗模式(睡眠、停机和待机)对唤醒定时器没有任何影响,它仍然可以正常工作,所以唤醒定时器可以用于周期性唤醒 STM32F4。

接下来看看本章要用到的 RTC 部分寄存器,首先是 RTC 时间寄存器 RTC_TR,各位描述如图 17.2 所示。

这个寄存器比较简单,注意数据保存是 BCD 格式的,读取之后需要稍加转换才是十进制的时分秒等数据,在初始化模式下,对该寄存器进行写操作可以设置时间。

然后看 RTC 日期寄存器:RTC_DR,该寄存器各位描述如图 17.3 所示。同样,该寄存器的的数据采用 BCD 码格式(如不熟悉 BCD,百度即可),其他的就比较简单了。同样,在初始化模式下,对该寄存器进行写操作,可以设置日期。

31	30	29	28	27	26	25	24	23	22	21	20	19	18	17	16
Reserved									PM	HT[1:0]		HU[3:0]			
									rw	rw	rw	rw	rw	rw	rw

15	14	13	12	11	10	9	8	7	6	5	4	3	2	1	0
Reserved	MNT[2:0]			MNU[3:0]				Reserved	ST[2:0]			SU[3:0]			
	rw	rw	rw	rw	rw	rw	rw		rw	rw	rw	rw	rw	rw	rw

位 31：24　保留

位 23　保留，必须保持复位值。

位 22　PM：AM/PM 符号（AM/PM notation）

　　　　0：AM 或 24 小时制

　　　　1：PM

位 21：20　HT[1：0]：小时的十位（BCD 格式）（Hour tens in BCD format）

位 16：16　HU[3：0]：小时的个位（BCD 格式）（Hour units in BCD format）

位 15　保留，必须保持复位值。

位 14：12　MNT[2：0]：分钟的十位（BCD 格式）（Minute tens in BCD format）

位 11：8　MNU[3：0]：分钟的个位（BCD 格式）（Minute units in BCD format）

位 7　保留，必须保持复位值。

位 6：4　ST[2：0]：秒的十位（BCD 格式）（Second tens in BCD format）

位 3：0　SU[3：0]：秒的个位（BCD 格式）（Second units in BCD format）

图 17.2　RTC_TR 寄存器各位描述

31	30	29	28	27	26	25	24	23	22	21	20	19	18	17	16
Reserved								YT[3:0]				YU[3:0]			
								rw	rw	rw	rw	rw	rw	rw	rw

15	14	13	12	11	10	9	8	7	6	5	4	3	2	1	0
WDU[2:0]			MT	MU[3:0]				Reserved		DT[1:0]		DU[3:0]			
rw	rw	rw	rw	rw	rw	rw	rw			rw	rw	rw	rw	rw	rw

位 23：20　YT[3：0]：年份的十位（BCD 格式）（Year tens in BCD format）

位 19：16　YU[3：0]：年份的个位（BCD 格式）（Year units in BCD format）

位 15：13　WDU[2：0]：星期几的个位（Week day units）

　　　　000：禁止

　　　　001：星期一

　　　　…

　　　　111：星期日

位 12　MT：月份的十位（BCD 格式）（Month tens in BCD format）

位 11：8　MU[3：0]：月份的个位（BCD 格式）（Month units in BCD format）

位 7：6　保留，必须保持复位值。

位 5：4　DT[1：0]：日期的十位（BCD 格式）（Date tens in BCD format）

位 3：0　DU[3：0]：日期的个位（BCD 格式）（Date units in BCD format）

图 17.3　RTC_DR 寄存器各位描述

接下来，看 RTC 亚秒寄存器：RTC_SSR，该寄存器各位描述如图 17.4 所示。该寄存器可用于获取更加精确的 RTC 时间。不过本章没有用到，如果需要精确时间的地方，大家可以使用该寄存器。

接下来看 RTC 控制寄存器 RTC_CR，该寄存器各位描述如图 17.5 所示。该寄存器不详细介绍每个位了，重点介绍几个要用到的：WUTIE 及 ALRAIE 是唤醒定时器中断和闹钟 A 中断使能位，本章要用到，设置为 1 即可。WUTE 和 ALRAE 则是唤醒定时器和闹钟 A 定时器使能位，同样设置为 1，开启。FMT 为小时格式选择位，我们设置为 0,选择 24 小时制。WUCKSEL[2：0]用于唤醒时钟选择,这个前面已经有介绍了,这里就不多说了。RTC_CR 寄存器的详细介绍请看《STM32F4xx 中文参考手册》23.6.3 小节。

31	30	29	28	27	26	25	24	23	22	21	20	19	18	17	16
Reserved															
r	r	r	r	r	r	r	r	r	r	r	r	r	r	r	r

15	14	13	12	11	10	9	8	7	6	5	4	3	2	1	0
SS[15：0]															
r	r	r	r	r	r	r	r	r	r	r	r	r	r	r	r

位 15：0　SS:亚秒值(Sub second value)

SS[15：0]是同步预分频器计数器的值。此亚秒值可根据以下公式得出:

亚秒值=(PREDIV_S-SS)/(PREDIV_S+1)

注意:仅当执行平移操作之后,SS 才能大于 PREDIV_S。在这种情况下,正确的时间/日期比 RTC_TR/RTC_DR 所指示的时间/日期慢一秒钟

图 17.4　RTC_SSR 寄存器各位描述

31	30	29	28	27	26	25	24	23	22	21	20	19	18	17	16
Reserved								COE	OSEL[1：0]		POL	COSEL	BKP	SUB1H	ADD1H
								rw	rw	rw	rw	rw	rw	rw	rw

15	14	13	12	11	10	9	8	7	6	5	4	3	2	1	0
TSIE	WUTIE	ALRBE	ALRAIE	TSE	WUTE	ALRBE	ALRAE	DCE	FMT	BYPSHAD	REFCKON	TSEDGA	WUCKSEL[2：0]		
rw	rw	rw	rw	rw	rw	rw	rw	rw	rw	rw	rw	rw	rw	rw	rw

图 17.5　RTC_CR 寄存器各位描述

接下来看 RTC 初始化和状态寄存器:RTC_ISR,该寄存器各位描述如图 17.6 所示。该寄存器中,WUTF、ALRBF 和 ALRAF 分别是唤醒定时器闹钟 B 和闹钟 A 的中断标志位,当对应事件产生时,这些标志位被置 1。如果设置了中断,则会进入中断服务函数,这些位通过软件写 0 清除。INIT 为初始化模式控制位,要初始化 RTC 时,必须先设置 INIT=1。INITF 为初始化标志位,当设置 INIT 为 1 以后,要等待 INITF 为 1 才可以更新时间、日期和预分频寄存器等。RSF 位为寄存器同步标志,仅在该位为 1 时,表示日历影子寄存器已同步,可以正确读取 RTC_TR/RTC_TR 寄存器的值了。WUTWF、ALRBWF 和 ALRAWF 分别是唤醒定时器、闹钟 B 和闹钟 A 的写标志,只

31	30	29	28	27	26	25	24	23	22	21	20	19	18	17	16
Reserved															RECALPF
															r

15	14	13	12	11	10	9	8	7	6	5	4	3	2	1	0
Res.	TAMP2F	TAMP1F	TSOVF	TSF	WUTF	ALRBF	ALRAF	INIT	INITF	RSF	INITS	SHPF	WUTWF	ALRBWF	ALRAWF
	rc_w0	rc_w0	rc_w0	rc_w0	rc_w0	rc_w0	rc_w0	rw	r	rc_w0	r	rc_w0	r	r	r

图 17.6　RTC_ISR 寄存器各位描述

有在这些位为 1 的时候,才可以更新对应的内容,比如要设置闹钟 A 的 ALRMAR 和 ALRMASSR,则必须先等待 ALRAWF 为 1,才可以设置。

接下来看 RTC 预分频寄存器:RTC_PRER,该寄存器各位描述如图 17.7 所示。该寄存器用于 RTC 的分频,我们之前也讲过,这里就不多说了。该寄存器的配置必须在初始化模式(INITF=1)下才可以进行。

31	30	29	28	27	26	25	24	23	22	21	20	19	18	17	16
				Reserved							PREDIV_A[6:0]				
								rw	rw	rw	rw	rw	rw	rw	rw

15	14	13	12	11	10	9	8	7	6	5	4	3	2	1	0
Res.							PREDIV_S[14:0]								
	rw	rw	rw	rw	rw	rw	rw	rw	rw	rw	rw	rw	rw	rw	rw

位 22:16 PREDIV_A[6:0]:异步预分频系数(Asynchronous prescaler factor)
下面是异步分频系数的公式:
ck_apre 频率=RTCCLK 频率/(PREDIV_A+1)
注意:PREDIV_A[6:0]=000000 为禁用值。
位 15 保留,必须保持复位值。
位 14:0 PREDIV_S[14:0]:同步预分频系数(Synchronous prescaler factor)
下面是同步分频系数的公式:
ck_spre 频率=ck_apre 频率/(PREDIV_S+1)

图 17.7　RTC_PRER 寄存器各位描述

接下来看 RTC 唤醒定时器寄存器:RTC_WUTR,该寄存器各位描述如图 17.8 所示。该寄存器用于设置自动唤醒重装载值,可用于设置唤醒周期。该寄存器的配置必须等待 RTC_ISR 的 WUTWF 为 1 才可以进行。

31	30	29	28	27	26	25	24	23	22	21	20	19	18	17	16
							Reserved								

15	14	13	12	11	10	9	8	7	6	5	4	3	2	1	0
							WUT[15:0]								
rw	rw	rw	rw	rw	rw	rw	rw	rw	rw	rw	rw	rw	rw	rw	rw

位 31:16 保留
位 15:0 WUT[15:0]:唤醒自动重载值位(Wakeup auto-reload value bit)
当使能唤醒定时器时(WUTE 置 1),每(WUT[15:0]+1)个 ck_wut 周期将 WUTF 标志置 1 一次。ck_wut 周期通过 RTC_CR 寄存器的 WUCKSEL[2:0]位进行选择。
当 WUCKSEL[2]=1 时,唤醒定时器变为 17 位,WUCKSEL[1]等效为 WUT[16],即要重载到定时器的最高有效位。
注意:WUTF 第一次置 1 发生在 WUTE 置 1 之后(WUT+1)个 ck_wut 周期。禁止在 WUCKSEL[2:0]为 011(RTCCLK/2)时将 WUT[15:0]设置为 0x0000

图 17.8　RTC_WUTR 寄存器各位描述

接下来看 RTC 闹钟 A 器寄存器:RTC_ALRMAR,该寄存器各位描述如图 17.9 所示。该寄存器用于设置闹铃 A,当 WDSEL 选择 1 时,使用星期制闹铃,本章选择星期制闹铃。该寄存器的配置必须等待 RTC_ISR 的 ALRAWF 为 1 才可以进行。RTC_ALRMASSR 寄存器这里就不再介绍了,可参考《STM32F4xx 中文数据手册》第 23.6.19 小节。

31	30	29	28	27	26	25	24	23	22	21	20	19	18	17	16
MSK4	WDSEL	DT[1：0]		DU[3：0]				MSK3	PM	HT[1：0]		HU[3：0]			
rw	rw	rw	rw	rw	rw	rw	rw	rw	rw	rw	rw	rw	rw	rw	rw

15	14	13	12	11	10	9	8	7	6	5	4	3	2	1	0
MSK2	MNT[2：0]			MNU[3：0]				MSK1	ST[2：0]			SU[3：0]			
rw	rw	rw	rw	rw	rw	rw	rw	rw	rw	rw	rw	rw	rw	rw	rw

位 31　MSK4:闹钟 A 日期掩码(Alarm A date mask)

　　　　0:如果日期/日匹配,则闹钟 A 置 1;

　　　　1:在闹钟 A 比较中,日期/日无关

位 30　WDSEL:星期几选择(Week day selection)

　　　　0:DU[3：0]代表日期的个位;

　　　　1:DU[3：0]代表星期几。DT[1：0]为无关位。

位 29：28　DT[1：0]:日期的十位(BCD 格式)(Date tens in BCD format)。

位 27：24　DU[3：0]:日期的个位或日(BCD 格式)(Date units or day in BCD formar)。

位 23　MSK3:闹钟 A 小时掩码(Alarm A hours mask)

　　　　0:如果小时匹配,则闹钟 A 置 1;1:在闹钟 A 比较中,小时无关

位 22　PM:AM/PM 符号(AM/PM notation)

　　　　0:AM 或 24 小时制;1:PM

位 21：20　HT[1：0]:小时的十位(BCD 格式)(Hour tens in BCD format)。

位 19：16　HU[3：0]:小时的个位(BCD 格式)(Hour units in BCD format)。

位 15　MSK2:闹钟 A 分钟掩码(Alarm A minutes mask)

　　　　0:如果分钟匹配,则闹钟 A 置 1;1:在闹钟 A 比较中,分钟无关

位 14：12　MNT[2：0]:分钟的十位(BCD 格式)(Minute tens in BCD format)。

位 11：8　MNU[3：0]:分钟的个位(BCD 格式)(Minute units in BCD format)。

位 7　MSK1:闹钟 A 秒掩码(Alarm A seconds mask)

　　　　0:如果秒匹配,则闹钟 A 置 1;1:在闹钟 A 比较中,秒无关

位 6：4　ST[2：0]:秒的十位(BCD 格式)(Second tens in BCD format)。

位 3：0　SU[3：0]:秒的个位(BCD 格式)(Second units in BCD format)

图 17.9　RTC_ALRMAR 寄存器各位描述

接下来看 RTC 写保护寄存器:RTC_WPR,该寄存器比较简单,低 8 位有效。上电后,所有 RTC 寄存器都受到写保护(RTC_ISR[13：8]、RTC_TAFCR 和 RTC_BKPxR 除外),必须依次写入 0XCA、0X53 关键字到 RTC_WPR 寄存器,才可以解锁。写一个错误的关键字将再次激活 RTC 的寄存器写保护。

接下来介绍 RTC 备份寄存器:RTC_BKPxR,该寄存器组总共有 20 个,每个寄存器是 32 位的,可以存储 80 个字节的用户数据;这些寄存器在备份域中实现,可在 VDD 电源关闭时通过 VBAT 保持上电状态。备份寄存器不会在系统复位或电源复位时复位,也不会在 MCU 从待机模式唤醒时复位。

复位后,对 RTC 和 RTC 备份寄存器的写访问被禁止,执行以下操作可以使能对 RTC 及 RTC 备份寄存器的写访问:

①　通过设置寄存器 RCC_APB1ENR 的 PWREN 位来打开电源接口时钟。

②　电源控制寄存器(PWR_CR)的 DBP 位来使能对 RTC 及 RTC 备份寄存器的访问。

我们可以用 BKP 来存储一些重要的数据,相当于一个 EEPROM,不过这个 EEPROM 并不是真正的 EEPROM,而是需要电池来维持它的数据。

最后介绍备份区域控制寄存器 RCC_BDCR。该寄存器的各位描述如图 17.10 所示。

31	30	29	28	27	26	25	24	23	22	21	20	19	18	17	16
						Reserved									BDRST
															rw

15	14	13	12	11	10	9	8	7	6	5	4	3	2	1	0
RTCEN			Reserved			RTCSEL[1:0]				Reserved			LSEBYP	LSERDY	LSEON
rw						rw	rw						rw	r	rw

位 31:17　保留,必须保持复位值。

位 16　BDRST:备份域软件复位(Backup domain software reset)由软件置 1 和清零。

0:复位未激活;1:复位整个备份域

注意:BKPSRAM 不受此复位影响,只能在 Flash 保护级别从级别 1 更改为级别 0 时复位 BKPSRAM。

位 5　RTCEN:RTC 时钟使能(RTC clock enable)

由软件置 1 和清零。0:RTC 时钟禁止;1:RTC 时钟使能

位 14:10　保留,必须保持复位值。

位 9:8　RTCSEL[1:0]:RTC 时钟源选择(RTC clock source selection)

由软件置 1,用于选择 RTC 的时钟源。选择 RTC 时钟源后,除非备份域复位,否则其不可再更改。可使用 BDRST 位对其进行复位。

00:无时钟;01:LSE 振荡器时钟用作 RTC 时钟

10:LSI 振荡器时钟用作 RTC 时钟

11:由可编程预分频器分频的 HSE 振荡器时钟(通过 RCC 时钟配置寄存器(RCC_CFGR)中的 RTCPRE[4:0]位选择)用作 RTC 时钟

位 7:3　保留,必须保持复位值。

位 2　LSEBYP:外部低速振荡器旁路(External low-speed oscillator bypass)

由软件置 1 和清零,用于旁路调试模式下的振荡器。只有在禁止 LSE 时钟后才能写入该位。

0:不旁路 LSE 振荡器;1:旁路 LSE 振荡器

位 1　LSERDY:外部低速振荡器就绪(External low-speed oscillator ready)

由硬件配置 1 和清零,用于指示外部 32 kHz 振荡器已稳定。在 LSEON 位被清零后,LSERDY 将在 6 个外部低速振荡器时钟周期后转为低电平。

0:LSE 时钟未就绪;1:LSE 时钟就绪

位 0　LSEON:外部低速振荡器就绪(External low-speed oscillator enable)

由软件置 1 和清零。

0:LSE 时钟关闭;1:LSE 时钟开启

图 17.10　RCC_BDCR 寄存器各位描述

RTC 的时钟源选择及使能设置都是通过这个寄存器来实现的,所以在 RTC 操作之前先要通过这个寄存器选择 RTC 的时钟源,然后才能开始其他的操作。

RTC 寄存器就介绍到这里了,下面来看看要经过哪几个步骤的配置才能使 RTC 正常工作。RTC 正常工作的一般配置步骤如下:

① 使能电源时钟,并使能 RTC 及 RTC 后备寄存器写访问。

前面已经介绍了,我们要访问 RTC 和 RTC 备份区域就必须先使能电源时钟,然后使能 RTC 即后备区域访问。电源时钟使能通过 RCC_APB1ENR 寄存器来设置,RTC 及 RTC 备份寄存器的写访问通过 PWR_CR 寄存器的 DBP 位设置。

② 开启外部低速振荡器,选择 RTC 时钟,并使能。

这个步骤只需要在 RTC 初始化的时候执行一次即可,不需要每次上电都执行,这些操作都是通过 RCC_BDCR 寄存器来实现的。

③ 取消 RTC 写保护。

在设置时间、日期以及闹铃的时候,都是要先取消 RTC 写保护的,这个操作通过向寄存器 RTC_WPR 写入 0XCA 和 0X53 两个数据实现。

④ 进入 RTC 初始化模式。

对 RTC_PRER、RTC_TR 和 RTC_DR 等寄存器的写操作必须先进入 RTC 初始化模式才可以进行,通过设置 RTC_ISR 的 INIT 位进入 RTC 初始化模式,且必须等待 INITF 位为 1 才算进入成功,才可以开始后续操作。

⑤ 设置 RTC 的分频,并配置 RTC 参数。

进入 RTC 初始化模式后,我们要做的就是设置 RTC 时钟的分频数,通过 RTC_PRER 寄存器设置,然后设置 RTC 的其他参数,比如 24 小时制还是 12 小时制等。设置完后,退出 RTC 初始化模式。

通过以上 5 个步骤,我们就完成了对 RTC 的配置,RTC 即可正常工作,而且这些操作不是每次上电都必须执行的,可以视情况而定。当然,我们还需要设置时间、日期、唤醒中断、闹钟等,这些将在后面介绍。

17.2　硬件设计

本实验用到的硬件资源有指示灯 DS0、串口、TFTLCD 模块、RTC。前面 3 个都介绍过了,而 RTC 属于 STM32F4 内部资源,其配置也是通过软件设置好就可以了。不过 RTC 不能断电,否则数据就丢失了。如果想让时间在断电后还可以继续走,那么必须确保开发板的电池有电(ALIENTEK 探索者 STM32F4 开发板标配是有电池的)。

17.3　软件设计

打开第 16 章的工程,首先在 HARDWARE 文件夹下新建一个 RTC 的文件夹。然后打开 USER 文件夹下的工程,新建一个 rtc.c 的文件和 rtc.h 的头文件,保存在 RTC 文件夹下,并将 RTC 文件夹加入头文件包含路径。

由于篇幅所限,rtc.c 中的代码不全部贴出了,这里针对几个重要的函数简要说明,首先是 RTC_Init,代码如下:

```
//RTC 初始化
//返回值:0,初始化成功;1,LSE 开启失败;2,进入初始化模式失败
u8 RTC_Init(void)
{
    u16 retry = 0X1FFF;
    RCC ->APB1ENR| = 1<<28;                   //使能电源接口时钟
    PWR ->CR| = 1<<8;                         //后备区域访问使能(RTC + SRAM)
    if(RTC_Read_BKR(0)! = 0X5050)             //是否第一次配置
    {
        RCC ->BDCR| = 1<<0;                   //LSE 开启
        while(retry&&((RCC ->BDCR&0X02) == 0))  //等待 LSE 准备好
        {
            retry -- ; delay_ms(5);
        }
        if(retry == 0)return 1;               //LSE 开启失败
```

```
RCC - >BDCR| = 1<<8;                         //选择 LSE,作为 RTC 的时钟
RCC - >BDCR| = 1<<15;                        //使能 RTC 时钟
  //关闭 RTC 寄存器写保护
RTC - >WPR = 0xCA;
RTC - >WPR = 0x53;
if(RTC_Init_Mode())return 2;                 //进入 RTC 初始化模式
RTC - >PRER = 0XFF;          //RTC 同步分频系数(0~7FFF),必须先设置同步分频
                  //再设置异步分频,Frtc = Fclks/((Sprec + 1) * (Asprec + 1))
RTC - >PRER| = 0X7F<<16;                      //RTC 异步分频系数(1~0X7F)
RTC - >CR& = ~(1<<6);                         //RTC 设置为,24 小时格式
RTC - >ISR& = ~(1<<7);                        //退出 RTC 初始化模式
RTC - >WPR = 0xFF;                            //使能 RTC 寄存器写保护
RTC_Set_Time(23,59,56,0);                     //设置时间
RTC_Set_Date(14,5,5,1);                       //设置日期
//RTC_Set_AlarmA(7,0,0,10);                   //设置闹钟时间
RTC_Write_BKR(0,0X5050);                      //标记已经初始化过了
}
//RTC_Set_WakeUp(4,0);                        //配置 WAKE UP 中断,1 秒钟中断一次
return 0;
}
```

　　该函数用来初始化 RTC 时钟,但是只在第一次的时候设置时间,以后如果重新上电/复位都不会再进行时间设置了(前提是备份电池有电)。第一次配置的时候,我们是按照上面介绍的 RTC 初始化步骤来做的,这里就不多说了。这里设置时间和日期分别是通过 RTC_Set_Time 和 RTC_Set_Date 函数来实现的,这两个函数将在后面介绍。这里默认将时间设置为 14 年 5 月 5 日星期 1,23 点 59 分 56 秒。设置好时间之后,我们向 RTC 的 BKR 寄存器(地址 0)写入标志字 0X5050,用于标记时间已经被设置了。这样,再次发生复位的时候,该函数通过判断 RTC 对应 BKR 的值来决定是不是需要重新设置时间;如果不需要设置,则跳过时间设置,这样不会重复设置时间,使得设置的时间不会因复位或者断电而丢失。

　　该函数还有返回值,返回值代表此次操作的成功与否,如果返回 0,则代表初始化 RTC 成功,如果返回值非零则代表错误代码了。

　　再来介绍 RTC_Set_Time 和 RTC_Set_Date 函数,代码如下:

```
//设置时钟,RTC 时间设置
//hour,min,sec:小时,分钟,秒钟;ampm:AM/PM,0 = AM/24H,1 = PM
//返回值:0,成功;1,进入初始化模式失败
u8 RTC_Set_Time(u8 hour,u8 min,u8 sec,u8 ampm)
{
    u32 temp = 0;
    //关闭 RTC 寄存器写保护
    RTC - >WPR = 0xCA;
    RTC - >WPR = 0x53;
    if(RTC_Init_Mode())return 1;//进入 RTC 初始化模式失败
    temp = (((u32)ampm&0X01)<<22)|((u32)RTC_DEC2BCD(hour)<<16)|((u32)
RTC_DEC2BCD(min)<<8)|(RTC_DEC2BCD(sec));
    RTC - >TR = temp;
    RTC - >ISR& = ~(1<<7);               //退出 RTC 初始化模式
```

```
    return 0;
}
//RTC 日期设置
//year,month,date:年(0～99),月(1～12),日(0～31);week:星期(1～7,0,非法!)
//返回值:0,成功;1,进入初始化模式失败
u8 RTC_Set_Date(u8 year,u8 month,u8 date,u8 week)
{
    u32 temp = 0;
     //关闭 RTC 寄存器写保护
    RTC - >WPR = 0xCA;
    RTC - >WPR = 0x53;
    if(RTC_Init_Mode())return 1;//进入 RTC 初始化模式失败
    temp = (((u32)week&0X07)<<13)|((u32)RTC_DEC2BCD(year)<<16)|((u32)
RTC_DEC2BCD(month)<<8)|(RTC_DEC2BCD(date));
    RTC - >DR = temp;
    RTC - >ISR& = ~(1<<7);                //退出 RTC 初始化模式
    return 0;
}
```

　　RTC_Set_Time 函数用于设置时间,RTC_Set_Date 用于设置日期,两个函数都用到了 RTC_DEC2BCD 函数,用于十进制转 BCD 码,详细请参考本例程源码。时间和日期的设置都是要先取消写保护,然后进入初始化模式才可以配置。另外,日期的年份范围是 0～99,如果是 2014 年之类的设置,可以直接取 14,读出来后加上 2000 就是正确的年份。

　　接着介绍 RTC_Get_Time 和 RTC_Get_Date 函数,代码如下:

```
//获取 RTC 时间
// * hour, * min, * sec:小时,分钟,秒钟 ; * ampm:AM/PM,0 = AM/24H,1 = PM
void RTC_Get_Time(u8 * hour,u8 * min,u8 * sec,u8 * ampm)
{
    u32 temp = 0;
     while(RTC_Wait_Synchro());     //等待同步
    temp = RTC - >TR;
    * hour = RTC_BCD2DEC((temp>>16)&0X3F);
    * min = RTC_BCD2DEC((temp>>8)&0X7F);
    * sec = RTC_BCD2DEC(temp&0X7F);
    * ampm = temp>>22;
}
//获取 RTC 日期
// * year, * mon, * date:年,月,日 ; * week:星期
void RTC_Get_Date(u8 * year,u8 * month,u8 * date,u8 * week)
{
    u32 temp = 0;
     while(RTC_Wait_Synchro());     //等待同步
    temp = RTC - >DR;
    * year = RTC_BCD2DEC((temp>>16)&0XFF);
    * month = RTC_BCD2DEC((temp>>8)&0X1F);
    * date = RTC_BCD2DEC(temp&0X3F);
    * week = (temp>>13)&0X07;
}
```

这两个函数都是先等待同步后读取 RTC_TR 或 RTC_DR 的值,并调用 RTC_BCD2DEC 函数将 BCD 码转换成十进制,以得到当前时间或日期。

接着介绍 RTC_Set_AlarmA 函数,该函数代码如下:

```
//设置闹钟时间(按星期闹铃,24 小时制)
//week:星期几(1~7);hour,min,sec:小时,分钟,秒钟
void RTC_Set_AlarmA(u8 week,u8 hour,u8 min,u8 sec)
{
    //关闭 RTC 寄存器写保护
    RTC - >WPR = 0xCA;
    RTC - >WPR = 0x53;
    RTC - >CR& = ~(1<<8);                           //关闭闹钟 A
    while((RTC - >ISR&0X01) == 0);                   //等待闹钟 A 修改允许
    RTC - >ALRMAR = 0;                              //清空原来设置
    RTC - >ALRMAR| = 1<<30;                          //按星期闹铃
    RTC - >ALRMAR| = 0<<22;                          //24 小时制
    RTC - >ALRMAR| = (u32)RTC_DEC2BCD(week)<<24;     //星期设置
    RTC - >ALRMAR| = (u32)RTC_DEC2BCD(hour)<<16;     //小时设置
    RTC - >ALRMAR| = (u32)RTC_DEC2BCD(min)<<8;       //分钟设置
    RTC - >ALRMAR| = (u32)RTC_DEC2BCD(sec);          //秒钟设置
    RTC - >ALRMASSR = 0;                            //不使用 SUB SEC
    RTC - >CR| = 1<<12;                              //开启闹钟 A 中断
    RTC - >CR| = 1<<8;                               //开启闹钟 A
    RTC - >WPR = 0XFF;                              //禁止修改 RTC 寄存器
    RTC - >ISR& = ~(1<<8);                           //清除 RTC 闹钟 A 的标志
    EXTI - >PR = 1<<17;                              //清除 LINE17 上的中断标志位
    EXTI - >IMR| = 1<<17;                            //开启 line17 上的中断
    EXTI - >RTSR| = 1<<17;                           //line17 上事件上升降沿触发
    MY_NVIC_Init(2,2,RTC_Alarm_IRQn,2);             //抢占 2,子优先级 2,组 2
}
```

该函数用于设置闹钟 A,先取消写保护,然后等待闹钟 A 可配置之后设置 ALR-MAR 和 ALRMASSR 寄存器的值,从而设置闹钟时间,最后,开启闹钟 A 中断(连接在外部中断线 17),并设置中断分组。当 RTC 的时间和闹钟 A 设置的时间完全匹配时,将产生闹钟中断。

接着介绍 RTC_Set_WakeUp 函数,该函数代码如下:

```
//周期性唤醒定时器设置
//wksel:000,RTC/16;001,RTC/8;010,RTC/4;011,RTC/2
//        10x,ck_spre,1Hz;11x,1Hz,且 cnt 值增加 2^16(即 cnt + 2^16)
//注意:RTC 就是 RTC 的时钟频率,即 RTCCLK
//cnt:自动重装载值.减到 0,产生中断
void RTC_Set_WakeUp(u8 wksel,u16 cnt)
{
    //关闭 RTC 寄存器写保护
    RTC - >WPR = 0xCA;
    RTC - >WPR = 0x53;
    RTC - >CR& = ~(1<<10);                           //关闭 WAKE UP
    while((RTC - >ISR&0X04) == 0);                   //等待 WAKE UP 修改允许
    RTC - >CR& = ~(7<<0);                            //清除原来的设置
    RTC - >CR| = wksel&0X07;                         //设置新的值
```

```
RTC - >WUTR = cnt;                      //设置 WAKE UP 自动重装载寄存器值
RTC - >ISR& = ~(1<<10);                 //清除 RTC WAKE UP 的标志
RTC - >CR| = 1<<14;                     //开启 WAKE UP 定时器中断
RTC - >CR| = 1<<10;                     //开启 WAKE UP 定时器
RTC - >WPR = 0XFF;                      //禁止修改 RTC 寄存器
EXTI - >PR = 1<<22;                     //清除 LINE22 上的中断标志位
EXTI - >IMR| = 1<<22;                   //开启 line22 上的中断
EXTI - >RTSR| = 1<<22;                  //line22 上事件上升降沿触发
MY_NVIC_Init(2,2,RTC_WKUP_IRQn,2);      //抢占 2,子优先级 2,组 2
}
```

该函数用于设置 RTC 周期性唤醒定时器,步骤同 RTC_Set_AlarmA 级别一样,只是周期性唤醒中断,连接在外部中断线 22。

有了中断设置函数,就必定有中断服务函数,接下来看这两个中断的中断服务函数,代码如下:

```
//RTC 闹钟中断服务函数
void RTC_Alarm_IRQHandler(void)
{
    if(RTC - >ISR&(1<<8))               //ALARM A 中断?
    {
        RTC - >ISR& = ~(1<<8);          //清除中断标志
        printf("ALARM A! \r\n");
    }
    EXTI - >PR| = 1<<17;                //清除中断线 17 的中断标志
}
//RTC WAKE UP 中断服务函数
void RTC_WKUP_IRQHandler(void)
{
    if(RTC - >ISR&(1<<10))              //WK_UP 中断吗
    {
        RTC - >ISR& = ~(1<<10);         //清除中断标志
        LED1 = ! LED1;
    }
    EXTI - >PR| = 1<<22;                //清除中断线 22 的中断标志
}
```

其中,RTC_Alarm_IRQHandler 函数用于闹钟中断,先判断中断类型,然后执行对应操作,每当闹钟 A 闹铃时,会从串口打印一个"ALARM A!"的字符串。RTC_WK-UP_IRQHandler 函数用于 RTC 自动唤醒定时器中断,先判断中断类型,然后对 LED1 取反操作,可以通过观察 LED1 的状态来查看 RTC 自动唤醒中断的情况。

rtc 的其他程序这里就不再介绍了,可直接看本书配套资料的源码。最后,在 test.c 里面修改代码如下:

```
int main(void)
{
    u8 hour,min,sec,ampm;
    u8 year,month,date,week;
    u8 tbuf[40];
    u8 t = 0;
```

```
Stm32_Clock_Init(336,8,2,7);          //设置时钟,168MHz
delay_init(168);                      //延时初始化
uart_init(84,115200);                 //初始化串口波特率为115200
usmart_dev.init(84);                  //初始化 USMART
LED_Init();                           //初始化 LED
LCD_Init();                           //初始化 LCD
RTC_Init();                           //初始化 RTC
RTC_Set_WakeUp(4,0);                  //配置 WAKE UP 中断,1 秒钟中断一次
POINT_COLOR = RED;
LCD_ShowString(30,50,200,16,16,"Explorer STM32F4");
LCD_ShowString(30,70,200,16,16,"RTC TEST");
LCD_ShowString(30,90,200,16,16,"ATOM@ALIENTEK");
LCD_ShowString(30,110,200,16,16,"2014/5/5");
  while(1)
{
    t ++ ;
    if((t % 10) == 0)      //每 100 ms 更新一次显示数据
    {
        RTC_Get_Time(&hour,&min,&sec,&ampm);
        sprintf((char * )tbuf,"Time:%02d:%02d:%02d",hour,min,sec);
        LCD_ShowString(30,140,210,16,16,tbuf);
        RTC_Get_Date(&year,&month,&date,&week);
        sprintf((char * )tbuf,"Date:20%02d-%02d-%02d",year,month,date);
        LCD_ShowString(30,160,210,16,16,tbuf);
        sprintf((char * )tbuf,"Week:%d",week);
        LCD_ShowString(30,180,210,16,16,tbuf);
    }
    if((t % 20) == 0)LED0 = ! LED0;      //每 200 ms,翻转一次 LED0
    delay_ms(10);
}
}
```

这部分代码比较简单,注意,通过"RTC_Set_WakeUp(4,0);"设置 RTC 周期性自动唤醒周期为 1 秒钟,类似于 STM32F1 的秒钟中断。然后,在 main 函数不断读取 RTC 的时间和日期(每 100 ms 一次),并显示在 LCD 上面。

为了方便设置时间,在 usmart_config.c 里面修改 usmart_nametab 如下:

```
struct _m_usmart_nametab usmart_nametab[] =
{
# if USMART_USE_WRFUNS == 1      //如果使能了读/写操作
    (void * )read_addr,"u32 read_addr(u32 addr)",
    (void * )write_addr,"void write_addr(u32 addr,u32 val)",
# endif
    (void * )RTC_Set_Time,"u8 RTC_Set_Time(u8 hour,u8 min,u8 sec,u8 ampm)",
    (void * )RTC_Set_Date,"u8 RTC_Set_Date(u8 year,u8 month,u8 date,u8 week)",
    (void * )RTC_Set_AlarmA,"void RTC_Set_AlarmA(u8 week,u8 hour,u8 min,u8 sec)",
    (void * )RTC_Set_WakeUp,"void RTC_Set_WakeUp(u8 wksel,u16 cnt)",
    (void * )RTC_Read_BKR,"u32 RTC_Read_BKR(u32 BKRx)",
    (void * )RTC_Write_BKR,"void RTC_Write_BKR(u32 BKRx,u32 data)",
};
```

将 RTC 的一些相关函数加入了 usmart,这样通过串口就可以直接设置 RTC 时

间、日期、闹钟 A、周期性唤醒和备份寄存器读/写等操作。

至此,RTC 实时时钟的软件设计就完成了,接下来检验一下我们的程序是否正确了。

17.4　下载验证

将程序下载到探索者 STM32F4 后可以看到,DS0 不停地闪烁,提示程序已经在运行了,同时 DS1 每隔一秒钟亮一次,说明周期性唤醒中断工作正常。然后,可以看到 TFTLCD 模块开始显示时间,实际显示效果如图 17.11 所示。如果时间和日期不正确,可以利用第 16 章介绍的 usmart 工具,通过串口来设置,并且可以设置闹钟时间等,如图 17.12 所示。可以看到,设置闹钟 A 后串口返回了"ALARM A!"字符串,说明我们的闹钟 A 代码正常运行了!

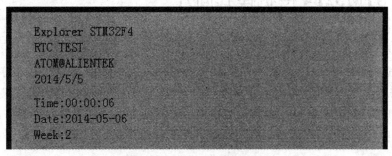

图 17.11　RTC 实验测试图

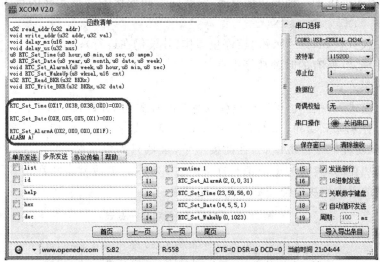

图 17.12　通过 USMART 设置时间和日期并测试闹钟 A

第 **18** 章

待机唤醒实验

本章介绍 STM32F4 的待机唤醒功能。本章使用 KEY_UP 按键来实现唤醒和进入待机模式的功能,然后使用 DS0 指示状态。

18.1　STM32F4 待机模式简介

很多单片机都有低功耗模式,STM32F4 也不例外。在系统或电源复位以后,微控制器处于运行状态。运行状态下的 HCLK 为 CPU 提供时钟,内核执行程序代码。当 CPU 不需要继续运行时,可以利用多个低功耗模式来节省功耗,例如等待某个外部事件时。用户需要根据最低电源消耗、最快速启动时间和可用的唤醒源等条件,选定一个最佳的低功耗模式。STM32F4 的 3 种低功耗模式在 5.2.4 小节有粗略介绍,这里再回顾一下。

STM32F4 提供了 3 种低功耗模式,以达到不同层次的降低功耗的目的,这 3 种模式如下:

> ➤ 睡眠模式(Cortex - M4 内核停止工作,外设仍在运行);
> ➤ 停止模式(所有的时钟都停止);
> ➤ 待机模式。

在运行模式下,我们也可以通过降低系统时钟关闭 APB 和 AHB 总线上未被使用的外设的时钟来降低功耗。3 种低功耗模式一览表如表 18.1 所列。在这 3 种低功耗模式中,最低功耗的是待机模式,在此模式下,最低只需要 2.2 μA 左右的电流。停机模式是次低功耗的,典型的电流消耗在 350 μA 左右。最后就是睡眠模式了。用户可以根据自己的需求来决定使用哪种低功耗模式。

表 18.1　STM32F4 低功耗一览表

模式名称	进　入	唤　醒	对 1.2 V 域 时钟的影响	对 V_{DD} 域 时钟的影响	调压器
睡眠(立即 休眠或退 出时休眠)	WFI	任意中断	CPU CLK 关 闭对其他时 钟或模拟时 钟源无影响	无	开启
	WFE	唤醒事件			

续表 18.1

模式名称	进　入	唤　醒	对 1.2 V 域时钟的影响	对 V_{DD} 域时钟的影响	调压器
停止	PDDS 和 LPDS 位＋ SLEEPDEEP 位＋WFI 或 WFE	任意 EXTI 线（在 EXTI 寄存器中配置，内部线和外部线）	所有 1.2 V 域时钟都关闭	HSI 和 HSE 振荡器关闭	开启或处于低功耗模式（取决于用于 STM32F405xx/07xx 和 STM32F415xx/17xx 的 PWR 电源控制寄存器（PWR _ CR）和用于 STM32F42xxx 和 STM32F43xxx 的 PWR 电源控制寄存器(PWR_CR)
待机	PDDS 位＋ SLEEPDEEP 位＋ WFI 或 WFE	WKUP 引脚上升沿、RTC 闹钟（闹钟 A 或闹钟 B）、RTC 唤醒事件、RTC 入侵事件、RTC 时间戳事件、NRST 引脚外部复位、IWDG 复位	所有 1.2 V 域时钟都关闭	HSI 和 HSE 振荡器关闭	关闭

　　本章仅介绍 STM32F4 的待机模式。待机模式可实现 STM32F4 的最低功耗。该模式是在 Cortex－M4 深睡眠模式时关闭电压调节器。整个 1.2 V 供电区域被断电。PLL、HSI 和 HSE 振荡器也被断电。SRAM 和寄存器内容丢失。除备份域（RTC 寄存器、RTC 备份寄存器和备份 SRAM）和待机电路中的寄存器外，SRAM 和寄存器内容都将丢失。

　　那么如何进入待机模式呢？其实很简单，只要按图 18.1 所示的步骤执行就可以了。图 18.1 还列出了退出待机模式的操作，现有多种方式退出待机模式，包括 WKUP 引脚的上升沿、RTC 闹钟、RTC 唤醒事件、RTC 入侵事件、RTC 时间戳事件、外部复位（NRST 引脚）、IWDG 复位等，微控制器从待机模式退出。

待机模式	说　明
进入模式	WFI(等待中断)或 WFE(等待事件)，且： —将 Cortex－M4F 系统控制寄存器中的 SLEEPDEEP 置 1 —将电源控制寄存器(PWR_CR)中的 PDDS 置 1 —将电源控制/状态寄存器(PWR_CSR)中的 WUF 位清零 —将与所选唤醒源(RTC 闹钟 A、RTC 闹钟 B、RTC 唤醒、RTC 入侵或 RTC 时间戳标志)对应的 RTC 标志清零
退出模式	WKUP 引脚上升沿、RTC 闹钟(闹钟 A 和闹钟 B)、RTC 唤醒事件、RTC 入侵事件、RTC 时间戳事件、NRST 引脚外部复位和 IWDG 复位
唤醒延迟	复位阶段

图 18.1　STM32F4 进入及退出待机模式的条件

从待机模式唤醒后的代码执行等同于复位后的执行(采样启动模式引脚,读取复位向量等)。电源控制/状态寄存器(PWR_CSR)将会指示内核由待机状态退出。在进入待机模式后,除了复位引脚、RTC_AF1 引脚(PC13)(如果针对入侵、时间戳、RTC 闹钟输出或 RTC 时钟校准输出进行了配置)和 WK_UP(PA0)(如果使能了)等引脚外,其他所有 I/O 引脚都将处于高阻态。

图 18.1 已经清楚地说明了进入待机模式的通用步骤,其中涉及 2 个寄存器,即电源控制寄存器(PWR_CR)和电源控制/状态寄存器(PWR_CSR)。下面介绍一下这两个寄存器。

电源控制寄存器(PWR_CR)的各位描述如图 18.2 所示。该寄存器我们只关心 bit1 和 bit2 这两个位,这里通过设置 PWR_CR 的 PDDS 位使 CPU 进入深度睡眠时进入待机模式,同时通过 CWUF 位清除之前的唤醒位。

31	30	29	28	27	26	25	24	23	22	21	20	19	18	17	16
Reserved															

15	14	13	12	11	10	9	8	7	6	5	4	3	2	1	0
Res.	VOS	Reserved				FPDS	DBP	PLS[2:0]			PVDE	CSBF	CWUF	PDDS	LPDS
	rw					rw	rw	rw	rw	rw	rw	rw	rw	rw	rw

位 2　CWUF:将唤醒标志清零(Clear wakeup flag),此位始终读为 0。
0:无操作;1:写 1 操作 2 个系统时钟周期后将 WUF 唤醒标志清零
位 1　PDDS:深度睡眠掉电(Power - down deepsleep),此位由软件置 1 和清零。与 LPDS 位结合使用。
0:器件在 CPU 进入深度睡眠时进入停止模式。调压器状态取决于 LPDS 位。
1:器件在 CPU 进入深度睡眠时进入待机模式

图 18.2　PWR_CR 寄存器各位描述

电源控制/状态寄存器(PWR_CSR)的各位描述如图 18.3 所示。这里通过设置 PWR_CSR 的 EWUP 位来使能 WKUP 引脚用于待机模式唤醒。我们还可以从 WUF 来检查是否发生了唤醒事件,不过本章并没有用到。PWR_CR 和 PWR_CSR 这两个寄存器的详细描述请看《STM32F4xx 中文参考手册》第 5.4.1 和 5.4.3 小节。

31	30	29	28	27	26	25	24	23	22	21	20	19	18	17	16
Reserved															
Res.															

15	14	13	12	11	10	9	8	7	6	5	4	3	2	1	0
Res.	VOS RDY	Reserved				BRE	EWUP	Reserved Res.				BRR	PVDD	SBF	WUF
	rw					rw	rw					r	r	r	r

位 8　EWUP:使能 WKUP 引脚(Enable WKUP pin)
此位由软件置 1 和清零。
0:WKUP 引脚用作通用 I/O。WKUP 引脚上的事件不会把器件从待机模式唤醒。
1:WKUP 用于从待机模式唤醒器件并被强制配置成输入下拉(WKUP 引脚出现上升沿时从待机模式唤醒系统)。
注意:此位通过系统复位进行复位。
位 0　WUF:唤醒标志(Wakeup flag)
此位由硬件置 1,清零则只能通过 POR/PDR(上电复位/掉电复位)或将 PWR_CR 寄存器中的 CWUF 位置 1 来实现。
0:未发生唤醒事件
1:收到唤醒事件,可能来自 WKUP 引脚、RTC 闹钟(闹钟 A 和闹钟 B)、RTC 入侵事件、RTC 时间戳事件或 RTC 唤醒事件。
注意:如果使能 WKUP 引脚(将 EWUP 位置 1)时 WKUP 引脚已为高电平,系统将检测到另一唤醒事件

图 18.3　PWR_CSR 寄存器各位描述

若使能了 RTC 闹钟中断或 RTC 周期性唤醒等中断,进入待机模式前,必须按如

下操作处理：

① 禁止 RTC 中断(ALRAIE、ALRBIE、WUTIE、TAMPIE 和 TSIE 等)。

② 清零对应中断标志位。

③ 清除 PWR 唤醒(WUF)标志(通过设置 PWR_CR 的 CWUF 位实现)。

④ 重新使能 RTC 对应中断。

⑤ 进入低功耗模式。

用到 RTC 相关中断的时候必须按以上步骤执行,之后才可以进入待机模式,这个一定要注意,否则可能无法唤醒,详情请参考《STM32F4xx 中文参考手册》第 5.3.6 小节。

通过以上介绍,我们了解了进入待机模式的方法,以及设置 KEY_UP 引脚从而把 STM32F4 从待机模式唤醒的方法,具体步骤如下：

① 对 RTC 中断进行处理。这部分主要针对开启了 RTC 中断的情况,如果没用到 RTC 中断,则可以忽略;但是为了代码兼容性,默认都做一下处理。此部分就是前面说的开启了 RTC 中断后进入待机模式之前的 5 个处理步骤,防止进入待机无法唤醒的情况。

② 设置 SLEEPDEEP 位。该位在系统控制寄存器(SCB_SCR)的第二位(详见《STM32F3 与 F4 系列 Cortex - M4 内核编程手册》第 214 页 4.4.6 小节),我们将设置该位作为进入待机模式的前提。

③ 使能电源时钟,设置 KEY_UP 引脚作为唤醒源。因为要配置电源控制寄存器,所以必须先使能电源时钟。然后再设置 PWR_CSR 的 EWUP 位,使能 KEY_UP 用于将 CPU 从待机模式唤醒。

④ 设置 PDDS 位,执行 WFI 指令,进入待机模式。接着通过 PWR_CR 设置 PDDS 位,使得 CPU 进入深度睡眠时进入待机模式,最后执行 WFI 指令开始进入待机模式,并等待 KEY_UP 中断的到来。

⑤ 最后编写 KEY_UP 中断函数。通过 KEY_UP 中断(PA0 中断)进入待机模式,所以有必要设置一下该中断函数,以便控制进入待机模式。

通过以上几个步骤的设置就可以使用 STM32F4 的待机模式了,并且可以通过 KEY_UP 来唤醒 CPU。我们最终要实现这样一个功能：通过长按(3 s)KEY_UP 按键开机,并且通过 DS0 的闪烁指示程序已经开始运行,再次长按该键则进入待机模式, DS0 关闭,程序停止运行。类似于手机的开关机。

18.2 硬件设计

本实验用到的硬件资源有：指示灯 DS0、KEY_UP 按键、TFTLCD 模块。本章使用了 KEY_UP 按键用于唤醒和进入待机模式。然后通过 DS0 和 TFTLCD 模块来指示程序是否在运行。这几个硬件的连接前面均有介绍。

18.3 软件设计

找到第 17 章的工程,把没用到的.c 文件删掉,包括 USMART 相关代码以及 rtc.c(注意,此时 HARDWARE 组仅剩 led.c 和 ILI93xx.c)。然后在 HARDWARE 文件夹下新建一个 WKUP 的文件夹。打开 USER 文件夹下的工程,新建一个 wkup.c 的文件和 wkup.h 的头文件,保存在 WKUP 文件夹下,并将 WKUP 文件夹加入头文件包含路径。打开 wkup.c,输入如下代码:

```
//系统进入待机模式
void Sys_Enter_Standby(void)
{
    u32 tempreg;              //零时存储寄存器值用
    //关闭所有外设(根据实际情况写)
    RCC - >AHB1RSTR| = 0X01FE;      //复位除 GPIOA 以外的所有 I/O 口
    while(WKUP_KD);//等待按键松开(在有 RTC 中断时,必须等 WK_UP 松开再进入待机)
    RCC - >AHB1RSTR| = 1<<0;        //复位 GPIOA
    //当开启了 RTC 相关中断后,必须先关闭 RTC 中断,再清中断标志位,然后重新设置
    //RTC 中断,再进入待机模式才可以正常唤醒,否则会有问题
    RCC - >APB1ENR| = 1<<28;        //使能电源时钟
    PWR - >CR| = 1<<8;              //后备区域访问使能(RTC + SRAM)
    //关闭 RTC 寄存器写保护
    RTC - >WPR = 0xCA;
    RTC - >WPR = 0x53;
    tempreg = RTC - >CR&(0X0F<<12);         //记录原来的 RTC 中断设置
    RTC - >CR& = ~(0XF<<12);                //关闭 RTC 所有中断
    RTC - >ISR& = ~(0X3F<<8);               //清除所有 RTC 中断标志
    PWR - >CR| = 1<<2;                      //清除 Wake - up 标志
    RTC - >CR| = tempreg;                   //重新设置 RTC 中断
    RTC - >WPR = 0xFF;                      //使能 RTC 寄存器写保护
    Sys_Standby();                          //进入待机模式
}
//检测 WKUP 脚的信号
//返回值 1:连续按下 3 s 以上;0:错误的触发
u8 Check_WKUP(void)
{
    u8 t = 0;
    u8 tx = 0;                              //记录松开的次数
    LED0 = 0;                               //亮灯 DS0
    while(1)
    {
        if(WKUP_KD) { t ++ ; tx = 0; }     //已经按下了
        else
        {
            tx ++ ;
            if(tx>3)                        //超过 90 ms 内没有 WKUP 信号
            {
                LED0 = 1;
                return 0;                   //错误的按键,按下次数不够
```

```
            }
        }
        delay_ms(30);
        if(t>=100)                          //按下超过 3 秒钟
        {
            LED0=0;                         //点亮 DS0
            return 1;                       //按下 3 s 以上了
        }
    }
}
//中断,检测到 PA0 脚的一个上升沿
//中断线 0 线上的中断检测
void EXTI0_IRQHandler(void)
{
    EXTI->PR=1<<0;                          //清除 LINE10 上的中断标志位
    if(Check_WKUP())                        //关机吗
    {
        Sys_Enter_Standby();
    }
}
//PA0 WKUP 唤醒初始化
void WKUP_Init(void)
{
    RCC->AHB1ENR|=1<<0;                     //使能 PORTA 时钟
    GPIO_Set(GPIOA,PIN0,GPIO_MODE_IN,0,0,GPIO_PUPD_PD);    //PA0 设置
    //(检查是否是正常开)机
    if(Check_WKUP()==0) Sys_Enter_Standby();              //不是开机,进入待机模式
    Ex_NVIC_Config(GPIO_A,0,RTIR);                        //PA0 上升沿触发
    MY_NVIC_Init(2,2,EXTI0_IRQn,2);                       //抢占 2,子优先级 2,组 2
}
```

该部分代码比较简单,这里说明两点:

① 在 void Sys_Enter_Standby(void)函数里面,我们要在进入待机模式前把所有开启的外设全部关闭,这里仅仅复位了所有的 I/O 口,使得 I/O 口全部为浮空输入。对于其他外设(比如 ADC 等),大家根据自己开启的情况进行一一关闭,这样才能达到最低功耗!另外,该函数实现了我们前面提到的,将 RTC 中断先禁止,然后清除 WUF 位,然后重设置 RTC 中断,最后才通过调用 Sys_Standby 函数(该函数介绍见 5.2.4 小节)进入待机模式。

②在 void WKUP_Init(void)函数里面,我们要先判断 WK_UP 是否按下了 3 s 来决定要不要开机,如果没有按下 3 s,程序直接进入待机模式。所以在下载完代码的时候,是看不到任何反应的。我们必须先按 WK_UP 按键 3 s 开机,才能看到 DS0 闪烁。

保存 wkup.c,并加入到 HARDWARE 组下。wkup.h 代码就不多说了,请参考本例程源码。最后在 test.c 里面修改 main 函数如下:

```
int main(void)
{
    Stm32_Clock_Init(336,8,2,7);           //设置时钟,168 MHz
    delay_init(168);                       //延时初始化
```

```
uart_init(84,115200);              //初始化串口波特率为 115200
LED_Init();                        //初始化 LED
WKUP_Init();                       //待机唤醒初始化
LCD_Init();                        //初始化 LCD
POINT_COLOR = RED;
LCD_ShowString(30,50,200,16,16,"Explorer STM32F4");
LCD_ShowString(30,70,200,16,16,"WKUP TEST");
LCD_ShowString(30,90,200,16,16,"ATOM@ALIENTEK");
LCD_ShowString(30,110,200,16,16,"2014/5/6");
LCD_ShowString(30,130,200,16,16,"WK_UP:Stanby/WK_UP");
while(1)
{
    LED0 = ! LED0;
    delay_ms(250);
}
}
```

这里先初始化 LED 和 WK_UP 按键(通过 WKUP_Init()函数初始化),如果检测到有长按 WK_UP 按键 3 s 以上,则开机,并执行 LCD 初始化,在 LCD 上面显示一些内容;如果没有长按,则在 WKUP_Init 里面调用 Sys_Enter_Standby 函数,直接进入待机模式了。

开机后,在死循环里面等待 WK_UP 中断的到来。得到中断后,在中断函数里面判断 WK_UP 按下的时间长短,从而决定是否进入待机模式。如果按下时间超过 3 s,则进入待机;否则,退出中断,继续执行 main 函数的死循环等待,同时不停地取反 LED0,让红灯闪烁。

代码部分就介绍到这里,大家记住下载代码后,一定要长按 WK_UP 按键来开机,否则将直接进入待机模式,无任何现象。

18.4　下载与测试

代码编译成功之后下载到探索者 STM32F4 开发板上,此时看到开发板 DS0 亮了一下(Check_WKUP 函数执行了 LED0=0 的操作)就没有反应了。其实这是正常的,程序下载完之后,开发板检测不到 WK_UP 的持续按下(3 s 以上),所以直接进入待机模式,看起来和没有下载代码一样。此时,长按 WK_UP 按键 3 s 左右,可以看到 DS0 开始闪烁,液晶也会显示一些内容。然后再长按 WK_UP,DS0 会灭掉,液晶灭掉,程序再次进入待机模式。

特别注意:如果之前开启了 RTC 周期性唤醒中断(比如下载了 RTC 实验),那么会看到 DS0 周期性地闪烁(周期性唤醒 MCU 了)。如果想去掉这种情况,须关闭 RTC 的周期性唤醒中断。简单的办法:将 CR1220 电池去掉,然后给板子断电,等待 10 s 左右,让 RTC 配置全部丢失,然后再装上 CR1220 电池,之后再给开发板供电,就不会看到 DS0 周期性闪烁了。

第 **19** 章

ADC 实验

本章介绍 STM32F4 的 ADC 功能,使用 STM32F4 的 ADC1 通道 5 来采样外部电压值,并在 TFTLCD 模块上显示出来。

19.1　STM32F4 ADC 简介

STM32F4xx 系列一般都有 3 个 ADC,这些 ADC 可以独立使用,也可以使用双重/三重模式(提高采样率)。STM32F4 的 ADC 是 12 位逐次逼近型的模拟数字转换器,有 19 个通道,可测量 16 个外部源、2 个内部源和 Vbat 通道的信号。这些通道的 A/D 转换可以单次、连续、扫描或间断模式执行。ADC 的结果可以以左对齐或右对齐方式存储在 16 位数据寄存器中。模拟看门狗特性允许应用程序检测输入电压是否超出用户定义的高/低阈值。

STM32F407ZGT6 包含 3 个 ADC。STM32F4 的 ADC 最大的转换速率为 2.4 MHz,也就是转换时间为 1 μs(在 ADCCLK=36 MHz,采样周期为 3 个 ADC 时钟下得到)。不要让 ADC 的时钟超过 36 MHz,否则将导致结果准确度下降。

STM32F4 将 ADC 的转换分为 2 个通道组:规则通道组和注入通道组。规则通道相当于正常运行的程序,而注入通道相当于中断。在程序正常执行的时候,中断是可以打断其执行的。同这个类似,注入通道的转换可以打断规则通道的转换,在注入通道被转换完成之后,规则通道才得以继续转换。

通过一个形象的例子可以说明:假如在家里院子内放了 5 个温度探头,室内放了 3 个温度探头,于是时刻监视室外温度即可;若偶尔想看看室内的温度,则可以使用规则通道组循环扫描室外的 5 个探头并显示 A/D 转换结果。当想看室内温度时,通过一个按钮启动注入转换组(3 个室内探头)并暂时显示室内温度;当放开这个按钮后,系统又回到规则通道组继续检测室外温度。从系统设计上,测量并显示室内温度的过程中断了测量并显示室外温度的过程,但程序设计上可以在初始化阶段分别设置好不同的转换组,系统运行中不必再变更循环转换的配置,从而达到两个任务互不干扰和快速切换的结果。可以设想一下,如果没有规则组和注入组的划分,当你按下按钮后,需要重新配置 A/D 循环扫描的通道,释放按钮后须再次配置 A/D 循环扫描的通道。

上面的例子因为速度较慢,不能完全体现这样区分(规则通道组和注入通道组)的好处,但在工业应用领域中有很多检测和监视探头需要较快地处理,这样对 A/D 转换的分组将简化事件处理的程序并提高事件处理的速度。

STM32F4 的 ADC 规则通道组最多包含 16 个转换,而注入通道组最多包含 4 个通道。关于这两个通道组的详细介绍,请参考《STM32F4xx 中文参考手册》第 250 页第 11.3.3 小节。STM32F4 的 ADC 可以进行很多种不同的转换模式,可参考《STM32F4xx 中文参考手册》的第 11 章,这里就不一一列举了。本章仅介绍如何使用规则通道的单次转换模式。

STM32F4 的 ADC 在单次转换模式下只执行一次转换,该模式可以通过 ADC_CR2 寄存器的 ADON 位(只适用于规则通道)启动,也可以通过外部触发启动(适用于规则通道和注入通道),这时 CONT 位为 0。

以规则通道为例,一旦所选择的通道转换完成,转换结果将被存在 ADC_DR 寄存器中,EOC(转换结束)标志将被置位。如果设置了 EOCIE,则产生中断。然后 ADC 将停止,直到下次启动。

接下来介绍执行规则通道的单次转换需要用到的 ADC 寄存器。第一个要介绍的是 ADC 控制寄存器(ADC_CR1 和 ADC_CR2)。ADC_CR1 的各位描述如图 19.1 所示。这里不详细介绍每个位,而是针对性地介绍本章要用到的位,其他可参考《STM32F4xx 中文参考手册》第 11.13.2 小节。

31	30	29	28	27	26	25	24	23	22	21	20	19	18	17	16
			Reserved		OVRIE	RES		AWDEN	JAWDEN			Reserved			
					rw	rw	rw	rw	rw						

15	14	13	12	11	10	9	8	7	6	5	4	3	2	1	0
DISCNUM[2:0]			JDISCEN	DISCEN	JAUTO	AWDSGL	SCAN	JEOCIE	AWDIE	EOCIE	AWDCH[4:0]				
rw	rw	rw	rw	rw	rw	rw	rw	rw	rw	rw	rw	rw	rw	rw	rw

图 19.1 ADC_CR1 寄存器各位描述

ADC_CR1 的 SCAN 位用于设置扫描模式,由软件设置和清除,如果设置为 1,则使用扫描模式;如果为 0,则关闭扫描模式。在扫描模式下,由 ADC_SQRx 或 ADC_JSQRx 寄存器选中的通道被转换。如果设置了 EOCIE 或 JEOCIE,则只在最后一个通道转换完毕后才会产生 EOC 或 JEOC 中断。

ADC_CR1[25:24]用于设置 ADC 的分辨率,详细的对应关系如图 19.2 所示。本章使用 12 位分辨率,所以设置这两个位为 0 就可以了。接着介绍 ADC_CR2,该寄存器的各位描述如图 19.3 所示。该寄存器也只针对性地介绍一些位:ADON 位用于开关 A/D 转换器。而 CONT 位用于设置是否进行连续转换,我们使用单次转换,所以 CONT 位必须为 0。ALIGN 用于设置数据对齐,我们使用右对齐,该位设置为 0。

位 25:24   RES[1:0]:分辨率(Resolution)
通过软件写入这些位可选择转换的分辨率。
00:12 位(15ADCCLK 周期);01:10 位(13ADCCLK 周期)
10:8 位(11 ADCCLK 周期);11:6 位(9 ADCCLK 周期)

图 19.2 ADC 分辨率选择

31	30	29	28	27	26	25	24	23	22	21	20	19	18	17	16
reserved	SWST ART	EXTEN		EXTSEL[3：0]				reserved	JSWST ART	JEXTEN		JEXTSEL[3：0]			
	rw	rw	rw	rw	rw	rw	rw		rw	rw	rw	rw	rw	rw	rw
15	14	13	12	11	10	9	8	7	6	5	4	3	2	1	0
reserved				ALIGN	EOCS	DDS	DMA	Reserved						CONT	ADON
				rw	rw	rw	rw							rw	rw

图 19.3　ADC_CR2 寄存器各位描述

EXTEN[1：0]用于规则通道的外部触发使能设置,详细的设置关系如图 19.4 所示。这里使用的是软件触发,即不使用外部触发,所以设置这 2 个位为 0 即可。ADC_CR2 的 SWSTART 位用于开始规则通道的转换,每次转换(单次转换模式下)都需要向该位写 1。

位 29：28　EXTEN:规则通道的外部触发使能(External trigger enable for regular channels)

通过软件将这些位置 1 和清零可以选择外部触发极性和使能规则组的触发。

00:禁止触发检测;01:上升沿上的触发检测

10:下降沿上的触发检测;11:上升沿和下降沿上的触发检测

图 19.4　ADC 规则通道外部触发使能设置

第二个要介绍的是 ADC 通用控制寄存器(ADC_CCR),该寄存器各位描述如图 19.5 所示。该寄存器也只介绍一些位:TSVREFE 位是内部温度传感器和 Vrefint 通道使能位,当要用内部温度传感器时,需要设置为 1,这里直接设置为 0。ADCPRE[1：0]用于设置 ADC 输入时钟分频,00～11 分别对应 2/4/6/8 分频,STM32F4 的 ADC 最大工作频率是 36 MHz,而 ADC 时钟(ADCCLK)来自 APB2,APB2 频率一般是 84 MHz,所以一般设置 ADCPRE=01,即 4 分频,这样得到 ADCCLK 频率为 21 MHz。MULTI[4：0]用于多重 ADC 模式选择,详细的设置关系如图 19.6 所示。

本章仅用了 ADC1(独立模式),并没用到多重 ADC 模式,所以设置这 5 个位为 0 即可。

31	30	29	28	27	26	25	24	23	22	21	20	19	18	17	16
Reserved								TSVREFE	VBATE	Reserved				ADCPRE	
								rw	rw					rw	rw
15	14	13	12	11	10	9	8	7	6	5	4	3	2	1	0
DMA[1：0]		DDS	Res.	DELAY[3：0]				Reserved				MULTI[4：0]			
rw	rw	rw		rw	rw	rw	rw					rw	rw	rw	rw	rw

图 19.5　ADC_CCR 寄存器各位描述

第三个要介绍的是 ADC 采样时间寄存器(ADC_SMPR1 和 ADC_SMPR2),这两个寄存器用于设置通道 0～18 的采样时间,每个通道占用 3 个位。ADC_SMPR1 的各位描述如图 19.7 所示。ADC_SMPR2 的各位描述如图 19.8 所示。

位 4：0　MULTI[4：0]：多重 ADC 模式选择(Multi ADC mode selection)
通过软件写入这些位可选择操作模式。
所有 ADC 均独立：
00000：独立模式
00001 到 01001：双重模式，ADC1 和 ADC2 一起工作，ADC3 独立
00001：规则同时＋注入同时组合模式
00010：规则同时＋交替触发组合模式
00011：Reserved
00101：仅注入同时模式
00110：仅规则同时模式
仅交错模式
01001：仅交替触发模式
10001 到 11001：三重模式：ADC1、ADC2 和 ADC3 一起工作
10001：规则同时＋注入同时组合模式
10010：规划同时＋交替触发组合模式
10011：Reserved
10101：仅注入同时模式
10110：仅规则同时模式
仅交错模式
11001：仅交替触发模式
其他所有组合均需保留且不允许编程

图 19.6　多重 ADC 模式选择设置

31	30	29	28	27	26	25	24	23	22	21	20	19	18	17	16
Reserved					SMP18[2：0]			SMP17[2：0]			SMP16[2：0]			SMP15[2：1]	
					rw	rw	rw	rw	rw	rw	rw	rw	rw	rw	rw

15	14	13	12	11	10	9	8	7	6	5	4	3	2	1	0
SMP15_0	SMP14[2：0]			SMP13[2：0]			SMP12[2：0]			SMP11[2：0]			SMP10[2：0]		
rw	rw	rw	rw	rw	rw	rw	rw	rw	rw	rw	rw	rw	rw	rw	rw

位 31：27　保留，必须保持复位值。
位 26：0　SMPx[2：0]：通道 X 采样时间选择(Channel x sampling time selection)
通过软件写入这些位可分别为各个通道选择采样时间。在采样周期期间，通道选择位必须保持不变。
注意：000：3 个周期　　　　100：84 个周期
001：15 个周期　　　　101：112 个周期
010：28 个周期　　　　110：144 个周期
011：56 个周期　　　　111：480 个周期

图 19.7　ADC_SMPR1 寄存器各位描述

31	30	29	28	27	26	25	24	23	22	21	20	19	18	17	16
Reserved		SMP9[2：0]			SMP8[2：0]			SMP7[2：0]			SMP6[2：0]			SMP5[2：1]	
		rw	rw	rw	rw	rw	rw	rw	rw	rw	rw	rw	rw	rw	rw

15	14	13	12	11	10	9	8	7	6	5	4	3	2	1	0
SMP15_0	SMP4[2：0]			SMP3[2：0]			SMP2[2：0]			SMP1[2：0]			SMP0[2：0]		
rw	rw	rw	rw	rw	rw	rw	rw	rw	rw	rw	rw	rw	rw	rw	rw

位 31：30　保留，必须保持复位值。
位：29：0　SMPx[2：0]：通道 X 采样时间选择(Channel x sampling time selection)
通过软件写入这些位可分别为各个通道选择采样时间。在采样周期期间，通道选择位必须保持小变。
注意：000：3 个周期　　　　100：84 个周期
001：15 个周期　　　　1 01：112 个周期
010：28 个周期　　　　110：144 个周期
011：56 个周期　　　　111：480 个周期

图 19.8　ADC_SMPR2 寄存器各位描述

对于每个要转换的通道,采样时间建议尽量长一点,以获得较高的准确度,但是这样会降低 ADC 的转换速率。ADC 的转换时间可以由以下公式计算:

$$T_{\text{covn}} = 采样时间 + 12 个周期$$

其中,T_{covn} 为总转换时间,采样时间是根据每个通道 SMP 位的设置来决定的。例如,当 ADCCLK$=$21 MHz 的时候,同时设置 3 个周期的采样时间,则得到 $T_{\text{covn}}=3+12=15$ 个周期$=0.71$ μs。

第四个要介绍的是 ADC 规则序列寄存器(ADC_SQR1~3),该寄存器总共有 3 个,这几个寄存器的功能都差不多,这里仅介绍 ADC_SQR1,该寄存器的各位描述如图19.9 所示。

31	30	29	28	27	26	25	24	23	22	21	20	19	18	17	16
								L[3：0]				SQ16[4：1]			
				Reserved				rw	rw	rw	rw	rw	rw	rw	rw

15	14	13	12	11	10	9	8	7	6	5	4	3	2	1	0
SQ16_0	SQ15[4：0]					SQ14[4：0]					SQ13[4：0]				
rw	rw	rw	rw	rw	rw	rw	rw	rw	rw	rw	rw	rw	rw	rw	rw

位 31：24　保留,必须保持复位值。
位 23：20　L[3：0]:规则通道序列长度(Regular channel sequence length)
　　　　　通过软件写入这些位可定义规则通道转换序列中的转换总数。
　　　　　0000:1 次转换
　　　　　0001:2 次转换
　　　　　……
　　　　　1111:16 次转换
位 19：15　SQ16[4：0]:规则序列中的第十六次转换
　　　　　通过软件写入这些位,并将通道编号(0:18)分配为转换序列中的第十六次转换。
位 14：10　SQ15[4：0]:规则序列中的第十五次转换
位 9：5　　SQ14[4：0]:规则序列中的第十四次转换
位 4：0　　SQ13[4：0]:规则序列中的第十三次转换

图 19.9　ADC_SQR1 寄存器各位描述

L[3：0]用于存储规则序列的长度,这里只用了一个,所以设置这几个位的值为0。其他的 SQ13~16 则存储了规则序列中第 13~16 个通道的编号(0~18)。另外两个规则序列寄存器同 ADC_SQR1 大同小异,这里就不再介绍了。要说明一点的是:我们选择的是单次转换,所以只有一个通道在规则序列里面,这个序列就是 SQ1,至于 SQ1 里面哪个通道则完全由用户通过 ADC_SQR3 的最低 5 位(也就是 SQ1)设置。

第五个要介绍的是 ADC 规则数据寄存器(ADC_DR)。规则序列中的 A/D 转化结果都存在这个寄存器里面,而注入通道的转换结果被保存在 ADC_JDRx 里面。ADC_DR 的各位描述如图 19.10 所示。注意,该寄存器的数据可以通过 ADC_CR2 的 A-LIGN 位设置左对齐还是右对齐。在读取数据的时候要注意。

最后一个要介绍的 ADC 寄存器为 ADC 状态寄存器(ADC_SR),该寄存器保存了 ADC 转换时的各种状态。该寄存器的各位描述如图 19.11 所示。

这里仅介绍将要用到的是 EOC 位,通过判断该位来决定是否此次规则通道的 A/D 转换已经完成。如果该位为 1,则表示转换完成了,就可以从 ADC_DR 中读取转换结果,否则等待转换完成。

31	30	29	28	27	26	25	24	23	22	21	20	19	18	17	16
Reserved															

15	14	13	12	11	10	9	8	7	6	5	4	3	2	1	0
DATA[15:0]															
r	r	r	r	r	r	r	r	r	r	r	r	r	r	r	r

位 31:16　保留,必须保持复位值。

位 15:0　DATA[15:0]:规则数据(Regular data)

　　　　这些位只读。它们包括来自规则通道的转换结果。数据有左对齐和右对齐两种方式

图 19.10　ADC_JDRx 寄存器各位描述

31	30	29	28	27	26	25	24	23	22	21	20	19	18	17	16
Reserved															

15	14	13	12	11	10	9	8	7	6	5	4	3	2	1	0
Reserved										OVR	STRT	JSTRT	JEOC	EOC	AWD
										rc_w0	rc_w0	rc_w0	rc_w0	rc_w0	rc_w0

图 19.11　ADC_SR 寄存器各位描述

至此,本章要用到的 ADC 相关寄存器全部介绍完毕了,未介绍的部分可参考《STM32F4xx 中文参考手册》第 11 章。通过以上介绍,我们了解了 STM32F4 的单次转换模式下的相关设置,本章使用 ADC1 的通道 5 来进行 A/D 转换,其详细设置步骤如下:

① 开启 PA 口时钟,设置 PA5 为模拟输入。

STM32F407ZGT6 的 ADC1 通道 5 在 PA5 上,所以,我们先要使能 PORTA 的时钟,然后设置 PA5 为模拟输入。

② 使能 ADC1 时钟,并设置分频因子。

要使用 ADC1,第一步就是要使能 ADC 的时钟在使能完时钟之后,进行一次 ADC 的复位(不是必须的)。接着就可以通过 ADC1 的 CCR 寄存器设置 ADC1 的分频因子。分频因子要确保 ADC1 的时钟(ADCCLK)不超过 36 MHz。

③ 设置 ADC1 的工作模式。

在设置完分频因子之后,我们就可以开始 ADC1 的模式配置了,设置单次转换模式、触发方式选择、数据对齐方式等都在这一步实现。

④ 设置 ADC1 规则序列的相关信息。

接下来要设置规则序列的相关信息,这里只有一个通道,并且是单次转换的,所以设置规则序列中通道数为 1,然后设置 ADC1 通道 5 的采样周期。

⑤ 开启 A/D 转换器。

设置完以上信息后,我们就开启 A/D 转换器了(通过 ADC_CR2 寄存器控制)。

⑥ 读取 ADC 值。

在上面的步骤完成后,ADC 就算准备好了。接下来要做的就是设置规则序列 1 里面的通道,然后启动 ADC 转换。转换结束后,读取 ADC1_DR 里面的值就可以了。

这里还需要说明一下 ADC 的参考电压。探索者 STM32F4 开发板使用的是 STM32F407ZGT6,该芯片只有 V_{ref+} 参考电压引脚,V_{ref+} 的输入范围为 $1.8\sim VDDA$。探索者 STM32F4 开发板通过 P7 端口来设置 V_{ref+} 的参考电压;默认是通过跳线帽将 V_{ref+} 接到 VDDA,参考电压就是 3.3 V。如果想自己设置其他参考电压,则将你的参考电压接在 V_{ref+} 上就可以了(注意要共地)。另外,对于还有 V_{ref-} 引脚的 STM32F4 芯片,直接就近将 V_{ref-} 接 VSSA 就可以了。本章参考电压设置为 3.3 V。

通过以上几个步骤的设置,我们就能正常使用 STM32F4 的 ADC1 来执行 A/D 转换操作了。

19.2　硬件设计

本实验用到的硬件资源有指示灯 DS0、TFTLCD 模块、ADC、杜邦线。前面 2 个均已介绍过,而 ADC 属于 STM32F4 内部资源,实际上我们只需要软件设置就可以正常工作,不过需要在外部连接其端口到被测电压上面。本章通过 ADC1 的通道 5(PA5)来读取外部电压值,探索者 STM32F4 开发板上面没有设计参考电压源,但是板上有几个可以提供测试的地方:①3.3 V 电源;②GND;③后备电池。注意:这里不能接到板上 5 V 电源上去测试,这可能会烧坏 ADC!

因为要连接到其他地方测试电压,所以我们需要一根杜邦线,或者自备的连接线也可以,一头插在多功能端口 P12 的 ADC 插针上(与 PA5 连接),另外一头就接要测试的电压点(确保该电压不大于 3.3 V 即可)。

19.3　软件设计

找到第 18 章的工程,把没用到 .c 文件 wkup.c 删掉(注意,此时 HARDWARE 组仅剩 led.c 和 ILI93xx.c)。然后,在 HARDWARE 文件夹下新建一个 ADC 的文件夹。然后打开 USER 文件夹下的工程,新建一个 adc.c 的文件和 adc.h 的头文件,保存在 ADC 文件夹下,并将 ADC 文件夹加入头文件包含路径。

打开 adc.c,输入如下代码:

```
//初始化 ADC,这里仅以规则通道为例,默认仅开启 ADC1_CH5
void  Adc_Init(void)
{
    //先初始化 I/O 口
    RCC - >APB2ENR| = 1<<8;                              //使能 ADC1 时钟
    RCC - >AHB1ENR| = 1<<0;                              //使能 PORTA 时钟
    GPIO_Set(GPIOA,PIN5,GPIO_MODE_AIN,0,0,GPIO_PUPD_PU); //PA5,模拟输入
    RCC - >APB2RSTR| = 1<<8;                             //ADC 复位
    RCC - >APB2RSTR& = ~(1<<8);                          //复位结束
    ADC - >CCR = 3<<16;              //ADCCLK = PCLK2/4 = 84/4 = 21 MHz,不要超过 36 MHz
    ADC1 - >CR1 = 0;                 //CR1 设置清零
    ADC1 - >CR2 = 0;                 //CR2 设置清零
```

```
    ADC1 - >CR1| = 0<<24;              //12 位模式
    ADC1 - >CR1| = 0<<8;               //非扫描模式
    ADC1 - >CR2& = ~(1<<1);            //单次转换模式
     ADC1 - >CR2& = ~(1<<11);          //右对齐
    ADC1 - >CR2| = 0<<28;              /软件触发
    ADC1 - >SQR1& = ~(0XF<<20);
    ADC1 - >SQR1| = 0<<20;             //1 个转换在规则序列中 也就是只转换规则序列1
    //设置通道 5 的采样时间
    ADC1 - >SMPR2& = ~(7<<(3 * 5));    //通道 5 采样时间清空
     ADC1 - >SMPR2| = 7<<(3 * 5);      //通道 5   480 个周期,提高采样时间可提高精确度
    ADC1 - >CR2| = 1<<0;               //开启 A/D 转换器
}
//获得 ADC 值
//ch:通道值 0~16;返回值:转换结果
u16 Get_Adc(u8 ch)
{
    //设置转换序列
    ADC1 - >SQR3& = 0XFFFFFFE0;        //规则序列 1 通道 ch
    ADC1 - >SQR3| = ch;
    ADC1 - >CR2| = 1<<30;              //启动规则转换通道
    while(! (ADC1 - >SR&1<<1));         //等待转换结束
    return ADC1 - >DR;                 //返回 adc 值
}
//获取通道 ch 的转换值,取 times 次,然后平均
//ch:通道编号;times:获取次数;返回值:通道 ch 的 times 次转换结果平均值
u16 Get_Adc_Average(u8 ch,u8 times)
{
    u32 temp_val = 0;
    u8 t;
    for(t = 0;t<times;t ++ )
    {
        temp_val + = Get_Adc(ch);
        delay_ms(5);
    }
    return temp_val/times;
}
```

此部分代码就 3 个函数,Adc_Init 函数用于初始化 ADC1。这里基本上是按上面的步骤来初始化的,我们仅开通了一个通道,即通道 5。第二个函数 Get_Adc,用于读取某个通道的 ADC 值,例如读取通道 5 上的 ADC 值,就可以通过 Get_Adc(5)得到。最后一个函数 Get_Adc_Average,用于多次获取 ADC 值,取平均从而提高准确度。

保存 adc.c 代码,并将该代码加入 HARDWARE 组下。同样 adc.h 的内容可参考本例程源码,这里就不贴出来了。接下来在 test.c 里面修改 main 函数如下:

```
int main(void)
{
    u16 adcx;
    float temp;
    Stm32_Clock_Init(336,8,2,7);      //设置时钟,168 MHz
    delay_init(168);                  //延时初始化
```

```
uart_init(84,115200);                       //初始化串口波特率为 115200
LED_Init();                                  //初始化 LED
LCD_Init();                                  //初始化 LCD
Adc_Init();                                  //初始化 ADC
POINT_COLOR = RED;
LCD_ShowString(30,50,200,16,16,"Explorer STM32F4");
LCD_ShowString(30,70,200,16,16,"ADC TEST");
LCD_ShowString(30,90,200,16,16,"ATOM@ALIENTEK");
LCD_ShowString(30,110,200,16,16,"2014/5/6");
POINT_COLOR = BLUE;                          //设置字体为蓝色
LCD_ShowString(30,130,200,16,16,"ADC1_CH5_VAL:");
LCD_ShowString(30,150,200,16,16,"ADC1_CH5_VOL:0.000V");
while(1)
{
    adcx = Get_Adc_Average(ADC_CH5,20);
    LCD_ShowxNum(134,130,adcx,4,16,0);      //显示 ADC 的值
    temp = (float)adcx * (3.3/4096);
    adcx = temp;
    LCD_ShowxNum(134,150,adcx,1,16,0);      //显示电压值
    temp - = adcx; temp * = 1000;
    LCD_ShowxNum(150,150,temp,3,16,0X80);
    LED0 = ! LED0; delay_ms(250);
}
}
```

对于此部分代码,程序先在 TFTLCD 模块上显示一些提示信息后,将每隔 250 ms 读取一次 ADC 通道 5 的值(ADC_CH5 是在 adc. h 里面定义的一个宏,值为 5),并显示读到的 ADC 值(数字量)以及其转换成模拟量后的电压值。同时控制 LED0 闪烁,以提示程序正在运行。

19.4　下载验证

在代码编译成功之后,下载到 ALIENTEK 探索者 STM32F4 开发板上,则可以看到 LCD 显示如图 19.12 所示。图中将 ADC 和 TPAD 连接在一起,可以看到 TPAD 信号电平为 3 V 左右,这是因为存在上拉电阻 R64 的缘故。同时伴随 DS0 的不停闪烁,提示程序在运行。可以试试把杜邦线接到其他地方,看看电压值是否准确? 但是一定别接到 5 V 上面去,否则可能烧坏 ADC!

特别注意:STM32F4 的 ADC 精度貌似不怎么好,ADC 引脚直接接 GND 都可以读到十几的数值,相比 STM32F103 来说,要差了一些,使用的时候注意下这个问题。

通过这一章的学习,我们了解了 STM32F4 ADC 的使用,但这仅仅是 STM32F4 强大的 ADC 功能的一小点应用。STM32F4 的 ADC 在很多地方都可以用到,其 ADC 的 DMA 功能是很不错的,建议有兴趣的读者深入研究,相信会给以后的开发带来方便。

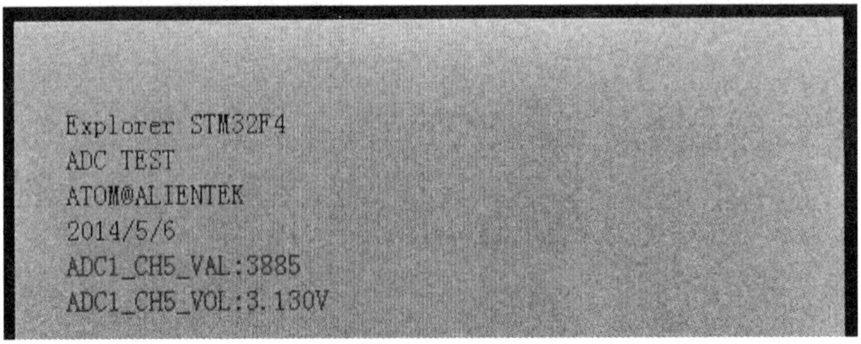

图 19.12　ADC 实验测试图

第 20 章

DAC 实验

本章介绍 STM32F4 的 DAC 功能。本章利用按键(或 USMART)控制 STM32F4 内部 DAC1 来输出电压,通过 ADC1 的通道 5 采集 DAC 的输出电压,在 LCD 模块上面显示 ADC 获取到的电压值以及 DAC 的设定输出电压值等信息。

20.1 STM32F4 DAC 简介

STM32F4 的 DAC 模块(数字/模拟转换模块)是 12 位数字输入,电压输出型的 DAC。DAC 可以配置为 8 位或 12 位模式,也可以与 DMA 控制器配合使用。DAC 工作在 12 位模式时,数据可以设置成左对齐或右对齐。DAC 模块有 2 个输出通道,每个通道都有单独的转换器。在双 DAC 模式下,2 个通道可以独立转换,也可以同时进行转换并同步更新 2 个通道的输出。DAC 可以通过引脚输入参考电压 V_{ref+} (通 ADC 共用)获得更精确的转换结果。

STM32F4 的 DAC 模块主要特点有:

➢ 2 个 DAC 转换器:每个转换器对应一个输出通道;

➢ 8 位或者 12 位单调输出;

➢ 12 位模式下数据左对齐或者右对齐;

➢ 同步更新功能;

➢ 噪声波形生成;

➢ 三角波形生成;

➢ 双 DAC 通道同时或者分别转换;

➢ 每个通道都有 DMA 功能。

单个 DAC 通道的框图如图 20.1 所示。图中 V_{DDA} 和 V_{SSA} 为 DAC 模块模拟部分的供电,而 V_{ref} +则是 DAC 模块的参考电压。DAC_OUTx 就是 DAC 的输出通道了(对应 PA4 或者 PA5 引脚)。

从图 20.1 可以看出,DAC 输出是受 DORx 寄存器直接控制的,但是我们不能直接往 DORx 寄存器写入数据,而是通过 DHRx 间接地传给 DORx 寄存器,实现对 DAC 输出的控制。前面提到,STM32F4 的 DAC 支持 8/12 位模式,8 位模式的时候是固定的右对齐的,而 12 位模式又可以设置左对齐/右对齐。单 DAC 通道 x,总共有 3 种情况:

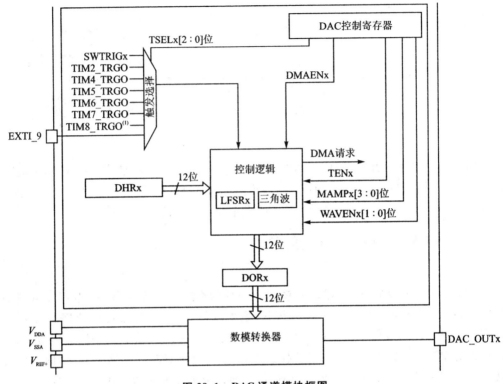

图 20.1 DAC 通道模块框图

① 8 位数据右对齐:用户将数据写入 DAC_DHR8Rx[7:0]位(实际存入 DHRx[11:4]位)。

② 12 位数据左对齐:用户将数据写入 DAC_DHR12Lx[15:4](实际存入 DHRx[11:0])。

③ 12 位数据右对齐:用户将数据写入 DAC_DHR12Rx[11:0](实际存入 DHRx[11:0])。

本章使用的就是单 DAC 通道 1,采用 12 位右对齐格式,所以采用第③种情况。

如果没有选中硬件触发(寄存器 DAC_CR1 的 TENx 位置'0'),存入寄存器 DAC_DHRx 的数据会在一个 APB1 时钟周期后自动传至寄存器 DAC_DORx。如果选中硬件触发(寄存器 DAC_CR1 的 TENx 位置'1'),数据传输在触发发生以后 3 个 APB1 时钟周期后完成。一旦数据从 DAC_DHRx 寄存器装入 DAC_DORx 寄存器,在经过时间 $t_{SETTLING}$ 之后,输出即有效,这段时间的长短依电源电压和模拟输出负载的不同会有所变化。从 STM32F407ZGT6 的数据手册查到 $t_{SETTLING}$ 的典型值为 3 μs,最大是 6 μs。所以 DAC 的转换速度最快是 333 kHz 左右。

本章不使用硬件触发(TEN=0),其转换的时间框图如图 20.2 所示。当 DAC 的参考电压为 V_{ref+} 的时候,DAC 的输出电压是线性的从 0~V_{ref+},12 位模式下 DAC 输出电压与 V_{ref+} 以及 DORx 的计算公式如下:

$$DACx 输出电压 = V_{ref} \cdot (DORx/4\ 095)$$

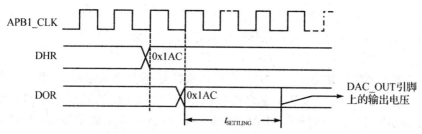

图 20.2　TEN＝0 时 DAC 模块转换时间框图

接下来介绍要实现 DAC 的通道 1 输出，需要用到的一些寄存器。首先是 DAC 控制寄存器 DAC_CR，各位描述如图 20.3 所示。

31	30	29	28	27	26	25	24	23	22	21	20	19	18	17	16
Reserved		DMAU DRIE2	DMA EN2	MAMP2[3：0]				WAVE2[1：0]		TSEL2[2：0]			TEN2	BOFF2	EN28
		rw	rw	rw	rw	rw	rw	rw	rw	rw	rw	rw	rw	rw	rw

15	14	13	12	11	10	9	8	7	6	5	4	3	2	1	0
Reserved		DMAU DRIE1	DMA EN1	MAMP1[3：0]				WAVE1[1：0]		TSEL1[2：0]			TEN1	BOFF1	EN1
		rw	rw	rw	rw	rw	rw	rw	rw	rw	rw	rw	rw	rw	rw

图 20.3　寄存器 DAC_CR 各位描述

DAC_CR 的低 16 位用于控制通道 1，而高 16 位用于控制通道 2，这里仅列出比较重要的最低 8 位的详细描述，如图 20.4 所示。首先来看 DAC 通道 1 使能位（EN1），该位用来控制 DAC 通道 1 使能，本章就用 DAC 通道 1，所以该位设置为 1。

位 7：6　WAVE1[1：0]：DAC1 通道噪声/三角波生成使能（DAC channel1 noise/triangle wave generation enable），这些位将由软件置 1 和清零。
　　　　00：禁止生成波　01：使能生成噪声波　1x：使能生成三角波
　　　　注意：只在位 TEN1＝1（使能 DAC1 通道触发）时使用。

位 5：3　TSEL1[2：0]：DAC1 通道触发器选择（DAC channel1 trigger selection）
　　　　这些位用于选择 DAC1 通道的外部触发事件。
　　　　000：定时器 6 TRGO 事件　　100：定时器 2 TRGO 事件
　　　　001：定时器 8 TRGO 事件　　101：定时器 4 TRGO 事件
　　　　010：定时器 7 TRGO 事件　　110：外部中断线 9
　　　　011：定时器 5 TRGO 事件　　111：软件触发
　　　　注意：只在位 TEN1＝1（使能 DAC1 通道触发）时使用。

位 2　TEN1：DAC 1 通道触发使能（DAC channel1 trigger enable）
　　　此位由软件置 1 和清零，以使能/禁止 DAC 1 通道触发。
　　　0：禁止 DAC 1 通道触发，写入 DAC_DHRx 寄存器的数据在一个 APB1 时钟周期之后转移到 DAC_DOR1 寄存器
　　　1：使能 DAC 1 通道触发，DAC_DHRx 寄存器的数据在三个 APB1 时钟周期之后转移到 DAC_DOR1 寄存器。
　　　注意：如果选择软件触发，DAC_DHRx 寄存器的内容只需一个 APB1 时钟周期即可转移到 DAC_DOR1 寄存器。

位 1　BOFF1：DAC 1 通道输出缓冲器禁止（DAC channel1 output buffer disable）
　　　此位由软件置 1 和清零，以使能/禁止 DAC 1 通道输出缓冲器。
　　　0：使能 DAC 1 通道输出缓冲器　1：禁止 DAC 1 通道输出缓冲器

位 0　EN1：DAC 1 通道使能（DAC channel1 enable）
　　　此位由软件置 1 和清零，以使能/禁止 DAC 1 通道。
　　　0：禁止 DAC 1 通道　1：使能 DAC 1 通道

图 20.4　寄存器 DAC_CR 低 8 位详细描述

再看关闭 DAC 通道 1 输出缓存控制位(BOFF1)。这里 STM32F4 的 DAC 输出缓存做的有些不好,如果使能的话,虽然输出能力强一点,但是输出没发到 0,这是个很严重的问题。所以本章不使用输出缓存,即设置该位为 1。

DAC 通道 1 触发使能位(TEN1):该位用来控制是否使用触发,这里不使用触发,所以设置该位为 0。DAC 通道 1 触发选择位(TSEL1[2:0]):这里没用到外部触发,所以设置这几个位为 0 就行了。DAC 通道 1 噪声/三角波生成使能位(WAVE1[1:0]),这里同样没用到波形发生器,故也设置为 0 即可。DAC 通道 1 屏蔽/复制选择器(MAMP[3:0]):这些位仅在使用了波形发生器的时候有用,本章没有用到波形发生器,故设置为 0 就可以了。DAC 通道 1 DMA 使能位(DMAEN1):本章没有用到 DMA 功能,故设置为 0。

通道 2 的情况和通道 1 一样,这里就不细说了。在 DAC_CR 设置好之后,DAC 就可以正常工作了,我们仅需要再设置 DAC 的数据保持寄存器的值,就可以在 DAC 输出通道得到想要的电压了(对应 I/O 口设置为模拟输入)。本章用的是 DAC 通道 1 的 12 位右对齐数据保持寄存器:DAC_DHR12R1,该寄存器各位描述如图 20.5 所示。该寄存器用来设置 DAC 输出,通过写入 12 位数据到该寄存器,就可以在 DAC 输出通道 1(PA4)得到我们所要的结果。

31	30	29	28	27	26	25	24	23	22	21	20	19	18	17	16
Reserved															

15	14	13	12	11	10	9	8	7	6	5	4	3	2	1	0
Reserved				DACC1DHR[11:0]											
				rw	rw	rw	rw	rw	rw	rw	rw	rw	rw	rw	rw

位 31:12 保留,必须保持复位值。
位 11:0 DACC1DHR[11:0]:DAC 1 通道 12 位右对齐数据(DAC channel1 12 - bit right - aligned data)
这些位由软件写入,用于为 DAC 1 通道指定 12 位数据

图 20.5 寄存器 DAC_DHR12R1 各位描述

通过以上介绍,我们了解了 STM32F4 实现 DAC 输出的相关设置,本章将使用 DAC 模块的通道 1 来输出模拟电压,其详细设置步骤如下:

① 开启 PA 口时钟,设置 PA4 为模拟输入。
STM32F407ZGT6 的 DAC 通道 1 是接在 PA4 上的,所以先使能 PORTA 的时钟,然后设置 PA4 为模拟输入(虽然是输入,但是 STM32F4 内部会连接在 DAC 模拟输出上)。

② 使能 DAC1 时钟。同其他外设一样,要想使用,必须先开启相应的时钟。STM32F4 的 DAC 模块时钟是由 APB1 提供的,所以先在 APB1ENR 寄存器里面设置 DAC 模块的时钟使能。

③ 设置 DAC 的工作模式。该部分设置全部通过 DAC_CR 设置实现,包括 DAC 通道 1 使能、DAC 通道 1 输出缓存关闭、不使用触发、不使用波形发生器等设置。

④ 设置 DAC 的输出值。通过前面 3 个步骤的设置,DAC 就可以开始工作了,我们使用 12 位右对齐数据格式,所以通过设置 DHR12R1 就可以在 DAC 输出引脚(PA4)得到不同的电压值了。

最后,再提醒一下大家,本例程使用的是 3.3 V 的参考电压,即 V_{ref+} 连接 V_{DDA}。通过以上几个步骤的设置,我们就能正常地使用 STM32F4 的 DAC 通道 1 来输出不同的模拟电压了。

20.2　硬件设计

本章用到的硬件资源有:指示灯 DS0、KEY_UP 和 KEY1 按键、串口、TFTLCD 模块、ADC、DAC。本章使用 DAC 通道 1 输出模拟电压,然后通过 ADC1 的通道 5 对该输出电压进行读取,并显示在 LCD 模块上面,并且通过按键(或 USMART)设置 DAC 的输出电压。

我们需要用到 ADC 采集 DAC 的输出电压,所以需要在硬件上把它们短接起来。ADC 和 DAC 的连接原理图如图 20.6 所示。P12 是多功能端口,只需要通过跳线帽短接 P12 的 ADC 和 DAC 就可以开始做本章实验了,如图 20.7 所示。

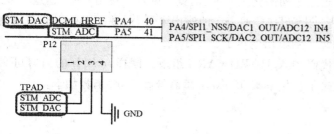

图 20.6　ADC、DAC 与 STM32F4 连接原理图

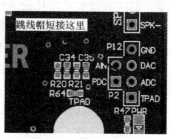

图 20.7　硬件连接示意图

20.3　软件设计

找到第 19 章的工程,由于本章没用到光敏传感器,所以去掉 lsens.c,另外,本章要用到按键以及 USMART 组件,所以,添加 key.c 到 HARDWARE 组,并把 USMART 组件添加进来(方法见第 16.3 节)。然后,在 HARDWARE 文件夹下新建一个 DAC 的文件夹。然后打开 USER 文件夹下的工程,新建一个 dac.c 的文件和 dac.h 的头文件,保存在 DAC 文件夹下,并将 DAC 文件夹加入头文件包含路径。打开 dac.c,输入如下代码:

```
//DAC 通道 1 输出初始化
void Dac1_Init(void)
{
    RCC->APB1ENR| = 1<<29;                              //使能 DAC 时钟
    RCC->AHB1ENR| = 1<<0;                               //使能 PORTA 时钟
    GPIO_Set(GPIOA,PIN4,GPIO_MODE_AIN,0,0,GPIO_PUPD_PU);  //PA4,模拟输入
    DAC->CR| = 1<<0;                                    //使能 DAC1
    DAC->CR| = 1<<1;                                    //DAC1 输出缓存不使能 BOFF1 = 1
    DAC->CR| = 0<<2;                                    //不使用触发功能 TEN1 = 0
```

```
    DAC - >CR| = 0<<3;                          //DAC TIM6 TRG0,不过要 TEN1 = 1
才行
    DAC - >CR| = 0<<6;                          //不使用波形发生
    DAC - >CR| = 0<<8;                          //屏蔽、幅值设置
    DAC - >CR| = 0<<12;                         //DAC1 DMA 不使能
    DAC - >DHR12R1 = 0;                         //默认输出 0
}
//设置通道 1 输出电压
//vol:0~3300,代表 0~3.3V
void Dac1_Set_Vol(u16 vol)
{
    double temp = vol;
    temp/ = 1000;
    temp = temp * 4096/3.3;
    DAC - >DHR12R1 = temp;
}
```

此部分代码就 2 个函数,Dac1_Init 函数用于初始化 DAC 通道 1。这里基本上是按上面的步骤来初始化的,经过这个初始化之后,我们就可以正常使用 DAC 通道 1 了。第二个函数 Dac1_Set_Vol,用于设置 DAC 通道 1 的输出电压,通过 USMART 调用该函数就可以随意设置 DAC 通道 1 的输出电压了。

保存 dac.c 代码,并将该代码加入 HARDWARE 组下。同样,dac.h 的内容可参考本例程源码,这里就不贴出来了。接下来在 test.c 里面修改 main 函数如下:

```
int main(void)
{
    u16 adcx; u16 dacval = 0;
    float temp;
    u8 key;u8 t = 0;
    Stm32_Clock_Init(336,8,2,7);                //设置时钟,168 MHz
    delay_init(168);                            //延时初始化
    uart_init(84,115200);                       //初始化串口波特率为 115200
    usmart_dev.init(84);                        //初始化 USMART
    LED_Init();                                 //初始化 LED
    LCD_Init();                                 //LCD 初始化
    Adc_Init();                                 //adc 初始化
    KEY_Init();                                 //按键初始化
    Dac1_Init();                                //DAC 通道 1 初始化
    ……//省略部分代码
    DAC - >DHR12R1 = dacval;                     //初始值为 0
    while(1)
    {
        t ++ ;
        key = KEY_Scan(0);
        if(key == WKUP_PRES)
        {
            if(dacval<4000)dacval + = 200;
            DAC - >DHR12R1 = dacval;     //输出
        }else if(key == KEY1_PRES)
        {
```

```
            if(dacval>200)dacval - = 200;
            else dacval = 0;
            DAC - >DHR12R1 = dacval;                  //输出
        }
    if(t == 10||key == KEY1_PRES||key == WKUP_PRES)
    //WKUP/KEY1 按下了,或者定时时间到了
    {
        adcx = DAC - >DHR12R1;
        LCD_ShowxNum(94,150,adcx,4,16,0);            //显示 DAC 寄存器值
        temp = (float)adcx * (3.3/4096);             //得到 DAC 电压值
        adcx = temp;
        LCD_ShowxNum(94,170,temp,1,16,0);            //显示电压值整数部分
        temp - = adcx;
        temp * = 1000;
        LCD_ShowxNum(110,170,temp,3,16,0X80);        //显示电压值的小数部分
        adcx = Get_Adc_Average(ADC_CH5,20);          //得到 ADC 转换值
        temp = (float)adcx * (3.3/4096);             //得到 ADC 电压值
        adcx = temp;
        LCD_ShowxNum(94,190,temp,1,16,0);            //显示电压值整数部分
        temp - = adcx;
        temp * = 1000;
        LCD_ShowxNum(110,190,temp,3,16,0X80);        //显示电压值的小数部分
        LED0 = ! LED0;
        t = 0;
    }
    delay_ms(10);
    }
}
```

此部分代码中先对需要用到的模块进行初始化,然后显示一些提示信息,本章通过 KEY_UP(WKUP 按键)和 KEY1(也就是上下键)来实现对 DAC 输出的幅值控制。按下 KEY_UP 增加,按 KEY1 减小。同时在 LCD 上面显示 DHR12R1 寄存器的值、DAC 设计输出电压以及 ADC 采集到的 DAC 输出电压。

本章还可以利用 USMART 来设置 DAC 的输出电压值,故需要将 Dac1_Set_Vol 函数加入 USMART 控制,方法前面已经有详细的介绍了,这里自行添加或者直接查看本书配套资料的源码。

从 main 函数代码可以看出,按键设置输出电压的时候,每次都是以 0.161 V 递增或递减的,而通过 USMART 调用 Dac1_Set_Vol 函数,则可以实现任意电平输出控制(当然得在 DAC 可控范围内)。

20.4　下载验证

在代码编译成功后,我们通过下载代码到 ALIENTEK 探索者 STM32F4 开发板上,可以看到 LCD 显示如图 20.8 所示。同时伴随 DS0 的不停闪烁,提示程序在运行。此时,通过按 KEY_UP 按键可以看到输出电压增大,按 KEY1 则变小。可以试试在 USMART 调用 Dac1_Set_Vol 函数来设置 DAC 通道 1 的输出电压,如图 20.9 所示。

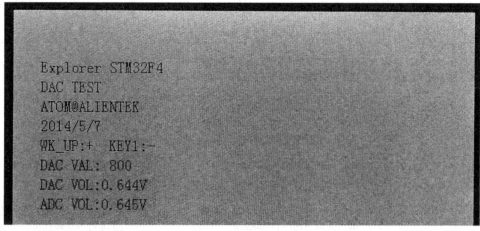

图 20.8　DAC 实验测试图

图 20.9　通过 USMART 设置 DAC 通道 1 的电压输出

第 **21** 章

DMA 实验

本章介绍 STM32F4 的 DMA,利用它来实现串口数据传送,并在 TFTLCD 模块上显示当前的传送进度。

21.1　STM32F4 DMA 简介

DMA,全称为 Direct Memory Access,即直接存储器访问。DMA 传输方式无需 CPU 直接控制传输,也没有中断处理方式那样保留现场和恢复现场的过程,通过硬件为 RAM 与 I/O 设备开辟一条直接传送数据的通路,能使 CPU 的效率大为提高。

STM32F4 最多有 2 个 DMA 控制器(DMA1 和 DMA2),共 16 个数据流(每个控制器 8 个),每一个 DMA 控制器都用于管理一个或多个外设的存储器访问请求。每个数据流总共可以有 8 个通道(或称请求)。每个数据流通道都有一个仲裁器,用于处理 DMA 请求间的优先级。

STM32F4 的 DMA 有以下一些特性:

➢ 双 AHB 主总线架构,一个用于存储器访问,另一个用于外设访问。

➢ 仅支持 32 位访问的 AHB 从编程接口。

➢ 每个 DMA 控制器有 8 个数据流,每个数据流有多达 8 个通道(或称请求)。

➢ 每个数据流有单独的 4 级 32 位先进先出缓冲区(FIFO),可用于 FIFO 模式或直接模式。

➢ 通过硬件可以将每个数据流配置为:

　　① 支持外设到存储器、存储器到外设和存储器到存储器传输的常规通道;

　　② 支持在存储器方双缓冲的双缓冲区通道。

➢ 8 个数据流中的每一个都连接到专用硬件 DMA 通道(请求)。

➢ DMA 数据流请求之间的优先级可用软件编程(4 个级别:非常高、高、中、低),在软件优先级相同的情况下可以通过硬件决定优先级(例如,请求 0 的优先级高于请求 1)。

➢ 每个数据流也支持通过软件触发存储器到存储器的传输(仅限 DMA2 控制器)。

➢ 可供每个数据流选择的通道多达 8 个,可由软件配置,允许几个外设启动 DMA 请求。

➢ 要传输的数据项的数目可以由 DMA 控制器或外设管理:

① DMA 流控制器:要传输的数据项的数目是 1~65 535,可用软件编程。

② 外设流控制器:要传输的数据项的数目未知,并由源或目标外设控制,这些外设通过硬件发出传输结束的信号。

➤ 独立的源和目标传输宽度(字节、半字、字):源和目标的数据宽度不相等时,DMA 自动封装/解封必要的传输数据来优化带宽。这个特性仅在 FIFO 模式下可用。

➤ 对源和目标的增量或非增量寻址。

➤ 支持 4 个、8 个和 16 个节拍的增量突发传输。突发增量的大小可由软件配置,通常等于外设 FIFO 大小的一半。

➤ 每个数据流都支持循环缓冲区管理。

➤ 5 个事件标志(DMA 半传输、DMA 传输完成、DMA 传输错误、DMA FIFO 错误、直接模式错误)进行逻辑或运算,从而产生每个数据流的单个中断请求。

STM32F4 有两个 DMA 控制器,DMA1 和 DMA2,本章仅介绍 DMA2。STM32F4 的 DMA 控制器框图如图 21.1 所示。DMA 控制器执行直接存储器传输:因为采用 AHB 主总线,它可以控制 AHB 总线矩阵来启动 AHB 事务。它可以执行下列事务:外设到存储器的传输,存储器到外设的传输,存储器到存储器的传输。注意,存储器到存储器需要外设接口可以访问存储器,而仅 DMA2 的外设接口可以访问存储器,所以仅 DMA2 控制器支持存储器到存储器的传输,DMA1 不支持。

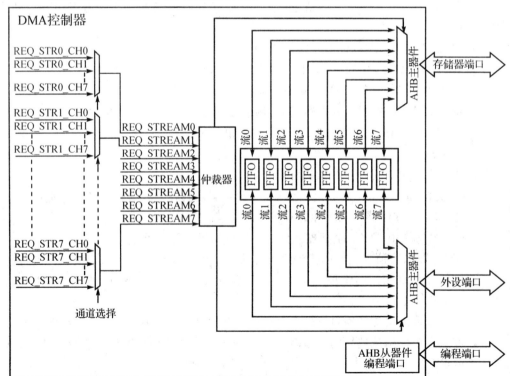

图 21.1　DMA 控制器框图

图 21.1 中数据流的多通道选择是通过 DMA_SxCR 寄存器控制的,如图 21.2 所示。可以看出,DMA_SxCR 控制数据流到底使用哪一个通道,每个数据流有 8 个通道可供选择,每次只能选择其中一个通道进行 DMA 传输。接下来看看 DMA2 的各数据流通道映射表,如表 21.1 所列。表中列出了 DMA2 所有可能的选择情况,总共 64 种组合,比如本章要实现串口 1 的 DMA 发送,即 USART1_TX,就必须选择 DMA2 的

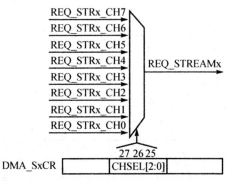

图 21.2　DMA 数据流通道选择

数据流 7,使用通道 4 来进行 DMA 传输。注意,有的外设(比如 USART1_RX)可能有多个通道可以选择,大家随意选择一个就可以了。

表 21.1　DMA2 各数据流通道映射表

外设请求	数据流 0	数据流 1	数据流 2	数据流 3	数据流 4	数据流 5	数据流 6	数据流 7
通道 0	ADC1		TIM8_CH1 TIM8_CH2 TIM8_CH3		ADC1		TIM1_CH1 TIM1_CH2 TIM1_CH3	
通道 1		DCMI	ADC2	ADC2		SPI6_TX[1]	SPI6_RX[1]	DCMI
通道 2	ADC3	ADC3		SPI5_RX[2]	SPI5_RX[2]	CRYP_OUT	CRYP_IN	HASH_IN
通道 3	SPI1_RX		SPI1_RX	SPI1_TX		SPI1_TX		
通道 4	SPI4_RX[1]	SPI4_TX[1]	USART1_RX	SDIO		USART1_RX	SDIO	USART1_TX
通道 5		USART6_RX	USART6_RX	SPI4_RX[1]	SPI4_TX[1]		USART6_TX	USART6_TX
通道 6	TIM1_TRIG	TIM1_CH1	TIM1_CH2	TIM1_CH1	TIM1_CH4 TIM1_TRIG TIM1_COM	TIM1_UP	TIM1_CH3	
通道 7		TIM8_UP	TIM8_CH1	TIM8_CH2	TIM8_CH3	SPI5_RX[1]	SPI5_TX[1]	TIM8_CH4 TIM8_TRIG TIM8_COM

(1):这些请求在 STM32F42xxx 和 STM32F43xxx 上可用。

接下来介绍 DMA 设置相关的几个寄存器。第一个是 DMA 中断状态寄存器,该寄存器总共有 2 个:DMA_LISR 和 DMA_HISR,每个寄存器管理 4 数据流(总共 8 个),DMA_LISR 寄存器用于管理数据流 0～3,而 DMA_HISR 用于管理数据流 4～7。这两个寄存器各位描述完全一样,只是管理的数据流不一样。这里仅以 DMA_LISR 寄存器为例进行介绍,DMA_LISR 各位描述如图 21.3 所示。

如果开启了 DMA_LISR 中这些位对应的中断,则在达到条件后就会跳到中断服务函数里面去;即使没开启,我们也可以通过查询这些位来获得当前 DMA 传输的状态。这里常用的是 TCIFx 位,即数据流 x 的 DMA 传输完成与否标志。注意,此寄存

器为只读寄存器,所以在这些位被置位之后,只能通过其他的操作来清除。DMA_HISR 寄存器各位描述同 DMA_LISR 寄存器各位描述完全一样,只是对应数据流 4~7,这里就不列出来了。

31	30	29	28	27	26	25	24	23	22	21	20	19	18	17	16
Reserved				TCIF3	HTIF3	TEIF3	DMEIF3	Reserved	FEIF3	ICIF2	HTIF2	TEIF2	DMEIF2	Reserved	FEIF2
r	r	r	r	r	r	r	r		r	r	r	r	r		r

15	14	13	12	11	10	9	8	7	6	5	4	3	2	1	0
Reserved				TCIF1	HTIF1	TEIF1	DMEIF1	Reserved	FEIF1	ICIF0	HTIF0	TEIF0	DMEIF0	Reserved	FEIF0
r	r	r	r	r	r	r	r		r	r	r	r	r		r

位 31：28，15：12　保留，必须保持复位值。

位 27、21、11、5　TCIFx:数据流 x 传输完成中断标志(Stream x transfer complete interrupt flag)(x=3..0)
此位将由硬件置 1,由软件清零,软件只需将 1 写入 DMA_LIFCR 寄存器的相应位。
0:数据流 x 上无传输完成事件　1:数据流 x 上发生传输完成事件

位 26、20、10、4　HTIFx:数据流 x 半传输中断标志(Stream x half transfer interrupt flag)(x=3..0)
此位将由硬件置 1,由软件清零,软件只需将 1 写入 DMA_LIFCR 寄存器的相应位。
0:数据流 x 上无半传输事件　1:数据流 x 上发生半传输事件

位 25、19、9、3　TEIFx:数据流 x 传输错误中断标志(Stream x transfer error interrupt flag)(x=3..0)
此位将由硬件置 1,由软件清零,软件只需将 1 写入 DMA_LIFCR 寄存器的相应位。
0:数据流 x 上无传输错误　1:数据流 x 上发生传输错误

位 24、18、8、2　DMEIFx:数据流 x 直接模式错误中断标志(Stream x direct mode error interrupt flag)(x=3..0)
此位将由硬件置 1,由软件清零,软件只需将 1 写入 DMA_LIFCR 寄存器的相应位。
0:数据流 x 上无直接模式错误　1:数据流 x 上发生直接模式错误

位 23、17、7、1　保留,必须保持复位值。

位 22、16、6、0　FEIFx:数据流 x FIFO 错误中断标志(Stream x FIFO error interrupt flag)(x=3..0)
此位将由硬件置 1,由软件清零,软件只需将 1 写入 DMA_LIFCR 寄存器的相应位。
0:数据流 x 上无 FIFO 错误事件　1:数据流 x 上发生 FIFO 错误事件

图 21.3　DMA_LISR 寄存器各位描述

第二个是 DMA 中断标志清除寄存器。该寄存器同样有 2 个:DMA_LIFCR 和 DMA_HIFCR,同样是每个寄存器控制 4 个数据流,DMA_LIFCR 寄存器用于管理数据流 0~3,而 DMA_ HIFCR 用于管理数据流 4~7。这两个寄存器各位描述完全一样,只是管理的数据流不一样。这里仅以 DMA_LIFCR 寄存器为例进行介绍,DMA_LIFCR 各位描述如图 21.4 所示。

DMA_LIFCR 的各位就是用来清除 DMA_LISR 的对应位的,通过写 1 清除。在 DMA_LISR 被置位后,我们必须通过向该位寄存器对应的位写入 1 来清除。DMA_HIFCR 的使用同 DMA_LIFCR 类似,这里就不做介绍了。

第三个是 DMA 数据流 x 配置寄存器(DMA_SxCR)(x=0~7,下同)。该寄存器在这里就不贴出来了,见《STM32F4xx 中文参考手册》第 223 页 9.5.5 小节。该寄存器控制着 DMA 的很多相关信息,包括数据宽度、外设及存储器的宽度、优先级、增量模式、传输方向、中断允许、使能等。所以,DMA_ SxCR 是 DMA 传输的核心控制寄存器。

第四个是 DMA 数据流 x 数据项数寄存器(DMA_SxNDTR)。这个寄存器控制 DMA 数据流 x 每次传输所要传输的数据量,设置范围为 0~65 535。并且该寄存器的值会随着传输的进行而减少,当该寄存器的值为 0 的时候就代表此次数据传输已经全部发送完成了,所以可以通过这个寄存器的值来知道当前 DMA 传输的进度。特别注意,这里是数据项数目,而不是指字节数。比如设置数据位宽为 16 位,那么传输一次(一个项)就是 2 字节。

31	30	29	28	27	26	25	24	23	22	21	20	19	18	17	16
		Reserved		CTCIF3	CHTIF3	CTEIF3	CDMEIF3	Reserved	CFEIF3	CTCIF2	CHTIF2	CTEIF2	CDMEIF2	Reserved	CFEIF2
				w	w	w	w		w	w	w	w	w		w

15	14	13	12	11	10	9	8	7	6	5	4	3	2	1	0
		Reserved		CTCIF1	CHTIF1	CTEIF1	CDMEIF1	Reserved	CFEIF1	CTCIF0	CHTIF0	CTEIF0	CDMEIF0	Reserved	CFEIF0
				w	w	w	w		w	w	w	w	w		w

位 31:28、15:12　保留,必须保持复位值。

位 27、21、11、5　CTCIFx:数据流 x 传输完成中断标志清零(Stream x clear transfer complete interrupt flag)(x=3..0)
　　　　　　　　将 1 写入此位时,DMA_LISR 寄存器中相应的 TCIFx 标志将清零

位 26、20、10、4　CHTIFx:数据流 x 半传输中断标志清零(Stream x clear half transfer interrupt flag)(x=3..0)
　　　　　　　　将 1 写入此位时,DMA_LISR 寄存器中相应的 HTIFx 标志将清零

位 25、19、9、3　CTEIFx:数据流 x 传输错误中断标志清零(Stream x clear transfer error interrupt flag)(x=3..0)
　　　　　　　　将 1 写入此位时,DMA_LISR 寄存器中相应的 TEIFx 标志将清零

位 24、18、8、2　CDMEIFx:数据流 x 直接模式错误中断标志清零(Stream x clear direct mode error interrupt flag)(x=3..0)
　　　　　　　　将 1 写入此位时,DMA_LISR 寄存器中相应的 DMEIFx 标志将清零

位 23、17、7、1　保留,必须保持复位值。

位 22、16、6、0　CFEIFx:数据流 x FIFO 错以中断标志清零(Stream x clear FIFO error interrupt flag)(x=3..0)
　　　　　　　　将 1 写入此位时,DMA_LISR 寄存器中相应的 CFEIFx 标志将清零

图 21.4　DMA_LIFCR 寄存器各位描述

第五个是 DMA 数据流 x 的外设地址寄存器(DMA_SxPAR)。该寄存器用来存储 STM32F4 外设的地址,比如我们使用串口 1,那么该寄存器必须写入 0x40011004(其实就是 &USART1_DR)。如果使用其他外设,就修改成相应外设的地址就行了。

最后一个是 DMA 数据流 x 的存储器地址寄存器。由于 STM32F4 的 DMA 支持双缓存,所以存储器地址寄存器有两个:DMA_SxM0AR 和 DMA_SxM1AR,其中 DMA_SxM1AR 仅在双缓冲模式下才有效。本章没用到双缓冲模式,所以存储器地址寄存器就是 DMA_SxM0AR,该寄存器和 DMA_CPARx 差不多,但是是用来放存储器的地址的。比如我们使用 SendBuf[8200]数组来做存储器,那么在 DMA_SxM0AR 中写入 &SendBuff 就可以了。

DMA 相关寄存器就介绍到这里,详细描述请参考《STM32F4xx 中文参考手册》第 9.5 节。本章要用到串口 1 的发送,属于 DMA2 的数据流 7,通道 4,接下来就介绍配置步骤:

① 使能 DMA2 时钟,并等待数据流可配置。

DMA 的时钟使能是通过 AHB1ENR 寄存器来控制的,这里要先使能时钟,才可以配置 DMA 相关寄存器。所以先要使能 DMA2 的时钟。另外,要对配置寄存器(DMA_SxCR)进行设置,必须先等待其最低位为 0(也就是 DMA 传输禁止了),才可以进行配置。

② 设置外设地址。

外设地址通过 DMA_SxPAR 来设置,我们只要在这个寄存器里面写入 &USART1_DR 的值就可以了。该地址将作为 DMA 传输的目标地址。

③ 设置存储器地址。

因为没有用到双缓冲模式,所以,我们通过 DMA_SxM0AR 来设置存储器地址。假设要把数组 SendBuf 作为存储器,那么在该寄存器写入 &SendBuf 就可以了。该地址将作为 DMA 传输的源地址。

④ 设置传输数据量。

通过 DMA_SxNDTR 来设置传输数据量,这里面写入此次要传输的数据量就可以了,也就是 SendBuf 的大小。该寄存器的数值将在 DMA 启动后自减,每次新的 DMA 传输都重新向该寄存器写入要传输的数据量。

⑤ 设置 DMA2 数据流 7 的配置信息。

配置信息通过 DMA2_S7CR(MDK 里面叫 DMA2_Stream7→CR)来设置。这里设置存储器和外设的数据位宽均为 8,且模式是存储器到外设的存储器增量模式,不使用双缓冲模式,并选择数据流通道为 4。

另外,优先级可以随便设置,因为只有一个数据流被开启了。假设有多个数据流开启(最多 8 个),那么就要设置优先级了,DMA 仲裁器将根据这些优先级的设置来决定先执行哪个数据流的 DMA。优先级越高的,越早执行;优先级相同的时候,根据硬件上的编号来决定哪个先执行(编号越小越优先)。

⑥ 使能 DMA2 数据流 7,启动传输。

在以上配置都完成之后,我们就使能 DMA2_S7CR 的最低位开启 DMA 传输。注意,要设置 USART1 的使能 DMA 传输位,通过 USART1→CR3 的第 7 位来完成。

通过以上 6 步设置,我们就可以启动一次 USART1 的 DMA 传输了。

21.2　硬件设计

本章用到的硬件资源有:指示灯 DS0、KEY0 按键、串口、TFTLCD 模块、DMA。本章将利用外部按键 KEY0 来控制 DMA 的传送,每按一次 KEY0,DMA 就传送一次数据到 USART1,然后在 TFTLCD 模块上显示进度等信息。DS0 还是用来作为程序运行的指示灯。本章实验需要注意 P6 口的 RXD 和 TXD 是否和 PA9、PA10 连接上,如果没有,须先连接。

21.3　软件设计

打开第 20 章的工程,先把没用到. c 文件删掉,包括 USMART 相关代码以及 adc. c、timer. c 等(注意,此时 HARDWARE 组剩下 led. c、key. c 和 ILI93xx. c)。然后,在 HARDWARE 文件夹下新建一个 DMA 的文件夹。新建一个 dma. c 的文件和 dma. h 的头文件,保存在 DMA 文件夹下,并将 DMA 文件夹加入头文件包含路径。打开 dma. c 文件,输入如下代码:

```
//DMAx 的各通道配置
```

```
//这里的传输形式是固定的,这点要根据不同的情况来修改
//从存储器->外设模式/8 位数据宽度/存储器增量模式
//DMA_Streamx:DMA 数据流,DMA1_Stream0~7/DMA2_Stream0~7
//chx:DMA 通道选择,范围:0~7;par:外设地址;mar:存储器地址;ndtr:数据传输量
void MYDMA_Config(DMA_Stream_TypeDef * DMA_Streamx,u8 chx,u32 par,u32 mar, u16 ndtr)
{
    DMA_TypeDef  * DMAx;
    u8 streamx;
    if((u32)DMA_Streamx>(u32)DMA2)//得到当前 stream 是属于 DMA2 还是 DMA1
    {DMAx = DMA2; RCC->AHB1ENR| = 1<<22; }        //DMA2 时钟使能
    else {DMAx = DMA1; RCC->AHB1ENR| = 1<<21;}      //DMA1 时钟使能
    while(DMA_Streamx->CR&0X01);//等待 DMA 可配置
    streamx = (((u32)DMA_Streamx-(u32)DMAx)-0X10)/0X18;      //得到 stream 通道号
     if(streamx>= 6)DMAx->HIFCR| = 0X3D<<(6 * (streamx-6)+16);//清空之前所有
                                                        //中断标志
    else if(streamx>= 4)DMAx->HIFCR| = 0X3D<<6 * (streamx-4);   //清空之前所有
                                                        //中断标志
    else if(streamx>= 2)DMAx->LIFCR| = 0X3D<<(6 * (streamx-2)+16);
                                                    //清空中断标志
    else DMAx->LIFCR| = 0X3D<<6 * streamx;        //清空之前该 stream 上的所有中断标志
    DMA_Streamx->PAR = par;            //DMA 外设地址
    DMA_Streamx->M0AR = mar;            //DMA 存储器 0 地址
    DMA_Streamx->NDTR = ndtr;            //DMA 存储器 0 地址
    DMA_Streamx->CR = 0;                //先全部复位 CR 寄存器值
    DMA_Streamx->CR| = 1<<6;            //存储器到外设模式
    DMA_Streamx->CR| = 0<<8;            //非循环模式(即使用普通模式)
    DMA_Streamx->CR| = 0<<9;            //外设非增量模式
    DMA_Streamx->CR| = 1<<10;            //存储器增量模式
    DMA_Streamx->CR| = 0<<11;            //外设数据长度:8 位
    DMA_Streamx->CR| = 0<<13;            //存储器数据长度:8 位
    DMA_Streamx->CR| = 1<<16;            //中等优先级
    DMA_Streamx->CR| = 0<<21;            //外设突发单次传输
    DMA_Streamx->CR| = 0<<23;            //存储器突发单次传输
    DMA_Streamx->CR| = (u32)chx<<25;    //通道选择
    //DMA_Streamx->FCR = 0X21;            //FIFO 控制寄存器
}
//开启一次 DMA 传输
//DMA_Streamx:DMA 数据流,DMA1_Stream0~7/DMA2_Stream0~7
//ndtr:数据传输量
void MYDMA_Enable(DMA_Stream_TypeDef * DMA_Streamx,u16 ndtr)
{
    DMA_Streamx->CR& = ~(1<<0);        //关闭 DMA 传输
    while(DMA_Streamx->CR&0X1);        //确保 DMA 可以被设置
    DMA_Streamx->NDTR = ndtr;        //DMA 存储器 0 地址
    DMA_Streamx->CR| = 1<<0;        //开启 DMA 传输
}
```

该部分代码仅仅 2 个函数,MYDMA_Config 函数基本上就是按照上面介绍的步骤来初始化 DMA 的,是一个通用的 DMA 配置函数。DMA1、DMA2 的所有通道都可以利用该函数配置,不过有些固定参数可能要适当修改(比如位宽、传输方向等)。该函数在外部只能修改 DMA 及数据流编号、通道号、外设地址、存储器地址(SxM0AR)传

输数据量等几个参数,更多的其他设置只能在该函数内部修改。MYDMA_Enable 函数用来产生一次 DMA 传输,该函数每执行一次,DMA 就发送一次。

保存 dma.c,并把 dma.c 加入到 HARDWARE 组下,dma.h 的内容可参考本例程源码,这里就不贴出来了。最后在 test.c 里面修改 main 函数如下:

```
#define SEND_BUF_SIZE 8200       //发送长度,最好是 sizeof(TEXT_TO_SEND) + 2 的整数倍
u8 SendBuff[SEND_BUF_SIZE];       //发送数据缓冲区
const u8 TEXT_TO_SEND[] = {"ALIENTEK Explorer STM32F4 DMA 串口实验"};
int main(void)
{
    u16 i;
    u8 t = 0;u8 j,mask = 0;
    float pro = 0;//进度
    Stm32_Clock_Init(336,8,2,7);       //设置时钟,168Mhz
    delay_init(168);                  //延时初始化
    uart_init(84,115200);             //初始化串口波特率为 115200
    LED_Init();                       //初始化 LED
    LCD_Init();                       //LCD 初始化
    KEY_Init();                       //按键初始化
    MYDMA_Config(DMA2_Stream7,4,(u32)&USART1 - >DR,(u32)SendBuff,SEND_BUF_SIZE);
    //DMA2,STEAM7,CH4,外设为串口 1,存储器为 SendBuff,长度为:SEND_BUF_SIZE
    POINT_COLOR = RED;
    LCD_ShowString(30,50,200,16,16,"Explorer STM32F4");
    LCD_ShowString(30,70,200,16,16,"DMA TEST");
    LCD_ShowString(30,90,200,16,16,"ATOM@ALIENTEK");
    LCD_ShowString(30,110,200,16,16,"2014/5/7");
    LCD_ShowString(30,130,200,16,16,"KEY0:Start");
    POINT_COLOR = BLUE;//设置字体为蓝色
    j = sizeof(TEXT_TO_SEND);
    for(i = 0;i<SEND_BUF_SIZE;i ++ )//填充 ASCII 字符集数据
    {
        if(t> = j)//加入换行符
        {
            if(mask) {SendBuff[i] = 0x0a;t = 0;}
            else {SendBuff[i] = 0x0d;mask ++ ;}
        }else{mask = 0;SendBuff[i] = TEXT_TO_SEND[t];t ++ ;}//复制 TEXT_TO_SEND 语句
    }
    POINT_COLOR = BLUE;//设置字体为蓝色
    i = 0;
    while(1)
    {
        t = KEY_Scan(0);
        if(t == KEY0_PRES)//KEY0 按下
        {
            printf("\r\nDMA DATA:\r\n");
            LCD_ShowString(30,150,200,16,16,"Start Transimit....");
            LCD_ShowString(30,170,200,16,16,"   %");//显示百分号
            USART1 - >CR3 = 1<<7;       //使能串口 1 的 DMA 发送
            MYDMA_Enable(DMA2_Stream7,SEND_BUF_SIZE);//开始一次 DMA 传输
            //等待 DMA 传输完成,此时我们来做另外一些事,点灯
            //实际应用中,传输数据期间,可以执行另外的任务
```

```
        while(1)
        {
            if(DMA2->HISR&(1<<27))        //等待 DMA2_Steam7 传输完成
            {
                DMA2->HIFCR|=1<<27;        //清除 DMA2_Steam7 传输完成标志
                break;
            }
            pro = DMA2_Stream7->NDTR;      //得到当前还剩余多少个数据
            pro = 1-pro/SEND_BUF_SIZE;     //得到百分比
            pro *= 100;                    //扩大 100 倍
            LCD_ShowNum(30,170,pro,3,16);
        }
        LCD_ShowNum(30,170,100,3,16);//显示 100%
        LCD_ShowString(30,150,200,16,16,"Transimit Finished!");//提示完成
    }
    i++;
    delay_ms(10);
    if(i==20){ LED0=! LED0; i=0;}//提示系统正在运行
    }
}
```

至此,DMA 串口传输的软件设计就完成了。

21.4　下载验证

代码编译成功后,通过串口下载代码到 ALIENTEK 探索者 STM32F4 开发板上,可以看到 LCD 显示如图 21.5 所示。伴随 DS0 的不停闪烁,提示程序在运行。打开串口调试助手,按 KEY0 则可以看到串口显示如图 21.6 所示的内容。可以看到,串口收到了探索者 STM32F4 开发板发送过来的数据,同时 TFTLCD 上显示了进度等信息,如图 21.7 所示。

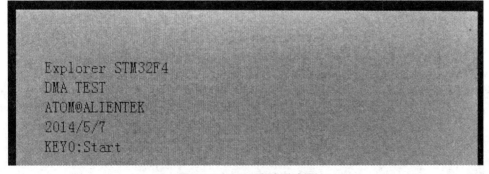

图 21.5　DMA 实验测试图

至此,整个 DMA 实验就结束了。希望读者通过本章的学习掌握 STM32F4 的 DMA 使用。DMA 具备非常好的功能,不但能减轻 CPU 负担,还能提高数据传输速度,合理地应用 DMA,往往能让程序设计变得简单。

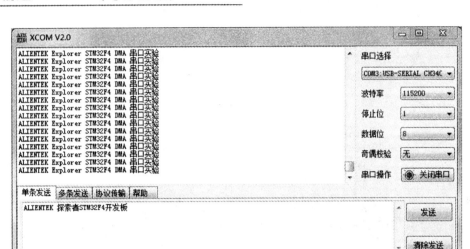

图 21.6　串口收到的数据内容

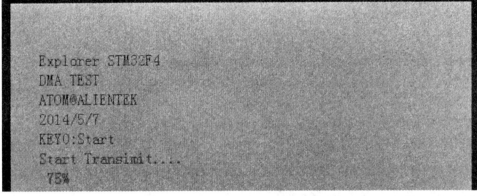

图 21.7　DMA 串口数据传输中

第 **22** 章

I²C 实验

本章介绍如何使用 STM32F4 的普通 I/O 口模拟 I²C 时序,并实现和 24C02 之间的双向通信,即实现 24C02 的读/写,并将结果显示在 TFTLCD 模块上。

22.1 I²C 简介

I²C(Inter - Integrated Circuit)总线是一种由 PHILIPS 公司开发的两线式串行总线,用于连接微控制器及其外围设备。它是由数据线 SDA 和时钟 SCL 构成的串行总线,可发送和接收数据。在 CPU 与被控 IC 之间、IC 与 IC 之间进行双向传送,高速 I²C 总线一般可达 400 kbps 以上。

I²C 总线在传送数据过程中共有 3 种类型信号,分别是:开始信号、结束信号和应答信号。

> 开始信号:SCL 为高电平时,SDA 由高电平向低电平跳变,开始传送数据。
> 结束信号:SCL 为高电平时,SDA 由低电平向高电平跳变,结束传送数据。
> 应答信号:接收数据的 IC 在接收到 8 bit 数据后,向发送数据的 IC 发出特定的低电平脉冲,表示已收到数据。CPU 向受控单元发出一个信号后,等待受控单元发出一个应答信号,CPU 接收到应答信号后根据实际情况做出是否继续传递信号的判断。若未收到应答信号,由判断为受控单元出现故障。

这些信号中,起始信号是必需的,结束信号和应答信号都可以不要。I²C 总线时序图如图 22.1 所示。

ALIENTEK 探索者 STM32F4 开发板板载的 EEPROM 芯片型号为 24C02。该芯片的总容量是 256 字节,通过 I²C 总线与外部连接,本章就通过 STM32F4 来实现 24C02 的读/写。

目前大部分 MCU 都带有 I²C 总线接口,STM32F4 也不例外。但是这里不使用 STM32F4 的硬件 I²C 来读/写 24C02,而是通过软件模拟。ST 为了规避飞利浦 I²C 专利问题,将 STM32 的硬件 I²C 设计得比较复杂,而且稳定性不怎么好,所以这里不推荐使用,有兴趣的读者可以研究一下 STM32F4 的硬件 I²C。

用软件模拟 I²C 最大的好处就是方便移植,同一个代码兼容所有 MCU,任何一个单片机只要有 I/O 口,就可以很快移植过去,而且不需要特定的 I/O 口。而硬件 I²C 则换一款 MCU,基本上就得重新搞一次,移植比较麻烦。

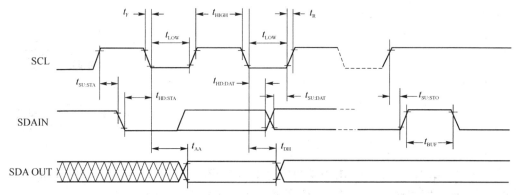

图 22.1 I²C 总线时序图

本章实验功能简介：开机的时候先检测 24C02 是否存在，然后在主循环里面检测两个按键，其中一个按键（KEY1）用来执行写入 24C02 的操作，另外一个按键（KEY0）用来执行读出操作，在 TFTLCD 模块上显示相关信息。同时用 DS0 提示程序正在运行。

22.2 硬件设计

本章需要用到的硬件资源有：指示灯 DS0、KEY0 和 KEY1 按键、串口（USMART 使用）、TFTLCD 模块、24C02。前面 4 部分的资源已经介绍了，可参考相关章节。这里只介绍 24C02 与 STM32F4 的连接，24C02 的 SCL 和 SDA 分别连在 STM32F4 的 PB8 和 PB9 上的，连接关系如图 22.2 所示。

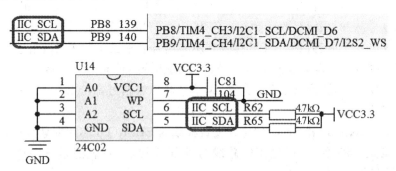

图 22.2   STM32F4 与 24C02 连接图

22.3 软件设计

打开第 21 章的工程，由于本章要用到 USMART 组件，且没有用到 dma.c，所以，先去掉 dma.c，然后添加 USMART 组件（方法见第 16.3 节）。然后，在 HARDWARE 文件夹下新建一个 24CXX 的文件夹。再新建一个 24cxx.c、myiic.c 的文件和 24cxx.h、myiic.h 的头文件，保存在 24CXX 文件夹下，并将 24CXX 文件夹加入头文件包含路

径。打开 myiic.c 文件,输入如下代码:

```c
//初始化 I²C
void IIC_Init(void)
{
    RCC - >AHB1ENR| = 1<<1;      //使能 PORTB 时钟
    GPIO_Set(GPIOB,PIN8|PIN9,GPIO_MODE_OUT,GPIO_OTYPE_PP,GPIO_SPEED_50M,
            GPIO_PUPD_PU);//PB8/PB9 设置
    IIC_SCL = 1; IIC_SDA = 1;
}
//产生 I²C 起始信号
void IIC_Start(void)
{
    SDA_OUT();      //sda 线输出
    IIC_SDA = 1; IIC_SCL = 1; delay_us(4);
     IIC_SDA = 0;//START:when CLK is high,DATA change form high to low
    delay_us(4);
    IIC_SCL = 0;//钳住 I²C 总线,准备发送或接收数据
}
//产生 I²C 停止信号
void IIC_Stop(void)
{
    SDA_OUT();//sda 线输出
    IIC_SCL = 0; IIC_SDA = 0;//STOP:when CLK is high DATA change form low to high
    delay_us(4);
    IIC_SCL = 1; IIC_SDA = 1;//发送 I²C 总线结束信号
    delay_us(4);
}
//等待应答信号到来
//返回值:1,接收应答失败;0,接收应答成功
u8 IIC_Wait_Ack(void)
{
    u8 ucErrTime = 0;
    SDA_IN();      //SDA 设置为输入
    IIC_SDA = 1;delay_us(1);
    IIC_SCL = 1;delay_us(1);
    while(READ_SDA)
    {
        ucErrTime ++ ;
        if(ucErrTime>250){ IIC_Stop();return 1;}
    }
    IIC_SCL = 0;//时钟输出 0
    return 0;
}
//产生 ACK 应答
void IIC_Ack(void)
{
    IIC_SCL = 0;
    SDA_OUT();
    IIC_SDA = 0; delay_us(2);
    IIC_SCL = 1; delay_us(2);
    IIC_SCL = 0;
```

```
    }
//不产生 ACK 应答
void IIC_NAck(void)
{
    IIC_SCL = 0;
    SDA_OUT();
    IIC_SDA = 1; delay_us(2);
    IIC_SCL = 1; delay_us(2);
    IIC_SCL = 0;
}
//I²C 发送一个字节
//返回从机有无应答,1,有应答;0,无应答
void IIC_Send_Byte(u8 txd)
{
    u8 t;
    SDA_OUT();
    IIC_SCL = 0;//拉低时钟开始数据传输
    for(t = 0;t<8;t ++ )
    {
        IIC_SDA = (txd&0x80)>>7;
        txd<< = 1; delay_us(2);
        IIC_SCL = 1; delay_us(2);
        IIC_SCL = 0; delay_us(2);
    }
}
//读一个字节,ack = 1 时,发送 ACK,ack = 0,发送 nACK
u8 IIC_Read_Byte(unsigned char ack)
{
    unsigned char i,receive = 0;
    SDA_IN();//SDA 设置为输入
    for(i = 0;i<8;i ++ )
    {
        IIC_SCL = 0; delay_us(2);
        IIC_SCL = 1; receive<< = 1;
        if(READ_SDA)receive ++ ;
        delay_us(1);
    }
    if (! ack) IIC_NAck();//发送 nACK
    else IIC_Ack(); //发送 ACK
    return receive;
}
```

该部分为 I²C 驱动代码,实现包括 I²C 的初始化(I/O 口)、I²C 开始、I²C 结束、ACK、I²C 读/写等功能。在其他函数里面只需要调用相关的 I²C 函数就可以和外部 I²C 器件通信了,这里并不局限于 24C02,该段代码可以用在任何 I²C 设备上。

保存该部分代码,把 myiic. c 加入到 HARDWARE 组下面,然后在 myiic. h 里面输入如下代码:

```
# ifndef __MYIIC_H
# define __MYIIC_H
# include "sys. h"
```

```
//IO 方向设置
#define SDA_IN()    {GPIOB->MODER&=~(3<<(9*2));GPIOB->MODER|=0<<9*2;}
//PB9 输入模式
#define SDA_OUT()   {GPIOB->MODER&=~(3<<(9*2));GPIOB->MODER|=1<<9*2;}
//PB9 输出模式
//IO 操作函数
#define IIC_SCL     PBout(8)          //SCL
#define IIC_SDA     PBout(9)          //SDA
#define READ_SDA    PBin(9)           //输入 SDA
//IIC 所有操作函数
void IIC_Init(void);                    //初始化 I²C 的 I/O 口
…….//省略部分代码
void IIC_NAck(void);                    //I²C 不发送 ACK 信号
 #endif
```

该部分代码的 SDA_IN() 和 SDA_OUT() 分别用于设置 IIC_SDA 接口为输入和输出。接下来看下 24cxx.c 里面几个重要的函数,代码如下:

```
//初始化 I²C 接口
void AT24CXX_Init(void)
{
    IIC_Init();
}
//在 AT24CXX 指定地址读出一个数据
//ReadAddr:开始读数的地址;返回值  :读到的数据
u8 AT24CXX_ReadOneByte(u16 ReadAddr)
{
    u8 temp = 0;
    IIC_Start();
    if(EE_TYPE>AT24C16)
    {
        IIC_Send_Byte(0XA0);          //发送写命令
        IIC_Wait_Ack();
        IIC_Send_Byte(ReadAddr>>8);//发送高地址
    }else IIC_Send_Byte(0XA0+((ReadAddr/256)<<1));    //发送器件地址 0XA0,写数据
    IIC_Wait_Ack();
    IIC_Send_Byte(ReadAddr%256);    //发送低地址
    IIC_Wait_Ack();
    IIC_Start();
    IIC_Send_Byte(0XA1);             //进入接收模式
    IIC_Wait_Ack();
    temp = IIC_Read_Byte(0);
    IIC_Stop();//产生一个停止条件
    return temp;
}
//在 AT24CXX 指定地址写入一个数据
//WriteAddr    :写入数据的目的地址;DataToWrite:要写入的数据
void AT24CXX_WriteOneByte(u16 WriteAddr,u8 DataToWrite)
{
    IIC_Start();
    if(EE_TYPE>AT24C16)
    {
```

```
        IIC_Send_Byte(0XA0);           //发送写命令
        IIC_Wait_Ack();
        IIC_Send_Byte(WriteAddr>>8);//发送高地址
    }else IIC_Send_Byte(0XA0 + ((WriteAddr/256)<<1));    //发送器件地址 0XA0,写数据
    IIC_Wait_Ack();
    IIC_Send_Byte(WriteAddr%256);    //发送低地址
    IIC_Wait_Ack();
    IIC_Send_Byte(DataToWrite);       //发送字节
    IIC_Wait_Ack();
    IIC_Stop();//产生一个停止条件
    delay_ms(10);       //EEPROM 写入过程比较慢,需等待一点时间,再写下一次
}
```

这里仅列出了 3 个函数,其中,AT24CXX_Init 用于初始化 I²C 接口,通过调用 IIC
_Init 函数实现。AT24CXX_ReadOneByte 和 AT24CXX_WriteOneByte 分别用于在
24CXX 的任意地址读取或者写入一个字节,有了这两个函数作为基础,其他多字节读/
写函数就很容易实现了,详见本例程源码。这部分代码理论上是可以支持 24Cxx 所有
系列芯片的(地址引脚必须都设置为 0),但是我们测试只测试了 24C02,其他器件有待
测试。读者也可以验证一下,24CXX 的型号定义在 24cxx.h 文件里面,通过 EE_
TYPE 设置。

保存该部分代码,把 24cxx.c 加入到 HARDWARE 组下面,24cxx.h 的内容请参
考本例程源码,这里就不贴出来了。最后,在 main 函数里面编写应用代码,在 test.c 里
面修改 main 函数如下:

```
//要写入到 24c02 的字符串数组
const u8 TEXT_Buffer[] = {"Explorer STM32F4 IIC TEST"};
#define SIZE sizeof(TEXT_Buffer)
int main(void)
{
    u8 key; u16 i = 0; u8 datatemp[SIZE];
    Stm32_Clock_Init(336,8,2,7);          //设置时钟,168 MHz
    delay_init(168);                      //延时初始化
    uart_init(84,115200);                 //初始化串口波特率为 115200
    usmart_dev.init(84);                  //初始化 usmart
    LED_Init();                           //初始化 LED
    LCD_Init();                           //LCD 初始化
    KEY_Init();                           //按键初始化
    AT24CXX_Init();                       //IIC 初始化
    POINT_COLOR = RED;
    LCD_ShowString(30,50,200,16,16,"Explorer STM32F4");
    LCD_ShowString(30,70,200,16,16,"IIC TEST");
    LCD_ShowString(30,90,200,16,16,"ATOM@ALIENTEK");
    LCD_ShowString(30,110,200,16,16,"2014/5/7");
    LCD_ShowString(30,130,200,16,16,"KEY1:Write  KEY0:Read");    //显示提示信息
     while(AT24CXX_Check())//检测不到 24c02
    {
        LCD_ShowString(30,150,200,16,16,"24C02 Check Failed!"); delay_ms(500);
        LCD_ShowString(30,150,200,16,16,"Please Check!       "); delay_ms(500);
        LED0 = ! LED0;//DS0 闪烁
```

```
    }
    LCD_ShowString(30,150,200,16,16,"24C02 Ready!");
     POINT_COLOR = BLUE;//设置字体为蓝色
    while(1)
    {
        key = KEY_Scan(0);
        if(key == KEY1_PRES)//KEY1 按下,写入 24C02
        {
            LCD_Fill(0,170,239,319,WHITE);//清除半屏
            LCD_ShowString(30,170,200,16,16,"Start Write 24C02....");
            AT24CXX_Write(0,(u8 * )TEXT_Buffer,SIZE);
            LCD_ShowString(30,170,200,16,16,"24C02 Write Finished!");//提示传送完成
        }
        if(key == KEY0_PRES)//KEY0 按下,读取字符串并显示
        {
            LCD_ShowString(30,170,200,16,16,"Start Read 24C02....  ");
            AT24CXX_Read(0,datatemp,SIZE);
            LCD_ShowString(30,170,200,16,16,"The Data Readed Is:  ");//提示传送完成
            LCD_ShowString(30,190,200,16,16,datatemp);//显示读到的字符串
        }
        i ++ ; delay_ms(10);
        if(i == 20){ LED0 = ! LED0; i = 0;}//提示系统正在运行
    }
}
```

该段代码通过 KEY1 按键来控制 24C02 的写入,通过另外一个按键 KEY0 来控制 24C02 的读取,并在 LCD 模块上面显示相关信息。最后,将 AT24CXX_WriteOneByte 和 AT24CXX_ReadOneByte 函数加入 USMART 控制,这样就可以通过串口调试助手 读/写任何一个 24C02 的地址,方便测试。至此,软件设计部分就结束了。

22.4　下载验证

编译成功之后,下载代码到 ALIENTEK 探索者 STM32F4 开发板上,先按 KEY1 按键写入数据,然后按 KEY0 读取数据,得到如图 22.3 所示。同时 DS0 会不停地闪 烁,提示程序正在运行。程序在开机的时候会检测 24C02 是否存在,如果不存在则在 TFTLCD 模块上显示错误信息,同时 DS0 慢闪。读者通过跳线帽把 PB8 和 PB9 短接 就可以看到报错了。USMART 测试 24C02 的任意地址(地址范围:0～255)读/写如 图 24.4 所示。

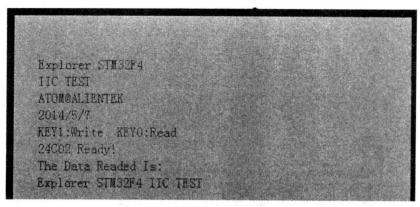

图 22.3　I²C 实验程序运行效果图

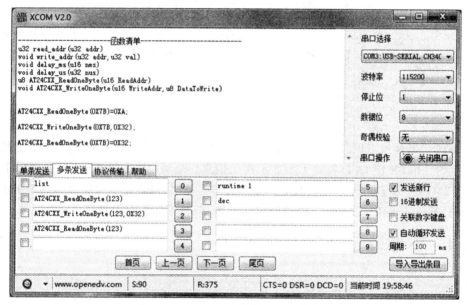

图 22.4　USMART 控制 24C02 读/写

第 *23* 章

SPI 实验

本章介绍 STM32F4 的 SPI 功能,将使用 STM32F4 自带的 SPI 来实现对外部 FLASH(W25Q128)的读/写,并将结果显示在 TFTLCD 模块上。

23.1　SPI 简介

SPI 是 Serial Peripheral interface 的缩写,顾名思义就是串行外围设备接口,是 Freescale 首先在其 MC68HCXX 系列处理器上定义的。SPI 接口主要应用在 EEP-ROM、FLASH、实时时钟、A/D 转换器数字信号处理器和数字信号解码器之间。SPI 是一种高速的、全双工、同步的通信总线,并且在芯片的引脚上只占用 4 根线,节约了芯片的引脚,同时为 PCB 的布局节省空间,提供方便。正是出于这种简单易用的特性,现在越来越多的芯片集成了这种通信协议,STM32F4 也有 SPI 接口。

SPI 接口一般使用 4 根线通信:

➢ MISO 主设备数据输入,从设备数据输出。

➢ MOSI 主设备数据输出,从设备数据输入。

➢ SCLK 时钟信号,由主设备产生。

➢ CS 从设备片选信号,由主设备控制。

SPI 主要特点有:可以同时发出和接收串行数据;可以当作主机或从机工作;提供频率可编程时钟;发送结束中断标志;写冲突保护;总线竞争保护等。

SPI 总线 4 种工作方式:SPI 模块为了和外设进行数据交换,根据外设工作要求,其输出串行同步时钟极性和相位可以进行配置,时钟极性(CPOL)对传输协议没有重大的影响。如果 CPOL=0,串行同步时钟的空闲状态为低电平;如果 CPOL=1,串行同步时钟的空闲状态为高电平。时钟相位(CPHA)能够选择两种不同的传输协议之一进行数据传输。如果 CPHA=0,在串行同步时钟的第一个跳变沿(上升或下降)数据被采样;如果 CPHA=1,在串行同步时钟的第二个跳变沿(上升或下降)数据被采样。SPI 主模块和与之通信的外设时钟相位和极性应该一致。不同时钟相位下的总线数据传输时序如图 23.1 所示。

STM32F4 的 SPI 功能很强大,SPI 时钟最高可以到 37.5 MHz,支持 DMA,可以配置为 SPI 协议或者 I²S 协议(支持全双工 I²S)。本章使用 STM32F4 的 SPI 来读取外部 SPI FLASH 芯片(W25Q128),实现类似第 22 章的功能。这里只简单介绍一下 SPI

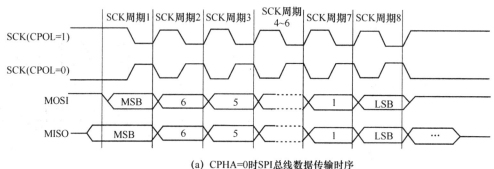

(a) CPHA=0时SPI总线数据传输时序

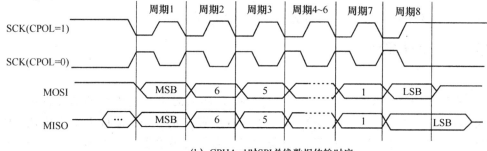

(b) CPHA=1时SPI总线数据传输时序

图 23.1 不同时钟相位下的总线传输时序(CPHA=0/1)

的使用,详细介绍请参考《STM32F4xx 中文参考手册》第 721 页。再介绍下 SPI
FLASH 芯片。

这节使用 STM32F4 的 SPI1 的主模式,下面就来看看 SPI1 部分的设置步骤。
STM32F4 的主模式配置步骤如下:

① 配置相关引脚的复用功能,使能 SPI1 时钟。

要用 SPI1,第一步就要使能 SPI1 的时钟,SPI1 的时钟通过 APB2ENR 的第 12 位
来设置。其次要设置 SPI1 的相关引脚为复用(AF5)输出,这样才会连接到 SPI1 上。
这里使用的是 PB3、4、5 这 3 个(SCK、MISO、MOSI,CS 使用软件管理方式),所以设置
这 3 个为复用 I/O,复用功能为 AF5。

② 设置 SPI1 工作模式。

这一步全部通过 SPI1_CR1 来设置。我们设置 SPI1 为主机模式,设置数据格式为
8 位,然后通过 CPOL 和 CPHA 位来设置 SCK 时钟极性及采样方式。并设置 SPI1 的
时钟频率(最大 37.5 MHz)以及数据的格式(MSB 在前还是 LSB 在前)。

③ 使能 SPI1。这一步通过 SPI1_CR1 的 bit6 来设置,以启动 SPI1,启动之后就可
以开始 SPI 通信了。

接下来介绍 W25Q128。W25Q128 是华邦公司推出的大容量 SPI FLASH 产品,
W25Q128 的容量为 128 Mbit,该系列还有 W25Q80/16/32/64 等。ALIENTEK 所选
择的 W25Q128 容量为 128 Mbit,也就是 16 MB。

W25Q128 将 16 MB 的容量分为 256 个块(Block),每个块大小为 64 KB,每个块又

分为 16 个扇区(Sector),每个扇区 4 KB。W25Q128 的最小擦除单位为一个扇区,也就是每次必须擦除 4 KB。这样我们需要给 W25Q128 开辟一个至少 4 KB 的缓存区,这样对 SRAM 要求比较高,要求芯片必须有 4 KB 以上 SRAM 才能很好地操作。

W25Q128 的擦写周期多达 10W 次,具有 20 年的数据保存期限,支持电压为 2.7~3.6 V。W25Q128 支持标准的 SPI,还支持双输出/四输出的 SPI,最大 SPI 时钟可以到 80 MHz(双输出时相当于 160 MHz,四输出时相当于 320 MHz),更多介绍请参考 W25Q128 的 DATASHEET。

23.2　硬件设计

本章实验功能简介:开机的时候先检测 W25Q128 是否存在,然后在主循环里面检测两个按键,其中一个按键(KEY1)用来执行写入 W25Q128 的操作,另外一个按键(KEY0)用来执行读出操作,在 TFTLCD 模块上显示相关信息。同时用 DS0 提示程序正在运行。

所要用到的硬件资源如下:

指示灯 DS0、KEY0 和 KEY1 按键、TFTLCD 模块、SPI、W25Q128。这里只介绍 W25Q128 与 STM32F4 的连接,板上的 W25Q128 是直接连在 STM32F4 的 SPI1 上的,连接关系如图 23.2 所示。这里的 F_CS 是连接在 PB14 上面的。注意:W25Q128 和 NRF24L01 共用 SPI1,所以这两个器件在使用的时候必须分时复用(通过片选控制)才行。

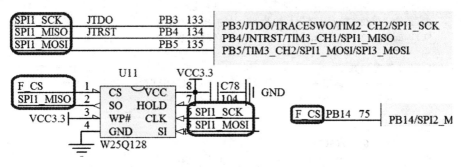

图 23.2　STM32F4 与 W25Q128 连接电路图

23.3　软件设计

打开第 22 章的工程,由于本章不要用到 I²C 相关代码和 USMART 组件,所以,先去掉 myiic.c、24cxx.c 以及 USMART 组件相关代码。然后,在 HARDWARE 文件夹下新建一个 W25QXX 的文件夹和 SPI 的文件夹。然后新建一个 w25qxx.c 和 w25qxx.h 的文件保存在 W25QXX 文件夹下,新建 spi.c 和 spi.h 的文件,保存在 SPI 文件夹下,并将这两个文件夹加入头文件包含路径。

打开 spi.c 文件,输入如下代码:

```
//以下是 SPI 模块的初始化代码,配置成主机模式
//SPI 口初始化,这里是针对 SPI1 的初始化
void SPI1_Init(void)
{
    u16 tempreg = 0;
    RCC - >AHB1ENR| = 1<<0;              //使能 PORTA 时钟
    RCC - >APB2ENR| = 1<<12;            //SPI1 时钟使能
    GPIO_Set(GPIOB,7<<3,GPIO_MODE_AF,GPIO_OTYPE_PP,GPIO_SPEED_100M
GPIO_PUPD_PU);                           //PB3~5 复用功能输出
    GPIO_AF_Set(GPIOB,3,5);              //PB3,AF5
    GPIO_AF_Set(GPIOB,4,5);              //PB4,AF5
    GPIO_AF_Set(GPIOB,5,5);              //PB5,AF5
    //这里只针对 SPI 口初始化
    RCC - >APB2RSTR| = 1<<12;           //复位 SPI1
    RCC - >APB2RSTR& = ~(1<<12);        //停止复位 SPI1
    tempreg| = 0<<10;                    //全双工模式
    tempreg| = 1<<9;                     //软件 nss 管理
    tempreg| = 1<<8;
    tempreg| = 1<<2;                     //SPI 主机
    tempreg| = 0<<11;                    //8 位数据格式
    tempreg| = 1<<1;                     //空闲模式下 SCK 为 1 CPOL = 1
    tempreg| = 1<<0;                     //数据采样从第 2 个时间边沿开始,CPHA = 1
    //对 SPI1 属于 APB2 的外设.时钟频率最大为 84 MHz 频率
    tempreg| = 7<<3;                     //Fsck = Fpclk1/256
    tempreg| = 0<<7;                     //MSB First
    tempreg| = 1<<6;                     //SPI 启动
    SPI1 - >CR1 = tempreg;               //设置 CR1
    SPI1 - >I2SCFGR& = ~(1<<11);        //选择 SPI 模式
    SPI1_ReadWriteByte(0xff);            //启动传输
}
//SPI1 速度设置函数
//SpeedSet:0~7;SPI 速度 = fAPB2/2^(SpeedSet + 1);fAPB2 时钟一般为 84 MHz
void SPI1_SetSpeed(u8 SpeedSet)
{
    SpeedSet& = 0X07;                    //限制范围
    SPI1 - >CR1& = 0XFFC7;
    SPI1 - >CR1| = SpeedSet<<3;          //设置 SPI1 速度
    SPI1 - >CR1| = 1<<6;                 //SPI 设备使能
}
//SPI1 读写一个字节
//TxData:要写入的字节;返回值:读取到的字节
u8 SPI1_ReadWriteByte(u8 TxData)
{
    while((SPI1 - >SR&1<<1) == 0);       //等待发送区空
    SPI1 - >DR = TxData;                 //发送一个 byte
    while((SPI1 - >SR&1<<0) == 0);       //等待接收完一个 byte
    return SPI1 - >DR;                    //返回收到的数据
}
```

此部分代码主要初始化 SPI,这里选择 SPI1,所以 SPI1_Init 函数里面相关的操作

都是针对 SPI1 的,其初始化步骤和上面介绍的一样。在初始化之后,我们就可以开始使用 SPI1 了,注意,SPI 初始化函数的最后有一个启动传输,这句话最大的作用就是维持 MOSI 为高电平,而且这句话也不是必须的,可以去掉。

在 SPI1_Init 函数里面,把 SPI1 的频率设置成了最低(84 MHz,256 分频)。在外部函数里面通过 SPI1_SetSpeed 来设置 SPI1 的速度,而我们的数据发送和接收则是通过 SPI1_ReadWriteByte 函数来实现的。

保存 spi.c,并把该文件加入 HARDWARE 组下面,spi.h 的内容请参考本例程源码。然后打开 w25qxx.c,在里面编写与 W25Q128 操作相关的代码,篇幅所限,详细代码这里就不全部贴出了。我们仅介绍几个重要的函数,首先是 W25QXX_Read 函数。该函数用于从 W25Q128 的指定地址读出指定长度的数据。其代码如下:

```
//读取 SPI FLASH,在指定地址开始读取指定长度的数据
//pBuffer:数据存储区;ReadAddr:开始读取的地址(24 bit)
//NumByteToRead:要读取的字节数(最大 65 535)
void W25QXX_Read(u8 * pBuffer,u32 ReadAddr,u16 NumByteToRead)
{
    u16 i;
    W25QXX_CS = 0;                                    //使能器件
    SPI1_ReadWriteByte(W25X_ReadData);               //发送读取命令
    SPI1_ReadWriteByte((u8)((ReadAddr)>>16));        //发送 24 bit 地址
    SPI1_ReadWriteByte((u8)((ReadAddr)>>8));
    SPI1_ReadWriteByte((u8)ReadAddr);
    for(i = 0;i<NumByteToRead;i++)
    {
        pBuffer[i] = SPI1_ReadWriteByte(0XFF);        //循环读数
    }
    W25QXX_CS = 1;
}
```

由于 W25Q128 支持以任意地址(但是不能超过 W25Q128 的地址范围)开始读取数据,所以,这个代码相对来说就比较简单了。发送 24 位地址之后,程序就可以开始循环读数据了,其地址会自动增加的,不过要注意,读的数据不能超过 W25Q128 的地址范围,否则读出来的数据就不是你想要的数据了。

有读的函数,当然就有写的函数了,接下来介绍 W25QXX_Write 这个函数。该函数的作用与 W25QXX_Flash_Read 的作用类似,不过是用来写数据到 W25Q128 里面的,代码如下:

```
//写 SPI FLASH,在指定地址开始写入指定长度的数据
//该函数带擦除操作
//pBuffer:数据存储区;WriteAddr:开始写入的地址(24 bit)
//NumByteToWrite:要写入的字节数(最大 65 535)
u8 W25QXX_BUFFER[4096];
void W25QXX_Write(u8 * pBuffer,u32 WriteAddr,u16 NumByteToWrite)
{
    u32 secpos;
    u16 secoff; u16 secremain; u16 i;
    u8 * W25QXX_BUF;
```

```
W25QXX_BUF = W25QXX_BUFFER;
secpos = WriteAddr/4096;                                          //扇区地址
secoff = WriteAddr % 4096;                                        //在扇区内的偏移
secremain = 4096 - secoff;                                        //扇区剩余空间大小
//printf("ad: % X,nb: % X\r\n",WriteAddr,NumByteToWrite);         //测试用
if(NumByteToWrite< = secremain)secremain = NumByteToWrite;        //不大于 4 096 个字节
while(1)
{
    W25QXX_Read(W25QXX_BUF,secpos * 4096,4096);   //读出整个扇区的内容
    for(i = 0;i<secremain;i ++ )//校验数据
    {
        if(W25QXX_BUF[secoff + i]! = 0XFF)break;//需要擦除
    }
    if(i<secremain)//需要擦除
    {
        W25QXX_Erase_Sector(secpos);//擦除这个扇区
        for(i = 0;i<secremain;i ++ ) W25QXX_BUF[i + secoff] = pBuffer[i]; //复制
        W25QXX_Write_NoCheck(W25QXX_BUF,secpos * 4096,4096);//写入整个扇区
    }else W25QXX_Write_NoCheck(pBuffer,WriteAddr,secremain);//已擦除的,直接写
    if(NumByteToWrite == secremain)break;//写入结束了
    else//写入未结束
    {
        secpos ++ ;                                              //扇区地址增1
        secoff = 0;                                              //偏移位置为 0
        pBuffer + = secremain;                                   //指针偏移
        WriteAddr + = secremain;                                 //写地址偏移
        NumByteToWrite - = secremain;                            //字节数递减
        if(NumByteToWrite>4096)secremain = 4096;                 //下一个扇区还是写不完
        else secremain = NumByteToWrite;                         //下一个扇区可以写完了
    }
};
}
```

该函数可以在 W25Q128 的任意地址开始写入任意长度(必须不超过 W25Q128 的容量)的数据。这里简单介绍一下思路:先获得首地址(WriteAddr)所在的扇区,并计算在扇区内的偏移。然后判断要写入的数据长度是否超过本扇区所剩下的长度,如果不超过,再先看看是否要擦除,如果不要,则直接写入数据即可,如果要则读出整个扇区,在偏移处开始写入指定长度的数据,然后擦除这个扇区,再一次性写入。当需要写入的数据长度超过一个扇区的长度的时候,我们先按照前面的步骤把扇区剩余部分写完,再在新扇区内执行同样的操作,如此循环,直到写入结束。这里还定义了一个 W25QXX_BUFFER 的全局变量,用于擦除时缓存扇区内的数据。

其他的代码就比较简单了,这里不介绍了。保存 w25qxx.c,然后加入到 HARD-WARE 组下面,同样,w25qxx.h 的内容请参考本例程源码,这里就不贴出来了。

最后,在 test.c 里面修改 main 函数如下:

```
//要写入到 W25Q128 的字符串数组
const u8 TEXT_Buffer[] = {"Explorer STM32F4 SPI TEST"};
# define SIZE sizeof(TEXT_Buffer)
```

```
int main(void)
{
u8 key; u16 i = 0;
    u8 datatemp[SIZE];
    u32 FLASH_SIZE;
    Stm32_Clock_Init(336,8,2,7);          //设置时钟,168 MHz
    delay_init(168);                       //延时初始化
    uart_init(84,115200);                  //初始化串口波特率为 115200
    usmart_dev.init(84);                   //初始化 usmart
    LED_Init();                            //初始化 LED
    LCD_Init();                            //LCD 初始化
    KEY_Init();                            //按键初始化
    W25QXX_Init();                         //W25QXX 初始化
    POINT_COLOR = RED;
    LCD_ShowString(30,50,200,16,16,"Explorer STM32F4");
    LCD_ShowString(30,70,200,16,16,"SPI TEST");
    LCD_ShowString(30,90,200,16,16,"ATOM@ALIENTEK");
    LCD_ShowString(30,110,200,16,16,"2014/5/7");
    LCD_ShowString(30,130,200,16,16,"KEY1:Write  KEY0:Read");       //显示提示信息
            while(W25QXX_ReadID()! = W25Q128)       //检测不到 W25Q128
    {
        LCD_ShowString(30,150,200,16,16,"W25Q128 Check Failed!"); delay_ms(500);
        LCD_ShowString(30,150,200,16,16,"Please Check!          "); delay_ms(500);
        LED0 = ! LED0;          //DS0 闪烁
    }
    LCD_ShowString(30,150,200,16,16,"W25Q128 Ready!");
    FLASH_SIZE = 128 * 1024 * 1024;     //FLASH 大小为 2 MB
    POINT_COLOR = BLUE;                 //设置字体为蓝色
    while(1)
    {
        key = KEY_Scan(0);
        if(key == KEY1_PRES)//KEY1 按下,写入 W25Q128
        {
            LCD_Fill(0,170,239,319,WHITE);//清除半屏
            LCD_ShowString(30,170,200,16,16,"Start Write W25Q128....");
            W25QXX_Write((u8 *)TEXT_Buffer,FLASH_SIZE - 100,SIZE);
            //从倒数第 100 个地址处开始,写入 SIZE 长度的数据
            LCD_ShowString(30,170,200,16,16,"W25Q128 Write Finished!");//提示完成
        }
        if(key == KEY0_PRES)//KEY0 按下,读取字符串并显示
        {
            LCD_ShowString(30,170,200,16,16,"Start Read W25Q128.... ");
            W25QXX_Read(datatemp,FLASH_SIZE - 100,SIZE);
            //从倒数第 100 个地址处开始,读出 SIZE 个字节
            LCD_ShowString(30,170,200,16,16,"The Data Readed Is: ");   //提示传送完成
            LCD_ShowString(30,190,200,16,16,datatemp);       //显示读到的字符串
        }
        i ++ ;
        delay_ms(10);
        if(i == 20){ LED0 = ! LED0; i = 0;}//提示系统正在运行
    }
}
```

}

这部分代码和 I²C 实验那部分代码大同小异,实现的功能也和 I²C 差不多,不过此次写入和读出的是 SPI FLASH,而不是 EEPROM。

23.4 下载验证

编译成功之后,下载代码到 ALIENTEK 探索者 STM32F4 开发板上,先按 KEY1 按键写入数据,然后按 KEY0 读取数据,得到如图 23.3 所示界面。

```
Explorer STM32F4
SPI TEST
ATOM@ALIENTEK
2014/5/7
KEY1:Write   KEY0:Read
W25Q128 Ready!
The Data Readed Is:
Explorer STM32F4 SPI TEST
```

图 23.3 SPI 实验程序运行效果图

伴随 DS0 的不停闪烁,提示程序在运行。程序在开机的时候会检测 W25Q128 是否存在,如果不存在则会在 TFTLCD 模块上显示错误信息,同时 DS0 慢闪。大家可以通过跳线帽把 PB4 和 PB5 短接就可以看到报错了。

第 *24* 章

RS485 实验

本章将介绍如何使用 STM32F4 的串口实现 485 通信（半双工），使用 STM32F4 的串口 2 来实现两块开发板之间的 RS485 通信，并将结果显示在 TFTLCD 模块上。

24.1 RS485 简介

RS485（一般称作 485/EIA–485）是隶属于 OSI 模型物理层的电气特性规定为 2 线、半双工、多点通信的标准，电气特性和 RS–232 大不一样。用缆线两端的电压差值来表示传递信号。RS485 仅仅规定了接收端和发送端的电气特性，没有规定或推荐任何数据协议。

RS485 的特点包括：

① 接口电平低，不易损坏芯片。RS485 的电气特性：逻辑"1"表示两线间的电压差为 $+(2\sim6)$ V 表示，逻辑"0"表示两线间的电压差为 $-(2\sim6)$ V。接口信号电平比 RS232 降低了，不易损坏接口电路的芯片，且该电平与 TTL 电平兼容，可方便与 TTL 电路连接。

② 传输速率高。10 m 时，RS485 的数据最高传输速率可达 35 Mbps，在 1 200 m 时，传输速度可达 100 kbps。

③ 抗干扰能力强。RS485 接口采用平衡驱动器和差分接收器的组合，抗共模干扰能力增强，即抗噪声干扰性好。

④ 传输距离远，支持节点多。RS485 总线最长可以传输 1 200 m 以上（速率 $\leqslant$100 kbps），一般最大支持 32 个节点；如果使用特制的 485 芯片，可以达到 128 个或者 256 个节点，最大的可以支持到 400 个节点。

推荐 RS485 使用在点对点网络中时，使用线型、总线型网络，不能是星型、环型网络。理想情况下 RS485 需要 2 个终端匹配电阻，其阻值要求等于传输电缆的特性阻抗（一般为 120 Ω）。没有特性阻抗的话，当所有的设备都静止或者没有能量的时候就会产生噪声，而且线移需要双端的电压差。没有终接电阻的话，会使得较快速的发送端产生多个数据信号的边缘，导致数据传输出错。RS485 推荐的连接方式如图 24.1 所示。在连接中，如果需要添加匹配电阻，我们一般在总线的起止端加入，也就是主机和设备 4 上面各加一个 120 Ω 的匹配电阻。

由于 RS485 具有传输距离远、传输速度快、支持节点多和抗干扰能力更强等特点，所以 RS485 有很广泛的应用。探索者 STM32F4 开发板采用 SP3485 作为收发器,该芯片支持 3.3 V 供电,最大传输速度可达 10 Mbps,支持多达 32 个节点,并且有输出短路保护。该芯片的框图如图 24.2 所示。图中 A、B 总线接口,用于连接 RS485 总线。RO 是接收输出端,DI 是发送数据收入端,RE 是接收使能信号(低电平有效),DE 是发送使能信号(高电平有效)。

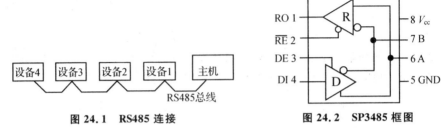

图 24.1 RS485 连接   图 24.2 SP3485 框图

本章通过该芯片连接 STM32F4 的串口 2,实现两个开发板之间的 RS485 通信。本章将实现这样的功能:通过连接两个探索者 STM32F4 开发板的 RS485 接口,然后由 KEY0 控制发送,当按下一个开发板的 KEY0 的时候,就发送 5 个数据给另外一个开发板,并在两个开发板上分别显示发送的值和接收到的值。

本章只需要配置好串口 2,就可以实现正常的 485 通信了,串口 2 的配置和串口 1 基本类似,只是串口的时钟来自 APB1,最大频率为 42 MHz。

24.2 硬件设计

本章要用到的硬件资源如下:指示灯 DS0、KEY0 按键、TFTLCD 模块、串口 2、RS485 收发芯片 SP3485。前面 3 个之前都已经详细介绍过了,这里介绍 SP3485 和串口 2 的连接关系,如图 24.3 所示。可以看出:STM32F4 的串口 2 通过 P9 端口设置连接到 SP3485,通过 STM32F4 的 PG8 控制 SP3485 的收发,当 PG8=0 的时候,为接收模式;当 PG8=1 的时候,为发送模式。这里需要注意,PA2、PA3 和 ETH_MDIO 和 PWM_DAC 有共用 I/O,所以在使用的时候,注意分时复用,不能同时使用。另外 RS485_RE 信号也和 NRF_IRQ 共用 PG8,所以也不可以同时使用,只能分时复用。

另外,图 24.3 中的 R38 和 R40 是两个偏置电阻,用来保证总线空闲时;A、B 之间的电压差都会大于 200 mV(逻辑 1),从而避免因总线空闲时,A、B 压差不定引起逻辑错乱,可能出现的乱码。

然后,我们要设置好开发板上 P9 排针的连接,通过跳线帽将 PA2 和 PA3 分别连接到 485_TX 和 485_RX 上面,如图 24.4 所示。

最后,用 2 根导线将两个开发板 RS485 端子的 A 和 A、B 和 B 连接起来。注意,不要接反了(A 接 B),接反了会导致通信异常!

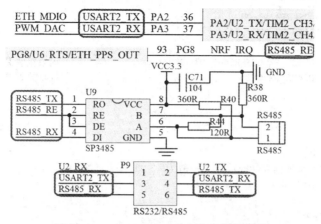

图 24.3　STM32F4 与 SP3485 连接电路图

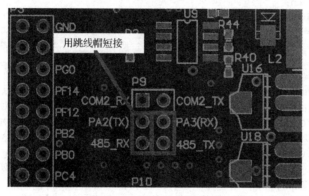

图 24.4　硬件连接示意图

24.3　软件设计

打开第 23 章的工程,由于本章要用到 USMART 组件且没有用到 W25Q128,所以,先去掉 spi.c 和 w25qxx.c,然后添加 USMART 组件(方法见第 16.3 节)。然后,在 HARDWARE 文件夹下新建一个 RS485 的文件夹,然后新建一个 rs485.c 和 rs485.h 的文件保存在 RS485 文件夹下,并将 RS485 文件夹加入头文件包含路径。

打开 rs485.c 文件,输入如下代码:

```
#if   EN_USART2_RX        //如果使能了接收
//接收缓存区
u8 RS485_RX_BUF[64];        //接收缓冲,最大 64 字节
//接收到的数据长度
u8 RS485_RX_CNT = 0;
void USART2_IRQHandler(void)
{
    u8 res;
    if(USART2->SR&(1<<5))//接收到数据
    {
```

```
            res = USART2 - >DR;
            if(RS485_RX_CNT<64)
            {
                RS485_RX_BUF[RS485_RX_CNT] = res;        //记录接收到的值
                RS485_RX_CNT ++ ;                        //接收数据增加1
            }
        }
    }
#endif
//初始化 IO 串口 2
//pclk1:PCLK1 时钟频率(MHz),APB1 一般为 42 MHz;bound:波特率
void RS485_Init(u32 pclk1,u32 bound)
{
    float temp;
    u16 mantissa;
    u16 fraction;
    temp = (float)(pclk1 * 1000000)/(bound * 16);        //得到 USARTDIV
    mantissa = temp;                                     //得到整数部分
    fraction = (temp - mantissa) * 16;                   //得到小数部分
    mantissa<< = 4;
    mantissa + = fraction;
    RCC - >AHB1ENR| = 1<<0;                               //使能 PORTA 口时钟
    RCC - >AHB1ENR| = 1<<6;                               //使能 PORTG 口时钟
    GPIO_Set(GPIOG,PIN8,GPIO_MODE_OUT,GPIO_OTYPE_PP,GPIO_SPEED_100M,
    GPIO_PUPD_PU);                                       //PG8 推挽输出
    GPIO_Set(GPIOA,PIN2|PIN3,GPIO_MODE_AF,GPIO_OTYPE_PP,GPIO_SPEED_50M,
    GPIO_PUPD_PU);                                       //PA2,PA3,复用功能,上拉
    GPIO_AF_Set(GPIOA,2,7);                              //PA2,AF7
    GPIO_AF_Set(GPIOA,3,7);                              //PA3,AF7
    RCC - >APB1ENR| = 1<<17;                             //使能串口 2 时钟
    RCC - >APB1RSTR| = 1<<17;                            //复位串口 2
    RCC - >APB1RSTR& = ~(1<<17);                         //停止复位
    //波特率设置
    USART2 - >BRR = mantissa;                            // 波特率设置
    USART2 - >CR1| = 0X200C;                             //1 位停止,无校验位
#if   EN_USART2_RX                                       //如果使能了接收
    //使能接收中断
    USART2 - >CR1| = 1<<2;                               //串口接收使能
    USART2 - >CR1| = 1<<5;                               //接收缓冲区非空中断使能
    MY_NVIC_Init(3,3,USART2_IRQn,2);                     //组 2,最低优先级
#endif
    RS485_TX_EN = 0;                                     //默认为接收模式
}
//RS485 发送 len 字节
//buf:发送区首地址
//len:发送的字节数(为了和本代码的接收匹配,这里建议不要超过 64 字节)
void RS485_Send_Data(u8 * buf,u8 len)
{
    u8 t;
    RS485_TX_EN = 1;                                     //设置为发送模式
        for(t = 0;t<len;t ++ )                           //循环发送数据
```

```
        {
            while((USART2 - >SR&0X40) == 0);                    //等待发送结束
            USART2 - >DR = buf[t];
        }
        while((USART2 - >SR&0X40) == 0);                        //等待发送结束
        RS485_RX_CNT = 0;
        RS485_TX_EN = 0;                                        //设置为接收模式
    }
    //RS485 查询接收到的数据
    //buf:接收缓存首地址;len:读到的数据长度
    void RS485_Receive_Data(u8 * buf,u8 * len)
    {
        u8 rxlen = RS485_RX_CNT;
        u8 i = 0;
        * len = 0;                                              //默认为 0
        delay_ms(10);        //等待 10 ms,连续超过 10 ms 没有接收到一个数据,则认为接收结束
        if(rxlen == RS485_RX_CNT&&rxlen)                        //接收到了数据,且接收完成了
        {
            for(i = 0;i<rxlen;i ++ ) buf[i] = RS485_RX_BUF[i];
            * len = RS485_RX_CNT;                               //记录本次数据长度
            RS485_RX_CNT = 0;                                   //清零
        }
    }
```

此部分代码总共 4 个函数,其中,RS485_Init 函数为 485 通信初始化函数,其实基本上就是在配置串口 2,只是把 PG8 也顺带配置了,用于控制 SP3485 的收发。同时,如果使能中断接收,则会执行串口 2 的中断接收配置。USART2_IRQHandler 函数用于中断接收来自 485 总线的数据,将其存放在 RS485_RX_BUF 里面。最后,RS485_Send_Data 和 RS485_Receive_Data 这两个函数用来发送数据到 RS485 总线和读取从 RS485 总线收到的数据,都比较简单。

保存 rs485.c,并把该文件加入 HARDWARE 组下面,然后打开 rs485.h 在里面输入如下代码:

```
#ifndef __RS485_H
#define __RS485_H
#include "sys.h"
extern u8 RS485_RX_BUF[64];                    //接收缓冲,最大 64 字节
extern u8 RS485_RX_CNT;                        //接收到的数据长度
#define RS485_TX_EN        PGout(8)            //485 模式控制.0,接收;1,发送
//如果想串口中断接收,设置 EN_USART2_RX 为 1,否则设置为 0
#define EN_USART2_RX                           //0,不接收;1,接收
void RS485_Init(u32 pclk2,u32 bound);
void RS485_Send_Data(u8 * buf,u8 len);
void RS485_Receive_Data(u8 * buf,u8 * len);
#endif
```

这里开启了串口 2 的中断接收,保存 rs485.h。最后,在 test.c 里面修改 main 函数如下:

```
int main(void)
```

```
{
    u8 key; u8 i = 0,t = 0; u8 cnt = 0;
    u8 rs485buf[5];
    Stm32_Clock_Init(336,8,2,7);                      //设置时钟,168 MHz
    delay_init(168);                                  //延时初始化
    uart_init(84,115200);                             //初始化串口波特率为 115 200
    usmart_dev.init(84);                              //初始化 usmart
    LED_Init();                                       //初始化 LED
    LCD_Init();                                       //LCD 初始化
    KEY_Init();                                       //按键初始化
    RS485_Init(42,9600);                              //初始化 RS485
    POINT_COLOR = RED;//设置字体为红色
    LCD_ShowString(30,50,200,16,16,"Explorer STM32F4");
    LCD_ShowString(30,70,200,16,16,"RS485 TEST");
    LCD_ShowString(30,90,200,16,16,"ATOM@ALIENTEK");
    LCD_ShowString(30,110,200,16,16,"2014/5/7");
    LCD_ShowString(30,130,200,16,16,"KEY0:Send");     //显示提示信息
    POINT_COLOR = BLUE;                               //设置字体为蓝色
    LCD_ShowString(30,150,200,16,16,"Count:");        //显示当前计数值
    LCD_ShowString(30,170,200,16,16,"Send Data:");    //提示发送的数据
    LCD_ShowString(30,210,200,16,16,"Receive Data:"); //提示接收到的数据
    while(1)
    {
        key = KEY_Scan(0);
        if(key == KEY0_PRES)                          //KEY0 按下,发送一次数据
        {
            for(i = 0;i<5;i++)
            {
                rs485buf[i] = cnt + i;                //填充发送缓冲区
                LCD_ShowxNum(30 + i * 32,190,rs485buf[i],3,16,0X80);  //显示数据
            }
            RS485_Send_Data(rs485buf,5);              //发送 5 个字节
        }
        RS485_Receive_Data(rs485buf,&key);
        if(key)                                       //接收到有数据
        {
            if(key>5)key = 5;                         //最大是 5 个数据.
            for(i = 0;i<key;i++) LCD_ShowxNum(30 + i * 32,230,rs485buf[i],3,16,
            0X80);                                    //显示
        }
        t++;
        delay_ms(10);
        if(t == 20)
        {
            LED0 = ! LED0;                            //提示系统正在运行
            t = 0;
            cnt++;
            LCD_ShowxNum(30 + 48,150,cnt,3,16,0X80);  //显示数据
        }
    }
}
```

此部分代码中主要关注 RS485_Init(42,9600)，这里用的是 42，而不是 84，是因为 APB1 的时钟是 42 MHz，故是 42；而串口 1 的时钟来自 APB2，是 84 MHz 的时钟，所以这里和串口 1 的设置是有点区别的。cnt 是一个累加数，一旦 KEY0 按下，就以这个数位基准连续发送 5 个数据。当 485 总线收到数据的时候，就将收到的数据直接显示在 LCD 屏幕上。

最后，将 RS485_Send_Data 函数加入 USMART 控制，这样就可以通过串口调试助手，随意发送想要发的数据（字符串形式发送）了，方便测试。

24.4　下载验证

编译成功之后，下载代码到 ALIENTEK 探索者 STM32F4 开发板上（注意要 2 个开发板都下载这个代码哦），得到如图 24.5 所示。

Explorer STM32F4
RS485 TEST
ATOM@ALIENTEK
2014/5/7
KEY0:Send
Count:073
Send Data:

Receive Data:

图 24.5　程序运行效果图

伴随 DS0 的不停闪烁，提示程序在运行。此时，按下 KEY0 就可以在另外一个开发板上面收到这个开发板发送的数据了，如图 24.6 和图 24.7 所示。图 24.6 来自开发板 A，发送了 5 个数据；图 24.7 来自开发板 B，接收到了来自开发板 A 的 5 个数据。

本章介绍的 RS485 总线是通过串口控制收发的，我们只需要将 P9 的跳线帽稍作改变，该实验就变成了一个 RS232 串口通信实验了，通过对接两个开发板的 RS232 接口即可得到同样的实验现象，有兴趣的读者可以实验一下。

另外，利用 USMART 测试的部分这里就不做介绍了，大家可自行验证。

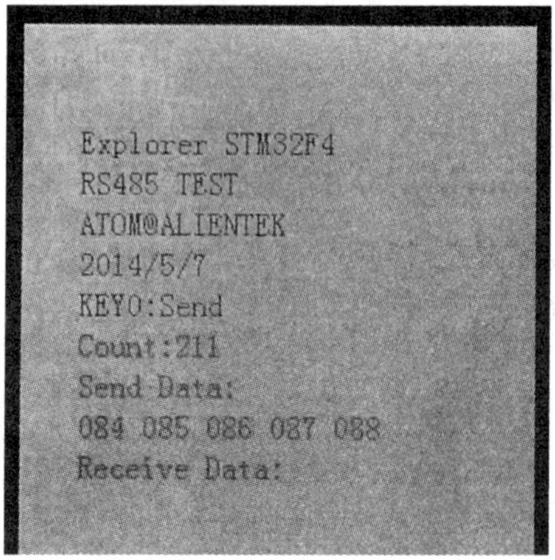

图 24.6　RS485 发送数据

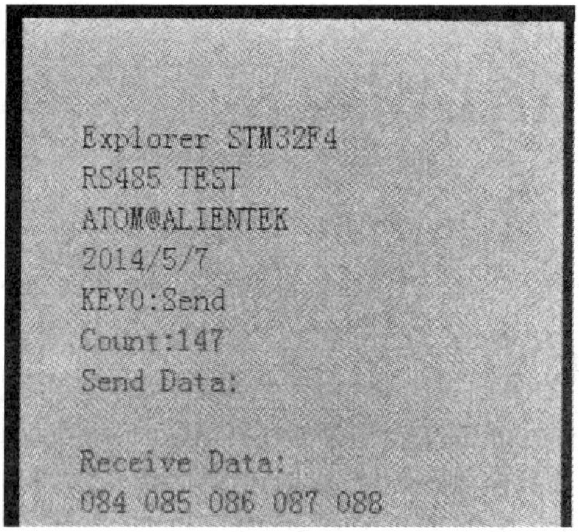

图 24.7　RS485 接收数据

第 **25** 章

CAN 通信实验

本章介绍如何使用 STM32F4 自带的 CAN 控制器来实现两个开发板之间的 CAN 通信，并将结果显示在 TFTLCD 模块上。

25.1 CAN 简介

CAN 是 Controller Area Network 的缩写，是 ISO 国际标准化的串行通信协议。在当前的汽车产业中，出于对安全性、舒适性、方便性、低公害、低成本的要求，各种各样的电子控制系统被开发了出来。由于这些系统之间通信所用的数据类型及对可靠性的要求不尽相同，由多条总线构成的情况很多，线束的数量也随之增加。为适应"减少线束的数量"、"通过多个 LAN，进行大量数据的高速通信"的需要，1986 年德国电气商博世公司开发出面向汽车的 CAN 通信协议。此后，CAN 通过 ISO11898 及 ISO11519 进行了标准化，现在在欧洲已是汽车网络的标准协议。

现在，CAN 的高性能和可靠性已被认同，并广泛应用于工业自动化、船舶、医疗设备、工业设备等方面。现场总线是当今自动化领域技术发展的热点之一，被誉为自动化领域的计算机局域网。它的出现为分布式控制系统实现各节点之间实时、可靠的数据通信提供了强有力的技术支持。

CAN 控制器根据两根线上的电位差来判断总线电平。总线电平分为显性电平和隐性电平，二者必居其一。发送方通过使总线电平发生变化，将消息发送给接收方。

CAN 协议具有以下特点：

① 多主控制。在总线空闲时，所有单元都可以发送消息（多主控制），而两个以上的单元同时开始发送消息时，根据标识符（Identifier，以下称为 ID）决定优先级。ID 并不是表示发送的目的地址，而是表示访问总线的消息的优先级。两个以上的单元同时开始发送消息时，对各消息 ID 的每个位进行逐个仲裁比较。仲裁获胜（被判定为优先级最高）的单元可继续发送消息，仲裁失利的单元则立刻停止发送而进行接收工作。

② 系统的柔软性。与总线相连的单元没有类似于"地址"的信息。因此在总线上增加单元时，连接在总线上的其他单元的软硬件及应用层都不需要改变。

③ 通信速度较快，通信距离远。最高 1 Mbps（距离小于 40 m），最远可达 10 km（速率低于 5 kbps）。

④ 具有错误检测、错误通知和错误恢复功能。所有单元都可以检测错误（错误检

测功能),检测出错误的单元会立即同时通知其他所有单元(错误通知功能),正在发送消息的单元一旦检测出错误,会强制结束当前的发送。强制结束发送的单元会不断反复地重新发送此消息,直到成功发送为止(错误恢复功能)。

⑤ 故障封闭功能。CAN 可以判断出错误的类型是总线上暂时的数据错误(如外部噪声等)还是持续的数据错误(如单元内部故障、驱动器故障、断线等)。因此,当总线上发生持续数据错误时,可将引起此故障的单元从总线上隔离出去。

⑥ 连接节点多。CAN 总线是可同时连接多个单元的总线。可连接的单元总理论上是没有限制的,但实际上可连接的单元数受总线上的时间延迟及电气负载的限制。降低通信速度,可连接的单元数增加;提高通信速度,则可连接的单元数减少。

正是因为这些特点,所以 CAN 特别适合工业过程监控设备的互连,因此,越来越受到工业界的重视,并已公认为最有前途的现场总线之一。CAN 协议经过 ISO 标准化后有两个标准:ISO11898 标准和 ISO11519－2 标准。其中,ISO11898 是针对通信速率为 125 kbps～1 Mbps 的高速通信标准,而 ISO11519－2 是针对通信速率为 125 kbps 以下的低速通信标准。本章使用的是 500 kbps 的通信速率,使用的是 ISO11898 标准,该标准的物理层特征如图 25.1 所示。

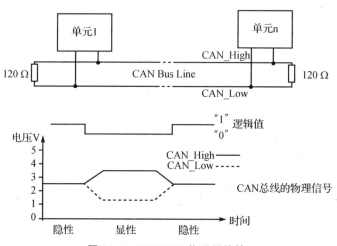

图 25.1 ISO11898 物理层特性

从该特性可以看出,显性电平对应逻辑 0,CAN_H 和 CAN_L 之差为 2.5 V 左右。而隐性电平对应逻辑 1,CAN_H 和 CAN_L 之差为 0 V。在总线上显性电平具有优先权,只要有一个单元输出显性电平,总线上即为显性电平。而隐形电平则具有包容的意味,只有所有的单元都输出隐性电平,总线上才为隐性电平(显性电平比隐性电平更强)。另外,在 CAN 总线的起止端都有一个 120 Ω 的终端电阻来做阻抗匹配,以减少回波反射。

CAN 协议是通过以下 5 种类型的帧进行的:数据帧、遥控帧、错误帧、过载帧、间隔帧。另外,数据帧和遥控帧有标准格式和扩展格式两种格式。标准格式有 11 个位的标识符(ID),扩展格式有 29 个位的 ID。各种帧的用途如表 25.1 所列。

表 25.1　CAN 协议各种帧及其用途

帧类型	帧用途
数据帧	用于发送单元向接收单元传送数据的帧
遥控帧	用于接收单元向具有相同 ID 的发送单元请求数据的帧
错误帧	用于当检测出错误时向其它单元通知错误的帧
过载帧	用于接收单元通知其尚未做好接收准备的帧
间隔帧	用于将数据帧及遥控帧与前面的帧分离开来的帧

由于篇幅所限,这里仅对数据帧进行详细介绍。数据帧一般由 7 个段构成,即:

① 帧起始。表示数据帧开始的段。

② 仲裁段。表示该帧优先级的段。

③ 控制段。表示数据的字节数及保留位的段。

④ 数据段。数据的内容,一帧可发送 0~8 个字节的数据。

⑤ CRC 段。检查帧的传输错误的段。

⑥ ACK 段。表示确认正常接收的段。

⑦ 帧结束。表示数据帧结束的段。

数据帧的构成如图 25.2 所示。图中 D 表示显性电平,R 表示隐形电平(下同)。

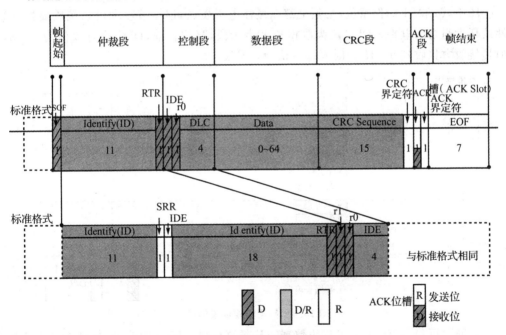

图 25.2　数据帧的构成

帧起始比较简单,标准帧和扩展帧都是由一个位的显性电平表示帧起始。仲裁段表示数据优先级的段,标准帧和扩展帧格式在本段有所区别,如图 25.3 所示。

标准格式的 ID 有 11 位,从 ID28~ID18 被依次发送。禁止高 7 位都为隐性(禁止

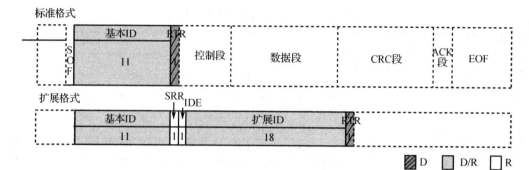

图 25.3　数据帧仲裁段构成

设定:ID=1111111XXXX)。扩展格式的 ID 有 29 位,基本 ID 从 ID28~ID18,扩展 ID 由 ID17~ID0 表示。基本 ID 和标准格式的 ID 相同。禁止高 7 位都为隐性(禁止设定:基本 ID=1111111XXXX)。

其中,RTR 位用于标识是否是远程帧(0,数据帧;1,远程帧),IDE 位为标识符选择位(0,使用标准标识符;1,使用扩展标识符),SRR 位为代替远程请求位,为隐性位,代替了标准帧中的 RTR 位。

控制段由 6 个位构成,表示数据段的字节数。标准帧和扩展帧的控制段稍有不同,如图 25.4 所示。

图中,r0 和 r1 为保留位,必须全部以显性电平发送,但是接收端可以接收显性、隐性及任意组合的电平。DLC 段为数据长度表示段,高位在前,DLC 段有效值为 0~8,但是接收方接收到 9~15 的时候并不认为是错误。

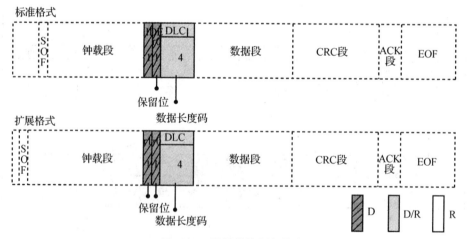

图 25.4　数据帧控制段构成

数据段可包含 0~8 个字节的数据。从最高位(MSB)开始输出,标准帧和扩展帧在这个段的定义都是一样的,如图 25.5 所示。CRC 段用于检查帧传输错误。由 15 个位的 CRC 顺序和一个位的 CRC 界定符(用于分隔的位)组成,标准帧和扩展帧在这个段的格式也是相同的,如图 25.6 所示。此段 CRC 的值计算范围包括:帧起始、仲裁段、控制段、数据段。接收方以同样的算法计算 CRC 值并进行比较,不一致时会通报错误。

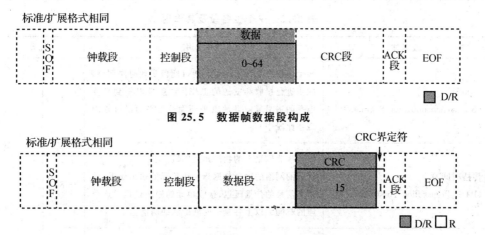

图 25.5　数据帧数据段构成

图 25.6　数据帧 CRC 段构成

ACK 段用来确认是否正常接收,由 ACK 槽(ACK Slot)和 ACK 界定符 2 个位组成。标准帧和扩展帧在这个段的格式也是相同的,如图 25.7 所示。

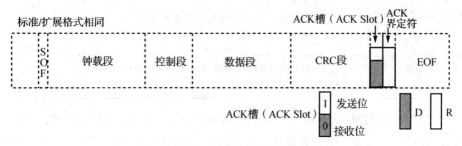

图 25.7　数据帧 CRC 段构成

发送单元的 ACK 发送 2 个位的隐性位,而接收到正确消息的单元在 ACK 槽(ACK Slot)发送显性位,通知发送单元正常接收结束,这个过程叫发送 ACK/返回 ACK。发送 ACK 是在既不处于总线关闭态也不处于休眠态的所有接收单元中,接收到正常消息的单元(发送单元不发送 ACK)。正常消息是指不含填充错误、格式错误、CRC 错误的消息。

帧结束,这个段也比较简单,标准帧和扩展帧在这个段格式一样,由 7 个位的隐性位组成。

至此,数据帧的 7 个段就介绍完了,其他帧的介绍参考本书配套资料的"CAN 入门书.pdf"。接下来再来看看 CAN 的位时序。

由发送单元在非同步的情况下发送的每秒钟的位数称为位速率。一个位可分为 4 段,即同步段(SS)、传播时间段(PTS)、相位缓冲 1(PBS1)、相位缓冲段 2(PBS2)。

这些段又由可称为 Time Quantum(以下称为 T_q)的最小时间单位构成。

一位分为 4 个段,每个段又由若干个 T_q 构成,这称为位时序。一位由多少个 T_q 构成、每个段又由多少个 T_q 构成等情况,可以任意设定位时序实现。通过设定位时序可实现多个单元同时采样,也可任意设定采样点。各段的作用和 T_q 数如表 25.2 所列。

表 25.2　一个位各段及其作用

段名称	段的作用	T_q 数	
同步段 (SS：Synchronization Segment)	多个连接在总线上的单元通过此段实现时序调整,同步进行接收和发送的工作。由隐性电平到显性电平的边沿或由显性电平到隐性电平边沿最好出现在此段中	$1T_q$	
传播时间段 (PTS：Propagation Time Segment)	用于吸收网络上的物理延迟的段。 所谓的网络的物理延迟指发送单元的输出延迟、总线上信号的传播延迟、接收单元的输入延迟。这个段的时间为以上各延迟时间的和的两倍	$1\sim8T_q$	$8\sim25T_q$
相位缓冲段 1 (PBS1：Phase Buffer Segment 1)	当信号边沿不能被包含于 SS 段中时,可在此段进行补偿。由于各单元以各自独立的时钟工作,细微的时钟误差会累积起来,PBS 段可用于吸收此误差。	$1\sim8T_q$	
相位缓冲段 2 (PBS2：Phase Buffer Segment 2)	通过对相位缓冲段加减 SJW 吸收误差。 SJW 加大后允许误差加大,但通信速度下降	$2\sim8T_q$	
再同步补偿宽度 (SJW：reSynchronization Jump Width)	因时钟频率偏差、传送延迟等,各单元有同步误差。 SJW 为补偿此误差的最大值	$1\sim4T_q$	

　　一个位的构成如图 25.8 所示。图中的采样点是指读取总线电平,并将读到的电平作为位值的点。位置在 PBS1 结束处。根据这个位时序就可以计算 CAN 通信的波特率了。前面提到的 CAN 协议具有仲裁功能,下面来看看是如何实现的。

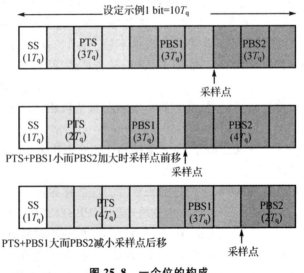

图 25.8　一个位的构成

在总线空闲态,最先开始发送消息的单元获得发送权。当多个单元同时开始发送时,各发送单元从仲裁段的第一位开始进行仲裁。连续输出显性电平最多的单元可继续发送。实现过程如图 25.9 所示。图中,单元 1 和单元 2 同时开始向总线发送数据,它们开始部分的数据格式是一样的,故无法区分优先级,直到 T 时刻,单元 1 输出隐性电平,而单元 2 输出显性电平,此时单元 1 仲裁失利,立刻转入接收状态工作,不再与单元 2 竞争,而单元 2 则顺利获得总线使用权,继续发送自己的数据。这就实现了仲裁,让连续发送显性电平多的单元获得总线使用权。

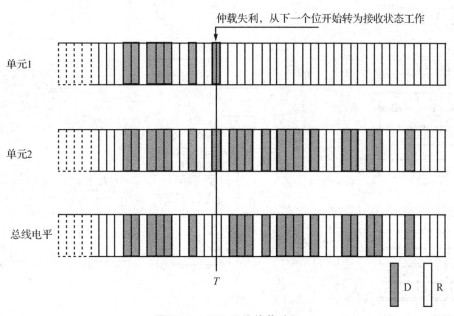

图 25.9　CAN 总线仲裁过程

通过以上介绍,我们对 CAN 总线有了个大概了解(详细介绍参考本书配套资料的"CAN 入门书.pdf"),接下来介绍 STM32F4 的 CAN 控制器。

STM32F4 自带的是 bxCAN,即基本扩展 CAN。它支持 CAN 协议 2.0A 和 2.0B,设计目标是以最小的 CPU 负荷来高效处理大量收到的报文。它也支持报文发送的优先级要求(优先级特性可软件配置)。对于安全紧要的应用,bxCAN 提供所有支持时间触发通信模式所需的硬件功能。

STM32F4 的 bxCAN 的主要特点有:

➢ 支持 CAN 协议 2.0A 和 2.0B 主动模式;

➢ 波特率最高达 1 Mbps;

➢ 支持时间触发通信;

➢ 具有 3 个发送邮箱;

➢ 具有 3 级深度的 2 个接收 FIFO;

➢ 可变的过滤器组(28 个,CAN1 和 CAN2 共享)。

在 STM32F407ZGT6 中,带有 2 个 CAN 控制器,而本章只用了一个 CAN,即

CAN1。双 CAN 的框图如图 25.10 所示。从图中可以看出，两个 CAN 都分别拥有自己的发送邮箱和接收 FIFO，但是共用 28 个滤波器。通过 CAN_FMR 寄存器的设置可以设置滤波器的分配方式。

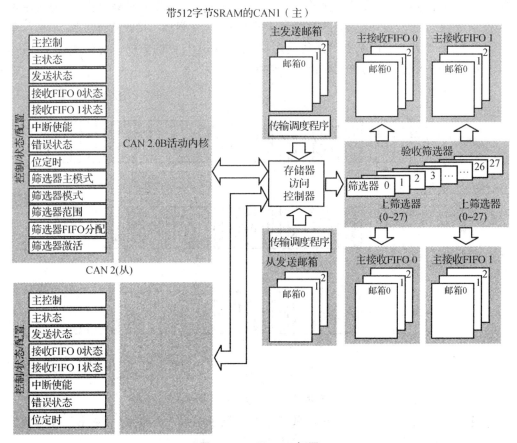

图 25.10 双 CAN 框图

STM32F4 的标识符过滤比较复杂，它的存在减少了 CPU 处理 CAN 通信的开销。STM32F4 的过滤器(也称筛选器)组最多有 28 个，每个滤波器组 x 由 2 个 32 位寄存器，CAN_FxR1 和 CAN_FxR2 组成。

STM32F4 每个过滤器组的位宽都可以独立配置，以满足应用程序的不同需求。根据位宽的不同，每个过滤器组可提供：

> 一个 32 位过滤器，包括 STDID[10：0]、EXTID[17：0]、IDE 和 RTR 位；

> 2 个 16 位过滤器，包括 STDID[10：0]、IDE、RTR 和 EXTID[17：15]位。

此外过滤器可配置为屏蔽位模式和标识符列表模式。在屏蔽位模式下，标识符寄存器和屏蔽寄存器一起，指定报文标识符的任何一位，应该按照"必须匹配"或"不用关心"处理。而在标识符列表模式下，屏蔽寄存器也被当作标识符寄存器用。因此，不是采用一个标识符加一个屏蔽位的方式，而是使用 2 个标识符寄存器。接收报文标识符的每一位都必须跟过滤器标识符相同。通过 CAN_FMR 寄存器可以配置过滤器组的位宽和工作模式,如图 25.11 所示。

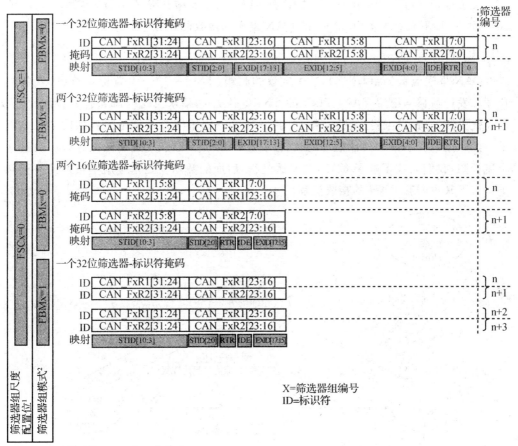

注：1：这些位均位于 CN_FS1R 寄存器；

　　2：这些位均位于 CN_FM1R 寄存器

图 25.11　过滤器组位宽模式设置

为了过滤出一组标识符,应该设置过滤器组工作在屏蔽位模式。为了过滤出一个标识符,应该设置过滤器组工作在标识符列表模式。

应用程序不用的过滤器组,应该保持在禁用状态。

过滤器组中的每个过滤器,都被编号为(叫过滤器号,图 25.11 中的 n)从 0 开始,到某个最大数值取决于过滤器组的模式和位宽的设置。

举个简单的例子,我们设置过滤器组 0 工作在一个 32 位过滤器-标识符屏蔽模式,然后设置 CAN_F0R1＝0XFFFF0000,CAN_F0R2＝0XFF00FF00。其中,存放到 CAN_F0R1 的值就是期望收到的 ID,即我们希望收到的 ID(STID＋EXTID＋IDE＋RTR)最好是 0XFFFF0000。而 0XFF00FF00 就是设置我们需要必须关心的 ID,表示收到的 ID,其位[31：24]和位[15：8]这 16 个位必须和 CAN_F0R1 中对应的位一模一样;而另外的 16 个位则不关心,可以一样,也可以不一样,都认为是正确的 ID,即收到的 ID

必须是 0XFFxx00xx 才算是正确的(x 表示不关心)。

关于标识符过滤的详细介绍,请参考《STM32F4xx 中文参考手册》的 24.7.4 小节 (616 页)。接下来看看 STM32F4 的 CAN 发送和接收的流程。

1. CAN 发送流程

CAN 发送流程为:程序选择一个空置的邮箱(TME=1)→设置标识符(ID)、数据长度和发送数据→设置 CAN_TIxR 的 TXRQ 位为 1,请求发送→邮箱挂号(等待成为最高优先级)→预定发送(等待总线空闲)→发送→邮箱空置。整个流程如图 25.12 所示。图中还包含了很多其他处理,如终止发送(ABRQ=1)和发送失败处理等。通过这个流程图,我们大致了解了 CAN 的发送流程,后面的数据发送基本就是按照此流程来走。接下来再看看 CAN 的接收流程。

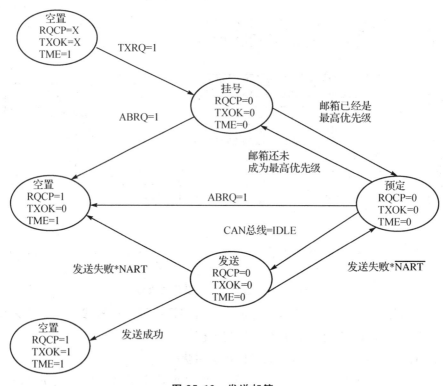

图 25.12 发送邮箱

2. CAN 接收流程

CAN 接收到的有效报文被存储在 3 级邮箱深度的 FIFO 中。FIFO 完全由硬件来管理,从而节省了 CPU 的处理负荷,简化了软件并保证了数据的一致性。应用程序只能通过读取 FIFO 输出邮箱来读取 FIFO 中最先收到的报文。这里的有效报文是指那些被正确接收(直到 EOF 都没有错误)且通过了标识符过滤的报文。前面我们知道,CAN 的接收有 2 个 FIFO,每个滤波器组都可以设置其关联的 FIFO,通过 CAN_

FFA1R 的设置可以将滤波器组关联到 FIFO0/FIFO1。

CAN 接收流程为:FIFO 空→收到有效报文→挂号_1(存入 FIFO 的一个邮箱,这个由硬件控制,我们不需要理会)→收到有效报文→挂号_2→收到有效报文→挂号_3→收到有效报文→溢出。

这个流程里面没有考虑从 FIFO 读出报文的情况,实际情况是:我们必须在 FIFO 溢出之前,读出至少一个报文,否则下个报文到来将导致 FIFO 溢出,从而出现报文丢失。每读出一个报文,相应的挂号就减 1,直到 FIFO 空。CAN 接收流程如图 25.13 所示。

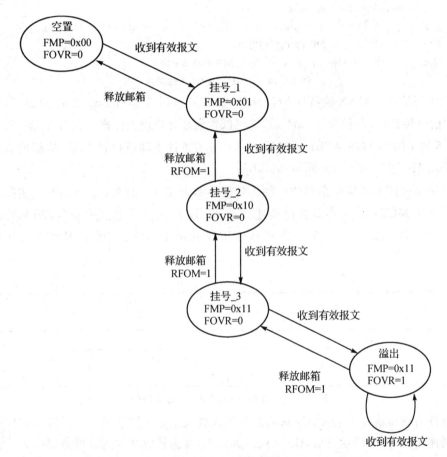

图 25.13   FIFO 接收报文

FIFO 接收到的报文数可以通过查询 CAN_RFxR 的 FMP 寄存器得到,只要 FMP 不为 0,我们就可以从 FIFO 读出收到的报文。

接下来简单看看 STM32F4 的 CAN 位时间特性,其与之前介绍的稍有区别。STM32F4 把传播时间段和相位缓冲段 1(STM32F4 称之为时间段 1)合并了,所以 STM32F4 的 CAN 一个位只有 3 段:同步段(SYNC_SEG)、时间段 1(BS1)和时间段 2(BS2)。STM32F4 的 BS1 段可以设置为 1~16 个时间单元,刚好等于上面介绍的传播时间段和相位缓冲段 1 之和。STM32F4 的 CAN 位时序如图 25.14 所示。

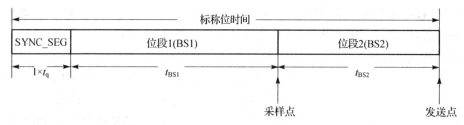

$$BaudRate=\frac{1}{NominalBitTime}$$

$$NOminalBitTime=1\times t_q+t_{BS1}+t_{BS2}$$

其中：$t_{BS1}=t_q\times(TS1[3:0]+1)$，$t_{BS2}=t_q\times(TS2[2:0]+1)$，$t_q=(BRP[9:0]+1)\times t_{PCLK}$

其中 t_q 为时间片 t_{PCLK}＝APB 时钟的时间周期。

BRP[9：0]、TS1[3：0]和 TS1[2：0]在 CAN_BTR 寄存器中定义

图 25.14　STM32F4 CAN 位时序

图中还给出了 CAN 波特率的计算公式，我们只需要知道 BS1、BS2 的设置，以及 APB1 的时钟频率(一般为 42 MHz)，就可以方便地计算出波特率。比如设置 TS1＝6、TS2＝5 和 BRP＝5，在 APB1 频率为 42 MHz 的条件下即可得到 CAN 通信的波特率 ＝42 000 Hz/[(7+6+1)×6]＝500 kbps。

接下来介绍本章需要用到的一些比较重要的寄存器。首先来看 CAN 的主控制寄存器(CAN_MCR)，该寄存器各位描述如图 25.15 所示。详细描述参考《STM32F4xx 中文参考手册》24.9.2 小节(625 页)，这里仅介绍 INRQ 位，该位用来控制初始化请求。

31	30	29	28	27	26	25	24	23	22	21	20	19	18	17	16
						Reserved									DBF
															rw

15	14	13	12	11	10	9	8	7	6	5	4	3	2	1	0
RESET				Reserved				TTCM	ABOM	AWUM	NART	RFLM	TXFP	SLEEP	INRQ
rw								rw	rw	rw	rw	rw	rw	rw	rw

图 25.15　寄存器 CAN_MCR 各位描述

软件对该位清 0，可使 CAN 从初始化模式进入正常工作模式；当 CAN 在接收引脚检测到连续的 11 个隐性位后，CAN 就达到同步，并为接收和发送数据做好准备了。为此，硬件相应地对 CAN_MSR 寄存器的 INAK 位清 0。软件对该位置 1 可使 CAN 从正常工作模式进入初始化模式，一旦当前的 CAN 活动(发送或接收)结束，CAN 就进入初始化模式。相应地，硬件对 CAN_MSR 寄存器的 INAK 位置 1。

所以在 CAN 初始化的时候，先要设置该位为 1，然后进行初始化(尤其是 CAN_BTR 的设置，该寄存器必须在 CAN 正常工作之前设置)，之后再设置该位为 0，让 CAN 进入正常工作模式。

第二个介绍 CAN 位时序寄存器(CAN_BTR)，该寄存器用于设置分频、T_{BS1}、T_{BS2}

以及 T_{sjw} 等非常重要的参数,直接决定了 CAN 的波特率。另外,该寄存器还可以设置 CAN 的工作模式,各位描述如图 25.16 所示。

31	30	29	28	27	26	25	24	23	22	21	20	19	18	17	16
SILM	LBKM			Reserved		SJW[1:0]		Res.	TS2[2:0]			TS1[3:0]			
rw	rw					rw	rw		rw	rw	rw	rw	rw	rw	rw

15	14	13	12	11	10	9	8	7	6	5	4	3	2	1	0
		Reserved				BRP[9:0]									
						rw	rw	rw	rw	rw	rw	rw	rw	rw	rw

位 31　SILM:静默模式(调试)(Silent mode (debug))

　　　0:正常工作;1:静默模式

位 30　LBKM:环回模式(调试)(Loop back mode (debug))

　　　0:禁止环回模式;1:使能环回模式

位 29:26　保留,必须保持复位值。

位 25:24　SJW[1:0]:再同步跳转宽度(Resynchronization jump width)

　　　这些位定义 CAN 硬件在执行再同步时最多可以将位加长或缩矩的时间片数目。

　　　$t_{RJW} = t_{CAN} \times (SJW[1:0]+1)$

位 23　保留,必须保持复位值。

位 22:20　TS2[2:0]:时间段 2(Time segment 2)

　　　这些位定义时间段 2 中的时间片数目。

　　　$t_{BS2} = t_{CAN} \times (TS2[2:0]+1)$

位 19:16　TS1[3:0]:时间段 1(Time segment 1)

　　　这些位定义时间段 1 中的时间片数目。

　　　$t_{BS1} = t_{CAN} \times (TS1[3:0]+1)$

位 15:10　保留,必须保持复位值。

位 9:0　BRP[9:0]:波特率预分频器(Baud rate prescaler)

　　　这些位定义一个时间片的长度。

　　　$t_q = (BRP[9:0]+1) \times t_{PCLK}$

图 25.16　寄存器 CAN_BTR 各位描述

STM32F4 提供了两种测试模式,环回模式和静默模式,当然还可以组合成环回静默模式。这里简单介绍环回模式。在环回模式下,bxCAN 把发送的报文当作接收的报文并保存(如果可以通过接收过滤)在接收邮箱里,也就是环回模式是一个自发自收的模式,如图 25.17 所示。

环回模式可用于自测试。为了避免外部的影响,在环回模式下 CAN 内核忽略确认错误(在数据/远程帧的确认位时刻不检测是否有显性位)。在环回模式下,bxCAN 在内部把 Tx 输出回馈到 Rx 输入上,而完全忽略 CANRX 引脚的实际状态。发送的报文可以在 CANTX 引脚上检测到。

第三个介绍 CAN 发送邮箱标识符寄存器(CAN_TIxR)(x=0~3),各位描述如图 25.18 所示。该寄存器主要用来设置标识符(包括扩展标识符),也可以设置帧类型,通过 TXRQ 置 1 来请求邮箱发送。因为有 3 个发送邮箱,所以寄存器 CAN_TIxR 有 3 个。

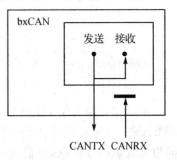

图 25.17　CAN 环回模式

31	30	29	28	27	26	25	24	23	22	21	20	19	18	17	16
STID[10：0]EXID[28：10]											EXID[17：13]				
rw	rw	rw	rw	rw	rw	rw	rw	rw	rw	rw	rw	rw	rw	rw	rw

15	14	13	12	11	10	9	8	7	6	5	4	3	2	1	0
EXID[12：0]													IDE	RTR	TXRQ
rw	rw	rw	rw	rw	rw	rw	rw	rw	rw	rw	rw	rw	rw	rw	rw

位 31：21　STID[10：0]/EXID[28：18]：标准标识符或扩展标识符(Standard identifier or extended identifier)标准标识符或扩展标识符的 MSB(取决于 IDE 位的值)。

位 20：3　EXID[17：0]：扩展标识符(Extended identifier)扩展标识符的 LSB。

位 2　IDE：标识符扩展(Identifier extension)
此位用于定义邮箱中消息的标识符类型。
0：标准标识符；1：扩展标识符。

位 1　RTR：远程发送请求(Remote transmission request)
0：数据帧；1：遥控帧。

位 0　TXRQ：发送邮箱请求(Transmit mailbox request)由软件置 1，用于请求发送相应邮箱的内容。
邮箱变为空后，此位由硬件清零

图 25.18　寄存器 CAN_TIxR 各位描述

第四个介绍 CAN 发送邮箱数据长度和时间戳寄存器(CAN_TDTxR)(x＝0～2)。该寄存器本章仅用来设置数据长度，即最低 4 个位，比较简单，这里就不详细介绍了。

第五个介绍的是 CAN 发送邮箱低字节数据寄存器(CAN_TDLxR)(x＝0～2)，该寄存器各位描述如图 25.19 所示。该寄存器用来存储将要发送的数据，这里只能存储低 4 个字节；另外还有一个寄存器 CAN_TDHxR，用来存储高 4 个字节，这样总共就可以存储 8 个字节。CAN_TDHxR 的各位描述同 CAN_TDLxR 类似，就不单独介绍了。

31	30	29	28	27	26	25	24	23	22	21	20	19	18	17	16
DATA3[7：0]								DATA2[7：0]							
rw	rw	rw	rw	rw	rw	rw	rw	rw	rw	rw	rw	rw	rw	rw	rw

15	14	13	12	11	10	9	8	7	6	5	4	3	2	1	0
DATA1[7：0]								DATA0[7：0]							
rw	rw	rw	rw	rw	rw	rw	rw	rw	rw	rw	rw	rw	rw	rw	rw

位 31：24　DATA3[7：0]：数据字节 3(Data byte 3)消息的数据字节 3。

位 23：16　DATA2[7：0]：数据字节 2(Data byte 2)消息的数据字节 2。

位 15：8　DATA1[7：0]：数据字节 1(Data byte 1)消息的数据字节 1。

位 7：0　DATA0[7：0]：数据字节 0(Data byte 0)消息的数据字节 0。

一条消息可以包含 0～8 个数据字节，从字节 0 开始

图 25.19　寄存器 CAN_TDLxR 各位描述

第六个介绍 CAN 接收 FIFO 邮箱标识符寄存器(CAN_RIxR)(x＝0/1)，各位描述同 CAN_TIxR 寄存器几乎一模一样，只是最低位为保留位。该寄存器用于保存接收到的报文标识符等信息，我们可以通过读该寄存器获取相关信息。

同样的，CAN 接收 FIFO 邮箱数据长度和时间戳寄存器(CAN_RDTxR)、CAN 接收 FIFO 邮箱低字节数据寄存器(CAN_RDLxR)和 CAN 接收 FIFO 邮箱高字节数据寄存器(CAN_RDHxR)分别和发送邮箱的 CAN_TDTxR、CAN_TDLxR 以及 CAN_

TDHxR 类似,这里就不单独一一介绍了,详细介绍请参考《STM32F4xx 中文参考手册》24.9.3 小节(635 页)。

第七个介绍 CAN 过滤器模式寄存器(CAN_FM1R),各位描述如图 25.20 所示。该寄存器用于设置各滤波器组的工作模式,对 28 个滤波器组的工作模式都可以通过该寄存器设置,不过该寄存器必须在过滤器处于初始化模式下(CAN_FMR 的 FINIT 位 =1)才可以进行设置。

31	30	29	28	27	26	25	24	23	22	21	20	19	18	17	16
	Reserved			FBM27	FBM26	FBM25	FBM24	FBM23	FBM22	FBM21	FBM20	FBM19	FBM18	FBM17	FBM16
				rw	rw	rw	rw	rw	rw	rw	rw	rw	rw	rw	rw

15	14	13	12	11	10	9	8	7	6	5	4	3	2	1	0
FBM15	FBM14	FBM13	FBM12	FBM11	FBM10	FBM9	FBM8	FBM7	FBM6	FBM5	FBM4	FBM3	FBM2	FBM1	FBM0
rw	rw	rw	rw	rw	rw	rw	rw	rw	rw	rw	rw	rw	rw	rw	rw

位 31：28　保留,必须保持复位值。
位 27：0　FBMx:筛选器模式(Filter mode)筛选器 x 的寄存器的模式
　　　　　　0:筛选器存储区 x 的两个 32 位寄存器处于标识符屏蔽模式
　　　　　　1:筛选器存储区 x 的两个 32 位寄存器处于标识符列表模式

图 25.20　寄存器 CAN_FM1R 各位描述

第八个介绍 CAN 过滤器位宽寄存器(CAN_FS1R),各位描述如图 25.21 所示。该寄存器用于设置各滤波器组的位宽,对 28 个滤波器组的位宽设置都可以通过该寄存器实现。该寄存器也只能在过滤器处于初始化模式下进行设置。

31	30	29	28	27	26	25	24	23	22	21	20	19	18	17	16
	Reserved			FSC27	FSC26	FSC25	FSC24	FSC23	FSC22	FSC21	FSC20	FSC19	FSC18	FSC17	FSC16
				rw	rw	rw	rw	rw	rw	rw	rw	rw	rw	rw	rw

15	14	13	12	11	10	9	8	7	6	5	4	3	2	1	0
FSC15	FSC14	FSC13	FSC12	FSC11	FSC10	FSC9	FSC8	FSC7	FSC6	FSC5	FSC4	FSC3	FSC2	FSC1	FSC0
rw	rw	rw	rw	rw	rw	rw	rw	rw	rw	rw	rw	rw	rw	rw	rw

位 31：28　保留,必须保持复位值。
位 27：0　FSCx:筛选器尺度配置(Filter scale configuration)这些位定义了筛选器 13～0 的尺度配置。
　　　　　　0:双 16 位尺度配置;1:单 32 位尺度配置

图 25.21　寄存器 CAN_FS1R 各位描述

第九个介绍 CAN 过滤器 FIFO 关联寄存器(CAN_FFA1R),各位描述如图 25.22 所示。该寄存器设置报文通过滤波器组之后,如果被存入的 FIFO 对应位为 0,则存放到 FIFO0;如果为 1,则存放到 FIFO1。该寄存器也只能在过滤器处于初始化模式下配置。

第十个介绍 CAN 过滤器激活寄存器(CAN_FA1R),各位对应滤波器组和前面的几个寄存器类似,这里就不列出了,对对应位置 1 即开启对应的滤波器组;置 0 则关闭该滤波器组。

最后介绍 CAN 的过滤器组 i 的寄存器 x(CAN_FiRx)(i=0～27;x=1/2),各位描述如图 25.23 所示。

31	30	29	28	27	26	25	24	23	22	21	20	19	18	17	16
Reserved				FFA27	FFA26	FFA25	FFA24	FFA23	FFA22	FFA21	FFA20	FFA19	FFA18	FFA17	FFA16
				rw	rw	rw	rw	rw	rw	rw	rw	rw	rw	rw	rw

15	14	13	12	11	10	9	8	7	6	5	4	3	2	1	0
FFA15	FFA14	FFA13	FFA12	FFA11	FFA10	FFA9	FFA8	FFA7	FFA6	FFA5	FFA4	FFA3	FFA2	FFA1	FFA0
rw	rw	rw	rw	rw	rw	rw	rw	rw	rw	rw	rw	rw	rw	rw	rw

位 31:28　保留,必须保持复位值。

位 27:0　FFAx:筛选器 x 的筛选器 FIFO 分配(Filter FIFO assignment for filter x)通过此筛选器的消息将存储在指定的 FIFO 中。

0:筛选器分配到 FIFO 0;1:筛选器分配到 FIFO 1

图 25.22　寄存器 CAN_FFA1R 各位描述

31	30	29	28	27	26	25	24	23	22	21	20	19	18	17	16
FB31	FB30	FB29	FB28	FB27	FB26	FB25	FB24	FB23	FB22	FB21	FB20	FB19	FB18	FB17	FB16
rw	rw	rw	rw	rw	rw	rw	rw	rw	rw	rw	rw	rw	rw	rw	rw

15	14	13	12	11	10	9	8	7	6	5	4	3	2	1	0
FB15	FB14	FB13	FB12	FB11	FB10	FB9	FB8	FB7	FB6	FB5	FB4	FB3	FB2	FB1	FB0
rw	rw	rw	rw	rw	rw	rw	rw	rw	rw	rw	rw	rw	rw	rw	rw

位 31:0　FB[31:0]:筛选器位(Filter bits)

标识符

寄存器的每一位用于指定预期标识符相应位的级别。

0:需要显性位;1:需要隐性位

掩码

寄存器的每一位用于指定相关标识符寄存器的位是否必须与预期标识符的相应位匹配。

0:无关,不使用此位进行比较。

1:必须匹配,传入标识符的此位必须与筛选器相应标识符寄存器中指定的级别相同

图 25.23　寄存器 CAN_FiRx 各位描述

每个滤波器组的 CAN_FiRx 都由 2 个 32 位寄存器构成,即 CAN_FiR1 和 CAN_FiR2。根据过滤器位宽和模式的不同设置,这两个寄存器的功能也不尽相同。关于过滤器的映射,功能描述和屏蔽寄存器的关联如图 25.11 所示。

关于 CAN 的介绍就到此结束了。接下来看看本章将实现的功能及 CAN 的配置步骤。

本章通过 KEY_UP 按键选择 CAN 的工作模式(正常模式、环回模式),然后通过 KEY0 控制数据发送,并通过查询的办法将接收到的数据显示在 LCD 模块上。如果是环回模式,则用一个开发板即可测试。如果是正常模式,则需要 2 个探索者开发板,并且将它们的 CAN 接口对接起来,然后一个开发板发送数据,另外一个开发板将接收到的数据显示在 LCD 模块上。

最后看看本章的 CAN 的初始化配置步骤:

① 配置相关引脚的复用功能(AF9),使能 CAN 时钟。

要用 CAN,第一步就要使能 CAN 的时钟,CAN 的时钟通过 APB1ENR 的第 25 位来设置。其次要设置 CAN 的相关引脚为复用输出,这里需要设置 PA11(CAN1_RX) 和 PA12(CAN1_TX)为复用功能(AF9),并使能 PA 口的时钟。

②设置 CAN 工作模式及波特率等。这一步通过先设置 CAN_MCR 寄存器的 INRQ 位,让 CAN 进入初始化模式,然后设置 CAN_MCR 的其他相关控制位。再通过 CAN_BTR 设置波特率和工作模式(正常模式、环回模式)等信息。最后设置 INRQ 为 0,退出初始化模式。

③设置滤波器。本章将使用滤波器组 0,并工作在 32 位标识符屏蔽位模式下。先设置 CAN_FMR 的 FINIT 位,让过滤器组工作在初始化模式下,然后设置滤波器组 0 的工作模式以及标识符 ID 和屏蔽位。最后激活滤波器,并退出滤波器初始化模式。

至此,CAN 就可以开始正常工作了。如果用到中断,就还需要进行中断相关的配置,本章没用到中断,所以就不介绍了。

25.2　硬件设计

本章要用到的硬件资源如下:指示灯 DS0、KEY0 和 KEY_UP 按键、TFTLCD 模块、CAN、CAN 收发芯片 JTA1050。前面 3 个之前都已经详细介绍过了,这里介绍 STM32F4 与 TJA1050 连接关系,如图 25.24 所示。

可以看出:STM32F4 的 CAN 通过 P11 的设置连接到 TJA1050 收发芯片,然后通过接线端子(CAN)同外部的 CAN 总线连接。图中可以看出,在探索者 STM32F4 开发板上面是带有 120 Ω 终端电阻的,如果我们的开发板不是作为 CAN 的终端,则需要把这个电阻去掉,以免影响通信。另外,需要注意:CAN1 和 USB 共用了 PA11 和 PA12,所以不能同时使用。

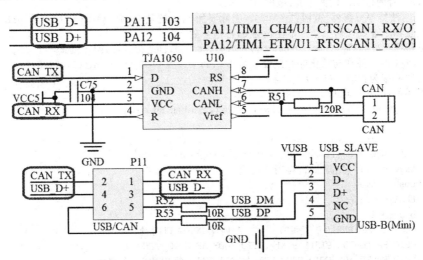

图 25.24　STM32F4 与 TJA1050 连接电路图

注意,要设置好开发板上 P11 排针的连接,通过跳线帽将 PA11 和 PA12 分别连接到 CRX(CAN_RX)和 CTX(CAN_TX)上面,如图 25.25 所示。最后,我们用 2 根导线将两个开发板 CAN 端子的 CAN_L 和 CAN_L、CAN_H 和 CAN_H 连接起来。注意不要接反了(CAN_L 接 CAN_H),接反了会导致通信异常!

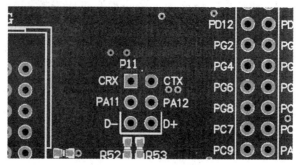

图 25.25　硬件连接示意图

25.3　软件设计

打开第 24 章的工程,由于本章没有用到 RS485,所以先去掉 rs485.c。然后,在 HARDWARE 文件夹下新建一个 CAN 的文件夹,再新建一个 can.c 和 can.h 的文件保存在 CAN 文件夹下,并将 CAN 文件夹加入头文件包含路径。

can.c 的代码比较多,这里挑其中几个比较重要的函数进行介绍。首先是 CAN_Mode_Init 函数,该函数用于 CAN 的初始化,带有 5 个参数,可以设置 CAN 通信的波特率和工作模式等,函数代码如下:

```
//CAN 初始化
//tsjw:重新同步跳跃时间单元.范围:1~3;tbs2:时间段 2 的时间单元.范围:1~8
//tbs1:时间段 1 的时间单元.范围:1~16;
//brp:波特率分频器.范围:1~1024;(实际要加 1,也就是 1~1024) tq = (brp) * tpclk1
//注意以上参数任何一个都不能设为 0,否则会乱
//波特率 = Fpclk1/((tbs1 + tbs2 + 1) * brp);mode:0,普通模式;1,回环模式
//Fpclk1 的时钟在初始化的时候设置为 42M,如果设置 CAN1_Mode_Init(1,6,7,6,1)
//则波特率为:42M/((6 + 7 + 1)×6) = 500 kbps
//返回值:0,初始化 OK;其他,初始化失败
u8 CAN1_Mode_Init(u8 tsjw,u8 tbs2,u8 tbs1,u16 brp,u8 mode)
{
    u16 i = 0;
     if(tsjw == 0||tbs2 == 0||tbs1 == 0||brp == 0)return 1;
    tsjw - = 1;//先减去 1.再用于设置
    tbs2 - = 1;
    tbs1 - = 1;
    brp - = 1;
    RCC - >AHB1ENR| = 1<<0;          //使能 PORTA 口时钟
    GPIO_Set(GPIOA,PIN11|PIN12,GPIO_MODE_AF,GPIO_OTYPE_PP,
    GPIO_SPEED_50M,GPIO_PUPD_PU);//PA11,PA12,复用功能,上拉输出
    GPIO_AF_Set(GPIOA,11,9);//PA11,AF9
    GPIO_AF_Set(GPIOA,12,9);//PA12,AF9
    RCC - >APB1ENR| = 1<<25;//使能 CAN1 时钟 CAN1 使用的是 APB1 的时钟(max:42 MHz)
    CAN1 - >MCR = 0x0000;          //退出睡眠模式(同时设置所有位为 0)
    CAN1 - >MCR| = 1<<0;           //请求 CAN 进入初始化模式
    while((CAN1 - >MSR&1<<0) == 0) if((i ++ )>100)return 2;//进入初始化模式失败
```

```
    CAN1 - >MCR| = 0<<7;        //非时间触发通信模式
    CAN1 - >MCR| = 0<<6;        //软件自动离线管理
    CAN1 - >MCR| = 0<<5;        //睡眠模式通过软件唤醒(清除 CAN1 - >MCR 的 SLEEP 位)
    CAN1 - >MCR| = 1<<4;        //禁止报文自动传送
    CAN1 - >MCR| = 0<<3;        //报文不锁定,新的覆盖旧的
    CAN1 - >MCR| = 0<<2;        //优先级由报文标识符决定
    CAN1 - >BTR = 0x00000000;   //清除原来的设置
    CAN1 - >BTR| = mode<<30;    //模式设置 0,普通模式;1,回环模式
    CAN1 - >BTR| = tsjw<<24;    //重新同步跳跃宽度(Tsjw)为 tsjw + 1 个时间单位
    CAN1 - >BTR| = tbs2<<20;    //Tbs2 = tbs2 + 1 个时间单位
    CAN1 - >BTR| = tbs1<<16;    //Tbs1 = tbs1 + 1 个时间单位
    CAN1 - >BTR| = brp<<0;      //分频系数(Fdiv)为 brp + 1
                                //波特率:Fpclk1/((Tbs1 + Tbs2 + 1) * Fdiv)
    CAN1 - >MCR& = ~(1<<0);     //请求 CAN 退出初始化模式
    while((CAN1 - >MSR&1<<0) == 1) if((i ++ )>0XFFF0)return 3;//退出初始化模式失败
    //过滤器初始化
    CAN1 - >FMR| = 1<<0;        //过滤器组工作在初始化模式
    CAN1 - >FA1R& = ~(1<<0);    //过滤器 0 不激活
    CAN1 - >FS1R| = 1<<0;       //过滤器位宽为 32 位
    CAN1 - >FM1R| = 0<<0;       //过滤器 0 工作在标识符屏蔽位模式
    CAN1 - >FFA1R| = 0<<0;      //过滤器 0 关联到 FIFO0
    CAN1 - >sFilterRegister[0].FR1 = 0X00000000;   //32 位 ID
    CAN1 - >sFilterRegister[0].FR2 = 0X00000000;   //32 位 MASK
    CAN1 - >FA1R| = 1<<0;       //激活过滤器 0
    CAN1 - >FMR& = 0<<0;        //过滤器组进入正常模式
# if CAN1_RX0_INT_ENABLE
    //使用中断接收
    CAN1 - >IER| = 1<<1;        //FIFO0 消息挂号中断允许
    MY_NVIC_Init(1,0,CAN1_RX0_IRQn,2);    //组 2
#endif
    return 0;
}
```

在该函数就是按 25.1 节末尾的介绍来初始化的,本章设计滤波器组 0 工作在 32 位标识符屏蔽模式。从设计值可以看出,该滤波器是不会对任何标识符进行过滤的,因为所有的标识符位都被设置成不需要关心,这样设计主要是方便实验。

第二个函数,Can_Tx_Msg 函数,用于 CAN 报文的发送。该函数先查找空的发送邮箱,然后设置标识符 ID 等信息,最后写入数据长度和数据,并请求发送,实现一次报文的发送。该函数代码如下:

```
//id:标准 ID(11 位)/扩展 ID(11 位 + 18 位)
//ide:0,标准帧;1,扩展帧;rtr:0,数据帧;1,远程帧
//len:要发送的数据长度(固定为 8 个字节,在时间触发模式下,有效数据为 6 个字节)
// * dat:数据指针
//返回值:0~3,邮箱编号。0XFF,无有效邮箱
u8 CAN1_Tx_Msg(u32 id,u8 ide,u8 rtr,u8 len,u8 * dat)
{
    u8 mbox;
    if(CAN1 - >TSR&(1<<26))mbox = 0;         //邮箱 0 为空
    else if(CAN1 - >TSR&(1<<27))mbox = 1;    //邮箱 1 为空
```

```
        else if(CAN1 - >TSR&(1<<28))mbox = 2;        //邮箱 2 为空
        else return 0XFF;                            //无空邮箱,无法发送
        CAN1 - >sTxMailBox[mbox].TIR = 0;            //清除之前的设置
        if(ide == 0){ id& = 0x7ff; id<< = 21;}              //标准帧,取低 11 位 stdid
    else{ id& = 0X1FFFFFFF; id<< = 3;}          //扩展帧,取低 32 位 extid
        CAN1 - >sTxMailBox[mbox].TIR| = id;
        CAN1 - >sTxMailBox[mbox].TIR| = ide<<2;
        CAN1 - >sTxMailBox[mbox].TIR| = rtr<<1;
        len& = 0X0F;//得到低四位
        CAN1 - >sTxMailBox[mbox].TDTR& = ~(0X0000000F);
        CAN1 - >sTxMailBox[mbox].TDTR| = len;        //设置 DLC
        //待发送数据存入邮箱.
        CAN1 - >sTxMailBox[mbox].TDHR = (((u32)dat[7]<<24)|
                                ((u32)dat[6]<<16)|
                                 ((u32)dat[5]<<8)|
                                 ((u32)dat[4]));
        CAN1 - >sTxMailBox[mbox].TDLR = (((u32)dat[3]<<24)|
                                ((u32)dat[2]<<16)|
                                 ((u32)dat[1]<<8)|
                                 ((u32)dat[0]));
        CAN1 - >sTxMailBox[mbox].TIR| = 1<<0;//请求发送邮箱数据
        return mbox;
}
```

第三个函数,Can_Msg_Pend 函数,用于查询接收 FIFOx(x=0/1)是否为空,如果返回 0,则表示 FIFOx 空;如果为其他值,则表示 FIFOx 有数据。该函数代码如下:

```
//得到在 FIFO0/FIFO1 中接收到的报文个数.
//fifox:0/1.FIFO 编号;返回值:FIFO0/FIFO1 中的报文个数
u8 CAN1_Msg_Pend(u8 fifox)
{
    if(fifox == 0)return CAN1 - >RF0R&0x03;
    else if(fifox == 1)return CAN1 - >RF1R&0x03;
    else return 0;
}
```

第四个函数,Can_Rx_Msg 函数。该函数用于 CAN 报文的接收,先读取标识符,然后读取数据长度,并读取接收到的数据,最后释放邮箱数据。该函数代码如下:

```
//接收数据
//fifox:邮箱号;id:标准 ID(11 位)/扩展 ID(11 位 + 18 位)
//ide:0,标准帧;1,扩展帧;rtr:0,数据帧;1,远程帧
//len:接收到的数据长度(固定为 8 个字节,在时间触发模式下,有效数据为 6 个字节)
//dat:数据缓存区
void CAN1_Rx_Msg(u8 fifox,u32 * id,u8 * ide,u8 * rtr,u8 * len,u8 * dat)
{
    * ide = CAN1 - >sFIFOMailBox[fifox].RIR&0x04;//得到标识符选择位的值
    if(* ide == 0){ * id = CAN1 - >sFIFOMailBox[fifox].RIR>>21;}      //标准标识符
    else{ * id = CAN1 - >sFIFOMailBox[fifox].RIR>>3;}                //扩展标识符
    * rtr = CAN1 - >sFIFOMailBox[fifox].RIR&0x02;      //得到远程发送请求值
    * len = CAN1 - >sFIFOMailBox[fifox].RDTR&0x0F;//得到 DLC
    // * fmi = (CAN1 - >sFIFOMailBox[FIFONumber].RDTR>>8)&0xFF;//得到 FMI
    //接收数据
```

```
dat[0] = CAN1 - >sFIFOMailBox[fifox].RDLR&0XFF;
dat[1] = (CAN1 - >sFIFOMailBox[fifox].RDLR>>8)&0XFF;
dat[2] = (CAN1 - >sFIFOMailBox[fifox].RDLR>>16)&0XFF;
dat[3] = (CAN1 - >sFIFOMailBox[fifox].RDLR>>24)&0XFF;
dat[4] = CAN1 - >sFIFOMailBox[fifox].RDHR&0XFF;
dat[5] = (CAN1 - >sFIFOMailBox[fifox].RDHR>>8)&0XFF;
dat[6] = (CAN1 - >sFIFOMailBox[fifox].RDHR>>16)&0XFF;
dat[7] = (CAN1 - >sFIFOMailBox[fifox].RDHR>>24)&0XFF;
    if(fifox == 0)CAN1 - >RF0R| = 0X20;//释放 FIFO0 邮箱
else if(fifox == 1)CAN1 - >RF1R| = 0X20;//释放 FIFO1 邮箱
}
```

can. c 的其他函数就不一一介绍了，都比较简单。保存 can. c，并把该文件加入 HARDWARE 组下面，can. h 的内容请参考本例程源码，这里就不贴出来了。

最后，在 test. c 里面修改 main 函数如下：

```
int main(void)
{
    u8 key; u8 i = 0,t = 0; u8 cnt = 0; u8 res;
    u8 canbuf[8];
    u8 mode = 1;//CAN 工作模式;0,普通模式;1,环回模式
    Stm32_Clock_Init(336,8,2,7);//设置时钟,168 MHz
    delay_init(168);            //延时初始化
    uart_init(84,115200);       //初始化串口波特率为 115200
    usmart_dev. init(84);       //初始化 usmart
    LED_Init();                 //初始化 LED
    LCD_Init();                 //LCD 初始化
    KEY_Init();                 //按键初始化
    CAN1_Mode_Init(1,6,7,6,1);  //CAN 初始化,波特率 500 kbps
    POINT_COLOR = RED;//设置字体为红色
    LCD_ShowString(30,50,200,16,16,"Explorer STM32F4");
    LCD_ShowString(30,70,200,16,16,"CAN TEST");
    LCD_ShowString(30,90,200,16,16,"ATOM@ALIENTEK");
    LCD_ShowString(30,110,200,16,16,"2014/5/7");
    LCD_ShowString(30,130,200,16,16,"LoopBack Mode");
    LCD_ShowString(30,150,200,16,16,"KEY0:Send WK_UP:Mode");//显示提示信息
    POINT_COLOR = BLUE;//设置字体为蓝色
    LCD_ShowString(30,170,200,16,16,"Count:");          //显示当前计数值
    LCD_ShowString(30,190,200,16,16,"Send Data:");      //提示发送的数据
    LCD_ShowString(30,250,200,16,16,"Receive Data:");   //提示接收到的数据
    while(1)
    {
        key = KEY_Scan(0);
        if(key == KEY0_PRES)//KEY0 按下,发送一次数据
        {
            for(i = 0;i<8;i ++ )
            {
                canbuf[i] = cnt + i;//填充发送缓冲区
                if(i<4)LCD_ShowxNum(30 + i * 32,210,canbuf[i],3,16,0X80);//显示数据
                else LCD_ShowxNum(30 + (i - 4) * 32,230,canbuf[i],3,16,0X80);
                                                                //显示数据
            }
```

```
            res = CAN1_Send_Msg(canbuf,8);//发送 8 个字节
            if(res)LCD_ShowString(30 + 80,190,200,16,16,"Failed"); //提示发送失败
            else LCD_ShowString(30 + 80,190,200,16,16,"OK      ");//提示发送成功
        }else if(key == WKUP_PRES)//WK_UP 按下,改变 CAN 的工作模式
        {
            mode = ! mode;
            CAN1_Mode_Init(1,6,7,6,mode);      //CAN 初始化,普通模式,波特率 500 kbps
              POINT_COLOR = RED;//设置字体为红色
            if(mode == 0) LCD_ShowString(30,130,200,16,16,"Nnormal Mode ");//普通模式
     else LCD_ShowString(30,130,200,16,16,"LoopBack Mode");//回环模式
              POINT_COLOR = BLUE;//设置字体为蓝色
        }
        key = CAN1_Receive_Msg(canbuf);
        if(key)//接收到有数据
        {
            LCD_Fill(30,270, 160,310,WHITE);//清除之前的显示
             for(i = 0;i<key;i ++ )
            {
                if(i<4)LCD_ShowxNum(30 + i * 32,270,canbuf[i],3,16,0X80);//显示数据
                else LCD_ShowxNum(30 + (i - 4) * 32,290,canbuf[i],3,16,0X80);
                                                              //显示数据
            }
        }
        t ++ ; delay_ms(10);
        if(t == 20)
        {
            LED0 = ! LED0;//提示系统正在运行
            t = 0; cnt ++ ;
            LCD_ShowxNum(30 + 48,170,cnt,3,16,0X80);      //显示数据
        }
    }
}
```

其中,CAN_Mode_Init(1,6,7,6,mode)用于设置波特率和 CAN 的模式,根据前面的波特率计算公式我们知道,这里的波特率被初始化为 500 kbps。mode 参数用于设置 CAN 的工作模式(普通模式/环回模式),通过 KEY_UP 按键可以随时切换模式。cnt 是一个累加数,一旦 KEY0 按下,就以这个数位基准连续发送 8 个数据。当 CAN 总线收到数据的时候,就将收到的数据直接显示在 LCD 屏幕上。

最后,将 CAN1_Send_Msg 函数加入 USMART 控制,这样就可以通过串口调试助手随意发送想要发的数据(字符串形 d 式发送)了,方便测试。

25.4 下载验证

在代码编译成功之后,我们通过下载代码到 ALIENTEK 探索者 STM32F4 开发板上,得到如图 25.26 所示界面。伴随 DS0 的不停闪烁,提示程序在运行。默认我们是设置的环回模式,此时按下 KEY0 就可以在 LCD 模块上面看到自发自收的数据(如上图所示),如果选择普通模式(通过 KEY_UP 按键切换),就必须连接两个开发板的

CAN 接口,然后就可以互发数据了,如图 25.27 和图 25.28 所示。图 25.27 来自开发板 A,发送了 8 个数据;图 25.28 来自开发板 B,收到了来自开发板 A 的 8 个数据。另外,利用 USMART 测试的部分这里就不做介绍了,大家可自行验证。

```
Explorer STM32F4
CAN TEST
ATOM@ALIENTEK
2014/5/7
LoopBack Mode
KEY0:Send WK_UP:Mode
Count:060
Send Data:OK
013 014 015 016
017 018 019 020
Receive Data:
013 014 015 016
017 018 019 020
```

图 25.26　程序运行效果图

```
Explorer STM32F4
CAN TEST
ATOM@ALIENTEK
2014/5/7
Nnormal Mode
KEY0:Send WK_UP:Mode
Count:050
Send Data:OK
008 009 010 011
012 013 014 015
Receive Data:
```

图 25.27　CAN 普通模式发送数据

```
Explorer STM32F4
CAN TEST
ATOM@ALIENTEK
2014/5/7
Nnormal Mode
KEY0:Send WK_UP:Mode
Count:158
Send Data:


Receive Data:
008 009 010 011
012 013 014 015
```

图 25.28　CAN 普通模式接收数据

第 **26** 章

触摸屏实验

本章将介绍如何使用 STM32F4 来驱动触摸屏。ALIENTEK 探索者 STM32F4 开发板本身并没有触摸屏控制器，但是它支持触摸屏，可以通过外接带触摸屏的 LCD 模块（比如 ALIENTEK TFTLCD 模块）来实现触摸屏控制。本章介绍 STM32 控制 ALIENTKE TFTLCD 模块（包括电阻触摸与电容触摸）实现触摸屏驱动，最终实现一个手写板的功能。

26.1 触摸屏简介

目前最常用的触摸屏有两种：电阻式触摸屏与电容式触摸屏，下面分别介绍。

26.1.1 电阻式触摸屏

Iphone 面世之前，几乎清一色都是使用电阻式触摸屏。电阻式触摸屏利用压力感应进行触点检测控制，需要直接应力接触，通过检测电阻来定位触摸位置。ALIENTEK 2.4/2.8/3.5 寸 TFTLCD 模块自带的触摸屏都属于电阻式触摸屏，下面简单介绍下电阻式触摸屏的原理。

电阻触摸屏的主要部分是一块与显示器表面非常配合的电阻薄膜屏，这是一种多层的复合薄膜，以一层玻璃或硬塑料平板作为基层，表面涂有一层透明氧化金属（透明的导电电阻）导电层，上面再盖有一层外表面硬化处理、光滑防擦的塑料层，它的内表面也涂有一层涂层，它们之间有许多细小的（小于 1/1000 英寸）透明隔离点把两层导电层隔开绝缘。当手指触摸屏幕时，两层导电层在触摸点位置就有了接触，电阻发生变化，在 X 和 Y 两个方向上产生信号，然后送到触摸屏控制器。控制器侦测到这一接触并计算出 (X,Y) 的位置，再根据获得的位置模拟鼠标的方式运作。这就是电阻技术触摸屏的最基本的原理。

> 电阻触摸屏的优点：精度高，价格便宜，抗干扰能力强，稳定性好。

> 电阻触摸屏的缺点：容易被划伤，透光性不太好，不支持多点触摸。

从以上介绍可知，触摸屏都需要一个 A/D 转换器，一般来说是需要一个控制器的。ALIENTEK TFTLCD 模块选择的是四线电阻式触摸屏，这种触摸屏的控制芯片有很多，包括 ADS7843、ADS7846、TSC2046、XPT2046 和 AK4182 等。这几款芯片的驱动基本上是一样的，也就是，只要写出了 ADS7843 的驱动，这个驱动对其他几个芯片也是有效的。而且封装也有一样的,完全 PIN TO PIN 兼容,所以替换起来很方便。

　　ALIENTEK TFTLCD 模块自带的触摸屏控制芯片为 XPT2046。XPT2046 是一款 4 导线制触摸屏控制器,内含 12 位分辨率、125 kHz 转换速率逐步逼近型 A/D 转换器。XPT2046 支持 1.5～5.25 V 的低电压 I/O 接口。XPT2046 能通过执行两次 A/D 转换查出被按的屏幕位置,除此之外,还可以测量加在触摸屏上的压力。内部自带 2.5 V 参考电压,可以用于辅助输入、温度测量和电池监测模式,电池监测的电压范围可以从 0～6 V。XPT2046 片内集成有一个温度传感器。在 2.7 V 的典型工作状态下关闭参考电压,功耗可小于 0.75 mW。XPT2046 采用微小的封装形式 TSSOP‑16,QFN‑16 (0.75 mm 厚度)和 VFBGA‑48。工作温度范围为－40～＋85℃。

　　该芯片完全兼容 ADS7843 和 ADS7846,详细使用可以参考这两个芯片的 datasheet。

26.1.2　电容式触摸屏

　　现在几乎所有智能手机,包括平板电脑,都是采用电容屏作为触摸屏。电容屏是利用人体感应进行触点检测控制,不需要直接接触或只需要轻微接触,通过检测感应电流来定位触摸坐标。ALIENTEK 4.3/7 寸 TFTLCD 模块自带的触摸屏采用的是电容式触摸屏,下面简单介绍下电容式触摸屏的原理。

　　电容式触摸屏主要分为两种:

　　① 表面电容式电容触摸屏。表面电容式触摸屏技术是利用 ITO(铟锡氧化物,是一种透明的导电材料)导电膜,通过电场感应方式感测屏幕表面的触摸行为。但是表面电容式触摸屏有一些局限性,只能识别一个手指或者一次触摸。

　　② 投射式电容触摸屏。投射电容式触摸屏是传感器利用触摸屏电极发射出静电场线。一般用于投射电容传感技术的电容类型有两种:自我电容和交互电容。

　　自我电容又称绝对电容,是最广为采用的一种方法,是指扫描电极与地构成的电容。在玻璃表面有 ITO 制成的横向与纵向的扫描电极,这些电极和地之间就构成一个电容的两极。当用手或触摸笔触摸的时候就会并联一个电容到电路中去,从而使该条扫描线上的总体电容量有所改变。在扫描的时候,控制 IC 依次扫描纵向和横向电极,并根据扫描前后的电容变化来确定触摸点坐标位置。笔记本电脑触摸输入板就是采用这种方式,笔记本电脑的输入板采用 $X \cdot Y$ 的传感电极阵列形成一个传感格子。当手指靠近触摸输入板时,在手指和传感电极之间产生一个小量电荷。采用特定的运算法则处理来自行、列传感器的信号来确定手指的位置。

　　交互电容又叫跨越电容,是在玻璃表面横向和纵向的 ITO 电极的交叉处形成电容。交互电容的扫描方式就是扫描每个交叉处的电容变化来判定触摸点的位置。触摸的时候就会影响到相邻电极的耦合,从而改变交叉处的电容量。交互电容的扫描方法可以侦测到每个交叉点的电容值和触摸后电容变化,因而它需要的扫描时间与自我电容的扫描方式相比要长一些,需要扫描检测 $X \cdot Y$ 根电极。目前智能手机、平板电脑等的触摸屏都是采用交互电容技术。ALIENTEK 所选择的电容触摸屏也是采用的是投射式电容屏(交互电容类型),所以后面仅以投射式电容屏作为介绍。

透射式电容触摸屏采用纵横两列电极组成感应矩阵来感应触摸。以两个交叉的电极矩阵,即 X 轴电极和 Y 轴电极,来检测每一格感应单元的电容变化,如图 26.1 所示。图中的电极实际是透明的,这里是为了方便理解。图中,X、Y 轴的透明电极电容屏的精度、分辨率与 X、Y 轴的通道数有关,通道数越多,精度越高。以上就是电容触摸屏的基本原理,接下来看看电容触摸屏的优缺点:

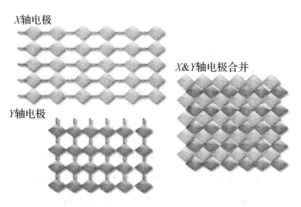

图 26.1　投射式电容屏电极矩阵示意图

> 电容触摸屏的优点:手感好,无需校准,支持多点触摸,透光性好。
> 电容触摸屏的缺点:成本高,精度不高,抗干扰能力差。

注意,电容触摸屏对工作环境的要求是比较高的,在潮湿、多尘、高低温环境下面都是不适合使用的。

电容触摸屏一般都需要一个驱动 IC 来检测电容触摸,且一般是通过 I^2C 接口输出触摸数据的。ALIENTEK 7 寸 TFTLCD 模块的电容触摸屏采用 15×10 的驱动结构(10 个感应通道,15 个驱动通道),采用 GT811 作为驱动 IC。ALIENTEK 4.3 寸 TFTLCD 模块有两种触摸屏:①使用 OTT2001A 作为驱动 IC,采用 13×8 的驱动结构(8 个感应通道,13 个驱动通道);②使用 GT9147 作为驱动 IC,采用 17×10 的驱动结构(10 个感应通道,17 个驱动通道)。

这两个模块都只支持最多 5 点触摸,本例程仅支持 ALIENTEK 4.3 寸 TFTLCD 电容触摸屏模块,所以这里介绍仅 OTT2001A 和 GT9147,GT811 的驱动方法同这两款 IC 类似,大家可以参考着学习即可。

OTT2001A 是中国台湾旭曜科技生产的一颗电容触摸屏驱动 IC,最多支持 208 个通道,支持 SPI/I^2C 接口,在 ALIENTEK 4.3 寸 TFTLCD 电容触摸屏上。OTT2001A 只用了 104 个通道,采用 I^2C 接口。I^2C 接口模式下,该驱动 IC 与 STM32F4 的连接仅需要 4 根线:SDA、SCL、RST 和 INT,SDA 和 SCL 是 I^2C 通信用的,RST 是复位脚(低电平有效),INT 是中断输出信号。

OTT2001A 的器件地址为 0X59(不含最低位,换算成读写命令则是读 0XB3,写 0XB2),接下来介绍 OTT2001A 的几个重要的寄存器。

1. 手势 ID 寄存器

手势 ID 寄存器(00H)用于告诉 MCU 哪些点有效、哪些点无效,从而读取对应的数据,各位描述如表 26.1 所列。

表 26.1　手势 ID 寄存器

位	BIT8	BIT6	BIT5	BIT4	BIT3	BIT2	BIT1	BIT0
说 明	保留	保留	保留	0,(X1,Y1)无效	0,(X4,Y4)无效	0,(X3,Y3)无效	0,(X2,Y2)无效	0,(X1,Y1)无效
				1,(X1,Y1)有效	1,(X4,Y4)有效	1,(X3,Y3)有效	1,(X2,Y2)有效	1,(X1,Y1)有效

OTT2001A 支持最多 5 点触摸,所以表中只有 5 个位用来表示对应点坐标是否有效,其余位为保留位(读为 0)。通过读取该寄存器我们可以知道,哪些点有数据、哪些点无数据,如果读到的全是 0,则说明没有任何触摸。

2. 传感器控制寄存器(ODH)

传感器控制寄存器(ODH)也是 8 位,仅最高位有效,其他位都是保留。当最高位为 1 的时候,打开传感器(开始检测),当最高位设置为 0 的时候,关闭传感器(停止检测)。

3. 坐标数据寄存器(共 20 个)

坐标数据寄存器总共有 20 个,每个坐标占用 4 个寄存器,坐标寄存器与坐标的对应关系如表 26.2 所列。可以看出,每个坐标的值可以通过 4 个寄存器读出,比如读取坐标1($X1,Y1$),则可以读取 01H～04H,就可以知道当前坐标 1 的具体数值了。这里也可以只发送寄存器 01,然后连续读取 4 个字节,也可以正常读取坐标 1,寄存器地址会自动增加,从而提高读取速度。

表 26.2　坐标寄存器与坐标对应表

寄存器编号	01H	02H	03H	04H
坐标 1	$X1[15:8]$	$X1[7:0]$	$Y1[15:8]$	$Y1[7:0]$
寄存器编号	05H	06H	07H	08H
坐标 2	$X2[15:8]$	$X2[7:0]$	$Y2[15:8]$	$Y2[7:0]$
寄存器编号	10H	11H	12H	13H
坐标 3	$X3[15:8]$	$X3[7:0]$	$Y3[15:8]$	$Y3[7:0]$
寄存器编号	14H	15H	16H	17H
坐标 4	$X4[15:8]$	$X4[7:0]$	$Y4[15:8]$	$Y4[7:0]$
寄存器编号	18H	19H	1AH	1BH
坐标 5	$X5[15:8]$	$X5[7:0]$	$Y5[15:8]$	$Y5[7:0]$

OTT2001A 相关寄存器就介绍到这里,更详细的资料请参考"OTT2001A I^2C 协议指导.pdf"。OTT2001A 只需要经过简单的初始化就可以正常使用了,初始化流程:

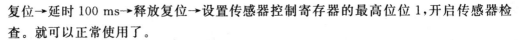

复位→延时 100 ms→释放复位→设置传感器控制寄存器的最高位位 1,开启传感器检查。就可以正常使用了。

另外,OTT2001A 有两个地方需要特别注意一下:

① OTT2001A 的寄存器是 8 位的,但是发送的时候要发送 16 位(高 8 位有效)才可以正常使用。

② OTT2001A 的输出坐标,默认是以:X 坐标最大值是 2 700,Y 坐标最大值是 1 500 的分辨率输出的,也就是输出范围为:X:0~2 700,Y:0~1 500;MCU 在读取到坐标后,必须根据 LCD 分辨率做一个换算,才能得到真实的 LCD 坐标。

下面简单介绍下 GT9147。该芯片是深圳汇顶科技研发的一颗电容触摸屏驱动 IC,支持 100 Hz 触点扫描频率,支持 5 点触摸,支持 18×10 个检测通道,适合小于 4.5 寸的电容触摸屏使用。

和 OTT2001A 一样,GT9147 与 MCU 连接也是通过 4 根线:SDA、SCL、RST 和 INT。不过,GT9147 的 I^2C 地址可以是 0X14 或者 0X5D,复位结束后的 5 ms 内,如果 INT 是高电平,则使用 0X14 作为地址;否则使用 0X5D 作为地址,具体的设置过程请看"GT9147 数据手册.pdf"。本章使用 0X14 作为器件地址(不含最低位,换算成读/写命令则是读 0X29,写 0X28),接下来介绍 GT9147 的几个重要的寄存器。

(1) 控制命令寄存器(0X8040)

该寄存器可以写入不同值,实现不同的控制,一般使用 0 和 2 这两个值,写入 2 即可软复位 GT9147;在硬复位之后,一般要往该寄存器写 2 实行软复位。然后,写入 0 即可正常读取坐标数据(并且会结束软复位)。

(2) 配置寄存器组(0X8047~0X8100)

这里共 186 个寄存器,用于配置 GT9147 的各个参数,这些配置一般由厂家提供(一个数组),所以我们只需要将厂家给的配置写入到这些寄存器里面即可完成 GT9147 的配置。由于 GT9147 可以保存配置信息(可写入内部 FLASH,从而不需要每次上电都更新配置),有几点注意的地方提醒读者:①0X8047 寄存器用于指示配置文件版本号、程序写入的版本号,必须大于等于 GT9147 本地保存的版本号才可以更新配置。②0X80FF 寄存器用于存储校验和,使得 0X8047~0X80FF 之间所有数据之和为 0。③0X8100 用于控制是否将配置保存在本地,写 0 则不保存配置,写 1 则保存配置。

(3) 产品 ID 寄存器(0X8140~0X8143)

这里总共由 4 个寄存器组成,用于保存产品 ID。对于 GT9147,这 4 个寄存器读出来就是 9、1、4、7 这 4 个字符(ASCII 码格式)。因此,我们可以通过这 4 个寄存器的值来判断驱动 IC 的型号,从而判断是 OTT2001A 还是 GT9147,以便执行不同的初始化。

(4) 状态寄存器(0X814E)

该寄存器各位描述如下:

寄存器	bit7	bit6	bit5	bit4	bit3	bit2	bit1	bit0
0X814E	buffer 状态	大点	接近有效	按键	有效触点个数			

这里仅关心最高位和最低 4 位,最高位用于表示 buffer 状态,如果有数据(坐标/按键),buffer 就会是 1;最低 4 位用于表示有效触点的个数,范围是 0～5,0 表示没有触摸,5 表示有 5 点触摸。这和前面 OTT2001A 的表示方法稍微有点区别,OTT2001A 是每个位表示一个触点,这里是有多少有效触点值就是多少。最后,该寄存器在每次读取后,如果 bit7 有效,则必须写 0,清除这个位,否则不会输出下一次数据!这个要特别注意!

(5) 坐标数据寄存器(共 30 个)

这里共分成 5 组(5 个点),每组 6 个寄存器存储数据,以触点 1 的坐标数据寄存器组为例,如表 26.3 所列。

表 26.3　触点 1 坐标寄存器组描述

寄存器	bit7～0	寄存器	bit7～0
0X8150	触点 1 的 X 坐标低 8 位	0X8151	触点 1 的 X 坐标低高位
0X8152	触点 1 的 Y 坐标低 8 位	0X8153	触点 1 的 Y 坐标低高位
0X8154	触点 1 的触摸尺寸低 8 位	0X8155	触点 1 的触摸尺寸高 8 位

我们一般只用到触点的 X、Y 坐标,所以只需要读取 0X8150～0X8153 的数据组合即可得到触点坐标。其他 4 组分别是 0X8158、0X8160、0X8168 和 0X8170 等开头的 16 个寄存器组成,分别针对触点 2～4 的坐标。同样,GT9147 也支持寄存器地址自增,我们只需要发送寄存器组的首地址,然后连续读取即可,GT9147 会自动地址自增,从而提高读取速度。

GT9147 相关寄存器的更详细资料请参考"GT9147 编程指南.pdf"。

GT9147 只需要经过简单的初始化就可以正常使用了,初始化流程:硬复位→延时 10 ms→结束硬复位→设置 I^2C 地址→延时 100 ms→软复位→更新配置(需要时)→结束软复位。此时 GT9147 即可正常使用了。然后,不停地查询 0X814E 寄存器,判断是否有有效触点,如果有,则读取坐标数据寄存器,得到触点坐标。特别注意,如果 0X814E 读到的值最高位为 1,就必须对该位写 0,否则无法读到下一次坐标数据。

26.2　硬件设计

本章实验功能简介:开机的时候先初始化 LCD,读取 LCD ID,随后,根据 LCD ID 判断是电阻触摸屏还是电容触摸屏。如果是电阻触摸屏,则先读取 24C02 的数据判断触摸屏是否已经校准过,如果没有校准,则执行校准程序,校准过后再进入电阻触摸屏测试程序;如果已经校准了,就直接进入电阻触摸屏测试程序。如果是电容触摸屏,则先读取芯片 ID,判断是不是 GT9147,如果是则执行 GT9147 初始化代码;如果不是,则执行 OTT2001A 的初始化代码,初始化电容触摸屏,随后进入电容触摸屏测试程序(电容触摸屏无需校准)。

电阻触摸屏测试程序和电容触摸屏测试程序基本一样,只是电容触摸屏支持最多 5 点同时触摸,电阻触摸屏只支持一点触摸,其他一模一样。测试界面的右上角会有一个清空的操作区域(RST),单击这个地方就会将输入全部清除,恢复白板状态。使用电阻触摸屏的时候,可以通过按 KEY0 来实现强制触摸屏校准,只要按下 KEY0 就会进入强制校准程序。

所要用到的硬件资源如下:指示灯 DS0、KEY0 按键、TFTLCD 模块(带电阻/电容式触摸屏)、24C02。所有这些资源与 STM32F4 的连接图前面都已经介绍了,这里只针对 TFTLCD 模块与 STM32F4 的连接端口再说明一下。TFTLCD 模块的触摸屏(电阻触摸屏)总共有 5 根线与 STM32F4 连接,连接电路图如图 26.2 所示。可以看出,T_MOSI、T_MISO、T_SCK、T_CS 和 T_PEN 分别连接在 STM32F4 的 PF11、PB2、PB0、PC13 和 PB1 上。

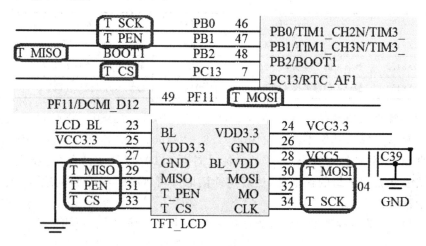

图 26.2　触摸屏与 STM32F4 的连接图

如果是电容式触摸屏,我们的接口和电阻式触摸屏一样(图 26.2 右侧接口),只是没有用到 5 根线了,而是 4 根线,分别是 T_PEN(CT_INT)、T_CS(CT_RST)、T_CLK(CT_SCL)和 T_MOSI(CT_SDA)。其中,CT_INT、CT_RST、CT_SCL 和 CT_SDA 分别是 OTT2001A/GT9147 的中断输出信号、复位信号,I^2C 的 SCL 和 SDA 信号。这里用查询的方式读取 OTT2001A/GT9147 的数据,由于 OTT2001A 没有用到中断信号(CT_INT),所以同 STM32F4 的连接只需要 3 根线即可,不过 GT9147 还需要用到 CT_INT 做 IIC 地址设定,所以需要 4 根线连接。

26.3　软件设计

打开第 25 章的工程,由于本章用不到 USMART 和 CAN 相关代码,所以,先去掉 USMART 相关代码和 can.c(此时 HARDWARE 组剩下 led.c、ILI93xx.c 和 key.c)。不过,本章要用到 24C02,所以还得添加 myiic.c 和 24cxx.c 到 HARDWARE 组下。

然后,在 HARDWARE 文件夹下新建一个 TOUCH 文件夹。再新建一个 touch.c、touch.h、ctiic.c、ctiic.h、ott2001a.c、ott2001a.h、gt9147.c 和 gt9147.h 这 8 个文件,并

保存在 TOUCH 文件夹下,并将这个文件夹加入头文件包含路径。其中,touch.c 和 touch.h 是电阻触摸屏部分的代码,顺带兼电容触摸屏的管理控制,其他则是电容触摸屏部分的代码。

打开 touch.c 文件,在里面输入与触摸屏相关的代码(主要是电阻触摸屏的代码),这里不全部贴出来了,仅介绍几个重要的函数。首先要介绍的是 TP_Read_XY2 函数,该函数专门用于从电阻式触摸屏控制 IC 读取坐标的值(0~4 095),代码如下:

```
//连续 2 次读取触摸屏 IC,且这两次的偏差不能超过
//ERR_RANGE,满足条件,则认为读数正确,否则读数错误
//该函数能大大提高准确度
//x,y:读取到的坐标值;返回值:0,失败;1,成功
#define ERR_RANGE 50 //误差范围
u8 TP_Read_XY2(u16 * x,u16 * y)
{
    u16 x1,y1;
    u16 x2,y2;
    u8 flag;
    flag = TP_Read_XY(&x1,&y1);
    if(flag == 0)return(0);
    flag = TP_Read_XY(&x2,&y2);
    if(flag == 0)return(0);
    //前后两次采样在 + - 50 内
    if(((x2< = x1&&x1<x2 + ERR_RANGE)||(x1< = x2&&x2<x1 + ERR_RANGE))
    &&((y2< = y1&&y1<y2 + ERR_RANGE)||(y1< = y2&&y2<y1 + ERR_RANGE)))
    {
        * x = (x1 + x2)/2;
        * y = (y1 + y2)/2;
        return 1;
    }else return 0;
}
```

该函数采用了一个非常好的办法来读取屏幕坐标值,就是连续读两次,两次读取值之差不能超过一个特定的值(ERR_RANGE),通过这种方式可以大大提高触摸屏的准确度。另外该函数调用的 TP_Read_XY 函数,用于单次读取坐标值。TP_Read_XY 也采用了一些软件滤波算法,具体见本书配套资料的源码。接下来介绍另外一个函数 TP_Adjust,该函数源码如下:

```
//触摸屏校准代码
//得到 4 个校准参数
void TP_Adjust(void)
{
    u16 pos_temp[4][2];//坐标缓存值
    u8   cnt = 0; u32 tem1,tem2;
    u16 d1,d2; u16 outtime = 0;
    double fac;
    POINT_COLOR = BLUE;
    BACK_COLOR = WHITE;
    LCD_Clear(WHITE);//清屏
    POINT_COLOR = RED;//红色
```

```
LCD_Clear(WHITE);//清屏
POINT_COLOR = BLACK;
LCD_ShowString(40,40,160,100,16,(u8 *)TP_REMIND_MSG_TBL);//显示提示信息
TP_Drow_Touch_Point(20,20,RED);//画点 1
tp_dev.sta = 0;//消除触发信号
tp_dev.xfac = 0;//xfac 用来标记是否校准过,所以校准之前必须清掉! 以免错误
while(1)//如果连续 10 秒钟没有按下,则自动退出
{
    tp_dev.scan(1);                      //扫描物理坐标
    if((tp_dev.sta&0xc0) == TP_CATH_PRES)    //按键按下了一次(此时按键松开了)
    {
        outtime = 0;
        tp_dev.sta& = ~(1<<6);//标记按键已经被处理过了
        pos_temp[cnt][0] = tp_dev.x;
        pos_temp[cnt][1] = tp_dev.y;
        cnt ++ ;
        switch(cnt)
        {
            case 1:
                TP_Drow_Touch_Point(20,20,WHITE);                //清除点 1
                TP_Drow_Touch_Point(lcddev.width - 20,20,RED);   //画点 2
                break;
            case 2:
                TP_Drow_Touch_Point(lcddev.width - 20,20,WHITE);    //清除点 2
                TP_Drow_Touch_Point(20,lcddev.height - 20,RED);     //画点 3
                break;
            case 3:
                TP_Drow_Touch_Point(20,lcddev.height - 20,WHITE);    //清除点 3
                TP_Drow_Touch_Point(lcddev.width - 20,lcddev.height - 20,RED);
                                                                     //画点 4
                break;
            case 4://全部 4 个点已经得到
                //对边相等
                tem1 = abs(pos_temp[0][0] - pos_temp[1][0]);//x1 - x2
                tem2 = abs(pos_temp[0][1] - pos_temp[1][1]);//y1 - y2
                tem1 * = tem1;
                tem2 * = tem2;
                d1 = sqrt(tem1 + tem2);//得到 1,2 的距离
                tem1 = abs(pos_temp[2][0] - pos_temp[3][0]);//x3 - x4
                tem2 = abs(pos_temp[2][1] - pos_temp[3][1]);//y3 - y4
                tem1 * = tem1;
                tem2 * = tem2;
                d2 = sqrt(tem1 + tem2);//得到 3,4 的距离
                fac = (float)d1/d2;
                if(fac<0.95||fac>1.05||d1 == 0||d2 == 0)//不合格
                {
                    cnt = 0;
                    TP_Drow_Touch_Point(lcddev.width - 20,lcddev.height - 20,
                    WHITE);                                            //清除点 4
                        TP_Drow_Touch_Point(20,20,RED); //画点 1
                        TP_Adj_Info_Show(pos_temp[0][0],pos_temp[0][1],pos_temp[1]
```

[0],pos_temp[1][1],pos_temp[2][0],pos_temp[2][1],pos_temp[3]
[0],pos_temp[3][1],fac ∗ 100);//显示数据
　　　　　　　　　continue;
　　　　　　　}
　　　　　　tem1 = abs(pos_temp[0][0] − pos_temp[2][0]);//x1 − x3
　　　　　　tem2 = abs(pos_temp[0][1] − pos_temp[2][1]);//y1 − y3
　　　　　　tem1 ∗ = tem1;
　　　　　　tem2 ∗ = tem2;
　　　　　　d1 = sqrt(tem1 + tem2);//得到 1,3 的距离
　　　　　　tem1 = abs(pos_temp[1][0] − pos_temp[3][0]);//x2 − x4
　　　　　　tem2 = abs(pos_temp[1][1] − pos_temp[3][1]);//y2 − y4
　　　　　　tem1 ∗ = tem1;
　　　　　　tem2 ∗ = tem2;
　　　　　　d2 = sqrt(tem1 + tem2);//得到 2,4 的距离
　　　　　　fac = (float)d1/d2;
　　　　　　if(fac<0.95||fac>1.05)//不合格
　　　　　　{
　　　　　　　　cnt = 0;
TP_Drow_Touch_Point(lcddev.width − 20,lcddev.height − 20,WHITE);　　//清除点 4
　　　　　　　　TP_Drow_Touch_Point(20,20,RED);//画点 1
　　　　　　　　TP_Adj_Info_Show(pos_temp[0][0],pos_temp[0][1],pos_temp[1]
[0],pos_temp[1][1],pos_temp[2][0],pos_temp[2][1],pos_temp[3]
[0],pos_temp[3][1],fac ∗ 100);//显示数据
　　　　　　　　continue;
　　　　　　}//正确了
　　　　　　//对角线相等
　　　　　　tem1 = abs(pos_temp[1][0] − pos_temp[2][0]);//x1 − x3
　　　　　　tem2 = abs(pos_temp[1][1] − pos_temp[2][1]);//y1 − y3
　　　　　　tem1 ∗ = tem1;
　　　　　　tem2 ∗ = tem2;
　　　　　　d1 = sqrt(tem1 + tem2);//得到 1,4 的距离
　　　　　　tem1 = abs(pos_temp[0][0] − pos_temp[3][0]);//x2 − x4
　　　　　　tem2 = abs(pos_temp[0][1] − pos_temp[3][1]);//y2 − y4
　　　　　　tem1 ∗ = tem1;
　　　　　　tem2 ∗ = tem2;
　　　　　　d2 = sqrt(tem1 + tem2);//得到 2,3 的距离
　　　　　　fac = (float)d1/d2;
　　　　　　if(fac<0.95||fac>1.05)//不合格
　　　　　　{
　　　　　　　　cnt = 0;
TP_Drow_Touch_Point(lcddev.width − 20,lcddev.height − 20,
WHITE);　　//清除点 4
　　　　　　　　TP_Drow_Touch_Point(20,20,RED);//画点 1
　　　　　　　　TP_Adj_Info_Show(pos_temp[0][0],pos_temp[0][1],pos_temp[1]
[0],pos_temp[1][1],pos_temp[2][0],pos_temp[2][1],pos_temp[3]
[0],pos_temp[3][1],fac ∗ 100);//显示数据
　　　　　　　　continue;
　　　　　　}//正确了
　　　　　　//计算结果
　　　　　　tp_dev.xfac = (float)(lcddev.width − 40)/(pos_temp[1][0] − pos_
temp[0][0]);

```
//得到 xfac
tp_dev.xoff = (lcddev.width - tp_dev.xfac * (pos_temp[1][0] + pos_temp[0]
[0]))/2;//得到 xoff
                    tp_dev.yfac = (float)(lcddev.height - 40)/(pos_temp[2][1] - pos_
temp[0][1]);//得到 yfac
                    tp_dev.yoff = (lcddev.height - tp_dev.yfac * (pos_temp[2][1] + pos_
temp[0]
    [1]))/2;//得到 yoff
                            if(abs(tp_dev.xfac)>2||abs(tp_dev.yfac)>2)//触屏和预设的
                                                    //相反了
                    {
                        cnt = 0;
        TP_Drow_Touch_Point(lcddev.width - 20,lcddev.height - 20,WHITE);//清除点 4
                            TP_Drow_Touch_Point(20,20,RED); //画点 1
                                    LCD_ShowString(40,26,lcddev.width,lcd-
dev.height,16,"TP Need readjust!");
                        tp_dev.touchtype = ! tp_dev.touchtype;//修改触屏类型.
                        if(tp_dev.touchtype)//X,Y 方向与屏幕相反
                        {CMD_RDX = 0X90; CMD_RDY = 0XD0;}
                        else {CMD_RDX = 0XD0;CMD_RDY = 0X90;}
                        //X,Y 方向与屏幕相同
                        continue;
                    }
                    POINT_COLOR = BLUE;
                    LCD_Clear(WHITE);//清屏
                    LCD_ShowString(35,110,lcddev.width,lcddev.height,16,"Touch
                    Screen Adjust OK!");//校正完成
                    delay_ms(1000);
                    TP_Save_Adjdata();
                     LCD_Clear(WHITE);//清屏
                    return;//校正完成
                }
            }
        delay_ms(10); outtime ++ ;
        if(outtime>1000) { TP_Get_Adjdata();break; }
        }
    }
```

TP_Adjust 是此部分最核心的代码,这里介绍一下使用的触摸屏校正原理:传统的鼠标是一种相对定位系统,只和前一次鼠标的位置坐标有关。而触摸屏则是一种绝对坐标系统,要选哪就直接点哪,与相对定位系统有着本质的区别。绝对坐标系统的特点是每一次定位坐标与上一次定位坐标没有关系,每次触摸的数据通过校准转为屏幕上的坐标,不管在什么情况下,触摸屏这套坐标在同一点的输出数据是稳定的。不过由于技术原理的原因,并不能保证同一点触摸每一次采样数据相同,不能保证绝对坐标定位,点不准,这就是触摸屏最怕出现的问题:漂移。对于性能质量好的触摸屏来说,漂移的情况出现并不是很严重。所以很多应用触摸屏的系统启动后,进入应用程序前,先要执行校准程序。通常应用程序中使用的 LCD 坐标是以像素为单位的。比如说:左上角的坐标是一组非 0 的数值,比如(20,20),而右下角的坐标为(220,300)。这些点的坐标

都是以像素为单位的,而从触摸屏中读出的是点的物理坐标,其坐标轴的方向、X 及 Y
值的比例因子、偏移量都与 LCD 坐标不同,所以,需要在程序中把物理坐标首先转换为
像素坐标,然后再赋给 POS 结构,达到坐标转换的目的。

校正思路:了解了校正原理之后,我们可以得出下面的一个从物理坐标到像素坐标
的转换关系式:

$$LCDx = xfac \cdot Px + xoff; LCDy = yfac \cdot Py + yoff;$$

其中,(LCDx,LCDy)是在 LCD 上的像素坐标,(Px,Py)是从触摸屏读到的物理坐
标。xfac、yfac 分别是 X 轴方向和 Y 轴方向的比例因子,而 xoff 和 yoff 则是这两个方
向的偏移量。这样我们只要事先在屏幕上面显示 4 个点(这 4 个点的坐标是已知的),
分别按这 4 个点就可以从触摸屏读到 4 个物理坐标,这样就可以通过待定系数法求出
xfac、yfac、xoff、yoff 这 4 个参数。保存好这 4 个参数,在以后的使用中,我们把所有得
到的物理坐标都按照这个关系式来计算,得到的就是准确的屏幕坐标,达到了触摸屏校
准的目的。

TP_Adjust 就是根据上面的原理设计的校准函数,注意该函数里面多次使用了
lcddev. width 和 lcddev. height,用于坐标设置,主要是为了兼容不同尺寸的 LCD(比如
320×240、480×320 和 800×480 的屏都可以兼容)。

接下来看看触摸屏初始化函数:TP_Init,该函数根据 LCD 的 ID(即 lcddev. id)判
别是电阻屏还是电容屏,执行不同的初始化,该函数代码如下:

```
//触摸屏初始化
//返回值:0,没有进行校准;1,进行过校准
u8 TP_Init(void)
{
    if(lcddev. id == 0X5510)          //电容触摸屏
    {
        if(GT9147_Init() == 0)      //是 GT9147 吗
        {
            tp_dev. scan = GT9147_Scan;      //扫描函数指向 GT9147 触摸屏扫描
        }else
        {
            OTT2001A_Init();
            tp_dev. scan = OTT2001A_Scan;//扫描函数指向 OTT2001A 触摸屏扫描
        }
        tp_dev. touchtype| = 0X80;      //电容屏
        tp_dev. touchtype| = lcddev. dir&0X01;//横屏还是竖屏
        return 0;
    }else
    {
        RCC - >AHB1ENR| = 1<<1;              //使能 PORTB 时钟
        RCC - >AHB1ENR| = 1<<2;              //使能 PORTC 时钟
        RCC - >AHB1ENR| = 1<<5;              //使能 PORTF 时钟
        GPIO_Set(GPIOB,PIN1|PIN2,GPIO_MODE_IN,0,0,GPIO_PUPD_PU);  //PB1/PB2 设置为上
                                                                   //拉输入
        GPIO_Set(GPIOB,PIN0,GPIO_MODE_OUT,GPIO_OTYPE_PP,GPIO_SPEED_100M,
                GPIO_PUPD_PU);       //PB0 设置为推挽输出
```

```
GPIO_Set(GPIOC,PIN13,GPIO_MODE_OUT,GPIO_OTYPE_PP,GPIO_SPEED_100M,
        GPIO_PUPD_PU);      //PC13 设置为推挽输出
 GPIO_Set(GPIOF,PIN11,GPIO_MODE_OUT,GPIO_OTYPE_PP,GPIO_SPEED_100 M,
        GPIO_PUPD_PU);  //PF11 设置推挽输出
TP_Read_XY(&tp_dev.x[0],&tp_dev.y[0]);//第一次读取初始化
AT24CXX_Init();         //初始化 24CXX
if(TP_Get_Adjdata())return 0;//已经校准
else                //未校准?
{
    LCD_Clear(WHITE);//清屏
    TP_Adjust();        //屏幕校准
    TP_Save_Adjdata();
}
TP_Get_Adjdata();
}
return 1;
}
```

该函数比较简单,重点说一下:tp_dev. scan,这个结构体函数指针,默认是指向 TP_Scan 的,如果是电阻屏则用默认的即可;如果是电容屏,则指向新的扫描函数 GT9147_Scan 或 OTT2001A_Scan(根据芯片 ID 判断到底指向那个)执行电容触摸屏的扫描函数,这两个函数在后续会介绍。

其他的函数这里就不多介绍了,保存 touch. c 文件,并把该文件加入到 HARD-WARE 组下。接下来打开 touch. h 文件,在该文件里面输入如下代码:

```
#define TP_PRES_DOWN    0x80        //触屏被按下
#define TP_CATH_PRES    0x40        //有按键按下了
#define CT_MAX_TOUCH    5               //电容屏支持的点数,固定为 5 点
//触摸屏控制器
typedef struct
{
    u8 ( * init)(void);             //初始化触摸屏控制器
    u8 ( * scan)(u8);               //扫描触摸屏.0,屏幕扫描;1,物理坐标
    void ( * adjust)(void);         //触摸屏校准
    u16 x[CT_MAX_TOUCH];    //当前坐标
    u16 y[CT_MAX_TOUCH];    //电容屏有最多 5 组坐标,电阻屏则用 x[0],y[0]代表:此次
                            //扫描时触屏的坐标,用 x[4],y[4]存储第一次按下时的坐标
    u8    sta;              //笔的状态
                           //b7:按下 1/松开 0;b6:0,没有按键按下;1,有按键按下
                           //b5:保留
                           //b4~b0:电容触摸屏按下的点数(0,表示未按下,1 表示按下)
//////////////////////////触摸屏校准参数(电容屏不需要校准)//////////////////////////
    float xfac;
    float yfac;
    short xoff;
    short yoff;
//新增的参数,当触摸屏的左右上下完全颠倒时需要用到
//b0:0,竖屏(适合左右为 X 坐标,上下为 Y 坐标的 TP)
//    1,横屏(适合左右为 Y 坐标,上下为 X 坐标的 TP)
//b1~6:保留;b7:0,电阻屏,1,电容屏
```

```
        u8 touchtype;
}_m_tp_dev;
extern _m_tp_dev tp_dev;                //触屏控制器在 touch.c 里面定义
//电阻屏芯片连接引脚
#define PEN          PBin(1)       //T_PEN
#define DOUT         PBin(2)       //T_MISO
#define TDIN         PFout(11)      //T_MOSI
#define TCLK         PBout(0)      //T_SCK
#define TCS          PCout(13)      //T_CS
//电阻屏函数
void TP_Write_Byte(u8 num);                  //向控制芯片写入一个数据
……//省略部分代码
void TP_Adj_Info_Show(u16 x0,u16 y0,u16 x1,u16 y1,u16 x2,u16 y2,u16 x3,u16 y3,u16 fac)
//电阻屏/电容屏 共用函数
u8 TP_Scan(u8 tp);                       //扫描
u8 TP_Init(void);                       //初始化
#endif
```

上述代码中的 _m_tp_dev 结构体用于管理和记录触摸屏(包括电阻触摸屏与电容触摸屏)相关信息。通过结构体,在使用的时候,我们一般直接调用 tp_dev 的相关成员函数、变量屏即可达到需要的效果,这种设计简化了接口,且方便管理和维护,读者可以效仿一下。

ctiic.c 和 ctiic.h 是电容触摸屏的 I^{2}C 接口部分代码,与第 22 章的 myiic.c 和 myiic.h 基本一样,这里就不单独介绍了,记得把 ctiic.c 加入 HARDWARE 组下。接下来看下 gt9147.c 里面的代码,如下:

```
//发送 GT9147 配置参数
//mode:0,参数不保存到 flash,1,参数保存到 flash
u8 GT9147_Send_Cfg(u8 mode)
{
    u8 buf[2];
    u8 i = 0; buf[0] = 0;
    buf[1] = mode;      //是否写入到 GT9147 FLASH?    即是否掉电保存
    for(i = 0;i<sizeof(GT9147_CFG_TBL);i++)buf[0] += GT9147_CFG_TBL[i];//计算校
                                                    验和
    buf[0] = (~buf[0]) + 1;
    GT9147_WR_Reg(GT_CFGS_REG,(u8*)GT9147_CFG_TBL,sizeof(GT9147_CFG_TBL)
);//发送寄存器配置
    GT9147_WR_Reg(GT_CHECK_REG,buf,2);//写入校验和,和配置更新标记
    return 0;
}
//向 GT9147 写入一次数据
//reg:起始寄存器地址,buf:数据缓缓存区,len:写数据长度
//返回值:0,成功;1,失败.
u8 GT9147_WR_Reg(u16 reg,u8 * buf,u8 len)
{
    u8 i; u8 ret = 0;
    CT_IIC_Start();
     CT_IIC_Send_Byte(GT_CMD_WR); CT_IIC_Wait_Ack();        //发送写命令
    CT_IIC_Send_Byte(reg>>8); CT_IIC_Wait_Ack();                //发送高 8 位地址
```

```
    CT_IIC_Send_Byte(reg&0XFF); CT_IIC_Wait_Ack();              //发送低8位地址
    for(i = 0;i<len;i++)
    {
        CT_IIC_Send_Byte(buf[i]);          //发数据
        ret = CT_IIC_Wait_Ack();
        if(ret)break;
    }
    CT_IIC_Stop();                          //产生一个停止条件
    return ret;
}
//从 GT9147 读出一次数据
//reg:起始寄存器地址,buf:数据缓缓存区,len:读数据长度
void GT9147_RD_Reg(u16 reg,u8 * buf,u8 len)
{
    u8 i;
    CT_IIC_Start();
    CT_IIC_Send_Byte(GT_CMD_WR); CT_IIC_Wait_Ack();//发送写命令
    CT_IIC_Send_Byte(reg>>8); CT_IIC_Wait_Ack();            //发送高8位地址
    CT_IIC_Send_Byte(reg&0XFF); CT_IIC_Wait_Ack();         //发送低8位地址
    CT_IIC_Start();
    CT_IIC_Send_Byte(GT_CMD_RD);      //发送读命令
    CT_IIC_Wait_Ack();
    for(i = 0;i<len;i++) buf[i] = CT_IIC_Read_Byte(i == (len-1)? 0:1); //发数据
    CT_IIC_Stop();//产生一个停止条件
}
//初始化 GT9147 触摸屏
//返回值:0,初始化成功;1,初始化失败
u8 GT9147_Init(void)
{
    u8 temp[5];
    RCC->AHB1ENR| = 1<<1;          //使能 PORTB 时钟
    RCC->AHB1ENR| = 1<<2;          //使能 PORTC 时钟
    GPIO_Set(GPIOB,PIN1,GPIO_MODE_IN,0,0,GPIO_PUPD_PU);//PB1 设置为上拉输入
    GPIO_Set(GPIOC,PIN13,GPIO_MODE_OUT,GPIO_OTYPE_PP,GPIO_SPEED_100M,
GPIO_PUPD_PU); //PC13 设置为推挽输出
    CT_IIC_Init();                    //初始化电容屏的 I²C 总线
    GT_RST = 0; delay_ms(10);      //复位
    GT_RST = 1; delay_ms(10);      //释放复位
    GPIO_Set(GPIOB,PIN1,GPIO_MODE_IN,0,0,GPIO_PUPD_NONE);//PB1 浮空输入
    delay_ms(100);
    GT9147_RD_Reg(GT_PID_REG,temp,4);//读取产品 ID
    temp[4] = 0;
    printf("CTP ID:% s\r\n",temp);          //打印 ID
    if(strcmp((char * )temp,"9147") == 0)      //ID == 9147
    {
        temp[0] = 0X02;
        GT9147_WR_Reg(GT_CTRL_REG,temp,1);//软复位 GT9147
        GT9147_RD_Reg(GT_CFGS_REG,temp,1);//读取 GT_CFGS_REG 寄存器
        if(temp[0]<0X60)//默认版本比较低,需要更新 flash 配置
        {
            printf("Default Ver:% d\r\n",temp[0]);
```

```
            GT9147_Send_Cfg(1);//更新并保存配置
        }
        delay_ms(10);
        temp[0] = 0X00;
        GT9147_WR_Reg(GT_CTRL_REG,temp,1);//结束复位
        return 0;
    }
    return 1;
}
const u16 GT9147_TPX_TBL[5] = {GT_TP1_REG,GT_TP2_REG,GT_TP3_REG,
GT_TP4_REG,GT_TP5_REG};
//扫描触摸屏(采用查询方式)
//mode:0,正常扫描
//返回值:当前触屏状态.0,触屏无触摸;1,触屏有触摸
u8 GT9147_Scan(u8 mode)
{
    u8 buf[4]; u8 i = 0; u8 res = 0; u8 temp;
    static u8 t = 0;//控制查询间隔,从而降低 CPU 占用率
    t ++ ;
    if((t % 10) == 0||t<10)//空闲时,每进入 10 次,函数才检测 1 次,从而节省 CPU 使用率
    {
        GT9147_RD_Reg(GT_GSTID_REG,&mode,1);//读取触摸点的状态
        if((mode&0XF)&&((mode&0XF)<6))
        {
            temp = 0XFF<<(mode&0XF);//将点的个数转换为 1 的位数,匹配 tp_dev.sta
                                   //定义
            tp_dev.sta = (~temp)|TP_PRES_DOWN|TP_CATH_PRES;
            for(i = 0;i<5;i ++ )
            {
                if(tp_dev.sta&(1<<i))        //触摸有效吗
                {
                    GT9147_RD_Reg(GT9147_TPX_TBL[i],buf,4);        //读取 XY 坐标值
                    if(tp_dev.touchtype&0X01)//横屏
                    {
                        tp_dev.y[i] = ((u16)buf[1]<<8) + buf[0];
                        tp_dev.x[i] = 800 - (((u16)buf[3]<<8) + buf[2]);
                    }else
                    {
                        tp_dev.x[i] = ((u16)buf[1]<<8) + buf[0];
                        tp_dev.y[i] = ((u16)buf[3]<<8) + buf[2];
                    }
                    //printf("x[ % d]: % d,y[ % d]: % d\r\n",i,tp_dev.x[i],i,tp_dev.y[i]);
                }
            }
            res = 1;
            if(tp_dev.x[0] == 0 && tp_dev.y[0] == 0)mode = 0;//数据全 0,则忽略此次数据
            t = 0;          //触发一次,则会最少连续监测 10 次,从而提高命中率
        }
        if(mode&0X80&&((mode&0XF)<6)) //清标志吗
        { temp = 0; GT9147_WR_Reg(GT_GSTID_REG,&temp,1);}
    }
```

```
    if((mode&0X8F) == 0X80)//无触摸点按下
    {
        if(tp_dev.sta&TP_PRES_DOWN)
        tp_dev.sta& = ~(1<<7);//之前是按下,标记松开
        else     //之前就没有被按下
        {
            tp_dev.x[0] = 0xffff;
            tp_dev.y[0] = 0xffff;
            tp_dev.sta& = 0XE0;     //清除点有效标记
        }
    }
    if(t>240)t = 10;//重新从 10 开始计数
    return res;
}
```

此部分总共 5 个函数,其中,GT9147_Send_Cfg 用于配置 GT9147 芯片,配置信息保存在 GT9147_CFG_TBL 数组里(没贴出来,详见本例程源码)。GT9147_WR_Reg 和 GT9147_RD_Reg 分别用于读/写 GT9147 芯片,这里特别注意寄存器地址是 16 位的。GT9147_Init 用于初始化 GT9147;该函数通过读取 0X8140~0X8143 这 4 个寄存器,并判断是否是"9147"来确定是不是 GT9147 芯片,在读取到正确的 ID 后软复位 GT9147,然后根据当前芯片版本号,确定是否需要更新配置,通过 GT9147_Send_Cfg 函数发送配置信息(一个数组),配置完后,结束软复位,即完成 GT9147 初始化。

最后,GT9147_Scan 函数用于扫描电容触摸屏是否有按键按下,由于我们不是用的中断方式来读取 GT9147 的数据的,而是采用查询的方式,所以这里使用了一个静态变量来提高效率。当无触摸的时候,尽量减少对 CPU 的占用;当有触摸的时候,又保证能迅速检测到。

其他的函数这里就不多介绍了,保存 gt9147.c 文件,并把该文件加入到 HARDWARE 组下,gt9147.h、ott2001a.c 和 ott2001a.h 的代码这里就不贴出来了,可参考本书配套资料源码即可。最后打开 test.c,修改部分代码,这里就不全部贴出来了,仅介绍 3 个重要的函数:

```
//5 个触控点的颜色(电容触摸屏用)
const u16 POINT_COLOR_TBL[5] = {RED,GREEN,BLUE,BROWN,GRED};
//电阻触摸屏测试函数
void rtp_test(void)
{
    u8 key; u8 i = 0;
    while(1)
    {
        key = KEY_Scan(0);
        tp_dev.scan(0);
        if(tp_dev.sta&TP_PRES_DOWN)                //触摸屏被按下
        {
            if(tp_dev.x[0]<lcddev.width&&tp_dev.y[0]<lcddev.height)
            {
                if(tp_dev.x[0]>(lcddev.width-24)&&tp_dev.y[0]<16)Load_Drow_Dialog();
                else TP_Draw_Big_Point(tp_dev.x[0],tp_dev.y[0],RED);//画图
```

```
        }
    }else delay_ms(10);      //没有按键按下的时候
    if(key == KEY0_PRES)     //KEY0 按下,则执行校准程序
    {
        LCD_Clear(WHITE);    //清屏
        TP_Adjust();             //屏幕校准
        TP_Save_Adjdata();
        Load_Drow_Dialog();
    }
    i ++ ;
    if( i % 20 == 0)LED0 = ! LED0;
    }
}
//电容触摸屏测试函数
void ctp_test(void)
{
    u8 t = 0; u8 i = 0;
    u16 lastpos[5][2];          //最后一次的数据
    while(1)
    {
        tp_dev.scan(0);
        for(t = 0;t<5;t ++ )
        {
            if((tp_dev.sta)&(1<<t))
            {
                if(tp_dev.x[t]<lcddev.width&&tp_dev.y[t]<lcddev.height)
                {
                    if(lastpos[t][0] == 0XFFFF)
                    { lastpos[t][0] = tp_dev.x[t]; lastpos[t][1] = tp_dev.y[t];}
                    lcd_draw_bline(lastpos[t][0],lastpos[t][1],tp_dev.x[t],tp_dev.y
[t],2,POINT_COLOR_TBL[t]);//画线
                    lastpos[t][0] = tp_dev.x[t];
                    lastpos[t][1] = tp_dev.y[t];
                    if(tp_dev.x[t]>(lcddev.width - 24)&&tp_dev.y[t]<20)
                    {
                        Load_Drow_Dialog();//清除
                    }
                }
            }else lastpos[t][0] = 0XFFFF;
        }
        delay_ms(5);i ++ ;
        if( i % 20 == 0)LED0 = ! LED0;
    }
}
int main(void)
{
    Stm32_Clock_Init(336,8,2,7);//设置时钟,168 MHz
    delay_init(168);             //延时初始化
    uart_init(84,115200);        //初始化串口波特率为 115 200
    LED_Init();                  //初始化 LED
    LCD_Init();                  //LCD初始化
```

```
        KEY_Init();                       //按键初始化
        tp_dev.init();                    //触摸屏初始化
         POINT_COLOR = RED;//设置字体为红色
        LCD_ShowString(30,50,200,16,16,"Explorer STM32F4");
        LCD_ShowString(30,70,200,16,16,"TOUCH TEST");
        LCD_ShowString(30,90,200,16,16,"ATOM@ALIENTEK");
        LCD_ShowString(30,110,200,16,16,"2014/5/7");
           if(tp_dev.touchtype! = 0XFF)LCD_ShowString(30,130,200,16,16,"Press KEY0 to Ad-
just");
        delay_ms(1500);
        Load_Drow_Dialog();
        if(tp_dev.touchtype&0X80)ctp_test();      //电容屏测试
        else rtp_test();                          //电阻屏测试
}
```

rtp_test 函数,用于电阻触摸屏的测试,代码比较简单,就是扫描按键和触摸屏,如果触摸屏有按下,则在触摸屏上面划线;如果按中"RST"区域,则执行清屏。如果按键 KEY0 按下,则执行触摸屏校准。

ctp_test 函数,用于电容触摸屏的测试。由于我们采用 tp_dev.sta 来标记当前按下的触摸屏点数,所以判断是否有电容触摸屏按下,也就是判断 tp_dev.sta 的最低 5 位,如果有数据,则划线;如果没数据则忽略,且 5 个点划线的颜色各不一样,方便区分。另外,电容触摸屏不需要校准,所以没有校准程序。

main 函数比较简单,初始化相关外设,然后根据触摸屏类型,去选择执行 ctp_test 还是 rtp_test。

软件部分就介绍到这里,接下来看看下载验证。

26.4 下载验证

编译成功之后,下载代码到 ALIENTEK 探索者 STM32F4 开发板上,电阻触摸屏测试如图 26.3 所示界面。图中我们在电阻屏上画了一些内容,右上角的 RST 可以用来清屏,单击该区域即可清屏重画。另外,按 KEY0 可以进入校准模式,如果发现触摸屏不准,则可以按 KEY0 进入校准,重新校准一下即可正常使用。如果是电容触摸屏,测试界面如图 26.4 所示。图中同样输入了一些内容。电容屏支持多点触摸,每个点的颜色都不一样,图中的波浪线就是 3 点触摸画出来的,最多可以 5 点触摸。同样,按右上角的 RST 标志可以清屏。电容屏无须校准,所以按 KEY0 无效。KEY0 校准仅对电阻屏有效。

图 26.3　电阻触摸屏测试程序运行效果

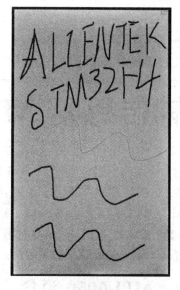

图 26.4　电容触摸屏测试界面

第 **27** 章

6 轴传感器 MPU6050 实验

本章介绍当下最流行的一款 6 轴（3 轴加速度＋3 轴角速度（陀螺仪））传感器：MPU6050，该传感器广泛用于 4 轴、平衡车和空中鼠标等设计，具有非常广泛的应用范围。ALIENTEK 探索者 STM32F4 开发板自带了 MPU6050 传感器。本章将使用 STM32F4 来驱动 MPU6050，读取其原始数据，并利用其自带的 DMP 实现姿态解算，结合匿名 4 轴上位机软件和 LCD 显示，教读者如何使用这款功能强大的 6 轴传感器。

27.1　MPU6050 简介

27.1.1　MPU6050 基础介绍

MPU6050 是 InvenSense 公司推出的整合性 6 轴运动处理组件，相较于多组件方案，不需要分别安装陀螺仪芯片与加速器，减少了安装空间。MPU6050 内部整合了 3 轴陀螺仪和 3 轴加速度传感器，并且含有一个第二 I^2C 接口，可用于连接外部磁力传感器，并利用自带的数字运动处理器（DMP，Digital Motion Processor）硬件加速引擎，通过主 I^2C 接口向应用端输出完整的 9 轴融合演算数据。有了 DMP，我们可以使用 InvenSense 公司提供的运动处理资料库，非常方便地实现姿态解算，降低了运动处理运算对操作系统的负荷，同时大大降低了开发难度。

MPU6050 的特点包括：

① 以数字形式输出 6 轴或 9 轴（需外接磁传感器）的旋转矩阵、四元数（quaternion）、欧拉角格式（Euler Angle forma）的融合演算数据（需 DMP 支持）。

② 具有 131 LSB/（°/s）敏感度与全格感测范围为 ±250、±500、±1 000 与 ±2 000°/s 的 3 轴角速度感测器（陀螺仪）。

③ 集成可程序控制，范围为 ±2g、±4g、±8g 和 ±16g 的 3 轴加速度传感器。

④ 移除加速器与陀螺仪轴间敏感度，降低设定给予的影响与感测器的漂移。

⑤ 自带数字运动处理引擎可减少 MCU 复杂的融合演算数据、感测器同步化、姿势感应等的负荷。

⑥ 内建运作时间偏差与磁力感测器校正演算技术，免除了客户须另外进行校正的需求。

⑦ 自带一个数字温度传感器。

⑧ 带数字输入同步引脚(Sync pin)支持视频电子影相稳定技术与 GPS。

⑨ 可程序控制的中断(interrupt),支持姿势识别、摇摄、画面放大缩小、滚动、快速下降中断、high-G 中断、零动作感应、触击感应、摇动感应功能。

⑩ VDD 供电电压为 2.5(1±5%)V、3.0(1±5%)V、3.3(1±5%)V;VLOGIC 可低至 1.8(1±5%)V。

⑪ 陀螺仪工作电流:5 mA,陀螺仪待机电流:5 μA;加速器工作电流:500 μA,加速器省电模式电流:40 μA@10 Hz。

⑫ 自带 1 024 字节 FIFO,有助于降低系统功耗。

⑬ 高达 400 kHz 的 I^{2}C 通信接口。

⑭ 超小封装尺寸:4×4×0.9 mm(QFN)。

MPU6050 传感器的检测轴如图 27.1 所示。MPU6050 的内部框图如图 27.2 所示。其中,SCL 和 SDA 是连接 MCU 的 I^{2}C 接口,MCU 通过这个 I^{2}C 接口来控制 MPU6050;另外还有一个 I^{2}C 接口:AUX_CL 和 AUX_DA,这个接口可用来连接外部从设备,比如磁传感器,这样就可以组成一个 9 轴传感器。VLOGIC 是 I/O 口电压,该引脚最低可以到 1.8 V,一般直接接 VDD 即可。AD0 是 I^{2}C 接口(接 MCU)的地址控制引脚,控制 I^{2}C 地址的最低位。如果接 GND,则 MPU6050 的 I^{2}C 地址是 0X68;如果接 VDD,则是 0X69。注意:这里的地址是不包含数据传输的最低位的(最低位用来表示读/写)!

在探索者 STM32F4 开发板上,AD0 是接 GND 的,所以 MPU6050 的 I^{2}C 地址是 0X68(不含最低位)。I^{2}C 通信的时序之前已经介绍过(第 29 章),这里就不再细说了。

接下来介绍一下利用 STM32F4 读取 MPU6050 的加速度和角度传感器数据(非中断方式),需要哪些初始化步骤:

① 初始化 I^{2}C 接口。

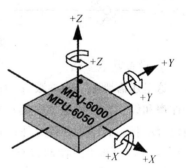

图 27.1　MPU6050 检测轴及其方向

MPU6050 采用 I^{2}C 与 STM32F4 通信,所以需要先初始化与 MPU6050 连接的 SDA 和 SCL 数据线。这个在前面的 I^{2}C 实验章节已经介绍过了,这里 MPU6050 与 24C02 共用一个 I^{2}C,所以初始化 I^{2}C 完全一模一样。

② 复位 MPU6050。

这一步让 MPU6050 内部所有寄存器恢复默认值,通过对电源管理寄存器 1 (0X6B)的 bit7 写 1 实现。复位后,电源管理寄存器 1 恢复默认值(0X40),然后必须设置该寄存器为 0X00,以唤醒 MPU6050,进入正常工作状态。

③ 设置角速度传感器(陀螺仪)和加速度传感器的满量程范围。

这一步设置两个传感器的满量程范围(FSR),分别通过陀螺仪配置寄存器(0X1B)和加速度传感器配置寄存器(0X1C)设置。一般设置陀螺仪的满量程范围为±2 000 dps,加速度传感器的满量程范围为±2g。

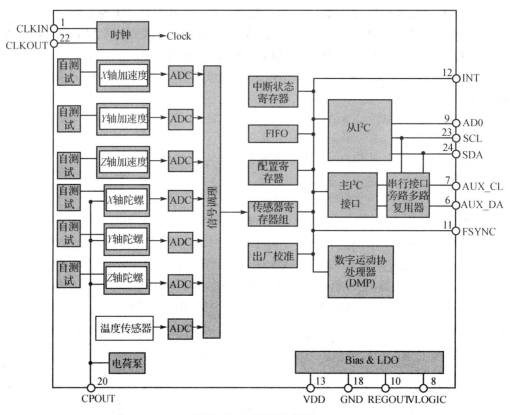

图 27.2　MPU6050 框图

④ 设置其他参数。

这里还需要配置的参数有：关闭中断、关闭 AUX I²C 接口、禁止 FIFO、设置陀螺仪采样率和设置数字低通滤波器(DLPF)等。本章不用中断方式读取数据，所以关闭中断；也没用到 AUX I²C 接口外接其他传感器，所以也关闭这个接口，分别通过中断使能寄存器(0X38)和用户控制寄存器(0X6A)控制。MPU6050 可以使用 FIFO 存储传感器数据，不过本章没有用到，所以关闭所有 FIFO 通道，这个通过 FIFO 使能寄存器(0X23)控制，默认都是 0(即禁止 FIFO)，所以用默认值就可以了。陀螺仪采样率通过采样率分频寄存器(0X19)控制，这个采样率一般设置为 50 即可。数字低通滤波器(DLPF)则通过配置寄存器(0X1A)设置，一般设置 DLPF 为带宽的 1/2 即可。

⑤ 配置系统时钟源并使能角速度传感器和加速度传感器。

系统时钟源同样通过电源管理寄存器 1(0X1B)来设置，该寄存器的最低 3 位用于设置系统时钟源选择，默认值是 0(内部 8 MHz RC 振荡)，不过一般设置为 1，选择 X 轴陀螺 PLL 作为时钟源，以获得更高精度的时钟。同时，使能角速度传感器和加速度传感器，这两个操作通过电源管理寄存器 2(0X6C)来设置，设置对应位为 0 即可开启。

至此，MPU6050 的初始化就完成了，可以正常工作了(其他未设置的寄存器全部采用默认值即可)，接下来就可以读取相关寄存器，得到加速度传感器、角速度传感器和温度传感器的数据了。不过,我们先简单介绍几个重要的寄存器。

首先介绍电源管理寄存器 1,该寄存器地址为 0X6B,各位描述如图 27.3 所示。其中,DEVICE_RESET 位用来控制复位,设置为 1,复位 MPU6050,复位结束后,MPU 硬件自动清零该位。SLEEEP 位用于控制 MPU6050 的工作模式,复位后该位为 1,即进入了睡眠模式(低功耗),所以我们要清零该位以进入正常工作模式。TEMP_DIS 用于设置是否使能温度传感器,设置为 0,则使能。最后 CLKSEL[2∶0]用于选择系统时钟源,选择关系如表 27.1 所列。

Register (Hex)	Register (Decimal)	Bit7	Bit6	Bit5	Bit4	Bit3	Bit2	Bit1	Bit0
6B	107	DEVICE_RESET	SLEEP	CYCLE	—	TEMP_DIS	CLKSEL[2∶0]		

图 27.3 电源管理寄存器 1 各位描述

表 27.1 CLKSEL 选择列表

CLKSEL[2∶0]	时钟源	CLKSEL[2∶0]	时钟源
000	内部 8 MHz RC 晶振	100	PLL,使用外部 32.768 kHz 作为参考
001	PLL,使用 X 轴陀螺作为参考	101	PLL,使用外部 19.2 MHz 作为参考
010	PLL,使用 Y 轴陀螺作为参考	110	保留
011	PLL,使用 Z 轴陀螺作为参考	111	关闭时钟,保持时序产生电路复位状态

默认是使用内部 8 MHz RC 晶振,精度不高,所以一般选择 X、Y、Z 轴陀螺作为参考的 PLL 作为时钟源,一般设置 CLKSEL=001 即可。

接着看陀螺仪配置寄存器,该寄存器地址为 0X1B,各位描述如图 27.4 所示。该寄存器我们只关心 FS_SEL[1∶0]两位,用于设置陀螺仪的满量程范围:0,$\pm250°/s$;1,$\pm500°/s$;2,$\pm1\,000°/s$;3,$\pm2\,000°/s$;一般设置为 3,即 $\pm2\,000°/s$,因为陀螺仪的 ADC 为 16 位分辨率,所以得到灵敏度为 65 536/4 000=16.4 LSB/(°/s)。

Register (Hex)	Register (Decimal)	Bit7	Bit6	Bit5	Bit4	Bit3	Bit2	Bit1	Bit0
1B	27	XG_ST	YG_ST	ZG_ST	FS_SEL[1∶0]		—	—	—

图 27.4 陀螺仪配置寄存器各位描述

接下来看加速度传感器配置寄存器,寄存器地址为 0X1C,各位描述如图 27.5 所示。该寄存器我们只关心 AFS_SEL[1∶0]两位,用于设置加速度传感器的满量程范围:0,$\pm2g$;1,$\pm4g$;2,$\pm8g$;3,$\pm16g$;一般设置为 0,即 $\pm2g$,因为加速度传感器的 ADC 也是 16 位,所以得到灵敏度为 65 536/4=16 384 LSB/g。

Register (Hex)	Register (Decimal)	Bit7	Bit6	Bit5	Bit4	Bit3	Bit2	Bit1	Bit0
1C	28	XA_ST	YA_ST	ZA_ST	AFS_SEL[1∶0]		—		

图 27.5 加速度传感器配置寄存器各位描述

接下来看看 FIFO 使能寄存器,寄存器地址为 0X1C,各位描述如图 27.6 所示。该寄存器用于控制 FIFO 使能,在简单读取传感器数据的时候,可以不用 FIFO,设置对应位为 0 即可禁止 FIFO,设置为 1 则使能 FIFO。注意,加速度传感器的 3 个轴全由一个位(ACCEL_FIFO_EN)控制,只要该位置 1,则加速度传感器的 3 个通道都开启 FIFO 了。

Register (Hex)	Register (Decimal)	Bit7	Bit6	Bit5	Bit4	Bit3	Bit2	Bit1	Bit0
23	35	TEMP_FIFO_EN	XG_FIFO_EN	YG_FIFO_EN	ZG_FIFO_EN	ACCEL_FIFO_EN	SLV2_FIFO_EN	SLV1_FIFO_EN	SLV0_FIFO_EN

图 27.6 FIFO 使能寄存器各位描述

接下来看陀螺仪采样率分频寄存器,寄存器地址为 0X19,各位描述如图 27.7 所示。该寄存器用于设置 MPU6050 的陀螺仪采样频率,计算公式为:

Register (Hex)	Register (Decimal)	Bit7	Bit6	Bit5	Bit4	Bit3	Bit2	Bit1	Bit0
19	25				SMPLRT_DIV[7:0]				

图 27.7 陀螺仪采样率分频寄存器各位描述

$$采样频率 = 陀螺仪输出频率/(1 + SMPLRT\_DIV)$$

这里陀螺仪的输出频率是 1 kHz 或者 8 kHz,与数字低通滤波器(DLPF)的设置有关,当 DLPF_CFG=0/7 的时候,频率为 8 kHz,其他情况是 1 kHz。而且 DLPF 滤波频率一般设置为采样率的一半。采样率假定设置为 50 Hz,那么 SMPLRT_DIV = $1\ 000/50 - 1 = 19$。

接下来看配置寄存器,寄存器地址为 0X1A,各位描述如图 27.8 所示。这里主要关心数字低通滤波器(DLPF)的设置位,即 DLPF_CFG[2:0],加速度计和陀螺仪,都是根据这 3 个位的配置进行过滤的。DLPF_CFG 不同配置对应的过滤情况如表 27.2 所列。

Register (Hex)	Register (Decimal)	Bit7	Bit6	Bit5	Bit4	Bit3	Bit2	Bit1	Bit0
1A	26	—	—		EXT_SYNC_SET[2:0]			DLPF_CFG[2:0]	

图 27.8 配置寄存器各位描述

表 27.2 DLPF_CFG 配置表

DLPF_CFG[2:0]	加速度传感器 F_s=1 kHz		角速度传感器 (陀螺仪)		
	带宽/Hz	延迟/ms	带宽/Hz	延迟/ms	F_s/kHz
000	260	0	256	0.98	8
001	184	2.0	188	1.9	1
010	94	3.0	98	2.8	1
011	44	4.9	42	4.8	1
100	21	8.5	20	8.3	1
101	10	13.8	10	13.4	1
110	5	19.0	5	18.6	1
111	保留		保留		8

这里的加速度传感器输出速率(F_s)固定是 1 kHz,而角速度传感器的输出速率(F_s)则根据 DLPF_CFG 的配置有所不同。一般设置角速度传感器的带宽为其采样率的一半,如前面所说的,如果设置采样率为 50 Hz,那么带宽就应该设置为 25 Hz,取近似值 20 Hz,就应该设置 DLPF_CFG=100。

接下来看电源管理寄存器 2,寄存器地址为 0X6C,各位描述如图 27.9 所示。该寄存器的 LP_WAKE_CTRL 用于控制低功耗时的唤醒频率,本章用不到。剩下的 6 位分别控制加速度和陀螺仪的 X、Y、Z 轴是否进入待机模式,这里全部都不进入待机模式,所以全部设置为 0 即可。

Register (Hex)	Register (Decimal)	Bit7	Bit6	Bit5	Bit4	Bit3	Bit2	Bit1	Bit0
6C	108	LP_WAKE_CTRL[1:0]		STBY_XA	STBY_YA	STBY_ZA	STBY_XG	STBY_YG	STBY_ZG

图 27.9　电源管理寄存器 2 各位描述

接下来看看陀螺仪数据输出寄存器,总共由 8 个寄存器组成,地址为 0X43～0X48,通过读取这 8 个寄存器就可以读到陀螺仪 X、Y、Z 轴的值,比如 X 轴的数据可以通过读取 0X43(高 8 位)和 0X44(低 8 位)寄存器得到,其他轴依此类推。

同样,加速度传感器数据输出寄存器,也有 8 个,地址为 0X3B～0X40,通过读取这 8 个寄存器,就可以读到加速度传感器 X、Y、Z 轴的值,比如读 X 轴的数据可以通过读取 0X3B(高 8 位)和 0X3C(低 8 位)寄存器得到,其他轴以此类推。

最后,温度传感器的值可以通过读取 0X41(高 8 位)和 0X42(低 8 位)寄存器得到,温度换算公式为:

$$\text{Temperature} = 36.53 + \text{regval}/340$$

其中,Temperature 为计算得到的温度值,单位为℃,regval 为从 0X41 和 0X42 读到的温度传感器值。

关于 MPU6050 我们就介绍到这,详细资料和相关寄存器介绍请参考本书配套资料:7,硬件资料→MPU6050 资料→MPU - 6000 and MPU - 6050 Product Specification. pdf 和 MPU - 6000 and MPU - 6050 Register Map and Descriptions. pdf 两个文档,另外该目录还提供了部分 MPU6050 的中文资料,供读者参考学习。

27.1.2　DMP 使用简介

经过前面的介绍我们可以读出 MPU6050 的加速度传感器和角速度传感器的原始数据,不过这些原始数据对想搞 4 轴之类的初学者来说,用处不大,我们期望得到的是姿态数据,也就是欧拉角:航向角(yaw)、横滚角(roll)和俯仰角(pitch)。有了这 3 个角,我们就可以得到当前 4 轴的姿态,这才是我们想要的结果。

要得到欧拉角数据,就得利用原始数据进行姿态融合解算,这个比较复杂,知识点比较多,初学者不易掌握。而 MPU6050 自带了数字运动处理器,并且 InvenSense 提供了一个 MPU6050 的嵌入式运动驱动库,结合 MPU6050 的 DMP 就可以将我们的原始数据,直接转换成四元数输出,之后就可以很方便地计算出欧拉角,从而得到 yaw、 roll 和 pitch。

使用内置的 DMP 大大简化了 4 轴的代码设计,且 MCU 不用进行姿态解算过程,大大降低了 MCU 的负担,从而有更多的时间去处理其他事件,提高系统实时性。

使用 MPU6050 的 DMP 输出的四元数是 q30 格式的,也就是浮点数放大了 2^{30} 倍。在换算成欧拉角之前,必须先将其转换为浮点数,也就是除以 2^{30},然后再进行计算,计算公式为:

```
q0 = quat[0] / q30;        //q30 格式转换为浮点数
q1 = quat[1] / q30;
q2 = quat[2] / q30;
q3 = quat[3] / q30;
//计算得到俯仰角/横滚角/航向角
pitch = asin(-2 * q1 * q3 + 2 * q0 * q2) * 57.3;        //俯仰角
roll = atan2(2 * q2 * q3 + 2 * q0 * q1, -2 * q1 * q1 - 2 * q2 * q2 + 1) * 57.3;
                                                         //横滚角
yaw = atan2(2 * (q1 * q2 + q0 * q3), q0 * q0 + q1 * q1 - q2 * q2 - q3 * q3) * 57.3;
                                                         //航向角
```

其中,quat[0]~ quat[3]是 MPU6050 的 DMP 解算后的四元数,为 q30 格式,所以要除以 2^{30},其中 q30 是一个常量:1073741824,即 2^{30},然后带入公式计算出欧拉角。上述计算公式的 57.3 是弧度转换为角度,即 $180/\pi$,这样得到的结果就是以度(°)为单位的。关于四元数与欧拉角的公式推导这里不进行讲解,感兴趣的读者可以自行查阅相关资料学习。

InvenSense 提供的 MPU6050 运动驱动库是基于 MSP430 的,我们需要将其移植一下,才可以用到 STM32F4 上面,官方原版驱动在本书配套资料:7,硬件资料→MPU6050 资料→DMP 资料→Embedded_MotionDriver_5.1.rar。代码比较多,不过官方提供了两个资料供读者学习:Embedded Motion Driver V5.1.1 API 说明.pdf 和 Embedded Motion Driver V5.1.1 教程.pdf,这两个文件都在 DMP 资料文件夹里面。

官方 DMP 驱动库移植起来还是比较简单的,主要是实现这 4 个函数:i2c_write、i2c_read、delay_ms 和 get_ms,具体细节就不详细介绍了,移植后的驱动代码我们放在本例程(HARDWARE→MPU6050→eMPL 文件夹内,总共 6 个文件,如图 27.10 所示。该驱动库重点就是两个 c 文件:inv_mpu.c 和 inv_mpu_dmp_motion_driver.c。其中,我们在 inv_mpu.c 添加了几个函数,方便使用,重点是 mpu_dmp_init 和 mpu_dmp_get_data 两个函数,这里简单介绍下这两个函数。

名称	修改日期	类型	大小
dmpKey.h	2012/12/14 11:16	H 文件	19 KB
dmpmap.h	2012/12/14 11:16	H 文件	7 KB
inv_mpu.c	2014/8/29 12:33	C 文件	88 KB
inv_mpu.h	2014/5/9 14:52	H 文件	5 KB
inv_mpu_dmp_motion_driver.c	2014/5/9 12:20	C 文件	58 KB
inv_mpu_dmp_motion_driver.h	2012/12/14 11:16	H 文件	4 KB

图 27.10　移植后的驱动库代码

mpu_dmp_init 是 MPU6050 DMP 初始化函数，代码如下：

```
//mpu6050,dmp 初始化
//返回值:0,正常;其他,失败
u8 mpu_dmp_init(void)
{
    u8 res = 0;
    IIC_Init();          //初始化 I²C 总线
    if(mpu_init() == 0)   //初始化 MPU6050
    {
        res = mpu_set_sensors(INV_XYZ_GYRO|INV_XYZ_ACCEL);//设置需要的传感器
        if(res)return 1;
        res = mpu_configure_fifo(INV_XYZ_GYRO|INV_XYZ_ACCEL);//设置 FIFO
        if(res)return 2;
        res = mpu_set_sample_rate(DEFAULT_MPU_HZ);      //设置采样率
        if(res)return 3;
        res = dmp_load_motion_driver_firmware();            //加载 dmp 固件
        if(res)return 4;
        res = dmp_set_orientation(inv_orientation_matrix_to_scalar(gyro_orienta-
                            tion));
        //设置陀螺仪方向
        if(res)return 5;
        res = dmp_enable_feature(DMP_FEATURE_6X_LP_QUAT|DMP_FEATURE_TAP|
        DMP_FEATURE_ANDROID_ORIENT|DMP_FEATURE_SEND_RAW_ACCEL|
        DMP_FEATURE_SEND_CAL_GYRO|DMP_FEATURE_GYRO_CAL);
        //设置 dmp 功能
        if(res)return 6;
        res = dmp_set_fifo_rate(DEFAULT_MPU_HZ);//设置 DMP 输出速率(最大 200 Hz)
        if(res)return 7;
        res = run_self_test();              //自检
        if(res)return 8;
        res = mpu_set_dmp_state(1);      //使能 DMP
        if(res)return 9;
    }
    return 0;
}
```

此函数首先通过 IIC_Init(需外部提供)初始化与 MPU6050 连接的 I²C 接口，然后调用 mpu_init 函数初始化 MPU6050，之后就是设置 DMP 所用传感器、FIFO、采样率和加载固件等一系列操作。在所有操作都正常之后，最后通过 mpu_set_dmp_state(1) 使能 DMP 功能，以后便可以通过 mpu_dmp_get_data 来读取姿态解算后的数据了。

mpu_dmp_get_data 函数代码如下：

```
//得到 dmp 处理后的数据(注意,本函数需要比较多堆栈,局部变量有点多)
//pitch:俯仰角 精度:0.1° 范围:-90.0° <---> +90.0°
//roll:横滚角  精度:0.1° 范围:-180.0°<---> +180.0°
//yaw:航向角   精度:0.1° 范围:-180.0°<---> +180.0°
//返回值:0,正常;其他,失败
u8 mpu_dmp_get_data(float * pitch,float * roll,float * yaw)
{
    float q0 = 1.0f,q1 = 0.0f,q2 = 0.0f,q3 = 0.0f;
```

```
unsigned long sensor_timestamp;
short gyro[3], accel[3], sensors;
unsigned char more;
long quat[4];
if(dmp_read_fifo(gyro, accel, quat, &sensor_timestamp, &sensors,&more))return 1;
if(sensors&INV_WXYZ_QUAT)
{
    q0 = quat[0] / q30;      //q30 格式转换为浮点数
    q1 = quat[1] / q30;
    q2 = quat[2] / q30;
    q3 = quat[3] / q30;
    //计算得到俯仰角/横滚角/航向角
    * pitch = asin(- 2 * q1 * q3 + 2 * q0 * q2) * 57.3;// pitch
    * roll = atan2(2 * q2 * q3 + 2 * q0 * q1, - 2 * q1 * q1 - 2 * q2 * q2 +
                1) * 57.3;// roll
    * yaw = atan2(2 * (q1 * q2 + q0 * q3),q0 * q0 + q1 * q1 - q2 * q2 - q3 * q3) * 57.
                3;//yaw
}else return 2;
return 0;
}
```

此函数用于得到 DMP 姿态解算后的俯仰角、横滚角和航向角。不过本函数局部变量有点多,大家在使用的时候,如果死机,则须设置堆栈大一点(在 startup_stm32f40_41xxx.s 里面设置,默认是 400)。这里就用到了前面介绍的四元数转欧拉角公式,将 dmp_read_fifo 函数读到的 q30 格式四元数转换成欧拉角。

利用这两个函数就可以读取到姿态解算后的欧拉角,使用非常方便。DMP 部分就介绍到这。

27.2　硬件设计

本实验采用 STM32F4 的 3 个普通 I/O 连接 MPU6050,实验功能简介:程序先初始化 MPU6050 等外设,然后利用 DMP 库初始化 MPU6050 及使能 DMP,最后,在死循环里面不停读取温度传感器、加速度传感器、陀螺仪、DMP 姿态解算后的欧拉角等数据,通过串口上报给上位机(温度不上报),利用上位机软件(ANO_Tech 匿名 4 轴上位机_V2.6.exe)可以实时显示 MPU6050 的传感器状态曲线,并显示 3D 姿态,可以通过 KEY0 按键开启/关闭数据上传功能。同时,在 LCD 模块上面显示温度和欧拉角等信息。DS0 来指示程序正在运行。

所要用到的硬件资源如下:

指示灯 DS0、KEY0 按键、TFTLCD 模块、串口、MPU6050。前 4 个在之前的实例已经介绍过了,这里仅介绍 MPU6050 与探索者 STM32F4 开发板的连接。该接口与 MCU 的连接原理图如图 27.11 所示。可以看出,MPU6050 通过 3 根线与 STM32F4 开发板连接,其中 I^2C 总线和 24C02、WM8978 共用,接在 PB8 和 PB9 上面。MPU6050 的中断输出连接在 STM32F4 的 PC0 脚,不过本例程并没有用到中断。另外,AD0 接的 GND,所以 MPU6050 的器件地址是 0X68。

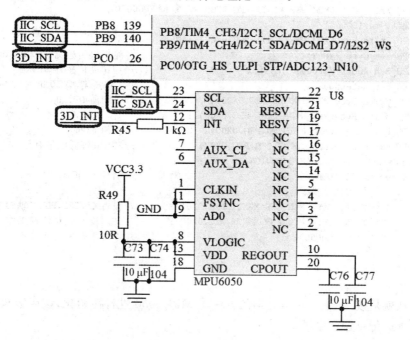

图 27.11　MPU6050 与 STM32F4 的连接电路图

27.3　软件设计

打开第 26 章的工程,由于本章要用到 USMART 组件、按键和 I²C 驱动,且没有用到 DHT11,所以,先去掉 dth11.c,然后添加 USMART 组件(方法见第 16.3 节),并添加 key.c 和 myiic.c 到 HARDWARE 组下。然后,在 HARDWARE 文件夹下新建一个 MPU6050 的文件夹。再新建一个 mpu6050.c 和 mpu6050.h 文件保存在 MPU6050 文件夹下,并将这个文件夹加入头文件包含路径。

同时,将 DMP 驱动库代码(见本书配套资料例程源码的实验 32 MPU6050 六轴传感器实验→HARDWARE→MPU6050→eMPL)里面的 eMPL 文件夹复制到本例程 MPU6050 文件夹里面,将 eMPL 文件夹也加入头文件包含路径,然后将 eMPL 文件夹里面的两个 c 文件 inv_mpu.c 和 inv_mpu_dmp_motion_driver.c 加入 HARDWARE 组。

由于 mpu6050.c 里面代码比较多,这里就不全部列出来了,仅介绍几个重要的函数。首先是 MPU_Init,该函数代码如下:

```
//初始化 MPU6050
//返回值:0,成功;其他,错误代码
u8 MPU_Init(void)
{
    u8 res;
```

```
IIC_Init();//初始化 I²C 总线
MPU_Write_Byte(MPU_PWR_MGMT1_REG,0X80);//复位 MPU6050
delay_ms(100);
MPU_Write_Byte(MPU_PWR_MGMT1_REG,0X00);//唤醒 MPU6050
MPU_Set_Gyro_Fsr(3);                                //陀螺仪传感器,±2000 dps
MPU_Set_Accel_Fsr(0);                               //加速度传感器,±2g
MPU_Set_Rate(50);                                   //设置采样率 50 Hz
MPU_Write_Byte(MPU_INT_EN_REG,0X00);                //关闭所有中断
MPU_Write_Byte(MPU_USER_CTRL_REG,0X00);             //I²C 主模式关闭
MPU_Write_Byte(MPU_FIFO_EN_REG,0X00);               //关闭 FIFO
MPU_Write_Byte(MPU_INTBP_CFG_REG,0X80);             //INT 引脚低电平有效
res = MPU_Read_Byte(MPU_DEVICE_ID_REG);
if(res == MPU_ADDR)                                 //器件 ID 正确
{
    MPU_Write_Byte(MPU_PWR_MGMT1_REG,0X01);         //设置 CLKSEL,PLL X 轴参考
    MPU_Write_Byte(MPU_PWR_MGMT2_REG,0X00);         //加速度与陀螺仪都工作
    MPU_Set_Rate(50);                               //设置采样率为 50 Hz
}else return 1;
return 0;
}
```

该函数就是按 27.1.1 小节介绍的方法对 MPU6050 进行初始化,该函数执行成功后便可以读取传感器数据了。

然后再看 MPU_Get_Temperature、MPU_Get_Gyroscope 和 MPU_Get_Accelerometer 这 3 个函数,源码如下:

```
//得到温度值,返回值:温度值(扩大了 100 倍)
short MPU_Get_Temperature(void)
{
    u8 buf[2];
    short raw; float temp;
    MPU_Read_Len(MPU_ADDR,MPU_TEMP_OUTH_REG,2,buf);
    raw = ((u16)buf[0]<<8)|buf[1];
    temp = 36.53 + ((double)raw)/340;
    return temp*100;;
}
//得到陀螺仪值(原始值)
//gx,gy,gz:陀螺仪 x,y,z 轴的原始读数(带符号)
//返回值:0,成功,其他,错误代码
u8 MPU_Get_Gyroscope(short * gx,short * gy,short * gz)
{
    u8 buf[6],res;
    res = MPU_Read_Len(MPU_ADDR,MPU_GYRO_XOUTH_REG,6,buf);
    if(res == 0)
    {
        * gx = ((u16)buf[0]<<8)|buf[1];
        * gy = ((u16)buf[2]<<8)|buf[3];
        * gz = ((u16)buf[4]<<8)|buf[5];
    }
    return res;;
}
```

```
//得到加速度值(原始值)
//gx,gy,gz:陀螺仪 x,y,z 轴的原始读数(带符号)
//返回值:0,成功,其他,错误代码
u8 MPU_Get_Accelerometer(short * ax,short * ay,short * az)
{
    u8 buf[6],res;
    res = MPU_Read_Len(MPU_ADDR,MPU_ACCEL_XOUTH_REG,6,buf);
    if(res == 0)
    {
        * ax = ((u16)buf[0]<<8)|buf[1];
        * ay = ((u16)buf[2]<<8)|buf[3];
        * az = ((u16)buf[4]<<8)|buf[5];
    }
    return res;;
}
```

其中,MPU_Get_Temperature 用于获取 MPU6050 自带温度传感器的温度值,然后 MPU_Get_Gyroscope 和 MPU_Get_Accelerometer 分别用于读取陀螺仪和加速度传感器的原始数据。

最后看 MPU_Write_Len 和 MPU_Read_Len 这两个函数,代码如下:

```
//I²C 连续写
//addr:器件地址,reg:寄存器地址,len:写入长度,buf:数据区,返回值:0,正常,其他,错误代码
u8 MPU_Write_Len(u8 addr,u8 reg,u8 len,u8 * buf)
{
    u8 i;
    IIC_Start();
    IIC_Send_Byte((addr<<1)|0);                   //发送器件地址 + 写命令
    if(IIC_Wait_Ack()){IIC_Stop();return 1;}      //等待应答
    IIC_Send_Byte(reg);                           //写寄存器地址
    IIC_Wait_Ack();                               //等待应答
    for(i = 0;i<len;i ++ )
    {
        IIC_Send_Byte(buf[i]);                    //发送数据
        if(IIC_Wait_Ack())    {IIC_Stop();return 1;}  //等待 ACK
    }
    IIC_Stop();
    return 0;
}
//IIC 连续读
//addr:器件地址,reg:要读取的寄存器地址,len:要读取的长度,buf:读取到的数据存储区
//返回值:0,正常,其他,错误代码
u8 MPU_Read_Len(u8 addr,u8 reg,u8 len,u8 * buf)
{
    IIC_Start();
    IIC_Send_Byte((addr<<1)|0);                   //发送器件地址 + 写命令
    if(IIC_Wait_Ack()){ IIC_Stop();return 1; }    //等待应答
    IIC_Send_Byte(reg);                           //写寄存器地址
    IIC_Wait_Ack();                               //等待应答
    IIC_Start();
    IIC_Send_Byte((addr<<1)|1);                   //发送器件地址 + 读命令
```

```
IIC_Wait_Ack();                                    //等待应答
while(len)
{
    if(len == 1) * buf = IIC_Read_Byte(0);          //读数据,发送 nACK
    else * buf = IIC_Read_Byte(1);                  //读数据,发送 ACK
    len -- ; buf ++ ;
}
IIC_Stop();                                          //产生一个停止条件
return 0;
}
```

MPU_Write_Len 用于指定器件、地址连续写数据,可用于实现 DMP 部分的 i2c_write 函数。而 MPU_Read_Len 用于指定器件、地址连续读数据,可用于实现 DMP 部分的 i2c_read 函数。DMP 移植部分的 4 个函数,这里就实现了 2 个,剩下的 delay_ms 就直接采用 delay.c 里面的 delay_ms 实现,get_ms 则直接提供一个空函数即可。

mpu6050.c 就介绍到这,将 mpu6050.c 加入 HARDWARE 组下,另外 mpu6050.h 的代码这里不再贴出了,读者看本书配套资料源码即可。

最后在 test.c 里面修改代码如下:

```
//串口 1 发送 1 个字符,c:要发送的字符
void usart1_send_char(u8 c)
{
    while((USART1 -> SR&0X40) == 0);//等待上一次发送完毕
    USART1 -> DR = c;
}
//传送数据给匿名四轴上位机软件(V2.6 版本)
//fun:功能字. 0XA0~0XAF;data:数据缓存区,最多 28 字节
//len:data 区有效数据个数
void usart1_niming_report(u8 fun,u8 * data,u8 len)
{
    u8 send_buf[32]; u8 i;
    if(len>28)return;        //最多 28 字节数据
    send_buf[len + 3] = 0;        //校验数置零
    send_buf[0] = 0X88;        //帧头
    send_buf[1] = fun;        //功能字
    send_buf[2] = len;        //数据长度
    for(i = 0;i<len;i ++ )send_buf[3 + i] = data[i];            //复制数据
    for(i = 0;i<len + 3;i ++ )send_buf[len + 3] += send_buf[i];        //计算校验和
    for(i = 0;i<len + 4;i ++ )usart1_send_char(send_buf[i]);        //发送数据到串口 1
}
//发送加速度传感器数据和陀螺仪数据
//aacx,aacy,aacz:x,y,z 三个方向上面的加速度值
//gyrox,gyroy,gyroz:x,y,z 三个方向上面的陀螺仪值
void mpu6050_send_data(short aacx,short aacy,short aacz,short gyrox,short gyroy,short gyroz)
{
    u8 tbuf[12];
    tbuf[0] = (aacx>>8)&0XFF; tbuf[1] = aacx&0XFF;
    tbuf[2] = (aacy>>8)&0XFF; tbuf[3] = aacy&0XFF;
    tbuf[4] = (aacz>>8)&0XFF; tbuf[5] = aacz&0XFF;
```

```
        tbuf[6] = (gyrox>>8)&0XFF; tbuf[7] = gyrox&0XFF;
        tbuf[8] = (gyroy>>8)&0XFF; tbuf[9] = gyroy&0XFF;
        tbuf[10] = (gyroz>>8)&0XFF; tbuf[11] = gyroz&0XFF;
        usart1_niming_report(0XA1,tbuf,12);//自定义帧,0XA1
    }
//通过串口 1 上报结算后的姿态数据给电脑
//aacx,aacy,aacz:x,y,z 三个方向上面的加速度值
//gyrox,gyroy,gyroz:x,y,z 三个方向上面的陀螺仪值
//roll:横滚角.单位 0.01 度。 −18000 −> 18000 对应 −180.00　−> 180.00 度
//pitch:俯仰角.单位 0.01 度。−9000 − 9000 对应 −90.00 −> 90.00 度
//yaw:航向角.单位为 0.1 度 0 −> 3600　对应 0 −> 360.0 度
void usart1_report_imu(short aacx,short aacy,short aacz,short gyrox,short gyroy,short gyroz,
    short roll,short pitch,short yaw)
    {
        u8 tbuf[28]; u8 i;
        for(i = 0;i<28;i ++ )tbuf[i] = 0;//清 0
        tbuf[0] = (aacx>>8)&0XFF; tbuf[1] = aacx&0XFF;
        tbuf[2] = (aacy>>8)&0XFF; tbuf[3] = aacy&0XFF;
        tbuf[4] = (aacz>>8)&0XFF; tbuf[5] = aacz&0XFF;
        tbuf[6] = (gyrox>>8)&0XFF; tbuf[7] = gyrox&0XFF;
        tbuf[8] = (gyroy>>8)&0XFF; tbuf[9] = gyroy&0XFF;
        tbuf[10] = (gyroz>>8)&0XFF; tbuf[11] = gyroz&0XFF;
        tbuf[18] = (roll>>8)&0XFF; tbuf[19] = roll&0XFF;
        tbuf[20] = (pitch>>8)&0XFF; tbuf[21] = pitch&0XFF;
        tbuf[22] = (yaw>>8)&0XFF; tbuf[23] = yaw&0XFF;
        usart1_niming_report(0XAF,tbuf,28);//飞控显示帧,0XAF
    }
int main(void)
    {
        u8 t = 0,report = 1; u8 key;           //默认开启上报
        float pitch,roll,yaw;          //欧拉角
        short aacx,aacy,aacz;          //加速度传感器原始数据
        short gyrox,gyroy,gyroz;          //陀螺仪原始数据
        short temp;          //温度
        Stm32_Clock_Init(336,8,2,7);//设置时钟,168 MHz
        delay_init(168);          //延时初始化
        uart_init(84,500000);          //初始化串口波特率为 500000
        usmart_dev.init(84);          //初始化 USMART
        LED_Init();          //初始化 LED
        KEY_Init();          //初始化按键
        LCD_Init();          //LCD 初始化
        MPU_Init();          //初始化 MPU6050
        POINT_COLOR = RED;//设置字体为红色
        LCD_ShowString(30,50,200,16,16,"Explorer STM32F4");
        LCD_ShowString(30,70,200,16,16,"MPU6050 TEST");
        LCD_ShowString(30,90,200,16,16,"ATOM@ALIENTEK");
        LCD_ShowString(30,110,200,16,16,"2014/5/9");
        while(mpu_dmp_init())
        {
            LCD_ShowString(30,130,200,16,16,"MPU6050 Error"); delay_ms(200);
```

```
        LCD_Fill(30,130,239,130 + 16,WHITE); delay_ms(200);
}
LCD_ShowString(30,130,200,16,16,"MPU6050 OK");
LCD_ShowString(30,150,200,16,16,"KEY0:UPLOAD ON/OFF");
POINT_COLOR = BLUE;//设置字体为蓝色
 LCD_ShowString(30,170,200,16,16,"UPLOAD ON ");
 LCD_ShowString(30,200,200,16,16," Temp:      . C");
 LCD_ShowString(30,220,200,16,16,"Pitch:      . C");
 LCD_ShowString(30,240,200,16,16," Roll:      . C");
 LCD_ShowString(30,260,200,16,16," Yaw :      . C");
 while(1)
{
    key = KEY_Scan(0);
    if(key == KEY0_PRES)//上传数据开关处理
    {
        report = ! report;
        if(report)LCD_ShowString(30,170,200,16,16,"UPLOAD ON ");
        else LCD_ShowString(30,170,200,16,16,"UPLOAD OFF");
    }
    if(mpu_dmp_get_data(&pitch,&roll,&yaw) == 0)
    {
        temp = MPU_Get_Temperature();       //得到温度值
        MPU_Get_Accelerometer(&aacx,&aacy,&aacz);      //得到加速度传感器数据
        MPU_Get_Gyroscope(&gyrox,&gyroy,&gyroz);       //得到陀螺仪数据
        if(report)mpu6050_send_data(aacx,aacy,aacz,gyrox,gyroy,gyroz);
        //用自定义帧发送加速度和陀螺仪原始数据
        if(report)usart1_report_imu(aacx,aacy,aacz,gyrox,gyroy,gyroz,(int)(roll * 100),
        (int)(pitch * 100),(int)(yaw * 10));//上传飞控显示帧
        if((t % 10) == 0)
        {
            if(temp<0)
            {
                LCD_ShowChar(30 + 48,200,'-',16,0);          //显示负号
                temp = - temp;        //转为正数
            }else LCD_ShowChar(30 + 48,200,' ',16,0);         //去掉负号
            LCD_ShowNum(30 + 48 + 8,200,temp/100,3,16);     //显示整数部分
            LCD_ShowNum(30 + 48 + 40,200,temp % 10,1,16);    //显示小数部分
            temp = pitch * 10;
            if(temp<0)
            {
                LCD_ShowChar(30 + 48,220,'-',16,0);          //显示负号
                temp = - temp;        //转为正数
            }else LCD_ShowChar(30 + 48,220,' ',16,0);         //去掉负号
            LCD_ShowNum(30 + 48 + 8,220,temp/10,3,16);      //显示整数部分
            LCD_ShowNum(30 + 48 + 40,220,temp % 10,1,16);    //显示小数部分
            temp = roll * 10;
            if(temp<0)
            {
                LCD_ShowChar(30 + 48,240,'-',16,0);          //显示负号
                temp = - temp;        //转为正数
            }else LCD_ShowChar(30 + 48,240,' ',16,0);         //去掉负号
```

```
        LCD_ShowNum(30 + 48 + 8,240,temp/10,3,16);       //显示整数部分
        LCD_ShowNum(30 + 48 + 40,240,temp % 10,1,16);      //显示小数部分
        temp = yaw * 10;
        if(temp<0)
        {
            LCD_ShowChar(30 + 48,260,'-',16,0);              //显示负号
            temp = - temp;         //转为正数
        }else LCD_ShowChar(30 + 48,260,' ',16,0);            //去掉负号
        LCD_ShowNum(30 + 48 + 8,260,temp/10,3,16);       //显示整数部分
        LCD_ShowNum(30 + 48 + 40,260,temp % 10,1,16);      //显示小数部分
        t = 0;
        LED0 = ! LED0;//LED 闪烁
        }
    }
    t ++ ;
    }
}
```

　　此部分代码除了 main 函数还有几个函数,用于上报数据给上位机软件,利用上位机软件显示传感器波形以及 3D 姿态显示,有助于更好地调试 MPU6050。上位机软件使用 ANO_Tech 匿名 4 轴上位机_V2.6.exe,该软件在开发板本书配套资料中 6,软件资料→软件→匿名 4 轴上位机文件夹里面可以找到,使用方法见该文件夹下的 README.txt,这里不做介绍。其中,usart1_niming_report 函数用于将数据打包、计算校验和,然后上报给匿名四轴上位机软件。mpu6050_send_data 函数用于上报加速度和陀螺仪的原始数据,可用于波形显示传感器数据,通过 A1 自定义帧发送。而 usart1_report_imu 函数则用于上报飞控显示帧,可以实时 3D 显示 MPU6050 的姿态、传感器数据等。

　　这里,main 函数是比较简单的,注意,为了高速上传数据,这里将串口 1 的波特率设置为 500 kbps 了,测试的时候要注意。

　　最后,将 MPU_Write_Byte、MPU_Read_Byte 和 MPU_Get_Temperature 这 3 个函数加入 USMART 控制,这样就可以通过串口调试助手改写和读取 MPU6050 的寄存器数据了,并可以读取温度传感器的值,方便大家调试(注意在 USMART 调试的时候,最好通过按 KEY0 先关闭数据上传功能,否则会受到很多乱码,妨碍调试)。至此,软件设计部分就结束了。

27.4　下载验证

　　编译成功之后,下载代码到 ALIENTEK 探索者 STM32F4 开发板上,可以看到 LCD 显示如图 27.12 所示的内容。屏幕显示了 MPU6050 的温度、俯仰角(pitch)、横滚角(roll)和航向角(yaw)的数值。然后,就可以晃动开发板看看各角度的变化。

　　另外,通过按 KEY0 可以开启或关闭数据上报,开启状态下,我们可以打开 ANO_Tech 匿名 4 轴上位机_V2.6.exe 软件,接收 STM32F4 上传的数据,从而图形化显示

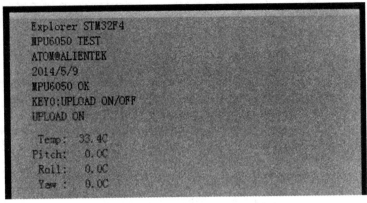

图 27.12　程序运行时 LCD 显示内容

传感器数据以及飞行姿态,如图 27.13 和图 27.14 所示。

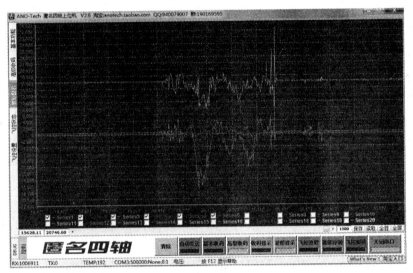

图 27.13　传感器数据波形显示

图 27.13 就是波形化显示我们通过 mpu6050_send_data 函数发送的数据,采用 A1 功能帧发送,总共 6 条线(Series1~6)显示波形,全部来自 A1 功能帧,int16 数据格式 Series1~6 分别代表加速度传感器 X、Y、Z 和角速度传感器(陀螺仪)X、Y、Z 方向的原始数据。图 27.14 则 3D 显示了我们开发板的姿态,通过 usart1_report_imu 函数发送的数据显示,采用飞控显示帧格(AF)式上传,同时还显示了加速度陀螺仪等传感器的原始数据。

　　最后还可以用 USMART 读/写 MPU6050 的任何寄存器来调试代码,这里就不做演示了,读者自己测试即可。最后,建议读者用 USMART 调试的时候,先按 KEY0 关闭数据上传功能,否则会收到很多乱码! 注意,波特率设置为 500 kbps(设置方法:XCOM 在关闭串口状态下选择自定义波特率,然后输入 500000,再打开串口就可以了)。

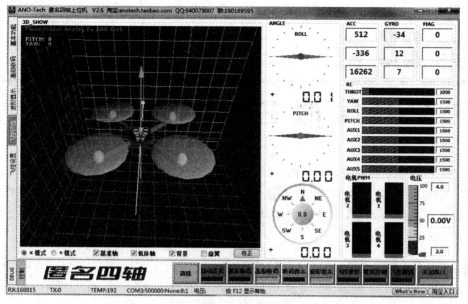

图 27.14　飞控状态显示

第 **28** 章

FLASH 模拟 EEPROM 实验

STM32F4 本身没有自带 EEPROM,但是具有 IAP(在应用编程)功能,所以可以把它的 FLASH 当成 EEPROM 来使用。本章利用 STM32F4 内部的 FLASH 来实现第 23 章实验类似的效果,不过这次是将数据直接存放在 STM32F4 内部,而不是存放在 W25Q128。

28.1 STM32F4 FLASH 简介

不同型号 STM32F40xx/41xx 的 FLASH 容量也有所不同,最小的只有 128 KB,最大的则达到了 1 024 KB。探索者 STM32F4 开发板选择的 STM32F407ZGT6 的 FLASH 容量为 1 024 KB,STM32F40xx/41xx 的闪存模块组织如图 28.1 所示。STM32F4 的闪存模块由主存储器、系统存储器、OPT 区域和选项字节 4 部分组成。

块	名　称	块基址	大　小
主存储器	扇区 0	0x0800 0000～0x0800 3FFF	16 KB
	扇区 1	0x0800 4000～0x0800 7FFF	16 KB
	扇区 2	0x0800 8000～0x0800 BFFF	16 KB
	扇区 3	0x0800 C000～0x0800 FFFF	16 KB
	扇区 4	0x0801 0000～0x0801 FFFF	64 KB
	扇区 5	0x0802 0000～0x0803 FFFF	128 KB
	扇区 6	0x0804 0000～0x0805 FFFF	128 KB
	⋮	⋮	⋮
	扇区 11	0x080E 0000～0x080F FFFF	128 KB
系统存储器		0x1FFF 0000～0x1FFF77FF	30 KB
OTP 区域		0x1FFF 7800～0x1FFF 7A0F	528 字节
选项字节		0x1FFF C000～0x1FFF C00F	16 字节

图 28.1　大容量产品闪存模块组织

主存储器:该部分用来存放代码和数据常数(如 const 类型的数据),分为 12 个扇区,前 4 个扇区为 16 KB 大小,然后扇区 4 是 64 KB 大小,扇区 5～11 是 128 KB,不同容量的 STM32F4 拥有的扇区数不一样,比如 STM32F407ZGT6 拥有全部 12 个扇区。

从图 28.1 可以看出主存储器的起始地址就是 0X08000000，B0、B1 都接 GND 的时候就是从 0X08000000 开始运行代码的。

系统存储器：这个主要用来存放 STM32F4 的 bootloader 代码，此代码是出厂的时候就固化在 STM32F4 里面了，专门用来给主存储器下载代码的。当 B0 接 V3.3、B1 接 GND 的时候，从该存储器启动（即进入串口下载模式）。

OTP 区域：即一次性可编程区域，共 528 字节，分成两个部分，前面 512 字节（32 字节为一块，分成 16 块）可以用来存储一些用户数据（一次性的，写完一次，永远不可以擦除），后面 16 字节用于锁定对应块。

选项字节：用于配置读保护、BOR 级别、软件/硬件看门狗以及器件处于待机或停止模式下的复位。

闪存存储器接口寄存器：该部分用于控制闪存读/写等，是整个闪存模块的控制机构。在执行闪存写操作时，任何对闪存的读操作都会锁住总线，在写操作完成后读操作才能正确地进行，即在进行写或擦除操作时，不能进行代码或数据的读取操作。

（1）闪存的读取

STM32F4 可通过内部的 I-Code 指令总线或 D-Code 数据总线访问内置闪存模块，本章主要讲解数据读/写，即通过 D-Code 数据总线来访问内部闪存模块。为了准确读取 Flash 数据，必须根据 CPU 时钟（HCLK）频率和器件电源电压在 Flash 存取控制寄存器（FLASH_ACR）中正确地设置等待周期数（LATENCY）。当电源电压低于 2.1 V 时，必须关闭预取缓冲器。Flash 等待周期与 CPU 时钟频率之间的对应关系，如表 28.1 所列。

表 28.1　CPU 时钟频率对应的 FLASH 等待周期表

等待周期（WS）（LATENCY）	HCLK/MHz			
	电压范围 2.7～3.6 V	电压范围 2.4～2.7 V	电压范围 2.1～2.4 V	电压范围 1.8～2.1 V 预取关闭
0 WS（1 个 CPU 周期）	0＜HCLK≤30	0＜HCLK≤24	0＜HCLK≤22	0＜HCLK≤20
1 WS（2 个 CPU 周期）	30＜HCLK≤60	24＜HCLK≤48	22＜HCLK≤44	20＜HCLK≤40
2 WS（3 个 CPU 周期）	60＜HCLK≤90	48＜HCLK≤72	44＜HCLK≤66	40＜HCLK≤60
3 WS（4 个 CPU 周期）	90＜HCLK≤120	72＜HCLK≤96	66＜HCLK≤88	60＜HCLK≤80
4 WS（5 个 CPU 周期）	120＜HCLK≤150	96＜HCLK≤120	88＜HCLK≤110	80＜HCLK＜100
5 WS（6 个 CPU 周期）	150＜HCLK≤168	120＜HCLK≤144	110＜HCLK≤132	100＜HCLK≤120
6 WS（7 个 CPU 周期）		144＜HCLK≤168	132＜HCLK≤154	120＜HCLK≤140
7 WS（8 个 CPU 周期）			154＜HCLK≤168	140＜HCLK≤160

等待周期通过 FLASH_ACR 寄存器的 LATENCY[2：0]这 3 个位设置。系统复位后,CPU 时钟频率为内部 16 MHz RC 振荡器,LATENCY 默认是 0,即一个等待周期。供电电压一般是 3.3 V,所以,在设置 168 MHz 频率作为 CPU 时钟之前,必须先设置 LATENCY 为 5,否则 FLASH 读/写可能出错而导致死机。

正常工作时(168 MHz),虽然 FLASH 需要 6 个 CPU 等待周期,但是由于 STM32F4 具有自适应实时存储器加速器(ART Accelerator),通过指令缓存存储器预取指令实现相当于 0 FLASH 等待的运行速度。自适应实时存储器加速器的详细介绍可参考《STM32F4xx 中文参考手册》3.4.2 小节。

STM23F4 的 FLASH 读取是很简单的。例如,要从地址 addr,读取一个字(一个字为 32 位),可以通过如下的语句读取:

data = * (vu32 *)addr;

将 addr 强制转换为 vu32 指针,然后取该指针所指向的地址的值即得到了 addr 地址的值。类似的,将上面的 vu32 改为 vu8 即可读取指定地址的一个字节。相对 FLASH 读取来说,STM32F4 FLASH 的写就复杂一点了,下面介绍 STM32F4 闪存的编程和擦除。

(2) 闪存的编程和擦除

执行任何 Flash 编程操作(擦除或编程)时,CPU 时钟频率(HCLK)不能低于 1 MHz。如果在 Flash 操作期间发生器件复位,无法保证 Flash 中的内容。

在对 STM32F4 的 Flash 执行写入或擦除操作期间,任何读取 Flash 的尝试都会导致总线阻塞。只有在完成编程操作后,才能正确处理读操作,这意味着写/擦除操作进行期间不能从 Flash 中执行代码或数据获取操作。

STM32F4 的闪存编程由 6 个 32 位寄存器控制,分别是:FLASH 访问控制寄存器(FLASH_ACR)、FLASH 秘钥寄存器(FLASH_KEYR)、FLASH 选项秘钥寄存器(FLASH_OPTKEYR)、FLASH 状态寄存器(FLASH_SR)、FLASH 控制寄存器(FLASH_CR)、FLASH 选项控制寄存器(FLASH_OPTCR)。

STM32F4 复位后,FLASH 编程操作是被保护的,不能写入 FLASH_CR 寄存器;通过写入特定的序列(0X45670123 和 0XCDEF89AB)到 FLASH_KEYR 寄存器才可解除写保护,只有在写保护被解除后,我们才能操作相关寄存器。

FLASH_CR 的解锁序列为:

① 写 0X45670123 到 FLASH_KEYR。

② 写 0XCDEF89AB 到 FLASH_KEYR。

通过这两个步骤即可解锁 FLASH_CR,如果写入错误,那么 FLASH_CR 将被锁定,直到下次复位后才可以再次解锁。

STM32F4 闪存的编程位数可以通过 FLASH_CR 的 PSIZE 字段配置,PSIZE 的设置必须和电源电压匹配如图 28.2 所示。

由于我们开发板用的电压是 3.3 V,所以 PSIZE 必须设置为 10,即 32 位并行位数。擦除或者编程都必须以 32 位为基础进行。

电压范围 2.7~3.6 V（使用外部 V_{PP}）	电压范围 2.7~3.6 V	电压范围 2.4~2.7 V	电压范围 2.1~2.4 V	电压范围 1.8~2.1 V
并行位数	x64	x32	x16		x8
PSIZE(1：0)	11	10	01		00

图 28.2　编程/擦除并行位数与电压关系表

STM32F4 的 FLASH 在编程的时候,也必须要求其写入地址的 FLASH 是被擦除了的(也就是其值必须是 0XFFFFFFFF),否则无法写入。STM32F4 的标准编程步骤如下:

① 检查 FLASH_SR 中的 BSY 位,确保当前未执行任何 FLASH 操作。

② 将 FLASH_CR 寄存器中的 PG 位置 1,激活 FLASH 编程。

③ 针对所需存储器地址(主存储器块或 OTP 区域内)执行数据写入操作:

—并行位数为 x8 时按字节写入(PSIZE=00);

—并行位数为 x16 时按半字写入(PSIZE=01);

—并行位数为 x32 时按字写入(PSIZE=02);

—并行位数为 x64 时按双字写入(PSIZE=03)。

④ 等待 BSY 位清零,完成一次编程。

按以上 4 步操作就可以完成一次 FLASH 编程。不过有几点要注意:①编程前要确保将写如地址的 FLASH 已经擦除。②要先解锁(否则不能操作 FLASH_CR)。③编程操作对 OPT 区域也有效,方法一模一样。

在 STM32F4 的 FLASH 编程的时候要先判断缩写地址是否被擦除了,所以,我们有必要再介绍一下 STM32F4 的闪存擦除。STM32F4 的闪存擦除分为两种:扇区擦除和整片擦除。扇区擦除步骤如下:

① 检查 FLASH_CR 的 LOCK 是否解锁,如果没有则先解锁。

② 检查 FLASH_SR 寄存器中的 BSY 位,确保当前未执行任何 FLASH 操作。

③ 在 FLASH_CR 寄存器中,将 SER 位置 1,并从主存储块的 12 个扇区中选择要擦除的扇区(SNB)。

④ 将 FLASH_CR 寄存器中的 STRT 位置 1,触发擦除操作。

⑤ 等待 BSY 位清零。

经过以上 5 步就可以擦除某个扇区。本章只用到了 STM32F4 的扇区擦除功能,整片擦除功能这里就不介绍了,想了解的读者可以看《STM32F4xx 中文参考手册》第 3.5.3 小节。

通过以上了解,我们基本上知道了 STM32F4 闪存的读/写所要执行的步骤了,接下来看看与读/写相关的寄存器说明。

首先介绍的是 FLASH 访问控制寄存器 FLASH_ACR,各位描述如图 28.3 所示。

31	30	29	28	27	26	25	24	23	22	21	20	19	18	17	16
Reserved															

15	14	13	12	11	10	9	8	7	6	5	4	3	2	1	0
Reserved			DCRST	ICRST	DCEN	ICEN	PRFTEN	Reserved					LATENCY		
			rw	rw	rw	rw	rw						rw	rw	rw

位 31：11　保留，必须保持清零。

位 12　DCRST：数据缓存复位(Data cache reset)
　　　　0:数据缓存不复位;1:数据缓存复位
　　　　只有在关闭数据缓存时才能在该位中写入值。

位 11　ICRST：指令缓存复位(Instruction cache reset)
　　　　0:指令缓存不复位;1:指令缓存复位
　　　　只有在关闭指令缓存时才能在该位中写入值。

位 10　DCEN：数据缓存使能(Data cache enable)
　　　　0:关闭数据缓存;1:使能数据缓存

位 9　ICEN：指令缓存使能(Instruction cache enable)
　　　　0:关闭指令缓存;1:使能指令缓存

位 8　PRFTEN：预取使能(Prefetch enable)
　　　　0:关闭预取;1:使能预取

位 7：3　保留，必须保持清零。

位 2：0　LATENCY：延迟(Latency)
　　　　这些位表示 CPU 时钟周期与 Flash 访问时间之比。
　　　　000:零等待周期　　　　　100:4 个等待周期
　　　　001:一个等待周期　　　　101:5 个等待周期
　　　　010:两个等待周期　　　　110:6 个等待周期
　　　　011:3 个等待周期　　　　111:7 个等待周期

图 28.3　FLASH_ACR 寄存器各位描述

　　这里重点看 LATENCY[2：0]这 3 个位，这 3 个位必须根据 MCU 的工作电压和频率来正确设置，否则可能死机，设置规则见表 28.1。DCEN、ICEN 和 PRFTEN 这 3 个位也比较重要，为了达到最佳性能，这 3 个位一般都设置为 1 即可。

　　第二个介绍的是 FLASH 秘钥寄存器 FLASH_KEYR，各位描述如图 28.4 所示。该寄存器主要用来解锁 FLASH_CR，必须在该寄存器写入特定的序列(KEY1 和 KEY2)解锁后，才能对 FLASH_CR 寄存器进行写操作。

31	30	29	28	27	26	25	24	23	22	21	20	19	18	17	16
KEY[31：16]															
w	w	w	w	w	w	w	w	w	w	w	w	w	w	w	w

15	14	13	12	11	10	9	8	7	6	5	4	3	2	1	0
KEY[15：0]															
w	w	w	w	w	w	w	w	w	w	w	w	w	w	w	w

位 31：0　FKEYR：FPEC 密钥(FPEC key)
　　　　要将 FLASH_CR 寄存器解锁并允许对其执行编程/擦除操作，必须顺序编程以下值:
　　　　a)KEY1=0x45670123
　　　　b)KEY2=0xCDEF89AB

图 28.4　FLASH_KEYR 寄存器各位描述

　　第三个要介绍的是 FLASH 控制寄存器 FLASH_CR，各位描述如图 28.5 所示。该寄存器本章只用到了 LOCK、STRT、PSIZE[1：0]、SNB[3：0]、SER 和 PG 等位。

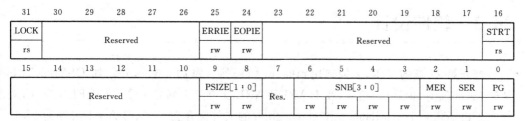

图 28.5　FLASH_CR 寄存器各位描述

LOCK 位用于指示 FLASH_CR 寄存器是否被锁住,该位在检测到正确的解锁序列后,硬件将其清零。在一次不成功的解锁操作后,在下次系统复位之前,该位将不再改变。STRT 位用于开始一次擦除操作。在该位写入 1,将执行一次擦除操作。PSIZE[1:0]位设置编程宽度,3.3 V 时设置 PSIZE ＝2 即可。SNB[3:0]这 4 个位用于选择要擦除的扇区编号,取值范围为 0～11。SER 位用于选择扇区擦除操作,在扇区擦除的时候,需要将该位置 1。PG 位用于选择编程操作,在往 FLASH 写数据的时候,该位需要置 1。FLASH_CR 的其他位就不介绍了,请参考《STM32F4xx 中文参考手册》第 3.8.5 小节。

最后要介绍的是 FLASH 状态寄存器 FLASH_SR,各位描述如图 28.6 所示。该寄存器主要用了其 BSY 位,该位为 1 表示正在执行 FLASH 操作,该位为 0 表示当前未执行任何 FLASH 操作。

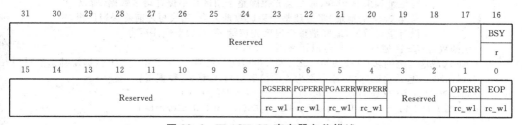

图 28.6　FLASH_SR 寄存器各位描述

STM32F4 FLASH 就介绍到这,更详细的介绍请参考《STM32F4xx 中文参考手册》第 3 章。

28.2　硬件设计

本章实验功能简介:开机的时候先显示一些提示信息,然后在主循环里面检测两个按键,其中一个按键(KEY1)用来执行写入 FLASH 的操作,另外一个按键(KEY0)用来执行读出操作,在 TFTLCD 模块上显示相关信息。同时用 DS0 提示程序正在运行。

所要用到的硬件资源如下:指示灯 DS0、KEY1 和 KEY0 按键、TFTLCD 模块、STM32F4 内部 FLASH。本章需要用到的资源和电路连接之前已经全部介绍过了,接下来直接开始软件设计。

28.3 软件设计

打开第 27 章的工程,去掉未用到的.c 文件,然后添加 key.c,并添加 USMART 组件(方法见第 16.3 节)。然后,在 HARDWARE 文件夹下新建一个 STM FLASH 的文件夹。再新建一个 stmflash.c 和 stmflash.h 的文件保存在 STMFLASH 文件夹下,并将这个文件夹加入头文件包含路径。

由于 stmflash.c 文件代码比较多,这里仅列出几个重要的函数,代码如下:

```
//解锁 STM32 的 FLASH
void STMFLASH_Unlock(void)
{
    FLASH − >KEYR = FLASH_KEY1;        //写入解锁序列
    FLASH − >KEYR = FLASH_KEY2;
}
//flash 上锁
void STMFLASH_Lock(void)
{
    FLASH − >CR| = (u32)1<<31;//上锁
}
//从指定地址开始写入指定长度的数据
//特别注意:因为 STM32F4 的扇区实在太大,没办法本地保存扇区数据,所以本函数
//         写地址如果非 0XFF,那么会先擦除整个扇区且不保存扇区数据.所以
//         写非 0XFF 的地址,将导致整个扇区数据丢失.建议写之前确保扇区里
//         没有重要数据,最好是整个扇区先擦除了,然后慢慢往后写
//该函数对 OTP 区域也有效! 可以用来写 OTP 区!
//OTP 区域地址范围:0X1FFF7800~0X1FFF7A0F(注意:最后 16 字节用于 OTP 数据块锁别乱写)
//WriteAddr:起始地址(此地址必须为 4 的倍数!!),pBuffer:数据指针
//NumToWrite:字(32 位)数(就是要写入的 32 位数据的个数)
void STMFLASH_Write(u32 WriteAddr,u32 * pBuffer,u32 NumToWrite)
{
    u8 status = 0; u32 addrx = 0; u32 endaddr = 0;
     if(WriteAddr<STM32_FLASH_BASE||WriteAddr%4)return;        //非法地址
    STMFLASH_Unlock();                                        //解锁
     FLASH − >ACR& = ~(1<<10);                //FLASH 擦除期间,必须禁止数据缓存
    addrx = WriteAddr;                        //写入的起始地址
    endaddr = WriteAddr + NumToWrite * 4;        //写入的结束地址
    if(addrx<0X1FFF0000)                        //只有主存储区,才需要执行擦除操作
    {
        while(addrx<endaddr)                //扫清一切障碍.(对非 FFFFFFFF 的地方,先擦除)
        {
            if(STMFLASH_ReadWord(addrx)! = 0XFFFFFFFF)
//有非 0XFFFFFFFF 的地方,要擦除这个扇区
            {
                status = STMFLASH_EraseSector(STMFLASH_GetFlashSector(addrx));
                if(status)break;        //发生错误了
            }else addrx + = 4;
        }
    }
```

```
        if(status == 0)
        {
            while(WriteAddr＜endaddr)//写数据
            {
                if(STMFLASH_WriteWord(WriteAddr,＊pBuffer)) break;//写入数据异常?
                WriteAddr + = 4; pBuffer ++ ;
            }
        }
        FLASH － ＞ACR| = 1＜＜10;        //FLASH 擦除结束,开启数据 fetch
        STMFLASH_Lock();//上锁
}
//从指定地址开始读出指定长度的数据
//ReadAddr:起始地址,pBuffer:数据指针,NumToRead:字(32 位)数
void STMFLASH_Read(u32 ReadAddr,u32 ＊pBuffer,u32 NumToRead)
{
    u32 i;
    for(i = 0;i＜NumToRead;i ++ )
    {
        pBuffer[i] = STMFLASH_ReadWord(ReadAddr);//读取 4 个字节
        ReadAddr + = 4;//偏移 4 个字节
    }
}
```

这里列出了 4 个函数,其中:STMFLASH_Unlock 和 STMFLASH_Lock 分别用于 STM32F4 的 FLASH 解锁和上锁。在对 FLASH 进行编程之前,必须先解锁 FLASH。

重点介绍一下 STMFLASH_Write 函数,该函数用于在 STM32F4 的指定地址写入指定长度的数据,其实现基本类似第 23 章的 W25QXX_Flash_Write 函数。不过该函数使用的时候,有几个要注意要注意:

① 写入地址必须是用户代码区以外的地址。

② 写入地址必须是 4 的倍数。

③ 对 OTP 区域编程也有效。

第一点比较好理解,如果把用户代码给擦除了,那么必然运行的程序就被废了,从而很可能出现死机的情况。不过,因为 STM32F4 的扇区都比较大(最少 16 KB,大的 128 KB),所以本函数不缓存要擦除的扇区内容,也就是如果要擦除,那么就是整个扇区擦除,所以建议使用该函数的时候写入地址定位到用户代码占用扇区以外的扇区,比较保险。

第 2 点则是 3.3 V 时设置 PSIZE＝2 所决定的,每次必须写入 32 位,即 4 字节,所以地址必须是 4 的倍数。第 3 点,该函数对 OTP 区域的操作同样有效,所以要写 OTP 字节也可以直接通过该函数写入。注意,OTP 是一次写入的,无法擦除,所以一般不要写 OTP 字节。

STMFLASH_Read 函数用于从指定地址开始读取指定长度的数据。注意,该函数读取的基本单位为字(即 32 位数据)。其他函数这里就不介绍了,保存 stmflash.c 文件,并加入到 HARDWARE 组下。stmflash.h 的代码看本书配套资料源码即可。

最后,打开 test. c 文件,修改 main 函数如下:

```c
//要写入到 STM32 FLASH 的字符串数组
const u8 TEXT_Buffer[] = {"STM32 FLASH TEST"};
#define TEXT_LENTH sizeof(TEXT_Buffer)                    //数组长度
#define SIZE TEXT_LENTH/4 + ((TEXT_LENTH % 4)? 1:0)
#define FLASH_SAVE_ADDR    0X0800C004
//设置 FLASH 保存地址(必须为 4 的倍数,且所在扇区,要大于本代码所占用到的扇区
//否则,写操作的时候,可能会导致擦除整个扇区,从而引起部分程序丢失.引起死机
int main(void)
{
    u8 key = 0; u16 i = 0;
    u8 datatemp[SIZE];
    Stm32_Clock_Init(336,8,2,7);//设置时钟,168 MHz
    delay_init(168);               //延时初始化
    uart_init(84,115200);           //初始化串口波特率为 115200
    LED_Init();                    //初始化 LED
    LCD_Init();                    //LCD 初始化
    KEY_Init();                    //按键初始化
    usmart_dev.init(84);           //初始化 USMART
    POINT_COLOR = RED;//设置字体为红色
    LCD_ShowString(30,50,200,16,16,"Explorer STM32F4");
    LCD_ShowString(30,70,200,16,16,"FLASH EEPROM TEST");
    LCD_ShowString(30,90,200,16,16,"ATOM@ALIENTEK");
    LCD_ShowString(30,110,200,16,16,"2014/5/9");
    LCD_ShowString(30,130,200,16,16,"KEY1:Write  KEY0:Read");
    while(1)
    {
        key = KEY_Scan(0);
        if(key == KEY1_PRES)        //KEY1 按下,写入 STM32 FLASH
        {
            LCD_Fill(0,170,239,319,WHITE);//清除半屏
            LCD_ShowString(30,170,200,16,16,"Start Write FLASH....");
            STMFLASH_Write(FLASH_SAVE_ADDR,(u32 *)TEXT_Buffer,SIZE);
            LCD_ShowString(30,170,200,16,16,"FLASH Write Finished!");//提示传送完成
        }
        if(key == KEY0_PRES)        //KEY0 按下,读取字符串并显示
        {
            LCD_ShowString(30,170,200,16,16,"Start Read FLASH.... ");
            STMFLASH_Read(FLASH_SAVE_ADDR,(u32 *)datatemp,SIZE);
            LCD_ShowString(30,170,200,16,16,"The Data Readed Is:  ");//提示传送完成
            LCD_ShowString(30,190,200,16,16,datatemp);//显示读到的字符串
        }
        i ++ ;
        delay_ms(10);
        if(i == 20) {LED0 = ! LED0; i = 0;}//提示系统正在运行
    }
}
```

至此,软件设计部分就结束了。最后,将 STMFLASH_ReadWord 和 Test_Write 函数加入 USMART 控制,这样就可以通过串口调试助手调用 STM32F4 的 FLASH 读/写函数,方便测试。

28.4 下载验证

编译成功之后,下载代码到 ALIENTEK 探索者 STM32F4 开发板上,通过先按 KEY1 按键写入数据,然后按 KEY0 读取数据,得到如图 28.7 所示界面。

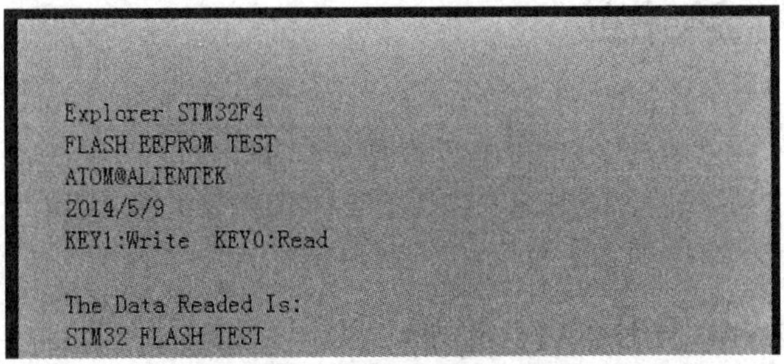

```
Explorer STM32F4
FLASH EEPROM TEST
ATOM@ALIENTEK
2014/5/9
KEY1:Write  KEY0:Read

The Data Readed Is:
STM32 FLASH TEST
```

图 28.7 程序运行效果图

伴随 DS0 的不停闪烁,提示程序在运行。本章的测试还可以借助 USMART,调用 TMFLASH_ReadWord 和 Test_Write 函数,大家可以测试 OTP 区域的读/写。注意:OTP 区域最后 16 字节不要乱写,是用于锁定 OTP 数据块的!

另外,OTP 的一次性可编程也不像字面意思那样,只能写一次,而是要理解成:只能写 0,不能写 1。举个例子,在地址 0X1FFF7808 第一次写入 0X12345678,读出来发现是对的,和写入的一样。而当在这个地址再次写入 0X12345673 的时候,再读出来变成了 0X12345670,不是第一次写入的值,也不是第二次写入的值,而是两次写入值相与的值,说明第二次也发生了写操作。所以,要理解成只能写 0,不能写 1。

第 **29** 章

摄像头实验

ALIENTEK 探索者 STM32F4 开发板具有 DCMI 接口,并板载了一个摄像头接口 (P8),该接口可以用来连接 ALIENTEK OV2640 等摄像头模块。本章使用 STM32 驱动 ALIENTEK OV2640 摄像头模块,实现摄像头功能。

29.1　OV2640 & DCMI 简介

29.1.1　OV2640 简介

OV2640 是 OV(OmniVision)公司生产的一颗 1/4 寸的 CMOS UXGA(1 632× 1 232)图像传感器,体积小,工作电压低,提供单片 UXGA 摄像头和影像处理器的所有功能。通过 SCCB 总线控制,可以输出整帧、子采样、缩放和取窗口等方式的各种分辨率 8 或 10 位影像数据。该产品 UXGA 图像最高达到 15 帧/秒(SVGA 可达 30 帧,CIF 可达 60 帧)。用户可以完全控制图像质量、数据格式和传输方式。所有图像处理功能过程包括伽玛曲线、白平衡、对比度、色度等都可以通过 SCCB 接口编程。OmmiVision 图像传感器应用独有的传感器技术,通过减少、消除光学或电子缺陷(如固定图案噪声、拖尾、浮散等),提高图像质量,得到清晰的稳定的彩色图像。

OV2640 的特点有:

➢ 高灵敏度、低电压适合嵌入式应用;

➢ 标准的 SCCB 接口,兼容 I^2C 接口;

➢ 支持 RawRGB、RGB(RGB565/RGB555)、GRB422、YUV(422/420)和 YCbCr (422)输出格式;

➢ 支持 UXGA、SXGA、SVGA 以及按比例缩小到从 SXGA 到 40×30 的任何尺寸;

➢ 支持自动曝光控制、自动增益控制、自动白平衡、自动消除灯光条纹、自动黑电平校准等自动控制功能;同时支持色饱和度、色相、伽马、锐度等设置;

➢ 支持闪光;

➢ 支持图像缩放、平移和窗口设置;

➢ 支持图像压缩,即可输出 JPEG 图像数据;

➢ 自带嵌入式微处理器。

OV2640 的功能框图图如图 29.1 所示。OV2640 传感器包括如下一些功能模块。

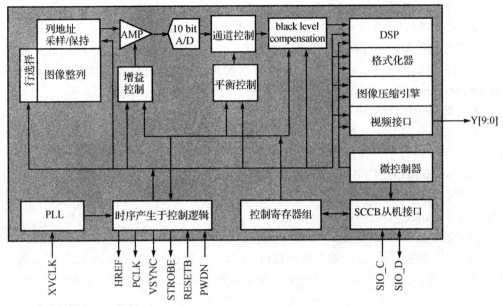

图 29.1 OV2640 功能框图

(1) 感光整列(Image Array)

OV2640 总共有 1 632×1 232 个像素,最大输出尺寸为 UXGA(1 600×1 200),即 200W 像素。

(2) 模拟信号处理(Analog Processing)

模拟信号处理所有模拟功能,并包括模拟放大(AMP)、增益控制、通道平衡和平衡控制等。

(3) 10 位 A/D 转换(A/D)

原始的信号经过模拟放大后,分 G 和 BR 两路进入一个 10 位的 A/D 转换器。A/D 转换器工作频率高达 20 MHz,与像素频率完全同步(转换的频率和帧率有关)。除 A/D 转换器外,该模块还有黑电平校正(BLC)功能。

(4) 数字信号处理器(DSP)

这个部分控制由原始信号插值到 RGB 信号的过程,并控制一些图像质量:

➢ 边缘锐化(二维高通滤波器);

➢ 颜色空间转换(原始信号到 RGB 或者 YUV/YCbYCr);

➢ RGB 色彩矩阵以消除串扰;

➢ 色相和饱和度的控制;

➢ 黑/白点补偿;

➢ 降噪;

➢ 镜头补偿;

➢ 可编程的伽玛;

> 10 位到 8 位数据转换。

（5）输出格式模块（Output Formatter）

该模块按设定优先级控制图像的所有输出数据及其格式。

（6）压缩引擎（Compression Engine）

压缩引擎框图如图 29.2 所示。从图可以看出，压缩引擎主要包括 3 部分：DCT、QZ 和 entropy encoder（熵编码器），将原始的数据流，压缩成 jpeg 数据输出。

（7）微处理器（Microcontroller）

OV2640 自带了一个 8 位微处理器，该处理器有 512 字节 SRAM、4 KB 的 ROM，它提供一个灵活的主机到控制系统的指令接口，同时也具有细调图像质量的功能。

（8）SCCB 接口（SCCB Interface）

SCCB 接口控制图像传感器芯片的运行，详细使用方法参照本书配套资料的"OmniVision Technologies Seril Camera Control Bus(SCCB) Specification"文档。

（9）数字视频接口（Digital Video Port）

OV2640 拥有一个 10 位数字视频接口（支持 8 位接法），其 MSB 和 LSB 可以程序设置先后顺序。ALIENTEK OV2640 模块采用默认的 8 位连接方式，如图 29.3 所示。

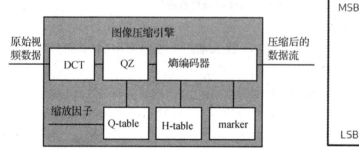

图 29.2　压缩引擎框图

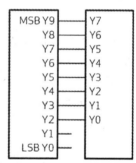

图 29.3　OV2640 默认 8 位连接方式

OV2640 的寄存器通过 SCCB 时序访问并设置，SCCB 时序和 I²C 时序十分类似，请大家参考本书配套资料"OmniVision Technologies Seril Camera Control Bus(SCCB) Specification"文档。

接下来介绍一下 OV2640 的传感器窗口设置、图像尺寸设置、图像窗口设置和图像输出大小设置，这几个设置与我们的正常使用密切相关。其中，除了传感器窗口设置是直接针对传感器阵列的设置，其他都是 DSP 部分的设置了。

传感器窗口设置：该功能允许用户设置整个传感器区域（1 632×1 220）的感兴趣部分，也就是在传感器里面开窗，开窗范围从 2×2～1 632×1 220 都可以设置，不过要求这个窗口必须大于等于随后设置的图像尺寸。传感器窗口设置通过 0X03、0X19、0X1A、0X07、0X17、0X18 等寄存器设置，寄存器定义请看"OV2640_DS(1.6).pdf"文档（下同）。

图像尺寸设置：也就是 DSP 输出（最终输出到 LCD 的）图像的最大尺寸，该尺寸要小于等于前面传感器窗口设置所设定的窗口尺寸。图像尺寸通过 0XC0、0XC1、0X8C 等寄存器设置。

图像窗口设置:这里起始和前面的传感器窗口设置类似,只是这个窗口是在前面设置的图像尺寸里面再一次设置窗口大小,该窗口必须小于等于前面设置的图像尺寸。该窗口设置后的图像范围将用于输出到外部。图像窗口设置通过 0X51、0X52、0X53、0X54、0X55、0X57 等寄存器设置。

图像输出大小设置:这是最终输出到外部的图像尺寸。该操作将设置图像窗口决定的窗口大小通过内部 DSP 处理缩放成我们输出到外部的图像大小。该设置将会对图像进行缩放处理,如果设置的图像输出大小不等于图像窗口设置图像大小,那么图像就会被缩放处理,只有这两者设置一样大的时候,输出比例才是 1:1。

因为 OmniVision 公司公开的文档对这些设置实在是没有详细介绍,只能从提供的初始化代码(还得去 linux 源码里面移植过来)里面去分析规律,所以,这几个设置都是作者根据 OV2640 的调试经验以及相关文档总结出来的。

以上几个设置,光看文字可能不太清楚,这里画一个简图有助于理解,如图 29.4 所示。图中,最终红色框所示的图像输出大小才是 OV2640 输出给外部的图像尺寸,也就是显示在 LCD 上面的图像大小。当图像输出大小与图像窗口不等时,会进行缩放处理,在 LCD 上看到的图像将会变形。

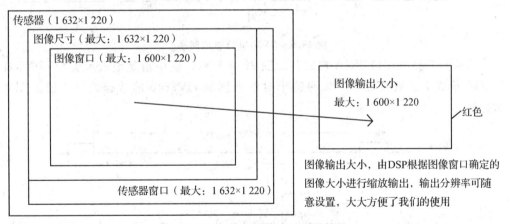

图 29.4　OV2640 图像窗口设置简图

最后介绍一下 OV2640 的图像数据输出格式。首先简单介绍一些定义:

UXGA,即分辨率为 1 600×1 200 的输出格式,类似的还有 SXGA(1 280×1 024)、WXGA+(1 440×900)、XVGA(1 280×960)、WXGA(1 280×800)、XGA(1 024×768)、SVGA(800×600)、VGA(640×480)、CIF(352×288)、WQVGA(400×240)、QCIF(176×144)和 QQVGA(160×120)等。PCLK,即像素时钟,一个 PCLK 时钟输出一个像素(或半个像素)。VSYNC,即帧同步信号。HREF、HSYNC,即行同步信号。

OV2640 的图像数据输出(通过 Y[9:0])就是在 PCLK、VSYNC 和 HREF、

HSYNC 的控制下进行的。首先看看行输出时序,如图 29.5 所示。可以看出,图像数据在 HREF 为高的时候输出。当 HREF 变高后,每一个 PCLK 时钟,输出一个 8 位、10 位数据。我们采用 8 位接口,所以每个 PCLK 输出一个字节,且在 RGB/YUV 输出格式下,每个 $t_p = 2$ 个 T_{pclk};如果是 Raw 格式,则一个 $t_p =$ 一个 T_{pclk}。比如采用 UXGA 时序,RGB565 格式输出,每 2 个字节组成一个像素的颜色(高低字节顺序可通过 0XDA 寄存器设置),这样每行输出总共有 1 600×2 个 PCLK 周期,输出 1 600×2 个字节。

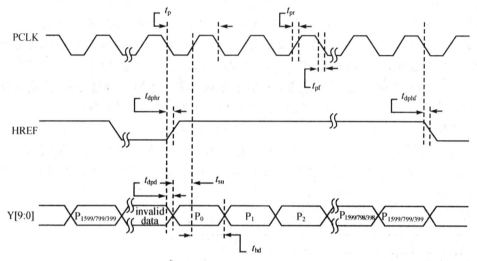

图 29.5　OV2640 行输出时序

再来看看帧时序(UXGA 模式),如图 29.6 所示。图中清楚地表示了 OV2640 在 UXGA 模式下的数据输出。按照这个时序去读取 OV2640 的数据就可以得到图像数据。

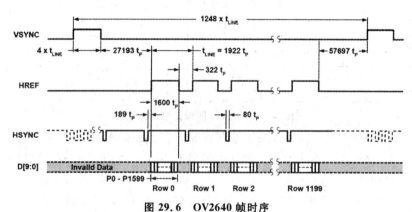

图 29.6　OV2640 帧时序

最后说一下 OV2640 的图像数据格式,一般用 2 种输出方式:RGB565 和 JPEG。当输出 RGB565 格式数据的时候,时序完全就是上面两幅图介绍的关系,以满足不同需要。而当输出数据是 JPEG 数据的时候,同样也是这种方式输出(所以数据读取方法一模一样),不过 PCLK 数目大大减少了且不连续,输出的数据是压缩后的 JPEG 数据,输出的 JPEG 数据以"0XFF,0XD8"开头,以"0XFF,0XD9"结尾,且在"0XFF,0XD8"之前或者"0XFF,0XD9"之后会有不定数量的其他数据存在(一般是 0)。这些数据直接忽略即可,将得到的 0XFF,0XD8~0XFF,0XD9 之间的数据保存为.jpg/.jpeg 文件,就可以直接在计算机上打开看到图像了。

OV2640 自带的 JPEG 输出功能大大减少了图像的数据量,使其在网络摄像头、无线视频传输等方面具有很大的优势。

29.1.2 STM32F4 DCMI 接口简介

STM32F4 自带了一个数字摄像头(DCMI)接口,该接口是一个同步并行接口,能够接收外部 8 位、10 位、12 位或 14 位 CMOS 摄像头模块发出的高速数据流,可支持不同的数据格式:YCbCr4:2:2/RGB565 逐行视频和压缩数据(JPEG)。

STM32F4 DCM 接口特点:

➢ 8 位、10 位、12 位或 14 位并行接口;
➢ 内嵌码/外部行同步和帧同步;
➢ 连续模式或快照模式;
➢ 裁剪功能;
➢ 支持以下数据格式:

① 8/10/12/14 位逐行视频:单色或原始拜尔(Bayer)格式;
② YCbCr 4:2:2 逐行视频;
③ RGB 565 逐行视频;
④ 压缩数据:JPEG。

DCMI 接口包括如下一些信号:

① 数据输入(D[0:13]),用于接摄像头的数据输出,接 OV2640 我们只用了 8 位数据。
② 水平同步(行同步)输入(HSYNC),用于接摄像头的 HSYNC、HREF 信号。
③ 垂直同步(场同步)输入(VSYNC),用于接摄像头的 VSYNC 信号。
④ 像素时钟输入(PIXCLK),用于接摄像头的 PCLK 信号。

DCMI 接口是一个同步并行接口,可接收高速(可达 54 MB/s)数据流,包含 14 条数据线(D13~D0)和一条像素时钟线(PIXCLK)。像素时钟的极性可以编程,因此可以在像素时钟的上升沿或下降沿捕获数据。

DCMI 接收到的摄像头数据被放到一个 32 位数据寄存器(DCMI_DR)中,然后通过通用 DMA 进行传输。图像缓冲区由 DMA 管理,而不是由摄像头接口管理。从摄像头接收的数据可以按行/帧来组织(原始 YUV/RGB/拜尔模式),也可以是一系列 JPEG 图像。要使能 JPEG 图像接收,必须将 JPEG 位(DCMI_CR 寄存器的位 3)置 1。数据流可由可选的 HSYNC(水平同步)信号和 VSYNC(垂直同步)信号硬件同步,或者通过数据流中嵌入的同步码同步。

STM32F4 DCMI 接口的框图如图 29.7 所示。DCMI 接口的数据与 PIXCLK(即

PCLK)保持同步,并根据像素时钟的极性在像素时钟上升沿、下降沿发生变化。HSYNC(HREF)信号指示行的开始/结束、VSYNC 信号指示帧的开始/结束。DCMI 信号波形如图 29.8 所示。图中对应设置为 DCMI_PIXCLK 的捕获沿为下降沿,DCMI_HSYNC 和 DCMI_VSYNC 的有效状态为 1。注意,这里的有效状态实际上对应的是指示数据在并行接口上无效时,HSYNC、VSYNC 引脚上面的引脚电平。

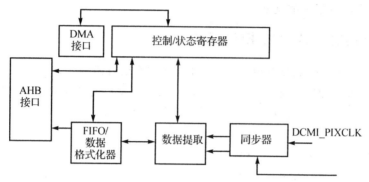

图 29.7　DCMI 接口框图

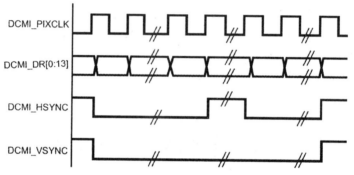

图 29.8　DCMI 信号波形

本章用到 DCMI 的 8 位数据宽度,通过设置 DCMI_CR 中的 EDM[1：0]＝00 实现。此时 DCMI_D0～D7 有效,DCMI_D8～D13 上的数据则忽略,这个时候每次需要 4 个像素时钟来捕获一个 32 位数据。捕获的第一个数据存放在 32 位字的 LSB 位置,第四个数据存放在 32 位字的 MSB 位置,捕获数据字节在 32 位字中的排布如表 29.1 所列。可以看出,STM32F4 的 DCMI 接口接收的数据是低字节在前、高字节在后的,所以,要求摄像头输出数据也是低字节在前、高字节在后才可以,否则就得程序上处理字节顺序,比较麻烦。

表 29.1　8 位捕获数据在 32 位字中的排布

字节地址	31：24	23：16	15：8	7：0
0	$D_{n+3}[7：0]$	$D_{n+2}[7：0]$	$D_{n+1}[7：0]$	$D_n[7：0]$
4	$D_{n+7}[7：0]$	$D_{n+6}[7：0]$	$D_{n+5}[7：0]$	$D_{n+4}[7：0]$

DCMI 接口支持 DMA 传输，当 DCMI_CR 寄存器中的 CAPTURE 位置 1 时激活 DMA 接口。摄像头接口每次在其寄存器中收到一个完整的 32 位数据块时触发一个 DMA 请求。

DCMI 接口支持两种同步方式：内嵌码同步和硬件（HSYNC 和 VSYNC）同步。简单介绍下硬件同步，详细介绍请参考《STM32F4xx 中文数据手册》第 13.5.3 小节。

硬件同步模式下将使用两个同步信号（HSYNC、VSYNC）。根据摄像头模块、模式的不同，可能在水平、垂直同步期间内发送数据。由于系统会忽略 HSYNC、VSYNC 信号有效电平期间内接收的所有数据，HSYNC、VSYNC 信号相当于消隐信号。

为了正确地将图像传输到 DMA、RAM 缓冲区，数据传输将与 VSYNC 信号同步。选择硬件同步模式并启用捕获（DCMI_CR 中的 CAPTURE 位置 1）时，数据传输将与 VSYNC 信号的无效电平同步（开始下一帧时）。之后传输便可以连续执行，由 DMA 将连续帧传输到多个连续的缓冲区或一个具有循环特性的缓冲区。为了允许 DMA 管理连续帧，每一帧结束时都将激活 VSIF（垂直同步中断标志，即帧中断），我们可以利用这个帧中断来判断是否有一帧数据采集完成，方便处理数据。

DCMI 接口的捕获模式支持：快照模式和连续采集模式。一般使用连续采集模式，通过 DCMI_CR 中的 CM 位设置。另外，DCMI 接口还支持实现了 4 个字深度的 FIFO，配有一个简单的 FIFO 控制器。每次摄像头接口从 AHB 读取数据时读指针递增，每次摄像头接口向 FIFO 写入数据时写指针递增。因为没有溢出保护，如果数据传输率超过 AHB 接口能够承受的速率，FIFO 中的数据就会被覆盖。如果同步信号出错或者 FIFO 发生溢出，FIFO 将复位，DCMI 接口将等待新的数据帧开始。

DCMI 接口的其他特性请参考《STM32F4xx 中文参考手册》第 13 章相关内容。本章使用 STM32F407 ZGT6 的 DCMI 接口连接 ALIENTEK OV2640 摄像头模块。该模块采用 8 位数据输出接口，自带 24 MHz 有源晶振，无需外部提供时钟，采用百万高清镜头，单独 3.3 V 供电即可正常使用。

ALIENTEK OV2640 摄像头模块外观如图 29.9 所示，模块原理图如图 29.10 所示。可以看出，ALIENTEK OV2640 摄像头模块自带了有源晶振，用于产生 24 MHz 时钟时 OV2640 的 XVCLK 输入。同时自带了稳压芯片，用于提供 OV2640 稳定的 2.8 V 和 1.3 V 工作电压，模块通过一个 2×9 的双排排针（P1）与外部通信，与外部的通信信号如表 29.2 所列。

图 29.9 ALIENTEK OV2640 摄像头模块外观图

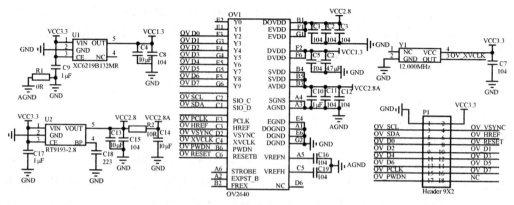

图 29.10　ALIENTEK OV2640 摄像头模块原理图

表 29.2　OV2640 模块信号及其作用描述

信　号	作用描述	信　号	作用描述
VCC3.3	模块供电脚,接 3.3 V 电源	OV_PCLK	像素时钟输出
GND	模块地线	OV_PWDN	掉电使能(高有效)
OV_SCL	SCCB 通信时钟信号	OV_VSYNC	帧同步信号输出
OV_SDA	SCCB 通信数据信号	OV_HREF	行同步信号输出
OV_D[7：0]	8 位数据输出	OV_RESET	复位信号(低有效)

本章将 OV2640 默认配置为 UXGA 输出,也就是 1 600×1 200 的分辨率,输出信号设置为 VSYNC 高电平有效,HREF 高电平有效,输出数据在 PCLK 的下降沿输出(即上升沿的时候,MCU 才可以采集)。这样,STM32F4 的 DCMI 接口就必须设置为 VSYNC 低电平有效、HSYNC 低电平有效和 PIXCLK 上升沿有效,这些设置都是通过 DCMI_CR 寄存器控制的。该寄存器描述如图 29.11 所示。

31	30	29	28	27	26	25	24	23	22	21	20	19	18	17	16	15	14	13	12	11	10	9	8	7	6	5	4	3	2	1	0
								Reserved									ENABLE	Reserved		EDM		FCRC		VSPOL	HSPOL	PCKPOL	ESS	JPEG	CROP	CM	CAPTURE
								rw									rw			rw	rw	rw	rw	rw	rw	rw	rw	rw	rw	rw	rw

图 29.11　DCMI_CR 寄存器各位描述

ENABLE,该位用于设置是否使能 DCMI,不过,使能之前必须将其他配置设置好。FCRC[1：0],这两个位用于帧率控制,我们捕获所有帧,所以设置为 00 即可。VSPOL,该位用于设置垂直同步极性,也就是 VSYNC 引脚上面数据无效时的电平状态,根据前面说所,我们应该设置为 0。HSPOL,该位用于设置水平同步极性,也就是 HSYNC 引脚上面数据无效时的电平状态,同样应该设置为 0。PCKPOL,该位用于设置像素时钟极性,我们用上升沿捕获,所以设置为 1。CM,该位用于设置捕获模式,我们用连续采集模式,所以设置为 0 即可。CAPTURE,该位用于使能捕获,我们设置为 1。该位使能后将激活 DMA,DCMI 等待第一帧开始,然后生成 DMA 请求并将收到的数据传输到目标存储器中。注意：该位必须在 DCMI 的其他配置（包括 DMA）都设置好了之后才设置！

DCMI 的其他寄存器请参考《STM32F4xx 中文参考手册》第 13.8 节。最后来看下用 DCMI 驱动 OV2640 的步骤：

① 配置 OV2640 控制引脚，并配置 OV2640 工作模式。

在启动 DCMI 之前，我们先设置好 OV2640。OV2640 通过 OV_SCL 和 OV_SDA 进行寄存器配置，同时还有 OV_PWDN、OV_RESET 等信号，我们也需要配置对应 I/O 状态，先设置 OV_PWDN=0 退出掉电模式，然后拉低 OV_RESET 复位 OV2640，之后再设置 OV_RESET 为 1 结束复位，然后就是对 OV2640 的寄存器进行配置了，这里配置成 UXGA 输出。然后，可以根据需要设置成 RGB565 输出模式还是 JPEG 输出模式。

② 配置相关引脚的模式和复用功能（AF13），使能时钟。

OV2640 配置好之后再设置 DCMI 接口与摄像头模块连接的 I/O 口，使能 I/O 和 DCMI 时钟，然后设置相关 I/O 口为复用功能模式，复用功能选择 AF13（DCMI 复用）。

③ 配置 DCMI 相关设置。

这一步主要通过 DCMI_CR 寄存器设置，包括 VSPOL、HSPOL、PCKPOL、数据宽度等重要参数都在这一步设置，同时也开启帧中断，编写 DCMI 中断服务函数，方便进行数据处理（尤其是 JPEG 模式的时候）。不过对于 CAPTURE 位，等待 DMA 配置好之后再设置。另外对于 OV2640 输出的 JPEG 数据，我们也不使用 DCMI 的 JPEG 数据模式（实测设置不设置都一样），而是采用正常模式直接采集。

④ 配置 DMA。

本章采用连续模式采集，并将采集到的数据输出到 LCD（RGB565 模式）或内存（JPEG 模式），所以源地址都是 DCMI_DR，而目的地址可能是 LCD→RAM 或者 SRAM 的地址。DCMI 的 DMA 传输采用的是 DMA2 数据流 1 的通道 1 来实现的。DMA 的介绍请参考前面的 DMA 实验章节。

⑤ 设置 OV2640 的图像输出大小，使能 DCMI 捕获。

图像输出大小设置分两种情况：在 RGB565 模式下，根据 LCD 的尺寸设置输出图像大小，以实现全屏显示（图像可能因缩放而变形）；在 JPEG 模式下，可以自由设置输出图像大小（可不缩放）；最后，开启 DCMI 捕获即可正常工作了。

29.2　硬件设计

可选择 RGB565 和 JPEG 两种输出格式，当使用 RGB565 时，输出图像将经过缩放处理（完全由 OV2640 的 DSP 控制）显示在 LCD 上面。当使用 JPEG 数据输出的时候，我们将收到的 JPEG 数据通过串口 2（115200 波特率）送给计算机，并利用计算机端上位机软件显示接收到的图片。

本章实验功能简介:开机后初始化摄像头模块(OV2640),如果初始化成功,则提示选择 RGB565 模式或者 JPEG 模式。KEY0 用于选择 RGB565 模式,KEY1 用于选择 JPEG 模式。

当使用 RGB565 时,输出图像(固定为 UXGA)将经过缩放处理(完全由 OV2640 的 DSP 控制)显示在 LCD 上面。我们可以通过 KEY_UP 按键选择缩放(压缩显示)还是不缩放(1∶1 显示),如果选择不缩放,则图片不变形,但是显示区域小(液晶分辨率大小)。如果选择缩放显示,即将 1 600×1 200 的图像压缩到液晶分辨率尺寸显示,则图片会变形,但是显示了整个图片内容。KEY0 按键可以设置对比度,KEY1 按键可以设置饱和度,KEY2 按键可以设置特效。

当使用 JPEG 模式时,图像可以设置任意尺寸(QQVGA～UXGA),采集到的 JPEG 数据将先存放到 STM32F4 的内存里面。每当采集到一帧数据,就会关闭 DMA 传输,然后将采集到的数据发送到串口 2(此时可以通过上位机软件(串口摄像头.exe)接收,并显示图片),之后再重新启动 DMA 传输。我们可以通过 KEY_UP 设置输出图片的尺寸(QQVGA～UXGA)。同样,KEY0 按键设置对比度,KEY1 按键设置饱和度,KEY2 按键设置特效。

同时,可以通过串口 1,借助 USMART 设置/读取 OV2640 的寄存器,方便读者调试。DS0 指示程序运行状态,DS1 用于指示帧中断。

本实验用到的硬件资源有:指示灯 DS0 和 DS1、4 个按键、串口 1 和串口 2、TFTLCD 模块、OV2640 摄像头模块。这些资源基本上都介绍过了,这里用串口 2 来传输 JPEG 数据给上位机,其配置同串口 1 几乎一模一样,支持串口 2 的时钟来自 APB1,频率为 42 MHz。

我们重点介绍探索者 STM32F4 开发板的摄像头接口与 ALIENTEK OV2640 摄像头模块的连接。开发板左下角的 2×9 的 P8 排座是摄像头模块/OLED 模块共用接口,在第 17 章曾简单介绍过这个接口。本章只需要将 ALIENTEK OV2640 摄像头模块插入这个接口即可,该接口与 STM32 的连接关系如图 29.12 所示。可以看出,OV2640 摄像头模块的各信号脚与 STM32 的连接关系为:DCMI_VSYNC 接 PB7;DCMI_HREF 接 PA4;DCMI_PCLK 接 PA6;DCMI_SCL 接 PD6;DCMI_SDA 接 PD7;DCMI_RESET 接 PG15;DCMI_PWDN 接 PG9;DCMI_XCLK 接 PA8(本章未用到);DCMI_D[7∶0]接 PE6、PE5、PB6、PC11、PC9、PC8、PC7、PC6。

探索者 STM32F4 开发板的内部已经将这些线连接好了,我们只需要将 OV2640 摄像头模块插上去就好了。特别注意:DCMI 摄像头接口和 I²S 接口、DAC、SDIO 以及 1WIRE_DQ 等有冲突,使用的时候必须分时复用才可以,不可同时使用。实物连接如图 29.13 所示。

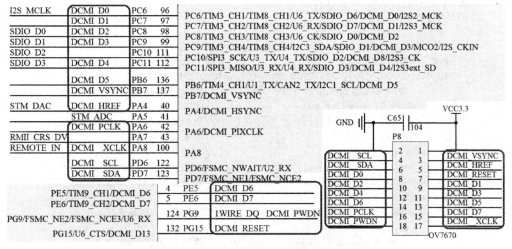

图 29.12　摄像头模块接口与 STM32 连接图

图 29.13　OV2640 摄像头模块与开发板连接实物图

29.3　软件设计

打开第 28 章的工程,由于本章要用到定时器,且没用到 STMFLASH 相关代码,所以,先去掉 stmflash.c,然后添加 timer.c。然后,在 HARDWARE 文件夹下新建 OV2640、DCMI 和 USART2 这 3 个文件夹。在 OV2640 文件夹下新建 ov2640.c、sccb.c、ov2640.h、sccb.h、ov2640cfg.h 这 5 个文件,将它们保存在 OV2640 文件夹下,并将这个文件夹加入头文件包含路径。在 DCMI 文件夹新建 dcmi.c 和 dcmi.h 两个文件,并保存在 DCMI 文件夹里面,再将这个文件夹加入头文件包含路径。在 USART2 文件夹下新建 usart2.c 和 usart2.h,并保存在 USART2 文件夹里面,并将这个文件夹加入头文件包含路径。

本章总共新增了 9 个文件,代码比较多,我们仅挑几个重要的地方进行讲解。首先来看 ov2640.c 里面的 OV2640_Init 函数,该函数代码如下:

```
//初始化 OV2640
//配置完以后,默认输出是 1 600×1 200 尺寸的图片
```

```
//返回值:0,成功,其他,错误代码
u8 OV2640_Init(void)
{
    u16 i = 0; u16 reg;
    RCC - >AHB1ENR| = 1<<6;                        //使能外设 PORTG 时钟
    GPIO_Set(GPIOG,PIN9|PIN15,GPIO_MODE_OUT,GPIO_OTYPE_PP,
            GPIO_SPEED_50M,GPIO_PUPD_PU);          //PG9,15 推挽输出
    OV2640_PWDN = 0; delay_ms(10);                 //POWER ON
    OV2640_RST = 0; delay_ms(10);                  //复位 OV2640
    OV2640_RST = 1;                                //结束复位
    SCCB_Init();                                   //初始化 SCCB 的 IO 口
    SCCB_WR_Reg(OV2640_DSP_RA_DLMT, 0x01);         //操作 sensor 寄存器
    SCCB_WR_Reg(OV2640_SENSOR_COM7, 0x80);         //软复位 OV2640
    delay_ms(50);
    reg = SCCB_RD_Reg(OV2640_SENSOR_MIDH);         //读取厂家 ID 高 8 位
    reg<< = 8;
    reg| = SCCB_RD_Reg(OV2640_SENSOR_MIDL);        //读取厂家 ID 低 8 位
    if(reg! = OV2640_MID){ printf("MID: % d\r\n",reg); return 1;}
    reg = SCCB_RD_Reg(OV2640_SENSOR_PIDH);         //读取厂家 ID 高 8 位
    reg<< = 8;
    reg| = SCCB_RD_Reg(OV2640_SENSOR_PIDL);        //读取厂家 ID 低 8 位
    if(reg! = OV2640_PID) printf("HID: % d\r\n",reg);
     //初始化 OV2640,采用 SXGA 分辨率(1600 * 1200)
    for(i = 0;i<sizeof(ov2640_uxga_init_reg_tbl)/2;i ++ )
    {
            SCCB_WR_Reg(ov2640_uxga_init_reg_tbl[i][0],ov2640_uxga_init_reg_tbl[i][1]);
    }
    return 0x00;     //ok
}
```

此部分代码先初始化 OV2640 相关的 I/O 口(包括 SCCB_Init),然后最主要的是完成 OV2640 的寄存器序列初始化。OV2640 的寄存器特别多(百几十个),配置麻烦,幸好厂家提供了参考配置序列(详见《OV2640 Software Application Notes 1.03》)。本章用到的配置序列存放在 ov2640_uxga_init_reg_tbl 数组里面,该数组是一个 2 维数组,存储初始化序列寄存器及其对应的值,存放在 ov2640cfg.h 里面。

另外,在 ov2640.c 里面还有几个函数比较重要,这里只介绍功能:

➢ OV2640_Window_Set 函数,用于设置传感器输出窗口;

➢ OV2640_ImageSize_Set 函数,用于设置图像尺寸;

➢ OV2640_ImageWin_Set 函数,用于设置图像窗口大小;

➢ OV2640_OutSize_Set 函数,用于设置图像输出大小。

这就是 29.1.1 小节介绍的 4 个设置,它们共同决定了图像的输出。接下来看看 ov2640cfg.h 里面 ov2640_uxga_init_reg_tbl 的内容,ov2640cfg.h 文件的代码如下:

```
//OV2640 UXGA 初始化寄存器序列表
//此模式下帧率为 15 帧
//UXGA(1600×1200)
const u8 ov2640_uxga_init_reg_tbl[][2] =
{
```

```
    0xff, 0x00,
    ……//省略部分代码
    0x05, 0x00,
};
//OV2640 SVGA 初始化寄存器序列表
//此模式下,帧率可以达到 30 帧
//SVGA 800×600
const u8 ov2640_svga_init_reg_tbl[][2] =
{
    0xff, 0x00,
    ……//省略部分代码
    0x05, 0x00,
};
const u8 ov2640_yuv422_reg_tbl[][2] =
{
    0xFF, 0x00,
    ……//省略部分代码
    0x00, 0x00,
};
const u8 ov2640_jpeg_reg_tbl[][2] =
{
    0xff, 0x01,
    ……//省略部分代码
    0xe0, 0x00,
};
const u8 ov2640_rgb565_reg_tbl[][2] =
{
    0xFF, 0x00,
    ……//省略部分代码
    0xe0, 0x00,
};
```

以上代码省略了很多,里面总共有 5 个数组。大概了解下数组结构,每个数组条目的第一个字节为寄存器号(也就是寄存器地址),第二个字节为要设置的值,比如{0xff, 0x01}表示在 0Xff 地址写入 0X01 这个值。

5 个数组里面 ov2640_uxga_init_reg_tbl 和 ov2640_svga_init_reg_tbl 分别用于配置 OV2640 输出 UXGA 和 SVGA 分辨率的图像,我们只用了 ov2640_uxga_init_reg_tbl 数组完成对 OV2640 的初始化(设置为 UXGA)。最后 OV2640 要输出数据是 RGB565 还是 JPEG,就得通过其他数组设置,输出 RGB565 时,通过一个数组 ov2640_rgb565_reg_tbl 设置即可;输出 JPEG 时,则要通过 ov2640_yuv422_reg_tbl 和 ov2640_jpeg_reg_tbl 两个数组设置。

接下来看看 dcmi.c 里面的代码,如下:

```
u8 ov_frame = 0;                            //帧率
extern void jpeg_data_process(void);        //JPEG 数据处理函数
//DCMI 中断服务函数
void DCMI_IRQHandler(void)
{
    if(DCMI->MISR&0X01)                     //捕获到一帧图像
```

```
    {
        jpeg_data_process();                    //jpeg 数据处理
        DCMI->ICR| = 1<<0;                      //清除帧中断
        LED1 = ! LED1; ov_frame++;
    }
}
//DCMI DMA 配置
//memaddr:存储器地址      将要存储摄像头数据的内存地址(也可以是外设地址)
//memsize:存储器长度      0~65535
//memblen:存储器位宽      0,8 位,1,16 位,2,32 位
//meminc:存储器增长方式,0,不增长;1,增长
void DCMI_DMA_Init(u32 memaddr,u16 memsize,u8 memblen,u8 meminc)
{
    RCC->AHB1ENR| = 1<<22;                      //DMA2 时钟使能
    while(DMA2_Stream1->CR&0X01);               //等待 DMA2_Stream1 可配置
    DMA2->LIFCR| = 0X3D<<6*1;                   //清空通道 1 上所有中断标志
    DMA2_Stream1->FCR = 0X0000021;              //设置为默认值
    DMA2_Stream1->PAR = (u32)&DCMI->DR;         //外设地址为:DCMI->DR
    DMA2_Stream1->M0AR = memaddr;               //memaddr 作为目标地址
    DMA2_Stream1->NDTR = memsize;               //传输长度为 memsize
    DMA2_Stream1->CR = 0;                       //先全部复位 CR 寄存器值
    DMA2_Stream1->CR| = 0<<6;                   //外设到存储器模式
    DMA2_Stream1->CR| = 1<<8;                   //循环模式
    DMA2_Stream1->CR| = 0<<9;                   //外设非增量模式
    DMA2_Stream1->CR| = meminc<<10;             //存储器增量模式
    DMA2_Stream1->CR| = 2<<11;                  //外设数据长度:32 位
    DMA2_Stream1->CR| = memblen<<13;            //存储器位宽,8/16/32 bit
    DMA2_Stream1->CR| = 2<<16;                  //高优先级
    DMA2_Stream1->CR| = 0<<21;                  //外设突发单次传输
    DMA2_Stream1->CR| = 0<<23;                  //存储器突发单次传输
    DMA2_Stream1->CR| = 1<<25;                  //通道 1 DCMI 通道
}
//DCMI 初始化
void DCMI_Init(void)
{
    RCC->AHB1ENR| = 1<<0;                       //使能外设 PORTA 时钟
    RCC->AHB1ENR| = 1<<1;                       //使能外设 PORTB 时钟
    RCC->AHB1ENR| = 1<<2;                       //使能外设 PORTC 时钟
    RCC->AHB1ENR| = 1<<4;                       //使能外设 PORTE 时钟
    RCC->AHB2ENR| = 1<<0;                       //能 DCMI 时钟
    GPIO_Set(GPIOA,PIN4|PIN6,GPIO_MODE_AF,GPIO_OTYPE_PP,GPIO_SPEED_100M,
            GPIO_PUPD_PU);   //PA4/6    复用功能输出
    GPIO_Set(GPIOB,PIN6|PIN7,GPIO_MODE_AF,GPIO_OTYPE_PP,GPIO_SPEED_100M,
            GPIO_PUPD_PU);   //PB6/7    复用功能输出
    GPIO_Set(GPIOC,PIN6|PIN7|PIN8|PIN9|PIN11,GPIO_MODE_AF,GPIO_OTYPE_PP,
            GPIO_SPEED_100M,GPIO_PUPD_PU);//PC6/7/8/9/11 复用功能输出
    GPIO_Set(GPIOE,PIN5|PIN6,GPIO_MODE_AF,GPIO_OTYPE_PP,GPIO_SPEED_100M,
            GPIO_PUPD_PU);   //PE5/6    复用功能输出
    GPIO_AF_Set(GPIOA,4,13);                    //PA4,AF13   DCMI_HSYNC
    ……//省略部分代码
    GPIO_AF_Set(GPIOE,6,13);                    //PE6,AF13   DCMI_D7
```

```
//清除原来的设置
DCMI->CR = 0x0;
DCMI->IER = 0x0;
DCMI->ICR = 0x1F;
DCMI->ESCR = 0x0;
DCMI->ESUR = 0x0;
DCMI->CWSTRTR = 0x0;
DCMI->CWSIZER = 0x0;
DCMI->CR| = 0<<1;                        //连续模式
DCMI->CR| = 0<<2;                        //全帧捕获
DCMI->CR| = 0<<4;                        //硬件同步 HSYNC,VSYNC
DCMI->CR| = 1<<5;                        //PCLK 上升沿有效
DCMI->CR| = 0<<6;                        //HSYNC 低电平有效
DCMI->CR| = 0<<7;                        //VSYNC 低电平有效
DCMI->CR| = 0<<8;                        //捕获所有的帧
DCMI->CR| = 0<<10;                       //8 位数据格式
DCMI->IER| = 1<<0;                       //开启帧中断
DCMI->CR| = 1<<14;                       //DCMI 使能
MY_NVIC_Init(0,0,DCMI_IRQn,2);           //抢占1,子优先级2,组2
}
//DCMI,启动传输
void DCMI_Start(void)
{
LCD_SetCursor(0,0);
LCD_WriteRAM_Prepare();                  //开始写入 GRAM
DMA2_Stream1->CR| = 1<<0;                //开启 DMA2,Stream1
DCMI->CR| = 1<<0;                        //DCMI 捕获使能
}
//DCMI,关闭传输
void DCMI_Stop(void)
{
DCMI->CR& = ~(1<<0);                     //DCMI 捕获关闭
while(DCMI->CR&0X01);                    //等待传输结束
DMA2_Stream1->CR& = ~(1<<0);             //关闭 DMA2,Stream1
}
```

其中，DCMI_IRQHandler 函数用于处理帧中断，可以实现帧率统计（需要定时器支持）和 JPEG 数据处理等。DCMI_DMA_Init 函数用于配置 DCMI 的 DMA 传输，其外设地址固定为 DCMI→DR，而存储器地址可变（LCD 或者 SRAM）。DMA 被配置为循环模式，一旦开启，DMA 将不停地循环传输数据。DCMI_Init 函数用于初始化 STM32F4 的 DCMI 接口，这是根据在 29.1.2 小节提到的配置步骤进行配置的。最后，DCMI_Start 和 DCMI_Stop 两个函数用于开启或停止 DCMI 接口。

其他部分代码请参考本书配套资料本例程源码（实验 35 摄像头实验）。最后，打开 test.c 文件，修改代码如下：

```
u8 ov2640_mode = 0;                    //工作模式:0,RGB565 模式;1,JPEG 模式
#define jpeg_buf_size 31 * 1024        //定义 JPEG 数据缓存 jpeg_buf 的大小(*4 字节)
__align(4) u32 jpeg_buf[jpeg_buf_size];  //JPEG 数据缓存 buf
volatile u32 jpeg_data_len = 0;        //buf 中的 JPEG 有效数据长度
volatile u8 jpeg_data_ok = 0;          //JPEG 数据采集完成标志
```

```
                                    //0,数据没有采集完
                                    //1,数据采集完了,但是还没处理
                                    //2,数据已经处理完成了,可以开始下一帧接收
//JPEG 尺寸支持列表
const u16 jpeg_img_size_tbl[][2] =
{
    160,120,      //QQVGA
    ……//省略部分代码
    1600,1200,      //UXGA
};
const u8 * EFFECTS_TBL[7] = {"Normal","Negative","B&W","Redish","Greenish","Bluish",
"Antique"};      //7 种特效
const u8 * JPEG_SIZE_TBL[13] = {"QQVGA","QCIF","QVGA","WQVGA","CIF","VGA",
"SVGA","XGA","WXGA","XVGA","WXGA + ","SXGA","UXGA"};//JPEG 图片 13 种尺寸
//处理 JPEG 数据
//当采集完一帧 JPEG 数据后,调用此函数,切换 JPEG BUF.开始下一帧采集
void jpeg_data_process(void)
{
    if(ov2640_mode)//只有在 JPEG 格式下,才需要做处理
    {
        if(jpeg_data_ok == 0)      //jpeg 数据还未采集完吗
        {
            DMA2_Stream1 - >CR& = ~(1<<0);            //停止当前传输
            while(DMA2_Stream1 - >CR&0X01);      //等待 DMA2_Stream1 可配置
            jpeg_data_len = jpeg_buf_size - DMA2_Stream1 - >NDTR;//得到此次数据的长度
            jpeg_data_ok = 1; //标记 JPEG 数据采集按成,等待其他函数处理
        }
        if(jpeg_data_ok == 2)      //上一次的 jpeg 数据已经被处理了
        {
            DMA2_Stream1 - >NDTR = jpeg_buf_size; //传输长度为 jpeg_buf_size * 4 字节
            DMA2_Stream1 - >CR| = 1<<0;                //重新传输
            jpeg_data_ok = 0;                //标记数据未采集
        }
    }
}
//JPEG 测试
//JPEG 数据,通过串口 2 发送给计算机
void jpeg_test(void)
{
    u32 i; u8 * p; u8 key;
    u8 effect = 0,saturation = 2,contrast = 2;
    u8 size = 2;            //默认是 QVGA 320 * 240 尺寸
    u8 msgbuf[15];        //消息缓存区
    ……//省略部分代码
     LCD_ShowString(30,180,200,16,16,msgbuf);//显示当前 JPEG 分辨率
OV2640_JPEG_Mode();      //JPEG 模式
    DCMI_Init();              //DCMI 配置
    DCMI_DMA_Init((u32)&jpeg_buf,jpeg_buf_size,2,1);//DCMI DMA 配置
    OV2640_OutSize_Set(jpeg_img_size_tbl[size][0],jpeg_img_size_tbl[size][1]);
                                                        //设置尺寸
    DCMI_Start();          //启动传输
```

```
        while(1)
        {
            if(jpeg_data_ok == 1)//已经采集完一帧图像了
            {
                p =(u8 *)jpeg_buf;
                LCD_ShowString(30,210,210,16,16,"Sending JPEG data...");//提示在传输
                                                                        //数据
                for(i = 0;i<jpeg_data_len * 4;i ++ )//dma 传输 1 次等于 4 字节,所以乘以 4
                {
                    while((USART2 - >SR&0X40) == 0);//循环发送,直到发送完毕
                    USART2 - >DR = p[i];
                    key = KEY_Scan(0);
                    if(key)break;
                }
                if(key)//有按键按下,需要处理
                {
                    ……//省略部分代码
                }else LCD_ShowString(30,210,210,16,16,"Send data complete!!");//提示结束
                jpeg_data_ok = 2;      //标记 jpeg 数据处理完了,可以让 DMA 去采集下一帧了
            }
        }
}
//RGB565 测试
//RGB 数据直接显示在 LCD 上面
void rgb565_test(void)
{
    u8 key; u8 effect = 0,saturation = 2,contrast = 2;
    u8 scale = 1;          //默认是全尺寸缩放
    u8 msgbuf[15];        //消息缓存区
    ……//省略部分代码
    LCD_ShowString(30,170,200,16,16,"KEY_UP:FullSize/Scale");
    OV2640_RGB565_Mode();    //RGB565 模式
    DCMI_Init();              //DCMI 配置
    DCMI_DMA_Init((u32)&LCD - >LCD_RAM,1,1,0);//DCMI DMA 配置
     OV2640_OutSize_Set(lcddev.width,lcddev.height);
    DCMI_Start();            //启动传输
    while(1)
    {
        key = KEY_Scan(0);
        if(key)
        {
            ……//省略部分代码
        }
        delay_ms(10);
}
int main(void)
{
    u8 key; u8 t;
    Stm32_Clock_Init(336,8,2,7);//设置时钟,168 MHz
    delay_init(168);            //延时初始化
    uart_init(84,115200);        //初始化串口波特率为 115200
```

```
        usart2_init(42,115200);              //初始化串口2波特率为115200
        LED_Init();                          //初始化 LED
        LCD_Init();                          //LCD 初始化
        KEY_Init();                          //按键初始化
        TIM3_Int_Init(10000-1,8400-1);       //10 kHz 计数,1 秒钟中断一次
        usmart_dev.init(84);                 //初始化 USMART
        ……//省略部分代码
        while(OV2640_Init())//初始化 OV2640
        {
            LCD_ShowString(30,130,240,16,16,"OV2640 ERROR"); delay_ms(200);
            LCD_Fill(30,130,239,170,WHITE); delay_ms(200);
            LED0 = ! LED0;
        }
        LCD_ShowString(30,130,200,16,16,"OV2640 OK");
         while(1)
        {
            key = KEY_Scan(0);
            if(key == KEY0_PRES){ov2640_mode = 0; break;}//RGB565 模式
    else if(key == KEY1_PRES) {ov2640_mode = 1; break;}//JPEG 模式
            t ++ ;
            if(t == 100)LCD_ShowString(30,150,230,16,16,"KEY0:RGB565   KEY1:JPEG");
             if(t == 200) {LCD_Fill(30,150,210,150+16,WHITE); t = 0; LED0 = ! LED0;}
            delay_ms(5);
        }
        if(ov2640_mode)jpeg_test();//JPEG 测试
        else rgb565_test(); //RGB565 测试
    }
```

这部分代码比较长,我们省略了一些内容,详细的代码请参考本书配套资料本例程源码。注意,这里定义了一个非常大的数组 jpeg_buf(124 KB),用来存储 JPEG 数据,因为 1 600×1 200 大小的 jpeg 图片有可能大于 120 KB,所以必须将这个数组尽量设置大一点。

test.c 里面总共有 4 个函数:jpeg_data_process、jpeg_test、rgb565_test 和 main 函数。其中,jpeg_data_process 函数用于处理 JPEG 数据的接收,在 DCMI_IRQHandler 函数里面被调用,通过一个 jpeg_data_ok 变量与 jpeg_test 函数共同控制 JPEG 的数据传送。jpeg_test 函数将 OV2640 设置为 JPEG 模式,该函数接收 OV2640 的 JPEG 数据,并通过串口 2 发送给上位机。rgb565_test 函数将 OV2640 设置为 RGB565 模式,并将接收到的数据直接传送给 LCD,处理过程完全由硬件实现,CPU 完全不用理会。最后,main 函数就相对简单了。

前面提到,我们要用 USMART 来设置摄像头的参数,我们只需要在 usmart_nametab 里面添加 SCCB_WR_Reg 和 SCCB_RD_Reg 等相关函数,就可以轻松调试摄像头了。

29.4 下载验证

编译成功之后,下载代码到 ALIENTEK 探索者 STM32F4 开发板上。在 OV2640

初始化成功后,屏幕提示选择模式,此时可以按 KEY0 进入 RGB565 模式测试,也可以按 KEY1 进入 JPEG 模式测试。

当按 KEY0 后,选择 RGB565 模式,LCD 满屏显示压缩放后的图像(有变形),如图 29.14 所示。此时,可以按 KEY_UP 切换为 1∶1 显示(不变形)。同时,还可以通过 KEY0 按键设置对比度,KEY1 按键设置饱和度,KEY2 按键设置特效。当按 KEY1 后,选择 JPEG 模式,此时屏幕显示 JPEG 数据传输进程,如图 29.15 所示。

图 29.14　RGB565 模式测试图片　　　　　图 29.15　JPEG 模式测试图

默认条件下,图像分辨率是 QVGA(320×240)的,硬件上需要一根 RS232 串口线连接开发板的 COM2(注意要用跳线帽将 P9 的 COM2_RX 连接在 PA2(TX))。如果没有 RS232 线,也可以借助开发板板载的 USB 转串口实现(有 2 个办法:①改代码,将串口 2 输出改到串口 1;②杜邦线连接 P9 的 PA2(TX)和 P6 的 RX)。

打开上位机软件(串口摄像头.exe)(路径为本书配套资料的 6,软件资料→软件→串口摄像头软件→串口摄像头.exe),选择正确的串口,然后波特率设置为 115 200,打开即可收到下位机传过来的图片了,如图 29.16 所示。

可以通过 KEY_UP 设置输出图像的尺寸(QQVGA～UXGA)。通过 KEY0 按键设置对比度,KEY1 按键设置饱和度,KEY2 按键设置特效。同时,还可以在串口,通过 USMART 调用 SCCB_WR_Reg 等函数来设置 OV2640 的各寄存器,达到调试测试 OV2640 的目的,如图 29.17 所示。还可以看出,帧率为 15 帧,这和前面介绍的 OV2640 在 UXGA 模式,输出帧率是 15 帧是一致的。

图 29.16　串口摄像头软件接收并显示 JPEG 图片

图 29.17　USMART 调试 OV2640

第**30**章

外部 SRAM 实验

STM32F407ZGT6 自带了 192 KB 的 SRAM,对一般应用来说,已经足够了,不过在一些对内存要求高的场合,自带的这些内存就不够用了,比如跑算法或者跑 GUI 等。所以探索者 STM32F4 开发板板载了一颗 1 MB 容量的 SRAM 芯片:IS62WV51216,以满足大内存使用的需求。本章将使用 STM32F4 来驱动 IS62WV51216,实现对 IS62WV51216 的访问控制,并测试其容量。

30.1 IS62WV51216 简介

IS62WV51216 是 ISSI(Integrated Silicon Solution,Inc)公司生产的一颗 16 位宽 512K(512×16,即 1 MB)容量的 CMOS 静态内存芯片,具有如下几个特点:

➢ 高速,具有 45 ns/55 ns 访问速度。

➢ 低功耗。

➢ TTL 电平兼容。

➢ 全静态操作。不需要刷新和时钟电路。

➢ 三态输出。

➢ 字节控制功能。支持高/低字节控制。

IS62WV51216 的功能框图如图 30.1 所示。图中 A0~18 为地址线,总共 19 根地址线(即 2^{19}=512K,1K=1 024);IO0~15 为数据线,总共 16 根数据线。CS2 和 CS1 都是片选信号,不过 CS2 是高电平有效、$\overline{CS1}$ 是低电平有效;$\overline{OE}$ 是输出使能信号(读信号);$\overline{WE}$ 为写使能信号;$\overline{UB}$ 和 $\overline{LB}$ 分别是高字节控制和低字节控制信号。

探索者 STM32F4 开发板使用的是 TSOP44 封装的 IS62WV51216 芯片,该芯片直接接在 STM32F4 的 FSMC 上,原理图如图 30.2 所示。可以看出,IS62WV51216 同 STM32F4 的连接关系:A[0∶18]接 FMSC_A[0∶18](不过顺序错乱了),D[0∶15]接 FSMC_D[0∶15],UB 接 FSMC_NBL1,LB 接 FSMC_NBL0,OE 接 FSMC_OE,WE 接 FSMC_WE,CS 接 FSMC_NE3。

上面的连接关系中,IS62WV51216 的 A[0∶18]并不是按顺序连接 STM32F4 的 FMSC_A[0∶18],不过这并不影响我们正常使用外部 SRAM,因为地址具有唯一性。所以,只要地址线不和数据线混淆,就可以正常使用外部 SRAM,这样设计的好处就是可以方便 PCB 布线。

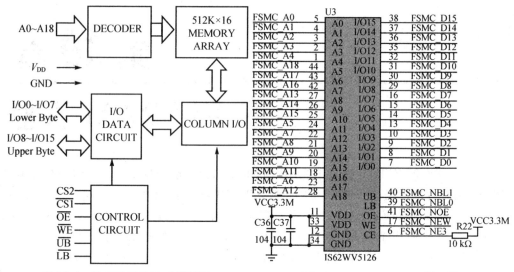

图 30.1　IS62WV51216 功能框图　　　　图 30.2　IS62WV51216 原理图

本章使用 FSMC 的 BANK1 区域 3 来控制 IS62WV51216。FSMC 的详细介绍见第 15 章,当时采用的是读/写不同的时序来操作 TFTLCD 模块(因为 TFTLCD 模块读的速度比写的速度慢很多),但是在本章,因为 IS62WV51216 的读/写时间基本一致,所以,我们设置读/写相同的时序来访问 FSMC。FSMC 的详细介绍请看第 15 章和《STM32F4xx 中文参考手册》。

IS62WV51216 就介绍到这,最后来看看实现 IS62WV51216 的访问需要对 FSMC 进行哪些配置,步骤如下:

① 使能 FSMC 时钟,并配置 FSMC 相关的 I/O 及其时钟使能。

要使用 FSMC,当然首先得开启其时钟。然后需要把 FSMC_D0~15、FSMCA0~18 等相关 I/O 口全部配置为复用输出,并使能各 I/O 组的时钟。

② 设置 FSMC BANK1 区域 3 的相关寄存器。

此部分包括设置区域 3 的存储器的工作模式、位宽和读/写时序等。本章使用模式 A、16 位宽,读/写共用一个时序寄存器。

③ 使能 BANK1 区域 3。最后,只需要通过 FSMC_BCR 寄存器使能 BANK1 区域 3 即可。

通过以上几个步骤,我们就完成了 FSMC 的配置,可以访问 IS62WV51216 了。注意,因为我们使用的是 BANK1 的区域 3,所以 HADDR[27:26]=10,故外部内存的首地址为 0X68000000。

30.2　硬件设计

本章实验功能简介:开机后显示提示信息,然后按下 KEY0 按键,即测试外部 SRAM 容量大小并显示在 LCD 上。按下 KEY1 按键,即显示预存在外部 SRAM 的数据。DS0 指示程序运行状态。

　　本实验用到的硬件资源有：指示灯 DS0、KEY0 和 KEY1 按键、串口、TFTLCD 模块、IS62WV51216。这些都已经介绍过（IS62WV51216 与 STM32F4 的各 I/O 对应关系请参考本书配套资料原理图），接下来开始软件设计。

30.3　软件设计

　　打开第 29 章的工程，由于本章没用到 OV2640 和定时器等相关代码，所以，先去掉这些代码（此时 HARDWARE 组下仅剩 led. c、ILI93xx. c 和 key. c 这 3 个文件）。然后，在 HARDWARE 文件夹下新建一个 SRAM 的文件夹。再新建 sram. c 和 sram. h 两个文件，将它们保存在 SRAM 文件夹下，并将这个文件夹加入头文件包含路径。

　　打开 sram. c 文件，输入如下代码：

```
//使用 NOR/SRAM 的 Bank1. sector3,地址位 HADDR[27,26] = 10
//对 IS61LV25616/IS62WV25616,地址线范围为 A0～A17
//对 IS61LV51216/IS62WV51216,地址线范围为 A0～A18
#define Bank1_SRAM3_ADDR      ((u32)(0x68000000))
//初始化外部 SRAM
void FSMC_SRAM_Init(void)
{
    RCC - >AHB1ENR| = 0XF<<3;              //使能 PD,PE,PF,PG 时钟
    RCC - >AHB3ENR| = 1<<0;                //使能 FSMC 时钟
    GPIO_AF_Set(GPIOG,10,12);             //PG10,AF12(CS 放到最前面,防止复位后
                                          //CS 非法变低,破坏原有数据)
    GPIO_Set(GPIOD,(3<<0)|(3<<4)|(0XFF<<8),GPIO_MODE_AF,GPIO_OTYPE_PP,
        GPIO_SPEED_100M,GPIO_PUPD_PU);    //PD0,1,4,5,8～15 AF OUT
    GPIO_Set(GPIOE,(3<<0)|(0X1FF<<7),GPIO_MODE_AF,GPIO_OTYPE_PP,
        GPIO_SPEED_100M,GPIO_PUPD_PU);    //PE0,1,7～15,AF OUT
    GPIO_Set(GPIOF,(0X3F<<0)|(0XF<<12),GPIO_MODE_AF,GPIO_OTYPE_PP,
        GPIO_SPEED_100M,GPIO_PUPD_PU);    //PF0～5,12～15
    GPIO_Set(GPIOG,(0X3F<<0)|PIN10,GPIO_MODE_AF,GPIO_OTYPE_PP,
        GPIO_SPEED_100M,GPIO_PUPD_PU);    //PG0～5,10
    GPIO_AF_Set(GPIOD,0,12);              //PD0,AF12
       //省略部分代码
     GPIO_AF_Set(GPIOG,5,12);            //PG5,AF12
    //bank1 有 NE1～4,每一个有一个 BCR + TCR,所以总共 8 个寄存器
    //这里我们使用 NE3 ,也就对应 BTCR[4],[5]。
    FSMC_Bank1 - >BTCR[4] = 0X00000000; //寄存器清零
    FSMC_Bank1 - >BTCR[5] = 0X00000000;
    FSMC_Bank1E - >BWTR[4] = 0X00000000;
    //操作 BCR 寄存器 使用异步模式,模式 A(读写共用一个时序寄存器)
    //BTCR[偶数]:BCR 寄存器;BTCR[奇数]:BTR 寄存器
    FSMC_Bank1 - >BTCR[4]| = 1<<12;//存储器写使能
    FSMC_Bank1 - >BTCR[4]| = 1<<4; //存储器数据宽度为 16 bit
    //操作 BTR 寄存器              (HCLK = 168M, 1 个 HCLK = 6 ns)
    FSMC_Bank1 - >BTCR[5]| = 8<<8; //数据保持时间(DATAST)为 9 个 HCLK 6 * 9 = 54 ns
    FSMC_Bank1 - >BTCR[5]| = 0<<4; //地址保持时间(ADDHLD)未用到
```

```
    FSMC_Bank1->BTCR[5]| = 0<<0; //地址建立时间(ADDSET)为 0 个 HCLK 0 ns
    FSMC_Bank1E->BWTR[4] = 0x0FFFFFFF;// 闪存写时序寄存器全部用默认值
    FSMC_Bank1->BTCR[4]| = 1<<0; //使能 BANK1 区域 3
}
//在指定地址(WriteAddr+Bank1_SRAM3_ADDR)开始,连续写入 n 个字节
//pBuffer:字节指针,WriteAddr:要写入的地址,n:要写入的字节数
void FSMC_SRAM_WriteBuffer(u8 * pBuffer,u32 WriteAddr,u32 n)
{
    for(;n! = 0;n--)
    {
        * (vu8 *)(Bank1_SRAM3_ADDR + WriteAddr) = * pBuffer;
        WriteAddr ++ ; pBuffer ++ ;
    }
}
//在指定地址((WriteAddr+Bank1_SRAM3_ADDR))开始,连续读出 n 个字节
//pBuffer:字节指针,ReadAddr:要读出的起始地址,n:要写入的字节数
void FSMC_SRAM_ReadBuffer(u8 * pBuffer,u32 ReadAddr,u32 n)
{
    for(;n! = 0;n--)
    {
        * pBuffer ++ = * (vu8 *)(Bank1_SRAM3_ADDR + ReadAddr);
        ReadAddr ++ ;
    }
}
//测试函数
//在指定地址写入一个字节
//addr:地址(0~SRAM 大小),data:要写入的数据
void fsmc_sram_test_write(u32 addr,u8 data)
{
    FSMC_SRAM_WriteBuffer(&data,addr,1);//写入一个字节
}
//读取一个字节
//addr:要读取的地址(0~SRAM 大小),返回值:读取到的数据
u8 fsmc_sram_test_read(u32 addr)
{
    u8 data;
    FSMC_SRAM_ReadBuffer(&data,addr,1);
    return data;
}
```

此部分代码包含 5 个函数,FSMC_SRAM_Init 函数用于初始化,包括 FSMC 相关 I/O 口的初始化以及 FSMC 配置;FSMC_SRAM_WriteBuffer 和 FSMC_SRAM_Read-Buffer 两个函数分别用于在外部 SRAM 的指定地址写入和读取指定长度的数据(字节数);fsmc_sram_test_write 和 fsmc_sram_test_read 用于给 USMART 调用,方便测试。

注意:当 FSMC 位宽为 16 位的时候,HADDR 右移一位同地址对齐,但是 ReadAddr 却没有加 2,而是加 1,是因为这里用的数据为宽是 8 位,通过 UB 和 LB 来控制高低字节位,所以地址在这里是可以只加 1 的。另外,因为我们使用的是 BANK1 区域 3,所以外部 SRAM 的基址为 0x68000000。

保存 sram.c 文件,并加入到 HARDWARE 组下。sram.h 的代码请参考本书配套

资料源码即可。最后,打开 test.c 文件,修改代码如下:

```
u32 testsram[250000] __attribute__((at(0X68000000)));//测试用数组
//外部内存测试(最大支持 1 MB 内存测试)
void fsmc_sram_test(u16 x,u16 y)
{
    u32 i = 0; u8 temp = 0; u8 sval = 0;      //在地址 0 读到的数据
      LCD_ShowString(x,y,239,y + 16,16,"Ex Memory Test:    0KB");
    //每隔 4 KB,写入一个数据,总共写入 256 个数据,刚好是 1 MB
    for(i = 0;i<1024 * 1024;i + = 4096) { FSMC_SRAM_WriteBuffer(&temp,i,1); temp ++ ;}
    //依次读出之前写入的数据,进行校验
     for(i = 0;i<1024 * 1024;i + = 4096)
    {
        FSMC_SRAM_ReadBuffer(&temp,i,1);
        if(i == 0)sval = temp;
        else if(temp< = sval)break;//后面读出的数据一定要比第一次读到的数据大
        LCD_ShowxNum(x + 15 * 8,y,(u16)(temp - sval + 1) * 4,4,16,0);//显示内存容量
    }
}

int main(void)
{
    u8 key; u8 i = 0; u32 ts = 0;
    Stm32_Clock_Init(336,8,2,7);//设置时钟,168 MHz
    delay_init(168);             //延时初始化
    uart_init(84,115200);        //初始化串口波特率为 115200
    LED_Init();                  //初始化 LED
    LCD_Init();                  //LCD 初始化
    KEY_Init();                  //按键初始化
    FSMC_SRAM_Init();            //初始化外部 SRAM
    usmart_dev.init(84);         //初始化 USMART
    POINT_COLOR = RED;//设置字体为红色
    LCD_ShowString(30,50,200,16,16,"Explorer STM32F4");
    LCD_ShowString(30,70,200,16,16,"SRAM TEST");
    LCD_ShowString(30,90,200,16,16,"ATOM@ALIENTEK");
    LCD_ShowString(30,110,200,16,16,"2014/5/14");
    LCD_ShowString(30,130,200,16,16,"KEY0:Test Sram");
    LCD_ShowString(30,150,200,16,16,"KEY1:TEST Data");
    POINT_COLOR = BLUE;//设置字体为蓝色
    for(ts = 0;ts<250000;ts ++ )testsram[ts] = ts;     //预存测试数据
      while(1)
    {
        key = KEY_Scan(0);//不支持连按
        if(key == KEY0_PRES)fsmc_sram_test(60,170);//测试 SRAM 容量
        else if(key == KEY1_PRES)//打印预存测试数据
        {
            for(ts = 0;ts<250000;ts ++ )LCD_ShowxNum(60,190,testsram[ts],6,16,0);//显示
        }else delay_ms(10);
        i ++ ;
        if(i == 20) { i = 0; LED0 = ! LED0;}//DS0 闪烁
    }
}
```

此部分代码除了 mian 函数,还有一个 fsmc_sram_test 函数,该函数用于测试外部 SRAM 的容量大小,并显示其容量。main 函数比较简单,我们就不细说了。

此段代码定义了一个超大数组 testsram,我们指定该数组定义在外部 SRAM 起始地址(__attribute__((at(0X68000000)))),该数组用来测试外部 SRAM 数据的读/写。注意,该数组的定义方法是我们推荐的使用外部 SRAM 的方法。如果想用 MDK 自动分配,那么需要用到分散加载,还需要添加汇编的 FSMC 初始化代码,相对来说比较麻烦。而且外部 SRAM 访问速度又远不如内部 SRAM,如果将一些需要快速访问的 SRAM 定义到了外部 SRAM,则会严重拖慢程序运行速度。而如果以我们推荐的方式来分配外部 SRAM,那么就可以控制 SRAM 的分配,可以针对性地选择放外部还是放内部,有利于提高程序运行速度,使用起来也比较方便。

最后,将 fsmc_sram_test_write 和 fsmc_sram_test_read 函数加入 USMART 控制,这样就可以通过串口调试助手测试外部 SRAM 任意地址的读/写了。

30.4 下载验证

编译成功之后,下载代码到 ALIENTEK 探索者 STM32F4 开发板上,得到如图 30.3 所示界面。此时,按下 KEY0 就可以在 LCD 上看到内存测试的画面,同样,按下 KEY1 就可以看到 LCD 显示存放在数组 testsram 里面的测试数据,如图 30.4 所示。该实验还可以借助 USMART 来测试,如图 30.5 所示。

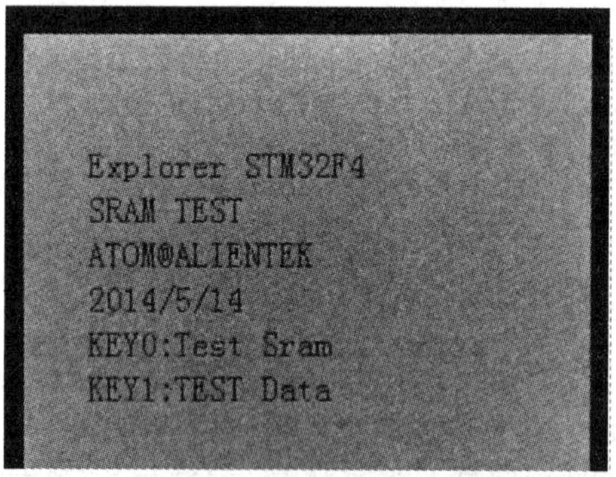

图 30.3　程序运行效果图

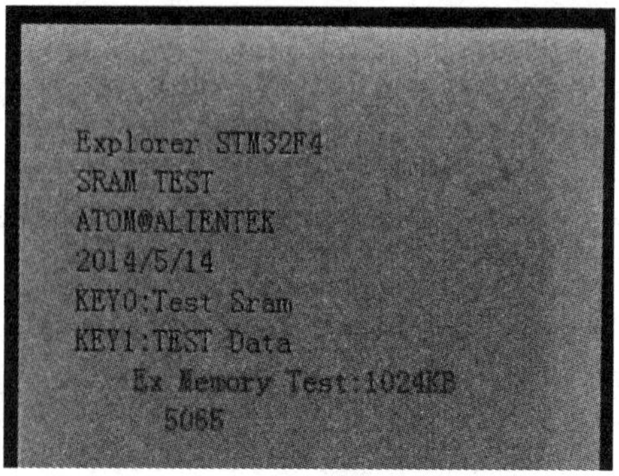

图 30.4　外部 SRAM 测试界面

```
LCD ID:5510

------------------------函数清单------------------------
u32 read_addr(u32 addr)
void write_addr(u32 addr,u32 val)
void delay_ms(u16 nms)
void delay_us(u32 nus)
void fsmc_sram_test_write(u32 addr,u8 data)
u8 fsmc_sram_test_read(u32 addr)


fsmc_sram_test_read(0X4D2)=0X0;

fsmc_sram_test_write(0X4D2,0X20);

fsmc_sram_test_read(0X4D2)=0X20;
```

单条发送	多条发送	协议传输	帮助

☐	list		0	☐	
☐	fsmc_sram_test_write(1234,32)		1	☐	
☐	fsmc_sram_test_read(1234)		2	☐	

图 30.5　USMART 测试外部 SRAM 读/写

第 **31** 章

内存管理实验

第 30 章学会了使用 STM32F4 驱动外部 SRAM,来扩展 STM32F4 的内存,加上 STM32F4 本身自带的 192 KB 内存,我们可供使用的内存还是比较多的。如果我们所用的内存都像第 30 章的 testsram 那样,定义一个数组来使用,显然不是一个好办法。本章将学习内存管理,从而实现对内存的动态管理。

31.1 内存管理简介

内存管理是指软件运行时对计算机内存资源的分配和使用的技术,最主要目的是如何高效、快速地分配,并且在适当的时候释放和回收内存资源。内存管理的实现方法有很多种,其实最终都是要实现 2 个函数:malloc 和 free;malloc 函数用于内存申请,free 函数用于内存释放。

本章介绍一种比较简单的办法来实现:分块式内存管理。该方法的实现原理如图 31.1 所示。可以看出,分块式内存管理由内存池和内存管理表两部分组成。内存池被等分为 n 块,对应的内存管理表大小也为 n,内存管理表的每一个项对应内存池的一块内存。

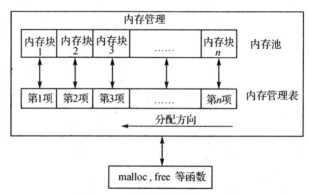

图 31.1 分块式内存管理原理

内存管理表的项值代表的意义为:当该项值为 0 的时候,代表对应的内存块未被占用;当该项值非零的时候,代表该项对应的内存块已经被占用,其数值则代表被连续占用的内存块数。比如某项值为 10,那么说明包括本项对应的内存块在内,总共分配了 10 个内存块给外部的某个指针。

内寸分配方向如图 31.1 所示,是从顶→底的分配方向,即首先从最末端开始找空内存。当内存管理刚初始化的时候,内存表全部清零,表示没有任何内存块被占用。

(1) 分配原理

当指针 p 调用 malloc 申请内存的时候,先判断 p 要分配的内存块数(m),然后从第 n 项开始向下查找,直到找到 m 块连续的空内存块(即对应内存管理表项为 0),然后将这 m 个内存管理表项的值都设置为 m(标记被占用),最后,把最后的这个空内存块的地址返回指针 p,完成一次分配。注意,当内存不够的时候(找到最后也没找到连续的 m 块空闲内存),则返回 NULL 给 p,表示分配失败。

(2) 释放原理

当 p 申请的内存用完需要释放的时候,调用 free 函数实现。free 函数先判断 p 指向的内存地址所对应的内存块,然后找到对应的内存管理表项目,得到 p 所占用的内存块数目 m(内存管理表项目的值就是所分配内存块的数目),将这 m 个内存管理表项目的值都清零,标记释放,完成一次内存释放。

31.2 硬件设计

本章实验功能简介:开机后显示提示信息,等待外部输入。KEY0 用于申请内存,每次申请 2 KB 内存。KEY1 用于写数据到申请到的内存里面。KEY2 用于释放内存。KEY_UP 用于切换操作内存区(内部 SRAM 内存、外部 SRAM 内存、内部 CCM 内存)。DS0 用于指示程序运行状态。本章还可以通过 USMART 调试,测试内存管理函数。

本实验用到的硬件资源有:指示灯 DS0、4 个按键、串口、TFTLCD 模块、IS62WV51216。这些都已经介绍过,接下来开始软件设计。

31.3 软件设计

本章将内存管理部分单独做一个分组,在工程目录下新建一个 MALLOC 的文件夹,然后新建 malloc.c 和 malloc.h 两个文件,将它们保存在 MALLOC 文件夹下。在 MDK 新建一个 MALLOC 的组,然后将 malloc.c 文件加入到该组,并将 MALLOC 文件夹添加到头文件包含路径。打开 malloc.c 文件,输入如下代码:

```
//内存池(32 字节对齐)
__align(32) u8 mem1base[MEM1_MAX_SIZE];        //内部 SRAM 内存池
__align(32) u8 mem2base[MEM2_MAX_SIZE] __attribute__((at(0X68000000)));
//外部 SRAM 内存池
__align(32) u8 mem3base[MEM3_MAX_SIZE] __attribute__((at(0X10000000)));
//内部 CCM 内存池
//内存管理表
u16 mem1mapbase[MEM1_ALLOC_TABLE_SIZE];        //内部 SRAM 内存池 MAP
u16 mem2mapbase[MEM2_ALLOC_TABLE_SIZE] __attribute__((at(0X68000000
```

```
   + MEM2_MAX_SIZE)));                //外部 SRAM 内存池 MAP
u16 mem3mapbase[MEM3_ALLOC_TABLE_SIZE] __attribute__((at(0X10000000
   + MEM3_MAX_SIZE)));                //内部 CCM 内存池 MAP
//内存管理参数
const u32 memtblsize[SRAMBANK] = {MEM1_ALLOC_TABLE_SIZE,
MEM2_ALLOC_TABLE_SIZE,MEM3_ALLOC_TABLE_SIZE};          //内存表大小
const u32 memblksize[SRAMBANK] = {MEM1_BLOCK_SIZE,MEM2_BLOCK_SIZE,
MEM3_BLOCK_SIZE};                                      //内存分块大小
const u32 memsize[SRAMBANK] = {MEM1_MAX_SIZE,MEM2_MAX_SIZE,
MEM3_MAX_SIZE};                                        //内存总大小
                                                       //内存管理控制器
struct _m_mallco_dev mallco_dev =
{
    my_mem_init,                                       //内存初始化
    my_mem_perused,                                    //内存使用率
    mem1base,mem2base,mem3base,                        //内存池
    mem1mapbase,mem2mapbase,mem3mapbase,               //内存管理状态表
    0,0,0,                                             //内存管理未就绪
};
//复制内存
//*des:目的地址,*src:源地址,n:需要复制的内存长度(字节为单位)
void mymemcpy(void * des,void * src,u32 n)
{
    u8  * xdes = des;
    u8  * xsrc = src;
    while(n -- ) * xdes ++ = * xsrc ++ ;
}
//设置内存
//*s:内存首地址;c :要设置的值
//count:需要设置的内存大小(字节为单位)
void mymemset(void  * s,u8 c,u32 count)
{
    u8 * xs  =  s;
    while(count -- ) * xs ++ = c;
}
//内存管理初始化
//memx:所属内存块
void my_mem_init(u8 memx)
{
    mymemset(mallco_dev.memmap[memx], 0,memtblsize[memx] * 2);//内存状态表数据清零
    mymemset(mallco_dev.membase[memx], 0,memsize[memx]);      //内存池所有数据清零
    mallco_dev.memrdy[memx] = 1;                              //内存管理初始化 OK
}
//获取内存使用率
//memx:所属内存块,返回值:使用率(0～100)
u8 my_mem_perused(u8 memx)
{
    u32 used = 0;u32 i;
    for(i = 0;i<memtblsize[memx];i ++ ) { if(mallco_dev.memmap[memx][i])used ++ ; }
    return (used * 100)/(memtblsize[memx]);
}
```

```
//内存分配(内部调用)
//memx:所属内存块,size:要分配的内存大小(字节)
//返回值:0XFFFFFFFF,代表错误;其他,内存偏移地址
u32 my_mem_malloc(u8 memx,u32 size)
{
    signed long offset = 0;
    u32 nmemb;      //需要的内存块数
    u32 cmemb = 0;//连续空内存块数
    u32 i;
    if(! mallco_dev.memrdy[memx])mallco_dev.init(memx);//未初始化,先执行初始化
    if(size == 0)return 0XFFFFFFFF;          //不需要分配
    nmemb = size/memblksize[memx];          //获取需要分配的连续内存块数
    if(size % memblksize[memx])nmemb ++ ;
    for(offset = memtblsize[memx] - 1;offset > = 0;offset -- )     //搜索整个内存控制区
    {
        if(! mallco_dev.memmap[memx][offset])cmemb ++ ;//连续空内存块数增加
        else cmemb = 0;                    //连续内存块清零
        if(cmemb == nmemb)                  //找到了连续 nmemb 个空内存块
        {
            for(i = 0;i<nmemb;i ++ )                //标注内存块非空
            {
                mallco_dev.memmap[memx][offset + i] = nmemb;
            }
            return (offset * memblksize[memx]);//返回偏移地址
        }
    }
    return 0XFFFFFFFF;//未找到符合分配条件的内存块
}
//释放内存(内部调用)
//memx:所属内存块,offset:内存地址偏移
//返回值:0,释放成功;1,释放失败
u8 my_mem_free(u8 memx,u32 offset)
{
    int i;
    if(! mallco_dev.memrdy[memx])//未初始化,先执行初始化
    {
        mallco_dev.init(memx);        //初始化内存池
        return 1;                    //未初始化
    }
    if(offset<memsize[memx])//偏移在内存池内.
    {
        int index = offset/memblksize[memx];        //偏移所在内存块号码
        int nmemb = mallco_dev.memmap[memx][index];    //内存块数量
        for(i = 0;i<nmemb;i ++ ) mallco_dev.memmap[memx][index + i] = 0;//内存块清零
        return 0;
    }else return 2;//偏移超区了
}
//释放内存(外部调用)
//memx:所属内存块,ptr:内存首地址
void myfree(u8 memx,void * ptr)
{
```

```
    u32 offset;
    if(ptr == NULL)return;//地址为 0.
     offset = (u32)ptr - (u32)mallco_dev.membase[memx];
    my_mem_free(memx,offset);        //释放内存
}
//分配内存(外部调用)
//memx:所属内存块,size:内存大小(字节),返回值:分配到的内存首地址
void * mymalloc(u8 memx,u32 size)
{
    u32 offset;
    offset = my_mem_malloc(memx,size);
    if(offset == 0XFFFFFFFF)return NULL;
    else return (void * )((u32)mallco_dev.membase[memx] + offset);
}
//重新分配内存(外部调用)
//memx:所属内存块,* ptr:旧内存首地址,size:要分配的内存大小(字节)
//返回值:新分配到的内存首地址
void * myrealloc(u8 memx,void * ptr,u32 size)
{
    u32 offset;
    offset = my_mem_malloc(memx,size);
    if(offset == 0XFFFFFFFF)return NULL;
    else
    {
        mymemcpy((void * )((u32)mallco_dev.membase[memx] + offset),ptr,size);
//复制旧内存内容到新内存
        myfree(memx,ptr);                //释放旧内存
        return (void * )((u32)mallco_dev.membase[memx] + offset); //返回新内存首地址
    }
}
```

这里通过内存管理控制器 mallco_dev 结构体(mallco_dev 结构体见 malloc.h),实现对 3 个内存池的管理控制。

首先是内部 SRAM 内存池,定义为:

```
__align(32) u8 mem1base[MEM1_MAX_SIZE];
```

然后是外部 SRAM 内存池,定义为:

```
__align(32) u8 mem2base[MEM2_MAX_SIZE] __attribute__((at(0X68000000)));
```

最后是内部 CCM 内存池,定义为:

```
__align(32) u8 mem3base[MEM3_MAX_SIZE] __attribute__((at(0X10000000)));
```

这里之所以要定义成 3 个,是因为这 3 个内存区域的地址都不一样,STM32F4 内部内存分为两大块:①普通内存(又分为主要内存和辅助内存,地址从 0X2000 0000 开始,共 128 KB),这部分内存任何外设都可以访问。②CCM 内存(地址从 0X1000 0000 开始,共 64 KB),这部分内存仅 CPU 可以访问,DMA 之类的不可以直接访问,使用时得特别注意!

而外部 SRAM 地址是从 0X6800 0000 开始的,共 1 024 KB。所以,这样总共有 3 部分内存,而内存池必须是连续的内存空间才可以,这样 3 个内存区域就有 3 个内存

池,因此,分成了 3 块来管理。

其中,MEM1_MAX_SIZE、MEM2_MAX_SIZE 和 MEM3_MAX_SIZE 为在 mal-
loc.h 里面定义的内存池大小,外部 SRAM 内存池指定地址为 0X6800 0000,也就是从
外部 SRAM 的首地址开始的,CCM 内存池从 0X1000 0000 开始,同样是从 CCM 内存
的首地址开始的。但是,内部 SRAM 内存池的首地址则由编译器自动分配。__align
(32)定义内存池为 32 字节对齐,以适应各种不同场合的需求。

此部分代码的核心函数为 my_mem_malloc 和 my_mem_free,分别用于内存申请
和内存释放。思路就是 31.1 节介绍的那样分配和释放内存,不过这两个函数只是内部
调用,外部调用使用的是 mymalloc 和 myfree 函数。其他函数就不多介绍了,保存
malloc.c,然后打开 malloc.h,在该文件里面输入如下代码:

```
# ifndef __MALLOC_H
# define __MALLOC_H
# include "stm32f4xx.h" # ifndef NULL
# define NULL 0
# endif
//定义 3 个内存池
# define SRAMIN        0          //内部内存池
# define SRAMEX        1          //外部内存池
# define SRAMCCM       2          //CCM 内存池(此部分 SRAM 仅仅 CPU 可以访问!!!)
# define SRAMBANK      3          //定义支持的 SRAM 块数
//mem1 内存参数设定.mem1 完全处于内部 SRAM 里面.
# define MEM1_BLOCK_SIZE        32          //内存块大小为 32 字节
# define MEM1_MAX_SIZE          100 * 1024          //最大管理内存 100 KB
# define MEM1_ALLOC_TABLE_SIZE  MEM1_MAX_SIZE/MEM1_BLOCK_SIZE
//内存表大小
//mem2 内存参数设定.mem2 的内存池处于外部 SRAM 里面
# define MEM2_BLOCK_SIZE        32          //内存块大小为 32 字节
# define MEM2_MAX_SIZE          960 * 1024          //最大管理内存 960 KB
# define MEM2_ALLOC_TABLE_SIZE  MEM2_MAX_SIZE/MEM2_BLOCK_SIZE
//内存表大小
//mem3 内存参数设定.mem3 处于 CCM,用于管理 CCM(特别注意,这部分 SRAM,仅 CPU 可
//以访问!!)
# define MEM3_BLOCK_SIZE        32          //内存块大小为 32 字节
# define MEM3_MAX_SIZE          60 * 1024          //最大管理内存 60 KB
# define MEM3_ALLOC_TABLE_SIZE  MEM3_MAX_SIZE/MEM3_BLOCK_SIZE
//内存表大小
//内存管理控制器
struct _m_mallco_dev
{
    void ( * init)(u8);                      //初始化
    u8 ( * perused)(u8);                     //内存使用率
    u8    * membase[SRAMBANK];               //内存池 管理 SRAMBANK 个区域的内存
    u16 * memmap[SRAMBANK];                  //内存管理状态表
    u8   memrdy[SRAMBANK];                   //内存管理是否就绪
};
extern struct _m_mallco_dev mallco_dev;      //在 mallco.c 里面定义
void mymemset(void * s,u8 c,u32 count);      //设置内存
```

```
void mymemcpy(void * des,void * src,u32 n);          //复制内存
void my_mem_init(u8 memx);                           //内存管理初始化函数(外/内部调用)
u32 my_mem_malloc(u8 memx,u32 size);                 //内存分配(内部调用)
u8 my_mem_free(u8 memx,u32 offset);                  //内存释放(内部调用)
u8 my_mem_perused(u8 memx);                          //获得内存使用率(外/内部调用)
//////////////////////////////////////////////////////////////////////////////
//用户调用函数
void myfree(u8 memx,void * ptr);                     //内存释放(外部调用)
void * mymalloc(u8 memx,u32 size);                   //内存分配(外部调用)
void * myrealloc(u8 memx,void * ptr,u32 size);       //重新分配内存(外部调用)
#endif
```

这部分代码定义了很多关键数据,比如内存块大小的定义 MEM1_BLOCK_SIZE、MEM2_BLOCK_SIZE 和 MEM3_BLOCK_SIZE,都是 32 字节。内部 SRAM 内存池大小为 100 KB,外部 SRAM 内存池大小为 960 KB,内部 CCM 内存池大小为 60 KB。

MEM1_ALLOC_TABLE_SIZE、MEM2_ALLOC_TABLE_SIZE 和 MEM3_AL-LOC_TABLE_SIZE 分别代表内存池 1、2 和 3 的内存管理表大小。

从这里可以看出,如果内存分块越小,那么内存管理表就越大。当分块为 2 字节一个块的时候,内存管理表就和内存池一样大了(管理表的每项都是 u16 类型)。显然是不合适的,这里取 32 字节,比例为 1∶16,内存管理表相对就比较小了。

其他请看代码理解。保存此部分代码。最后,打开 test.c 文件,修改代码如下:

```
int main(void)
{
    u8 key; u8 i = 0; u8 * p = 0;     u8 * tp = 0;
    u8 paddr[18];                     //存放 P Addr:+p 地址的 ASCII 值
    u8 key; u8 i = 0;
    u8 * p = 0; u8 * tp = 0;
    u8 paddr[18];                     //存放 P Addr:+p 地址的 ASCII 值
    u8 sramx = 0;                     //默认为内部 sram
    Stm32_Clock_Init(336,8,2,7);      //设置时钟,168 MHz
    delay_init(168);                  //延时初始化
    uart_init(84,115200);             //初始化串口波特率为 115 200
    LED_Init();                       //初始化 LED
    usmart_dev.init(84);              //初始化 USMART
    LCD_Init();                       //LCD 初始化
    KEY_Init();                       //按键初始化
    FSMC_SRAM_Init();                 //初始化外部 SRAM
    my_mem_init(SRAMIN);              //初始化内部内存池
    my_mem_init(SRAMEX);              //初始化外部内存池
    my_mem_init(SRAMCCM);             //初始化 CCM 内存池
    POINT_COLOR = RED;                //设置字体为红色
    LCD_ShowString(30,50,200,16,16,"Explorer STM32F4");
    ……//省略部分代码
    LCD_ShowString(30,230,200,16,16,"SRAMCCM USED:    % ");
    while(1)
    {
        key = KEY_Scan(0);            //不支持连按
        switch(key)
```

```
    {
        case 0：                                        //没有按键按下
            break;
        case KEY0_PRES：                                 //KEY0 按下
            p = mymalloc(sramx,2048);                   //申请 2 KB
            if(p! = NULL)sprintf((char * )p,"Memory Malloc Test % 03d",i);
                                                        //向 p 写入内容
            break;
        case KEY1_PRES：                                 //KEY1 按下
            if(p! = NULL)
            {
                sprintf((char * )p,"Memory Malloc Test % 03d",i);   //更新显示内容
                LCD_ShowString(30,270,200,16,16,p);     //显示 P 的内容
            }
            break;
        case KEY2_PRES：                                 //KEY2 按下
            myfree(sramx,p);                            //释放内存
            p = 0;                                      //指向空地址
            break;
        case WKUP_PRES：                                 //KEY UP 按下
            sramx ++ ;
            if(sramx>2)sramx = 0;
            if(sramx == 0)LCD_ShowString(30,170,200,16,16,"SRAMIN ");
            else if(sramx == 1)LCD_ShowString(30,170,200,16,16,"SRAMEX ");
            else LCD_ShowString(30,170,200,16,16,"SRAMCCM");
            break;
    }
    if(tp! = p)
    {
        tp = p;
        sprintf((char * )paddr,"P Addr:0X % 08X",(u32)tp);
        LCD_ShowString(30,250,200,16,16,paddr);        //显示 p 的地址
        if(p)LCD_ShowString(30,270,200,16,16,p);//显示 P 的内容
        else LCD_Fill(30,270,239,266,WHITE);           //p = 0,清除显示
    }
    delay_ms(10); i ++ ;
    if((i % 20) == 0)//DS0 闪烁.
    {
        LCD_ShowNum(30 + 104,190,my_mem_perused(SRAMIN),3,16);//显示使用率
        LCD_ShowNum(30 + 104,210,my_mem_perused(SRAMEX),3,16);//显示使用率
        LCD_ShowNum(30 + 104,230,my_mem_perused(SRAMCCM),3,16);//使用率
        LED0 = ! LED0;
    }
    }
}
```

该部分代码比较简单,主要是对 mymalloc 和 myfree 的应用。注意,如果对一个指针进行多次内存申请,而之前的申请又没释放,那么将造成"内存泄露",这是内存管理所不希望发生的,久而久之可能导致无内存可用的情况! 所以,在使用的时候,申请的内存在用完以后一定要释放。

另外,本章希望利用 USMART 调试内存管理,所以在 USMART 里面添加了 mymalloc 和 myfree 两个函数,用于测试内存分配和内存释放。大家可以通过 USMART 自行测试。

31.4　下载验证

编译成功之后,下载代码到 ALIENTEK 探索者 STM32F4 开发板上,得到如图 31.2 所示界面。可以看到,所有内存的使用率均为 0%,说明还没有任何内存被使用,此时按下 KEY0 就可以看到内部 SRAM 内存被使用 2% 了,同时看到下面提示了指针 p 所指向的地址(其实就是被分配到的内存地址)和内容。多按几次 KEY0,可以看到内存使用率持续上升(注意对比 p 的值,可以发现是递减的,说明是从顶部开始分配内存),此时如果按下 KEY2,可以发现内存使用率降低了 2%,但是再按 KEY2 将不再降低,说明"内存泄露"了。这就是前面提到的对一个指针多次申请内存,而之前申请的内存又没释放导致的"内存泄露"的情况。

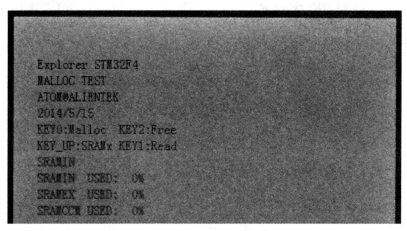

图 31.2　程序运行效果图

按 KEY_UP 按键,可以切换当前操作内存(内部 SRAM 内存、外部 SRAM 内存、内部 CCM 内存),KEY1 键用于更新 p 的内容,更新后的内容将重新显示在 LCD 模块上面。

本章还可以借助 USMART 测试内存的分配和释放,有兴趣的读者可以动手试试,如图 31.3 所示。

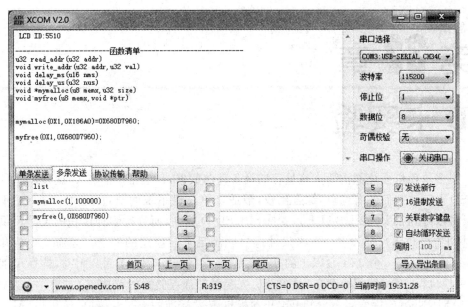

图 31.3 USMART 测试内存管理函数

第 **32** 章

SD 卡实验

很多单片机系统都需要大容量存储设备存储数据,目前常用的有 U 盘、FLASH 芯片、SD 卡等。它们各有优点,综合比较,最适合单片机系统的莫过于 SD 卡了,它不仅容量可以做到很大(32 GB 以上),支持 SPI/SDIO 驱动,而且有多种体积的尺寸可供选择(标准的 SD 卡尺寸以及 TF 卡尺寸等),能满足不同应用的要求。只需要少数几个 I/O 口即可外扩一个 32 GB 以上的外部存储器,容量从几十 M 到几十 G,选择尺度很大,更换也很方便,编程也简单,是单片机大容量外部存储器的首选。

ALIENTKE 探索者 STM32F4 开发板自带了标准的 SD 卡接口,使用 STM32F4 自带的 SDIO 接口驱动,4 位模式,最高通信速度可达 48 MHz(分频器旁路时),最高每秒可传输数据 24 MB,对于一般应用足够了。本章将介绍如何在 ALIENTEK 探索者 STM32F4 开发板上实现 SD 卡的读取。

32. 1 SDIO 简介

ALIENTEK 探索者 STM32F4 开发板自带 SDIO 接口,本节将简单介绍 STM32F4 的 SDIO 接口,包括主要功能及框图、时钟、命令与响应和相关寄存器简介等,最后介绍 SD 卡的初始化流程。

32. 1. 1 SDIO 主要功能及框图

STM32F4 的 SDIO 控制器支持多媒体卡(MMC 卡)、SD 存储卡、SD I/O 卡和 CE - ATA设备等。SDIO 的主要功能如下:

➢ 与多媒体卡系统规格书版本 4. 2 全兼容,支持 3 种不同的数据总线模式:1 位 (默认)、4 位和 8 位。

➢ 与较早的多媒体卡系统规格版本全兼容(向前兼容)。

➢ 与 SD 存储卡规格版本 2. 0 全兼容。

➢ 与 SD I/O 卡规格版本 2. 0 全兼容:支持良种不同的数据总线模式:1 位(默认) 和 4 位。

➢ 完全支持 CE - ATA 功能(与 CE - ATA 数字协议版本 1. 1 全兼容)。8 位总线 模式下数据传输速率可达 48 MHz(分频器旁路时)。

➢ 数据和命令输出使能信号,用于控制外部双向驱动器。

STM32F4 的 SDIO 控制器包含 2 个部分:SDIO 适配器模块和 APB2 总线接口,其功能框图如图 32.1 所示。复位后默认情况下 SDIO_D0 用于数据传输。初始化后主机可以改变数据总线的宽度(通过 ACMD6 命令设置)。

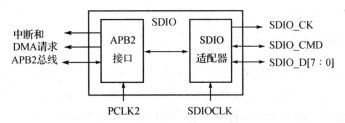

图 32.1 STM32F4 的 SDIO 控制器功能框图

如果一个多媒体卡接到了总线上,则 SDIO_D0、SDIO_D[3∶0]或 SDIO_D[7∶0]可以用于数据传输。MMC 版本 V3.31 和之前版本的协议只支持一位数据线,所以只能用 SDIO_D0(为了通用性考虑,在程序里面我们只要检测到是 MMC 卡就设置为一位总线数据)。

如果一个 SD 或 SD I/O 卡接到了总线上,则可以通过主机配置数据传输使用 SDIO_D0 或 SDIO_D[3∶0]。所有的数据线都工作在推挽模式。

SDIO_CMD 有两种操作模式:

① 用于初始化时的开路模式(仅用于 MMC 版本 V3.31 或之前版本)。

② 用于命令传输的推挽模式(SD/SD I/O 卡和 MMC V4.2 在初始化时也使用推挽驱动)。

32.1.2 SDIO 的时钟

从图 32.1 可以看到,SDIO 总共有 3 个时钟,分别是:

➤ 卡时钟(SDIO_CK):每个时钟周期在命令和数据线上传输一位命令或数据。对于多媒体卡 V3.31 协议,时钟频率可以在 0~20 MHz 间变化;对于多媒体卡 V4.0/4.2 协议,时钟频率可以在 0~48 MHz 间变化;对于 SD 或 SD I/O 卡,时钟频率可以在 0~25 MHz 间变化。

➤ SDIO 适配器时钟(SDIOCLK):该时钟用于驱动 SDIO 适配器,来自 PLL48CK,一般为 48 MHz,并用于产生 SDIO_CK 时钟。

➤ APB2 总线接口时钟(PCLK2):该时钟用于驱动 SDIO 的 APB2 总线接口,其频率为 HCLK/2,一般为 84 MHz。

前面提到,根据卡的不同,SD 卡时钟(SDIO_CK)可能有好几个区间,这就涉及时钟频率的设置,SDIO_CK 与 SDIOCLK 的关系(时钟分频器不旁路时)为:

$$SDIO\_CK = SDIOCLK/(2 + CLKDIV)$$

其中,SDIOCLK 为 PLL48CK,一般是 48 MHz。而 CLKDIV 则是分配系数,可以通过 SDIO 的 SDIO_CLKCR 寄存器进行设置(确保 SDIO_CK 不超过卡的最大操作频率)。注意,以上公式是时钟分频器不旁路时的计算公式;当时钟分频器旁路时,SDIO_

CK 直接等于 SDIOCLK。

注意,在 SD 卡刚刚初始化的时候,其时钟频率(SDIO_CK)是不能超过 400 kHz 的,否则可能无法完成初始化。在初始化以后,就可以设置时钟频率到最大了(但不可超过 SD 卡的最大操作时钟频率)。

32.1.3　SDIO 的命令与响应

SDIO 的命令分为应用相关命令(ACMD)和通用命令(CMD)两部分,应用相关命令(ACMD)的发送必须先发送通用命令(CMD55),然后才能发送应用相关命令(AC-MD)。SDIO 的所有命令和响应都是通过 SDIO_CMD 引脚传输的,任何命令的长度都是固定为 48 位,命令格式如表 32.1 所列。

所有的命令都由 STM32F4 发出,其中,开始位、传输位、CRC7 和结束位由 SDIO 硬件控制,我们需要设置的就只有命令索引和参数部分。其中,命令索引(如 CMD0、CMD1 之类的)在 SDIO_CMD 寄存器里面设置,命令参数则由寄存器 SDIO_ARG 设置。

一般情况下,选中的 SD 卡在接收到命令之后都会回复一个应答(注意,CMD0 是无应答的),这个应答称为响应,响应也是在 CMD 线上串行传输的。STM32F4 的 SDIO 控制器支持 2 种响应类型,即短响应(48 位)和长响应(136 位),这两种响应类型都带 CRC 错误检测(注意不带 CRC 的响应应该忽略 CRC 错误标志,如 CMD1 的响应)。

短响应的格式如表 32.2 所列。长响应的格式如表 32.3 所列。

表 32.1　SDIO 命令格式

位的位置	宽　度	值	说　明
47	1	0	起始位
46	1	1	传输位
[45：40]	6	—	命令索引
[39：8]	32	—	参数
[7：1]	7	—	CRC7
0	1	1	结束位

表 32.2　SDIO 命令格式

位的位置	宽　度	值	说　明
47	1	0	起始位
46	1	0	传输位
[45：40]	6	—	命令索引
[39：8]	32	—	参数
[7：1]	7	—	CRC7(或 1111111)
0	1	1	结束位

同样,硬件为我们滤除了开始位、传输位、CRC7 以及结束位等信息。对于短响应,命令索引存放在 SDIO_RESPCMD 寄存器,参数则存放在 SDIO_RESP1 寄存器里面。对于长响应,则仅留 CID/CSD 位域,存放在 SDIO_RESP1~SDIO_RESP4 这 4 个寄存器。

SD 存储卡总共有 5 类响应(R1、R2、R3、R6、R7),这里以 R1 为例简单介绍一下。R1(普通响应命令)响应输入短响应,长度为 48 位。R1 响应的格式如表 32.4 所列。

表 32.3　SDIO 命令格式

位的位置	宽　度	值	说　明
135	1	0	起始位
134	1	0	传输位
[133：128]	6	111111	保留
[127：1]	127	—	CID 或 CSD（包括内部 CRC7）
0	1	1	结束位

表 32.4　R1 响应格式

位的位置	宽度（位）	值	说　明
47	1	0	起始位
46	1	0	传输位
[45：40]	6	X	命令索引
[39：8]	32	X	卡状态
[7：1]	7	X	CRC7
0	1	1	结束位

在收到 R1 响应后，我们可以从 SDIO_RESPCMD 寄存器和 SDIO_RESP1 寄存器分别读出命令索引和卡状态信息。其他响应的介绍请参考本书配套资料的"SD 卡 2.0 协议. pdf"或《STM32F4xx 中文参考手册》第 28 章。

最后，我们看看数据在 SDIO 控制器与 SD 卡之间的传输。对于 SDI/SDIO 存储器，数据是以数据块的形式传输的，而对于 MMC 卡，数据是以数据块或者数据流的形式传输。本节只考虑数据块形式的数据传输。

SDIO（多）数据块读操作如图 32.2 所示。可以看出，从机在收到主机相关命令后，开始发送数据块给主机，所有数据块都带有 CRC 校验值（CRC 由 SDIO 硬件自动处理），单个数据块读的时候，在收到一个数据块以后即可以停止了，不需要发送停止命令（CMD12）。但是多块数据读的时候，SD 卡将一直发送数据给主机，直到接到主机发送的 STOP 命令（CMD12）。

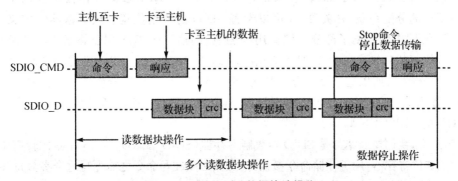

图 32.2　SDIO（多）数据块读操作

SDIO（多）数据块写操作，如图 32.3 所示。数据块写操作同数据块读操作基本类似，只是数据块写的时候多了一个繁忙判断，新的数据块必须在 SD 卡非繁忙的时候发送。这里的繁忙信号由 SD 卡拉低 SDIO_D0，以表示繁忙，SDIO 硬件自动控制，不需要软件处理。

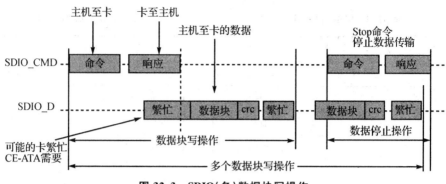

图 32.3　SDIO(多)数据块写操作

32.1.4　SDIO 相关寄存器介绍

第一个,我们来看 SDIO 电源控制寄存器(SDIO_POWER),该寄存器定义如图 32.4 所示。该寄存器复位值为 0,所以 SDIO 的电源是关闭的。要启用 SDIO,第一步就是要设置该寄存器最低 2 个位均为 1,让 SDIO 上电,开启卡时钟。

位 31：2　保留,必须保持复位值
位 1：0　PWRCTRL:电源控制位。这些位用于定义卡时钟的当前功能状态:
　　　　00:掉电:停止为卡提供时钟。　　　10:保留,上电
　　　　01:保留　　　　　　　　　　　　11:通电,为卡提供时钟

图 32.4　SDIO_POWER 寄存器位定义

第二个,我们看 SDIO 时钟控制寄存器(SDIO_CLKCR),该寄存器主要用于设置 SDIO_CK 的分配系数、开关等,并可以设置 SDIO 的数据位宽。该寄存器的定义如图 32.5 所示。图中仅列出了部分我们要用到的位设置,WIDBUS 用于设置 SDIO 总线位宽,正常使用的时候设置为 1,即 4 位宽度。BYPASS 用于设置分频器是否旁路,我们一般要使用分频器,所以这里设置为 0,禁止旁路。CLKEN 则用于设置是否使能 SDIO_CK,我们设置为 1。最后,CLKDIV 用于控制 SDIO_CK 的分频,一般设置为 0 即可得到 24 MHz 的 SDIO_CK 频率。

第三个,我们要介绍的是 SDIO 参数制寄存器(SDIO_ARG)。该寄存器比较简单,就是一个 32 位寄存器,用于存储命令参数。注意,必须在写命令之前先写这个参数寄存器!

第四个,我们要介绍的是 SDIO 命令响应寄存器(SDIO_RESPCMD)。该寄存器为 32 位,但只有低 6 位有效,比较简单,用于存储最后收到的命令响应中的命令索引。如果传输的命令响应不包含命令索引,则该寄存器的内容不可预知。

第五个,我们要介绍的是 SDIO 响应寄存器组(SDIO_RESP1～SDIO_RESP4)。该寄存器组总共由 4 个 32 位寄存器组成,用于存放接收到的卡响应部分信息。如果收到短响应,则数据存放在 SDIO_RESP1 寄存器里面,其他 3 个寄存器没有用到。而如果收到长响应,则依次存放在 SDIO_RESP1～ SDIO_RESP4 里面,如表 32.5 所列。

31 30 29 28 27 26 25 24 23 22 21 20 19 18 17 16 15	14	13	12 11	10	9	8	7 6 5 4 3 2 1 0
Reserved	HWFC_EN	NEGEDGE	WID BUS	BYPASS	PWRSAV	CLKEN	CLKDIV
	rw	rw	rw rw	rw	rw rw	rw	rw rw rw rw rw rw rw rw

位 12：11　WIDBUS：宽总线模式使能位(Wide bus mode enable bit)
　　　　　00：默认总线模式：使用 SDIO_DO
　　　　　01：4 位宽总线模式：使用 SDIO_D[3：0]
　　　　　10：8 位宽总线模式：使用 SDIO_D[7：0]
位 10　BYPASS：时钟分频器旁路使能位(Clock divider bypass enable bit)
　　　　　0：禁止旁路：在驱动 SDIO_CK 输出信号前，根据 CLKDIV 值对 SDIOCLK 进行分频。
　　　　　1：使能旁路：SDIOCLK 直接驱动 SDIO_CK 输出信号。
位 8　CLKEN：时钟使能位(Clock enable bit)
　　　　　0：禁止：SDIO_CK
　　　　　1：使能 SDIO_CK
位 7：0　CLKDIV：时钟分频系数(Clock divide factor)
　　　　　该字段定义输入时钟(SDIOCLK)与输出时钟(SDIO_CK)之间的分频系数：
　　　　　SDIO_CK 频率＝SDIOCLK/[CLKDIV＋2]。

图 32.5　SDIO_CLKCR 寄存器位定义

表 32.5　响应类型和 SDIO_RESPx 寄存器

寄存器	短响应	长响应
SDIO RESP1	卡状态[31：0]	卡状态[127：96]
SDIO RESP2	未使用	卡状态[95：64]
SDIO RESP3	未使用	卡状态[63：32]
SDIO RESP4	未使用	卡状态[31：1]0b

第六个，我们介绍 SDIO 命令寄存器(SDIO_CMD)。该寄存器各位定义如图 32.6 所示。图中只列出了部分位的描述，其中低 6 位为命令索引，也就是我们要发送的命令索引号(比如发送 CMD1，其值为 1，索引就设置为 1)。位[7：6]用于设置等待响应位，用于指示 CPSM 是否需要等待以及等待类型等。这里的 CPSM，即命令通道状态机，请参阅《STM32F4xx 中文参考手册》第 776 页。命令通道状态机一般都是开启的，所以位 10 要设置为 1。

第七个，我们要介绍的是 SDIO 数据定时器寄存器(SDIO_DTIMER)。该寄存器用于存储以卡总线时钟(SDIO_CK)为周期的数据超时时间，一个计数器将从 SDIO_DTIMER 寄存器加载数值，并在数据通道状态机(DPSM)进入 Wait_R 或繁忙状态时进行递减计数。当 DPSM 处在这些状态时，如果计数器减为 0，则设置超时标志。这里的 DPSM，即数据通道状态机，类似 CPSM，详细请参考《STM32F4xx 中文参考手册》第 780 页。注意：在写入数据控制寄存器进行数据传输之前，必须先写入该寄存器(SDIO_DTIMER)和数据长度寄存器(SDIO_DLEN)！

第八个，我们要介绍的是 SDIO 数据长度寄存器(SDIO_DLEN)。该寄存器低 25 位有效，用于设置需要传输的数据字节长度。对于块数据传输，该寄存器的数值必须是数据块长度(通过 SDIO_DCTRL 设置)的倍数。

31 30 29 28 27 26 25 24 23 22 21 20 19 18 17 16 15	14	13	12	11	10	9	8	7	6	5 4 3 2 1 0
Reserved	CE-ATACMD	nIEN	ENCMDcompl	SDIOSuspend	CPSMEN	WAITPEND	WAITINT	WAITRESP		CMDINDEX
	rw	rw	rw	rw	rw	rw	rw	rw	rw	rw rw rw rw rw rw

位 10　CPSMEN:命令路径状态机(CPSM)使能位(Command path state machine (CPSM) Enable bit)如果此位置 1,则使能 CPSM。

位 7:6　WAITRESP:等待响应位(Wait for response bits)这些位用于配置 CPSM 是否等待响应,如果等待,将等待哪种类型的响应。

　　00:无响应,但 CMDSENT 标志除外

　　01:短响应,但 CMDREND 或 CCRCFAIL 标志除外

　　10:无响应,但 CMDSENT 标志除外

　　11:长响应,但 CMDREND 或 CCRCFAIL 标志除外

位 5:0　CMDINDEX:命令索引(Command index)命令索引作为命令消息的一部分发送给卡

图 32.6　SDIO_CMD 寄存器位定义

第九个,我们要介绍的是 SDIO 数据控制寄存器(SDIO_DCTRL)。该寄存器各位定义如图 32.7 所示。该寄存器用于控制数据通道状态机(DPSM),包括数据传输使

31 30 29 28 27 26 25 24 23 22 21 20 19 18 17 16 15 14 13 12	11	10	9	8	7 6 5 4	3	2	1	0
Reserved	SDIOEN	RWMOD	RWSTOP	RWSTART	DBLOCKSIZE	DMAEN	DTMODE	DTDIR	DTEN
	rw	rw	rw	rw	rw rw rw rw	rw	rw	rw	rw

位 11　SDIOEN:SD I/O 使能功能(SD I/O enable functions)如果将该位置 1,则 DPSM 执行特定于 SD I/O 卡的操作。

位 10　RWMOD:读取等待模式(Read wait mode)

　　0:通过停止 SDIO_D2 进行读取等待控制;1:使用 SDIO_CK 进行读取等待控制

位 9　RWSTOP:读取等待停止(Read wait stop)

　　0:如果将 RWSTART 置 1,则读取等待正在进行中

　　1:如果将 RWSTART 置 1,则使能读取等待停止

位 8　RWSTART:读取等待开始(Read wait start)如果将该位置 1,则读取等待操作开始。

位 7:4　DBLOCKSIZE:数据块大小(Data block size)定义在选择了块数据传输模式时数据块的长度:

　　0000:(十进制数 0)块长度 $= 2^0 = 1$ 字节　　1000:(十进制数 8)块长度 $= 2^8 = 256$ 字节

　　0001:(十进制数 1)块长度 $= 2^1 = 2$ 字节　　1001:(十进制数 9)块长度 $= 2^9 = 512$ 字节

　　0010:(十进制数 2)块长度 $= 2^2 = 4$ 字节　　1010:(十进制数 10)块长度 $= 2^{10} = 1\,024$ 字节

　　0011:(十制数 3)块长度 $= 2^3 = 8$ 字节　　1011:(十进制数 11)块长度 $= 2^{11} = 2\,048$ 字节

　　0100:(十进制数 4)块长度 $= 2^4 = 16$ 字节　　1100:(十进制数 12)块长度 $= 2^{12} = 4\,096$ 字节

　　0101:(十进制数 5)块长度 $= 2^5 = 32$ 字节　　1101:(十进制数 13)块长度 $= 2^{13} = 8\,192$ 字节

　　0110:(十进制数 6)块长度 $= 2^6 = 64$ 字节　　1110:(十进制数 14)块长度 $= 2^{14} = 16\,384$ 字节

　　0111:(十进制数 7)块长度 $= 2^7 = 128$ 字节　　1111:(十进制数 15)保留

位 3　DMAEN:DMA 使能位(DMA enable bit)

　　0:禁止 DMA。

　　1:使能 DMA。

位 2　DTMODE:数据传输模式选择(Data transfer mode selection)

　　0:块数据传输;　　　　　　　　　　　　　1:流或 SDIO 多字节数据传输

位 1　DTDIR:数据传输方向选择(Data transfer direction selection)

　　0:从控制器到卡;1:从卡到控制器。

位 0　DTEN:数据传输使能位(Data transfer enabled bit)。如果 1 写入到 DTEN 位,则数据传输开始。根据方向位 DTDIR,如果在传输开始时立即将 RW 置 1,则 DPSM 变为 Wait_S 状态、Wait_R 状态或读取等待状态。在数据传输结束后不需要将使能位清零,但必须更新 SDIO_DCTRL 以使能新的数据传输

图 32.7　SDIO_DCTRL 寄存器位定义

能、传输方向、传输模式、DMA 使能、数据块长度等信息,都是通过该寄存器设置。我们需要根据自己的实际情况来配置该寄存器,才可正常实现数据收发。

接下来介绍几个位定义十分类似的寄存器,它们是状态寄存器(SDIO_STA)、清除中断寄存器(SDIO_ICR)和中断屏蔽寄存器(SDIO_MASK),这 3 个寄存器每个位的定义都相同,只是功能各有不同。以状态寄存器(SDIO_STA)为例,该寄存器各位定义如图 32.8 所示。

31 30 29 28 27 26 25 24	23	22	21	20	19	18	17	16	15	14	13	12	11	10	9	8	7	6	5	4	3	2	1	0
Reserved	CEATAEND	SDIOIT	RXDAVL	TXDAVL	RXFIFOE	TXFIFOF	RXFIFOF	TXFIFOF	RXFIFOHF	TXFIFOHE	RXACT	TXACT	CMDACT	DBCKEND	STBITERR	DATAEND	CMDSENT	CMDREND	RXOVERR	TXUNDERR	DTIMEOUT	CTIMEOUT	DCRCFAIL	CCRCFAIL
Res.	r	r	r	r	r	r	r	r	r	r	r	r	r	r	r	r	r	r	r	r	r	r	r	r

位 23　CEATAEND:针对 CMD61 收到了 CE – ATA 命令充完成信号
位 22　SDIOIT:收到了 SDIO 中断(SDIO interrupt received)
位 21　RXDAVL:接收 FIFO 中有数据可用(Data available in receive FIFO)
位 20　TXDAVL:传输 FIFO 中有数据可用(Data available in transmit FIFO)
位 19　RXFIFOE:接收 FIFO 为空(Receive FIFO empty)
位 18　TXFIFOE:发送 FIFO 为空(Transmit FIFO empty)
如果使能了硬件流控制,则 TXFIFOE 信号住 FIFO 包含 2 个字时激活。
位 17　RXFIFOF:接收 FIFO 已满(Receive FIFO full)
如果使能了硬件流控制,则 RXFIFOF 信口在 FIFO 差 2 个字便变满之前激活。
位 16　TXFIFOF:传输 FIFO 已满(Transmit FIFO full)
位 15　RXFIFOHF:接收 FIFO 半满:FIFO 中至少有 8 个字
位 14　TXFIFOHE:传输 FIFO 半空:至少可以写入 8 个字到 FIFO
位 13　RXACT:数据接收正在进行中(Data receive in progress)
位 12　TXACT:数据传输正在进行中(Data transmit in progress)
位 11　CMDACT:命令传输正在进行中(Command transfer in progress)
位 10　DBCKEND:已发送/接收数据块(CRC 校验通过)
位 9　STBITERR:在宽总线模式下,并非在所有数据信号上都检测到了起始位
位 8　DATAEND:数据结束(数据计数器 SDIDCOUNT 为零)
位 7　CMDSENT:命令已发送(不需要响应)(Command sent(no response required)
位 6　CMDREND:已接收命令响应(CRC 校验通过)
位 5　RXOVERR:收到了 FIFO 上溢错误(Received FIFO overrun error)
位 4　TXUNDERR:传输 FIFO 下溢错误(Transmit FIFO underrun error)
位 3　DTIMEOUT:数据超时(Data timeout)
位 2　CTIMEOUT:命令响应超时(Command response timeout)
命令超时周期为固定值 64 个 SDIO_CK 时钟周期。
位 1　DCRCFAIL:已发送/接收数据块(CRC 校验失败)
位 0　CCRCFAIL:已接收命令响应(CRC 校验失败)

图 32.8　SDIO_STA 寄存器位定义

状态寄存器可以用来查询 SDIO 控制器的当前状态,以便处理各种事务。比如 SDIO_STA 的位 2 表示命令响应超时,说明 SDIO 的命令响应出了问题。通过设置 SDIO_ICR 的位 2 可以清除这个超时标志,而设置 SDIO_MASK 的位 2 可以开启命令响应超时中断,设置为 0 关闭。

最后介绍 SDIO 的数据 FIFO 寄存器(SDIO_FIFO)。数据 FIFO 寄存器包括接收

和发送 FIFO,它们由一组连续的 32 个地址上的 32 个寄存器组成,CPU 可以使用 FIFO 读/写多个操作数。例如我们要从 SD 卡读数据,就必须读 SDIO_FIFO 寄存器,要写数据到 SD 卡,则要写 SDIO_FIFO 寄存器。SDIO 将这 32 个地址分为 16 个一组,发送接收各占一半。而我们每次读/写的时候,最多就是读取发送 FIFO 或写入接收 FIFO 的一半大小的数据,也就是 8 个字(32 个字节)。这里特别提醒,我们操作 SDIO_FIFO(不论读出还是写入)必须是以 4 字节对齐的内存进行操作,否则将导致出错!

至此,SDIO 的相关寄存器就介绍完了。还有几个不常用的寄存器,请参考《STM32F4xx 中文参考手册》第 28 章。

32.1.5　SD 卡初始化流程

最后来看看 SD 卡的初始化流程。要实现 SDIO 驱动 SD 卡,最重要的步骤就是 SD 卡的初始化,只要 SD 卡初始化完成了,那么剩下的(读/写操作)就简单了,所以这里重点介绍 SD 卡的初始化。从 SD 卡 2.0 协议(见本书配套资料资料)文档可以得到 SD 卡初始化流程图,如图 32.9 所示。

从图中看到,不管什么卡(这里将卡分为 4 类:SD2.0 高容量卡(SDHC,最大 32G)、SD2.0 标准容量卡(SDSC,最大 2G)、SD1.x 卡和 MMC 卡),首先要执行的是卡上电(需要设置 SDIO_POWER[1:0]=11),上电后发送 CMD0 对卡进行软复位,之后发送 CMD8 命令,用于区分 SD 卡 2.0。只有 2.0 及以后的卡才支持 CMD8 命令,MMC 卡和 V1.x 的卡是不支持该命令的。CMD8 的格式如表 32.6 所列。

表 32.6　CMD8 命令格式

位　宽	47	46	[45:40]	[39:20]	[19:16]	[15:8]	[7:1]	0
位　宽	1	1	6	20	4	8	7	1
值	'0'	'1'	'001000'	'00000h'	x	x	x	'1'
描　述	起始位	传输位	命令索引	保留位	供电电压 (VHS)	检查 模式	CRC7	结束位

这里需要在发送 CMD8 的时候,通过其带的参数使我们可以设置 VHS 位,以告诉 SD 卡主机的供电情况。VHS 位定义如表 32.7 所列。

这里使用参数 0X1AA,即告诉 SD 卡,主机供电为 2.7~3.6 V 之间。如果 SD 卡支持 CMD8,且支持该电压范围,则会通过 CMD8 的响应(R7)将参数部分原本返回给主机;如果不支持 CMD8 或者不支持这个电压范围,则不响应。

表 32.7　VHS 位定义

供电电压	说明
0000b	未定义
0001b	2.7~3.6V
0010b	低电压范围保留值
0100b	保留
1000b	保留
Others	未定义

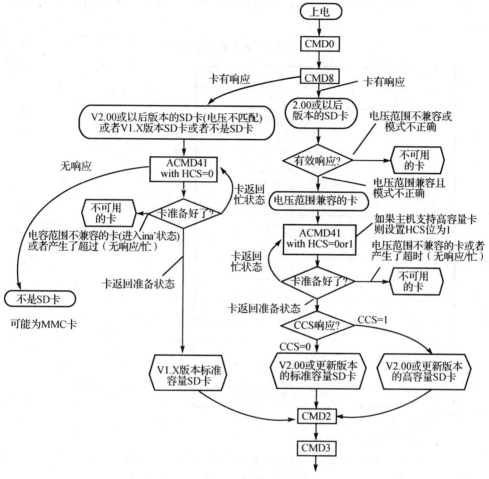

图 32.9　SD 卡初始化流程

在发送 CMD8 后，发送 ACMD41(注意发送 ACMD41 之前要先发送 CMD55)来进一步确认卡的操作电压范围，并通过 HCS 位来告诉 SD 卡主机是不是支持高容量卡(SDHC)。ACMD41 的命令格式如表 32.8 所列。

表 32.8　ACMD41 命令格式

ACMD 索引	类　型	参　数	响　应	缩　写	指令描述
ACMD41	bcr	[31]保留位 [30]HCS(OCR[30]) [29：24]保留位 [23：0] VDD 电压窗口 (OCR[23：0])	R3	SD_SEND_OP_COND	发送主机容量支持信息(HCS)以及要求被访问的卡在响应时通过 CMD 线发送其操作条件寄存器(OCR)内容给主机。当 SD 卡接收到 SEND_IF_COND 命令时，HCS 有效。保留位必须设置为 0。CCS 位赋值给 OCR[30]

ACMD41 得到的响应(R3)包含 SD 卡 OCR 寄存器内容。OCR 寄存器内容定义如表 32.9 所列。

表 32.9　OCR 寄存器定义

OCR 位位置	描　述	
0～6	保留	
7	低电压范围保留位	
8～14	保留	
15	2.7～2.8	
16	2.8～2.9	
17	2.9～3.0	
18	3.0～3.1	
19	3.1～3.2	VDD 电压窗口
20	3.2～3.3	
21	3.3～3.4	
22	3.4～3.5	
23	3.5～3.6	
24～29	保留	
30	卡容量状态位(CCS)[1]	
31	卡上电状态位(busy)[2]	

注:1、仅在卡上电状态位为 1 的时候有效。

2、当卡还未完成上电流时,此位为 0。

对于支持 CMD8 指令的卡,主机通过 ACMD41 的参数设置 HCS 位为 1,来告诉 SD 卡主机支 SDHC 卡。如果设置为 0,则表示主机不支持 SDHC 卡;SDHC 卡如果接收到 HCS 为 0,则永远不会返回卡就绪状态。对于不支持 CMD8 的卡,HCS 位设置为 0 即可。

SD 卡在接收到 ACMD41 后,返回 OCR 寄存器内容,如果是 2.0 的卡,主机可以通过判断 OCR 的 CCS 位来判断是 SDHC 还是 SDSC;如果是 1.x 的卡,则忽略该位。OCR 寄存器的最后一个位用于告诉主机 SD 卡是否上电完成,如果上电完成,该位将会被置 1。

对于 MMC 卡,则不支持 ACMD41 指令,不响应 CMD55 指令。所以,对 MMC 卡,我们只需要发送 CMD0 后再发送 CMD1(作用同 ACMD41),并检查 MMC 卡的 OCR 寄存器即可实现 MMC 卡的初始化。

至此,我们便实现了对 SD 卡的类型区分。图 32.9 最后发送了 CMD2 和 CMD3 命令,用于获得卡 CID 寄存器数据和卡相对地址(RCA)。CMD2 用于获得 CID 寄存器的数据,CID 寄存器数据各位定义如表 32.10 所列。

表 32.10　卡 CID 寄存器位定义

名　字	域	宽　度	CID 位划分
制造商 ID	MID	8	[127：120]
OEM/应用 ID	OID	16	[119：104]
产品名称	PNM	40	[103：64]
产品修订	PRV	8	[63：56]
产品序列号	PSN	32	[55：24]
保留	—	4	[23：20]
制造日期	MDT	12	[19：8]
CRC7 校验值	CRC	7	[7：1]
未用到,恒为 1	1	1	[0：0]

　　SD 卡在收到 CMD2 后将返回 R2 长响应(136 位),其中包含 128 位有效数据(CID 寄存器内容),存放在 SDIO_RESP1～4 这 4 个寄存器里面。通过读取这 4 个寄存器就可以获得 SD 卡的 CID 信息。

　　CMD3 用于设置卡相对地址(RCA,必须为非 0)。对于 SD 卡(非 MMC 卡),在收到 CMD3 后,将返回一个新的 RCA 给主机,方便主机寻址。RCA 的存在允许一个 SDIO 接口挂多个 SD 卡,通过 RCA 来区分主机要操作的是哪个卡。而对于 MMC 卡,则不是由 SD 卡自动返回 RCA,而是主机主动设置 MMC 卡的 RCA,即通过 CMD3 带参数(高 16 位用于 RCA 设置)实现 RCA 设置。同样,MMC 卡也支持一个 SDIO 接口挂多个 MMC 卡,不同于 SD 卡的是所有的 RCA 都是由主机主动设置的,而 SD 卡的 RCA 则是 SD 卡发给主机的。

　　在获得卡 RCA 之后便可以发送 CMD9(带 RCA 参数)获得 SD 卡的 CSD 寄存器内容,从 CSD 寄存器可以得到 SD 卡的容量和扇区大小等十分重要的信息。CSD 寄存器的详细介绍请参考"SD 卡 2.0 协议.pdf"。

　　至此,SD 卡初始化基本就结束了,最后通过 CMD7 命令选中我们要操作的 SD 卡即可开始对 SD 卡的读/写操作了。SD 卡的其他命令和参数请参考"SD 卡 2.0 协议.pdf",里面有非常详细的介绍。

32.2　硬件设计

　　本章实验功能简介:开机的时候先初始化 SD 卡,如果 SD 卡初始化完成,则提示 LCD 初始化成功。按下 KEY0 读取 SD 卡扇区 0 的数据,然后通过串口发送到计算机。如果没初始化通过,则在 LCD 上提示初始化失败。同样,用 DS0 来指示程序正在运行。

　　本实验用到的硬件资源有:指示灯 DS0、KEY0 按键、串口、TFTLCD 模块、SD 卡。前面 4 部分之前的实例已经介绍过了,这里介绍探索者 STM32F4 开发板板载的 SD 卡

接口和 STM32F4 的连接关系,如图 32.10 所示。探索者 STM32F4 开发板的 SD 卡座
(SD_CARD)在 PCB 背面,SD 卡座与 STM32F4 的连接在开发板上是直接连接在一起
的,硬件上不需要任何改动。

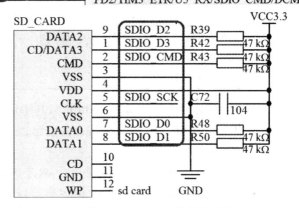

图 32.10 SD 卡接口与 STM32F4 连接原理图

32.3 软件设计

打开第 31 章的工程,由于本章用不到外部 SRAM 和 USMART,所以先去掉
sram.c 和 USMART 组件相关代码。然后,先在 HARDWARE 文件夹下新建一个
SDIO 的文件夹。再新建 sdio_sdcard.c 和 sdio_sdcard.h 文件保存在 SDIO 文件夹下,
并将这个文件夹加入头文件包含路径。

由于 sdio_sdcard.c 里面代码比较多,这里仅介绍几个重要的函数,第一个是 SD_
Init 函数,该函数源码如下:

```
//初始化 SD 卡
//返回值:错误代码;(0,无错误)
SD_Error SD_Init(void)
{
    SD_Error errorstatus = SD_OK;
    u8 clkdiv = 0;
    RCC - >AHB1ENR| = 1<<2;          //使能 PORTC 时钟
    RCC - >AHB1ENR| = 1<<3;          //使能 PORTD 时钟
    RCC - >AHB1ENR| = 1<<22;         //DMA2 时钟使能
    RCC - >APB2ENR| = 1<<11;         //SDIO 时钟使能
    RCC - >APB2RSTR| = 1<<11;        //SDIO 复位
    GPIO_Set(GPIOC, 0X1F<<8,GPIO_MODE_AF,GPIO_OTYPE_PP,GPIO_SPEED_50M,
GPIO_PUPD_PU);      //PC8,9,10,11,12 复用功能输出
```

```
GPIO_Set(GPIOD,1<<2,GPIO_MODE_AF,GPIO_OTYPE_PP,GPIO_SPEED_50M,
GPIO_PUPD_PU);        //PD2 复用功能输出
    GPIO_AF_Set(GPIOC,8,12);           //PC8,AF12
……//省略部分代码
    GPIO_AF_Set(GPIOD,2,12);           //PD2,AF12
    RCC->APB2RSTR& = ~(1<<11);       //SDIO 结束复位
    //SDIO 外设寄存器设置为默认值
    SDIO->POWER = 0x00000000;
    SDIO->CLKCR = 0x00000000;
    SDIO->ARG = 0x00000000;
    SDIO->CMD = 0x00000000;
    SDIO->DTIMER = 0x00000000;
    SDIO->DLEN = 0x00000000;
    SDIO->DCTRL = 0x00000000;
    SDIO->ICR = 0x00C007FF;
    SDIO->MASK = 0x00000000;
    MY_NVIC_Init(0,0,SDIO_IRQn,2);     //SDIO 中断配置
        errorstatus = SD_PowerON();             //SD 卡上电
    if(errorstatus == SD_OK)errorstatus = SD_InitializeCards();     //初始化 SD 卡
       if(errorstatus == SD_OK)errorstatus = SD_GetCardInfo(&SDCardInfo);//获取卡信息
    if(errorstatus == SD_OK)errorstatus = SD_SelectDeselect((u32)(SDCardInfo.RCA<<16));
        //选中 SD 卡
    if(errorstatus == SD_OK)errorstatus = SD_EnableWideBusOperation(1);
        //4 位宽度,如果是 MMC 卡,则不能用 4 位模式
    if((errorstatus == SD_OK)||(SDIO_MULTIMEDIA_CARD == CardType))
    {
        if(SDCardInfo.CardType == SDIO_STD_CAPACITY_SD_CARD_V1_1||
SDCardInfo.CardType == SDIO_STD_CAPACITY_SD_CARD_V2_0)
        {
            clkdiv = SDIO_TRANSFER_CLK_DIV + 2;   //V1.1/V2.0 卡,最高 48/4 = 12 MHz
        }else clkdiv = SDIO_TRANSFER_CLK_DIV;     //其他卡,设置最高 48/2 = 24 MHz
        SDIO_Clock_Set(clkdiv);     //设置时钟频率
        //errorstatus = SD_SetDeviceMode(SD_DMA_MODE);     //设置为 DMA 模式
        errorstatus = SD_SetDeviceMode(SD_POLLING_MODE);     //设置为查询模式
    }
    return errorstatus;
}
```

该函数先实现 SDIO 时钟及相关 I/O 口的初始化,然后对 SDIO 部分寄存器进行了清零操作,然后开始 SD 卡的初始化流程。首先,通过 SD_PowerON 函数(该函数这里不介绍,请参考本例程源码)可完成 SD 卡的上电,并获得 SD 卡的类型(SDHC/SD-SC/SDV1.x/MMC),然后,调用 SD_InitializeCards 函数完成 SD 卡的初始化,该函数代码如下:

```
//初始化所有的卡,并让卡进入就绪状态
//返回值:错误代码
SD_Error SD_InitializeCards(void)
{
    SD_Error errorstatus = SD_OK;
    u16 rca = 0x01;
    if((SDIO->POWER&0X03) == 0)return SD_REQUEST_NOT_APPLICABLE;
```

```
//检查电源状态,确保为上电状态
   if(SDIO_SECURE_DIGITAL_IO_CARD! = CardType)//非 SECURE_DIGITAL_IO_CARD
   {
       SDIO_Send_Cmd(SD_CMD_ALL_SEND_CID,3,0);//发送 CMD2,取得 CID,长响应
   errorstatus = CmdResp2Error();                 //等待 R2 响应
       if(errorstatus! = SD_OK)return errorstatus;       //响应错误
       CID_Tab[0] = SDIO->RESP1; CID_Tab[1] = SDIO->RESP2;
       CID_Tab[2] = SDIO->RESP3; CID_Tab[3] = SDIO->RESP4;
   }
   if((SDIO_STD_CAPACITY_SD_CARD_V1_1 == CardType)||(SDIO_STD_CAPACITY_S
D_CARD_V2_0 == CardType)||(SDIO_SECURE_DIGITAL_IO_COMBO_CARD ==
CardType)||(SDIO_HIGH_CAPACITY_SD_CARD == CardType))//判断卡类型
   {
       SDIO_Send_Cmd(SD_CMD_SET_REL_ADDR,1,0);            //发送 CMD3,短响应
       errorstatus = CmdResp6Error(SD_CMD_SET_REL_ADDR,&rca);//等待 R6 响应
       if(errorstatus! = SD_OK)return errorstatus;       //响应错误
   }
   if (SDIO_MULTIMEDIA_CARD == CardType)
   {
       SDIO_Send_Cmd(SD_CMD_SET_REL_ADDR,1,(u32)(rca<<16));//发送 CMD3
       errorstatus = CmdResp2Error();                 //等待 R2 响应
       if(errorstatus! = SD_OK)return errorstatus;       //响应错误
   }
   if (SDIO_SECURE_DIGITAL_IO_CARD! = CardType)//非 SECURE_DIGITAL_IO_CARD
   {
       RCA = rca;
       SDIO_Send_Cmd(SD_CMD_SEND_CSD,3,(u32)(rca<<16));//发送 CMD9,取得 CSD
           errorstatus = CmdResp2Error();                 //等待 R2 响应
       if(errorstatus! = SD_OK)return errorstatus;       //响应错误
       CSD_Tab[0] = SDIO->RESP1; CSD_Tab[1] = SDIO->RESP2;
       CSD_Tab[2] = SDIO->RESP3; CSD_Tab[3] = SDIO->RESP4;
   }
   return SD_OK;//卡初始化成功
}
```

SD_InitializeCards 函数主要发送 CMD2 和 CMD3 来获得 CID 寄存器内容和 SD
卡的相对地址(RCA),并通过 CMD9 获取 CSD 寄存器内容。到这里,实际上 SD 卡的
初始化就已经完成了。

随后,SD_Init 函数又通过调用 SD_GetCardInfo 函数获取 SD 卡相关信息,之后调
用 SD_SelectDeselect 函数,选择要操作的卡(CMD7+RCA),通过 SD_EnableWideBu-
sOperation 函数设置 SDIO 的数据位宽为 4 位(但 MMC 卡只能支持一位模式)。最后
设置 SDIO_CK 时钟的频率,并设置工作模式(DMA 或轮询)。

接下来看看 SD 卡读块函数:SD_ReadBlock,该函数用于从 SD 卡指定地址读出一
个块(扇区)数据,该函数代码如下:

```
//SD 卡读取一个块
//buf:读数据缓存区(必须 4 字节对齐),addr:读取地址,blksize:块大小
SD_Error SD_ReadBlock(u8 * buf,long long addr,u16 blksize)
{
```

```
SD_Error errorstatus = SD_OK;
u8 power;
u32 count = 0, * tempbuff = (u32 * )buf;//转换为 u32 指针
u32 timeout = SDIO_DATATIMEOUT;
if(NULL == buf)return SD_INVALID_PARAMETER;
SDIO - >DCTRL = 0x0;        //数据控制寄存器清零(关 DMA)
if(CardType == SDIO_HIGH_CAPACITY_SD_CARD){blksize = 512;addr>> = 9;}//大容量卡
SDIO_Send_Data_Cfg(SD_DATATIMEOUT,0,0,0);        //清除 DPSM 状态机配置
if(SDIO - >RESP1&SD_CARD_LOCKED)return SD_LOCK_UNLOCK_FAILED;//卡锁了
if((blksize>0)&&(blksize< = 2048)&&((blksize&(blksize - 1)) == 0))
{
power = convert_from_bytes_to_power_of_two(blksize);
SDIO_Send_Cmd(SD_CMD_SET_BLOCKLEN,1,blksize);
```
//发送 CMD16 + 设置数据长度为 blksize,短响应
```
errorstatus = CmdResp1Error(SD_CMD_SET_BLOCKLEN);        //等待 R1 响应
if(errorstatus! = SD_OK)return errorstatus;        //响应错误
}else return SD_INVALID_PARAMETER;
SDIO_Send_Data_Cfg(SD_DATATIMEOUT,blksize,power,1);        //blksize,卡到控制器
SDIO_Send_Cmd(SD_CMD_READ_SINGLE_BLOCK,1,addr);
```
//发送 CMD17 + 从 addr 地址出读取数据,短响应
```
errorstatus = CmdResp1Error(SD_CMD_READ_SINGLE_BLOCK);//等待 R1 响应
if(errorstatus! = SD_OK)return errorstatus;        //响应错误
if(DeviceMode == SD_POLLING_MODE)        //查询模式,轮询数据
{
    INTX_DISABLE();//关闭总中断(POLLING 模式,严禁中断打断 SDIO 读写操作!!!)
    while(! (SDIO - >STA&((1<<5)|(1<<1)|(1<<3)|(1<<10)|(1<<9))))
```
//无上溢/CRC/超时/完成(标志)/起始位错误
```
    {
        if(SDIO - >STA&(1<<15))//接收区半满,表示至少存了 8 个字
        {
            for(count = 0;count<8;count ++ ) * (tempbuff + count) = SDIO - >FIFO;
                                                    //循环读数
            tempbuff + = 8;
            timeout = 0X7FFFFF;        //读数据溢出时间
        }else        //处理超时
        {
            if(timeout == 0)return SD_DATA_TIMEOUT;
            timeout -- ;
        }
    }
    if(SDIO - >STA&(1<<3))        //数据超时错误
    {
        SDIO - >ICR| = 1<<3;        //清错误标志
        return SD_DATA_TIMEOUT;
    }else if(SDIO - >STA&(1<<1))        //数据块 CRC 错误
    {
        SDIO - >ICR| = 1<<1;        //清错误标志
        return SD_DATA_CRC_FAIL;
    }else if(SDIO - >STA&(1<<5))        //接收 fifo 上溢错误
    {
        SDIO - >ICR| = 1<<5;        //清错误标志
```

```
                return SD_RX_OVERRUN;
        }else if(SDIO->STA&(1<<9))          //接收起始位错误
        {
            SDIO->ICR| = 1<<9;              //清错误标志
            return SD_START_BIT_ERR;
        }
        while(SDIO->STA&(1<<21))            //FIFO里面,还存在可用数据
        {
            * tempbuff = SDIO->FIFO;        //循环读取数据
            tempbuff ++ ;
        }
        INTX_ENABLE();//开启总中断
        SDIO->ICR = 0X5FF;                  //清除所有标记
    }else if(DeviceMode == SD_DMA_MODE)
    {
        TransferError = SD_OK;
        StopCondition = 0;                  //单块读,不需要发送停止传输指令
        TransferEnd = 0;                    //传输结束标置位,在中断服务置1
        SDIO->MASK| = (1<<1)|(1<<3)|(1<<8)|(1<<5)|(1<<9);
                                            //配置需要的中断
        SDIO->DCTRL| = 1<<3;                //SDIO DMA 使能
        SD_DMA_Config((u32 * )buf,blksize,0);
while(((DMA2->LISR&(1<<27)) == RESET)&&(TransferEnd == 0)&&(TransferError
== SD_OK)&&timeout)timeout -- ;            //等待传输完成
        if(timeout == 0)return SD_DATA_TIMEOUT;//超时
        if(TransferError! = SD_OK)errorstatus = TransferError;
    }
    return errorstatus;
}
```

该函数先发送 CMD16,用于设置块大小,然后配置 SDIO 控制器读数据的长度,这里用函数 convert_from_bytes_to_power_of_two 求出 blksize 以 2 为底的指数,用于设置 SDIO 读数据长度。然后发送 CMD17(带地址参数 addr),从指定地址读取一块数据。最后,根据我们设置的模式(查询模式、DMA 模式)从 SDIO_FIFO 读出数据。

该函数有两个注意的地方:①addr 参数类型为 long long,以支持大于 4G 的卡,否则操作大于 4G 的卡可能有问题! ②轮询方式读/写 FIFO 时严禁任何中断打断,否则可能导致读/写数据出错! 所以使用了 INTX_DISABLE 函数关闭总中断,在 FIFO 读/写操作结束后才打开总中断(INTX_ENABLE 函数设置)。

SD_ReadBlock 函数就介绍到这里,另外,还有 3 个底层读/写函数:SD_Read-MultiBlocks,用于多块读;SD_WriteBlock,用于单块写;SD_WriteMultiBlocks,用于多块写。再次提醒:无论哪个函数,其数据 buf 的地址都必须是 4 字节对齐的! 余下 3 个函数可以参本实验考源代码。关于控制命令,可参考"SD 卡 2.0 协议.pdf",里面都有非常详细的介绍。

最后,我们来看看 SDIO 与文件系统的两个接口函数:SD_ReadDisk 和 SD_Write-Disk,这两个函数的代码如下:

//读 SD 卡

```
//buf:读数据缓存区,sector:扇区地址,cnt:扇区个数
//返回值:错误状态;0,正常;其他,错误代码
u8 SD_ReadDisk(u8 * buf,u32 sector,u8 cnt)
{
    u8 sta = SD_OK;
    long long lsector = sector;
    u8 n;
    if(CardType! = SDIO_STD_CAPACITY_SD_CARD_V1_1)lsector<< = 9;
    if((u32)buf % 4! = 0)
    {
        for(n = 0;n<cnt;n ++ )
        {
            sta = SD_ReadBlock(SDIO_DATA_BUFFER,lsector + 512 * n,512);//单扇区读操作
            memcpy(buf,SDIO_DATA_BUFFER,512);
            buf + = 512;
        }
    }else
    {
        if(cnt == 1)sta = SD_ReadBlock(buf,lsector,512);          //单个 sector 的读操作
        else sta = SD_ReadMultiBlocks(buf,lsector,512,cnt);//多个 sector
    }
    return sta;
}
//写 SD 卡
//buf:写数据缓存区,sector:扇区地址,cnt:扇区个数
//返回值:错误状态;0,正常;其他,错误代码
u8 SD_WriteDisk(u8 * buf,u32 sector,u8 cnt)
{
    u8 sta = SD_OK;
    u8 n;
    long long lsector = sector;
    if(CardType! = SDIO_STD_CAPACITY_SD_CARD_V1_1)lsector<< = 9;
    if((u32)buf % 4! = 0)
    {
        for(n = 0;n<cnt;n ++ )
        {
            memcpy(SDIO_DATA_BUFFER,buf,512);
            sta = SD_WriteBlock(SDIO_DATA_BUFFER,lsector + 512 * n,512);//单扇区写
            buf + = 512;
        }
    }else
    {
        if(cnt == 1)sta = SD_WriteBlock(buf,lsector,512);        //单个 sector 的写操作
        else sta = SD_WriteMultiBlocks(buf,lsector,512,cnt);      //多个 sector
    }
    return sta;
}
```

这两个函数在第 33 章(FATFS 实验)将会用到的,这里提前介绍下。其中,SD_ReadDisk 用于读数据,通过调用 SD_ReadBlock 和 SD_ReadMultiBlocks 实现。SD_WriteDisk 用于写数据,通过调用 SD_WriteBlock 和 SD_WriteMultiBlocks 实现。注

意,因为 FATFS 提供给 SD_ReadDisk 或者 SD_WriteDisk 的数据缓存区地址不一定是 4 字节对齐的,所以我们在这两个函数里面做了 4 字节对齐判断;如果不是 4 字节对齐的,则通过一个 4 字节对齐缓存(SDIO_DATA_BUFFER)作为数据过度,以确保传递给底层读/写函数的 buf 是 4 字节对齐的。

sdio_sdcard.c 的内容就介绍到这里。接下来,打开 test.c 文件,在该文件中输入如下代码:

```
//通过串口打印 SD 卡相关信息
void show_sdcard_info(void)
{
    switch(SDCardInfo.CardType)
    {
        case SDIO_STD_CAPACITY_SD_CARD_V1_1:
            printf("Card Type:SDSC V1.1\r\n");break;
        case SDIO_STD_CAPACITY_SD_CARD_V2_0:
            printf("Card Type:SDSC V2.0\r\n");break;
        case SDIO_HIGH_CAPACITY_SD_CARD:
            printf("Card Type:SDHC V2.0\r\n");break;
        case SDIO_MULTIMEDIA_CARD:
            printf("Card Type:MMC Card\r\n");break;
    }
    printf("Card ManufacturerID:%d\r\n",SDCardInfo.SD_cid.ManufacturerID);
                                                               //制造商 ID
    printf("Card RCA:%d\r\n",SDCardInfo.RCA);//卡相对地址
    printf("Card Capacity:%d MB\r\n",(u32)(SDCardInfo.CardCapacity>>20));
                                                               //显示容量
    printf("Card BlockSize:%d\r\n\r\n",SDCardInfo.CardBlockSize);//显示块大小
}
int main(void)
{
    u8 key; u8 t = 0; u8 * buf;    u32 sd_size;
    Stm32_Clock_Init(336,8,2,7);//设置时钟,168 MHz
    delay_init(168);                //延时初始化
    uart_init(84,115200);           //初始化串口波特率为 115200
    LED_Init();                     //初始化 LED
    LCD_Init();                     //LCD 初始化
    KEY_Init();                     //按键初始化
    my_mem_init(SRAMIN);            //初始化内部内存池
    my_mem_init(SRAMCCM);           //初始化 CCM 内存池
    POINT_COLOR = RED;//设置字体为红色
    LCD_ShowString(30,50,200,16,16,"Explorer STM32F4");
    LCD_ShowString(30,70,200,16,16,"SD CARD TEST");
    LCD_ShowString(30,90,200,16,16,"ATOM@ALIENTEK");
    LCD_ShowString(30,110,200,16,16,"2014/5/15");
    LCD_ShowString(30,130,200,16,16,"KEY0:Read Sector 0");
    while(SD_Init())//检测不到 SD 卡
    {
        LCD_ShowString(30,150,200,16,16,"SD Card Error!"); delay_ms(500);
        LCD_ShowString(30,150,200,16,16,"Please Check! "); delay_ms(500);
        LED0 = ! LED0;//DS0 闪烁
```

```
}
show_sdcard_info();        //打印 SD 卡相关信息
 POINT_COLOR = BLUE;       //设置字体为蓝色
//检测 SD 卡成功
LCD_ShowString(30,150,200,16,16,"SD Card OK      ");
LCD_ShowString(30,170,200,16,16,"SD Card Size：      MB");
LCD_ShowNum(30 + 13 * 8,170,SDCardInfo.CardCapacity＞＞20,5,16);//显示 SD 卡容量
while(1)
{
    key = KEY_Scan(0);
    if(key == KEY0_PRES)//KEY0 按下了
    {
        buf = mymalloc(0,512);                //申请内存
        if(SD_ReadDisk(buf,0,1) == 0)     //读取 0 扇区的内容
        {
            LCD_ShowString(30,190,200,16,16,"USART1 Sending Data...");
            printf("SECTOR 0 DATA:\r\n");
            for(sd_size = 0;sd_size＜512;sd_size ++ )
                printf("%x ",buf[sd_size]);//扇区数据
            printf("\r\nDATA ENDED\r\n");
            LCD_ShowString(30,190,200,16,16,"USART1 Send Data Over!");
        }
        myfree(0,buf);//释放内存
    }
    t ++ ;
    delay_ms(10);
    if(t == 20) { LED0 = ! LED0; t = 0;}
}
}
```

这里总共 2 个函数,show_sdcard_info 函数用于从串口输出 SD 卡相关信息。而 main 函数则先初化 SD 卡,初始化成功则调用 show_sdcard_info 函数输出 SD 卡相关信息,并在 LCD 上面显示 SD 卡容量。然后进入死循环,如果有按键 KEY0 按下,则通过 SD_ReadDisk 读取 SD 卡的扇区 0(物理磁盘,扇区 0),并将数据通过串口打印出来。这里对第 31 章学过的内存管理"小试牛刀",稍微用了下,以后会尽量使用内存管理来设计。

32.4   下载验证

编译成功之后,下载代码到 ALIENTEK 探索者 STM32F4 开发板上,可以看到 LCD 显示如图 32.11 所示的内容(假设 SD 卡已经插上了)。

打开串口调试助手,按下 KEY0 就可以看到从开发板发回来的数据了,如图 32.12 所示。注意,不同的 SD 卡读出来的扇区 0 不尽相同,所以不要因为读出来的数据和图 32.12 不同而感到惊讶。

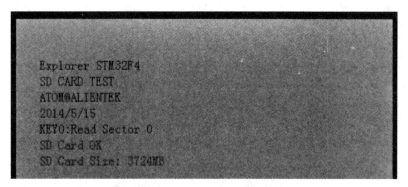

图 32.11　程序运行效果图

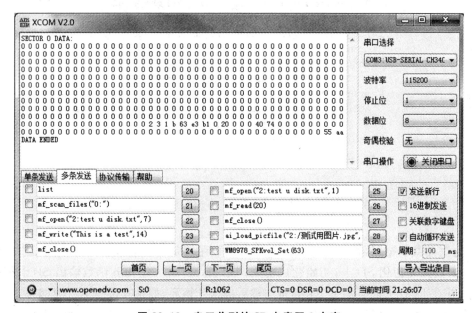

图 32.12　串口收到的 SD 卡扇区 0 内容

第 33 章

FATFS 实验

第 32 章学习了 SD 卡的使用，不过仅仅是简单的实现读扇区而已，真正要好好应用 SD 卡，必须使用文件系统管理。本章将使用 FATFS 来管理 SD 卡，实现 SD 卡文件的读/写等基本功能。

33.1　FATFS 简介

FATFS 是一个完全免费开源的 FAT 文件系统模块，专门为小型的嵌入式系统而设计。它完全用标准 C 语言编写，所以具有良好的硬件平台独立性，可以移植到 8051、PIC、AVR、SH、Z80、H8、ARM 等系列单片机上而只须做简单的修改。它支持 FAT12、FAT16 和 FAT32，支持多个存储媒介；有独立的缓冲区，可以对多个文件进行读/写，并特别对 8 位单片机和 16 位单片机做了优化。FATFS 的特点有：

> Windows 兼容的 FAT 文件系统（支持 FAT12/FAT16/FAT32）；
> 与平台无关，移植简单；
> 代码量少、效率高；
> 多种配置选项：
　　◇ 支持多卷（物理驱动器或分区，最多 10 个卷）；
　　◇ 多个 ANSI/OEM 代码页包括 DBCS；
　　◇ 支持长文件名、ANSI/OEM 或 Unicode；
　　◇ 支持 RTOS；
　　◇ 支持多种扇区大小；
　　◇ 只读、最小化的 API 和 I/O 缓冲区等。

FATFS 的这些特点，加上免费、开源的原则，使得 FATFS 应用非常广泛。FATFS 模块的层次结构如图 33.1 所示。

最顶层是应用层，使用者无须理会 FATFS 的内部结构和复杂的 FAT 协议，只需要调用 FATFS 模块提供给用户的一系列应用接口函数，如 f_open、f_read、f_write 和 f_close 等，就可以像在 PC 上读/写文件那样简单。

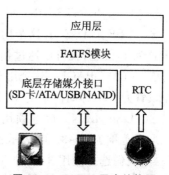

图 33.1　FATFS 层次结构图

中间层 FATFS 模块实现了 FAT 文件读/写协议。FATFS 模块提供的是 ff.c 和 ff.h。除非有必要,使用者一般不用修改,使用时将头文件直接包含进去即可。

需要我们编写移植代码的是 FATFS 模块提供的底层接口,它包括存储媒介读/写接口(disk I/O)和供给文件创建修改时间的实时时钟。

FATFS 的源码可以在 http://elm-chan.org/fsw/ff/00index_e.html 下载到,目前最新版本为 R0.10b。本章就使用最新版本的 FATFS 来介绍,下载最新版本的 FATFS 软件包,解压后可以得到两个文件夹:doc 和 src。doc 里面主要是对 FATFS 的介绍,而 src 里面才是我们需要的源码。其中,与平台无关的是:

ffconf.h	FATFS 模块配置文件
ff.h	FATFS 和应用模块公用的包含文件
ff.c	FATFS 模块
diskio.h	FATFS 和 disk I/O 模块公用的包含文件
interger.h	数据类型定义
option	可选的外部功能(比如支持中文等)

与平台相关的代码(需要用户提供)是:

diskio.c	FATFS 和 disk I/O 模块接口层文件

FATFS 模块在移植的时候一般只需要修改 2 个文件,即 ffconf.h 和 diskio.c。FATFS 模块的所有配置项都存放在 ffconf.h 里面,我们可以通过配置里面的一些选项来满足自己的需求。接下来介绍几个重要的配置选项。

① _FS_TINY。这个选项在 R0.07 版本中开始出现的,之前的版本都是以独立的 C 文件出现(FATFS 和 Tiny FATFS),有了这个选项之后,两者整合在一起了,使用起来更方便。我们使用 FATFS,所以把这个选项定义为 0 即可。

② _FS_READONLY。这个用来配置是否只读,本章读/写都用到,所以这里设置为 0 即可。

③ _USE_STRFUNC。这个用来设置是否支持字符串类操作,比如 f_putc、f_puts 等,本章需要用到,故设置这里为 1。

④ _USE_MKFS。这个用来设置是否使能格式化,本章需要用到,所以设置这里为 1。

⑤ _USE_FASTSEEK。这个用来使能快速定位,我们设置为 1,使能快速定位。

⑥ _USE_LABEL。这个用来设置是否支持磁盘盘符(磁盘名字)读取与设置。我们设置为 1,使能,就可以通过相关函数读取或者设置磁盘的名字了。

⑦ _CODE_PAGE。这个用于设置语言类型,包括很多选项(见 FATFS 官网说明),这里设置为 936,即简体中文(GBK 码,需要 c936.c 文件支持,该文件在 option 文件夹)。

⑧ _USE_LFN。该选项用于设置是否支持长文件名(还需要 _CODE_PAGE 支持),取值范围为 0~3。0,表示不支持长文件名,1~3 是支持长文件名,但是存储地方不一样,我们选择使用 3,通过 ff_memalloc 函数来动态分配长文件名的存储区域。

⑨ _VOLUMES。用于设置 FATFS 支持的逻辑设备数目,我们设置为 2,即支持 2

个设备。

⑩ _MAX_SS。扇区缓冲的最大值,一般设置为512。

其他配置项就不——介绍了,FATFS 的说明文档里面有很详细的介绍。下面来讲讲 FATFS 的移植,主要分为 3 步:

① 数据类型:在 integer. h 里面定义好数据的类型。这里需要了解你用的编译器的数据类型,并根据编译器定义好数据类型。

② 配置:通过 ffconf. h 配置 FATFS 的相关功能,以满足你的需要。

③ 函数编写:打开 diskio. c 编写底层驱动,一般需要编写 6 个接口函数,如图 33.2 所示。

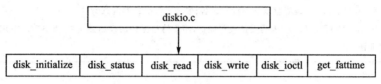

图 33.2　diskio 需要实现的函数

FATFS 在 STM32F4 上的移植步骤如下:

第一步,我们使用的是 MDK5.11a 编译器,且数据类型和 integer. h 里面定义的一致,所以此步不需要做任何改动。

第二步,关于 ffconf. h 里面的相关配置前面已经有介绍(之前介绍的 10 个配置),将对应配置修改为我们介绍时候的值即可,其他的配置用默认配置。

第三步,因为 FATFS 模块完全与磁盘 I/O 层分开,因此需要下面的函数来实现底层物理磁盘的读/写并获取当前时间。底层磁盘 I/O 模块并不是 FATFS 的一部分,并且必须由用户提供。这些函数一般有 6 个,在 diskio. c 里面。

首先是 disk_initialize 函数,该函数介绍如图 33.3 所示。

函数名称	disk_initialize
函数原型	DSTATUS disk_initialize(BYTE Drive)
功能描述	初始化磁盘驱动器
函数参数	Drive:指定要初始化的逻辑驱动器号,即盘符,应当取值 0~9
返回值	函数返回一个磁盘状态作为结果,对于磁盘状态的细节信息,请参考 disk_status 函数
所在文件	ff. c
示例	disk_initialize(0);　　　　　　　　　　　/* 初始化驱动器 0　　　　　　*/
注意事项	disk_initialize 函数初始化一个逻辑驱动器为读/写做准备,函数成功时,返回值的 STA_NOINIT 标志被清零; 应用程序不应调用此函数,否则卷上的 FAT 结构可能会损坏; 如果需要重新初始化文件系统,可使用 f_mount 函数; 在 FATFS 模块上卷注册处理时调用该函数可控制设备的改变; 此函数在 FATFS 挂卷时调用,应用程序不应该在 FATFS 活动时使用此函数

图 33.3　disk_initialize 函数介绍

第二个函数是 disk_status 函数,该函数介绍如图 33.4 所示。

函数名称	disk_status
函数原型	DSTATUS disk_status(BYTE Drive)
功能描述	返回当前磁盘驱动器的状态
函数参数	Drive:指定要确认的逻辑驱动器号,即盘符,应当取值 0～9

返回值	磁盘状态返回下列标志的组合,FATFS 只使用 STA_NOINIT 和 STA_PROTECTED
	STA_NOINIT:表明磁盘驱动未初始化,下面列出了产生该标志置位或清零的原因:
	          置位:系统复位,磁盘被移除和磁盘初始化函数失败;
	          清零:磁盘初始化函数成功
	STA_NODISK:表明驱动器中没有设备,安装磁盘驱动器后总为 0
	STA_PROTECTED:表明设备被写保护,不支持写保护的设备总为 0,当 STA_NODISK 置位时非法

所在文件	ff.c
示例	disk_status(0); /∗ 获取驱动器 0 的状态 ∗/

图 33.4　disk_status 函数介绍

第三个函数是 disk_read 函数,该函数介绍如图 33.5 所示。

函数名称	disk_read
函数原型	DRESULT disk_read(BYTE Drive, BYTE ∗ Buffer, DWORD SectorNumber, BYTE Sector-Count)
功能描述	从磁盘驱动器上读取扇区
函数参数	Drive:指定逻辑驱动器号,即盘符,应当取值 0～9 Buffer:指向存储读取数据字节数组的指针,需要为所读取字节数的大小,扇区统计的扇区大小是需要的 注:FATFS 指定的内存地址并不总是字对齐的,如果硬件不支持不对齐的数据传输,函数里需要进行处理 SectorNumber:指定起始扇区的逻辑块(LBA)上的地址 SectorCount:指定要读取的扇区数,取值 1～128
返回值	RES_OK(0):函数成功 RES_ERROR:读操作期间产生了任何错误且不能恢复它 RES_PARERR:非法参数 RES_NOTRDY:磁盘驱动器没有初始化
所在文件	ff.c

图 33.5　disk_read 函数介绍

第四个函数是 disk_write 函数,该函数介绍如图 33.6 所示。

函数名称	disk_write
函数原型	DRESULT disk_write(BYTE Drive, const BYTE * Buffer, DWORD SectorNumber, BYTE SectorCount)
功能描述	向磁盘写入一个或多个扇区
函数参数	Drive：指定逻辑驱动器号，即盘符，应当取值 0~9 Buffer：指向要写入字节数组的指针， 注：FATFS 指定的内存地址并不总是字对齐的，如果硬件不支持不对齐的数据传输，函数里需要进行处理 SectorNumber：指定起始扇区的逻辑块（LBA）上的地址 SectorNumber：指定要写入的扇区数，取值 1~128
返回值	RES_OK(0)：函数成功 RES_ERROR：读操作期间产生了任何错误且不能恢复它 RES_WRPRT：媒体被写保护 RES_PARERR：非法参数 RES_NOTRDY：磁盘驱动器没有初始化
所在文件	ff.c
注意事项	只读配置中不需要此函数

图 33.6　disk_write 函数介绍

第五个函数是 disk_ioctl 函数，该函数介绍如图 33.7 所示。

函数名称	disk_ioctl
函数原型	DRESULT disk_ioctl(BYTE Drive, BYTE Command, void * Buffer)
功能描述	控制设备指定特性和除了读/写外的杂项功能
函数参数	Drive：指定逻辑驱动器号，即盘符，应当取值 0~9 Command：指定命令代码 Buffer：指向参数缓冲区的指针，取决于命令代码，不使用时，指定一个 NULL 指针
返回值	RES_OK(0)：函数成功 RES_ERROR：读操作期间产生了任何错误且不能恢复它 RES_PARERR：非法参数 RES_NOTRDY：磁盘驱动器没有初始化
所在文件	ff.c
注意事项	CTRL_SYNC：确保磁盘驱动器已经完成了写处理，当磁盘 I/O 有一个写回缓存，立即刷新原扇区，只读配置下不适用此命令 GET_SECTOR_SIZE：返回磁盘的扇区大小，只用于 f_mkfs() GET_SECTOR_COUNT：返回可利用的扇区数，_MAX_SS>=1 024 时可用 GET_BLOCK_SIZE：获取擦除块大小，只用于 f_mkfs() CTRL_ERASE_SECTOR：强制擦除一块的扇区，_USE_ERASE>0 时可用

图 33.7　disk_ioctl 函数介绍

最后一个函数是 get_fattime 函数，该函数介绍如图 33.8 所示。

函数名称	get_fattime
函数原型	DWORD get_fattime()
功能描述	获取当前时间
函数参数	无
返回值	当前时间以双字值封装返回,位域如下: bit31:2　年　　(0~12)　(从1980开始) bit24:21　月　　(1~12) bit20:16　日　　(1~31) bit15:11　小时　(0~23) bit10:5　分钟　(0~59) bit:0　　秒　　(0~29)
所在文件	ff.c
注意事项	get_fattime 函数必须返回一个合法的时间即使系统不支持实时时钟,如果返回0,文件没有一个合法的时间: 只读配置下无需此函数

图 33.8　get_fattime 函数介绍

以上 6 个函数将在软件设计部分一一实现。通过以上 3 个步骤就完成了对 FATFS 的移植,就可以在我们的代码里面使用 FATFS 了。

FATFS 提供了很多 API 函数,这些函数在 FATFS 的自带介绍文件里面都有详细的介绍(包括参考代码),这里就不多说了。注意,在使用 FATFS 的时候,必须先通过 f_mount 函数注册一个工作区,才能开始后续 API 的使用。大家可以通过 FATFS 自带的介绍文件进一步了解和熟悉 FATFS 的使用。

33.2　硬件设计

本章实验功能简介:开机的时候先初始化 SD 卡,初始化成功之后,注册两个工作区(一个给 SD 卡用,一个给 SPI FLASH 用),然后获取 SD 卡的容量和剩余空间,并显示在 LCD 模块上,最后等待 USMART 输入指令进行各项测试。本实验通过 DS0 指示程序运行状态。

本实验用到的硬件资源有:指示灯 DS0、串口、TFTLCD 模块、SD 卡、SPI FLASH。这些在之前都已经介绍过,请参考之前内容。

33.3　软件设计

本章将 FATFS 部分单独做一个分组,在工程目录下新建一个 FATFS 的文件夹,然后将 FATFS R0.10b 程序包解压到该文件夹下。同时,我们在 FATFS 文件夹里面新建一个 exfuns 的文件夹,用于存放针对 FATFS 做的一些扩展代码。设计完如

图33.9 所示。

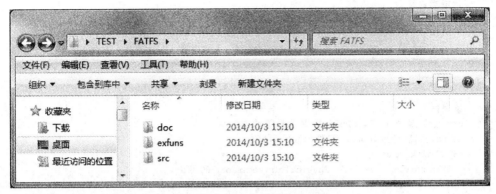

图 33.9　FATFS 文件夹子目录

打开第 32 章的工程,由于本章要用到 USMART 组件、SPI 和 W25Q128 等驱动,所以,先添加 USMART 组件(方法见第 16.3 节),并添加 spi.c 和 w25qxx.c 到HARDWARE 组下。然后,新建一个 FATFS 分组,再将图 33.9 的 src 文件夹里面的ff.h、diskio.h 以及 option 文件夹下的 cc936.c 这 3 个文件加入到 FATFS 组下,并将src 文件夹加入头文件包含路径。

打开 diskio.c,修改代码如下:

```
#define SD_CARD      0    //SD 卡,卷标为 0
#define EX_FLASH 1        //外部 flash,卷标为 1
#define FLASH_SECTOR_SIZE      512
//对于 W25Q128
//前 12 MB 给 FATFS 用,12 MB 后,用于存放字库,字库占用 3.09MB.    剩余部分给客户自己用
u16  FLASH_SECTOR_COUNT = 2048 * 12;    //W25Q1218,前 12 MB 给 FATFS 占用
#define FLASH_BLOCK_SIZE        8               //每个 BLOCK 有 8 个扇区
//初始化磁盘
DSTATUS disk_initialize (
    BYTE pdrv                    /* Physical drive nmuber (0..) */
)
{
    u8 res = 0;
    switch(pdrv)
    {
        case SD_CARD://SD 卡
            res = SD_Init();//SD 卡初始化
            break;
        case EX_FLASH://外部 flash
            W25QXX_Init();
            FLASH_SECTOR_COUNT = 2048 * 12;//W25Q1218,前 12M 字节给 FATFS 占用
            break;
        default:
            res = 1;
    }
    if(res)return  STA_NOINIT;
    else return 0; //初始化成功
```

```
    }
    //获得磁盘状态
    DSTATUS disk_status (
        BYTE pdrv              /* Physical drive nmuber (0..) */
    )
    {

        return 0;
    }
    //读扇区
    //drv:磁盘编号0~9,*buff:数据接收缓冲首地址
    //sector:扇区地址,count:需要读取的扇区数
    DRESULT disk_read (
        BYTE pdrv,             /* Physical drive nmuber (0..) */
        BYTE * buff,            /* Data buffer to store read data */
        DWORD sector,       /* Sector address (LBA) */
        UINT count            /* Number of sectors to read (1..128) */
    )
    {
        u8 res = 0;
        if (! count)return RES_PARERR;//count 不能等于0,否则返回参数错误
        switch(pdrv)
        {
            case SD_CARD://SD 卡
                res = SD_ReadDisk(buff,sector,count);
                break;
            case EX_FLASH://外部 flash
                for(;count>0;count -- )
                {
W25QXX_Read(buff,sector * FLASH_SECTOR_SIZE,FLASH_SECTOR_SIZE);
                    sector ++ ;
                    buff + = FLASH_SECTOR_SIZE;
                }
                res = 0;
                break;
            default:
                res = 1;
        }
      //处理返回值,将 SPI_SD_driver.c 的返回值转成 ff.c 的返回值
      if(res == 0x00)return RES_OK;
      else return RES_ERROR;
    }
    //写扇区
    //drv:磁盘编号0~9,*buff:发送数据首地址
    //sector:扇区地址,count:需要写入的扇区数
    # if _USE_WRITE
    DRESULT disk_write (
        BYTE pdrv,              /* Physical drive nmuber (0..) */
        const BYTE * buff,     /* Data to be written */
        DWORD sector,          /* Sector address (LBA) */
        UINT count              /* Number of sectors to write (1..128) */
    )
```

```
{
    u8 res = 0;
    if (! count)return RES_PARERR;//count 不能等于 0,否则返回参数错误
    switch(pdrv)
    {
        case SD_CARD://SD 卡
            res = SD_WriteDisk((u8 * )buff,sector,count);
            break;
        case EX_FLASH://外部 flash
            for(;count>0;count -- )
            {
                W25QXX_Write((u8 * )buff,sector * FLASH_SECTOR_SIZE,FLASH_SECT OR_SIZE);
                sector ++ ;
                buff + = FLASH_SECTOR_SIZE;
            }
            res = 0;
            break;
        default:
            res = 1;
    }
    //处理返回值,将 SPI_SD_driver.c 的返回值转成 ff.c 的返回值
    if(res ==  0x00)return RES_OK;
    else return RES_ERROR;
}
# endif
//其他表参数的获得
 //drv:磁盘编号 0~9,ctrl:控制代码
 // * buff:发送/接收缓冲区指针
# if _USE_IOCTL
DRESULT disk_ioctl (
    BYTE pdrv,              /* Physical drive nmuber (0..) */
    BYTE cmd,              /* Control code */
    void * buff            /* Buffer to send/receive control data */
)
{
    ……//省略部分代码
}
# endif
//获得时间
//User defined function to give a current time to fatfs module        */
//31 - 25:Year(0 - 127 org.1980), 24 - 21:Month(1 - 12), 20 - 16:Day(1 - 31) */
//15 - 11:Hour(0 - 23), 10 - 5:Minute(0 - 59), 4 - 0:Second(0 - 29 * 2) */
DWORD get_fattime (void)
{
    return 0;
}
//动态分配内存
void * ff_memalloc (UINT size)
{
    return (void * )mymalloc(SRAMIN,size);
}
```

```
//释放内存
void ff_memfree (void * mf)
{
    myfree(SRAMIN,mf);
}
```

该函数实现了 33.1 节提到的 6 个函数,同时因为在 ffconf.h 里面设置对长文件名的支持为方法 3,所以必须实现 ff_memalloc 和 ff_memfree 这两个函数。本章用 FATFS 管理了 2 个磁盘:SD 卡和 SPI FLASH。SD 卡比较好说,但是 SPI FLASH 的扇区是 4 KB,为了方便设计,强制将其扇区定义为 512 字节,这样带来的好处就是设计使用相对简单;坏处就是擦除次数大增,所以不要随便往 SPI FLASH 里面写数据,非必要最好别写,频繁写则很容易将 SPI FLASH 写坏。

保存 diskio.c,然后打开 ffconf.h,修改相关配置并保存,此部分可参考本例程源码。另外,cc936.c 主要提供 UNICODE 到 GBK、GBK 到 UNICODE 的码表转换,里面就是两个大数组,并提供一个 ff_convert 的转换函数,供 UNICODE 和 GBK 码互换,这个在中文长文件名支持的时候,必须用到!

前面提到,我们在 FATFS 文件夹下还新建了一个 exfuns 的文件夹,用于保存一些针对 FATFS 的扩展代码。本章编写了 4 个文件,分别是 exfuns.c、exfuns.h、fattester.c 和 fattester.h。其中,exfuns.c 主要定义了一些全局变量,方便 FATFS 的使用,同时实现了磁盘容量获取等函数。而 fattester.c 文件则主要用于测试 FATFS,因为 FATFS 的很多函数无法直接通过 USMART 调用,所以 fattester.c 里面对这些函数进行了一次再封装,使得可以通过 USMART 调用。这几个文件的代码请参考本例程源码,我们将 exfuns.c 和 fattester.c 加入 FATFS 组下,同时将 exfuns 文件夹加入头文件包含路径。然后,打开 test.c,修改 main 函数如下:

```
int main(void)
{
    u32 total,free;
    u8 t = 0; u8 res = 0;
    Stm32_Clock_Init(336,8,2,7);        //设置时钟,168 MHz
    delay_init(168);                    //延时初始化
    uart_init(84,115200);               //初始化串口波特率为 115200
    LED_Init();                         //初始化 LED
    usmart_dev.init(84);                //初始化 USMART
    LCD_Init();                         //LCD 初始化
    KEY_Init();                         //按键初始化
    W25QXX_Init();                      //初始化 W25Q128
    my_mem_init(SRAMIN);                //初始化内部内存池
    my_mem_init(SRAMCCM);               //初始化 CCM 内存池
    POINT_COLOR = RED;                  //设置字体为红色
    LCD_ShowString(30,50,200,16,16,"Explorer STM32F4");
    LCD_ShowString(30,70,200,16,16,"FATFS TEST");
    LCD_ShowString(30,90,200,16,16,"ATOM@ALIENTEK");
    LCD_ShowString(30,110,200,16,16,"2014/5/15");
    LCD_ShowString(30,130,200,16,16,"Use USMART for test");
    while(SD_Init())                    //检测不到 SD 卡
```

```
{
    LCD_ShowString(30,150,200,16,16,"SD Card Error!"); delay_ms(500);
    LCD_ShowString(30,150,200,16,16,"Please Check! "); delay_ms(500);
    LED0 = ! LED0;//DS0 闪烁
}
exfuns_init();                          //为 fatfs 相关变量申请内存
f_mount(fs[0],"0:",1);                  //挂载 SD 卡
res = f_mount(fs[1],"1:",1);            //挂载 FLASH
if(res == 0X0D)//FLASH 磁盘,FAT 文件系统错误,重新格式化 FLASH
{
    LCD_ShowString(30,150,200,16,16,"Flash Disk Formatting...");
                                                    //格式化 FLASH
    res = f_mkfs("1:",1,4096);//格式化 FLASH,1,盘符;1,不需要引导区,8 个扇区为
                            //一个簇
    if(res == 0)
    {
        f_setlabel((const TCHAR *)"1:ALIENTEK");//设置磁盘的名字为:ALIENTEK
        LCD_ShowString(30,150,200,16,16,"Flash Disk Format Finish");//格式化完成
    }else LCD_ShowString(30,150,200,16,16,"Flash Disk Format Error ");
                                                    //格式化失败
    delay_ms(1000);
}
LCD_Fill(30,150,240,150 + 16,WHITE);    //清除显示
while(exf_getfree("0",&total,&free))        //得到 SD 卡的总容量和剩余容量
{
    LCD_ShowString(30,150,200,16,16,"SD Card Fatfs Error!"); delay_ms(200);
    LCD_Fill(30,150,240,150 + 16,WHITE); delay_ms(200);     //清除显示
    LED0 = ! LED0;//DS0 闪烁
}
POINT_COLOR = BLUE;//设置字体为蓝色
LCD_ShowString(30,150,200,16,16,"FATFS OK!");
LCD_ShowString(30,170,200,16,16,"SD Total Size:    MB");
LCD_ShowString(30,190,200,16,16,"SD  Free Size:    MB");
LCD_ShowNum(30 + 8 * 14,170,total>>10,5,16);        //显示 SD 卡总容量 MB
LCD_ShowNum(30 + 8 * 14,190,free>>10,5,16);         //显示 SD 卡剩余容量 MB
while(1){ t ++ ; delay_ms(200); LED0 = ! LED0;}
}
```

在 main 函数里面,我们为 SD 卡和 FLASH 都注册了工作区(挂载),再初始化 SD
卡并显示其容量信息后进入死循环,等待 USMART 测试。

最后,在 usmart_config.c 里面的 usmart_nametab 数组添加如下内容:

```
(void *)mf_mount,"u8 mf_mount(u8 * path,u8 mt)",
……//省略部分代码
(void *)mf_puts,"u8 mf_puts(u8 * c)",
```

这些函数均是在 fattester.c 里面实现,通过调用这些函数即可实现对 FATFS 对
应 API 函数的测试。至此,软件设计部分就结束了。

33.4　下载验证

编译成功之后,下载代码到 ALIENTEK 探索者 STM32F4 开发板上,可以看到

LCD 显示如图 33.10 所示的内容(假定 SD 卡已经插上了):

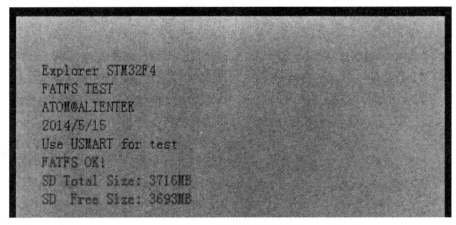

图 33.10　程序运行效果图

打开串口调试助手,我们就可以用串口调用前面添加的各种 FATFS 测试函数了,比如输入 mf_scan_files("0:")即可扫描 SD 卡根目录的所有文件,如图 33.11 所示。

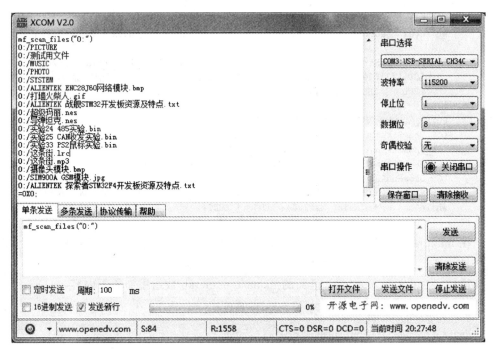

图 33.11　扫描 SD 卡根目录所有文件

其他函数的测试用类似的办法即可实现。注意,这里 0 代表 SD 卡,1 代表 SPI FLASH。另外,提醒大家,mf_unlink 函数在删除文件夹的时候必须保证文件夹是空的,否则不能删除。

第 **34** 章

汉字显示实验

汉字显示在很多单片机系统都需要用到，少则几个字，多则整个汉字库的支持，更有甚者还要支持多国字库，那就更麻烦了。本章介绍如何用 STM32F4 控制 LCD 显示汉字，使用外部 FLASH 来存储字库，并可以通过 SD 卡更新字库。STM32F4 读取存在 FLASH 里面的字库，然后将汉字显示在 LCD 上面。

34.1 汉字显示原理简介

常用的汉字内码系统有 GB2312、GB13000、GBK、BIG5（繁体）等几种，其中 GB2312 支持的汉字仅有几千个，很多时候不够用，而 GBK 内码不仅完全兼容 GB2312，还支持了繁体字，总汉字数有 2 万多个，完全能满足一般应用的要求。

本实例将制作 3 个 GBK 字库，制作好的字库放在 SD 卡里面，然后通过 SD 卡将字库文件复制到外部 FLASH 芯片 W25Q128 里，这样，W25Q128 就相当于一个汉字字库芯片了。

汉字在液晶上的显示原理与显示字符的是一样的，其实就是一些点的显示与不显示，这就相当于我们的笔，有笔经过的地方就画出来，没经过的地方就不画。所以要显示汉字，首先要知道汉字的点阵数据，这些数据可以由专门的软件来生成。只要知道了一个汉字点阵的生成方法，那么在程序里面就可以把这个点阵数据解析成一个汉字。

知道显示了一个汉字，就可以推及整个汉字库了。汉字在各种文件里面的存储不是以点阵数据的形式存储的（否则那占用的空间就太大了），而是以内码的形式存储的，就是 GB2312、GBK、BIG5 等这几种的一种，每个汉字对应着一个内码，知道内码之后再去字库里面查找这个汉字的点阵数据，然后在液晶上显示出来。这个过程我们是看不到，但是计算机是要去执行的。

单片机要显示汉字也与此类似：汉字内码（GBK/GB2312）→查找点阵库→解析→显示。所以只要有了整个汉字库的点阵，就可以把计算机上的文本信息在单片机上显示出来了。这里要解决的最大问题就是制作一个与汉字内码对得上号的汉字点阵库，而且要方便单片机的查找。每个 GBK 码由 2 个字节组成，第一个字节为 0X81～0XFE，第二个字节分为两部分，一是 0X40～0X7E，二是 0X80～0XFE。其中与 GB2312 相同的区域，字完全相同。

我们把第一个字节代表的意义称为区，那么 GBK 里面总共有 126 个区（0XFE－

0X81+1),每个区内有 190 个汉字(0XFE－0X80+0X7E－0X40+2),总共就有 126×190＝23 940 个汉字。我们的点阵库只要按照这个编码规则从 0X8140 开始,逐一建立,每个区的点阵大小为每个汉字所用的字节数×190。这样,我们就可以得到在这个字库里面定位汉字的方法:

当 GBKL<0X7F 时:Hp＝((GBKH－0x81)×190+GBKL－0X40)×(size×2)

当 GBKL>0X80 时:Hp＝((GBKH－0x81)×190+GBKL－0X41)×(size×2)

其中,GBKH、GBKL 分别代表 GBK 的第一个字节和第二个字节(也就是高位和低位),size 代表汉字字体的大小(比如 16 字体、12 字体等),Hp 则为对应汉字点阵数据在字库里面的起始地址(假设是从 0 开始存放)。这样只要得到了汉字的 GBK 码,就可以显示这个汉字了,从而实现汉字在液晶上的显示。

第 33 章提到要用 cc936.c 支持长文件名,但是 cc936.c 文件里面的两个数组太大了(172 KB),直接刷在单片机里面太占用 FLASH 了,所以必须把这两个数组存放在外部 FLASH。cc936 里面包含的两个数组 oem2uni 和 uni2oem 存放 unicode 和 gbk 的互相转换对照表,这两个数组很大。这里利用 ALIENTEK 提供的一个 C 语言数组转 BIN(二进制)的软件:C2B 转换助手 V1.1.exe,将这两个数组转为 BIN 文件,我们将这两个数组复制出来存放为一个新的文本文件,假设为 UNIGBK.TXT,然后用 C2B 转换助手打开这个文本文件,如图 34.1 所示。

图 34.1 C2B 转换助手

然后单击"转换"按钮,就可以在当前目录下(文本文件所在目录下)得到一个 UNIGBK.bin 的文件。这样就完成将 C 语言数组转换为.bin 文件,然后只需要将 UNIGBK.bin 保存到外部 FLASH 就实现了该数组的转移。

cc936.c 里面主要通过 ff_convert 调用这两个数组,实现 UNICODE 和 GBK 的互转,该函数通过二分法(16 阶)在数组里面查找 UNICODE(或 GBK)码对应的 GBK(或

UNICODE)码。在 cc936.c 里面,该函数原代码是在数组里面查找,而当我们将数组存放在外部 flash 的时候,则该函数需要修改为:

```c
WCHAR ff_convert (                /* Converted code, 0 means conversion error */
    WCHAR    src,                 /* Character code to be converted */
    UINT     dir                  /* 0: Unicode to OEMCP, 1: OEMCP to Unicode */
)
{
    WCHAR t[2];
    WCHAR c;
    u32 i, li, hi;
    u16 n;
    u32 gbk2uni_offset = 0;
    if (src < 0x80)c = src;//ASCII,直接不用转换
    else
    {
        if(dir) gbk2uni_offset = ftinfo.ugbksize/2;          //GBK 2 UNICODE
        else gbk2uni_offset = 0;                             //UNICODE 2 GBK
        /* Unicode to OEMCP */
        hi = ftinfo.ugbksize/2;//对半开.
        hi = hi / 4 - 1;
        li = 0;
        for (n = 16; n; n--)
        {
            i = li + (hi - li) / 2;
            W25QXX_Read((u8 *)&t,ftinfo.ugbkaddr + i * 4 + gbk2uni_offset,4);
                                                            //读出 4 个字节
            if (src == t[0]) break;
            if (src > t[0])li = i;
            else hi = i;
        }
        c = n ? t[1] : 0;
    }
    return c;
}
```

代码中的 ftinfo.ugbksize 为刚刚生成的 UNIGBK.bin 的大小,而 ftinfo.ugbkaddr 是我们存放 UNIGBK.bin 文件的首地址。这里同样采用的是二分法查找,关于 cc936.c 的修改,我们就介绍到这。

字库的生成要用到一款软件,即由易木雨软件工作室设计的点阵字库生成器 V3.8。该软件可以在 WINDOWS 系统下生成任意点阵大小的 ASCII、GB2312(简体中文)、GBK(简体中文)、BIG5(繁体中文)、HANGUL(韩文)、SJIS(日文)、Unicode 以及泰文、越南文、俄文、乌克兰文、拉丁文、8859 系列等共二十几种编码的字库,不但支持生成二进制文件格式的文件,也可以生成 BDF 文件,还支持生成图片功能,并支持横向、纵向等多种扫描方式,且扫描方式可以根据用户的需求进行增加。该软件的界面如图 34.2 所示。

要生成 16×16 的 GBK 字库,则选择 936 中文 PRC GBK,字宽和高均选择 16,字体大小选择 12,然后模式选择纵向取模方式二(字节高位在前,低位在后),最后单击

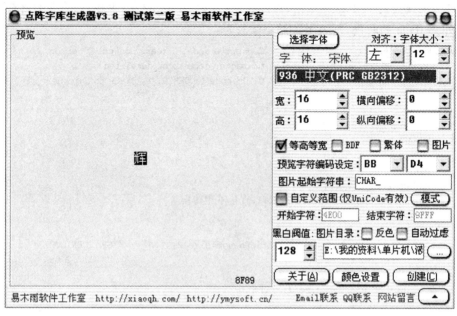

图 34.2　点阵字库生成器默认界面

"创建"就可以开始生成我们需要的字库了(.DZK 文件)。具体设置如图 34.3 所示。

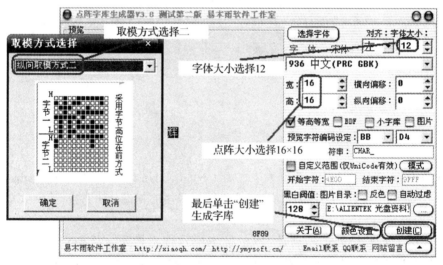

图 34.3　生成 GBK16×16 字库的设置方法

注意:计算机端的字体大小与我们生成点阵大小的关系为:

$$fsize = dsize \cdot 6/8$$

其中,fsize 是计算机端字体大小,dsize 是点阵大小(12、16、24 等)。所以 16×16 点阵大小对应的是 12 字体。

生成完以后,我们把文件名和后缀改成 GBK16.FON。同样的方法生成 12×12 的点阵库(GBK12.FON)和 24×24 的点阵库(GBK24.FON),总共制作 3 个字库。

另外,该软件还可以生成其他很多字库,字体也可选,可以根据自己的需要按照上面的方法生成即可。该软件的详细介绍请看软件自带的《点阵字库生成器说明书》。原理我们就介绍到这里。

34.2　硬件设计

本章实验功能简介:开机的时候先检测 W25Q128 中是否已经存在字库,如果存在,则按次序显示汉字(3 种字体都显示)。如果没有,则检测 SD 卡和文件系统,并查找 SYSTEM 文件夹下的 FONT 文件夹,在该文件夹内查找 UNIGBK.BIN、GBK12.FON、GBK16.FON 和 GBK24.FON(这几个文件的由来,我们前面已经介绍了)。在检测到这些文件之后,就开始更新字库,更新完毕才开始显示汉字。通过按按键 KEY0 可以强制更新字库。同样,我们也是用 DS0 来指示程序正在运行。

本章要用到的硬件资源如下:指示灯 DS0、KEY0 按键、串口、TFTLCD 模块、SD 卡、SPI FLASH。这几部分在之前的实例中都介绍过了,在此就不介绍了。

34.3　软件设计

打开第 33 章的工程,首先在 HARDWARE 文件夹所在的文件夹下新建一个 TEXT 的文件夹。在 TEXT 文件夹下新建 fontupd.c、fontupd.h、text.c、text.h 这 4 个文件。并将该文件夹加入头文件包含路径。

打开 fontupd.c,在该文件内输入如下代码:

```
//字库区域占用的总扇区数大小(字库信息 + unigbk 表 + 3 个字库 = 3 238 700 字节,约占 791
//个 W25QXX 扇区)
#define FONTSECSIZE          791
//字库存放起始地址
#define FONTINFOADDR    1024×1024×12
//探索者 STM32F4 开发板,是从 12 MB 地址以后开始存放字库,前面 12 MB 被 FATFS 占用了
//12 MB 以后紧跟 3 个字库 + UNIGBK.BIN,总大小 3.09 MB,被字库占用了,不能动
//15.10 MB 以后,用户可以自由使用.建议用最后的 100 KB 比较好
//用来保存字库基本信息,地址,大小等
_font_info ftinfo;
//字库存放在磁盘中的路径
u8 * const GBK24_PATH = "/SYSTEM/FONT/GBK24.FON";        //GBK24 的存放位置
u8 * const GBK16_PATH = "/SYSTEM/FONT/GBK16.FON";        //GBK16 的存放位置
u8 * const GBK12_PATH = "/SYSTEM/FONT/GBK12.FON";        //GBK12 的存放位置
u8 * const UNIGBK_PATH = "/SYSTEM/FONT/UNIGBK.BIN";      //UNIGBK.BIN 的存放位置
//显示当前字体更新进度
//x,y:坐标,size:字体大小,fsize:整个文件大小
//pos:当前文件指针位置
u32 fupd_prog(u16 x,u16 y,u8 size,u32 fsize,u32 pos)
{
        ……//此处省略代码
}
```

```
//更新某一个
//x,y:坐标,size:字体大小,fxpath:路径
//fx:更新的内容 0,ungbk;1,gbk12;2,gbk16;3,gbk24
//返回值:0,成功;其他,失败
u8 updata_fontx(u16 x,u16 y,u8 size,u8 * fxpath,u8 fx)
{
    u32 flashaddr = 0;
    FIL * fftemp;
    u8 * tempbuf;
    u8 res; u8 rval = 0;
    u16 bread;
    u32 offx = 0;
    fftemp = (FIL *)mymalloc(SRAMIN,sizeof(FIL));       //分配内存
    if(fftemp == NULL)rval = 1;
    tempbuf = mymalloc(SRAMIN,4096);                    //分配 4 096 个字节空间
    if(tempbuf == NULL)rval = 1;
    res = f_open(fftemp,(const TCHAR *)fxpath,FA_READ);
    if(res)rval = 2;//打开文件失败
    if(rval == 0)
    {
        switch(fx)
        {
            case 0:                 //更新 UNIGBK. BIN
                ftinfo.ugbkaddr = FONTINFOADDR + sizeof(ftinfo);
                //信息头之后,紧跟 UNIGBK 转换码表
                ftinfo.ugbksize = fftemp->fsize;                //UNIGBK 大小
                flashaddr = ftinfo.ugbkaddr;
                break;
            case 1:
                ftinfo.f12addr = ftinfo.ugbkaddr + ftinfo.ugbksize;
                //UNIGBK 之后,紧跟 GBK12 字库
                ftinfo.gbk12size = fftemp->fsize;               //GBK12 字库大小
                flashaddr = ftinfo.f12addr;                     //GBK12 的起始地址
                break;
            case 2:
                ftinfo.f16addr = ftinfo.f12addr + ftinfo.gbk12size;
                //GBK12 之后,紧跟 GBK16 字库
                ftinfo.gbk16size = fftemp->fsize;               //GBK16 字库大小
                flashaddr = ftinfo.f16addr;                     //GBK16 的起始地址
                break;
            case 3:
                ftinfo.f24addr = ftinfo.f16addr + ftinfo.gbk16size;
                //GBK16 之后,紧跟 GBK24 字库
                ftinfo.gkb24size = fftemp->fsize;               //GBK24 字库大小
                flashaddr = ftinfo.f24addr;                     //GBK24 的起始地址
                break;
        }
        while(res == FR_OK)//死循环执行
        {
            res = f_read(fftemp,tempbuf,4096,(UINT *)&bread);    //读取数据
            if(res! = FR_OK)break;                               //执行错误
```

```
            W25QXX_Write(tempbuf,offx + flashaddr,4096);  //从 0 开始写入 4 096 个数据
            offx + = bread;
            fupd_prog(x,y,size,fftemp − >fsize,offx);                    //进度显示
            if(bread! = 4096)break;                                      //读完了
        }
        f_close(fftemp);
    }
    myfree(SRAMIN,fftemp);        //释放内存
    myfree(SRAMIN,tempbuf);         //释放内存
    return res;
}
//更新字体文件,UNIGBK,GBK12,GBK16,GBK24 一起更新
//x,y:提示信息的显示地址,size:字体大小
//src:字库来源磁盘."0:",SD 卡;"1:",FLASH 盘,"2:",U 盘
//提示信息字体大小
//返回值:0,更新成功;其他,错误代码
u8 update_font(u16 x,u16 y,u8 size,u8 * src)
{
    u8  * pname; u8 res = 0; u8 rval = 0;
    u32 * buf; u16 i,j;
    FIL * fftemp;
    res = 0XFF;
    ftinfo.fontok = 0XFF;
    pname = mymalloc(SRAMIN,100);      //申请 100 字节内存
    buf = mymalloc(SRAMIN,4096);        //申请 4K 字节内存
    fftemp = (FIL * )mymalloc(SRAMIN,sizeof(FIL));       //分配内存
    if(buf == NULL||pname == NULL||fftemp == NULL)
    {
        myfree(SRAMIN,fftemp);
        myfree(SRAMIN,pname);
        myfree(SRAMIN,buf);
        return 5;       //内存申请失败
    }
    //先查找文件是否正常
    strcpy((char * )pname,(char * )src);       //copy src 内容到 pname
    strcat((char * )pname,(char * )UNIGBK_PATH);
    res = f_open(fftemp,(const TCHAR * )pname,FA_READ);
    if(res)rval| = 1<<4;//打开文件失败
    strcpy((char * )pname,(char * )src);       //copy src 内容到 pname
    strcat((char * )pname,(char * )GBK12_PATH);
    res = f_open(fftemp,(const TCHAR * )pname,FA_READ);
    if(res)rval| = 1<<5;//打开文件失败
    strcpy((char * )pname,(char * )src);       //copy src 内容到 pname
    strcat((char * )pname,(char * )GBK16_PATH);
    res = f_open(fftemp,(const TCHAR * )pname,FA_READ);
    if(res)rval| = 1<<6;//打开文件失败
    strcpy((char * )pname,(char * )src);       //copy src 内容到 pname
    strcat((char * )pname,(char * )GBK24_PATH);
    res = f_open(fftemp,(const TCHAR * )pname,FA_READ);
    if(res)rval| = 1<<7;//打开文件失败
    myfree(SRAMIN,fftemp);//释放内存
```

```
        if(rval == 0)//字库文件都存在
        {
            LCD_ShowString(x,y,240,320,size,"Erasing sectors... ");//提示正在擦除扇区
            for(i = 0;i<FONTSECSIZE;i++)        //先擦除字库区域,提高写入速度
            {
                fupd_prog(x + 20 * size/2,y,size,FONTSECSIZE,i);//进度显示
                W25QXX_Read((u8 *)buf,((FONTINFOADDR/4096) + i) * 4096,4096);
                //读出整个扇区的内容
                for(j = 0;j<1024;j++) if(buf[j]! = 0XFFFFFFFF)break;//校验数据,是否需要擦除
                if(j! = 1024)W25QXX_Erase_Sector((FONTINFOADDR/4096) + i);//擦除扇区
            }
            myfree(SRAMIN,buf);
            LCD_ShowString(x,y,240,320,size,"Updating UNIGBK.BIN");
            strcpy((char *)pname,(char *)src);                  //copy src 内容到 pname
            strcat((char *)pname,(char *)UNIGBK_PATH);
            res = updata_fontx(x + 20 * size/2,y,size,pname,0);  //更新 UNIGBK.BIN
            if(res){myfree(SRAMIN,pname);return 1;}
            LCD_ShowString(x,y,240,320,size,"Updating GBK12.BIN  ");
            strcpy((char *)pname,(char *)src);                  //copy src 内容到 pname
            strcat((char *)pname,(char *)GBK12_PATH);
            res = updata_fontx(x + 20 * size/2,y,size,pname,1);  //更新 GBK12.FON
            if(res){myfree(SRAMIN,pname);return 2;}
            LCD_ShowString(x,y,240,320,size,"Updating GBK16.BIN  ");
            strcpy((char *)pname,(char *)src);                  //copy src 内容到 pname
            strcat((char *)pname,(char *)GBK16_PATH);
            res = updata_fontx(x + 20 * size/2,y,size,pname,2);  //更新 GBK16.FON
            if(res){myfree(SRAMIN,pname);return 3;}
            LCD_ShowString(x,y,240,320,size,"Updating GBK24.BIN  ");
            strcpy((char *)pname,(char *)src);                  //copy src 内容到 pname
            strcat((char *)pname,(char *)GBK24_PATH);
            res = updata_fontx(x + 20 * size/2,y,size,pname,3);  //更新 GBK24.FON
            if(res){myfree(SRAMIN,pname);return 4;}
            //全部更新好了
            ftinfo.fontok = 0XAA;
            W25QXX_Write((u8 *)&ftinfo,FONTINFOADDR,sizeof(ftinfo));    //保存字库信息
        }
        myfree(SRAMIN,pname);//释放内存
        myfree(SRAMIN,buf);
        return rval;//无错误
}
//初始化字体
//返回值:0,字库完好.其他,字库丢失
u8 font_init(void)
{
    u8 t = 0;
    W25QXX_Init();
    while(t<10)//连续读取 10 次,都是错误,说明确实是有问题,得更新字库了
    {
        t++;
        W25QXX_Read((u8 *)&ftinfo,FONTINFOADDR,sizeof(ftinfo));//读 ftinfo 结构体
        if(ftinfo.fontok == 0XAA)break;
```

```
        delay_ms(20);
    }
    if(ftinfo.fontok!=0XAA)return 1;
    return 0;
}
```

此部分代码主要用于字库的更新操作(包含 UNIGBK 的转换码表更新),其中 ftinfo 是 fontupd.h 里面定义的一个结构体,用于记录字库首地址及字库大小等信息。因为我们将 W25Q128 的前 12 MB 给 FATFS 管理(用做本地磁盘),随后,紧跟字库结构体、UNIGBK.bin 和 3 个汉字字库,这部分内容首地址是:(1 024×12)×1 024,大小约3.09 MB,最后 W25Q128 还剩下约0.9 MB 给用户用。

保存该部分代码,并在工程里面新建一个 TEXT 的组,把 fontupd.c 加入到这个组里面,然后打开 fontupd.h 在该文件里面输入如下代码:

```
#ifndef __FONTUPD_H__
#define __FONTUPD_H__
#include <stm32f4xx.h>
//字体信息保存地址,占33字节,第一个字节用于标记字库是否存在.后续每8字节一组
//分别保存起始地址和文件大小
extern u32 FONTINFOADDR;
//字库信息结构体定义
//用来保存字库基本信息、地址、大小等
__packed typedef struct
{
    u8 fontok;              //字库存在标志,0XAA,字库正常;其他,字库不存在
    u32 ugbkaddr;           //unigbk 的地址
    u32 ugbksize;           //unigbk 的大小
    u32 f12addr;            //gbk12 地址
    u32 gbk12size;          //gbk12 的大小
    u32 f16addr;            //gbk16 地址
    u32 gbk16size;          //gbk16 的大小
    u32 f24addr;            //gbk24 地址
    u32 gkb24size;          //gbk24 的大小
}_font_info;
extern _font_info ftinfo;          //字库信息结构体
u32 fupd_prog(u16 x,u16 y,u8 size,u32 fsize,u32 pos);    //显示更新进度
u8 updata_fontx(u16 x,u16 y,u8 size,u8 * fxpath,u8 fx);  //更新指定字库
u8 update_font(u16 x,u16 y,u8 size,u8 * src);            //更新全部字库
u8 font_init(void);                                      //初始化字库
#endif
```

这里可以看到 ftinfo 的结构体定义,总共占用33个字节,第一个字节用来标识字库是否正确,其他的用来记录地址和文件大小。保存此部分代码,然后打开 text.c 文件,在该文件里面输入如下代码:

```
//code 字符指针开始
//从字库中查找出字模
//code 字符串的开始地址,GBK 码
//mat    数据存放地址 (size/8+((size%8)? 1:0))*(size) bytes 大小
//size:字体大小
```

```
void Get_HzMat(unsigned char * code,unsigned char * mat,u8 size)
{
    unsigned char qh,ql;
    unsigned char i;
    unsigned long foffset;
    u8 csize = (size/8 + ((size % 8)? 1:0)) * (size);   //得到字体一个字符对应点阵集
                                                        //所占的字节数
    qh = * code;
    ql = * ( ++ code);
    if(qh<0x81||ql<0x40||ql == 0xff||qh == 0xff)//非 常用汉字
    {
        for(i = 0;i<csize;i ++ ) * mat ++ = 0x00;//填充满格
        return; //结束访问
    }
    if(ql<0x7f)ql - = 0x40;//注意
    else ql - = 0x41;
    qh - = 0x81;
    foffset = ((unsigned long)190 * qh + ql) * csize;        //得到字库中的字节偏移量
    switch(size)
    {
        case 12:W25QXX_Read(mat,foffset + ftinfo.f12addr,csize); break;
        case 16:W25QXX_Read(mat,foffset + ftinfo.f16addr,csize);break;
        case 24:W25QXX_Read(mat,foffset + ftinfo.f24addr,csize);break;
    }
}
//显示一个指定大小的汉字
//x,y :汉字的坐标,font:汉字 GBK 码,size:字体大小
//mode:0,正常显示,1,叠加显示
void Show_Font(u16 x,u16 y,u8 * font,u8 size,u8 mode)
{
    u8 temp,t,t1;
    u16 y0 = y;
    u8 dzk[72];
    u8 csize = (size/8 + ((size % 8)? 1:0)) * (size);   //得到字体一个字符对应点阵集
                                                        //所占的字节数
    if(size! = 12&&size! = 16&&size! = 24)return;        //不支持的 size
    Get_HzMat(font,dzk,size);     //得到相应大小的点阵数据
    for(t = 0;t<csize;t ++ )
    {
        temp = dzk[t];                  //得到点阵数据
        for(t1 = 0;t1<8;t1 ++ )
        {
            if(temp&0x80)LCD_Fast_DrawPoint(x,y,POINT_COLOR);
            else if(mode == 0)LCD_Fast_DrawPoint(x,y,BACK_COLOR);
            temp<< = 1;
            y ++ ;
            if((y - y0) == size) { y = y0; x ++ ; break;}
        }
    }
}
//在指定位置开始显示一个字符串
```

```
//支持自动换行
//(x,y):起始坐标,width,height:区域
//str   :字符串,size :字体大小,mode:0,非叠加方式;1,叠加方式
void Show_Str(u16 x,u16 y,u16 width,u16 height,u8 * str,u8 size,u8 mode)
{
     ……//此处代码省略
}
//在指定宽度的中间显示字符串
//如果字符长度超过了 len,则用 Show_Str 显示
//len:指定要显示的宽度
void Show_Str_Mid(u16 x,u16 y,u8 * str,u8 size,u8 len)
{
         ……//此处代码省略
}
```

此部分代码总共有 4 个函数,我们省略了两个函数(Show_Str_Mid 和 Show_Str)的代码,另外两个函数中 Get_HzMat 函数用于获取 GBK 码对应的汉字字库,通过 34.1 节介绍的办法在外部 flash 查找字库,然后返回对应的字库点阵。Show_Font 函数用于在指定地址显示一个指定大小的汉字,采用的方法和 LCD_ShowChar 采用的方法一样,都是画点显示,这里就不细说了。保存此部分代码,并把 text. c 文件加入 TEXT 组下。text. h 里面都是一些函数申明,详见本书配套资料本例程源码。

前面提到对 cc936. c 文件做了修改,我们将其命名为 mycc936. c,并保存在 exfuns 文件夹下,将工程 FATFS 组下的 cc936. c 删除,然后重新添加 mycc936. c 到 FATFS 组下,mycc936. c 的源码就不贴出来了,其实就是在 cc936. c 的基础上去掉了两个大数组,然后对 ff_convert 进行了修改,详见本例程源码。

最后,在 test. c 里面修改 main 函数如下:

```
int main(void)
{
    u32 fontcnt; u8 i,j; u8 key,t;
    u8 fontx[2];//gbk 码
    Stm32_Clock_Init(336,8,2,7);            //设置时钟,168 MHz
    delay_init(168);                        //延时初始化
    uart_init(84,115200);                   //初始化串口波特率为 115 200
    LED_Init();                             //初始化 LED
    LCD_Init();                             //LCD 初始化
    KEY_Init();                             //按键初始化
    W25QXX_Init();                          //初始化 W25Q128
    usmart_dev.init(168);                   //初始化 USMART
    my_mem_init(SRAMIN);                    //初始化内部内存池
    my_mem_init(SRAMCCM);                   //初始化 CCM 内存池
    exfuns_init();                          //为 FATFS 相关变量申请内存
    f_mount(fs[0],"0:",1);                  //挂载 SD 卡
    f_mount(fs[1],"1:",1);                  //挂载 FLASH
    while(font_init())                      //检查字库
    {
UPD:
        LCD_Clear(WHITE);                               //清屏
```

```
            POINT_COLOR = RED;                                    //设置字体为红色
            LCD_ShowString(30,50,200,16,16,"Explorer STM32F4");
            while(SD_Init())                                      //检测 SD 卡
            {
                LCD_ShowString(30,70,200,16,16,"SD Card Failed!"); delay_ms(200);
                LCD_Fill(30,70,200 + 30,70 + 16,WHITE); delay_ms(200);
            }
            LCD_ShowString(30,70,200,16,16,"SD Card OK");
            LCD_ShowString(30,90,200,16,16,"Font Updating...");
            key = update_font(20,110,16,"0:");                    //更新字库
            while(key)                                            //更新失败
            {
                LCD_ShowString(30,110,200,16,16,"Font Update Failed!"); delay_ms(200);
                LCD_Fill(20,110,200 + 20,110 + 16,WHITE); delay_ms(200);
            }
            LCD_ShowString(30,110,200,16,16,"Font Update Success!    ");
            delay_ms(1500);
            LCD_Clear(WHITE);                                     //清屏
    }
    POINT_COLOR = RED;
    Show_Str(30,50,200,16,"探索者 STM32F407 开发板",16,0);
    Show_Str(30,70,200,16,"GBK 字库测试程序",16,0);
    Show_Str(30,90,200,16,"正点原子@ALIENTEK",16,0);
    Show_Str(30,110,200,16,"2014 年 5 月 15 日",16,0);
    Show_Str(30,130,200,16,"按 KEY0,更新字库",16,0);
    POINT_COLOR = BLUE;
    Show_Str(30,150,200,16,"内码高字节:",16,0);
    Show_Str(30,170,200,16,"内码低字节:",16,0);
    Show_Str(30,190,200,16,"汉字计数器:",16,0);
    Show_Str(30,220,200,24,"对应汉字为:",24,0);
    Show_Str(30,244,200,16,"对应汉字(16 * 16)为:",16,0);
    Show_Str(30,260,200,12,"对应汉字(12 * 12)为:",12,0);
    while(1)
    {
        fontcnt = 0;
        for(i = 0x81;i<0xff;i ++ )
        {
            fontx[0] = i;
            LCD_ShowNum(118,150,i,3,16);                         //显示内码高字节
            for(j = 0x40;j<0xfe;j ++ )
            {
                if(j == 0x7f)continue;
                fontcnt ++ ;
                LCD_ShowNum(118,170,j,3,16);                     //显示内码低字节
                LCD_ShowNum(118,190,fontcnt,5,16);               //汉字计数显示
                fontx[1] = j;
                Show_Font(30 + 132,220,fontx,24,0);
                Show_Font(30 + 144,244,fontx,16,0);
                Show_Font(30 + 108,260,fontx,12,0);
                t = 200;
                while(t -- )                                     //延时,同时扫描按键
```

```
        {
            delay_ms(1);
            key = KEY_Scan(0);
            if(key == KEY0_PRES)goto UPD;
        }
        LED0 = ! LED0;
        }
    }
  }
}
```

此部分代码实现了硬件描述部分描述的功能,至此整个软件设计就完成了。这节有太多的代码,而且工程也增加了不少,整个工程截图如图 34.4 所示。

图 34.4　工程建成截图

34.4　下载验证

编译成功之后,下载代码到 ALIENTEK 探索者 STM32F4 开发板上,可以看到 LCD 开始显示汉字及汉字内码,如图 34.5 所示。一开始就显示汉字是因为 ALIENTEK 探索者 STM32F4 开发板在出厂的时候都是测试过的,里面刷了综合测试程序,已经把字库写入到了 W25Q128 里面,所以并不会提示更新字库。如果想更新字库,那么必须先找一张 SD 卡,把本书配套资料的 5,SD 卡根目录文件文件夹下面的

SYSTEM 文件夹复制到 SD 卡根目录下,插入开发板并按复位,之后在显示汉字的时候按下 KEY0 就可以开始更新字库了。字库更新界面如图 34.6 所示。

图 34.5　汉字显示实验显示效果

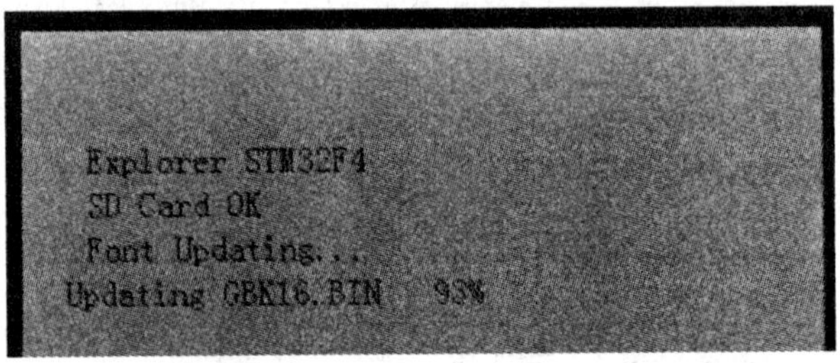

图 34.6　汉字字库更新界面

我们还可以通过 USMART 来测试该实验,将 Show_Str 函数加入 USMART 控制(方法前面已经讲了很多次了),就可以通过串口调用该函数,在屏幕上显示任何想要显示的汉字了,有兴趣的读者可以测试一下。

第 35 章

图片显示实验

在开发产品的时候,很多时候都会用到图片解码,本章介绍如何通过 STM32F4 来解码 BMP、JPG、JPEG、GIF 等图片,并在 LCD 上显示出来。

35.1 图片格式简介

常用的图片格式有很多,最常用的有 3 种:JPEG(或 JPG)、BMP 和 GIF。其中,JPEG(或 JPG)和 BMP 是静态图片,而 GIF 则可以实现动态图片。下面简单介绍一下这 3 种图片格式。

首先,我们来看看 BMP 图片格式。BMP(全称 Bitmap)是 Window 操作系统中的标准图像文件格式,文件后缀名为".bmp",使用非常广。它采用位映射存储格式,除了图像深度可选以外,不采用其他任何压缩,因此,BMP 文件所占用的空间很大,但是没有失真。BMP 文件的图像深度可选 1 bit、4 bit、8 bit、16 bit、24 bit 及 32 bit。BMP 文件存储数据时,图像的扫描方式是按从左到右、从下到上的顺序。

典型的 BMP 图像文件由 4 部分组成:

① 位图头文件数据结构,包含 BMP 图像文件的类型、显示内容等信息;

② 位图信息数据结构,包含有 BMP 图像的宽、高、压缩方法,以及定义颜色等信息;

③ 调色板,这个部分是可选的,有些位图需要调色板,有些位图,比如真彩色图(24 位的 BMP)就不需要调色板;

④ 位图数据,这部分的内容根据 BMP 位图使用的位数不同而不同,在 24 位图中直接使用 RGB,而其他的小于 24 位的使用调色板中的颜色索引值。

BMP 的详细介绍请参考本书配套资料的"BMP 图片文件详解.pdf"。接下来看看 JPEG 文件格式。JPEG 是 Joint Photographic Experts Group(联合图像专家组)的缩写,文件后辍名为".jpg"或".jpeg",是最常用的图像文件格式,由一个软件开发联合会组织制定。同 BMP 格式不同,JPEG 是一种有损压缩格式,能够将图像压缩在很小的储存空间,图像中重复或不重要的资料会被丢失,因此容易造成图像数据的损伤(BMP 不会,但是 BMP 占用空间大)。尤其是使用过高的压缩比例,将使最终解压缩后恢复的图像质量明显降低,如果追求高品质图像,不宜采用过高压缩比例。但是 JPEG 压缩技术十分先进,它用有损压缩方式去除冗余的图像数据,在获得极高的压缩率的同时能展现十分丰富生动的图像,换句话说,就是可以用最少的磁盘空间得到较好的图像品质。而且 JPEG 是一种很灵活的格式,具有调节图像质量的功能,允许用不同的压缩比例对文件进行压缩,支持多种压缩级别,压缩比率通常在 10:1～40:1 之间,压缩比越大,品质就越低;相反地,压缩比越小,品质就越好。比如可以把 1.37 Mbit 的 BMP 位图文件压缩至 20.3 KB。当然,也可以在图像质量和文件尺寸之间找到平衡点。JPEG 格式压缩的主要是高频信息,对色彩的信息保留较好,适合应用于互联网,可减少图像的传输时间,可以支持 24 bit 真彩色,也普遍应用于需要连续色调的图像。

JPEG、JPG 的解码过程可以简单概述为如下几个部分:

① 从文件头读出文件的相关信息。

JPEG 文件数据分为文件头和图像数据两大部分,其中,文件头记录了图像的版本、长宽、采样因子、量化表、哈夫曼表等重要信息。所以解码前必须将文件头信息读出,以备图像数据解码过程之用。

② 从图像数据流读取一个最小编码单元(MCU),并提取出里边的各个颜色分量单元。

③ 将颜色分量单元从数据流恢复成矩阵数据。使用文件头给出的哈夫曼表对分割出来的颜色分量单元进行解码,把其恢复成 8×8 的数据矩阵。

④ 8×8 的数据矩阵进一步解码。此部分解码工作以 8×8 的数据矩阵为单位,其中包括相邻矩阵的直流系数差分解码、使用文件头给出的量化表反量化数据、反 Zig - zag 编码、隔行正负纠正、反向离散余弦变换这 5 个步骤,最终输出仍然是一个 8×8 的数据矩阵。

⑤ 颜色系统 YCrCb 向 RGB 转换。将一个 MCU 的各个颜色分量单元解码结果整合起来,将图像颜色系统从 YCrCb 向 RGB 转换。

⑥ 排列整合各个 MCU 的解码数据。不断读取数据流中的 MCU 并对其解码,直至读完所有 MCU 为止,将各个 MCU 解码后的数据正确排列成完整的图像。

JPEG 的解码本身是比较复杂的,这里 FATFS 的作者提供了一个轻量级的 JPG、JPEG 解码库 TjpgDec,最少仅需 3 KB 的 RAM 和 3.5 KB 的 FLASH 即可实现 JPG、JPEG 解码,本例程采用 TjpgDec 作为 JPG、JPEG 的解码库。TjpgDec 的详细使用请参考本书配套资料:6,软件资料→图片编解码→TjpgDec 技术手册。

BMP 和 JPEG 这两种图片格式均不支持动态效果,而 GIF 则是可以支持动态效果。最后来看看 GIF 图片格式。

GIF(Graphics Interchange Format)是 CompuServe 公司开发的图像文件存储式,1987 年开发的 GIF 文件格式版本号是 GIF87a,1989 年进行了扩充,扩充后的版本号定义为 GIF89a。GIF 图像文件以数据块(block)为单位来存储图像的相关信息。一个 GIF 文件由表示图形、图像的数据块、数据子块以及显示图形、图像的控制信息块组成,称为 GIF 数据流(Data Stream)。数据流中的所有控制信息块和数据块都必须在文件头(Header)和文件结束块(Trailer)之间。

GIF 文件格式采用了 LZW(Lempel - Ziv Walch)压缩算法来存储图像数据,定义了允许用户为图像设置背景的透明(transparency)属性。此外,GIF 文件格式可在一个文件中存放多幅彩色图形、图像。如果在 GIF 文件中存放有多幅图,它们可以像演幻灯片那样显示或者像动画那样演示。

一个 GIF 文件的结构可分为文件头(File Header)、GIF 数据流(GIF Data Stream)和文件终结器(Trailer)3 个部分。文件头包含 GIF 文件署名(Signature)和版本号(Version);GIF 数据流由控制标识符、图像块(Image Block)和其他的一些扩展块组成;文件终结器只有一个值为 0x3B 的字符(';')表示文件结束。GIF 的详细介绍请参考本书配套资料 GIF 解码相关资料。

35.2 硬件设计

本章实验功能简介:开机的时候先检测字库,然后检测 SD 卡是否存在,如果 SD 卡存在,则开始查找 SD 卡根目录下的 PICTURE 文件夹,如果找到,则显示该文件夹下面的图片文件(支持 bmp、jpg、jpeg 或 gif 格式),循环显示,通过按 KEY0 和 KEY2 可以快速浏览下一张和上一张,KEY_UP 按键用于暂停、继续播放,DS1 用于指示当前是否处于暂停状态。如果未找到 PICTURE 文件夹、任何图片文件,则提示错误。同样我们也是用 DS0 来指示程序正在运行。

所要用到的硬件资源如下:指示灯 DS0 和 DS1,KEY0、KEY2 和 KEY_UP 这 3 个按键,串口,TFTLCD 模块,SD 卡,SPI FLASH。这几部分在之前的实例中都介绍过了,在此就不介绍了。注意,我们在 SD 卡根目录下要建一个 PICTURE 的文件夹,用来存放 JPEG、JPG、BMP 或 GIF 等图片。

35.3 软件设计

打开第 34 章的工程,首先在 HARDWARE 文件夹所在的文件夹下新建一个 PICTURE 的文件夹。在该文件夹里面新建 bmp. c、bmp. h、tjpgd. c、tjpgd. h、integer. h、gif. c、gif. h、piclib. c 和 piclib. h 这 9 个文件,并将 PICTURE 文件夹加入头文件包含路径。

其中,bmp. c 和 bmp. h 用于实现对 bmp 文件的解码,tjpgd. c 和 tjpgd. h 用于实现对 jpeg、jpg 文件的解码,gif. c 和 gif. h 用于实现对 gif 文件的解码,详细请参考本书配套资料中本例程的源码。打开 piclib. c,在里面输入如下代码:

```
_pic_info picinfo;          //图片信息
_pic_phy pic_phy;           //图片显示物理接口
//lcd. h 没有提供划横线函数,需要自己实现
void piclib_draw_hline(u16 x0,u16 y0,u16 len,u16 color)
{
    if((len == 0)||(x0>lcddev. width)||(y0>lcddev. height))return;
    LCD_Fill(x0,y0,x0 + len - 1,y0,color);
}
//填充颜色
```

```
//x,y:起始坐标;width,height:宽度和高度; * color:颜色数组
void piclib_fill_color(u16 x,u16 y,u16 width,u16 height,u16 * color)
{
    LCD_Color_Fill(x,y,x + width − 1,y + height − 1,color);
}
//画图初始化,在画图之前,必须先调用此函数
//指定画点/读点
void piclib_init(void)
{
    pic_phy.read_point = LCD_ReadPoint;             //读点函数实现,仅 BMP 需要
    pic_phy.draw_point = LCD_Fast_DrawPoint;        //画点函数实现
    pic_phy.fill = LCD_Fill;                        //填充函数实现,仅 GIF 需要
    pic_phy.draw_hline = piclib_draw_hline;         //画线函数实现,仅 GIF 需要
    pic_phy.fillcolor = piclib_fill_color;          //颜色填充函数实现,仅 TJPGD 需要
    picinfo.lcdwidth = lcddev.width;                //得到 LCD 的宽度像素
    picinfo.lcdheight = lcddev.height;              //得到 LCD 的高度像素
    picinfo.ImgWidth = 0;                           //初始化宽度为 0
    picinfo.ImgHeight = 0;                          //初始化高度为 0
    picinfo.Div_Fac = 0;                            //初始化缩放系数为 0
    picinfo.S_Height = 0;                           //初始化设定的高度为 0
    picinfo.S_Width = 0;                            //初始化设定的宽度为 0
    picinfo.S_XOFF = 0;                             //初始化 x 轴的偏移量为 0
    picinfo.S_YOFF = 0;                             //初始化 y 轴的偏移量为 0
    picinfo.staticx = 0;                            //初始化当前显示到的 x 坐标为 0
    picinfo.staticy = 0;                            //初始化当前显示到的 y 坐标为 0
}
//快速 ALPHA BLENDING 算法.
//src:源颜色;dst:目标颜色;alpha:透明程度(0~32)
//返回值:混合后的颜色
u16 piclib_alpha_blend(u16 src,u16 dst,u8 alpha)
{
    u32 src2;
    u32 dst2;
    //Convert to 32bit | − − − − − GGGGGG − − − − − RRRRR − − − − − − BBBBB|
    src2 = ((src<<16)|src)&0x07E0F81F;
    dst2 = ((dst<<16)|dst)&0x07E0F81F;
    dst2 = ((((dst2 − src2) * alpha)>>5) + src2)&0x07E0F81F;
    return (dst2>>16)|dst2;
}
//初始化智能画点
//内部调用
void ai_draw_init(void)
{
    float temp,temp1;
    temp = (float)picinfo.S_Width/picinfo.ImgWidth;
    temp1 = (float)picinfo.S_Height/picinfo.ImgHeight;
    if(temp<temp1)temp1 = temp;                     //取较小的那个
    if(temp1>1)temp1 = 1;
    //使图片处于所给区域的中间
    picinfo.S_XOFF + = (picinfo.S_Width − temp1 * picinfo.ImgWidth)/2;
    picinfo.S_YOFF + = (picinfo.S_Height − temp1 * picinfo.ImgHeight)/2;
```

```
        temp1 *  = 8192;//扩大 8192 倍
        picinfo.Div_Fac = temp1;
        picinfo.staticx = 0xffff;
        picinfo.staticy = 0xffff;//放到一个不可能的值上面
}
//判断这个像素是否可以显示
//(x,y):像素原始坐标;chg:功能变量
//返回值:0,不需要显示.1,需要显示
u8 is_element_ok(u16 x,u16 y,u8 chg)
{
        if(x! = picinfo.staticx||y! = picinfo.staticy)
        {
                if(chg == 1) { picinfo.staticx = x; picinfo.staticy = y; }
                return 1;
        }else return 0;
}
//智能画图
//FileName:要显示的图片文件    BMP/JPG/JPEG/GIF
//x,y,width,height:坐标及显示区域尺寸
//fast:使能 jpeg/jpg 小图片(图片尺寸小于等于液晶分辨率)快速解码,0,不使能;1,使能
//图片在开始和结束的坐标点范围内显示
u8 ai_load_picfile(const u8 * filename,u16 x,u16 y,u16 width,u16 height,u8 fast)
{
        u8      res;//返回值
        u8 temp;
        if((x + width)>picinfo.lcdwidth)return PIC_WINDOW_ERR;      //x 坐标超范围了.
        if((y + height)>picinfo.lcdheight)return PIC_WINDOW_ERR;    //y 坐标超范围了.
        //得到显示方框大小
        if(width == 0||height == 0)return PIC_WINDOW_ERR;                //窗口设定错误
        picinfo.S_Height = height;
        picinfo.S_Width = width;
        //显示区域无效
        if(picinfo.S_Height == 0||picinfo.S_Width == 0)
        {
                picinfo.S_Height = lcddev.height;
                picinfo.S_Width = lcddev.width;
                return FALSE;
        }
        if(pic_phy.fillcolor == NULL)fast = 0;//颜色填充函数未实现,不能快速显示
        //显示的开始坐标点
        picinfo.S_YOFF = y;
        picinfo.S_XOFF = x;
        //文件名传递
        temp = f_typetell((u8 *)filename);      //得到文件的类型
        switch(temp)
        {
                case T_BMP:res = stdbmp_decode(filename); break;                //解码 bmp
                case T_JPG:
                case T_JPEG: res = jpg_decode(filename,fast); break;      //解码 JPG/JPEG
                case T_GIF: res = gif_decode(filename,x,y,width,height); break;      //解码 gif
                default: res = PIC_FORMAT_ERR; break;                //非图片格式
```

```
    }
        return res;
    }
    //动态分配内存
    void * pic_memalloc (u32 size)
    {
        return (void * )mymalloc(SRAMIN,size);
    }
    //释放内存
    void pic_memfree (void * mf)
    {
        myfree(SRAMIN,mf);
    }
```

此段代码总共 9 个函数,其中,piclib_draw_hline 和 piclib_fill_color 函数因为 LCD 驱动代码没有提供,所以在这里单独实现。如果提供了 LCD 驱动代码,则直接用 LCD 提供的即可。

piclib_init 函数:该函数用于初始化图片解码的相关信息,其中_pic_phy 是我们在 piclib.h 里面定义的一个结构体,用于管理底层 LCD 接口函数,这些函数必须由用户在外部实现。_pic_info 则是另外一个结构体,用于图片缩放处理。

piclib_alpha_blend 函数:该函数用于实现半透明效果,在小格式(图片分辨率小于 LCD 分辨率)bmp 解码的时候,可能被用到。

ai_draw_init 函数:该函数用于实现图片在显示区域的居中位置显示初始化,其实就是根据图片大小选择缩放比例和坐标偏移值。

is_element_ok 函数:该函数用于判断一个点是不是应该显示出来,在图片缩放的时候该函数是必须用到的。

ai_load_picfile 函数:该函数是整个图片显示的对外接口,外部程序通过调用该函数可以实现 bmp、jpg/jpeg 和 gif 的显示。该函数根据输入文件的后缀名判断文件格式,然后交给相应的解码程序(bmp 解码、jpeg 解码、gif 解码)执行解码,完成图片显示。注意,这里用到一个 f_typetell 函数来判断文件的后缀名,f_typetell 函数在 exfuns.c 里面实现,具体请参考本书配套资料本例程源码。

最后,pic_memalloc 和 pic_memfree 分别用于图片解码时需要用到的内存申请和释放,通过调用 mymalloc 和 myfreee 来实现。

保存 piclib.c,然后在工程里面新建一个 PICTURE 的分组,将 bmp.c、gif.c、tjpgd.c 和 piclib.c 这 4 个 c 文件加入到 PICTURE 分组下。piclib.h 的代码可参考本书配套资料源码。最后在 test.c 文件里面修改代码如下:

```
    //得到 path 路径下,目标文件的总个数
    //path:路径;返回值:总有效文件数
    u16 pic_get_tnum(u8 * path)
    {
        u8 res; u16 rval = 0; u8 * fn;
        DIR tdir;                //临时目录
        FILINFO tfileinfo;       //临时文件信息
```

```
        res = f_opendir(&tdir,(const TCHAR * )path);        //打开目录
          tfileinfo.lfsize = _MAX_LFN * 2 + 1;                        //长文件名最大长度
     tfileinfo.lfname = mymalloc(SRAMIN,tfileinfo.lfsize);//为长文件缓存区分配内存
     if(res == FR_OK&&tfileinfo.lfname! = NULL)
     {
            while(1)//查询总的有效文件数
            {
                  res = f_readdir(&tdir,&tfileinfo);                        //读取目录下的一个文件
                  if(res! = FR_OK||tfileinfo.fname[0] == 0)break; //错误了/到末尾了,退出
                   fn = (u8 * )( * tfileinfo.lfname? tfileinfo.lfname:tfileinfo.fname);
                  res = f_typetell(fn);
                  if((res&0XF0) == 0X50) rval ++ ;//取高四位,是否图片文件? 是则加 1
            }
     }
     return rval;
}
int main(void)
{
     u8 res; u8 t; u16 temp;
      DIR picdir;                                                //图片目录
     FILINFO picfileinfo;                                       //文件信息
     u8 * fn;                                                   //长文件名
     u8 * pname;                                                //带路径的文件名
     u16 totpicnum;                                             //图片文件总数
     u16 curindex;                                              //图片当前索引
     u8 key;                                                    //键值
     u8 pause = 0;                                              //暂停标记
     u16 * picindextbl;                                         //图片索引表
     Stm32_Clock_Init(336,8,2,7);                               //设置时钟,168 MHz
     ……//省略部分代码
     POINT_COLOR = RED;
     while(font_init())                                         //检查字库
     {
         LCD_ShowString(30,50,200,16,16,"Font Error!"); delay_ms(200);
         LCD_Fill(30,50,240,66,WHITE); delay_ms(200);        //清除显示
     }
      Show_Str(30,50,200,16,"Explorer STM32F4 开发板",16,0);
     Show_Str(30,70,200,16,"图片显示程序",16,0);
     Show_Str(30,90,200,16,"KEY0:NEXT KEY2:PREV",16,0);
     Show_Str(30,110,200,16,"WK_UP:PAUSE",16,0);
     Show_Str(30,130,200,16,"正点原子@ALIENTEK",16,0);
     Show_Str(30,150,200,16,"2014 年 5 月 15 日",16,0);
      while(f_opendir(&picdir,"0:/PICTURE"))                    //打开图片文件夹
      {
         Show_Str(30,170,240,16,"PICTURE 文件夹错误!",16,0); delay_ms(200);
         LCD_Fill(30,170,240,186,WHITE); delay_ms(200);        //清除显示
     }
     totpicnum = pic_get_tnum("0:/PICTURE");                    //得到总有效文件数
      while(totpicnum == NULL)                                  //图片文件为 0
      {
         Show_Str(30,170,240,16,"没有图片文件!",16,0); delay_ms(200);
```

```
        LCD_Fill(30,170,240,186,WHITE); delay_ms(200);//清除显示
}
    picfileinfo.lfsize = _MAX_LFN * 2 + 1;                        //长文件名最大长度
picfileinfo.lfname = mymalloc(SRAMIN,picfileinfo.lfsize);//长文件缓存区分配内存
 pname = mymalloc(SRAMIN,picfileinfo.lfsize);          //为带路径的文件名分配内存
picindextbl = mymalloc(SRAMIN,2 * totpicnum);         //申请内存,用于存放图片索引
while(picfileinfo.lfname == NULL||pname == NULL||picindextbl == NULL)//分配出错
{
    Show_Str(30,170,240,16,"内存分配失败!",16,0); delay_ms(200);
    LCD_Fill(30,170,240,186,WHITE); delay_ms(200);//清除显示
}
//记录索引
res = f_opendir(&picdir,"0:/PICTURE"); //打开目录
if(res == FR_OK)
{
    curindex = 0;//当前索引为 0
    while(1)//全部查询一遍
    {
        temp = picdir.index;                          //记录当前 index
        res = f_readdir(&picdir,&picfileinfo);        //读取目录下的一个文件
        if(res! = FR_OK||picfileinfo.fname[0] == 0)break;//错误了/到末尾了,退出
         fn = (u8 * )( * picfileinfo.lfname? picfileinfo.lfname:picfileinfo.fname);
        res = f_typetell(fn);
        if((res&0XF0) == 0X50)//取高四位,看看是不是图片文件
        {
            picindextbl[curindex] = temp;//记录索引
            curindex ++ ;
        }
    }
}
Show_Str(30,170,240,16,"开始显示...",16,0);
delay_ms(1500);
piclib_init();                                        //初始化画图
curindex = 0;                                         //从 0 开始显示
    res = f_opendir(&picdir,(const TCHAR * )"0:/PICTURE");     //打开目录
while(res == FR_OK)//打开成功
{
    dir_sdi(&picdir,picindextbl[curindex]);                   //改变当前目录索引
    res = f_readdir(&picdir,&picfileinfo);                    //读取目录下的一个文件
    if(res! = FR_OK||picfileinfo.fname[0] == 0)break;        //错误了/到末尾了,退出
     fn = (u8 * )( * picfileinfo.lfname? picfileinfo.lfname:picfileinfo.fname);
    strcpy((char * )pname,"0:/PICTURE/");                    //复制路径(目录)
    strcat((char * )pname,(const char * )fn);                //将文件名接在后面
     LCD_Clear(BLACK);
     ai_load_picfile(pname,0,0,lcddev.width,lcddev.height,1);//显示图片
    Show_Str(2,2,240,16,pname,16,1);                         //显示图片名字
    t = 0;
    while(1)
    {
        key = KEY_Scan(0);               //扫描按键
        if(t>250)key = 1;                //模拟一次按下 KEY0
```

```
        if((t % 20) == 0)LED0 = ! LED0;//LED0 闪烁,提示程序正在运行.
        if(key == KEY2_PRES)          //上一张
        {
            if(curindex)curindex -- ;
            else curindex = totpicnum - 1;
            break;
        }else if(key == KEY0_PRES)//下一张
        {
            curindex ++ ;
            if(curindex> = totpicnum)curindex = 0;//到末尾的时候,自动从头开始
            break;
        }else if(key == WKUP_PRES) { pause = ! pause; LED1 = ! pause;}//暂停吗
        if(pause == 0)t ++ ;
        delay_ms(10);
    }
    res = 0;
}
myfree(SRAMIN,picfileinfo.lfname);      //释放内存
myfree(SRAMIN,pname);                   //释放内存
myfree(SRAMIN,picindextbl);             //释放内存
}
```

此部分除了 main 函数,还有一个 pic_get_tnum 的函数,用来得到 path 路径下所有有效文件(图片文件)的个数。mian 函数里面通过索引(图片文件在 PICTURE 文件夹下的编号)来查找上一个、下一个图片文件,这里需要用到 FATFS 自带的一个函数 dir_sdi 来设置当前目录的索引(因为 f_readdir 只能沿着索引一直往下找,不能往上找),方便定位到任何一个文件。dir_sdi 在 FATFS 下面被定义为 static 函数,所以必须在 ff.c 里面将该函数的 static 修饰词去掉,然后在 ff.h 里面添加该函数的申明,以便 main 函数使用。

其他部分就比较简单了。至此,整个图片显示实验的软件设计部分就结束了。该程序将实现浏览 PICTURE 文件夹下的所有图片,并显示其名字,每隔 3 s 左右切换一幅图片。

35.4 下载验证

编译成功之后,下载代码到 ALIENTEK 探索者 STM32F4 开发板上,可以看到 LCD 开始显示图片(假设 SD 卡及文件都准备好了,即在 SD 卡根目录新建 PICTURE 文件夹,并存放一些图片文件在该文件夹内),如图 35.1 所示。

按 KEY0 和 KEY2 可以快速切换到下一张或上一张,KEY_UP 按键可以暂停自动播放,同时 DS1 亮,指示处于暂停状态,再按一次 KEY_UP 则继续播放。同时,由于我们的代码支持 gif 格式的图片显示(注意尺寸不能超过 LCD 屏幕尺寸),所以可以放一些 gif 图片到 PICTURE 文件夹来看动画了。

本章同样可以通过 USMART 来测试该实验,将 ai_load_picfile 函数加入 USMART 控制(方法前面已经讲了很多次了),就可以通过串口调用该函数,在屏幕上

任何区域显示任何你想要显示的图片了！同时,可以发送 runtime 1 来开启 USMART 的函数执行时间统计功能,从而获取解码一张图片所需时间,方便验证。

图 35.1　图片显示实验显示效果

第 **36** 章

音乐播放器实验

ALIENTEK 探索者 STM32F4 开发板拥有全双工 I²S，且外扩了一颗 HIFI 级 CODEC 芯片：WM8978G，支持最高 192K 24 bit 的音频播放，并且支持录音。本章将利用探索者 STM32F4 开发板实现一个简单的音乐播放器（仅支持 WAV 播放）。

36.1　WAV、WM8978 及 I²S 简介

本章新知识点比较多，包括 WAV、WM8978 和 I²S 这 3 个知识点。下面分别向大家介绍。

36.1.1　WAV 简介

WAV 即 WAVE 文件，是计算机领域最常用的数字化声音文件格式之一，是微软专门为 Windows 系统定义的波形文件格式（Waveform Audio）。由于其扩展名为"＊.wav"，它符合 RIFF（Resource Interchange File Format）文件规范，用于保存 Windows 平台的音频信息资源，被 Windows 平台及其应用程序广泛支持。该格式也支持 MSADPCM、CCITT A LAW 等多种压缩运算法，支持多种音频数字、取样频率和声道，标准格式化的 WAV 文件和 CD 格式一样，也是 44.1 kHz 的取样频率、16 位量化数字，因此在声音文件质量和 CD 相差无几！

WAV 一般采用线性 PCM（脉冲编码调制）编码，本章也主要讨论 PCM 的播放，因为这个最简单。

WAV 文件是由若干个 Chunk 组成的。按照在文件中的出现位置包括 RIFF WAVE Chunk、Format Chunk、Fact Chunk（可选）和 Data Chunk。每个 Chunk 由块标识符、数据大小和数据 3 部分组成，如图 36.1 所示。其中，块标识符由 4 个 ASCII 码构成，数据大小则标出紧跟其后的数据的长度（单位为字节）。注意，这个长度不包含块标识符和数据大小的长度，即不包含最前面的 8 个字节。所以实际 Chunk 的大小为数据大小加 8。

块的标志符(4BYTES)
数据大小(4BYTES)
数据

图 36.1　Chunk 结构示意图

首先，我们来看看 RIFF 块（RIFF WAVE Chunk），该块以"RIFF"作为标示，紧跟 wav 文件大小（该大小是 wav 文件的总大小-8），然后数据段为"WAVE"，表示是 wav 文件。RIFF 块的 Chunk 结构如下：

```
//RIFF 块
typedef __packed struct
{
    u32 ChunkID;              //chunk id;这里固定为"RIFF",即 0X46464952
    u32 ChunkSize ;           //集合大小;文件总大小 - 8
    u32 Format;               //格式;WAVE,即 0X45564157
}ChunkRIFF ;
```

接着,我们看看 Format 块(Format Chunk),该块以"fmt "作为标示(注意有个空格!)。一般情况下,该段的大小为 16 字节,但是有些软件生成的 wav 格式可能有 18 个字节,因为含有 2 个字节的附加信息。Format 块的 Chunk 结构如下:

```
//fmt 块
typedef __packed struct
{
    u32 ChunkID;              //chunk id;这里固定为"fmt ",即 0X20746D66
    u32 ChunkSize ;           //子集合大小(不包括 ID 和 Size);这里为:20
    u16 AudioFormat;          //音频格式;0X10,表示线性 PCM;0X11 表示 IMA ADPCM
    u16 NumOfChannels;        //通道数量;1,表示单声道;2,表示双声道
    u32 SampleRate;           //采样率;0X1F40,表示 8 kHz
    u32 ByteRate;             //字节速率
    u16 BlockAlign;           //块对齐(字节)
    u16 BitsPerSample;        //单个采样数据大小;4 位 ADPCM,设置为 4
}ChunkFMT;
```

接下来,我们再看看 Fact 块(Fact Chunk)。该块为可选块,以"fact"作为标示,不是每个 WAV 文件都有,在非 PCM 格式的文件中,一般会在 Format 结构后面加入一个 Fact 块。该块 Chunk 结构如下:

```
//fact 块
typedef __packed struct
{
    u32 ChunkID;              //chunk id;这里固定为"fact",即 0X74636166
    u32 ChunkSize ;           //子集合大小(不包括 ID 和 Size);这里为:4
    u32 DataFactSize;         //数据转换为 PCM 格式后的大小
}ChunkFACT;
```

DataFactSize 是这个 Chunk 中最重要的数据,如果这是某种压缩格式的声音文件,那么从这里就可以知道它解压缩后的大小。对于解压时的计算会有很大的好处!不过本章使用的是 PCM 格式,所以不存在这个块。

最后,我们来看看数据块(Data Chunk)。该块是真正保存 wav 数据的地方,以"data"作为该 Chunk 的标示,然后是数据的大小。数据块的 Chunk 结构如下:

```
//data 块
typedef __packed struct
{
    u32 ChunkID;              //chunk id;这里固定为"data",即 0X61746164
    u32 ChunkSize ;           //子集合大小(不包括 ID 和 Size);文件大小 - 60
}ChunkDATA;
```

ChunkSize 后紧接着就是 wav 数据。根据 Format Chunk 中的声道数以及采样 bit 数,wav 数据的 bit 位置可以分成如图 36.2 所列的几种形式。

单声道	取样 1	取样 2	取样 3	取样 4	取样 5	取样 6
8 位量化	声道 0	声道 0	声道 0	声道 0	声道 0	声道 0
双声道	取样 1		取样 2		取样 3	
8 位量化	声道 0(左)	声道 1(右)	声道 0(左)	声道 1(右)	声道 0(左)	声道 1(右)
单声道	取样 1		取样 2		取样 3	
16 位量化	声道 0(低字节)	声道 0(高字节)	声道 0(低字节)	声道 0(高字节)	声道 0(低字节)	声道 0(高字节)
双声道	取样 1				取样 2	
16 位量化	声道 0(低字节)	声道 0(高字节)	声道 1(低字节)	声道 1(高字节)	声道 0(低字节)	声道 0(高字节)
单声道	取样 1				取样 2	
24 位量化	声道 0(低字节)	声道 0(中字节)	声道 0(高字节)	声道 0(低字节)	声道 0(中字节)	声道 0(高字节)
双声道	取样 1					
24 位量化	声道 0(低字节)	声道 0(中字节)	声道 0(高字节)	声道 1(低字节)	声道 1(中字节)	声道 1(高字节)

图 36.2　WAVE 文件数据采样格式

本章播放的音频支持：16 位和 24 位，立体声，所以每个取样为 4 或 6 个字节，低字节在前，高字节在后。在得到这些 wav 数据以后，通过 I²S 传给 WM8978 就可以欣赏音乐了。

36.1.2　WM8978 简介

WM8978 是欧胜(Wolfson)推出的一款全功能音频处理器。它带有一个 HI－FI 级数字信号处理内核，支持增强 3D 硬件环绕音效以及 5 频段的硬件均衡器，可以有效改善音质；并有一个可编程的陷波滤波器，用以去除屏幕开、切换等噪声。

WM8978 同样集成了对麦克风的支持，以及用于一个强悍的扬声器功放，可提供高达 900 mW 的高质量音响效果扬声器功率。

一个数字回放限制器可防止扬声器声音过载。WM8978 进一步提升了耳机放大器输出功率，在推动 16 Ω 耳机的时候，每声道最大输出功率高达 40 mW，可以连接市面上绝大多数适合随身听的高端 HI－FI 耳机。WM8988 的主要特性有：

> I²S 接口，支持最高 192K 24 bit 音频播放；
> DAC 信噪比 98 dB，ADC 信噪比 90 dB；
> 支持无电容耳机驱动(提供 40 mW@16 Ω 的输出能力)；
> 支持扬声器输出(提供 0.9 W@8 Ω 的驱动能力)；
> 支持立体声差分输入/麦克风输入；
> 支持左右声道音量独立调节；
> 支持 3D 效果，支持 5 路 EQ 调节。

WM8978 通过 I²S 接口(即数字音频接口)同 MCU 进行音频数据传输(支持音频接收和发送)，通过两线(MODE＝0，即 I²C 接口)或三线(MODE＝1)接口进行配置。WM8978 的 I²S 接口由 4 个引脚组成：

> ➤ ADCDAT:ADC 数据输出;
> ➤ DACDAT:DAC 数据输入;
> ➤ LRC:数据左/右对齐时钟;
> ➤ BCLK:位时钟,用于同步。

WM8978 可作为 I²S 主机,输出 LRC 和 BLCK 时钟,不过一般使用 WM8978 作为从机,接收 LRC 和 BLCK。另外,WM8978 的 I²S 接口支持 5 种不同的音频数据模式:左(MSB)对齐标准、右(LSB)对齐标准、飞利浦(I²S)标准、DSP 模式 A 和 DSP 模式 B。本章用飞利浦标准来传输 I²S 数据。

飞利浦标准模式中,数据在跟随 LRC 传输的 BCLK 的第二个上升沿时传输 MSB,其他位一直到 LSB 按顺序传输。传输依赖于字长、BCLK 频率和采样率,在每个采样的 LSB 和下一个采样的 MSB 之间都应该有未用的 BCLK 周期。飞利浦标准模式的 I²S 数据传输协议如图 36.3 所示。图中,f_s 即音频信号的采样率,比如 44.1 kHz,因此可以知道,LRC 的频率就是音频信号的采样率。另外,WM8978 还需要一个 MCLK,本章采用 STM32F4 为其提供 MCLK 时钟,MCLK 的频率必须等于 $256 f_s$,也就是音频采样率的 256 倍。

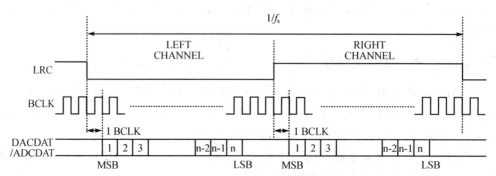

图 36.3　飞利浦标准模式 I²S 数据传输图

WM8978 的框图如图 36.4 所示。可以看出,WM8978 内部有很多的模拟开关来选择通道,同时还有很多调节器,用来设置增益和音量。

本章通过 I²C 接口(MODE=0)连接 WM8978,不过 WM8978 的 I²C 接口比较特殊:①只支持写,不支持读数据;②寄存器长度为 7 位,数据长度为 9 位;③寄存器字节的最低位用于传输数据的最高位(也就是 9 位数据的最高位,7 位寄存器的最低位)。WM8978 的 I²C 地址固定为 0X1A。关于 WM8978 的 I²C 详细介绍,请看其数据手册第 77 页。

这里简单介绍一下要正常使用 WM8978 来播放音乐,应该执行哪些配置:

① 寄存器 R0(00h):该寄存器用于控制 WM8978 的软复位,写任意值到该寄存器地址即可实现软复位 WM8978。

② 寄存器 R1(01h):该寄存器主要设置 BIASEN(bit3),该位设置为 1,模拟部分的放大器才会工作,才可以听到声音。

③ 寄存器 R2(02h):该寄存器主要设置 ROUT1EN(bit8)、LOUT1EN(bit7)和

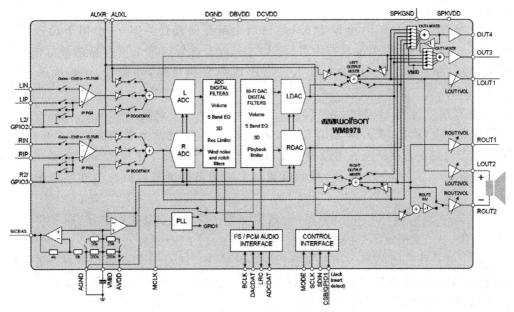

图 36.4　WM8978 框图

SLEEP(bit6)这 3 位,ROUT1EN 和 LOUT1EN 设置为 1 使能耳机输出,SLEEP 设置为 0 进入正常工作模式。

④ 寄存器 R3(03h):该寄存器主要设置 LOUT2EN(bit6)、ROUT2EN(bit5)、RMIXER(bit3)、LMIXER(bit2)、DACENR(bit1)和 DACENL(bit0)这 6 位。LOUT2EN 和 ROUT2EN 设置为 1 使能喇叭输出;LMIXER 和 RMIXER 设置为 1 使能左右声道混合器;DACENL 和 DACENR 则是使能左右声道的 DAC 了,必须设置为 1。

⑤ 寄存器 R4(04h):该寄存器主要设置 WL(bit6:5)和 FMT(bit4:3)这 4 位。WL(bit6:5)用于设置字长(即设置音频数据有效位数),00 表示 16 位音频,10 表示 24 位音频;FMT(bit4:3)用于设置 I^2S 音频数据格式(模式),一般设置为 10,表示 I^2S 格式,即飞利浦模式。

⑥ 寄存器 R6(06h):该寄存器直接全部设置为 0 即可,设置 MCLK 和 BCLK 都来自外部,即由 STM32F4 提供。

⑦ 寄存器 R10(0Ah):该寄存器要设置 SOFTMUTE(bit6)和 DACOSR128(bit3)这 2 位,SOFTMUTE 设置为 0,关闭软件静音;DACOSR128 设置为 1,DAC 得到最好的 SNR。

⑧ 寄存器 R43(2Bh):该寄存器只需要设置 INVROUT2 为 1 即可,反转 ROUT2 输出,更好地驱动喇叭。

⑨ 寄存器 R49(31h):该寄存器要设置 SPKBOOST(bit2)和 TSDEN(bit1)这 2 位。SPKBOOST 用于设置喇叭的增益,默认设置为 0 就好了(gain=-1),如想获得更大的声音,设置为 1(gain=+1.5)即可;TSDEN 用于设置过热保护,设置为 1(开启)

即可。

⑩ 寄存器 R50(32h)和 R51(33h)：这两个寄存器设置类似，一个用于设置左声道(R50)，另外一个用于设置右声道(R51)。只需要设置这两个寄存器的最低位为 1 即可，将左右声道的 DAC 输出接入左右声道混合器里面，才能在耳机/喇叭听到音乐。

⑪ 寄存器 R52(34h)和 R53(35h)：这两个寄存器用于设置耳机音量，同样一个用于设置左声道(R52)，另外一个用于设置右声道(R53)。这两个寄存器的最高位(HP-VU)用于设置是否更新左右声道的音量，最低 6 位用于设置左右声道的音量，我们可以先设置好两个寄存器的音量值，最后设置其中一个寄存器最高位为 1 即可更新音量设置。

⑫ 寄存器 R54(36h)和 R55(37h)：这两个寄存器用于设置喇叭音量，同 R52、R53 设置一模一样，这里就不细说了。

以上就是我们用 WM8978 播放音乐时的设置，按照以上步骤对各个寄存器进行相应的配置即可使用 WM8978 正常播放音乐了。还有其他一些 3D 设置、EQ 设置等请参考 WM8978 的数据手册自行研究。

36.1.3　I²S 简介

I²S(Inter IC Sound)总线又称集成电路内置音频总线，是飞利浦公司为数字音频设备之间的音频数据传输而制定的一种总线标准，负责与音频设备之间的数据传输，广泛应用于各种多媒体系统。它采用沿独立的导线传输时钟与数据信号的设计，通过将数据和时钟信号分离避免了因时差诱发的失真，为用户节省了购买抵抗音频抖动的专业设备的费用。

STM32F4 自带了 2 个全双工 I²S 接口，特点包括：

➢ 支持全双工/半双工通信；

➢ 主持主/从模式设置；

➢ 8 位可编程线性预分频器，可实现精确的音频采样频率(8~192 kHz)；

➢ 支持 16 位、24 位、32 位数据格式；

➢ 数据包帧固定为 16 位(仅 16 位数据帧)或 32 位(可容纳 16、24、32 位数据帧)；

➢ 可编程时钟极性；

➢ 支持 MSB 对齐(左对齐)、LSB 对齐(右对齐)、飞利浦标准和 PCM 标准等 I²S 协议；

➢ 支持 DMA 数据传输(16 位宽)；

➢ 数据方向固定位 MSB 在前；

➢ 支持主时钟输出(固定为 $256f_s$，f_s 即音频采样率)。

STM32F4 的 I²S 框图如图 36.5 所示。STM32F4 的 I²S 是与 SPI 部分共用的，通过设置 SPI_I2SCFGR 寄存器的 I2SMOD 位即可开启 I²S 功能，I²S 接口使用了几乎与 SPI 相同的引脚、标志和中断。

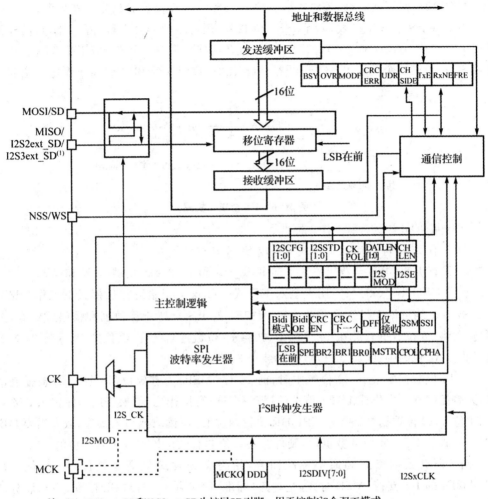

注：(1) I2S2ext_SD和I2S3ext_SD为扩展SD引脚，用于控制I²S全双工模式。

图 36.5　I²S框图

I²S用到的信号有：

① SD：串行数据（映射到 MOSI 引脚），用于发送或接收两个时分复用的数据通道上的数据（仅半双工模式）。

② WS：字选择（映射到 NSS 引脚），即帧时钟，用于切换左右声道的数据。WS 频率等于音频信号采样率（f_s）。

③ CK：串行时钟（映射到 SCK 引脚），即位时钟，是主模式下的串行时钟输出以及从模式下的串行时钟输入。CK 频率＝WS 频率（f_s）×2×16（16 位宽），如果是 32 位宽，则是 CK 频率＝WS 频率（f_s）×2×32（32 位宽）。

④ I2S2ext_SD 和 I2S3ext_SD：用于控制 I²S 全双工模式的附加引脚（映射到 MISO引脚）。

⑤ MCK：即主时钟输出，当 I²S 配置为主模式（并且 SPI_I2SPR 寄存器中的 MCK-

OE 位置 1)时,使用此时钟,该时钟输出频率 $256 \times f_s$,f_s 即音频信号采样频率。

为支持 I^2S 全双工模式,除了 I2S2 和 I2S3,还可以使用两个额外的 I^2S,它们称为扩展 I^2S(I2S2_ext、I2S3_ext),如图 36.6 所示。因此,第一个 I^2S 全双工接口基于 I2S2 和 I2S2_ext,第二个基于 I2S3 和 I2S3_ext。注意:I2S2_ext 和 I2S3_ext 仅用于全双工模式。

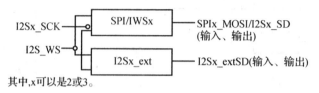

其中,x 可以是 2 或 3。

图 36.6 I^2S 全双工框图

I2Sx 可以在主模式下工作。因此:

① 只有 I2Sx 可在半双工模式下输出 SCK 和 WS。

② 只有 I2Sx 可在全双工模式下向 I2S2_ext 和 I2S3_ext 提供 SCK 和 WS。

扩展 I^2S(I2Sx_ext)只能用于全双工模式。I2Sx_ext 始终在从模式下工作。I2Sx 和 I2Sx_ext 均可用于发送和接收。STM32F4 的 I^2S 支持 4 种数据和帧格式组合,分别是:①将 16 位数据封装在 16 位帧中;②将 16 位数据封装在 32 位帧中;③将 24 位数据封装在 32 位帧中;④将 32 位数据封装在 32 位帧中。

将 16 位数据封装在 32 位帧中时,前 16 位(MSB)为有效位,16 位 LSB 被强制清零,无需任何软件操作或 DMA 请求(只需一个读/写操作)。如果应用程序首选 DMA,则 24 位和 32 位数据帧需要对 SPI_DR 执行两次 CPU 读取或写入操作,或者需要两次 DMA 操作。对于 24 位的数据帧,硬件会将 8 位非有效位扩展到带有 0 位的 32 位。

对于所有数据格式和通信标准而言,始终会先发送最高有效位(MSB 优先)。STM32F4 的 I^2S 支持:MSB 对齐(左对齐)标准、LSB 对齐(右对齐)标准、飞利浦标准和 PCM 标准这 4 种音频标准,本章用飞利浦标准,仅针对该标准进行介绍,其他的请参考《STM32F4xx 中文参考手册》第 27.4 节。

I^2S 飞利浦标准使用 WS 信号来指示当前正在发送的数据所属的通道。该信号从当前通道数据的第一个位(MSB)之前的一个时钟开始有效。发送方在时钟信号(CK)的下降沿改变数据,接收方在上升沿读取数据。WS 信号也在 CK 的下降沿变化。这和 36.1.2 小节介绍的是一样的。

本章使用 16 位、24 位数据格式,16 位时采用扩展帧格式(即将 16 位数据封装在 32 位帧中),以 24 位帧为例,I^2S 波形(飞利浦标准)如图 36.7 所示。这个图和图 36.3 是一样的时序,在 24 位模式下数据传输需要对 SPI_DR 执行两次读取或写入操作。比如要发送 0X8EAA33 这个数据,就要分两次写入 SPI_DR,第一次写入 0X8EAA,第二次写入 0X33xx(xx 可以为任意数值),这样就把 0X8EAA33 发送出去了。

顺便说一下,SD 卡读取到的 24 位 WAV 数据流是低字节在前,高字节在后的,比如读到一个声道的数据(24 bit),存储在 buf[3] 里面,那么要通过 SPI_DR 发送这个 24

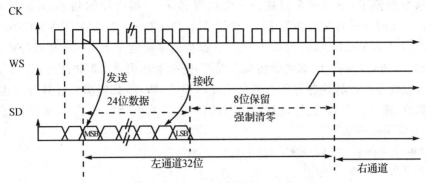

图 36.7　I²S 飞利浦标准 24 位帧格式波形

位数据,过程如下:

$$SPI\_DR=((u16)buf[2]<<8)+buf[1]$$

$$SPI\_DR=(u16)buf[0]<<8$$

这样,第一次发送高 16 位数据,第二次发送低 8 位数据,完成一次 24 bit 数据的发送。

接下来介绍 STM32F4 的 I²S 时钟发生器,其架构如图 36.8 所示。图中 I2SxCLK 可以来自 PLLI2S 输出(通过 R 系数分频)或者来自外部时钟(I2S_CKIN 引脚),一般使用前者作为 I2SxCLK 输入时钟。

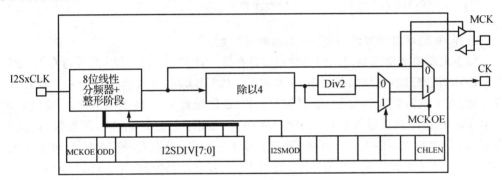

其中, x 可以是 2 或 3。

图 36.8　I²S 时钟发生器架构

一般需要根据音频采样率(f_s,即 CK 的频率)来计算各个分频器的值,常用的音频采样率有 22.05 kHz、44.1 kHz、48 kHz、96 kHz、196 kHz 等。

根据是否使能 MCK 输出,f_s 频率的计算公式有 2 种情况。不过,本章只考虑 MCK 输出使能时的情况。当 MCK 输出使能时,f_s 计算公式如下:

$$f_s=I2SxCLK/[256(2 \cdot I2SDIV+ODD)]$$

其中:I2SxCLK=(HSE/pllm) $\cdot$ PLLI2SN/PLLI2SR。HSE 是 8 MHz,而 pllm 在系统时钟初始化就确定了,是 8,这样结合以上 2 式,可得计算公式如下:

$$f_s=(1\ 000 \cdot PLLI2SN/PLLI2SR)/[256(2 \cdot I2SDIV+ODD)]$$

f_s 单位是 kHz。其中,PLL2SN 取值范围 192~432;PLLI2SR 取值范围 2~7; I2SDIV 取值范围 2~255;ODD 取值范围 0/1。根据以上约束条件便可以根据 f_s 来设置各个系数的值了,不过很多时候并不能取得和 f_s 一模一样的频率,只能近似等于 f_s,比如 44.1 kHz 采样率。设置 PLL2SN=271,PLL2SR=2,I2SDIV=6,ODD=0,得到 f_s=44.108 073 kHz,误差为 0.018 3%。晶振频率决定了有时无法通过分频得到我们所要的 f_s,所以,某些 f_s 如果要实现 0 误差,则必须选用外部时钟才可以。

要通过程序去计算这些系数的值是比较麻烦的,所以,我们事先计算好常用 f_s 对应的系数值,建立一个表,这样,用的时候只需要查表取值就可以了,大大简化了代码,常用 f_s 对应系数表如下:

```
//表格式:采样率/10,PLLI2SN,PLLI2SR,I2SDIV,ODD
const u16 I2S_PSC_TBL[][5] =
{
    {800 ,256,5,12,1},        //8 kHz 采样率
    {1102,429,4,19,0},        //11.025 kHz 采样率
    {1600,213,2,13,0},        //16 kHz 采样率
    {2205,429,4, 9,1},        //22.05 kHz 采样率
    {3200,213,2, 6,1},        //32 kHz 采样率
    {4410,271,2, 6,0},        //44.1 kHz 采样率
    {4800,258,3, 3,1},        //48 kHz 采样率
    {8820,316,2, 3,1},        //88.2 kHz 采样率
    {9600,344,2, 3,1},      //96 kHz 采样率
    {17640,361,2,2,0},        //176.4 kHz 采样率
    {19200,393,2,2,0},        //192 kHz 采样率
};
```

这样,我们可以很方便地完成 I²S 的时钟配置。

接下来看看本章需要用到的一些相关寄存器。首先,是 SPI_I2S 配置寄存器 SPI_I2SCFGR,该寄存器各位描述如图 36.9 所示。I2SMOD 位设置为 1,选择 I²S 模式,注意,必须在 I²S、SPI 禁止的时候设置该位。I2SE 位设置为 1,使能 I²S 外设,该位必须在 I2SMOD 位设置之后再设置。I2SCFG[1:0]位用于配置 I²S 模式,设置为 10,选择主模式(发送)。I2SSTD[1:0]位用于选择 I²S 标准,设置为 00,选择飞利浦模式。CKPOL 位用于设置空闲时时钟电平,设置为 0,空闲时时钟低电平。DATLEN[1:0]位用于设置数据长度,00,表示 16 位数据;01 表示 24 位数据。CHLEN 位用于设置通道长度,即帧长度,0,表示 16 位;1,表示 32 位。

15	14	13	12	11	10	9	8	7	6	5	4	3	2	1	0
		Reserved		I2SMOD	I2SE	I2SCFG		PCMSYNC	Reserved	I2SSTD		CKPOL	DATLEN		CHLEN
				rw	rw	rw	rw	rw		rw	rw	rw	rw	rw	rw

图 36.9　寄存器 SPI_I2SCFGR 各位描述

第二个是 SPI_I2S 预分配器寄存器 SPI_I2SPR,该寄存器各位描述如图 36.10 所示。本章设置 MCKOE 为 1,开启 MCK 输出,ODD 和 I2SDIV 则根据不同的 f_s 查表进行设置。

15	14	13	12	11	10	9	8	7	6	5	4	3	2	1	0
			Reserved			MCKOE	ODD				I2SDIV				
						rw	rw					rw			

位 15：10　保留，必须保持复位值。
位 9　MCKOE：主时钟输出使能(Master clock output enable)
　　　　0：禁止主时钟输出；1：使能主时钟输出
　　　　注意：应在 I²S 禁止时配置此位。只有在 I²S 为主模式时，才会使用此位。不适用于 SPI 模式。
位 8　ODD：预分频器的奇数因子(Odd factor for the prescaler)
　　　　0：实际分频值为 = 12 · SDIV · 2
　　　　1：实际分频值为 = (12 · SDIV · 2)+1
　　　　注意：应在 I²S 禁止时配置此位。只有在 I²S 为主模式时，才会使用此位。
位 7：0　I2SDIV：I²S 线性预分频器(I²S Linear prescaler)
　　　　I2SDIV[7：0]=O 或 I2SDIV[7：0]=1 为禁用值。
　　　　注意：应在 I²S 禁止时配置这些位。只有在 I²S 为主模式时，才会使用此位

图 36.10　寄存器 SPI_ I2SPR 各位描述

第三个是 PLLI2S 配置寄存器 RCC_PLLI2SCFGR，该寄存器各位描述如图 36.11
所示。该寄存器用于配置 PLLI2SR 和 PLLI2SN 两个系数，PLLI2SR 的取值范围是
2～7，PLLI2SN 的取值范围是 192～432。同样，这两个也是根据 f_s 的值来设置的。

31	30	29	28	27	26	25	24	23	22	21	20	19	18	17	16
Reserved	PLLI2S R2	PLLI2S R1	PLLI2S R0						Reserved						
	rw	rw	rw												

15	14	13	12	11	10	9	8	7	6	5	4	3	2	1	0
Reserved	PLLI2 SN8	PLLI2 SN7	PLLI2 SN6	PLLI2 SN5	PLLI2 SN4	PLLI2 SN3	PLLI2 SN2	PLLI2 SN1	PLLI2 SN0			Reserved			
	rw	rw	rw	rw	rw	rw	rw	rw	rw						

图 36.11　寄存器 RCC_ PLLI2SCFGR 各位描述

此外，还要用到 SPI_CR2 寄存器的 bit1 位设置 I²S TX DMA 数据传输，SPI_DR
寄存器用于传输数据，本章用 DMA 来传输，所以直接设置 DMA 的外设地址位 SPI_
DR 即可。

最后，我们看看要通过 STM32F4 的 I²S 驱动 WM8978 播放音乐的简要步骤，
如下：

① 初始化 WM8978。这个过程就是 36.1.2 小节最后那十几个寄存器的配置，包
括软复位、DAC 设置、输出设置和音量设置等。

② 初始化 I²S。此过程主要设置 SPI_I2SCFGR 寄存器，设置 I²S 模式、I²S 标准、
时钟空闲电平和数据帧长等，最后开启 I²S TX DMA，使能 I²S 外设。

③ 解析 WAV 文件，获取音频信号采样率、位数并设置 I²S 时钟分频器。这里要先
解析 WAV 文件，取得音频信号的采样率(f_s)和位数(16 位或 32 位)，根据这两个参数
来设置 I²S 的时钟分频，这里用前面介绍的查表法来设置即可。

④ 设置 DMA。I²S 播放音频的时候，一般都是通过 DMA 来传输数据的，所以必
须配置 DMA，本章用 I2S2，其 TX 是使用 DMA1 数据流 4 的通道 0 来传输的。并且，
STM32F4 的 DMA 具有双缓冲机制，这样可以提高效率，大大方便了我们的数据传输。

本章将 DMA1 数据流 4 设置为双缓冲循环模式,外设和存储器都是 16 位宽,并开启 DMA 传输完成中断(方便填充数据)。

　　⑤ 编写 DMA 传输完成中断服务函数。为了方便填充音频数据,我们使用 DMA 传输完成中断。每当一个缓冲数据发送完后,硬件自动切换为下一个缓冲,同时进入中断服务函数,填充数据到发送完的这个缓冲。过程如图 36.12 所示。

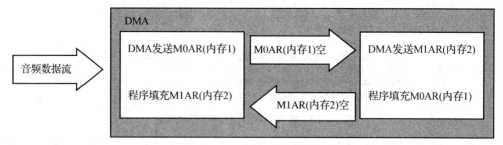

图 36.12　DMA 双缓冲发送音频数据流框图

　　⑥ 开启 DMA 传输,填充数据。最后,我们就只需要开启 DMA 传输,然后及时填充 WAV 数据到 DMA 的两个缓存区即可。此时,就可以在 WM8978 的耳机和喇叭通道听到播放的音乐了。

36.2　硬件设计

　　本章实验功能简介:开机后,先初始化各外设,然后检测字库是否存在。如果检测无问题,则开始循环播放 SD 卡 MUSIC 文件夹里面的歌曲(必须在 SD 卡根目录建立一个 MUSIC 文件夹,并在里面存放歌曲(仅支持 wav 格式)),在 TFTLCD 上显示歌曲名字、播放时间、歌曲总时间、歌曲总数目、当前歌曲的编号等信息。KEY0 用于选择下一曲,KEY2 用于选择上一曲,KEY_UP 用来控制暂停/继续播放。DS0 还是用于指示程序运行状态。

　　本实验用到的资源如下:指示灯 DS0、3 个按键(KEY_UP、KEY0、KEY1)、串口、TFTLCD 模块、SD 卡、SPI FLASH、WM8978、I2S2。这些硬件都已经介绍过了,不过 WM8978 和 STM32F4 的连接还没有介绍,连接如图 36.13 所示。图中,PHONE 接口可以用来插耳机,P1 接口可以外接喇叭(1 W@8 Ω,需自备)。硬件上,I^{2}C 接口和 24C02、MPU6050 等共用,另外 I2S_MCLK 和 DCMI_D0 共用,所以 I^{2}S 和 DCMI 不可以同时使用。

　　本实验需要准备一个 SD 卡(在里面新建一个 MUSIC 文件夹,并存放一些 wav 歌曲在 MUSIC 文件夹下)和一个耳机(或喇叭),分别插入 SD 卡接口和耳机接口(喇叭接 P1 接口),然后下载本实验就可以通过耳机来听歌了。

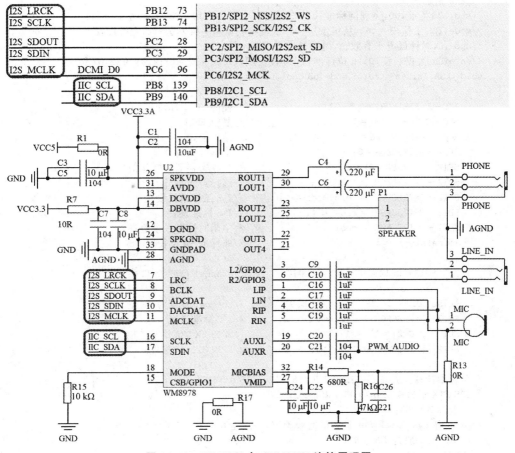

图 36.13　WM8978 与 STM32F4 连接原理图

36.3　软件设计

打开第 35 章的工程,去掉用不到的 .c 文件,然后添加 myiic.c 到 HARDWARE 组下,再在 HARDWARE 文件夹所在的文件夹下新建 APP 和 AUDIOCODEC 两个文件夹。在 APP 文件夹里面新建 audioplay.c 和 audioplay.h 两个文件。在 AUDIOCODEC 文件夹里面新建 wav 文件夹,然后新建 wavplay.c 和 wavplay.h 两个文件。最后,将 APP 和 wav 文件夹加入头文件包含路径。然后在工程里面新建 APP 分组和 AUDIOCODEC 分组,分别添加 audioplay.c 和 wavplay.c 到对应组下。

然后,在 HARDWARE 文件夹下新建 WM8978 和 I2S 两个文件夹,在 WM8978 文件夹里面新建 wm8978.c 和 wm8978.h 两个文件,在 I2S 文件夹里面新建 i2s.c 和 i2s.h 两个文件。最后将 wm8978.c 和 i2s.c 添加到工程 HARDWARE 组下。

本章代码比较多,这里仅挑一些重点函数介绍。首先是 i2s.c 里面,重点函数代码如下:

```
//I2S2 初始化
//std:I2S 标准,00,飞利浦标准;01,MSB 对齐(右对齐);10,LSB 对齐(左对齐);11,PCM 标准
//mode:I2S 工作模式,00,从机发送;01,从机接收;10,主机发送;11,主机接收
//cpol:0,时钟低电平有效;1,时钟高电平有效
//datalen:数据长度,0,16 位标准;1,16 位扩展(frame = 32bit);2,24 位;3,32 位
void I2S2_Init(u8 std,u8 mode,u8 cpol,u8 datalen)
{
    RCC - >APB1ENR| = 1<<14;              //使能 SPI2 时钟
    RCC - >APB1RSTR| = 1<<14;             //复位 SPI2
    RCC - >APB1RSTR& = ~(1<<14);          //结束复位
    SPI2 - >I2SCFGR = 0;                  //全部设置为 0
    SPI2 - >I2SPR = 0X02;                 //分频寄存器为默认值
    SPI2 - >I2SCFGR| = 1<<11;             //选择:I²S 模式
    SPI2 - >I2SCFGR| = (u16)mode<<8;      //I²S 工作模式设置
    SPI2 - >I2SCFGR| = std<<4;            //I²S 标准设置
    SPI2 - >I2SCFGR| = cpol<<3;           //空闲时钟电平设置
    if(datalen)                           //非标准 16 位长度
    {
        SPI2 - >I2SCFGR| = 1<<0;          //Channel 长度为 32 位
        datalen - = 1;
    }else SPI2 - >I2SCFGR| = 0<<0;        //Channel 长度为 16 位
    SPI2 - >I2SCFGR| = datalen<<1;        //I²S 标准设置
    SPI2 - >CR2| = 1<<1;                  //SPI2 TX DMA 请求使能
    SPI2 - >I2SCFGR| = 1<<10;             //SPI2 I2S EN 使能
}
//采样率计算公式:Fs = I2SxCLK/[256 * (2 * I2SDIV + ODD)]
//I2SxCLK = (HSE/pllm) * PLLI2SN/PLLI2SR
//一般 HSE = 8Mhz
//pllm:在 Sys_Clock_Set 设置的时候确定,一般是 8
//PLLI2SN:一般是 192～432
//PLLI2SR:2～7
//I2SDIV:2～255
//ODD:0/1
//I2S 分频系数表@pllm = 8,HSE = 8 MHz,即 vco 输入频率为 1 MHz
//表格式:采样率/10,PLLI2SN,PLLI2SR,I2SDIV,ODD
const u16 I2S_PSC_TBL[][5] =
{
……省略部分代码,见 36.1.3 小节介绍
};
//设置 IIS 的采样率(@MCKEN)
//samplerate:采样率,单位:Hz
//返回值:0,设置成功;1,无法设置.
u8 I2S2_SampleRate_Set(u32 samplerate)
{
    u8 i = 0; u32 tempreg = 0;
    samplerate/ = 10;                           //缩小 10 倍
    for(i = 0;i<(sizeof(I2S_PSC_TBL)/10);i ++ )  //看看改采样率是否可以支持
    {
        if(samplerate == I2S_PSC_TBL[i][0])break;
    }
    RCC - >CR& = ~(1<<26);                       //先关闭 PLLI2S
```

```
        if(i==(sizeof(I2S_PSC_TBL)/10))return 1;          //搜遍了也找不到
        tempreg| = (u32)I2S_PSC_TBL[i][1]<<6;              //设置 PLLI2SN
        tempreg| = (u32)I2S_PSC_TBL[i][2]<<28;             //设置 PLLI2SR
        RCC->PLLI2SCFGR = tempreg;                         //设置 I2SxCLK 的频率(x = 2)
        RCC->CR| = 1<<26;                                  //开启 I²S 时钟
        while((RCC->CR&1<<27) == 0);                       //等待 I²S 时钟开启成功
        tempreg = I2S_PSC_TBL[i][3]<<0;                    //设置 I2SDIV
        tempreg| = I2S_PSC_TBL[i][4]<<8;                   //设置 ODD 位
        tempreg| = 1<<9;                                   //使能 MCKOE 位,输出 MCK
        SPI2->I2SPR = tempreg;                             //设置 I2SPR 寄存器
        return 0;
}
//I2S2 TX DMA 配置
//设置为双缓冲模式,并开启 DMA 传输完成中断
//buf0:M0AR 地址,buf1:M1AR 地址,num:每次传输数据量
void I2S2_TX_DMA_Init(u8 * buf0,u8 * buf1,u16 num)
{
        RCC->AHB1ENR| = 1<<21;                             //DMA1 时钟使能
        while(DMA1_Stream4->CR&0X01);                      //等待 DMA1_Stream4 可配置
        DMA1->HIFCR| = 0X3D<<6 * 0;                        //清空通道 4 上所有中断标志
        DMA1_Stream4->FCR = 0X0000021;                     //设置为默认值
        DMA1_Stream4->PAR = (u32)&SPI2->DR;                //外设地址为:SPI2->DR
        DMA1_Stream4->M0AR = (u32)buf0;                    //内存 1 地址
        DMA1_Stream4->M1AR = (u32)buf1;                    //内存 2 地址
        DMA1_Stream4->NDTR = num;                          //暂时设置长度为 1
        DMA1_Stream4->CR = 0;                              //先全部复位 CR 寄存器值
        DMA1_Stream4->CR| = 1<<6;                          //存储器到外设模式
        DMA1_Stream4->CR| = 1<<8;                          //循环模式
        DMA1_Stream4->CR| = 0<<9;                          //外设非增量模式
        DMA1_Stream4->CR| = 1<<10;                         //存储器增量模式
        DMA1_Stream4->CR| = 1<<11;                         //外设数据长度:16 位
        DMA1_Stream4->CR| = 1<<13;                         //存储器数据长度:16 位
        DMA1_Stream4->CR| = 2<<16;                         //高优先级
        DMA1_Stream4->CR| = 1<<18;                         //双缓冲模式
        DMA1_Stream4->CR| = 0<<21;                         //外设突发单次传输
        DMA1_Stream4->CR| = 0<<23;                         //存储器突发单次传输
        DMA1_Stream4->CR| = 0<<25;                         //选择通道 0 SPI2_TX 通道
        DMA1_Stream4->FCR& = ~(1<<2);                      //不使用 FIFO 模式
        DMA1_Stream4->FCR& = ~(3<<0);                      //无 FIFO 设置
        DMA1_Stream4->CR| = 1<<4;                          //开启传输完成中断
        MY_NVIC_Init(0,0,DMA1_Stream4_IRQn,2);             //抢占 1,子优先级 0,组 2
}
//I²S DMA 回调函数指针
void ( * i2s_tx_callback)(void);                           //TX 回调函数
//DMA1_Stream4 中断服务函数
void DMA1_Stream4_IRQHandler(void)
{
        if(DMA1->HISR&(1<<5))                              //DMA1_Steam4,传输完成标志
        {
                DMA1->HIFCR| = 1<<5;                       //清除传输完成中断
                i2s_tx_callback();                         //执行回调函数,读取数据等操作在这里面处理
```

```
    }
}
```

其中,I2S2_Init 完成 I2S2 的初始化,通过 4 个参数设置 I2S2 的详细配置信息。另外一个函数 I2S2_SampleRate_Set,则是用前面介绍的查表法,根据音频采样率来设置 I²S 的时钟部分。函数 I2S2_TX_DMA_Init 用于设置 I2S2 的 DMA 发送,使用双缓冲循环模式发送数据给 WM8978,并开启了发送完成中断。而 DMA1_Stream4_IRQHandler 函数,则是 DMA1 数据流 4 发送完成中断的服务函数,该函数调用 i2s_tx_callback 函数(函数指针,使用前需指向特定函数)实现 DMA 数据填充。i2s.c 里面还有 2 个函数 I2S_Play_Start 和 I2S_Play_Stop,用于开启和关闭 DMA 传输,请参考本书配套资料本例程源码。

再来看 wm8978.c 里面的几个函数,代码如下:

```
//WM8978 初始化
//返回值:0,初始化正常;其他,错误代码
u8 WM8978_Init(void)
{
    u8 res;
    RCC->AHB1ENR| = 1<<1;              //使能外设 PORTB 时钟
     RCC->AHB1ENR| = 1<<2;             //使能外设 PORTC 时钟
    GPIO_Set(GPIOB,PIN12|PIN13,GPIO_MODE_AF,GPIO_OTYPE_PP,GPIO_SPEED_100M,
            GPIO_PUPD_PU);        //PB12/13/15 复用功能输出
    GPIO_Set(GPIOC,PIN6|PIN2|PIN3,GPIO_MODE_AF,GPIO_OTYPE_PP,GPIO_SPEED_
            100M,GPIO_PUPD_PU);   //PC2/PC3/PC6 复用功能输出
    GPIO_AF_Set(GPIOB,12,5);          //PB12,AF5   I2S_LRCK
    GPIO_AF_Set(GPIOB,13,5);          //PB13,AF5   I2S_SCLK
    GPIO_AF_Set(GPIOC,3,5);           //PC3 ,AF5   I2S_DACDATA
    GPIO_AF_Set(GPIOC,2,6);           //PC2 ,AF6   I2S_ADCDATA  I2S2ext_SD 是 AF6
     GPIO_AF_Set(GPIOC,6,5);          //PC6 ,AF5   I2S_MCK
    IIC_Init();//初始化 IIC 接口
    res = WM8978_Write_Reg(0,0);      //软复位 WM8978
    if(res)return 1;                  //发送指令失败,WM8978 异常
    //以下为通用设置
    WM8978_Write_Reg(1,0X1B);         //R1,MICEN 设置为 1(MIC 使能),BIASEN 设置为 1
                                      //(模拟器工作),VMIDSEL[1:0]设置为:11(5K)
    WM8978_Write_Reg(2,0X1B0);        //R2,ROUT1,LOUT1 输出使能(耳机可以工作)
                                      //,BOOSTENR,BOOSTENL 使能
    WM8978_Write_Reg(3,0X6C);         //R3,LOUT2,ROUT2,喇叭输出,RMIX,LMIX 使能
    WM8978_Write_Reg(6,0);            //R6,MCLK 由外部提供
    WM8978_Write_Reg(43,1<<4);        //R43,INVROUT2 反向,驱动喇叭
    WM8978_Write_Reg(47,1<<8);        //R47 设置,PGABOOSTL,左通道 MIC 获得 20 倍增益
    WM8978_Write_Reg(48,1<<8);        //R48 设置,PGABOOSTR,右通道 MIC 获得 20 倍增益
    WM8978_Write_Reg(49,1<<1);        //R49,TSDEN,开启过热保护
    WM8978_Write_Reg(10,1<<3);        //R10,SOFTMUTE 关闭,128x 采样,最佳 SNR
    WM8978_Write_Reg(14,1<<3);        //R14,ADC 128x 采样率
    return 0;
}
//WM8978 DAC/ADC 配置
//adcen:adc 使能(1)/关闭(0)
```

```
//dacen:dac 使能(1)/关闭(0)
void WM8978_ADDA_Cfg(u8 dacen,u8 adcen)
{
    u16 regval;
    regval = WM8978_Read_Reg(3);              //读取 R3
    if(dacen)regval| = 3<<0;                  //R3 最低 2 个位设置为 1,开启 DACR&DACL
    else regval& = ~(3<<0);                   //R3 最低 2 个位清零,关闭 DACR&DACL
    WM8978_Write_Reg(3,regval);               //设置 R3
    regval = WM8978_Read_Reg(2);              //读取 R2
    if(adcen)regval| = 3<<0;                  //R2 最低 2 个位设置为 1,开启 ADCR&ADCL
    else regval& = ~(3<<0);                   //R2 最低 2 个位清零,关闭 ADCR&ADCL
    WM8978_Write_Reg(2,regval);               //设置 R2
}
//WM8978 输出配置
//dacen:DAC 输出(放音)开启(1)/关闭(0)
//bpsen:Bypass 输出(录音,包括 MIC,LINE IN,AUX 等)开启(1)/关闭(0)
void WM8978_Output_Cfg(u8 dacen,u8 bpsen)
{
    u16 regval = 0;
    if(dacen)regval| = 1<<0;                  //DAC 输出使能
    if(bpsen)
    {
        regval| = 1<<1;                       //BYPASS 使能
        regval| = 5<<2;                       //0dB 增益
    }
    WM8978_Write_Reg(50,regval);              //R50 设置
    WM8978_Write_Reg(51,regval);              //R51 设置
}
//设置 I²S 工作模式
//fmt:0,LSB(右对齐);1,MSB(左对齐);2,飞利浦标准 I2S;3,PCM/DSP
//len:0,16 位;1,20 位;2,24 位;3,32 位
void WM8978_I2S_Cfg(u8 fmt,u8 len)
{
    fmt& = 0X03;
    len& = 0X03;                              //限定范围
    WM8978_Write_Reg(4,(fmt<<3)|(len<<5));    //R4,WM8978 工作模式设置
}
```

　　其中,WM8978_Init 用于初始化 WM8978,这里只是通用配置(ADC&DAC)。初始化之后,并不能正常播放音乐,还需要通过 WM8978_ADDA_Cfg 函数使能 DAC,然后通过 WM8978_Output_Cfg 选择 DAC 输出,通过 WM8978_I2S_Cfg 配置 I²S 工作模式,最后设置音量才可以接收 I²S 音频数据,实现音乐播放。这里设置音量、EQ、音效等函数,请参考本书配套资料本例程源码。

　　接下来,看看 wavplay.c 里面的几个函数,代码如下:

```
__wavctrl wavctrl;          //WAV 控制结构体
vu8 wavtransferend = 0;     //i2s 传输完成标志
vu8 wavwitchbuf = 0;        //i2sbufx 指示标志
//WAV 解析初始化
//fname:文件路径 + 文件名,wavx:wav 信息存放结构体指针
```

```
//返回值:0,成功;1,打开文件失败;2,非 WAV 文件;3,DATA 区域未找到
u8 wav_decode_init(u8 * fname,__wavctrl * wavx)
{
    FIL * ftemp; u32 br = 0;
    u8 * buf; u8 res = 0;
    ChunkRIFF * riff; ChunkFMT * fmt;
    ChunkFACT * fact; ChunkDATA * data;
    ftemp = (FIL * )mymalloc(SRAMIN,sizeof(FIL));
    buf = mymalloc(SRAMIN,512);
    if(ftemp&&buf)      //内存申请成功
    {
        res = f_open(ftemp,(TCHAR * )fname,FA_READ);//打开文件
        if(res == FR_OK)
        {
            f_read(ftemp,buf,512,&br);      //读取 512 字节在数据
            riff = (ChunkRIFF * )buf;           //获取 RIFF 块
            if(riff - >Format == 0X45564157)//是 WAV 文件
            {
                fmt = (ChunkFMT * )(buf + 12);      //获取 FMT 块
                fact = (ChunkFACT * )(buf + 12 + 8 + fmt - >ChunkSize);//读取 FACT 块
                if(fact - >ChunkID == 0X74636166||fact - >ChunkID == 0X5453494C)
                    wavx - >datastart = 12 + 8 + fmt - >ChunkSize + 8 + fact - >ChunkSize;
                //具有 fact/LIST 块的时候(未测试)
                else wavx - >datastart = 12 + 8 + fmt - >ChunkSize;
                data = (ChunkDATA * )(buf + wavx - >datastart);        //读取 DATA 块
                if(data - >ChunkID == 0X61746164)//解析成功!
                {
                    wavx - >audioformat = fmt - >AudioFormat;      //音频格式
                    wavx - >nchannels = fmt - >NumOfChannels;      //通道数
                    wavx - >samplerate = fmt - >SampleRate;        //采样率
                    wavx - >bitrate = fmt - >ByteRate * 8;          //得到位速
                    wavx - >blockalign = fmt - >BlockAlign;        //块对齐
                    wavx - >bps = fmt - >BitsPerSample;    //位数,16/24/32 位
                    wavx - >datasize = data - >ChunkSize;          //数据块大小
                    wavx - >datastart = wavx - >datastart + 8;    //数据流开始的地方
                }else res = 3;//data 区域未找到.
            }else res = 2;//非 wav 文件
        }else res = 1;//打开文件错误
    }
    f_close(ftemp);
    myfree(SRAMIN,ftemp); myfree(SRAMIN,buf); //释放内存
    return 0;
}
//填充 buf
//buf:数据区,size:填充数据量,bits:位数(16/24)
//返回值:读到的数据个数
u32 wav_buffill(u8 * buf,u16 size,u8 bits)
{
    u16 readlen = 0; u32 bread;
    u16 i; u8 * p;
    if(bits == 24)//24bit 音频,需要处理一下
```

```
    {
        readlen = (size/4)*3;                           //此次要读取的字节数
        f_read(audiodev.file,audiodev.tbuf,readlen,(UINT *)&bread);     //读取数据
        p = audiodev.tbuf;
        for(i = 0;i<size;)
        {
            buf[i++] = p[1]; buf[i] = p[2];
            i+ = 2; buf[i++] = p[0];
            p+ = 3;
        }
        bread = (bread*4)/3;             //填充后的大小
    }else
    {
        f_read(audiodev.file,buf,size,(UINT *)&bread);//16bit 音频,直接读取数据
        if(bread<size) for(i = bread;i<size-bread;i++)buf[i] = 0;//不够数据了,补充 0
    }
    return bread;
}
//WAV 播放时,I²S DMA 传输回调函数
void wav_i2s_dma_tx_callback(void)
{
    u16 i;
    if(DMA1_Stream4 - >CR&(1<<19))
    {
        wavwitchbuf = 0;
        if((audiodev.status&0X01) == 0) //暂停
        for(i = 0;i<WAV_I2S_TX_DMA_BUFSIZE;i++)audiodev.i2sbuf1[i] = 0;//填 0
    }else
    {
        wavwitchbuf = 1;
        if((audiodev.status&0X01) == 0) //暂停
        for(i = 0;i<WAV_I2S_TX_DMA_BUFSIZE;i++)audiodev.i2sbuf2[i] = 0;//填 0
    }
    wavtransferend = 1;
}
//播放某个 WAV 文件
//fname:wav 文件路径
//返回值
//KEY0_PRES:下一曲,KEY1_PRES:上一曲,其他:错误
u8 wav_play_song(u8 * fname)
{
    u8 key; u8 t = 0; u8 res; u32 fillnum;
    audiodev.file = (FIL *)mymalloc(SRAMIN,sizeof(FIL));
    audiodev.i2sbuf1 = mymalloc(SRAMIN,WAV_I2S_TX_DMA_BUFSIZE);
    audiodev.i2sbuf2 = mymalloc(SRAMIN,WAV_I2S_TX_DMA_BUFSIZE);
    audiodev.tbuf = mymalloc(SRAMIN,WAV_I2S_TX_DMA_BUFSIZE);
    if(audiodev.file&&audiodev.i2sbuf1&&audiodev.i2sbuf2&&audiodev.tbuf)
    {
        res = wav_decode_init(fname,&wavctrl);//得到文件的信息
        if(res == 0)//解析文件成功
        {
```

```
if(wavctrl.bps == 16)
{
    WM8978_I2S_Cfg(2,0);      //飞利浦标准,16 位数据长度
    I2S2_Init(0,2,0,1);       //飞利浦标准,主机发送,时钟低电平,16 位扩展
                              //帧长度
}else if(wavctrl.bps == 24)
{
    WM8978_I2S_Cfg(2,2);      //飞利浦标准,24 位数据长度
    I2S2_Init(0,2,0,2);       //飞利浦标准,主机发送,时钟低电平,24 位扩展
                              //帧长度
}
I2S2_SampleRate_Set(wavctrl.samplerate);//设置采样率
I2S2_TX_DMA_Init(audiodev.i2sbuf1,audiodev.i2sbuf2,
                WAV_I2S_TX_DMA_BUFSIZE/2); //配置 TX DMA
i2s_tx_callback = wav_i2s_dma_tx_callback;//回调函数指 wav_i2s_dma_callback
audio_stop();
res = f_open(audiodev.file,(TCHAR * )fname,FA_READ);//打开文件
if(res == 0)
{
    f_lseek(audiodev.file, wavctrl.datastart);//跳过文件头
fillnum = wav_buffill(audiodev.i2sbuf1,WAV_I2S_TX_DMA_BUFSIZE,
                    wavctrl.bps);
fillnum = wav_buffill(audiodev.i2sbuf2,WAV_I2S_TX_DMA_BUFSIZE,
                    wavctrl.bps);
    audio_start();
    while(res == 0)
    {
        while(wavtransferend == 0);//等待 wav 传输完成
        wavtransferend = 0;
        if(fillnum != WAV_I2S_TX_DMA_BUFSIZE)//播放结束了吗
        { res = KEY0_PRES; break; }
        if(wavwitchbuf)fillnum = wav_buffill(audiodev.i2sbuf2,
            WAV_I2S_TX_DMA_BUFSIZE,wavctrl.bps);//填充 buf2
        else fillnum = wav_buffill(audiodev.i2sbuf1,
            WAV_I2S_TX_DMA_BUFSIZE,wavctrl.bps);//填充 buf1
        while(1)
        {
            key = KEY_Scan(0);
            if(key == WKUP_PRES)//暂停
            {
                if(audiodev.status&0X01)audiodev.status& = ~(1<<0);
                else audiodev.status| = 0X01;
            }
            if(key == KEY2_PRES||key == KEY0_PRES)//下一曲/上一曲
            { res = key; break; }
            wav_get_curtime(audiodev.file,&wavctrl);//得到播放和总时间
            audio_msg_show(wavctrl.totsec,wavctrl.cursec,wavctrl.bitrate);
            t ++ ;
            if(t == 20) { t = 0; LED0 = ! LED0; }
            if((audiodev.status&0X01) == 0)delay_ms(10);
            else break;
```

```
            }
          }
          audio_stop();
        }else res = 0XFF;
      }else res = 0XFF;
    }else res = 0XFF;
    myfree(SRAMIN,audiodev.tbuf); myfree(SRAMIN,audiodev.file);        //释放内存
    myfree(SRAMIN,audiodev.i2sbuf1); myfree(SRAMIN,audiodev.i2sbuf2);     //释放内存
    return res;
}
```

以上代码中，wav_decode_init 函数用来对 wav 文件进行解析，得到 wav 的详细信息（音频采样率、位数、数据流起始位置等）；wav_buffill 函数，用 f_read 读取数据，填充数据到 buf 里面，注意 24 位音频的时候读出的数据需要经过转换后才填充到 buf；wav_i2s_dma_tx_callback 函数，则是 DMA 发送完成的回调函数（i2s_tx_callback 函数指针指向该函数），这里面并没有对数据进行填充处理（暂停时进行了填 0 处理），而是采用 2 个标志量：wavtransferend 和 wavwitchbuf，来告诉 wav_play_song 函数是否传输完成，以及应该填充哪个数据 buf（i2sbuf1 或 i2sbuf2）。

最后，wav_play_song 函数是播放 WAV 的最终执行函数。该函数解析完 WAV 文件后，设置 WM8978 和 I²S 的参数（采样率、位数等），并开启 DMA，然后不停地填充数据，实现 WAV 播放。该函数还进行了按键扫描控制，实现上下曲切换和暂停、播放等操作。该函数通过判断 wavtransferend 是否为 1 来处理是否应该填充数据，而到底填充到哪个 buf（i2sbuf1 或 i2sbuf2），则是通过 wavwitchbuf 标志来确定的。当 wavwitchbuf＝0 时，说明 DMA 正在使用 i2sbuf2，程序应该填充 i2sbuf1；当 wavwitchbuf＝1 时，说明 DMA 正在使用 i2sbuf1，程序应该填充 i2sbuf2；

接下来，看看 audioplay.c 里面的几个函数，代码如下：

```
//播放音乐
void audio_play(void)
{
    u8 res; u8 key;     u16 temp;
    DIR wavdir;                                  //目录
    FILINFO wavfileinfo;                         //文件信息
    u8 * fn;                                     //长文件名
    u8 * pname;                                  //带路径的文件名
    u16 totwavnum;                               //音乐文件总数
    u16 curindex;                                //图片当前索引
    u16 * wavindextbl;                           //音乐索引表
    WM8978_ADDA_Cfg(1,0);                        //开启 DAC
    WM8978_Input_Cfg(0,0,0);                     //关闭输入通道
    WM8978_Output_Cfg(1,0);                      //开启 DAC 输出
    while(f_opendir(&wavdir,"0:/MUSIC"))         //打开音乐文件夹
    {
        Show_Str(60,190,240,16,"MUSIC 文件夹错误!",16,0); delay_ms(200);
        LCD_Fill(60,190,240,206,WHITE); delay_ms(200);   //清除显示
    }
    totwavnum = audio_get_tnum("0:/MUSIC");              //得到总有效文件数
```

```
    while(totwavnum == NULL)                                    //音乐文件总数为0
{
    Show_Str(60,190,240,16,"没有音乐文件!",16,0); delay_ms(200);
    LCD_Fill(60,190,240,146,WHITE); delay_ms(200);              //清除显示
}
    wavfileinfo.lfsize = _MAX_LFN * 2 + 1;                      //长文件名最大长度
wavfileinfo.lfname = mymalloc(SRAMIN,wavfileinfo.lfsize); //为长文件缓存区分配
                                                                //内存
pname = mymalloc(SRAMIN,wavfileinfo.lfsize);  //为带路径的文件名分配内存
wavindextbl = mymalloc(SRAMIN,2 * totwavnum);   //申请内存,用于存放音乐文件索引
while(wavfileinfo.lfname == NULL||pname == NULL||wavindextbl == NULL)
                                                                //内存分配出错
{
    Show_Str(60,190,240,16,"内存分配失败!",16,0); delay_ms(200);
    LCD_Fill(60,190,240,146,WHITE); delay_ms(200);              //清除显示
}
 //记录索引
res = f_opendir(&wavdir,"0:/MUSIC");                            //打开目录
if(res == FR_OK)
{
    curindex = 0;//当前索引为0
    while(1)//全部查询一遍
    {
        temp = wavdir.index;                                   //记录当前 index
        res = f_readdir(&wavdir,&wavfileinfo);                 //读取目录下的一个文件
        if(res! = FR_OK||wavfileinfo.fname[0] == 0)break; //错误了/到末尾了,退出
         fn = (u8 * )( * wavfileinfo.lfname? wavfileinfo.lfname:wavfileinfo.fname);
        res = f_typetell(fn);
        if((res&0XF0) == 0X40)//取高4位,看看是不是音乐文件
        {
            wavindextbl[curindex] = temp;//记录索引
            curindex ++ ;
        }
    }
}
    curindex = 0;                                              //从0开始显示
    res = f_opendir(&wavdir,(const TCHAR * )"0:/MUSIC");        //打开目录
while(res == FR_OK)//打开成功
{
    dir_sdi(&wavdir,wavindextbl[curindex]);                    //改变当前目录索引
    res = f_readdir(&wavdir,&wavfileinfo);                     //读取目录下的一个文件
    if(res! = FR_OK||wavfileinfo.fname[0] == 0)break;         //错误了/到末尾了,退出
     fn = (u8 * )( * wavfileinfo.lfname? wavfileinfo.lfname:wavfileinfo.fname);
    strcpy((char * )pname,"0:/MUSIC/");                       //复制路径(目录)
    strcat((char * )pname,(const char * )fn);                  //将文件名接在后面
     LCD_Fill(60,190, lcddev.width,190 + 16,WHITE);           //清除之前的显示
    Show_Str(60,190, lcddev.width - 60,16,fn,16,0);            //显示歌曲名字
    audio_index_show(curindex + 1,totwavnum);
    key = audio_play_song(pname);                              //播放这个音频文件
    if(key == KEY2_PRES)            //上一曲
    {
```

```
            if(curindex)curindex -- ;
            else curindex = totwavnum - 1;
        }else if(key == KEY0_PRES)//下一曲
        {
            curindex ++ ;
            if(curindex> = totwavnum)curindex = 0;//到末尾的时候,自动从头开始
        }else break;      //产生了错误
    }
    myfree(SRAMIN,wavfileinfo.lfname);      //释放内存
    myfree(SRAMIN,pname);                   //释放内存
    myfree(SRAMIN,wavindextbl);             //释放内存
}
//播放某个音频文件
u8 audio_play_song(u8 * fname)
{
    u8 res;
    res = f_typetell(fname);
    switch(res)
    {
        case T_WAV:
            res = wav_play_song(fname); break;
        default://其他文件,自动跳转到下一曲
            printf("cant play: % s\r\n",fname);
            res = KEY0_PRES; break;
    }
    return res;
}
```

这里,audio_play 函数在 main 函数里面被调用。该函数首先设置 WM8978 相关配置,然后查找 SD 卡里面的 MUSIC 文件夹,并统计该文件夹里面总共有多少音频文件(统计包括 WAV、MP3、APE、FLAC 等),然后,该函数调用 audio_play_song 函数按顺序播放这些音频文件。

在 audio_play_song 函数里面,通过判断文件类型调用不同的解码函数,本章只支持 WAV 文件,通过 wav_play_song 函数实现 WAV 解码。其他格式,如 MP3、APE、FLAC 等,在综合实验会实现其解码函数,读者可以参考综合实验代码,这里就不做介绍了。

最后,我们在 test. c 里面修改 main 函数如下:

```
int main(void)
{
    Stm32_Clock_Init(336,8,2,7);        //设置时钟,168 MHz
    delay_init(168);                    //延时初始化
    uart_init(84,115200);               //初始化串口波特率为 115200
    LED_Init();                         //初始化 LED
    usmart_dev.init(84);                //初始化 USMART
    LCD_Init();                         //LCD 初始化
    KEY_Init();                         //按键初始化
    W25QXX_Init();                      //初始化 W25Q128
    WM8978_Init();                      //初始化 WM8978
```

```
WM8978_HPvol_Set(40,40);                //耳机音量设置
WM8978_SPKvol_Set(50);                  //喇叭音量设置
my_mem_init(SRAMIN);                    //初始化内部内存池
my_mem_init(SRAMCCM);                   //初始化 CCM 内存池
exfuns_init();                          //为 fatfs 相关变量申请内存
    f_mount(fs[0],"0:",1);              //挂载 SD 卡
POINT_COLOR = RED;
while(font_init())                      //检查字库
{
    LCD_ShowString(30,50,200,16,16,"Font Error!"); delay_ms(200);
    LCD_Fill(30,50,240,66,WHITE); delay_ms(200);       //清除显示
}
POINT_COLOR = RED;
 Show_Str(60,50,200,16," Explorer STM32F4 开发板",16,0);
Show_Str(60,70,200,16,"音乐播放器实验",16,0);
Show_Str(60,90,200,16,"正点原子@ALIENTEK",16,0);
Show_Str(60,110,200,16,"2014 年 5 月 24 日",16,0);
Show_Str(60,130,200,16,"KEY0:NEXT    KEY2:PREV",16,0);
Show_Str(60,150,200,16,"KEY_UP:PAUSE/PLAY",16,0);
while(1) audio_play();
}
```

该函数就相对简单了,在初始化各个外设后,通过 audio_play 函数开始音频播放。软件部分就介绍到这里,其他未贴出代码请参考本书配套资料本例程源码。

36.4   下载验证

编译成功之后,下载代码到 ALIENTEK 探索者 STM32F4 开发板上,程序先执行字库检测。然后当检测到 SD 卡根目录的 MUSIC 文件夹有有效音频文件(WAV 格式音频)的时候,就开始自动播放歌曲了,如图 36.14 所示。可以看出,当前正在播放第 2 首歌曲,总共 7 首歌曲,歌曲名、播放时间、总时长、码率、音量等信息等也都有显示。此时 DS0 会随着音乐的播放而闪烁。

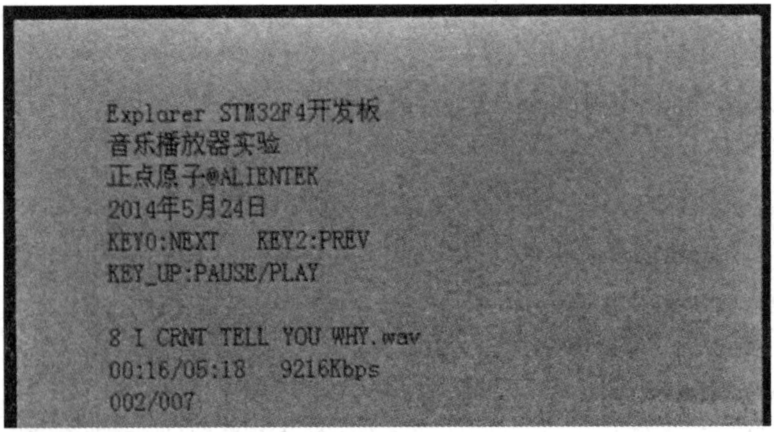

图 36.14   音乐播放中

图中我们播放的是 192 kHz、24 位的音乐，码率＝192×24×2＝9 216 kbps，这比最好的 MP3(320 kbps)足足高了 28 倍多，因而可以带来更好的音质享受。

　　只要在开发板的 PHONE 端子插入耳机（或者在 P1 接口插入喇叭），就能听到歌曲的声音了。同时，我们可以通过按 KEY0 和 KEY2 来切换下一曲和上一曲，通过 KEY_UP 控制暂停和继续播放。

　　本实验还可以通过 USMART 来测试 WM8978 的其他功能，通过将 wm8978.c 里面的部分函数加入 USMART 管理，可以很方便地设置 wm8978 的各种参数（音量、3D、EQ 等都可以设置）达到验证测试的目的。

　　至此，我们就完成了一个简单的音乐播放器了，虽然只支持 WAV 文件，但是在此基础上增加其他音频格式解码器（可参考综合实验）便可实现其他音频格式解码了。

第 **37** 章

视频播放器实验

STM32F4 的处理能力不仅可以软解码音频,还可以用来播放视频!本章将使用探索者 STM32F4 开发板实现一个简单的视频播放器,播放 AVI 视频。

37.1 AVI 及 libjpeg 简介

本章使用 libjpeg(由 IJG 提供)来实现 MJPG 编码的 AVI 格式视频播放,先简单介绍一下 AVI 和 libjpeg。

37.1.1 AVI 简介

AVI 是音频视频交错(Audio Video Interleaved)的英文缩写,是微软开发的一种符合 RIFF 文件规范的数字音频与视频文件格式,原先用于 Microsoft Video for Windows(简称 VFW)环境,现在已被多数操作系统直接支持。

AVI 格式允许视频和音频交错在一起同步播放,支持 256 色和 RLE 压缩。但 AVI 文件并未限定压缩标准,AVI 仅仅是一个容器,用不同压缩算法生成的 AVI 文件必须使用相应的解压缩算法才能播放出来。比如本章使用的 AVI 的音频数据采用 16 位线性 PCM 格式(未压缩),而视频数据则采用 MJPG 编码方式。

介绍 AVI 文件前要先来看看 RIFF 文件结构。AVI 文件采用的是 RIFF 文件结构方式。RIFF(Resource Interchange File Format,资源互换文件格式)是微软定义的一种用于管理 WINDOWS 环境中多媒体数据的文件格式,波形音频 WAVE、MIDI 和数字视频 AVI 都采用这种格式存储。构造 RIFF 文件的基本单元叫数据块(Chunk),每个数据块包含 3 个部分:4 字节的数据块标记(或者叫做数据块的 ID)、数据块的大小、数据。

整个 RIFF 文件可以看成一个数据块,其数据块 ID 为 RIFF,称为 RIFF 块。一个 RIFF 文件中只允许存在一个 RIFF 块。RIFF 块中包含一系列的子块,其中有一种子块的 ID 为"LIST",称为 LIST 块,LIST 块中可以再包含一系列的子块。但除了 LIST 块外的其他所有的子块都不能再包含子块。

RIFF 和 LIST 块分别比普通的数据块多一个被称为形式类型(Form Type)和列表类型(List Type)的数据域,其组成元素有 4 字节的数据块标记(Chunk ID)、数据块的大小、4 字节的形式类型或者列表类型(ID)、数据。

下面看看 AVI 文件的结构。AVI 文件是目前使用最复杂的 RIFF 文件，能同时存储同步表现的音频视频数据。AVI 的 RIFF 块的形式类型（Form Type）是 AVI，一般包含 3 个子块，如下所述：

　　① 信息块，一个 ID 为"hdrl"的 LIST 块，定义 AVI 文件的数据格式。

　　② 数据块，一个 ID 为"movi"的 LIST 块，包含 AVI 的音视频序列数据。

　　③ 索引块，ID 为"idxl"的子块，定义"movi"LIST 块的索引数据，是可选块（不一定有）。

　　接下来详细介绍 AVI 文件的各子块构造，如图 37.1 所示。可以看出（注意'AVI '，是带了一个空格的），AVI 文件由信息块（HeaderList）、数据块（MovieList）和索引块（Index Chunk）3 部分组成，下面分别介绍这几个部分。

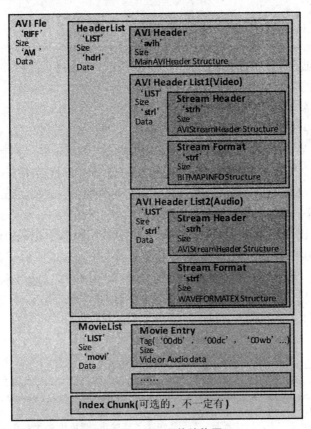

图 37.1　AVI 文件结构图

1. 信息块（HeaderList）

　　信息块，即 ID 为"hdrl"的 LIST 块，包含文件的通用信息、定义数据格式、所用的压缩算法等参数等。hdrl 块还包括了一系列的字块，首先是 avih 块，用于记录 AVI 的全局信息，比如数据流的数量、视频图像的宽度和高度等信息。avih 块（结构体都有把 BlockID 和 BlockSize 包含进来，下同）的定义如下：

```
//avih 子块信息
typedef struct
{
    u32 BlockID;                //块标志:avih == 0X61766968
    u32 BlockSize;              //块大小(不包含最初的 8 字节,即 BlockID 和 BlockSize 不算)
    u32 SecPerFrame;            //视频帧间隔时间(单位为 μs)
    u32 MaxByteSec;             //最大数据传输率,字节/秒
    u32 PaddingGranularity;     //数据填充的粒度
    u32 Flags;                  //AVI 文件的全局标记,比如是否含有索引块等
    u32 TotalFrame;             //文件总帧数
    u32 InitFrames;             //为交互格式指定初始帧数(非交互格式应该指定为 0)
    u32 Streams;                //包含的数据流种类个数,通常为 2
    u32 RefBufSize;             //建议读取本文件的缓存大小(应能容纳最大的块)
    u32 Width;                  //图像宽
    u32 Height;                 //图像高
    u32 Reserved[4];            //保留
}AVIH_HEADER;
```

　　这里有很多我们要用到的信息,比如 SecPerFrame,通过该参数我们可以知道每秒钟的帧率,也就知道了每秒钟需要解码多少帧图片,才能正常播放。TotalFrame 告诉我们整个视频有多少帧,结合 SecPerFrame 参数就可以很方便地计算整个视频的时间了。Streams 告诉我们数据流的种类数,一般是 2,即包含视频数据流和音频数据流。

　　在 avih 块之后,是一个或者多个 strl 子列表,文件中有多少种数据流(即前面的Streams)就有多少个 strl 子列表。每个 strl 子列表至少包括一个 strh(Stream Header)块和一个 strf(Stream Format)块,还有一个可选的 strn(Stream Name)块(未列出)。注意:strl 子列表出现的顺序与媒体流的编号(比如 00dc,前面的 00 即媒体流编号 00)是对应的,比如第一个 strl 子列表说明的是第一个流(Stream 0),假设是视频流,则表征视频数据块的四字符码为"00dc",第二个 strl 子列表说明的是第二个流(Stream 1),假设是音频流,则表征音频数据块的四字符码为"01dw",以此类推。

　　先看 strh 子块,该块用于说明这个流的头信息,定义如下:

```
//strh 流头子块信息(strh∈ strl)
typedef struct
{
    u32 BlockID;        //块标志:strh == 0X73747268
    u32 BlockSize;      //块大小(不包含最初的 8 字节,即 BlockID 和 BlockSize 不算)
    u32 StreamType;     //数据流种类,vids(0X73646976):视频;auds(0X73647561):音频
    u32 Handler;        //指定流的处理者,对于音视频来说即解码器,如 MJPG/H264 等
    u32 Flags;          //标记:是否允许这个流输出,调色板是否变化
    u16 Priority;       //流的优先级(当有多个同类型的流时优先级最高的为默认流)
    u16 Language;       //音频的语言代号
    u32 InitFrames;     //为交互格式指定初始帧数
    u32 Scale;          //数据量,视频每桢的大小或者音频的采样大小
    u32 Rate;           //Scale/Rate = 每秒采样数
    u32 Start;          //数据流开始播放的位置,单位为 Scale
    u32 Length;         //数据流的数据量,单位为 Scale
    u32 RefBufSize;     //建议使用的缓冲区大小
    u32 Quality;        //解压缩质量参数,值越大,质量越好
```

```
        u32 SampleSize;          //音频的样本大小
        struct                   //视频帧所占的矩形
        {
                short Left;
            short Top;
            short Right;
            short Bottom;
        }Frame;
}STRH_HEADER;
```

这里面最有用的是 StreamType 和 Handler 两个参数，StreamType 用于告诉我们此 strl 描述的是音频流（"auds"）还是视频流（"vids"）。而 Handler 则告诉我们所使用的解码器，比如 MJPG/H264 等（实际以 strf 块为准）。

然后是 strf 子块，其需要根据 strh 字块的类型而定。如果 strh 子块是视频数据流（StreamType＝"vids"），则 strf 子块的内容定义如下：

```
//BMP 结构体
typedef struct
{
    u32     BmpSize;          //bmp 结构体大小,包含（BmpSize 在内）
     long Width;              //图像宽
    long Height;             //图像高
    u16     Planes;          //平面数,必须为 1
    u16     BitCount;        //像素位数,0X0018 表示 24 位
    u32     Compression;     //压缩类型,比如:MJPG/H264 等
    u32     SizeImage;       //图像大小
    long XpixPerMeter;       //水平分辨率
    long YpixPerMeter;       //垂直分辨率
    u32     ClrUsed;         //实际使用了调色板中的颜色数,压缩格式中不使用
    u32     ClrImportant;    //重要的颜色
}BMP_HEADER;
//颜色表
typedef struct
{
    u8   rgbBlue;            //蓝色的亮度（值范围为 0～255）
    u8   rgbGreen;           //绿色的亮度（值范围为 0～255）
    u8   rgbRed;             //红色的亮度（值范围为 0～255）
    u8   rgbReserved;        //保留,必须为 0
}AVIRGBQUAD;
//对于 strh,如果是视频流,strf（流格式）使 STRF_BMPHEADER 块
typedef struct
{
    u32 BlockID;             //块标志,strf == 0X73747266
    u32 BlockSize;           //块大小（不包含最初的 8 字节,即 BlockID 和 BlockSize 不算）
    BMP_HEADER bmiHeader;    //位图信息头
    AVIRGBQUAD bmColors[1];  //颜色表
}STRF_BMPHEADER;
```

这里有 3 个结构体,strf 子块完整内容即 STRF_BMPHEADER 结构体,不过对我们有用的信息都存放在 BMP_HEADER 结构体里面;本结构体对视频数据的解码起决定性的作用,它告诉我们视频的分辨率（Width 和 Height）以及视频所用的编码器

(Compression),因此它决定了视频的解码。本章例程仅支持解码视频分辨率小于屏幕分辨率,且编解码器必须是 MJPG 的视频格式。

如果 strh 子块是音频数据流(StreamType＝"auds"),则 strf 子块的内容定义如下:

```
//对于 strh,如果是音频流,strf(流格式)使 STRF_WAVHEADER 块
typedef struct
{
    u32 BlockID;             //块标志,strf == 0X73747266
    u32 BlockSize;           //块大小(不包含最初的 8 字节,即 BlockID 和 BlockSize 不算)
        u16 FormatTag;       //格式标志:0X0001 = PCM,0X0055 = MP3...
    u16 Channels;            //声道数,一般为 2,表示立体声
    u32 SampleRate;          //音频采样率
    u32 BaudRate;            //波特率
    u16 BlockAlign;          //数据块对齐标志
    u16 Size;                //该结构大小
}STRF_WAVHEADER;
```

本结构体对音频数据解码起决定性的作用,它告诉我们音频信号的编码方式(FormatTag)、声道数(Channels)和采样率(SampleRate)等重要信息。本章例程仅支持 PCM 格式(FormatTag＝0X0001)的音频数据解码。

2. 数据块(MovieList)

信息块,即 ID 为"movi"的 LIST 块,包含 AVI 的音视频序列数据,是这个 AVI 文件的主体部分。音视频数据块交错地嵌入在"movi"LIST 块里面,通过标准类型码进行区分,标准类型码有如下 4 种:"♯♯db"(非压缩视频帧)、"♯♯dc"(压缩视频帧)、"♯♯pc"(改用新的调色板)、"♯♯wb"(音频帧)。其中,♯♯是编号,须根据我们的数据流顺序来确定,也就是前面的 strl 块。比如,如果第一个 strl 块是视频数据,那么对于压缩的视频帧,标准类型码就是 00dc。第二个 strl 块是音频数据,那么对于音频帧,标准类型码就是 01wb。

紧跟着标准类型码的是 4 字节的数据长度(不包含类型码和长度参数本身,也就是总长度必须要加 8 才对),该长度必须是偶数,如果读到为奇数,则加 1 即可。读数据的时候,一般一次性要读完一个标准类型码所表征的数据,方便解码。

3. 索引块(Index Chunk)

最后,紧跟在'hdrl'列表和'movi'列表之后的,就是 AVI 文件可选的索引块。这个索引块为 AVI 文件中每一个媒体数据块进行索引,并且记录它们在文件中的偏移(可能相对于'movi'列表,也可能相对于 AVI 文件开头)。本章用不到索引块,这里就不详细介绍了。

AVI 文件就介绍到这,有兴趣的读者可以再看看本书配套资料:6,软件资料→AVI 学习资料。

37.1.2　libjpeg 简介

libjpeg 是一个完全用 C 语言编写的库,包含广泛使用的 JPEG 解码、JPEG 编码和

其他 JPEG 功能的实现。这个库由 IJG 组织（Independent JPEG Group，独立 JPEG 小组）提供并维护。libjpeg 目前最新版本为 v9a，可以在 http://www.ijg.org 下载到，具有稳定、兼容性强和解码速度较快等优点。

本章使用 libjpeg v9a 来实现 MJPG 数据流的解码。MJPG 数据流其实就是一张张 JPEG 图片拼起来的图片视频流，只要能快速解码 JPEG 图片，就可以实现视频播放。

前面的图片显示实验使用 TJPGD 来做 JPEG 解码，读者可能会问，为什么不直接用 TJPGD 来解码呢？原因就是 TJPGD 的特点就是占用资源少，但是解码速度慢。在 STM32F4 上，同样一张 320×240 的 JPG 图片，用 TJPGD 解码需要 120 ms，而用 libjpeg 则只需要 50 ms 左右即可完成，速度上 libjpeg 明显要快不少，使得解码视频成为可能。实际上，经过我们优化后的 libjpeg 使用 STM32F4，在不超频的情况下，可以流畅播放 480×272@10 帧的 MJPG 视频（带音频）。

关于 libjpeg 的移植，请参考本书配套资料源码。关于 libjpeg 的移植和使用，其实在下载的 libjpeg 源码里面就有很多介绍，读者重点可以看 readme.txt、filelist.txt、install.txt 和 libjpeg.txt 等。

本节主要讲解如何使用 libjpeg 来实现一个 jpeg 图片的解码，这个在 libjpeg 源码里面 example.c 文件中有简单的示范代码，libjpeg.txt 里面也介绍了相关内容。这里简要介绍一下，example.c 里面的标准解码流程如下（示例代码）：

```
//错误结构体
struct my_error_mgr
{
        struct jpeg_error_mgr pub;        // jpeg_error_mgr 结构体，里面有很多错误处理函数
        jmp_buf setjmp_buffer;            //返回给函数调用者
};
typedef struct my_error_mgr * my_error_ptr;
//JPEG 解码错误处理函数
METHODDEF(void) my_error_exit (j_common_ptr cinfo)
{
        my_error_ptr myerr = (my_error_ptr) cinfo->err;        //指向 cinfo->err
        (*cinfo->err->output_message) (cinfo);                 //显示错误信息
        longjmp(myerr->setjmp_buffer, 1);                      //跳转到 setjmp 处
}
//JPEG 解码函数
GLOBAL(int) read_JPEG_file (char * filename)
{
        struct jpeg_decompress_struct cinfo;
        struct my_error_mgr jerr;                              //错误处理结构体
        FILE * infile;                                        //输入源文件
        JSAMPARRAY buffer;                                    //输出缓存
        int row_stride;          /* physical row width in output buffer */
        if ((infile = fopen(filename, "rb")) == NULL)//尝试打开文件
        {
                fprintf(stderr, "can't open % s\n", filename);
                return 0;
```

```
            }
        //第一步,设置错误管理,初始化 JPEG 解码对象
        cinfo.err = jpeg_std_error(&jerr.pub);         //建立 JPEG 错误处理流程
        jerr.pub.error_exit = my_error_exit;           //处理函数指向 my_error_exit
        if (setjmp(jerr.setjmp_buffer))   //建立 my_error_exit 函数使用的返回上下文
                            //当其他地方调用 longjmp 函数时,可以返回到这里进行错误处理
    {
        jpeg_destroy_decompress(&cinfo);//释放解码对象资源
        fclose(infile);//关闭文件
        return 0;
    }
        jpeg_create_decompress(&cinfo);//初始化解码对象 cinfo
        //第二步,指定数据源(比如一个文件)
        jpeg_stdio_src(&cinfo, infile);
        //第三步,读取文件参数(通过 jpeg_read_header 函数)
        (void) jpeg_read_header(&cinfo, TRUE);//可以忽略此返回值
        //第四步,设置解码参数(这里使用 jpeg_read_header 确定的默认参数),故无处理
        //第五步,开始解码
        (void) jpeg_start_decompress(&cinfo);//还是忽略返回值
        //在读取数据之前,可以做一些处理,比如设定 LCD 窗口,设定 LCD 起始坐标等
        row_stride = cinfo.output_width * cinfo.output_components;//确定一样有多少个
                                                                  //样本
        //确保 buffer 至少可以保存一行的样本数据,为其申请内存
        buffer = (*cinfo.mem->alloc_sarray)    ((j_common_ptr) &cinfo, JPOOL_IMAGE,
            row_stride, 1);
        //第六步,循环读取数据
        while (cinfo.output_scanline < cinfo.output_height)//每次读一样,直到读完整个文件
        {
            (void) jpeg_read_scanlines(&cinfo, buffer, 1);      //解码一行数据
            put_scanline_someplace(buffer[0], row_stride);  //将解码后的数据输出到某处
        }
        //第七步,结束解码
    (void) jpeg_finish_decompress(&cinfo);//结束解码,忽略返回值
        //第八步,释放解码对象资源
        jpeg_destroy_decompress(&cinfo);//释放解码时申请的资源(大把内存)
        fclose(infile);      //关闭文件
    return 1;            //结束
}
```

以上代码将一个 jpeg 解码分成了 8 个步骤,我们结合本例程代码简单讲解这几个步骤。先来看一个很重要的结构体数据类型:struct jpeg_decompress_struct,定义成 cinfo 变量,该变量保存着 jpeg 数据的详细信息,也保存着解码之后输出数据的详细信息。一般情况下,每次调用 libjpeg 库 API 的时候都需要把这个变量作为第一个参数传入。另外,用户也可以通过修改该变量来修改 libjpeg 行为,比如输出数据格式、libjpeg 库可用的最大内存等。

不过,在 STM32F4 里面使用,可不能按示例代码这么来定义 cinfo 和 jerr 结构体,因为单片机堆栈有限,cinfo 和 jerr 都比较大(均超过 400 字节),很容易出现堆栈溢出的情况。在开发板源码中,使用的是全局变量,而且用的是指针,通过内存管理分配。

接下来开始看解码步骤,第一步是分配,并初始化解码对象结构体。这里做了两件事:①错误管理,②初始化解码对象。首先,错误管理使用 setjmp 和 longjmp 机制(不懂请百度)来实现类似 C++的异常处理功能,外部代码可以调用 longjmp 来跳转到 setjmp 位置执行错误管理(释放内存、关闭文件等)。这里注册了一个 my_error_exit 函数来执行错误退出处理,本例程代码还实现了一个函数:my_emit_message,用来输出警告信息,方便调试代码。然后,初始化解码对象 cinfo 就是通过 jpeg_create_decompress 函数实现的。

第二步,指定数据源。示例代码用的是 jpeg_stdio_src 函数。本章代码用另外一个函数实现:

```
//初始化 jpeg 解码数据源
static void jpeg_filerw_src_init(j_decompress_ptr cinfo)
{
    if (cinfo->src == NULL)        /* first time for this JPEG object? */
    {
        cinfo->src = (struct jpeg_source_mgr *) ( * cinfo->mem->alloc_small)
                    ((j_common_ptr)cinfo, JPOOL_PERMANENT, sizeof(struct jpeg_
                    source_mgr));
    }
    cinfo->src->init_source = init_source;
    cinfo->src->fill_input_buffer = fill_input_buffer;
    cinfo->src->skip_input_data = skip_input_data;
    cinfo->src->resync_to_restart = jpeg_resync_to_restart; /* use default method */
    cinfo->src->term_source = term_source;
    cinfo->src->bytes_in_buffer = 0; /* forces fill_input_buffer on first read */
    cinfo->src->next_input_byte = NULL; /* until buffer loaded */
}
```

该函数里面设置了 cinfo→src 的各个函数指针,用于获取外部数据。这里面重点是两个函数:fill_input_buffer 和 skip_input_data,前者用于填充数据给 libjpeg,后者用于跳过一定字节的数据。这两个函数请看本例程源码(在 mjpeg.c 里面)。

第三步,读取文件参数,通过 jpeg_read_header 函数实现;该函数将读取 JPEG 的很多参数,且必须在解码前调用。

第四步,设置解码参数,示例代码没有做任何设置(使用默认值)。本章代码则做了设置,如下:

```
cinfo->dct_method = JDCT_IFAST;
cinfo->do_fancy_upsampling = 0;
```

这里设置了使用快速整型 DCT 和 do_fancy_upsampling 的值为假(0),以提高解码速度。

第五步,开始解码。示例代码首先调用 jpeg_start_decompress 函数,然后计算样本输出 buffer 大小,并为其申请内存,为后续读取解码后的数据做准备。不过为了提高速度,本章例程没有做这些处理,我们直接修改底层函数:h2v1_merged_upsample 和 h2v2_merged_upsample(在 jdmerge.c 里面),将输出的 RGB 数据直接转换成 RGB565 送给 LCD。然后,为了正确输出到 LCD,我们在 jpeg_start_decompress 函数之后加入如下代码：

```
LCD_Set_Window(imgoffx,imgoffy,cinfo->output_width,cinfo->output_height);
LCD_WriteRAM_Prepare();                    //开始写入 GRAM
```

这两个函数先设置好开窗大小(即 jpeg 图片尺寸)，然后就发送准备写入 GRAM 指令。后续解码的时候直接在 h2v1_merged_upsample 和 h2v2_merged_upsample 里面传数据给 LCD，实现 jpeg 解码输出到 LCD。

第六步，循环读取数据。通过 jpeg_read_scanlines 函数循环解码并读取 jpeg 图片数据，实现 jpeg 解码。示例代码通过 put_scanline_someplace 函数输出到某个地方(如 lcd、文件等)，本章例程则直接解码的时候就输出到 LCD 了，所以仅剩 jpeg_read_scanlines 函数，循环调用即可实现 jpeg→LCD 的操作。

第七步，解码结束。解码完成后，通过 jpeg_finish_decompress 函数结束 jpeg 解码。

第八步，释放解码对象资源。在所有操作完成后，通过 jpeg_destroy_decompress 释放解码过程中用到的资源(比如释放内存)。

这样，我们就完成了一张 jpeg 图片的解码。上面简要列出了本章例程与 example.c 的异同，详细的代码请参考本书配套资料本例程源码 mjpeg.c。

最后，我们看看要实现 avi 视频文件的播放，主要有哪些步骤：

① 初始化各外设。

要解码视频，相关外设肯定要先初始化好，比如 SDIO(驱动 SD 卡用)、I^2S、DMA、WM8978、LCD 和按键等。这些具体初始化过程在前面的例程都有介绍，这里就不再细说了。

② 读取 AVI 文件，并解析。

要解码，得先读取 avi 文件，按 37.1.1 小节的介绍读取出音视频关键信息，音频参数：编码方式、采样率、位数和音频流类型码(01wb/00wb)等；视频参数：编码方式、帧间隔、图片尺寸和视频流类型码(00dc/01dc)等；共同的：数据流起始地址。有了这些参数，我们便可以初始化音视频解码，为后续解码做好准备。

③ 根据解析结果，设置相关参数。

根据第②步解析的结果设置 I^2S 的音频采样率和位数，同时，要让视频显示在 LCD 中间区域，得根据图片尺寸设置 LCD 开窗时 x、y 方向的偏移量。

④ 读取数据流，开始解码。

前面 3 步完成就可以正式开始播放视频了。读取视频流数据(movi 块)，根据类型码执行音频/视频解码。对于音频数据(01wb/00wb)，本例程只支持未压缩的 PCM 数据，所以，直接填充到 DMA 缓冲区即可，由 DMA 循环发送给 WM8978 播放音频。对于视频数据(00dc/01dc)，本例程只支持 MJPG，通过 libjpeg 解码将视频数据按前面所说的几个步骤解码即可。然后，利用定时器来控制帧间隔，以正常速度播放视频，从而实现音视频解码。

⑤ 解码完成，释放资源。

最后在文件读取完成后(或者出错了),需要释放申请的内存、恢复 LCD 窗口、关闭定时器、停止 I²S 播放音乐和关闭文件等一系列操作,等待下一次解码。

37.2　硬件设计

本章实验功能简介:开机后先初始化各外设,然后检测字库是否存在;如果检测无问题,则开始播放 SD 卡 VIDEO 文件夹里面的视频(.avi 格式)。注意:①在 SD 卡根目录必须建立一个 VIDEO 文件夹,并存放 AVI 视频(仅支持 MJPG 视频,音频必须是 PCM,且视频分辨率必须小于等于屏幕分辨率)在里面。②我们需要的视频可以通过狸窝全能视频转换器转换后得到,具体步骤后续会讲到(37.4 节)。

视频播放时,LCD 上还会显示视频名字、当前视频编号、总视频数、声道数、音频采样率、帧率、播放时间和总时间等信息。KEY0 用于选择下一个视频,KEY2 用于选择上一个视频,KEY_UP 可以快进,KEY1 可以快退。DS0 还是用于指示程序运行状态(仅字库错误时)。

本实验用到的资源如下:指示灯 DS0、4 个按键(KEY_UP、KEY0、KEY1、KEY2)、串口、TFTLCD 模块、SD 卡、SPI FLASH、WM8978、I2S2。这些前面都已介绍过。本实验需要准备一个 SD 卡和一个耳机(或喇叭),分别插入 SD 卡接口和耳机接口(喇叭接 P1 接口),然后下载本实验就可以看视频了!

37.3　软件设计

打开第 36 章的工程,去掉用不到的.c 文件,然后,在工程目录新建 MJPEG 文件夹,在该文件夹里面新建 JPEG 文件夹,存放 libjpeg v9a 的相关代码,同时,在 MJPEG 文件夹里面新建 avi.c、avi.h、mjpeg.c 和 mjpeg.h 共 4 个文件。然后,在工程里面,新建 MJPEG 分组,将需要用到的相关.c 文件添加到该分组下面,并将 MJPEG 和 JPEG 两个文件夹加入头文件包含路径。

最后,在 APP 文件夹下面新建 videoplayer.c 和 videoplayer.h 两个文件,然后将 videoplayer.c 加入到工程的 APP 组下。

整个工程代码有点多,我们看看本实验新添加进来的代码有哪些,如图 37.2 所示。可见,本工程新增的代码是比较多的,主要是 libjpeg 需要的文件很多。这里挑一些重要代码讲解。

首先是 avi.c 里面的几个函数,代码如下:

```
AVI_INFO avix;                        //avi 文件相关信息
u8 * const AVI_VIDS_FLAG_TBL[2] = {"00dc","01dc"};//视频编码标志字符串,00dc/01dc
u8 * const AVI_AUDS_FLAG_TBL[2] = {"00wb","01wb"};//音频编码标志字符串,00wb/01wb
//avi 解码初始化,buf:输入缓冲区,size:缓冲区大小
//返回值:AVI_OK,avi 文件解析成功;其他,错误代码
AVISTATUS avi_init(u8 * buf,u16 size)
{
```

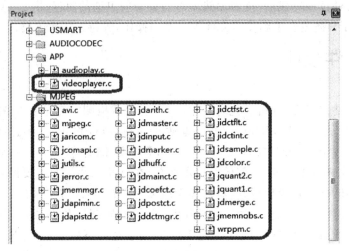

图 37.2　本实验新增代码

```
u16 offset; u8 * tbuf;
AVISTATUS res = AVI_OK;
AVI_HEADER * aviheader; LIST_HEADER * listheader;
AVIH_HEADER * avihheader;STRH_HEADER * strhheader;
STRF_BMPHEADER * bmpheader;STRF_WAVHEADER * wavheader;
tbuf = buf;
aviheader = (AVI_HEADER * )buf;
if(aviheader - >RiffID! = AVI_RIFF_ID)return AVI_RIFF_ERR;        //RIFF ID 错误
if(aviheader - >AviID! = AVI_AVI_ID)return AVI_AVI_ERR;           //AVI ID 错误
buf + = sizeof(AVI_HEADER);                                        //偏移
listheader = (LIST_HEADER * )(buf);
if(listheader - >ListID! = AVI_LIST_ID)return AVI_LIST_ERR;        //LIST ID 错误
if(listheader - >ListType! = AVI_HDRL_ID)return AVI_HDRL_ERR;     //HDRL ID 错误
buf + = sizeof(LIST_HEADER);                                       //偏移
avihheader = (AVIH_HEADER * )(buf);
if(avihheader - >BlockID! = AVI_AVIH_ID)return AVI_AVIH_ERR;       //AVIH ID 错误
avix.SecPerFrame = avihheader - >SecPerFrame;                      //得到帧间隔时间
avix.TotalFrame = avihheader - >TotalFrame;                        //得到总帧数
buf + = avihheader - >BlockSize + 8;                               //偏移
listheader = (LIST_HEADER * )(buf);
if(listheader - >ListID! = AVI_LIST_ID)return AVI_LIST_ERR;        //LIST ID 错误
if(listheader - >ListType! = AVI_STRL_ID)return AVI_STRL_ERR;     //STRL ID 错误
strhheader = (STRH_HEADER * )(buf + 12);
if(strhheader - >BlockID! = AVI_STRH_ID)return AVI_STRH_ERR;       //STRH ID 错误
 if(strhheader - >StreamType == AVI_VIDS_STREAM)                   ///视频帧在前
{
    if(strhheader - >Handler! = AVI_FORMAT_MJPG)return AVI_FORMAT_ERR;  //不支持
    avix.VideoFLAG = (u8 * )AVI_VIDS_FLAG_TBL[0];     //视频流标记   "00dc"
    avix.AudioFLAG = (u8 * )AVI_AUDS_FLAG_TBL[1];     //音频流标记   "01wb"
    bmpheader = (STRF_BMPHEADER * )(buf + 12 + strhheader - >BlockSize + 8);//strf
    if(bmpheader - >BlockID! = AVI_STRF_ID)return AVI_STRF_ERR;//STRF ID 错误
    avix.Width = bmpheader - >bmiHeader.Width;
    avix.Height = bmpheader - >bmiHeader.Height;
```

```
        buf + = listheader − >BlockSize + 8;                          //偏移
        listheader = (LIST_HEADER * )(buf);
        if(listheader − >ListID! = AVI_LIST_ID)//是不含有音频帧的视频文件
        {
            avix.SampleRate = 0;                         //音频采样率
            avix.Channels = 0;                           //音频通道数
            avix.AudioType = 0;                          //音频格式
        }else
        {
            if(listheader − >ListType! = AVI_STRL_ID)return AVI_STRL_ERR;
                                                         //STRL ID 错误
            strhheader = (STRH_HEADER * )(buf + 12);
            if(strhheader − >BlockID! = AVI_STRH_ID)return AVI_STRH_ERR;//STRH 错误
            if(strhheader − >StreamType! = AVI_AUDS_STREAM)
                return AVI_FORMAT_ERR;//格式错误
            wavheader = ( STRF _ WAVHEADER * ) ( buf + 12 + strhheader − > BlockSize +
                        8);//strf
            if(wavheader − >BlockID! = AVI_STRF_ID)return AVI_STRF_ERR;//STRF 错误
            avix.SampleRate = wavheader − >SampleRate;    //音频采样率
            avix.Channels = wavheader − >Channels;        //音频通道数
            avix.AudioType = wavheader − >FormatTag;       //音频格式
        }
    }else if(strhheader − >StreamType == AVI_AUDS_STREAM)          //音频帧在前
    {
        avix.VideoFLAG = (u8 * )AVI_VIDS_FLAG_TBL[1];        //视频流标记    "01dc"
        avix.AudioFLAG = (u8 * )AVI_AUDS_FLAG_TBL[0];        //音频流标记    "00wb"
        wavheader = (STRF_WAVHEADER * )(buf + 12 + strhheader − >BlockSize + 8);//strf
        if(wavheader − >BlockID! = AVI_STRF_ID)return AVI_STRF_ERR;    //STRF ID 错误
        avix.SampleRate = wavheader − >SampleRate;        //音频采样率
        avix.Channels = wavheader − >Channels;            //音频通道数
        avix.AudioType = wavheader − >FormatTag;          //音频格式
        buf + = listheader − >BlockSize + 8;              //偏移
        listheader = (LIST_HEADER * )(buf);
        if(listheader − >ListID! = AVI_LIST_ID)return AVI_LIST_ERR;    //LIST ID 错误
        if(listheader − >ListType! = AVI_STRL_ID)return AVI_STRL_ERR; //STRL ID 错误
        strhheader = (STRH_HEADER * )(buf + 12);
        if(strhheader − >BlockID! = AVI_STRH_ID)return AVI_STRH_ERR;    //STRH ID 错误
        if(strhheader − >StreamType! = AVI_VIDS_STREAM)return AVI_FORMAT_ERR;
        bmpheader = (STRF_BMPHEADER * )(buf + 12 + strhheader − >BlockSize + 8);//strf
        if(bmpheader − >BlockID! = AVI_STRF_ID)return AVI_STRF_ERR;    //STRF ID 错误
        if(bmpheader − >bmiHeader.Compression! = AVI_FORMAT_MJPG)
            return AVI_FORMAT_ERR;//格式错误
        avix.Width = bmpheader − >bmiHeader.Width;
        avix.Height = bmpheader − >bmiHeader.Height;
    }
    offset = avi_srarch_id(tbuf,size,"movi");                          //查找 movi ID
    if(offset == 0)return AVI_MOVI_ERR;                               //MOVI ID错误
    if(avix.SampleRate)//有音频流,才查找
    {
        tbuf + = offset;
        offset = avi_srarch_id(tbuf,size,avix.AudioFLAG);        //查找音频流标记
```

```
            if(offset == 0)return AVI_STREAM_ERR;                    //流错误
            tbuf + = offset + 4;
            avix.AudioBufSize = * ((u16 * )tbuf);              //得到音频流 buf 大小
        }
        return res;
    }
    //查找 ID
    //buf:待查缓存区,size:缓存大小,id:要查找的 id,必须是 4 字节长度
    //返回值:0,查找失败,其他:movi ID 偏移量
    u16 avi_srarch_id(u8 * buf,u16 size,u8 * id)
    {
        u16 i;
        size - = 4;
        for(i = 0;i<size;i ++)
        {
            if(buf[i] == id[0]&& buf[i + 1] == id[1]&& buf[i + 2] == id[2]&& buf[i + 3] == id[3])
            return i;//找到"id"所在的位置
        }
        return 0;
    }
    //得到 stream 流信息
    //buf:流开始地址(必须是 01wb/00wb/01dc/00dc 开头)
    AVISTATUS avi_get_streaminfo(u8 * buf)
    {
        avix.StreamID = MAKEWORD(buf + 2);            //得到流类型
        avix.StreamSize = MAKEDWORD(buf + 4);         //得到流大小
        if(avix.StreamSize % 2)avix.StreamSize ++;//奇数加 1(avix.StreamSize,必须是偶数)
        if(avix.StreamID == AVI_VIDS_FLAG||avix.StreamID == AVI_AUDS_FLAG)
            return AVI_OK;
        return AVI_STREAM_ERR;
    }
```

这里 3 个函数中,avi_ini 用于解析 AVI 文件,获取音视频流数据的详细信息,为后续解码做准备。而 avi_srarch_id 用于查找某个 ID,可以是 4 字节长度的 ID,比如 00dc、01wb、movi 之类的,在解析数据以及快进快退的时候用到。avi_get_streaminfo 函数用来获取当前数据流信息,重点是取得流类型和流大小,方便解码和读取下一个数据流。

接下来看 mjpeg.c 里面的几个函数,代码如下:

```
//mjpeg 解码初始化
//offx,offy:x,y 方向的偏移
//返回值:0,成功;1,失败
u8 mjpegdec_init(u16 offx,u16 offy)
{
    cinfo = mymalloc(SRAMCCM,sizeof(struct jpeg_decompress_struct));
    jerr = mymalloc(SRAMCCM,sizeof(struct my_error_mgr));
    jmembuf = mymalloc(SRAMCCM,MJPEG_MAX_MALLOC_SIZE);//解码内存池申请
    if(cinfo == 0||jerr == 0||jmembuf == 0){ mjpegdec_free();return 1;}
    //保存图像在 x,y 方向的偏移量
    imgoffx = offx; imgoffy = offy;
```

```
        return 0；
    }
    //mjpeg 结束，释放内存
    void mjpegdec_free(void)
    {
        myfree(SRAMCCM,cinfo);
        myfree(SRAMCCM,jerr);
        myfree(SRAMCCM,jmembuf);
    }
    //解码一幅 JPEG 图片
    //buf：jpeg 数据流数组，bsize：数组大小
    //返回值：0，成功；其他，错误
    u8 mjpegdec_decode(u8 * buf,u32 bsize)
    {
        JSAMPARRAY buffer;
        if(bsize == 0)return 1；
        jpegbuf = buf; jbufsize = bsize；
        jmempos = 0；//MJEPG 解码，重新从 0 开始分配内存
        cinfo->err = jpeg_std_error(&jerr->pub)；
        jerr->pub.error_exit = my_error_exit；
        jerr->pub.emit_message = my_emit_message；
        //if(bsize>20 * 1024)printf("s：% d\r\n",bsize)；
        if (setjmp(jerr->setjmp_buffer)) //错误处理
        { jpeg_abort_decompress(cinfo); jpeg_destroy_decompress(cinfo);return 2;}
        jpeg_create_decompress(cinfo)；
        jpeg_filerw_src_init(cinfo)；
        jpeg_read_header(cinfo, TRUE)；
        cinfo->dct_method = JDCT_IFAST；
        cinfo->do_fancy_upsampling = 0；
        jpeg_start_decompress(cinfo)；
        LCD_Set_Window(imgoffx,imgoffy,cinfo->output_width,cinfo->output_height)；
        LCD_WriteRAM_Prepare();              //开始写入 GRAM
        while (cinfo->output_scanline < cinfo->output_height)
        {
            jpeg_read_scanlines(cinfo, buffer, 1)；
        }
        LCD_Set_Window(0,0,lcddev.width,lcddev.height);//恢复窗口
        jpeg_finish_decompress(cinfo)；
        jpeg_destroy_decompress(cinfo)；
        return 0；
    }
```

其中，mjpegdec_init 函数用于初始化 jpeg 解码，主要是申请内存，然后确定视频在液晶上面的偏移（以让视频显示在 LCD 中央）。mjpegdec_free 函数用于释放内存，解码结束后调用。mjpegdec_decode 函数是解码 jpeg 的主要函数，通过 37.1.2 小节介绍的步骤进行解码，该函数的参数 buf 指向内存里面的一帧 jpeg 数据，bsize 就是数据大小。

接下来看 videoplayer.c 里面 video_play_mjpeg 函数，代码如下：

//播放一个 mjpeg 文件

```
//pname:文件名
//返回值:KEY0_PRES:下一曲;KEY1_PRES:上一曲;其他:错误
u8 video_play_mjpeg(u8 * pname)
{
    u8 * framebuf;      //视频解码 buf
    u8 * pbuf;          //buf 指针
    FIL * favi;
    u8 res = 0; u16 offset = 0;
    u32    nr; u8 key; u8 i2ssavebuf;
    i2sbuf[0] = mymalloc(SRAMIN,AVI_AUDIO_BUF_SIZE);      //申请音频内存
    i2sbuf[1] = mymalloc(SRAMIN,AVI_AUDIO_BUF_SIZE);      //申请音频内存
    i2sbuf[2] = mymalloc(SRAMIN,AVI_AUDIO_BUF_SIZE);      //申请音频内存
    i2sbuf[3] = mymalloc(SRAMIN,AVI_AUDIO_BUF_SIZE);      //申请音频内存
    framebuf = mymalloc(SRAMIN,AVI_VIDEO_BUF_SIZE);       //申请视频 buf
    favi = (FIL * )mymalloc(SRAMIN,sizeof(FIL));          //申请 favi 内存
    memset(i2sbuf[0],0,AVI_AUDIO_BUF_SIZE);
    memset(i2sbuf[1],0,AVI_AUDIO_BUF_SIZE);
    memset(i2sbuf[2],0,AVI_AUDIO_BUF_SIZE);
    memset(i2sbuf[3],0,AVI_AUDIO_BUF_SIZE);
    if(i2sbuf[3] == NULL||framebuf == NULL||favi == NULL) res = 0XFF;
    while(res == 0)
    {
        res = f_open(favi,(char * )pname,FA_READ);
        if(res == 0)
        {
            pbuf = framebuf;
            res = f_read(favi,pbuf,AVI_VIDEO_BUF_SIZE,&nr);//开始读取
            if(res) {printf("fread error: % d\r\n",res);break;}
            //开始 avi 解析
            res = avi_init(pbuf,AVI_VIDEO_BUF_SIZE);      //avi 解析
            if(res){ printf("avi err: % d\r\n",res); break;}
            video_info_show(&avix);
            TIM6_Int_Init(avix.SecPerFrame/100 - 1,8400 - 1);//10 kHz 计数频率,加 1 是 10 μs
            offset = avi_srarch_id(pbuf,AVI_VIDEO_BUF_SIZE,"movi");//寻找 movi ID
            avi_get_streaminfo(pbuf + offset + 4);//获取流信息
            f_lseek(favi,offset + 12);    //跳过标志 ID,读地址偏移到流数据开始处
            res = mjpegdec_init((lcddev.width - avix.Width)/2, 110 +
            (lcddev.height - 110 - avix.Height)/2);//初始化 JPG 解码
                                              //JPG 解码初始化
            if(avix.SampleRate)        //有音频信息,才初始化
            {
                WM8978_I2S_Cfg(2,0);   //飞利浦标准,16 位数据长度
                I2S2_Init(0,2,0,1);   //飞利浦标准,主机发送,时钟低有效,16 位扩展帧
                I2S2_SampleRate_Set(avix.SampleRate);     //设置采样率
                I2S2_TX_DMA_Init(i2sbuf[1],i2sbuf[2],avix.AudioBufSize/2);
                                              //配置 DMA
                i2s_tx_callback = audio_i2s_dma_callback;//回调函数 I2S_DMA_Callback
                i2splaybuf = 0; i2ssavebuf = 0;
                I2S_Play_Start(); //开启 I2S 播放
            }
            while(1)//播放循环
```

```
    {
        if(avix.StreamID == AVI_VIDS_FLAG)        //视频流
        {
            pbuf = framebuf;
            f_read(favi,pbuf,avix.StreamSize + 8,&nr);//读整帧 + 下个数据流 ID
            res = mjpegdec_decode(pbuf,avix.StreamSize);
            if(res) printf("decode error! \r\n");
            while(frameup == 0);//等待时间到达(在 TIM6 的中断里面设置为 1)
            frameup = 0;            //标志清零
            frame ++ ;
        }else //音频流
        {
            video_time_show(favi,&avix);        //显示当前播放时间
            i2ssavebuf ++ ;
            if(i2ssavebuf>3)i2ssavebuf = 0;
            do
            {
                nr = i2splaybuf;
                if(nr)nr -- ;
                else nr = 3;
            }while(i2ssavebuf == nr);//碰撞等待
            f_read(favi,i2sbuf[i2ssavebuf],avix.StreamSize + 8,&nr);
                                                    //填充 i2sbuf
            pbuf = i2sbuf[i2ssavebuf];
        }
        key = KEY_Scan(0);
        if(key == KEY0_PRES||key == KEY2_PRES) { res = key; break;}//切换
        else if(key == KEY1_PRES||key == WKUP_PRES)
        {
            I2S_Play_Stop();        //关闭音频
            video_seek(favi,&avix,framebuf);
            pbuf = framebuf;
            I2S_Play_Start();        //开启 DMA 播放
        }
        if(avi_get_streaminfo(pbuf + avix.StreamSize))//读取下一帧 流标志
        { printf("frame error \r\n"); res = KEY0_PRES; break;}
    }
    I2S_Play_Stop();        //关闭音频
    TIM6 - >CR1& = ~(1<<0); //关闭定时器 6
    LCD_Set_Window(0,0,lcddev.width,lcddev.height);//恢复窗口
    mjpegdec_free();        //释放内存
    f_close(favi);
    }
}
myfree(SRAMIN,i2sbuf[0]); myfree(SRAMIN,i2sbuf[1]);
myfree(SRAMIN,i2sbuf[2]); myfree(SRAMIN,i2sbuf[3]);
myfree(SRAMIN,framebuf); myfree(SRAMIN,favi);
return res;
}
```

该函数用来播放一个 avi 视频文件(mjpg 编码),解码过程就是根据 37.1.2 小节最后介绍的步骤进行的,不过这里的音频播放用了 4 个 buf,以提高解码的流畅度。

最后,在 test.c 里面修改 main 函数如下:

```
int main(void)
{
    ……//省略部分代码
    WM8978_Init();              //初始化 WM8978
    WM8978_ADDA_Cfg(1,0);       //开启 DAC
    WM8978_Input_Cfg(0,0,0);    //关闭输入通道
    WM8978_Output_Cfg(1,0);     //开启 DAC 输出
    WM8978_HPvol_Set(40,40);
    WM8978_SPKvol_Set(60);
    TIM3_Int_Init(10000-1,8400-1);//10 kHz 计数,1 秒钟中断一次
    my_mem_init(SRAMIN);        //初始化内部内存池
    my_mem_init(SRAMCCM);       //初始化 CCM 内存池
    exfuns_init();              //为 fatfs 相关变量申请内存
      f_mount(fs[0],"0:",1);    //挂载 SD 卡
    ……//省略部分代码
    delay_ms(1500);
    while(1) video_play();
}
```

该函数代码同第 36 章的 main 函数代码几乎一样,十分简单。

最后,因为视频解码需要用到比较多的堆栈,所以需要修改 startup_stm32f40_41xxx.s 里面的堆栈大小,将原来的 0x00000400 设置为 0x00000800,如下:

```
Stack_Size        EQU        0x00000800
```

同时,为了提高速度,我们对编译器进行设置,选择使用-O2 优化,从而提高速度(但调试效果不好,建议调试时设置为-O0)。编译器设置如图 37.3 所示。设置完后重新编译即可。至此,本实验的软件设计部分结束。

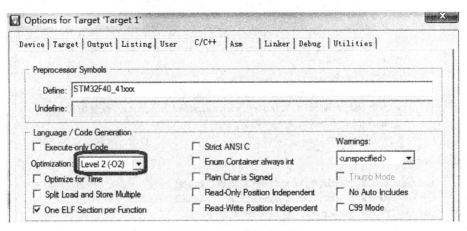

图 37.3 编译器优化设置

37.4 下载验证

本章例程仅支持 MJPG 编码的 avi 格式视频,且音频必须是 PCM 格式,另外视频分辨率不能大于 LCD 分辨率。要满足这些要求,现成的 avi 文件是很难找到的,所以需要用软件将通用视频(任何视频都可以)转换为我们需要的格式,这里通过狸窝全能视频转换器来实现(路径为本书配套资料:6,软件资料→软件→视频转换软件→狸窝全能视频转换器.exe)。安装完后打开,然后进行相关设置,软件设置如图 37.4 和图 37.5 所示。

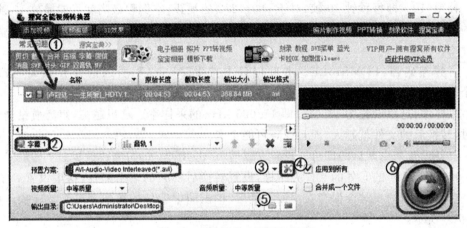

图 37.4 软件启动界面和设置

图 37.5 高级设置

首先,如图 37.4 所示,单击①处添加视频,找到要转换的视频添加进来。有的视频可能有独立字幕,比如我们打开的这个视频就有,所以在②处选择字幕(如果没有的,可以忽略此步)。然后在③处单击▼图标选择预置方案:AVI‐Audio‐Video Interleaved

(＊.avi)，即生成.avi 文件，然后单击④处的高级设置按钮，进入 37.5 所示的界面，设置详细参数如下：

视频编码器：选择 MJPEG。本例程仅支持 MJPG 视频解码，所以选择这个编码器。

视频尺寸：480×272。这里得根据所用 LCD 分辨率来选择，我们用 480×800 的 4.3 寸电容屏模块，所以，这里最大可以设置 480×272。如果是 2.8 屏，最大宽度只能是 240。

比特率：1 000。这里设置越大，视频质量越好，解码就越慢（可能会卡），设置为 1 000，可以得到比较好的视频质量，同时也不怎么卡。

帧率：10。即每秒钟 10 帧，对于 480×272 的视频，本例程最高就只能播放 10 帧左右的视频。如果要想提高帧率，有几个办法：①降低分辨率；②降低比特率；③降低音频采样率。

音频编码器：PCMS16LE。本例程只支持 PCM 音频，所以选择音频编码器为这个。

采样率：这里设置为 11 025，即 11.025 kHz 的采样率。这里越高，声音质量越好，不过，转换后的文件就越大，而且视频可能会卡。

其他设置采用默认的即可。设置完以后，单击"确定"即可完成设置。

单击图 37.4 的⑤处的文件夹图标，设置转换后视频的输出路径，这里设置到了桌面，这样转换后的视频会保存在桌面。最后，单击图中⑥处的按钮即可开始转换了，如图 37.6 所示。

图 37.6　正在转换

转换完成后，将转换后的.avi 文件复制到 SD 卡→VIDEO 文件夹下，然后插入开发板的 SD 卡接口，就可以开始测试本章例程了。

编译成功之后，下载代码到 ALIENTEK 探索者 STM32F4 开发板上，程序先检测字库，然后检测 SD 卡的 VIDEO 文件夹并查找 avi 视频文件。在找到有效视频文件后，便开始播放视频，如图 37.7 所示。可以看到，屏幕显示了文件名、索引、声道数、采样率、帧率和播放时间等参数。然后，按 KEY0、KEY2 可以切换到下一个、上一个视频，按 KEY_UP、KEY1 可以快进、快退。

至此，本例程介绍就结束了。本实验在 ALIENTEK STM32F4 探索者开发板上实现了视频播放，体现了 STM32F4 强大的处理能力。

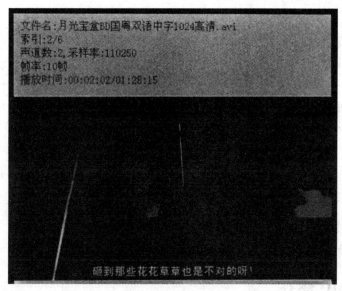

图 37.7　视频播放中

本实验测试结果（视频比特率：1 000，音频均为：11 025，立体声）：

➤ 对 240×160、240×180 分辨率，可达 30 帧；

➤ 对 320×240 分辨率，可达 25 帧；

➤ 对 480×272 分辨率，可达 10 帧。

注意，转换的视频分辨率一定要根据自己的 LCD 设置，不能超过 LCD 的尺寸，否则无法播放（可能只听到声音，看不到图像）。

第 **38** 章

FPU 测试(Julia 分形)实验

本章介绍如何开启 STM32F4 的硬件 FPU,并对比使用硬件 FPU 和不使用硬件 FPU 的速度差别,以体现硬件 FPU 的优势。

38.1　FPU 及 Julia 分形简介

38.1.1　FPU 简介

FPU 即浮点运算单元(Float Point Unit)。浮点运算对于定点 CPU(没有 FPU 的 CPU)来说必须要按照 IEEE-754 标准的算法来完成运算,是相当耗费时间的。而对于有 FPU 的 CPU 来说,浮点运算则只是几条指令的事情,速度相当快。STM32F4 属于 Cortex - M4F 架构,带有 32 位单精度硬件 FPU,支持浮点指令集,相对于 Cortex - M0 和 Cortex - M3 等,高出数十倍甚至上百倍的运算性能。

STM32F4 硬件上要开启 FPU 是很简单的,通过一个叫协处理器控制寄存器 (CPACR)的寄存器设置即可开启 STM32F4 的硬件 FPU,该寄存器各位描述如图 38.1 所示。

31	30	29	28	27	26	25	24	23	22	21	20	19	18	17	16
				Reserved				CP11		CP10				Reserved	
								rw		rw					

15	14	13	12	11	10	9	8	7	6	5	4	3	2	1	0
								Reserved							

图 38.1　协处理器控制寄存器各位描述

这里就是要设置 CP11 和 CP10 这 4 个位,复位后,这 4 个位的值都为 0,此时禁止访问协处理器(禁止了硬件 FPU)。我们将这 4 个位都设置为 1,即可完全访问协处理器(开启硬件 FPU),此时便可以使用 STM32F4 内置的硬件 FPU 了。CPACR 寄存器这 4 个位的设置我们在 startup_stm32f40_41xxx.s 文件里面开启,代码如下:

```
LDR    R0, = 0xE000ED88    ;使能浮点运算 CP10,CP11
LDR    R1,[R0]
ORR    R1,R1,#(0xF << 20)
STR    R1,[R0]
```

此部分代码是 Reset_Handler 函数的部分内容,功能就是设置 CPACR 寄存器的

20～23 位为 1,以开启 STM32F4 的硬件 FPU 功能。但是,仅仅开启硬件 FPU 是不够的,我们还需要在编译器上面做一下设置,否则编译器遇到浮点运算,还是采用传统的方式(IEEE - 754 标准)完成运算,不能体现硬件浮点运算的优势。我们在 MDK5 编译器里面单击按钮,然后在 Target 选项卡里面设置 Floating Point Hardware 为 Use FPU,如图 38.2 所示。

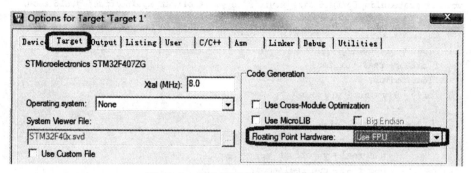

图 38.2　编译器开启硬件 FPU 选型

经过这个设置,编译器遇到浮点运算就会使用硬件 FPU 相关指令,执行浮点运算,从而大大减少计算时间。

最后,总结下 STM32F4 硬件 FPU 使用的要点:

① 设置 CPACR 寄存器 bit20～23 为 1,使能硬件 FPU。

② MDK 编译器 Code Generation 里面设置 Use FPU。

经过这两步设置,我们编写的浮点运算代码即可使用 STM32F4 的硬件 FPU 了,可以大大加快浮点运算速度。

38.1.2　Julia 分形简介

Julia 分形即 Julia 集,最早由法国数学家 Gaston Julia 发现,因此命名为 Julia(朱利亚)集。Julia 集合的生成算法非常简单:对于复平面的每个点,我们计算一个定义序列的发散速度。该序列的 Julia 集计算公式为:

$$z_n + 1 = z_n^2 + c$$

针对复平面的每个 $x +$ i. y 点,我们用 $c = c_x +$ i. c_y 计算该序列:

$$x_{n+1} + \text{i.} \, y_{n+1} = x_n^2 - y_n^2 + 2. \text{i.} \, x_n. y_n + c_x + \text{i.} \, c_y$$

$$x_n + 1 = x_n^2 - y_n^2 + c_x \text{ 且 } y_{n+1} = 2. x_n. y_n + c_y$$

一旦计算出的复值超出给定圆的范围(数值大小大于圆半径),序列便会发散,达到此限值时完成的迭代次数与该点相关。随后将该值转换为颜色,以图形方式显示复平面上各个点的分散速度。

经过给定的迭代次数后,若产生的复值保持在圆范围内,则计算过程停止,并且序列也不发散,本例程生成 Julia 分形图片的代码如下:

```
#define        ITERATION          128              //迭代次数
#define        REAL_CONSTANT     0.285f             //实部常量
#define        IMG_CONSTANT      0.01f              //虚部常量
//产生 Julia 分形图形
//size_x,size_y:屏幕 x,y 方向的尺寸
//offset_x,offset_y:屏幕 x,y 方向的偏移
//zoom:缩放因子
void GenerateJulia_fpu(u16 size_x,u16 size_y,u16 offset_x,u16 offset_y,u16 zoom)
{
    u8 i; u16 x,y;
    float tmp1,tmp2;
    float num_real,num_img;
    float radius;
    for(y = 0;y<size_y;y++ )
    {
        for(x = 0;x<size_x;x++ )
        {
            num_real = y - offset_y;
            num_real = num_real/zoom;
            num_img = x - offset_x;
            num_img = num_img/zoom;
            i = 0;
            radius = 0;
            while((i<ITERATION - 1)&&(radius<4))
            {
                tmp1 = num_real * num_real;
                tmp2 = num_img * num_img;
                num_img = 2 * num_real * num_img + IMG_CONSTANT;
                num_real = tmp1 - tmp2 + REAL_CONSTANT;
                radius = tmp1 + tmp2;
                i ++ ;
            }
            LCD - >LCD_RAM = color_map[i];//绘制到屏幕
        }
    }
}
```

这种算法非常有效地展示了 FPU 的优势:无须修改代码,只需在编译阶段激活或禁止 FPU(在 MDK Code Generation 里面设置 Use FPU/Not Used),即可测试使用硬件 FPU 和不使用硬件 FPU 的差距。

38.2　硬件设计

本章实验功能简介:开机后,根据迭代次数生成颜色表(RGB565),然后计算 Julia 分形,并显示到 LCD 上面。同时,程序开启了定时器 3,用于统计一帧所要的时间(ms)。在一帧 Julia 分形图片显示完成后,程序会显示运行时间、当前是否使用 FPU 和缩放因子(zoom)等信息,方便观察对比。KEY0、KEY2 用于调节缩放因子,KEY_UP 用于设置自动缩放,还是手动缩放。DS0 用于提示程序运行状况。

本实验用到的资源如下:指示灯 DS0、3 个按键(KEY_UP/KEY0/KEY2)、串口、TFTLCD 模块。这些前面都已介绍过。

38.3　软件设计

本章代码,分成两个工程:

➢ 实验 46_1 FPU 测试(Julia 分形)实验_开启硬件 FPU;

➢ 实验 46_2 FPU 测试(Julia 分形)实验_关闭硬件 FPU。

这两个工程的代码一模一样,只是前者使用硬件 FPU 计算 Julia 分形集(MDK 设置 Use FPU),后者使用 IEEE—754 标准计算 Julia 分形集(MDK 设置 Not Used)。这里仅介绍实验 46_1 FPU 测试(Julia 分形)实验_开启硬件 FPU。

本章代码在 TFTLCD 显示实验的基础上修改,打开 TFTLCD 显示实验的工程,由于要统计帧时间和按键设置,所以在 HARDWARE 组下加入 timer.c 和 key.c 两个文件。

本章不需要添加其他.c 文件,所有代码均在 test.c 里面实现,整个代码如下:

```c
//FPU 模式提示
#if __FPU_USED == 1
#define SCORE_FPU_MODE                "FPU On"
#else
#define SCORE_FPU_MODE                "FPU Off"
#endif
#define      ITERATION         128              //迭代次数
#define      REAL_CONSTANT     0.285f           //实部常量
#define      IMG_CONSTANT      0.01f            //虚部常量
//颜色表
u16 color_map[ITERATION];
//缩放因子列表
const u16 zoom_ratio[] =
{
    120, 110, 100, 150, 200, 275, 350, 450,
    600, 800, 1000, 1200, 1500, 2000, 1500,
    1200, 1000, 800, 600, 450, 350, 275, 200,
    150, 100, 110,
};
//初始化颜色表
//clut:颜色表指针
void InitCLUT(u16 * clut)
{
    u32 i = 0x00;
    u16   red = 0,green = 0,blue = 0;
    for(i = 0;i<ITERATION;i ++ )//产生颜色表
    {
        //产生 RGB 颜色值
        red = (i * 8 * 256/ITERATION) % 256;
        green = (i * 6 * 256/ITERATION) % 256;
```

```
            blue = (i * 4 * 256 /ITERATION) % 256;
            //将 RGB888,转换为 RGB565
            red = red>>3;
            red = red<<11;
            green = green>>2;
            green = green<<5;
            blue = blue>>3;
            clut[i] = red + green + blue;
        }
}
//产生 Julia 分形图形
//size_x,size_y:屏幕 x,y 方向的尺寸
//offset_x,offset_y:屏幕 x,y 方向的偏移;zoom:缩放因子
void GenerateJulia_fpu(u16 size_x,u16 size_y,u16 offset_x,u16 offset_y,u16 zoom)
{
        ……//代码省略,详见 38.1.2 小节
}
u8 timeout;
int main(void)
{
    u8 key; u8 i = 0; u8 autorun = 0;. u8 buf[50];
    float time;
    Stm32_Clock_Init(336,8,2,7);//设置时钟,168 MHz
    delay_init(168);                //延时初始化
    uart_init(84,115200);           //初始化串口波特率为 115200
    LED_Init();                     //初始化 LED
    KEY_Init();                     //初始化按键
     LCD_Init();                    //初始化 LCD
    TIM3_Int_Init(65535,8400 - 1);//10 kHz 计数频率,最大计时 6.5 s 超出
    POINT_COLOR = RED;
    LCD_ShowString(30,50,200,16,16,"Explorer STM32F4");
    LCD_ShowString(30,70,200,16,16,"FPU TEST");
    LCD_ShowString(30,90,200,16,16,"ATOM@ALIENTEK");
    LCD_ShowString(30,110,200,16,16,"2014/7/2");
    LCD_ShowString(30,130,200,16,16,"KEY0: +      KEY2: - ");           //显示提示信息
    LCD_ShowString(30,150,200,16,16,"KEY_UP:AUTO/MANUL");       //显示提示信息
    delay_ms(1200);
    POINT_COLOR = BLUE;     //设置字体为蓝色
    InitCLUT(color_map);            //初始化颜色表
    while(1)
    {
        key = KEY_Scan(0);
        switch(key)
        {
            case KEY0_PRES:
                i ++ ;
                if(i>sizeof(zoom_ratio)/2 - 1)i = 0;//限制范围
                break;
            case KEY2_PRES:
                if(i)i -- ;
                else i = sizeof(zoom_ratio)/2 - 1;
```

```
            break;
        case WKUP_PRES：autorun = ! autorun; break;//自动/手动
    }
    if(autorun == 1)//自动时,自动设置缩放因子
    {
        i++;
        if(i>sizeof(zoom_ratio)/2-1)i = 0;//限制范围
    }
    LCD_Set_Window(0,0,lcddev.width,lcddev.height);//设置窗口
    LCD_WriteRAM_Prepare();
    TIM3->CNT = 0;//重设 TIM3 定时器的计数器值
    timeout = 0;
    GenerateJulia_fpu(lcddev.width,lcddev.height,lcddev.width/2,lcddev.height/2,
                    zoom_ratio[i]);
    time = TIM3->CNT + (u32)timeout * 65536;
    sprintf((char *)buf,"%s：zoom：%d  runtime：%0.1fms\r\n",SCORE_FPU_MODE,
                    zoom_ratio[i],time/10);
    LCD_ShowString(5,lcddev.height-5-12,lcddev.width-5,12,12,buf);
                                                    //显示运行情况
    printf("%s",buf);//输出到串口
    LED0 = ! LED0;
    }
}
```

这里面总共 3 个函数:InitCLUT、GenerateJulia_fpu 和 main 函数。

InitCLUT 函数:该函数用于初始化颜色表,根据迭代次数(ITERATION)计算出颜色表,这些颜色值将显示在 TFTLCD 上。

GenerateJulia_fpu 函数:该函数根据给定的条件计算 Julia 分形集,当迭代次数大于等于 ITERATION 或者半径大于等于 4 时结束迭代,并在 TFTLCD 上面显示迭代次数对应的颜色值,从而得到漂亮的 Julia 分形图。我们可以通过修改 REAL_CONSTANT 和 IMG_CONSTANT 两个常量的值来得到不同的 Julia 分形图。

main 函数:完成 38.2 节介绍的实验功能,代码比较简单。这里用到一个缩放因子表:zoom_ratio,里面存储了一些不同的缩放因子,方便演示效果。

最后,为了提高速度,同上一章一样,我们在 MDK 里面选择使用-O2 优化代码速度,本例程代码就介绍到这里。

再次提醒大家:本例程两个代码(实验 46_1 和实验 46_2)程序是一模一样的,区别就是在 MDK 中选择 Options for Target 'Target1' 对话框,其 Target 选项卡中 Floating Point Hardware 的设置不一样,当设置 Use FPU 时,使用硬件 FPU;当设置 Not Used 时,不使用硬件 FPU。分别下载这两个代码,通过屏幕显示的 runtime 时间即可看出速度上的区别。

38.4　下载验证

编译成功之后,下载本例程任意一个代码(这里以 46_1 为例)到 ALIENTEK 探索

者 STM32F4 开发板上,可以看到 LCD 显示 Julia 分形图,并显示相关参数,如图 38.3 所示。

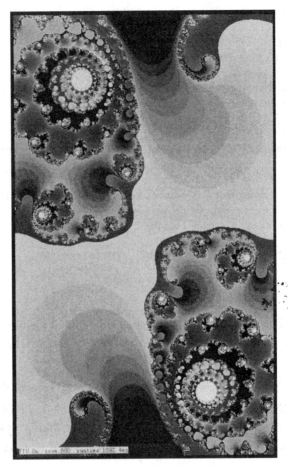

图 38.3　Julia 分形显示效果

实验 46_1 是开启了硬件 FPU 的,所以显示 Julia 分形图片速度比较快。如果下载实验 46_2,同样的缩放因子会比实验 46_1 慢 9 倍左右。这与 ST 官方给出的 17 倍有点差距,这是因为我们没有选择 Use MicroLIB(还是在 Target 选项卡设置);如果都选中这个,则会发现使用硬件 FPU 的例程(实验 46_1)时间基本没变化,而不使用硬件FPU 的例程(实验 46_2)则速度变慢了很多,这样,两者相差差不多就是 17 倍了。

因此可以看出,使用硬件 FPU 和不使用硬件 FPU 对比,同样的条件下,快了近 10倍,充分体现了 STM32F4 硬件 FPU 的优势。

第 **39** 章

DSP 测试实验

第 38 章在 ALIENTEK 探索者 STM32F4 开发板上测试了 STM32F4 的硬件 FPU。STM32F4 除了集成硬件 FPU 外,还支持多种 DSP 指令集。同时 ST 还提供了一整套 DSP 库方便我们在工程中开发应用。

本章将指导读者入门 STM32F4 的 DSP,手把手教读者搭建 DSP 库测试环境,同时通过对 DSP 库中的几个基本数学功能函数和 FFT(快速傅里叶变换)函数的测试,让读者对 STM32F4 的 DSP 库有个基本的了解。

39.1 DSP 简介与环境搭建

39.1.1 STM32F4 DSP 简介

STM32F4 采用 Cortex - M4 内核,相比 Cortex - M3 系列除了内置硬件 FPU 单元,在数字信号处理方面还增加了 DSP 指令集,支持诸如单周期乘加指令(MAC)、优化的单指令多数据指令(SIMD)、饱和算数等多种数字信号处理指令集。相比 Cortex - M3,Cortex - M4 在数字信号处理能力方面得到了大大的提升。Cortex - M4 执行所有的 DSP 指令集都可以在单周期内完成,而 Cortex - M3 需要多个指令和多个周期才能完成同样的功能。

接下来看看 Cortex - M4 的两个 DSP 指令:MAC(32 位乘法累加)和 SIMD 指令。32 位乘法累加(MAC)单元包括新的指令集,能够在单周期内完成一个 $32 \times 32 + 64 \rightarrow 64$ 的操作或两个 16×16 的操作,其计算能力如表 39.1 所列。

Cortex - M4 支持 SIMD 指令集,这在 Cortex - M3/M0 系列是不可用的。表 39.1 中的指令有的属于 SIMD 指令。与硬件乘法器一起工作(MAC)使所有这些指令都能在单个周期内执行。受益于 SIMD 指令的支持,Cortex - M4 处理器能在单周期内完成高达 $32 \times 32 + 64 \rightarrow 64$ 的运算,为其他任务释放处理器的带宽,而不是被乘法和加法消耗运算资源。

比如一个比较复杂的运算:两个 16×16 乘法加上一个 32 位加法,如图 39.2 所示。图中所示的运算,即 $SUM = SUM + (A \cdot C) + (B \cdot D)$,在 STM32F4 上面可以被编译成由一条单周期指令完成。

表 39.1　位乘法累加(MAC)单元的计算能力

计　算	指　令	周　期
$16 \times 16 = 32$	SMULBB,SMULBT,SMULTE,SMULTT	1
$16 \times 16 + 32 = 32$	SMLABB,SMLAL3T,SMLATB,SMLATT	1
$16 \times 16 + 64 = 64$	SMLALBB,SMLALBT,SMLALTB,SMLALTT	1
$16 \times 32 = 32$	SMulwb,SMULWT	1
$(16 \times 32) + 32 = 32$	SMLAWB,MLAWT	1
$(16 \times 16) \pm (16 \times 16) = 32$	SMUAD,SMUADX,SMUSD,SMLSDX	1
$(16 \times 16) \pm (16 \times 16) + 32 = 32$	SMLAD,SMLADX,SMLSD,SMLSDX	1
$(16 \times 16) \pm (16 \times 16) + 64 = 64$	SMLALD,SMLALDX,SMLSLD,SMLSLDX	1
$32 \times 32 = 32$	MUL	1
$32 \pm (32 \times 32) = 32$	MLA,MLS	1
$32 \times 32 = 64$	SMULL,UMULL	1
$(32 \times 32) = 64$	SMLAL,UMLAL	1
$(32 \times 32) + 32 + 32 = 64$	UMLAL	1
$2 \pm (32 \times 32) = 32(上)$	SMMLA,SMMLAR,SMMLS,SMMLSR	1
$(32 \times 32) = 32(上)$	SMMUL,SMMULR	1

上面简单介绍了 Cortex－M4 的 DSP 指令,接下来介绍 STM32F4 的 DSP 库。STM32F4 的 DSP 库源码和测试实例在 ST 提供的标准库:stm32f4_dsp_std-periph_lib.zip 里面就有(该文件可以在 http://www.st.com/web/

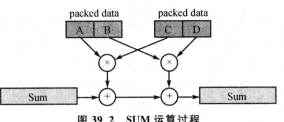

图 39.2　SUM 运算过程

en/catalog/tools/FM147/CL1794/SC961/SS1743/PF2579 下载,文件名 STSW－STM32065),该文件在本书配套资料:8,STM32 参考资料→STM32F4xx 固件库里面。解压该文件即可找到 ST 提供的 DSP 库,详细路径为本书配套资料:8,STM32 参考资料→STM32F4xx 固件库→STM32F4xx_DSP_StdPeriph_Lib_V1.4.0→Libraries→CMSIS→DSP_Lib,该文件夹下目录结构如图 39.3 所示。

DSP_Lib 源码包的 Source 文件夹是所有 DSP 库的源码,Examples 文件夹是相对应的一些测试实例。这些测试实例都是带 main 函数的,也就是拿到工程中可以直接使用。接下来讲解 Source 源码文件夹下面的子文件夹包含的 DSP 库的功能。

BasicMathFunctions

基本数学函数:提供浮点数的各种基本运算函数,如向量加减乘除等运算。

CommonTables

arm_common_tables.c 文件提供位翻转或相关参数表。

ComplexMathFunctions

复数数学功能，如向量处理、求模运算的。

ControllerFunctions

控制功能函数，包括正弦余弦、PID电机控制、矢量 Clarke 变换、矢量 Clarke 逆变换等。

FastMathFunctions

快速数学功能函数，提供了一种快速的近似正弦、余弦和平方根等相比 CMSIS 计算库要快的数学函数。

FilteringFunctions

滤波函数功能，主要为 FIR 和 LMS（最小均方根）等滤波函数。

MatrixFunctions

矩阵处理函数，包括矩阵加法、矩阵初始化、矩阵反、矩阵乘法、矩阵规模、矩阵减法、矩阵转置等函数。

StatisticsFunctions

统计功能函数，如求平均值、最大值、最小值、计算均方根 RMS、计算方差/标准差等。

```
⊟ 📂 DSP_Lib
   ⊟ 📂 Examples
         📁 arm_class_marks_example
         📁 arm_convolution_example
         📁 arm_dotproduct_example
         📁 arm_fft_bin_example
         📁 arm_fir_example
         📁 arm_graphic_equalizer_example
         📁 arm_linear_interp_example
         📁 arm_matrix_example
         📁 arm_signal_converge_example
         📁 arm_sin_cos_example
         📁 arm_variance_example
      ⊞ 📁 Common
   ⊟ 📂 Source
         📁 BasicMathFunctions
         📁 CommonTables
         📁 ComplexMathFunctions
         📁 ControllerFunctions
         📁 FastMathFunctions
         📁 FilteringFunctions
         📁 MatrixFunctions
         📁 StatisticsFunctions
         📁 SupportFunctions
         📁 TransformFunctions
```

图 39.3　DSP_Lib 目录结构

SupportFunctions

支持功能函数，如数据拷贝、Q 格式和浮点格式相互转换、Q 任意格式相互转换。

TransformFunctions

变换功能，包括复数 FFT（CFFT）/复数 FFT 逆运算（CIFFT）、实数 FFT（RFFT）/实数 FFT 逆运算（RIFFT）和 DCT（离散余弦变换）和配套的初始化函数。

所有这些 DSP 库代码合在一起是比较多的，因此，ST 提了.lib 格式的文件，方便使用。这些.lib 文件就是由 Source 文件夹下的源码编译生成的，如果想看某个函数的源码，可以在 Source 文件夹下面查找。.lib 格式文件路径为本书配套资料：8,STM32 参考资料→STM32F4xx 固件库→STM32F4xx_DSP_StdPeriph_Lib_V1.4.0→Libraries→CMSIS→Lib→ARM，总共有 8 个.lib 文件，如下：

① arm_cortexM0b_math.lib　　（Cortex － M0 大端模式）；

② arm_cortexM0l_math.lib　　（Cortex － M0 小端模式）；

③ arm_cortexM3b_math.lib　　（Cortex － M3 大端模式）；

④ arm_cortexM3l_math.lib　　（Cortex － M3 小端模式）；

⑤ arm_cortexM4b_math.lib　　（Cortex － M4 大端模式）；

⑥ arm_cortexM4bf_math.lib （Cortex – M4 小端模式）；

⑦ arm_cortexM4l_math.lib （浮点 Cortex – M4 大端模式）；

⑧ arm_cortexM4lf_math.lib （浮点 Cortex – M4 小端模式）。

我们得根据所用 MCU 内核类型以及端模式来选择符合要求的.lib 文件，本章所用的 STM32F4 属于 Cortex – M4F 内核，小端模式，应选择 arm_cortexM4lf_math.lib（浮点 Cortex – M4 小端模式）。

DSP_Lib 的子文件夹 Examples 下面存放的文件是 ST 官方提供的一些 DSP 测试代码，提供简短的测试程序，方便上手，有兴趣的读者可以根据需要自行测试。

39.1.2 DSP 库运行环境搭建

本小节讲解怎么搭建 DSP 库运行环境，只要运行环境搭建好了，使用 DSP 库里面的函数来做相关处理就非常简单了。本节将以第 38 章例程（实验 46_1）为基础，搭建 DSP 运行环境。

在 MDK 里面搭建 STM32F4 的 DSP 运行环境（使用.lib 方式）是很简单的，分为 3 个步骤：

1. 添加文件

首先，在例程工程目录下新建 DSP_LIB 文件夹，存放将要添加的文件 arm_cortexM4lf_math.lib 和相关头文件，如图 39.4 所示。其中，arm_cortexM4lf_math.lib 的由来在 39.1.1 小节已经介绍过了。Include 文件夹则是直接复制 STM32F4xx_DSP_StdPeriph_Lib_V1.4.0→Libraries→CMSIS→Include 这个文件夹，里面包含了我们可能要用到的相关头文件。

图 39.4　DSP_LIB 文件夹添加文件

然后，打开工程，新建 DSP_LIB 分组，并将 arm_cortexM4lf_math.lib 添加到工程里面，如图 39.5 所示。这样，添加文件就结束了（就添加了一个.lib 文件）。

2. 添加头文件包含路径

添加好.lib 文件后，我们要添加头文件包含路径，将第一步复制的 Include 文件夹和 DSP_LIB 文件夹加入头文件包含路径,如图 39.6 所示。

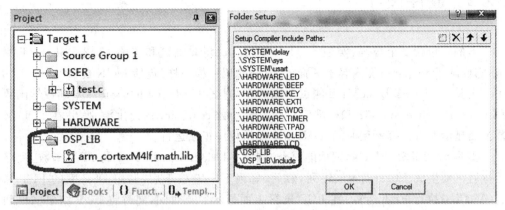

图 39.5　添加 .lib 文件　　　　　　图 39.6　添加相关头文件包含路径

3. 添加全局宏定义

最后,为了使用 DSP 库的所有功能,我们还需要添加几个全局宏定义:

> __FPU_USED;
> __FPU_PRESENT;
> ARM_MATH_CM4;
> __CC_ARM;
> ARM_MATH_MATRIX_CHECK;
> ARM_MATH_ROUNDING。

添加方法:单击 ,在弹出的对话框中选择 C/C++选项卡,然后在 Define 里面进行设置,如图 39.7 所示。这里,两个宏之间用","隔开。并且,上面的全局宏里面没有添加__FPU_USED,因为这个宏定义在 Target 选项卡设置 Code Generation 的时候(上一章有介绍)选择了 Use FPU(如果没有设置 Use FPU,则必须设置),故 MDK 自动添加这个全局宏,不需要手动添加了。这样,在 Define 处要输入的所有宏为STM32F40_41xxx,__FPU_PRESENT,ARM_MATH_CM4,__CC_ARM,ARM_MATH_MATRIX_CHECK,ARM_MATH_ROUNDING 共 6 个。至此,STM32F4的 DSP 库运行环境就搭建完成了。

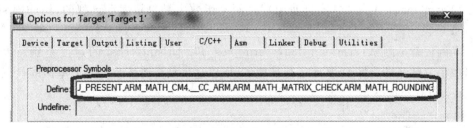

图 39.7　DSP 库支持全局宏定义设置

特别注意,为了方便调试,本章例程将 MDK 的优化设置为 -O0 优化,以得到最好的调试效果。

39.2 硬件设计

本例程包含 2 个源码：实验 47_1 DSP BasicMath 测试和实验 47_2 DSP FFT 测试，它们除了 test.c 里面内容不一样外，其他源码一模一样（包括 MDK 配置）。

实验 47_1 DSP BasicMath 测试功能简介：测试 STM32F4 的 DSP 库基础数学函数 arm_cos_f32、arm_sin_f32 和标准库基础数学函数 cosf、sinf 的速度差别，并在 LCD 屏幕上面显示两者计算所用时间，DS0 用于提示程序正在运行。

实验 47_2 DSP FFT 测试功能简介：测试 STM32F4 的 DSP 库的 FFT 函数，程序运行后自动生成 1 024 点测试序列，然后，每当 KEY0 按下后，调用 DSP 库的 FFT 算法（基 4 法）执行 FFT 运算，在 LCD 屏幕上面显示运算时间，同时将 FFT 结果输出到串口，DS0 用于提示程序正在运行。

本实验用到的资源如下：指示灯 DS0、KEY0 按键、串口、TFTLCD 模块。这些前面都已介绍过。

39.3 软件设计

本章代码分成两个工程：①实验 47_1 DSP BasicMath 测试；②实验 47_2 DSP FFT 测试，接下来分别介绍。

39.3.1 DSP BasicMath 测试

这是我们使用 STM32F4 的 DSP 库进行基础数学函数测试的一个例程。使用下列公式进行计算：

$$\sin x^2 + \cos x^2 = 1$$

这里用到的就是 sin 和 cos 函数，不过实现方式不同。MDK 的标准库（math.h）提供了 sin、cos、sinf 和 cosf 这 4 个函数。其中，带 f 的表示单精度浮点型运算，即 float 型，而不带 f 的表示双精度浮点型，即 double。

STM32F4 的 DSP 库则提供另外两个函数：arm_sin_f32 和 arm_cos_f32（注意，需要添加 arm_math.h 头文件才可使用），这两个函数也是单精度浮点型的，用法同 sinf 和 cosf 一模一样。

本例程就是测试：arm_sin_f32& arm_cos_f32 同 sinf&cosf 的速度差别。因为 39.1.2小节已经搭建好 DSP 库运行环境了，所以这里只需要修改 test.c 里面的代码即可。test.c 代码如下：

```
#include "math.h"
#include "arm_math.h"
#define    DELTA    0.000001f           //误差值
//sin cos 测试
//angle:起始角度;times:运算次数
```

```
//mode:0,不使用 DSP 库;1,使用 DSP 库;返回值:0,成功;0XFF,出错
u8 sin_cos_test(float angle,u32 times,u8 mode)
{
    float sinx,cosx;
    float result;
    u32 i = 0;
    if(mode == 0)
    {
        for(i = 0;i<times;i ++ )
        {
            cosx = cosf(angle);              //不使用 DSP 优化的 sin,cos 函数
            sinx = sinf(angle);
            result = sinx * sinx + cosx * cosx;   //计算结果应该等于 1
            result = fabsf(result - 1.0f);   //对比与 1 的差值
            if(result>DELTA)return 0XFF;     //判断失败
            angle + = 0.001f;                //角度自增
        }
    }else
    {
        for(i = 0;i<times;i ++ )
        {
            cosx = arm_cos_f32(angle);       //使用 DSP 优化的 sin,cos 函数
            sinx = arm_sin_f32(angle);
            result = sinx * sinx + cosx * cosx;   //计算结果应该等于 1
            result = fabsf(result - 1.0f);   //对比与 1 的差值
            if(result>DELTA)return 0XFF;     //判断失败
            angle + = 0.001f;                //角度自增
        }
    }
    return 0;                                //任务完成
}
u8 timeout;                                  //定时器溢出次数
int main(void)
{
    float time;
    u8 buf[50]; u8 res;
    Stm32_Clock_Init(336,8,2,7);             //设置时钟,168 MHz
    delay_init(168);                         //延时初始化
    uart_init(84,115200);                    //初始化串口波特率为 115200
    LED_Init();                              //初始化 LED
    KEY_Init();                              //初始化按键
    LCD_Init();                              //初始化 LCD
    TIM3_Int_Init(65535,8400 - 1);           //10 kHz 计数频率,最大计时 6.5 秒超出
    ……//省略部分代码
    while(1)
    {
        LCD_Fill(30 + 16 * 8,150,lcddev.width - 1,60,WHITE);      //清除原来现实
        //不使用 DSP 优化
        TIM3 - >CNT = 0;                     //重设 TIM3 定时器的计数器值
        timeout = 0;
        res = sin_cos_test(PI/6,200000,0);
```

```
time = TIM3 - >CNT + (u32)timeout * 65536;
sprintf((char * )buf," % 0.1fms\r\n",time/10);
if(res == 0)LCD_ShowString(30 + 16 * 8,150,100,16,16,buf);      //显示运行时间
else LCD_ShowString(30 + 16 * 8,150,100,16,16,"error!");//显示当前运行情况
//使用 DSP 优化
TIM3 - >CNT = 0;//重设 TIM3 定时器的计数器值
timeout = 0;
res = sin_cos_test(PI/6,200000,1);
time = TIM3 - >CNT + (u32)timeout * 65536;
sprintf((char * )buf," % 0.1fms\r\n",time/10);
if(res == 0)LCD_ShowString(30 + 16 * 8,190,100,16,16,buf);      //显示运行时间
else LCD_ShowString(30 + 16 * 8,190,100,16,16,"error!");      //显示错误
LED0 = ! LED0;
    }
}
```

这里包括 2 个函数:sin_cos_test 和 main 函数。sin_cos_test 函数用于根据给定参数,执行 $\sin x^2 + \cos x^2 = 1$ 的计算。计算完后,计算结果同给定的误差值(DELTA)对比,如果不大于误差值,则认为计算成功,否则计算失败。该函数可以根据给定的模式参数(mode)来决定使用哪个基础数学函数执行运算,从而得出对比。

main 函数则比较简单,这里通过定时器 3 来统计 sin_cos_test 运行时间,从而得出对比数据。主循环里面每次循环都会两次调用 sin_cos_test 函数,首先采用不使用 DSP 库方式计算,然后采用使用 DSP 库方式计算,并得出两次计算的时间,显示在 LCD 上面。

39.3.2 DSP FFT 测试

这是我们使用 STM32F4 的 DSP 库进行 FFT 函数测试的一个例程。首先简单介绍下 FFT:FFT 即快速傅里叶变换,可以将一个时域信号变换到频域。因为有些信号在时域上是很难看出什么特征的,但是变换到频域之后就很容易看出特征了,这就是很多信号分析采用 FFT 变换的原因。另外,FFT 可以将一个信号的频谱提取出来,这在频谱分析方面也是经常用的。简而言之,FFT 就是将一个信号从时域变换到频域,方便分析处理。

在实际应用中,一般的处理过程是先对一个信号在时域进行采集,比如通过 ADC,按照一定大小采样频率 F 去采集信号,采集 N 个点,那么通过对这 N 个点进行 FFT 运算,就可以得到这个信号的频谱特性。

这里还涉及一个采样定理的概念:在进行模拟/数字信号的转换过程中,当 F 大于信号中最高频率 f_{max} 的 2 倍时($F > 2f_{max}$),采样之后的数字信号完整地保留了原始信号中的信息,采样定理又称奈奎斯特定理。举个简单的例子:比如我们正常人发声,频率范围一般在 8 kHz 以内,那么要通过采样之后的数据来恢复声音,我们的采样频率必须为 8 kHz 的 2 倍以上,也就是必须大于 16 kHz 才行。

模拟信号经过 ADC 采样之后就变成了数字信号采样得到的数字信号,就可以做 FFT 变换了。N 个采样点数据在经过 FFT 之后,就可以得到 N 个点的 FFT 结果。为

了方便进行 FFT 运算,通常 N 取 2 的整数次方。

　　假设采样频率为 F,对一个信号采样,采样点数为 N,那么 FFT 之后结果就是一个 N 点的复数,每一个点就对应着一个频率点(以基波频率为单位递增),这个点的模值(sqrt(实部^2＋虚部^2))就是该频点频率值下的幅度特性。具体跟原始信号的幅度有什么关系呢?假设原始信号的峰值为 A,那么 FFT 结果的每个点(除了第一个点直流分量之外)的模值就是 A 的 $N/2$ 倍,而第一个点就是直流分量,它的模值就是直流分量的 N 倍。

　　这里还有个基波频率,也叫频率分辨率,就是如果我们按照 F 的采样频率去采集一个信号,一共采集 N 个点,那么基波频率(频率分辨率)就是 $f_k = F/N$。这样,第 n 个点对应信号频率为 $F \cdot (n-1)/N$;其中 $n \geqslant 1$,当 $n=1$ 时为直流分量。

　　关于 FFT 我们就介绍到这。如果要自己实现 FFT 算法,对于不懂数字信号处理的读者来说是比较难的,不过,ST 提供的 STM32F4 DSP 库里面就有 FFT 函数给我们调用,因此只需要知道如何使用这些函数,就可以迅速完成 FFT 计算,而不需要自己编写代码,大大方便了开发。

　　STM32F4 的 DSP 库里面提供了定点和浮点 FFT 实现方式,有基 4 的也有基 2 的,可以根据需要自由选择实现方式。注意:对于基 4 的 FFT 输入点数必须是 4^n,而基 2 的 FFT 输入点数则必须是 2^n,并且基 4 的 FFT 算法要比基 2 的快。

　　本章采用 DSP 库里面的基 4 浮点 FFT 算法来实现 FFT 变换,并计算每个点的模值,所用到的函数有:

```
arm_status arm_cfft_radix4_init_f32(arm_cfft_radix4_instance_f32 * S,uint16_t fftLen,
                               uint8_t ifftFlag,uint8_t bitReverseFlag)
void arm_cfft_radix4_f32(const arm_cfft_radix4_instance_f32 * S,float32_t * pSrc)
void arm_cmplx_mag_f32(float32_t * pSrc,float32_t * pDst,uint32_t numSamples)
```

　　第一个函数 arm_cfft_radix4_init_f32,用于初始化 FFT 运算相关参数。其中,fftLen 用于指定 FFT 长度(16/64/256/1024/4096),本章设置为 1 024;ifftFlag 用于指定是傅里叶变换(0)还是反傅里叶变换(1),本章设置为 0;bitReverseFlag 用于设置是否按位取反,本章设置为 1。最后,所有这些参数存储在一个 arm_cfft_radix4_instance_f32 结构体指针 S 里面。

　　第二个函数 arm_cfft_radix4_f32 就是执行基 4 浮点 FFT 运算的,pSrc 传入采集到的输入信号数据(实部＋虚部形式),同时,FFT 变换后的数据也按顺序存放在 pSrc 里面,pSrc 必须大于等于 2 倍 fftLen 长度。另外,S 结构体指针参数先由 arm_cfft_radix4_init_f32 函数设置好,然后传入该函数。

　　第三个函数 arm_cmplx_mag_f32 用于计算复数模值,可以对 FFT 变换后的结果数据执行取模操作。pSrc 为复数输入数组(大小为 2 · numSamples)指针,指向 FFT 变换后的结果;pDst 为输出数组(大小为 numSamples)指针,存储取模后的值;numSamples 就是总共有多少个数据需要取模。

　　通过这 3 个函数,我们便可以完成 FFT 计算,并取模值。本节例程(实验 47_2 DSP FFT 测试)同样是在 39.1.2 小节已经搭建好 DSP 库运行环境上面修改代码,只需要修改 test.c 里面的代码即可。本例程 test.c 代码如下:

```
# include "math.h"
# include "arm_math.h"
# define FFT_LENGTH          1024              //FFT 长度,默认是 1 024 点 FFT
float fft_inputbuf[FFT_LENGTH * 2];            //FFT 输入数组
float fft_outputbuf[FFT_LENGTH];               //FFT 输出数组
u8 timeout;//定时器溢出次数
int main(void)
{
    arm_cfft_radix4_instance_f32 scfft;
    u8 key,t = 0;
    float time;
    u8 buf[50];
    u16 i;
    Stm32_Clock_Init(336,8,2,7);               //设置时钟,168 MHz
    delay_init(168);                           //延时初始化
    uart_init(84,115200);                      //初始化串口波特率为 115 200
    LED_Init();                                //初始化 LED
    KEY_Init();                                //初始化按键
    LCD_Init();                                //初始化 LCD
    TIM3_Int_Init(65535,84 - 1);               //1 MHz 计数频率,最大计时 65 ms 左右超出
    ……//省略部分代码
    arm_cfft_radix4_init_f32(&scfft,FFT_LENGTH,0,1);//初始化 scfft 结构体,设定 FFT 参数
    while(1)
    {
        key = KEY_Scan(0);
        if(key == KEY0_PRES)
        {
            for(i = 0;i<FFT_LENGTH;i ++ )//生成信号序列
            {
                fft_inputbuf[2 * i] = 100 +
                            10 * arm_sin_f32(2 * PI * i/FFT_LENGTH) +
                            30 * arm_sin_f32(2 * PI * i * 4/FFT_LENGTH) +
                            50 * arm_cos_f32(2 * PI * i * 8/FFT_LENGTH);   //实部
                fft_inputbuf[2 * i + 1] = 0;//虚部全部为 0
            }
            TIM3 - >CNT = 0;//重设 TIM3 定时器的计数器值
            timeout = 0;
            arm_cfft_radix4_f32(&scfft,fft_inputbuf);            //FFT 计算(基 4)
            time = TIM3 - >CNT + (u32)timeout * 65536;           //计算所用时间
            sprintf((char * )buf," % 0.3fms\r\n",time/1000);
            LCD_ShowString(30 + 12 * 8,160,100,16,16,buf);       //显示运行时间
            arm_cmplx_mag_f32(fft_inputbuf,fft_outputbuf,FFT_LENGTH);//取模得幅值
            printf("\r\n % d point FFT runtime: % 0.3fms\r\n",FFT_LENGTH,time/1000);
            printf("FFT Result:\r\n");
            for(i = 0;i<FFT_LENGTH;i ++ )
                printf("fft_outputbuf[ % d]: % f\r\n",i,fft_outputbuf[i]);
        }else delay_ms(10);
        t ++ ;
        if((t % 10) == 0)LED0 = ! LED0;
    }
}
```

以上代码只有一个 main 函数,里面通过我们前面介绍的 3 个函数:arm_cfft_ra-dix4_init_f32、arm_cfft_radix4_f32 和 arm_cmplx_mag_f32 来执行 FFT 变换并取模值。每按下 KEY0 一次就会重新生成一个输入信号序列,并执行一次 FFT 计算,将arm_cfft_radix4_f32 所用时间统计出来,显示在 LCD 屏幕上面,同时将取模后的模值通过串口打印出来。

这里,我们在程序上生成了一个输入信号序列用于测试,输入信号序列表达式:

```
fft_inputbuf[2 * i] = 100 +
            10 * arm_sin_f32(2 * PI * i/FFT_LENGTH) +
            30 * arm_sin_f32(2 * PI * i * 4/FFT_LENGTH) +
            50 * arm_cos_f32(2 * PI * i * 8/FFT_LENGTH);    //实部
```

通过该表达式我们可知,信号的直流分量为 100,外加 2 个正弦信号和一个余弦信号,其幅值分别为 10、30 和 50。输出结果分析请看 39.4 节,软件设计就介绍到这里。

39.4　下载验证

编译成功之后,下载到我们的探索者 STM32F4 开发板上验证了。对于实验 47_1DSP BasicMath 测试,下载后可以在屏幕看到两种实现方式的速度差别,如图 39.8 所示。可以看出,使用 DSP 库的基础数学函数计算所用时间比不使用 DSP 库的短,使用STM32F4 的 DSP 库速度上面比传统的实现方式提升了约 17%。

Explorer STM32F4
DSP BasicMath TEST
ATOM@ALIENTEK
2014/7/2

No DSP runtime:313.2ms

Use DSP runtime:267.1ms

图 39.8　使用 DSP 库和不使用 DSP 库的基础数学函数速度对比

对于实验 47_2 DSP FFT 测试,下载后屏幕显示提示信息,然后按下 KEY0 就可以看到 FFT 运算所耗时间,如图 39.9 所示。可以看到,STM32F4 采用基 4 法计算 1 024个浮点数的 FFT,只用了 0.584 ms,速度相当快。同时,可以在串口看到 FFT 变换取模后的各频点模值,如图 39.10 所示。查看所有数据会发现:第 0、1、4、8、1 016、1 020、1 023 这 7 个点的值比较大,其他点的值都很小,接下来就简单分析一下这些数据。

由于 FFT 变换后的结果具有对称性,所以,实际上有用的数据只有前半部分,后半部分和前半部分是对称关系,比如 1 和 1 023、4 和 1 020、8 和 1016 等,就是对称关系,因此只需要分析前半部分数据即可。这样,就只有第 0、1、4、8 这 4 个点比较大,重点分析。

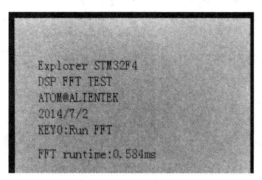

图 39.9　FFT 测试界面

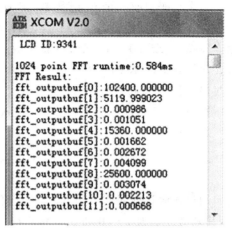

图 39.10　FFT 变换后个频点模值

假设采样频率为 1 024 Hz,那么总共采集 1 024 个点,频率分辨率就是 1 Hz,对应到频谱上面,两个点之间的间隔就是 1 Hz。因此,上面生成的 3 个叠加信号 10·sin (2·PI·i/1 024)＋30·sin(2·PI·i·4/1 024)＋50·cos(2·PI·i·8/1 024),频率分别是 1 Hz、4 Hz 和 8 Hz。

对于上述 4 个值比较大的点,结合 39.3.1 小节的知识,很容易分析得出:第 0 点,即直流分量,其 FFT 变换后的模值应该是原始信号幅值的 N 倍,$N=1 024$,所以值是 $100×1 024=102 400$,与理论完全一样。其他点模值应该是原始信号幅值的 $N/2$ 倍,即 $10×512$、$30×512$、$50×512$,而我们计算结果是 5 119.999 023、15 360、256 000,除了第一个点稍微有点误差(说明精度上有损失),其他同理论值完全一致。

DSP 测试实验就讲解到这里,DSP 库的其他测试实例这里就不再介绍了。

第 **40** 章

串口 IAP 实验

IAP,即在应用编程,很多单片机都支持这个功能,STM32F4 也不例外。在之前的 FLASH 模拟 EEPROM 实验里面,我们学习了 STM32F4 的 FLASH 自编程,本章将结合 FLASH 自编程的知识,通过 STM32F4 的串口实现一个简单的 IAP 功能。

40.1 IAP 简介

IAP(In Application Programming)即在应用编程,是用户自己的程序在运行过程中对 User Flash 的部分区域进行烧写,目的是在产品发布后可以方便地通过预留的通信口对产品中的固件程序进行更新升级。通常实现 IAP 功能时,即用户程序运行中做自身的更新操作,需要在设计固件程序时编写两个项目代码,第一个项目程序不执行正常的功能操作,而只是通过某种通信方式(如 USB、USART)接收程序或数据,执行对第二部分代码的更新;第二个项目代码才是真正的功能代码。这两部分项目代码都同时烧录在 User Flash 中,当芯片上电后,首先是第一个项目代码开始运行,它做如下操作:

① 检查是否需要对第二部分代码进行更新;

② 如果不需要更新则转到④;

③ 执行更新操作;

④ 跳转到第二部分代码执行。

第一部分代码必须通过其他手段(如 JTAG 或 ISP)烧入;第二部分代码可以使用第一部分代码 IAP 功能烧入,也可以和第一部分代码一起烧入,以后需要程序更新时再通过第一部分 IAP 代码更新。

我们将第一个项目代码称为 Bootloader 程序,第二个项目代码称为 APP 程序,它们存放在 STM32F4 FLASH 的不同地址范围,一般从最低地址区开始存放 Bootloader,紧跟其后的就是 APP 程序(注意,如果 FLASH 容量足够,是可以设计很多 APP 程序的,本章只讨论一个 APP 程序的情况)。这样就是要实现 2 个程序:Bootloader 和 APP。

STM32F4 的 APP 程序不仅可以放到 FLASH 里面运行,也可以放到 SRAM 里面运行,本章将制作两个 APP,一个用于 FLASH 运行,一个用于 SRAM 运行。我们先来看看 STM32F4 正常的程序运行流程,如图 40.1 所示。

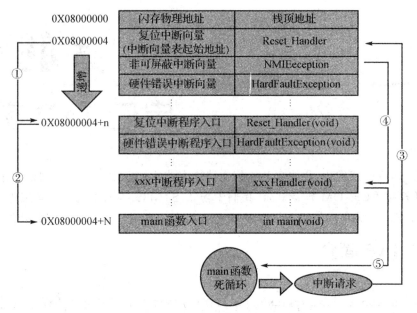

图 40.1　STM32F4 正常运行流程图

STM32F4 的内部闪存(FLASH)地址起始于 0x08000000,一般情况下,程序文件就从此地址开始写入。此外,STM32F4 是基于 Cortex - M4 内核的微控制器,其内部通过一张中断向量表来响应中断,程序启动后首先从中断向量表取出复位中断向量、执行复位中断程序完成启动。这张中断向量表的起始地址是 0x08000004,当中断来临,STM32F4 的内部硬件机制自动将 PC 指针定位到中断向量表处,并根据中断源取出对应的中断向量执行中断服务程序。

在图 40.1 中,STM32F4 复位后先从 0X08000004 地址取出复位中断向量的地址,并跳转到复位中断服务程序,如图标号①所示;在复位中断服务程序执行完之后,会跳转到 main 函数,如图标号②所示;而 main 函数一般都是一个死循环,在执行过程中,如果收到中断请求(发生重中断),此时 STM32F4 强制将 PC 指针指回中断向量表处,如图标号③所示;然后,根据中断源进入相应的中断服务程序,如图标号④所示;在执行完中断服务程序以后,程序再次返回 main 函数执行,如图标号⑤所示。

当加入 IAP 程序之后,程序运行流程如图 40.2 所示。可见,STM32F4 复位后还是从 0X08000004 地址取出复位中断向量的地址,并跳转到复位中断服务程序,在运行完复位中断服务程序之后跳转到 IAP 的 main 函数,如图标号①所示,此部分同图 40.1 一样;在执行完 IAP 以后(即将新的 APP 代码写入 STM32F4 的 FLASH,灰底部分。新程序的复位中断向量起始地址为 0X08000004＋N＋M),跳转至新写入程序的复位向量表,取出新程序的复位中断向量的地址,并跳转执行新程序的复位中断服务程序,随后跳转至新程序的 main 函数,如图标号②和③所示。同样 main 函数为一个死循环,并且注意到此时 STM32F4 的 FLASH 在不同位置上,共有两个中断向量表。

在 main 函数执行过程中,如果 CPU 得到一个中断请求,PC 指针仍强制跳转到地

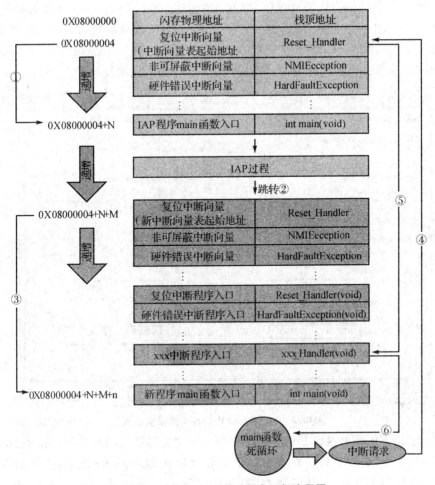

图 40.2 加入 IAP 之后程序运行流程图

址 0X08000004 中断向量表处,而不是新程序的中断向量表,如图标号④所示;程序再根据我们设置的中断向量表偏移量跳转到对应中断源新的中断服务程序中,如图标号⑤所示;在执行完中断服务程序后,程序返回 main 函数继续运行,如图标号⑥所示。

通过以上两个过程的分析,我们知道 IAP 程序必须满足两个要求:

① 新程序必须在 IAP 程序之后的某个偏移量为 x 的地址开始;

② 必须将新程序的中断向量表进行相应的移动,移动的偏移量为 x。

本章有 2 个 APP 程序,一个为 FLASH 的 APP,另外一个位 SRAM 的 APP。图 40.2 虽然是针对 FLASH APP 来说的,但是在 SRAM 里面运行的过程和 FLASH 基本一致,只是需要设置向量表的地址为 SRAM 的地址。

1. APP 程序起始地址设置方法

随便打开一个之前的实例工程,在 Options for Target 对话框中选择 Target 选项卡,如图 40.3 所示。默认的条件下,图中 IROM1 的起始地址(Start)一般为

0X08000000，大小(Size)为 0X100000，即从 0X08000000 开始的 1 024 KB 为我们的程序存储区。而图中设置起始地址(Start)为 0X08008000，即偏移量为 0X8000(32 KB)，因而，留给 APP 用的 FLASH 空间(Size)只有 0X100000 — 0X8000 = 0XF8000(992 KB)大小了。设置好 Start 和 Szie，就完成 APP 程序的起始地址设置。

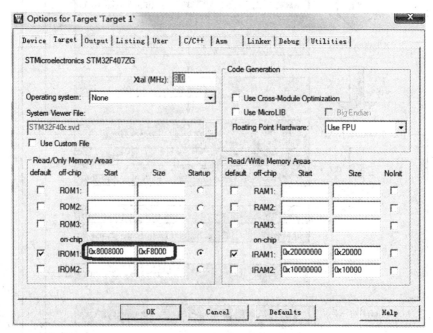

图 40.3　FLASH APP Target 选项卡设置

这里的 32 KB 需要根据 Bootloader 程序大小进行选择，比如本章的 Bootloader 程序为 27 KB 左右，理论上只需要确保 APP 起始地址在 Bootloader 之后，并且偏移量为 0X200 的倍数即可(相关知识请参考：http://www. openedv. com/posts/list/392. htm)。这里选择 32 KB(0X8000)，留了一些余量，方便 Bootloader 以后升级时修改。

这是针对 FLASH APP 的起始地址设置，如果是 SRAM APP，那么起始地址设置如图 40.4 所示(Target 选项卡)。这里将 IROM1 的起始地址(Start)定义为 0X20001000，大小为 0X19000(100 KB)，即从地址 0X20000000 偏移 0X1000 开始，存放 APP 代码。因为整个 STM32F407ZGT6 的 SRAM 大小(不算 CCM)为 128 KB，所以 IRAM1(SRAM)的起始地址变为 0X2001A000，大小只有 0X6000(24 KB)。这样，整个 STM32F407ZGT6 的 SRAM(不含 CCM)分配情况为：最开始的 4 KB 给 Bootloader 程序使用，随后的 100 KB 存放 APP 程序，最后 24 KB 用作 APP 程序的内存。这个分配关系可以根据实际情况修改，不一定和这里的设置一模一样，不过也需要注意，保证偏移量为 0X200 的倍数(这里为 0X1000)。

2. 中断向量表的偏移量设置方法

此步通过修改 sys. c 里面的 Stm32_Clock_Init 函数实现，该函数代码如下：

图 40.4　SRAM APP Target 选项卡设置

```
//系统时钟初始化函数
//plln:主 PLL 倍频系数(PLL 倍频),取值范围:64～432
//pllm:主 PLL 和音频 PLL 分频系数(PLL 之前的分频),取值范围:2～63
//pllp:系统时钟的主 PLL 分频系数(PLL 之后的分频),取值范围:2,4,6,8.(仅限这 4 个值!)
//pllq:USB/SDIO/随机数产生器等的主 PLL 分频系数(PLL 之后的分频),取值范围:2～15
void Stm32_Clock_Init(u32 plln,u32 pllm,u32 pllp,u32 pllq)
{
    RCC->CR| = 0x00000001;              //设置 HISON,开启内部高速 RC 振荡
    RCC->CFGR = 0x00000000;             //CFGR 清零
    RCC->CR& = 0xFEF6FFFF;              //HSEON,CSSON,PLLON 清零
    RCC->PLLCFGR = 0x24003010;          //PLLCFGR 恢复复位值
    RCC->CR& = ~(1<<18);                //HSEBYP 清零,外部晶振不旁路
    RCC->CIR = 0x00000000;              //禁止 RCC 时钟中断
    Sys_Clock_Set(plln,pllm,pllp,pllq); //设置时钟
    //配置向量表
    #ifdef  VECT_TAB_RAM
        MY_NVIC_SetVectorTable(1<<29,0x0);
    #else
        MY_NVIC_SetVectorTable(0,0x0);
    #endif
}
```

该函数只需要修改最后两行代码,默认情况下 VECT_TAB_RAM 是没有定义的,执行“MY_NVIC_SetVectorTable(0,0x0);”,这是正常情况的向量表偏移量(为 0),本章修改这句代码为“MY_NVIC_ SetVectorTable(0,0x8000);”,偏移量为 0X8000。

以上是 FLASH APP 的情况。当使用 SRAM APP 的时候,我们需要定义 VECT_TAB_RAM,在 Options for Target'Target 1'对话框中选择 C/C++选项卡。在 Preprocessor Symblols 栏添加定义 VECT_TAB_RAM,如图 40.5 所示。

可以用逗号,即‘,’(注意这不是汉字里面的逗号)来分开不同的宏,因为之前已经定义 STM32F40_41xxx 宏,所以利用逗号来区分 STM32F40_41xxx 和 VECT_TAB_RAM。通过这个设置,我们定义了 VECT_TAB_RAM,故在执行 Stm32_Clock_Init 函数的时候,会执行“MY_NVIC_SetVectorTable(1<<29,0x0);”。这里的 0X0 是默认的设置,本章修改此句代码为“MY_NVIC_SetVectorTable(1<<29,0x1000);”,即设置偏移量为 0X1000。这样,我们就完成了中断向量表偏移量的设置。

通过以上两个步骤的设置就可以生成 APP 程序了,只要 APP 程序的 FLASH 和

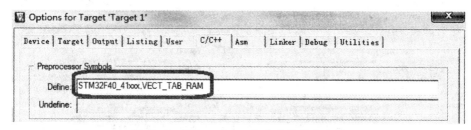

图 40.5　SRAM APP C/C++选项卡设置

SRAM 大小不超过我们的设置即可。不过 MDK 默认生成的文件是. hex 文件,并不方便用作 IAP 更新,我们希望生成的文件是. bin 文件,这样可以方便进行 IAP 升级(原因请自行百度 HEX 和 BIN 文件的区别)。这里通过 MDK 自带的格式转换工具 fromelf. exe 来实现. axf 文件到. bin 文件的转换。该工具在 MDK 的安装目录\ARM\BIN40 文件夹里面。

fromelf. exe 转换工具的语法格式为:fromelf [options] input_file。其中,options 有很多选项可以设置,详细使用请参考本书配套资料"mdk 如何生成 bin 文件. doc".

本章通过在 MDK 选择 Options for Target 对话框,并在其中选择 User 选项卡,在 Run User Programs After Build/Rebuild 栏选中 Run #1,并输入"D:\MDK5. 11A\ ARM\ARMCC\bin\fromelf. exe -- bin - o .. \OBJ\TEST. bin .. \OBJ\TEST. axf",如图 40.6 所示。

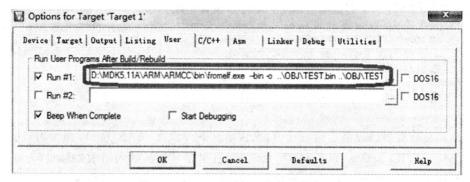

图 40.6　MDK 生成. bin 文件设置方法

通过这一步设置,我们就可以在 MDK 编译成功之后调用 fromelf. exe(注意,笔者的 MDK 是安装在 D:\MDK5. 11A 文件夹下,如果安装在其他目录,则须根据自己的目录修改 fromelf. exe 的路径),根据当前工程的 TEST. axf,生成一个 TEST. bin 的文件。并存放在 axf 文件相同的目录下,即工程的 OBJ 文件夹里面。在得到. bin 文件之后,我们只需要将这个 bin 文件传送给单片机,即可执行 IAP 升级。

最后再来看看 APP 程序的生成步骤:

① 设置 APP 程序的起始地址和存储空间大小。对于在 FLASH 里面运行的 APP 程序,我们只需要设置 APP 程序的起始地址和存储空间大小即可。而对于在 SRAM 里面运行的 APP 程序,我们还需要设置 SRAM 的起始地址和大小。无论哪种 APP 程

序,都需要确保 APP 程序的大小和所占 SRAM 大小不超过设置范围。

② 设置中断向量表偏移量。

此步,通过在 Stm32_Clock_Init 函数里面调用 MY_NVIC_SetVectorTable 函数,实现对中断向量表偏移量的设置。这个偏移量的大小其实就等于程序起始地址相对于 0X08000000 或者 0X20000000 的偏移。对于 SRAM APP 程序,我们还需要在 C/C++ 选项卡定义 VECT_TAB_RAM,以申明中断向量表是在 SRAM 里面。

③ 设置编译后运行 fromelf.exe,生成 .bin 文件。

通过在 User 选项卡设置编译后调用 fromelf.exe,根据 .axf 文件生成 .bin 文件,用于 IAP 更新。

通过以上 3 个步骤就可以得到一个 .bin 的 APP 程序,通过 Bootlader 程序即可实现更新。

40.2　硬件设计

本章实验(Bootloader 部分)功能简介:开机的时候先显示提示信息,然后等待串口输入接收 APP 程序(无校验,一次性接收),在串口接收到 APP 程序之后,即可执行 IAP。如果是 SRAM APP,通过按下 KEY0 即可执行这个收到的 SRAM APP 程序。如果是 FLASH APP,则需要先按下 KEY_UP 按键,将串口接收到的 APP 程序存放到 STM32F4 的 FLASH,之后再按 KEY2 即可执行这个 FLASH APP 程序。通过 KEY1 按键,可以手动清除串口接收到的 APP 程序。DS0 用于指示程序运行状态。

本实验用到的资源如下:指示灯 DS0、4 个按键(KEY0、KEY1、KEY2、KEY_UP) 、串口、TFTLCD 模块。这些用到的硬件之前都已经介绍过,这里就不再介绍了。

40.3　软件设计

本章总共需要 3 个程序:①Bootloader;②FLASH APP;③SRAM APP。其中,我们选择之前做过的 RTC 实验(在第 17 章介绍)来作为 FLASH APP 程序(起始地址为 0X08008000),选择触摸屏实验(在第 26 章介绍)来作为 SRAM APP 程序(起始地址为 0X20001000)。Bootloader 则是通过 TFTLCD 显示实验(在第 15 章介绍)修改得来。SRAM APP 和 FLASH APP 的生成请结合本书配套资料源码以及 40.1 节的介绍,自行理解。本章软件设计仅针对 Bootloader 程序。

复制第 15 章的工程(即实验 13)作为本章的工程模版(命名为:IAP Bootloader V1.0),并复制第 28 章实验(FLASH 模拟 EEPROM 实验)的 STMFLASH 文件夹到本工程的 HARDWARE 文件夹下,打开本实验工程,并将 STMFLASH 文件夹内的 stmflash.c 加入到 HARDWARE 组下,同时将 STMFLASH 加入头文件包含路径。

在 HARDWARE 文件夹所在的文件夹下新建一个 IAP 的文件夹,并在该文件夹下新建 iap.c 和 iap.h 两个文件。然后在工程里面新建一个 IAP 的组,将 iap.c 加入到该组下面。最后,将 IAP 文件夹加入头文件包含路径。

打开 iap.c,输入如下代码:

```
iapfun jump2app;
u32 iapbuf[512];        //2 KB 缓存
//appxaddr:应用程序的起始地址,appbuf:应用程序 CODE,appsize:应用程序大小(字节)
void iap_write_appbin(u32 appxaddr,u8 * appbuf,u32 appsize)
{
    u32 t; u16 i = 0; u32 temp;
    u32 fwaddr = appxaddr;//当前写入的地址
    u8 * dfu = appbuf;
    for(t = 0;t<appsize;t + = 4)
    {
        temp = (u32)dfu[3]<<24;
        temp| = (u32)dfu[2]<<16;
        temp| = (u32)dfu[1]<<8;
        temp| = (u32)dfu[0];
        dfu + = 4;//偏移 4 个字节
        iapbuf[i ++ ] = temp;
        if(i == 512)
        {
            i = 0;
            STMFLASH_Write(fwaddr,iapbuf,512);
            fwaddr + = 2048;//偏移 2048    512 * 4 = 2048
        }
    }
    if(i)STMFLASH_Write(fwaddr,iapbuf,i);//将最后的一些内容字节写进去
}
//跳转到应用程序段
//appxaddr:用户代码起始地址.
void iap_load_app(u32 appxaddr)
{
    if((( * (vu32 * )appxaddr)&0x2FFE0000) == 0x20000000)//检查栈顶地址是否合法
    {
        jump2app = (iapfun) * (vu32 * )(appxaddr + 4);
        //用户代码区第二个字为程序开始地址(复位地址)
        MSR_MSP( * (vu32 * )appxaddr);
        //初始化 APP 堆栈指针(用户代码区的第一个字用于存放栈顶地址)
        jump2app();                                    //跳转到 APP
    }
}
```

该文件总共只有 2 个函数,其中,iap_write_appbin 函数用于将存放在串口接收 buf 里面的 APP 程序写入到 FLASH。iap_load_app 函数用于跳转到 APP 程序运行, 其参数 appxaddr 为 APP 程序的起始地址。程序先判断栈顶地址是否合法,在得到合 法的栈顶地址后通过 MSR_MSP 函数(该函数在 sys.c 文件)设置栈顶地址,最后通过 一个虚拟的函数(jump2app)跳转到 APP 程序执行代码,实现 IAP→APP 的跳转。

保存 iap.c,打开 iap.h 输入如下代码:

```
# ifndef __IAP_H__
# define __IAP_H__
```

```
# include "sys.h"
typedef   void ( * iapfun)(void);                     //定义一个函数类型的参数
# define FLASH_APP1_ADDR          0x08008000
//第一个应用程序起始地址(存放在 FLASH)
//保留 0X08000000~0X08007FFF 的空间为 Bootloader 使用(共 32 KB)
void iap_load_app(u32 appxaddr);      //跳转到 APP 程序执行
void iap_write_appbin(u32 appxaddr,u8 * appbuf,u32 applen);//在指定地址开始,写入 bin
# endif
```

这部分代码比较简单,保存 iap.h。本章通过串口接收 APP 程序,我们将 usart.c 和 usart.h 稍微做了修改,在 usart.h 中定义 USART_REC_LEN 为 120 KB,也就是串口最大一次可以接收 120 KB 的数据,这也是本 Bootloader 程序所能接收的最大 APP 程序大小。然后新增一个 USART_RX_CNT 的变量,用于记录接收到的文件大小,而 USART_RX_STA 不再使用。在 usart.c 里面,我们修改 USART1_IRQHandler 部分代码如下:

```
//串口 1 中断服务程序
//注意,读取 USARTx->SR 能避免莫名其妙的错误
u8 USART_RX_BUF[USART_REC_LEN] __attribute__ ((at(0X20001000)));
//接收缓冲,最大 USART_REC_LEN 个字节,起始地址为 0X20001000.
//接收状态
//bit15,接收完成标志;bit14,接收到 0x0d;bit13~0,接收到的有效字节数目
u16 USART_RX_STA = 0;              //接收状态标记
u32 USART_RX_CNT = 0;             //接收的字节数
void USART1_IRQHandler(void)
{
        u8 res;
# ifdef OS_CRITICAL_METHOD       //OS_CRITICAL_METHOD 定义了,说明使用 μC/OS-II 了
        OSIntEnter();
# endif
        if(USART1->SR&(1<<5))//接收到数据
        {
            res = USART1->DR;
            if(USART_RX_CNT<USART_REC_LEN)
            {
                USART_RX_BUF[USART_RX_CNT] = res;
                USART_RX_CNT ++ ;
            }
        }
# ifdef OS_CRITICAL_METHOD
//如果 OS_CRITICAL_METHOD 定义了,说明使用 ucosII 了.
        OSIntExit();
# endif
}
```

这里指定 USART_RX_BUF 的地址是从 0X20001000 开始,该地址也就是 SRAM APP 程序的起始地址! 然后在 USART1_IRQHandler 函数里面,将串口发送过来的数据,全部接收到 USART_RX_BUF,并通过 USART_RX_CNT 计数。

改完 usart.c 和 usart.h 之后,我们在 test.c 修改 main 函数如下:

```
int main(void)
{
    u8 t; u8 key; u8 clearflag = 0;
    u16 oldcount = 0;       //老的串口接收数据值
    u32 applenth = 0;       //接收到的 app 代码长度
    Stm32_Clock_Init(336,8,2,7);//设置时钟,168 MHz
    ……//省略部分代码
    while(1)
    {
        if(USART_RX_CNT)
        {
            if(oldcount == USART_RX_CNT)//新周期内,没收到数据,认为本次接收完成
            {
                applenth = USART_RX_CNT;
                oldcount = 0;
                USART_RX_CNT = 0;
                printf("用户程序接收完成! \r\n");
                printf("代码长度:% dBytes\r\n",applenth);
            }else oldcount = USART_RX_CNT;
        }
        t ++; delay_ms(10);
        if(t == 30)
        {
            LED0 = ! LED0; t = 0;
            if(clearflag)
            {
                clearflag -- ;
                if(clearflag == 0)LCD_Fill(30,210,240,210 + 16,WHITE);//清除显示
            }
        }
        key = KEY_Scan(0);
        if(key == WKUP_PRES)       //WK_UP 按键按下
        {
            if(applenth)
            {
                printf("开始更新固件...\r\n");
                LCD_ShowString(30,210,200,16,16,"Copying APP2FLASH...");
                if((( * (vu32 * )(0X20001000 + 4))&0xFF000000) == 0x08000000)
                //判断是否为 0X08XXXXXX.
                {
                    iap_write_appbin(FLASH_APP1_ADDR,USART_RX_BUF,applenth);
                    //更新 FLASH 代码
                    LCD_ShowString(30,210,200,16,16,"Copy APP Successed!!");
                    printf("固件更新完成! \r\n");
                }else
                {
                    LCD_ShowString(30,210,200,16,16,"Illegal FLASH APP!    ");
                    printf("非 FLASH 应用程序! \r\n");
                }
            }else
            {
```

```
        printf("没有可以更新的固件! \r\n");
        LCD_ShowString(30,210,200,16,16,"No APP!");
    }
    clearflag = 7;//标志更新了显示,并且设置 7×300 ms 后清除显示
}
if(key == KEY1_PRES)    //KEY1 按下
{
    if(applenth)
    {
        printf("固件清除完成! \r\n");
        LCD_ShowString(30,210,200,16,16,"APP Erase Successed!");
        applenth = 0;
    }else
    {
        printf("没有可以清除的固件! \r\n");
        LCD_ShowString(30,210,200,16,16,"No APP!");
    }
    clearflag = 7;//标志更新了显示,并且设置 7×300 ms 后清除显示
}
if(key == KEY2_PRES)    //KEY2 按下
{
    printf("开始执行 FLASH 用户代码!! \r\n");
    if((( * (vu32 * )(FLASH_APP1_ADDR + 4))&0xFF000000) == 0x08000000)
    //判断是否为 0X08XXXXXX.
    {
        iap_load_app(FLASH_APP1_ADDR);//执行 FLASH APP 代码
    }else
    {
        printf("非 FLASH 应用程序,无法执行! \r\n");
        LCD_ShowString(30,210,200,16,16,"Illegal FLASH APP!");
    }
    clearflag = 7;//标志更新了显示,并且设置 7×300 ms 后清除显示
}
if(key == KEY0_PRES)    //KEY0 按下
{
    printf("开始执行 SRAM 用户代码!! \r\n");
    if((( * (vu32 * )(0X20001000 + 4))&0xFF000000) == 0x20000000)
    //判断是否为 0X20XXXXXX.
    {
        iap_load_app(0X20001000);//SRAM 地址
    }else
    {
        printf("非 SRAM 应用程序,无法执行! \r\n");
        LCD_ShowString(30,210,200,16,16,"Illegal SRAM APP!");
    }
    clearflag = 7;//标志更新了显示,并且设置 7×300 ms 后清除显示
    }
}
}
```

该段代码实现了串口数据处理以及 IAP 更新、跳转等各项操作。Bootloader 程序

就设计完成了,但是一般要求 Bootloader 程序越小越好(给 APP 省空间),实际应用时可以尽量精简代码来得到最小的 IAP。本章例程我们仅作演示用,所以不对代码做任何精简,最后得到工程截图如图 40.7 所示。可以看出,Bootloader 大小为 27 KB 左右,比较大,主要原因是液晶驱动和 printf 占用了比较多的 flash,可以去掉不用的 LCD 部分代码和 printf 等,本章为了演示效果,所以保留了这些代码。至此,本实验的软件设计部分结束。

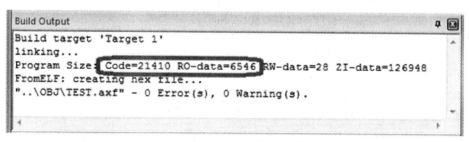

图 40.7　Bootloader 工程截图

FLASH APP 和 SRAM APP 两部分代码可根据 40.1 节的介绍自行修改,都比较简单。注意,FLASH APP 的起始地址必须是 0X08008000,而 SRAM APP 的起始地址必须是 0X20001000。

40.4　下载验证

编译成功之后,下载代码到 ALIENTEK 探索者 STM32F4 开发板上,得到如图 40.8 所示界面。此时,可以通过串口发送 FLASH APP 或者 SRAM APP 到探索者 STM32F4 开发板,如图 40.9 所示。

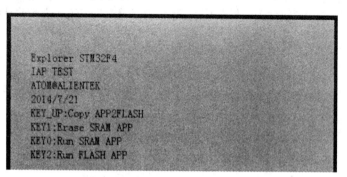

图 40.8　IAP 程序界面

首先找到开发板 USB 转串口的串口号,打开串口(笔者的计算机是 COM3),然后设置波特率为 460800(图中标号 1 所示),然后,单击"打开文件"按钮(如图标号 2 所示),找到 APP 程序生成的. bin 文件(注意:文件类型得选择所有文件,默认是只打开 txt 文件的),最后单击"发送文件"(图中标号 3 所示),将. bin 文件发送给探索者 STM32F4 开发板,发送完成后,XCOM 会提示文件发送完毕。开发板在收到 APP 程序之后,我们就可以通过 KEY0、KEY2 运行这个 APP 程序了(如果是 FLASH APP,则先需要通过 KEY_UP 将其存入对应 FLASH 区域)。

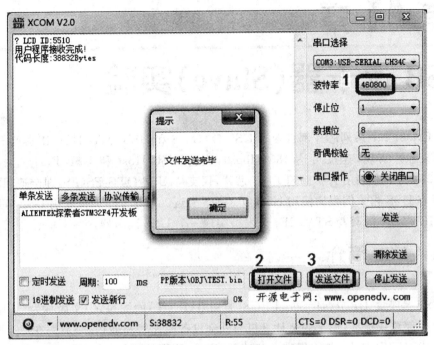

图 40.9 串口发送 APP 程序界面

第 *41* 章

USB 读卡器(Slave)实验

STM32F407 系列芯片都自带了 USB OTG FS 和 USB OTG HS(HS 需要外扩高速 PHY 芯片实现,速度可达 480 Mbps),支持 USB Host 和 USB Device。探索者 STM32F4 开发板没有外扩高速 PHY 芯片,仅支持 USB OTG FS(FS,即全速,12 Mbps),所有 USB 相关例程均使用 USB OTG FS 实现。本章介绍如何利用 USB OTG FS 在 ALIENTEK 探索者 STM32F4 开发板实现一个 USB 读卡器。

41.1　USB 简介

USB 是英文 Universal Serial BUS(通用串行总线)的缩写,中文简称为"通串线", 是一个外部总线标准,用于规范计算机与外部设备的连接和通信,是应用在 PC 领域的接口技术。USB 是在 1994 年底由英特尔、康柏、IBM、Microsoft 等多家公司联合提出的。USB 接口支持设备的即插即用和热插拔功能。

USB 发展到现在已经有 USB1.0/1.1/2.0/3.0 等多个版本,目前用的最多的就是 USB1.1 和 USB2.0,USB3.0 目前已经开始普及。STM32F407 自带的 USB 符合 USB2.0 规范。

标准 USB 由 4 根线组成,除 VCC/GND 外,另外为 D+ 和 D−,这两根数据线采用的是差分电压的方式进行数据传输的。在 USB 主机上,D− 和 D+ 都接了 15 kΩ 的电阻到地,所以在没有设备接入的时候,D+、D− 均是低电平。而在 USB 设备中,如果是高速设备,则会在 D+ 上接一个 1.5 kΩ 的电阻到 VCC;而如果是低速设备,则会在D−上接一个 1.5 kΩ 的电阻到 VCC。这样当设备接入主机的时候,主机就可以判断是否有设备接入,并能判断设备是高速设备还是低速设备。接下来简单介绍一下 STM32 的 USB 控制器。

STM32F407 系列芯片自带 USB OTG FS(全速)和 USB OTG HS(高速),其中 HS 需要外扩高速 PHY 芯片实现,这里不做介绍。STM32F407 的 USB OTG FS 是一款双角色设备(DRD)控制器,同时支持从机功能和主机功能,完全符合 USB 2.0 规范的 On−The−Go 补充标准。此外,该控制器也可配置为"仅主机"模式或"仅从机"模式,完全符合 USB 2.0 规范。在主机模式下,OTG FS 支持全速(FS,12 Mbps)和低速(LS,1.5 Mbps)收发器,而从机模式下则仅支持全速(FS,12 Mbps)收发器。OTG FS 同时支持 HNP 和 SRP。

STM32F407 的 USB OTG FS 主要特性可分为 3 类:通用特性、主机模式特性和从机模式特性。

1. 通用特性

> 经 USB - IF 认证,符合通用串行总线规范第 2.0 版;
> 集成全速 PHY,且完全支持定义在标准规范 OTG 补充第 1.3 版中的 OTG 协议:
① 支持 A - B 器件识别(ID 线);
② 支持主机协商协议(HNP)和会话请求协议(SRP);
③ 允许主机关闭 VBUS 以在 OTG 应用中节省电池电量;
④ 支持通过内部比较器对 VBUS 电平采取监控;
⑤ 支持主机到从机的角色动态切换;
> 可通过软件配置为以下角色:
① 具有 SRP 功能的 USB FS 从机(B 器件);
② 具有 SRP 功能的 USB FS/LS 主机(A 器件);
③ USB On - The - Go 全速双角色设备;
> 支持 FS SOF 和 LS Keep - alive 令牌:
① SOF 脉冲可通过 PAD 输出;
② SOF 脉冲从内部连接到定时器 2(TIM2);
③ 可配置的帧周期;
④ 可配置的帧结束中断;
> 具有省电功能,例如在 USB 挂起期间停止系统、关闭数字模块时钟、对 PHY 和 DFIFO 电源加以管理;
> 具有采用高级 FIFO 控制的 1.25 KB 专用 RAM:
① 可将 RAM 空间划分为不同 FIFO,以便灵活有效地使用 RAM;
② 每个 FIFO 可存储多个数据包;
③ 动态分配存储区;
④ FIFO 大小可配置为非 2 的幂次方值,以便连续使用存储单元;
> 一帧之内可以无需要应用程序干预,以达到最大 USB 带宽。

2. 主机(Host)模式特性

> 通过外部电荷泵生成 VBUS 电压;
> 8 个主机通道(管道):每个通道都可以动态实现重新配置,可支持任何类型的 USB 传输;
> 内置硬件调度器可:
① 在周期性硬件队列中存储 8 个中断加同步传输请求;
② 在非周期性硬件队列中存储 8 个控制加批量传输请求;
> 管理一个共享 RX FIFO、一个周期性 TX FIFO 和一个非周期性 TX FIFO,以

有效使用 USB 数据 RAM。

3. 从机(Slave/Device)模式特性

> 一个双向控制端点 0；

> 3 个 IN 端点(EP)，可配置为支持批量传输、中断传输或同步传输；

> 3 个 OUT 端点(EP)，可配置为支持批量传输、中断传输或同步传输；

> 管理一个共享 Rx FIFO 和一个 Tx-OUT FIFO，以高效使用 USB 数据 RAM；

> 管理 4 个专用 Tx-IN FIFO(分别用于每个使能的 IN EP)，降低应用程序负荷
支持软断开功能。

STM32F407 USB OTG FS 框图如图 41.1 所示。对于 USB OTG FS 功能模块，STM32F4 通过 AHB 总线访问(AHB 频率必须大于 14.2 MHz)，其中，48 MHz 的 USB 时钟是来自时钟树图里面的 PLL48CK(和 SDIO 共用)。STM32F4 USB OTG FS 的其他介绍请参考《STM32F4xx 中文参考手册》第 30 章。

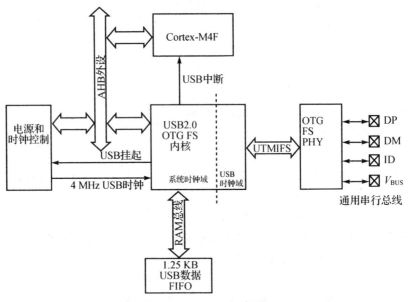

图 41.1　USB OTG 框图

要正常使用 STM32F4 的 USB，就得编写 USB 驱动，而整个 USB 通信的详细过程是很复杂的，有兴趣的读者可以去看看《圈圈教你玩 USB》这本书，该书对 USB 通信有详细讲解。如果要自己编写 USB 驱动，那是一件相当困难的事情，尤其对于从没了解过 USB 的人来说，基本上不花个一两年时间学习是没法搞定的。不过，ST 提供了一个完整的 USB OTG 驱动库(包括主机和设备)，通过这个库可以很方便地实现我们所要的功能，而不需要详细了解 USB 的整个驱动，大大缩短了开发时间和精力。ST 提供的 USB OTG 库，可以在 http://www.stmcu.org/download/index.php? act=ziliao&id=150 下载到(UM1021)。也可以到本书配套资料：8，STM32 参考资料→STM32 USB 学习资料，文件名：stm32_f105-07_f2_f4_usb-host-device_lib.zip。该库包含了

STM32F4 USB 主机(Host)和从机(Device)驱动库,并提供了 10 个例程供我们参考,如图 41.2 所示。

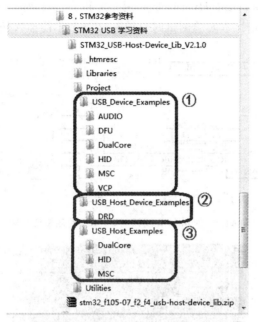

图 41.2　ST 提供的 USB OTG 例程

如图 41.2 所示,ST 提供了 3 类例程,即设备类(Device,即 Slave)、主从一体类(Host_Device)和主机类(Host),总共 10 个例程。整个 USB OTG 库还有一个说明文档:CD00289278. pdf(本书配套资料提供了),即 UM1021;该文档详细介绍了 USB OTG 库的各个组成部分以及所提供的例程使用方法,有兴趣学习 USB 的读者必须仔细看。

这 10 个例程,虽然都是基于官方 EVAL 板的,但是很容易移植到探索者 STM32F407 开发板上,本章就移植 STM32_USB‐Host‐Device_Lib_V2. 1. 0\Project \USB_Device_Examples\MSC 这个例程,以实现 USB 读卡器功能。

41. 2　硬件设计

本章实验功能简介:开机的时候先检测 SD 卡和 SPI FLASH 是否存在,如果存在则获取其容量,并显示在 LCD 上面(如果不存在,则报错)。之后开始 USB 配置,在配置成功之后就可以在计算机上发现两个可移动磁盘。用 DS1 来指示 USB 正在读/写,并在液晶上显示出来,同样,还是用 DS0 来指示程序正在运行。

所要用到的硬件资源如下:指示灯 DS0、DS1,串口,TFTLCD 模块,SD 卡,SPI FLASH,USB SLAVE 接口。前面 5 部分在之前的实例中都介绍过了。接下来看看计算机 USB 与 STM32 的 USB SLAVE 连接口。ALIENTEK 探索者 STM32F4 开发板采用的是 5PIN 的 MiniUSB 接头,用来和计算机的 USB 相连接,连接电路如图 41.3 所示。可以看出,USB座没有直接连接到STM32F4上面,而是通过P11转接,所以需要通过跳线帽将PA11和PA12分别连接到D－和D＋,如图41.4所示。不过这个Mini-iUSB座和USB-A座(USB_HOST)是共用D＋和D－的,所以不能同时使用,这个在使用的时候要特别注意! 本实验测试时,USB_HOST不能插入任何USB设备!

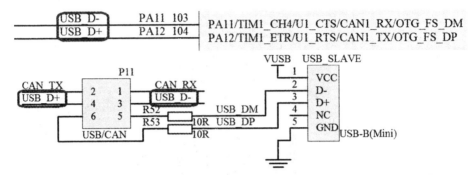

图 41.3 MiniUSB 接口与 STM32 的连接电路图

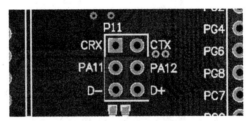

图 41.4 硬件连接示意图

41.3 软件设计

本章在实验38的基础上修改,代码移植自ST官方例程STM32_USB－Host－Device_Lib_V2.1.0\Project\USB_Device_Examples\MSC,我们打开该例程即可知道USB相关的代码有哪些,如图41.5所示。

有了这个官方例程做指引,我们就知道具体需要哪些文件,从而实现本章例程。首先,在本章例程(即实验38 SD卡实验)的工程文件夹下面新建USB文件夹,并复制官方USB驱动库相关代码到该文件夹下,即复制本书配套资料中8,STM32参考资料→STM32 USB学习资料→STM32_USB－Host－Device_Lib_V2.1.0→Libraries文件夹下的STM32_USB_Device_Libr ary、STM32_USB_HOST_Library和STM32_USB_OTG_Driver这3个文件夹的源码到该文件夹下面。

然后,在USB文件夹下,新建USB_APP文件夹存放MSC实现相关代码,即STM32_USB－Host－Device_Lib_V2.1.0→Project→USB_Device_Examples→MSC→src下的部分代码:usb_bsp.c、usbd_storage_msd.c、usbd_desc.c和usbd_usr.c这4个.c文件,同时复制STM32_USB－Host－Device_Lib_V2.1.0→Project→USB_De-vice_Examples→MSC→inc下面的usb_conf.h、usbd_conf.h和usbd_desc.h这3个文

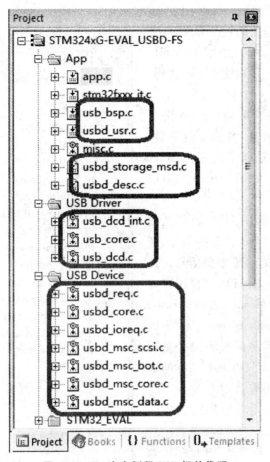

图 41.5　ST 官方例程 USB 相关代码

件到 USB_APP 文件夹下。最后 USB_APP 文件夹下的文件如图 41.6 所示。

名称	修改日期	类型	大小
usb_bsp.c	2014/9/2 13:57	C 文件	3 KB
usb_conf.h	2014/6/12 16:22	H 文件	10 KB
usbd_conf.h	2014/9/1 18:46	H 文件	3 KB
usbd_desc.c	2014/6/12 17:16	C 文件	9 KB
usbd_desc.h	2012/3/22 15:44	H 文件	4 KB
usbd_storage_msd.c	2014/9/1 18:41	C 文件	5 KB
usbd_usr.c	2014/9/1 21:20	C 文件	3 KB

图 41.6　USB_APP 代码

之后,根据 ST 官方 MSC 例程,在本章例程的基础上新建分组添加相关代码。添加好之后如图 41.7 所示。

移植时,重点要修改的就是 USB_APP 文件夹下面的代码。其他代码(USB_OTG 和 USB_DEVICE 文件夹下的代码)一般不用修改。

usb_bsp.c 提供了几个 USB 库需要用到的底层初始化函数,包括 I/O 设置、中断设置、VBUS 配置以及延时函数等,需要我们自己实现。USB Device(Slave) 和 USB Host 共用这个 .c 文件。

usbd_desc.c 提供了 USB 设备类的描述符,直接决定了 USB 设备的类型、断点、接口、字符串、制造商等重要信息。这个里面的内容一般不用修改,直接用官方的即可。注意,usbd_desc.c 里面的 usbd 即 device 类,同样 usbh 即 host 类,所以通过文件名可以很容易区分该文件是用在 device 还是 host,而只有 usb 字样的那就是 device 和 host 可以共用的。

usbd_usr.c 提供用户应用层接口函数,即 USB 设备类的一些回调函数。当 USB 状态机处理完不同事务的时候,则调用这些回调函数。通过这些回调函数就可以知道 USB 当前状态,比如是否枚举

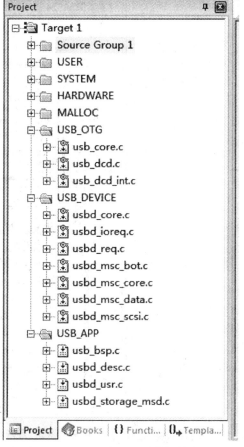

图 41.7　添加 USB 驱动等相关代码

成功了、是否连接上了、是否断开了等,根据这些状态,用户应用程序可以执行不同操作,完成特定功能。

usbd_storage_msd.c 提供一些磁盘操作函数,包括支持的磁盘个数以及每个磁盘的初始化和读/写等函数。本章设置了 2 个磁盘:SD 卡和 SPI FLASH。

以上 4 个 .c 文件里面的函数基本上都是以回调函数的形式被 USB 驱动库调用的。这些代码的具体修改过程请参考本书配套资料本例程源码,这里只提几个重点地方讲解下:

① 要使用 USB OTG FS,必须在 MDK 编译器的全局宏定义里面定义 USE_USB_OTG_FS 宏,如图 41.8 所示。

② 因为探索者 STM32F407 开发板没有用到 VUSB 电压检测,所以要在 usb_conf.h 里面将宏定义 #define VBUS_SENSING_ENABLED 屏蔽掉。

③ 通过修改 usbd_conf.h 里面的 MSC_MEDIA_PACKET 定义值大小,可以一定程度提高 USB 读/写速度(越大越快),本例程设置 12×1 024,也就是 12K 大小。

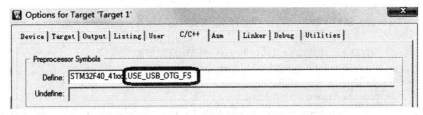

图 41.8　定义全局宏 USE_USB_OTG_FS

④ 官方例程不支持大于 4G 的 SD 卡,得修改 usbd_msc_scsi.c 里面的 SCSI_blk_addr 类型为 uint64_t,才可以支持大于 4G 的卡,官方默认是 uint32_t,最大只能支持 4G 卡。注意:usbd_msc_scsi.c 文件是只读的,得先修改属性,去掉只读属性,才可以更改。

以上 4 点就是移植时需要特别注意的,其他就不详细介绍了(USB 相关源码解释请参考 CD00289278.pdf 文档),最后修改 test.c 里面代码如下:

```
USB_OTG_CORE_HANDLE USB_OTG_dev;
extern vu8 USB_STATUS_REG;                      //USB 状态
extern vu8 bDeviceState;                        //USB 连接 情况
int main(void)
{
    u8 offline_cnt = 0; u8 tct = 0;
    u8 Divece_STA; u8 USB_STA;
    Stm32_Clock_Init(336,8,2,7);                //设置时钟,168 MHz
    delay_init(168);                            //延时初始化
    uart_init(84,115200);                       //初始化串口波特率为 115200
    LED_Init();                                 //初始化 LED
    LCD_Init();                                 //LCD 初始化
    KEY_Init();                                 //按键初始化
    W25QXX_Init();                              //初始化 W25Q128
    POINT_COLOR = RED;                          //设置字体为红色
    LCD_ShowString(30,50,200,16,16,"Explorer STM32F4");
    LCD_ShowString(30,70,200,16,16,"USB Card Reader TEST");
    LCD_ShowString(30,90,200,16,16,"ATOM@ALIENTEK");
    LCD_ShowString(30,110,200,16,16,"2014/7/21");
    if(SD_Init())LCD_ShowString(30,130,200,16,16,"SD Card Error!"); //检测 SD 卡错误
    else //SD 卡正常
    {
        LCD_ShowString(30,130,200,16,16,"SD Card Size:     MB");
        LCD_ShowNum(134,130,SDCardInfo.CardCapacity>>20,5,16); //显示 SD 卡容量
    }
    if(W25QXX_ReadID()! = W25Q128)
        LCD_ShowString(30,130,200,16,16,"W25Q128 Error!"); //检测 W25Q128 错误
    else LCD_ShowString(30,150,200,16,16,"SPI FLASH Size:12MB"); //SPIFLASH 正常
    LCD_ShowString(30,170,200,16,16,"USB Connecting..."); //提示正在建立连接
    USBD_Init(&USB_OTG_dev,USB_OTG_FS_CORE_ID,&USR_desc,&USBD_MSC_
            cb,&USR_cb);
    delay_ms(1800);
    while(1)
    {
```

```
        delay_ms(1);
        if(USB_STA! = USB_STATUS_REG)//状态改变了
        {
            LCD_Fill(30,190,240,190 + 16,WHITE);//清除显示
            if(USB_STATUS_REG&0x01)//正在写
            {
                LED1 = 0;
                LCD_ShowString(30,190,200,16,16,"USB Writing...");//USB 正在写
            }
            if(USB_STATUS_REG&0x02)//正在读
            {
                LED1 = 0;
                LCD_ShowString(30,190,200,16,16,"USB Reading...");//USB 正在读
            }
            if(USB_STATUS_REG&0x04)
            LCD_ShowString(30,210,200,16,16,"USB Write Err ");//提示写入错误
            else LCD_Fill(30,210,240,210 + 16,WHITE);//清除显示
            if(USB_STATUS_REG&0x08)
            LCD_ShowString(30,230,200,16,16,"USB Read  Err ");//提示读出错误
            else LCD_Fill(30,230,240,230 + 16,WHITE);//清除显示
            USB_STA = USB_STATUS_REG;//记录最后的状态
        }
        if(Divece_STA! = bDeviceState)
        {
            if(bDeviceState == 1)LCD_ShowString(30,170,200,16,16,"USB Connected ");
            else LCD_ShowString(30,170,200,16,16,"USB DisConnected ");//USB 拔出
            Divece_STA = bDeviceState;
        }
        tct ++ ;
        if(tct == 200)
        {
            tct = 0; LED1 = 1;
            LED0 = ! LED0;//提示系统在运行
            if(USB_STATUS_REG&0x10)
            {
                offline_cnt = 0;//USB 连接了,则清除 offline 计数器
                bDeviceState = 1;
            }else//没有得到轮询
            {
                offline_cnt ++ ;
                if(offline_cnt>10)bDeviceState = 0;//2 s 内无在线标记,则 USB 被拔
出了
            }
            USB_STATUS_REG = 0;
        }
    };
}
```

其中,USB_OTG_CORE_HANDLE 是一个全局结构体类型,用于存储 USB 通信中 USB 内核需要使用的的各种变量、状态和缓存等。任何 USB 通信(不论主机,还是从机)都必须定义这么一个结构体以实现 USB 通信,这里定义成 USB_OTG_dev。

然后,USB 初始化非常简单,只需要调用 USBD_Init 函数即可。顾名思义,该函数是 USB 设备类初始化函数,本章的 USB 读卡器属于 USB 设备类,所以使用该函数。该函数初始化了 USB 设备类处理的各种回调函数,以便 USB 驱动库调用。执行完该函数以后,USB 就启动了,所有 USB 事务都是通过 USB 中断触发,并由 USB 驱动库自动处理。USB 中断服务函数在 usbd_usr.c 里面:

```
//USB OTG 中断服务函数
//处理所有 USB 中断
void OTG_FS_IRQHandler(void)
{
        USBD_OTG_ISR_Handler(&USB_OTG_dev);
}
```

该函数调用 USBD_OTG_ISR_Handler 函数来处理各种 USB 中断请求。因此在 main 函数里面,我们的处理过程就非常简单,main 函数里面通过两个全局状态变量 (USB_STATUS_REG 和 bDeviceState)来判断 USB 状态,并在 LCD 上面显示相关提示信息。

USB_STATUS_REG 在 usbd_storage_msd.c 里面定义的一个全局变量,不同的位表示不同状态,用来指示当前 USB 的读/写等操作状态。

bDeviceState 是在 usbd_usr.c 里面定义的一个全局变量,0 表示 USB 还没有连接,1 表示 USB 已经连接。

41.4 下载验证

编译成功之后,下载到探索者 STM32F4 开发板上,在 USB 配置成功后(假设已经插入 SD 卡,注意,USB 数据线要插在 USB_SLAVE 口,不是 USB_232 端口;另外,USB_HOST 接口也不要插入任何设备,否则会干扰),LCD 显示效果如图 41.9 所示。此时,计算机提示发现新硬件,并开始自动安装驱动,如图 41.10 所示。等 USB 配置成功后,DS1 不亮,DS0 闪烁,并且在计算机上可以看到我们的磁盘,如图 41.11 所示。

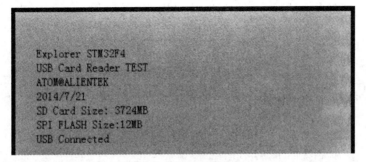

图 41.9 USB 连接成功

我们打开设备管理器,在通用串行总线控制器里面可以发现多出了一个 USB 大容量存储设备,同时看到磁盘驱动器里面多了 2 个磁盘,如图 41.12 所示。此时,我们就

图 41.10　USB 读卡器被电脑找到

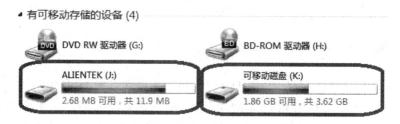

图 41.11　计算机找到 USB 读卡器的两个盘符

可以通过计算机读/写 SD 卡或者 SPI FLASH 里面的内容了。在执行读/写操作的时候，就可以看到 DS1 亮，并且会在液晶上显示当前的读/写状态。

图 41.12　通过设备管理器查看磁盘驱动器

　　注意，在对 SPI FLASH 操作的时候，最好不要频繁地往里面写数据，否则很容易将 SPI FLASH 写爆！

第 **42** 章

USB U 盘(Host)实验

第41章介绍了 STM32F407 的 USB SLAVE 应用,即通过 USB HOST 功能实现读/写 U 盘、读卡器等大容量 USB 存储设备。

42.1 U 盘简介

U 盘,全称 USB 闪存盘,英文名"USB flash disk"。它是一种使用 USB 接口的无需物理驱动器的微型高容量移动存储产品,通过 USB 接口与主机连接,实现即插即用,是最常用的移动存储设备之一。

STM32F4 的 USB OTG FS 支持 U 盘,并且 ST 官方提供了 USB HOST 大容量存储设备(MSC)例程。ST 官方例程路径:本书配套资料中 8,STM32 参考资料→STM32 USB 学习资料→STM32_USB - Host - Device_Lib_V2. 1. 0ProjectUSB_Host_Examples→MSC。本章代码就要移植该例程到探索者 STM32F4 开发板上,以通过 STM32F4 的 USB HOST 接口读/写 U 盘或 SD 卡读卡器等设备。

42.2 硬件设计

本章实验功能简介:开机后检测字库,然后初始化 USB HOST,并不断轮询。当检测并识别 U 盘后,在 LCD 上面显示 U 盘总容量和剩余容量,此时便可以通过 USMART 调用 FATFS 相关函数来测试 U 盘数据的读/写了,方法同 FATFS 实验一模一样。当 U 盘没插入的时候,DS0 闪烁,提示程序运行;当 U 盘插入后,DS1 闪烁,提示可以通过 USMART 测试了。

所要用到的硬件资源如下:指示灯 DS0、DS1,串口,TFTLCD 模块,SD 卡(非必须),SPI FLASH,USB HOST 接口。前面 5 部分在之前的实例中都介绍过了,就不介绍了。接下来看看计算机 USB 与 STM32 的 USB HOST 连接口。

ALIENTEK 探索者 STM32F4 开发板的 USB HOST 接口采用的是侧式 USB - A 座,它和 USB SLAVE 的 5PIN MiniUSB 接头共用 USB_DM 和 USB_DP 信号,所以 USB HOST 和 USB SLAVE 不能同时使用。USB HOST 同 STM32F4 的连接原理图,如图 42.1 所示。可以看出,USB_HOST 和 USB_SLAVE 共用 USB_DM/DP 信号,通过 P11 连接到 STM32F4。所以我们需要通过跳线帽将 PA11 和 PA12 分别连接

到 D－和 D＋,如图 42.2 所示。

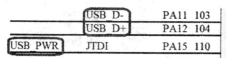

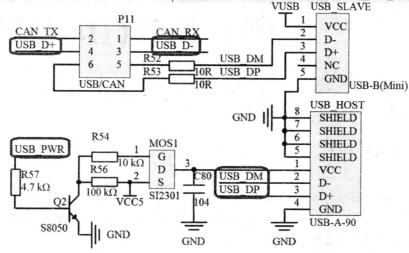

图 42.1 USB HOST 接口与 STM32F4 的连接原理图

图 42.1 中还有一个 USB_PWR 的控制信号,用于控制给 USB 设备供电;该信号连接在 PA15 上面,和 JTAG 的 JTDI 信号共用,所以建议使用 SWD 模式调试,这样 PA15 就解放了,可以用于 USB_PWR 的控制。

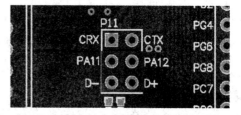

图 42.2 硬件连接示意图

使用 USB HOST 驱动外部 USB 设备的时候,必须要先控制 USB_PWR 输出 1,给外部设备供电之后才可以识别到外部设备!

42.3 软件设计

本章是在实验 41 图片显示实验的基础上修改,代码移植自 ST 官方例程:STM32_USB－Host－Device_Lib_V2.1.0\Project\USB_Host_Examples\MSC。打开该例程即可知道 USB 相关的代码有哪些,如图 42.3 所示。有了这个官方例程做指引,我们就知道具体需要哪些文件,从而实现本章例程。

从图 42.3 可以看出,这里并没有像图 41.5 那样区分不同分组,而是都放到 USB_HOST 组下,看起来有点乱。移植的时候还是以第 41 章的方式分成不同分组添加代码,方便阅读和管理。

这里面的 usbh_msc_fatfs.c 是为了支持 fatfs 而写的一些底层接口函数,我们例程就直接放到 diskio.c 里面了,方便统一管理。

本例程的具体移植步骤这里就不一一介绍了,最终移植好之后的工程截图如图 42.4 所示。移植时,我们重点要修改的就是 USB_APP 文件夹下面的代码。其他代码(USB_OTG 和 USB_HOST 文件夹下的代码)一般不用修改。

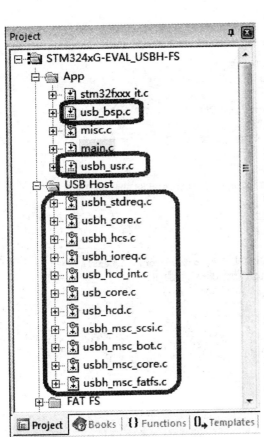

图 42.3　ST 官方例程 USB 相关代码

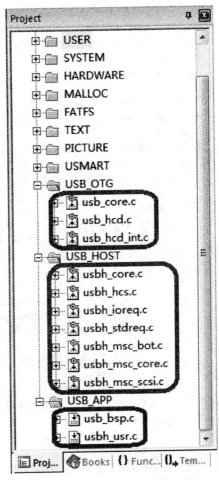

图 42.4　添加 USB 驱动等相关代码

usb_bsp.c 的代码和第 41 章的一样,直接替换即可正常使用。

usbh_usr.c 提供用户应用层接口函数,相比第 41 章例程,USB HOST 通信的回调函数更多一些,这里重点介绍 3 个函数,代码如下:

```
extern u8 USH_User_App(void);            //用户测试主程序
//USB HOST MSC 类用户应用程序
int USBH_USR_MSC_Application(void)
{
    u8 res = 0;
    switch(AppState)
    {
      case USH_USR_FS_INIT:              //初始化文件系统
```

```
                    printf("开始执行用户程序!!! \r\n");
                    AppState = USH_USR_FS_TEST;
                    break;
              case USH_USR_FS_TEST:      //执行 USB OTG 测试主程序
                    res = USH_User_App(); //用户主程序
                    res = 0;
                    if(res)AppState = USH_USR_FS_INIT;
                      break;
              default:break;
          }
      return res;
}
//用户定义函数,实现 fatfs diskio 的接口函数
extern USBH_HOST            USB_Host;
//读 U 盘
//buf:读数据缓存区;sector:扇区地址;cnt:扇区个数
//返回值:错误状态;0,正常;其他,错误代码
u8 USBH_UDISK_Read(u8 * buf,u32 sector,u32 cnt)
{
    u8 res = 1;
    if(HCD_IsDeviceConnected(&USB_OTG_Core)&&AppState == USH_USR_FS_TEST)
    //连接还存在,且是 APP 测试状态
    {
        do
        {
            res = USBH_MSC_Read10(&USB_OTG_Core,buf,sector,512 * cnt);
            USBH_MSC_HandleBOTXfer(&USB_OTG_Core ,&USB_Host);
            if(! HCD_IsDeviceConnected(&USB_OTG_Core))
            {
                res = 1;//读写错误
                break;
            };
        }while(res == USBH_MSC_BUSY);
    }else res = 1;
    if(res == USBH_MSC_OK)res = 0;
    return res;
}
//写 U 盘
//buf:写数据缓存区;sector:扇区地址;cnt:扇区个数
//返回值:错误状态;0,正常;其他,错误代码
u8 USBH_UDISK_Write(u8 * buf,u32 sector,u32 cnt)
{
    u8 res = 1;
    if(HCD_IsDeviceConnected(&USB_OTG_Core)&&AppState == USH_USR_FS_TEST)
    //连接还存在,且是 APP 测试状态
    {
        do
        {
            res = USBH_MSC_Write10(&USB_OTG_Core,buf,sector,512 * cnt);
            USBH_MSC_HandleBOTXfer(&USB_OTG_Core ,&USB_Host);
            if(! HCD_IsDeviceConnected(&USB_OTG_Core))
```

```
            {
                res = 1;//读写错误
                break;
            };
        }while(res == USBH_MSC_BUSY);
    }else res = 1;
    if(res == USBH_MSC_OK)res = 0;
    return res;
}
```

其中,USBH_USR_MSC_Application 函数通过状态机的方式处理相关事务,执行到这个函数,说明 U 盘已经成功识别了。此时用户可以执行一些自己想要做的事情,比如读取 U 盘文件什么的,这里直接进入 USH_User_App 函数执行各种处理,后续会介绍该函数。

USBH_UDISK_Read 和 USBH_UDISK_Write 函数用于 U 盘读/写,从指定扇区地址读/写指定个数的扇区数据。这两个函数再配合 FATFS 即可实现对 U 盘的文件读/写访问。

其他代码请参考本书配套资料本例程源码,最后修改 test. c 里面代码如下:

```
USBH_HOST   USB_Host;
USB_OTG_CORE_HANDLE   USB_OTG_Core;
//用户测试主程序
//返回值:0,正常;1,有问题
u8 USH_User_App(void)
{
    u32 total,free;
    u8 res = 0;
    Show_Str(30,140,200,16,"设备连接成功!.",16,0);
    f_mount(fs[2],"2:",1);     //重新挂载 U 盘
    res = exf_getfree("2:",&total,&free);
    if(res == 0)
    {
        POINT_COLOR = BLUE;//设置字体为蓝色
        LCD_ShowString(30,160,200,16,16,"FATFS OK!");
        LCD_ShowString(30,180,200,16,16,"SD Total Size:    MB");
        LCD_ShowString(30,200,200,16,16,"SD  Free Size:    MB");
        LCD_ShowNum(142,180,total>>10,5,16);          //显示 SD 卡总容量 MB
        LCD_ShowNum(142,200,free>>10,5,16);
    }
    while(HCD_IsDeviceConnected(&USB_OTG_Core))//设备连接成功,死循环
    {
        LED1 = ! LED1;
        delay_ms(200);
    }
    f_mount(0,"2:",1);     //卸载 U 盘
    POINT_COLOR = RED;//设置字体为红色
    Show_Str(30,140,200,16,"设备连接中...",16,0);
    LCD_Fill(30,160,239,220,WHITE);
    return res;
}
```

```
int main(void)
{
    u8 t;
    Stm32_Clock_Init(336,8,2,7);                          //设置时钟
    delay_init(168);                                      //初始化延时
    uart_init(84,115200);                                 //115200 波特率
    LED_Init();                                            //初始化与 LED 连接的硬件接口
    KEY_Init();                                            //按键
    LCD_Init();                                            //初始化 LCD
    W25QXX_Init();                                         //SPI FLASH 初始化
    usmart_dev.init(84);                                  //初始化 USMART
    my_mem_init(SRAMIN);                                  //初始化内部内存池
    exfuns_init();                                         //为 fatfs 相关变量申请内存
    piclib_init();                                         //初始化画图
    f_mount(fs[0],"0:",1);                               //挂载 SD 卡
    f_mount(fs[1],"1:",1);                               //挂载外部 SPI FLASH 盘
    POINT_COLOR = RED;
    while(font_init())                                    //检查字库
    {
        LCD_ShowString(60,50,200,16,16,"Font Error!"); delay_ms(200);
        LCD_Fill(60,50,240,66,WHITE); delay_ms(200);     //清除显示
    }
    Show_Str(30,50,200,16,"探索者 STM32F407 开发板",16,0);
    Show_Str(30,70,200,16,"USB U 盘实验",16,0);
    Show_Str(30,90,200,16,"2014 年 7 月 22 日",16,0);
    Show_Str(30,110,200,16,"正点原子@ALIENTEK",16,0);
    Show_Str(30,140,200,16,"设备连接中...",16,0);
    //初始化 USB 主机
    USBH_Init(&USB_OTG_Core,USB_OTG_FS_CORE_ID,&USB_Host,&USBH_MSC_cb,
              &USR_Callbacks);
    while(1)
    {
        USBH_Process(&USB_OTG_Core, &USB_Host);
        delay_ms(1);
        t ++ ;
        if(t == 200){ LED0 = ! LED0; t = 0;}
    }
}
```

相比 USB SLAVE 例程,这里多了一个 USB_HOST 的结构体定义:USB_Host,用于存储主机相关状态。所以,使用 USB 主机的时候,需要两个结构体:USB_OTG_CORE_HANDLE 和 USB_HOST。

然后是 USB 初始化,使用的是 USBH_Init,用于 USB 主机初始化,包括对 USB 硬件和 USB 驱动库的初始化。如果是 USB SLAVE 通信,则只需要调用 USBD_Init 函数即可,不过 USB HOST 则还需要调用另外一个函数 USBH_Process;该函数用于实现 USB 主机通信的核心状态机处理,必须在主函数里面被循环调用,而且调用频率得比较快才行(越快越好),以便及时处理各种事务。注意,USBH_Process 函数仅在 U盘识别阶段需要频繁反复调用,但是当 U 盘被识别后,剩下的操作(U 盘读/写)都可以

由 USB 中断处理。

以上代码中,main 函数十分简单,就不多做介绍了,这里主要看看 USH_User_App 函数。该函数前面有提到,是在 USBH_USR_MSC_Application 函数里面被调用,用于实现 U 盘插入后,用户想要实现的功能。一旦进入该函数,即表示 U 盘已经成功识别了,所以,函数里面提示设备连接成功,挂载 U 盘(U 盘盘符为 2,0 代表 SD 卡,1 代表 SPI FLASH)并读取 U 盘总容量和剩余容量显示在 LCD 上面,然后进入死循环。只要 USB 连接一直存在,则一直死循环,同时控制 LED1 闪烁,提示 U 盘已经准备好了。

当 U 盘拔出来后,卸载 U 盘,然后再次提示设备连接中,会到 main 函数死循环,等待 U 盘再次连上。

最后,我们需要将 FATFS 相关测试函数(mf_open/ mf_close 等函数)加入 USMART 管理,这里同第 33 章(FATFS 实验)一模一样,可以参考第 33 章的方法操作。

42.4　下载验证

编译成功之后,下载代码到探索者 STM32F4 开发板上,然后在 USB_HOST 端子插入 U 盘/读卡器(带卡),注意:此时 USB SLAVE 口不要插 USB 线到计算机,否则会干扰!

等 U 盘成功识别后,便可以看到 LCD 显示 U 盘容量等信息,如图 42.5 所示。此时,我们便可以通过 USMART 来测试 U 盘读/写了,如图 42.6 和图 42.7 所示。

图 42.6 通过发送 mf_scan_files("2:")扫描 U 盘根目录所有文件,然后通过 ai_load_picfile("2:/测试用图片.jpg",0,0,480,800,1)解码图片,并显示在 LCD 上面,说明读 U 盘是没问题的。

图 42.5　U 盘识别成功

图 42.7 通过发送 mf_open("2:test u disk.txt",7)在 U 盘根目录创建 test u disk.txt 文件,然后发送 mf_write("This is a test",14)写入 This is a test 到这个文件里面,然后发送 mf_close()关闭文件,完成一次文件创建。最后,发送 mf_scan_files("2:")扫描 U 盘根目录文件,发现比图 42.6 多出了一个 test u disk.txt 的文件,说明 U 盘写入

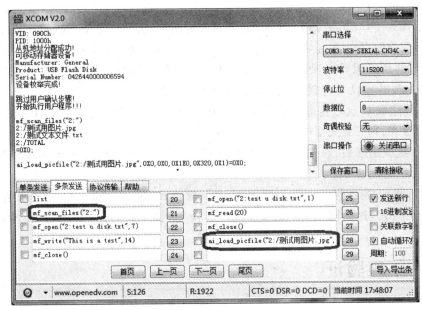

图 42.6　测试读取 U 盘读取

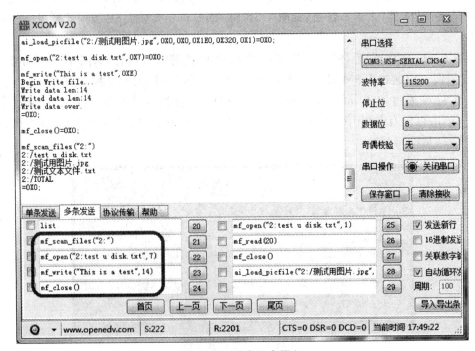

图 42.7　测试 U 盘写入

成功。

这样,就实现 U 盘的读/写操作。最后,大家还可以调用其他函数,实现相关功能测试,测试方法同 FATFS 实验(第 33 章)。

第 *43* 章

USB 鼠标、键盘(Host)实验

第 42 章介绍了如何利用 STM32F4 的 USB HOST 接口来驱动 U 盘,本章将利用 STM32F4 的 USB HOST 来驱动 USB 鼠标、键盘。

43.1 USB 鼠标、键盘简介

传统的鼠标和键盘是采用 PS/2 接口和计算机通信的,但是现在 PS/2 接口在计算机上逐渐消失,所以越来越多的鼠标键盘采用的是 USB 接口,而不是 PS/2 接口的了。

USB 鼠标、键盘属于 USB HID 设备。USB HID,即 Human Interface Device(人机交互设备)的缩写,键盘、鼠标与游戏杆等都属于此类设备。不过 HID 设备并不一定要有人机接口,只要符合 HID 类别规范的设备都是 HID 设备。

本章同第 42 章一样,直接移植官方的 USB HID 例程,官方例程路径:本书配套资料中 8,STM32 参考资料→STM32 USB 学习资料→STM32_USB－Host－Device_Lib_V2.1.0→Project→USB_Host_Examples→HID,该例程支持 USB 鼠标和键盘等 USB HID 设备,本章将移植这个例程到探索者 STM32F407 开发板上。

43.2 硬件设计

本节实验功能简介:开机的时候先显示一些提示信息,然后初始化 USB HOST,并不断轮询。当检测到 USB 鼠标、键盘的插入后显示设备类型,并显示设备输入数据。如果是 USB 鼠标,则将显示鼠标移动的坐标(X,Y 坐标)、滚轮滚动数值(Z 坐标)以及按键(左中右)。如果是 USB 键盘,则将显示键盘输入的数字、字母等内容(不是所有按键都支持,部分按键没有做解码支持,比如 F1～F12)。最后,还是用 DS0 提示程序正在运行。

所要用到的硬件资源如下:指示灯 DS0、串口、TFTLCD 模块、USB HOST 接口。这几个部分,在之前的实例中都已经介绍过了,在此就不多说了。这里再次提醒大家,P11 的连接要通过跳线帽连接 PA11、D－以及 PA12、D＋。

43.3 软件设计

本章在第 18 章实验（实验 13，即 TFTLCD 显示实验）的基础上修改，先打开实验 13 的工程，在 HARDWARE 文件夹所在文件夹下新建一个 USB 的文件夹，对照官方 HID 例子，将相关文件复制到 USB 文件夹下。

然后，在工程里面添加 USB HID 相关代码，最终得到如图 43.1 所示的工程。可以看到，USB 部分代码同第 42 章在结构上是一模一样的，只是.c 文件稍微有些变化。同样，我们移植需要修改的代码，就是 USB_APP 里面的这两个.c 文件了。

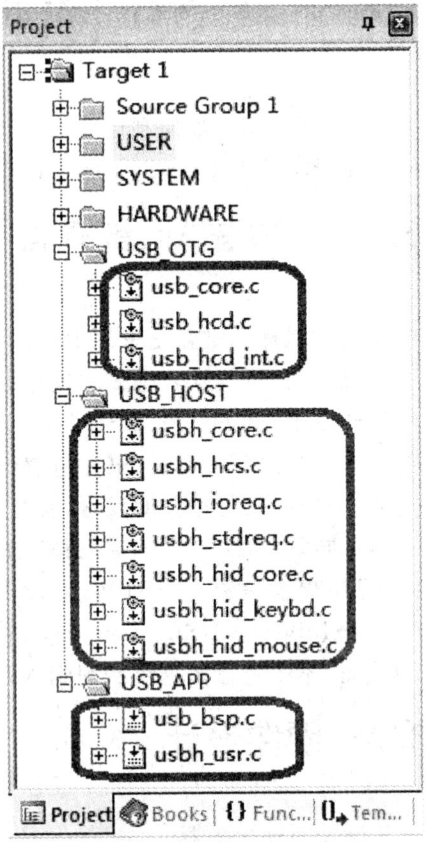

其中，usb_bsp.c 的代码和之前的章节一模一样，直接替换即可正常使用。usbh_usr.c 里面的代码，则有所变化，重点代码如下：

图 43.1 USB 鼠标键盘工程截图

```
//下面两个函数为 ALIENTEK 添加,以防 USB 死机
//USB 枚举状态死机检测,防止 USB 枚举失败
//导致的死机
//phost:USB_HOST 结构体指针
//返回值:0,没有死机;1,死机了,外部必须
//重新启动 USB 连接
u8 USBH_Check_EnumeDead(USBH_HOST * phost)
{
    static u16 errcnt = 0;
    //若这个状态持续存在,说明 USB 死机
    if(phost ->gState == HOST_CTRL_XFER&&
        (phost ->EnumState == ENUM_IDLE||
        phost ->EnumState == ENUM_GET_FULL_
        DEV_DESC))
    {
        errcnt ++;
        if(errcnt>2000)//死机了
        {
            errcnt = 0;
            RCC ->AHB2RSTR| = 1<<7;      //USB OTG FS 复位
            delay_ms(5);
            RCC ->AHB2RSTR& = ~(1<<7);     //复位结束
            return 1;
        }
    }else errcnt = 0;
    return 0;
}
//USB HID 通信死机检测,防止 USB 通信死机(暂时仅针对:DTERR,即 Data toggle error)
//pcore:USB_OTG_Core_dev_HANDLE 结构体指针
//phidm:HID_Machine_TypeDef 结构体指针
```

```
//返回值:0,没有死机;1,死机了,外部必须重新启动 USB 连接
u8 USBH_Check_HIDCommDead(USB_OTG_CORE_HANDLE * pcore,
HID_Machine_TypeDef * phidm)
{
    if(pcore->host.HC_Status[phidm->hc_num_in] == HC_DATATGLERR)//DTERR 错误
    {
        return 1;
    }
    return 0;
}
//USB 键盘鼠标数据处理
//鼠标初始化
void USR_MOUSE_Init    (void)
{
    USBH_Msg_Show(2);                       //USB 鼠标
    USB_FIRST_PLUGIN_FLAG = 1;              //标记第一次插入
}
//键盘初始化
void   USR_KEYBRD_Init(void)
{
    USBH_Msg_Show(1);                       //USB 键盘
    USB_FIRST_PLUGIN_FLAG = 1;              //标记第一次插入
}
//临时数组,用于存放鼠标坐标/键盘输入内容(4.3屏,最大可以输入 2 016 字节)
__align(4) u8 tbuf[2017];
//USB 鼠标数据处理
//data:USB 鼠标数据结构体指针
void USR_MOUSE_ProcessData(HID_MOUSE_Data_TypeDef * data)
{
    static signed short x,y,z;
    if(USB_FIRST_PLUGIN_FLAG)               //第一次插入,将数据清零
    {
        USB_FIRST_PLUGIN_FLAG = 0;
        x = y = z = 0;
    }
    x + = (signed char)data->x;
    if(x>9999)x = 9999;
    if(x< - 9999)x = - 9999;
        y + = (signed char)data->y;
    if(y>9999)y = 9999;
    if(y< - 9999)y = - 9999;
        z + = (signed char)data->z;
    if(z>9999)z = 9999;
    if(z< - 9999)z = - 9999;
    POINT_COLOR = BLUE;
    sprintf((char * )tbuf,"BUTTON:");
    if(data->button&0X01)strcat((char * )tbuf,"LEFT");
    if((data->button&0X03) == 0X02)strcat((char * )tbuf,"RIGHT");
    else if((data->button&0X03) == 0X03)strcat((char * )tbuf," + RIGHT");
    if((data->button&0X07) == 0X04)strcat((char * )tbuf,"MID");
    else if((data->button&0X07)>0X04)strcat((char * )tbuf," + MID");
```

```
        LCD_Fill(30 + 56,180,lcddev.width,180 + 16,WHITE);
        LCD_ShowString(30,180,210,16,16,tbuf);
        sprintf((char * )tbuf,"X POS: % 05d",x); LCD_ShowString(30,200,200,16,16,tbuf);
        sprintf((char * )tbuf,"Y POS: % 05d",y); LCD_ShowString(30,220,200,16,16,tbuf);
        sprintf((char * )tbuf,"Z POS: % 05d",z); LCD_ShowString(30,240,200,16,16,tbuf);
}
//USB 键盘数据处理
//data:USB 键盘数据结构体指针
void   USR_KEYBRD_ProcessData (uint8_t data)
{
    static u16 pos;
    static u16 endx,endy;
    static u16 maxinputchar;
    u8 buf[4];
    if(USB_FIRST_PLUGIN_FLAG)//第一次插入,将数据清零
    {
        USB_FIRST_PLUGIN_FLAG = 0;
        endx = ((lcddev.width - 30)/8) * 8 + 30;        //得到 endx 值
        endy = ((lcddev.height - 220)/16) * 16 + 220;   //得到 endy 值
        maxinputchar = ((lcddev.width - 30)/8);
        maxinputchar * = (lcddev.height - 220)/16;      //当前 LCD 最大可以显示的字符数.
         pos = 0;
    }
    POINT_COLOR = BLUE;
    sprintf((char * )buf," % 02X",data);
    LCD_ShowString(30 + 56,180,200,16,16,buf);          //显示键值
    if(data > = ' '&&data < = '~')
    {
        tbuf[pos ++ ] = data;
        tbuf[pos] = 0;                                  //添加结束符
        if(pos>maxinputchar)pos = maxinputchar;         //最大输入这么多
    }else if(data == 0X0D)                              //退格键
    {
        if(pos)pos -- ;
        tbuf[pos] = 0;                                  //添加结束符
    }
    if(pos < = maxinputchar)                            //没有超过显示区
    {
        LCD_Fill(30,220,endx,endy,WHITE);
        LCD_ShowString(30,220,endx - 30,endy - 220,16,tbuf);
    }
}
```

　　ST 官方的 USB HID 例程仅仅是能用,很多地方还要改善,比如识别率低造成容易死机(枚举、通信都可能死机)等问题。这里的 USBH_Check_EnumeDead 和 USBH_Check_HIDCommDead 函数就是我们针对官方 HID 例程现有 bug 做出的改进处理,通过这两个函数可以检测枚举、通信是否正常,当出现异常时,直接重启 USB 内核,重新连接设备,这样可以防止死机造成的程序无响应情况。

　　另外,为了提高对鼠标、键盘的识别率和兼容性,对 usbh_hid_core.c 里面的两处

代码进行了修改：

① USBH_HID_ClassRequest 函数，修改代码(351 行)为：

```
classReqStatus = USBH_Set_Idle (pdev, pphost, 100, 0);//这里 duration 官方设置的是 0
                                                      //修改为 100,提高兼容性
```

② USBH_Set_Idle 函数，修改代码(542 行)为：

```
phost－>Control.setup.b.wLength.w = 100;   //官方的这里设置的是 0,导致部分鼠标无法
                                          //识别这里修改为 100 以后识别率明显提高
```

以上两处地方，官方默认值都是设置的 0，修改为 100 后可以明显提高 USB 鼠标、键盘的识别率，兼容性好很多。

再回到 usbh_usr.c。USR_MOUSE_Init 和 USR_MOUSE_ProcessData 用于处理鼠标数据，这两个函数在 usbh_hid_mouse.c 里面被调用，USR_MOUSE_Init 在鼠标初始化的时候被调用，而 USR_MOUSE_ProcessData 函数则在鼠标初始化成功、轮询数据的时候调用，处理鼠标数据函数将得到的鼠标数据显示在 LCD 上面。

同样，USR_KEYBRD_Init 和 USR_KEYBRD_ProcessData 用于处理键盘数据，这两个函数在 usbh_hid_keybd.c 里面被调用，USR_KEYBRD_Init 在键盘初始化的时候被调用，而 USR_KEYBRD_ProcessData 函数则在键盘初始化成功、轮询数据的时候调用，处理键盘数据函数将键盘输入的字符显示在 LCD 上面。

其他代码请参考本书配套资料本例程源码。最后，来看看 test.c 里面的代码，如下：

```
USBH_HOST   USB_Host;
USB_OTG_CORE_HANDLE   USB_OTG_Core_dev;
extern HID_Machine_TypeDef HID_Machine;
//USB 信息显示
//msgx:0,USB 无连接;1,USB 键盘;2,USB 鼠标;3,不支持的 USB 设备
void USBH_Msg_Show(u8 msgx)
{
    ……//省略部分代码
}
//HID 重新连接
void USBH_HID_Reconnect(void)
{
    //关闭之前的连接
    USBH_DeInit(&USB_OTG_Core_dev,&USB_Host);              //复位 USB HOST
    USB_OTG_StopHost(&USB_OTG_Core_dev);                   //停止 USBhost
    if(USB_Host.usr_cb－>DeviceDisconnected)               //存在,才禁止
    {
        USB_Host.usr_cb－>DeviceDisconnected();           //关闭 USB 连接
        USBH_DeInit(&USB_OTG_Core_dev, &USB_Host);
        USB_Host.usr_cb－>DeInit();
        USB_Host.class_cb－>DeInit(&USB_OTG_Core_dev,&USB_Host.device_prop);
    }
    USB_OTG_DisableGlobalInt(&USB_OTG_Core_dev);//关闭所有中断
    //重新复位 USB
    RCC－>AHB2RSTR| = 1<<7;     //USB OTG FS 复位
```

```
        delay_ms(5);
        RCC->AHB2RSTR& = ~(1<<7);        //复位结束
        memset(&USB_OTG_Core_dev,0,sizeof(USB_OTG_CORE_HANDLE));
        memset(&USB_Host,0,sizeof(USB_Host));
        //重新连接 USB HID 设备
        USBH_Init(&USB_OTG_Core_dev,USB_OTG_FS_CORE_ID,&USB_Host,&HID_cb,
                &USR_Callbacks);
}
int main(void)
{
        u32 t;
        Stm32_Clock_Init(336,8,2,7);//设置时钟,168 MHz
        delay_init(168);            //延时初始化
        uart_init(84,115200);          //初始化串口波特率为 115200
        LED_Init();              //初始化 LED
        LCD_Init();                 //初始化 LCD
        POINT_COLOR = RED;
        LCD_ShowString(30,50,200,16,16,"Explorer STM32F4");
        LCD_ShowString(30,70,200,16,16,"USB MOUSE/KEYBOARD TEST");
        LCD_ShowString(30,90,200,16,16,"ATOM@ALIENTEK");
        LCD_ShowString(30,110,200,16,16,"2014/7/23");
        LCD_ShowString(30,130,200,16,16,"USB Connecting...");
        //初始化 USB 主机
        USBH_Init(&USB_OTG_Core_dev,USB_OTG_FS_CORE_ID,&USB_Host,&HID_cb,
                &USR_Callbacks);
        while(1)
        {
            USBH_Process(&USB_OTG_Core_dev, &USB_Host);
            if(bDeviceState == 1)//连接建立了
            {
                if(USBH_Check_HIDCommDead(&USB_OTG_Core_dev,&HID_Machine))
                //检测 USB HID 通信,是否还正常
                {
                    USBH_HID_Reconnect();//重连
                }

            }else       //连接未建立的时候,检测
            {
            //检测 USB HOST 枚举是否死机了? 死机了,则重新初始化
                if(USBH_Check_EnumDead(&USB_Host)) USBH_HID_Reconnect();//重连
            }
            t++;
            if(t == 200000){ LED0 = ! LED0; t = 0;}
        }
}
```

这里总共 3 个函数:USBH_Msg_Show 用于显示一些提示信息,在 usbh_usr.c 里面被相关函数调用。USBH_HID_Reconnect 则用于 USB HID 重新连接,当发现枚举、通信死机的时候,调用该函数实现 USB 复位重启,以重新连接;最后,main 函数就比较简单了,处理方式和第 42 章几乎一样,只是多了一些通信死机处理。

43.4　下载验证

编译成功之后,下载代码到探索者 STM32F4 开发板上,然后在 USB_HOST 端子插入 USB 鼠标、键盘,注意:此时 USB SLAVE 口不要插 USB 线到计算机,否则会干扰!

等 USB 鼠标、键盘成功识别后,便可以看到 LCD 显示 USB Connected,并显示设备类型:USB Mouse 或者 USB KeyBoard,同时也会显示输入的数据,如图 42.2 和图 42.3 所示。其中,图 43.2 是 USB 鼠标测试界面,图 43.3 是 USB 键盘测试界面。

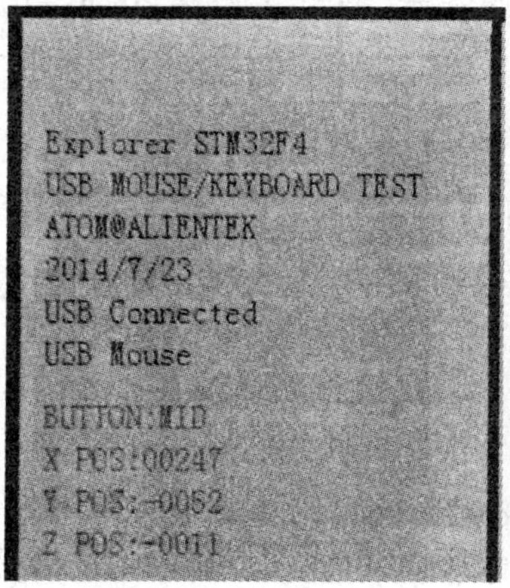

图 43.2　USB 鼠标测试 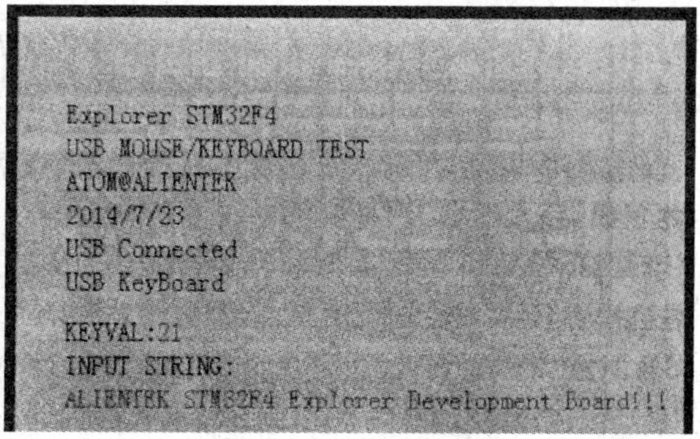　　　　　　　　图 43.3　USB 键盘测试

最后,特别提醒大家,由于例程的 HID 内核只处理了第一个接口描述符,所以对于 USB 符合设备,只能识别第一个描述符所代表的设备。体现到实际使用中就是 USB 无线鼠标一般无法使用(被识别为键盘),而 USB 无线键盘可以使用,因为键盘在第一个描述符,鼠标在第二个描述符。

如果想支持 USB 无线鼠标,则可以通过修改 usbh_hid_core.c 里面的 USBH_HID_InterfaceInit 函数来支持。

第 **44** 章

网络通信实验

本章介绍探索者 STM32F4 开发板的网口及其使用,使用 ALIENTEK 探索者 STM32F4 开发板自带的网口和 LWIP 实现 TCP 服务器、TCP 客服端、UDP 以及 WEB 服务器 4 个功能。

44.1　STM32F4 以太网以及 TCP/IP LWIP 简介

本章需要用到 STM32F4 的以太网控制器和 LWIP TCP/IP 协议栈。接下来分别介绍这两个部分。

44.1.1　STM32F4 以太网简介

STM32F407 芯片自带以太网模块,该模块包括带专用 DMA 控制器的 MAC 802.3 (介质访问控制)控制器、支持介质独立接口(MII)和简化介质独立接口(RMII),并自带了一个用于外部 PHY 通信的 SMI 接口;通过一组配置寄存器,用户可以为 MAC 控制器和 DMA 控制器选择所需模式和功能。

STM32F4 自带以太网模块特点包括:

➢ 支持外部 PHY 接口,实现 10 Mbps/100 Mbps 的数据传输速率;
➢ 通过符合 IEEE802.3 的 MII/RMII 接口与外部以太网 PHY 进行通信;
➢ 支持全双工和半双工操作;
➢ 可编程帧长度,支持高达 16 KB 巨型帧;
➢ 可编程帧间隔(40～96 位时间,以 8 为步长);
➢ 支持多种灵活的地址过滤模式;
➢ 通过 SMI(MDIO)接口配置和管理 PHY 设备;
➢ 支持以太网时间戳(参见 IEEE1588-2008),提供 64 位时间戳;
➢ 提供接收和发送两组 FIFO;
➢ 支持 DMA。

STM32F4 以太网功能框图如图 44.1 所示。可以看出,STM32F4 必须外接 PHY 芯片才可以完成以太网通信,外部 PHY 芯片可以通过 MII、RMII 接口与 STM32F4 内部 MAC 连接,并且支持 SMI(MDIO&MDC)接口配置外部以太网 PHY 芯片。

接下来分别介绍 SMI、MII、RMII 接口和外部 PHY 芯片。

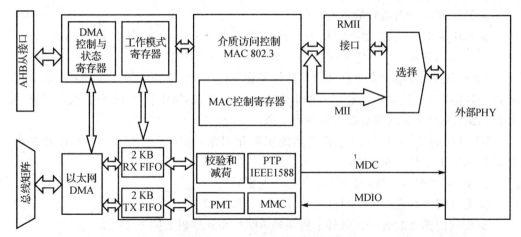

图 44.1　STM32F4 以太网框图

SMI 接口,即站点管理接口,允许应用程序通过 2 条线:时钟(MDC)和数据线 (MDIO)访问任意 PHY 寄存器。该接口支持访问 32 个 PHY,应用程序可以从 32 个 PHY 中选择一个 PHY,然后从任意 PHY 包含的 32 个寄存器中选择一个寄存器发送控制数据或接收状态信息。任意给定时间内只能对一个 PHY 中的一个寄存器进行寻址。

MII 接口,即介质独立接口,用于 MAC 层与 PHY 层进行数据传输。STM32F407 通过 MII 与 PHY 层芯片的连接如图 44.2 所示。

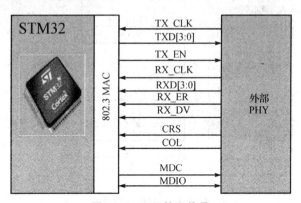

图 44.2　MII 接口信号

> MII_TX_CLK:连续时钟信号。该信号提供进行 TX 数据传输时的参考时序, 标称频率为:速率为 10 Mbps 时为 2.5 MHz;速率为 100 Mbps 时为 25 MHz。

> MII_RX_CLK:连续时钟信号。该信号提供进行 RX 数据传输时的参考时序。 标称频率为:速率为 10 Mbps 时为 2.5 MHz;速率为 100 Mbps 时为 25 MHz。

> MII_TX_EN:发送使能信号。

> MII_TXD[3:0]:数据发送信号,是 4 个一组的数据信号。

> MII_CRS:载波侦听信号。

> MII_COL:冲突检测信号。

> MII_RXD[3:0]:数据接收信号,是 4 个一组的数据信号。

> ➤ MII_RX_DV:接收数据有效信号。
> ➤ MII_RX_ER:接收错误信号。该信号必须保持一个或多个周期(MII_RX_CLK),从而向 MAC 子层指示在帧的某处检测到错误。

RMII 接口,即精简介质独立接口降低了在 10 Mbps/100 Mbps 下微控制器以太网外设与外部 PHY 间的引脚数。根据 IEEE 802.3u 标准,MII 包括 16 个数据和控制信号的引脚。RMII 规范将引脚数减少为 7 个。

RMII 接口是 MAC 和 PHY 之间的实例化对象,有助于将 MAC 的 MII 转换为 RMII。RMII 具有以下特性:

> ➤ 支持 10 Mbps 和 100 Mbps 的运行速率;
> ➤ 参考时钟必须是 50 MHz;
> ➤ 相同的参考时钟必须从外部提供给 MAC 和外部以太网 PHY;
> ➤ 它提供了独立的 2 位宽(双位)的发送和接收数据路径。

STM32F407 通过 RMII 接口与 PHY 层芯片的连接如图 44.3 所示。可以看出,RMII 相比 MII,引脚数量精简了不少。注意,图中的 REF_CLK 信号是 RMII 和外部 PHY 共用的 50 MHz 参考时钟,必须由外部提供,比如有源晶振或者 STM32F4 的 MCO 输出。不过有些 PHY 芯片可以自己产生 50 MHz 参考时钟,同时提供给 STM32F4,这样也是可以的。

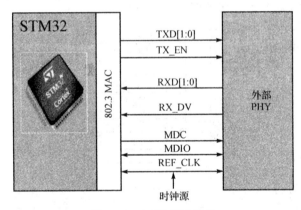

图 44.3　RMII 接口信号

本章采用 RMII 接口和外部 PHY 芯片连接实现网络通信功能,探索者 STM32F4 开发板使用的是 LAN8720A 作为 PHY 芯片。LAN8720A 是低功耗的 10 Mbps/100 Mbps 以太网 PHY 层芯片,I/O 引脚电压符合 IEEE802.3−2005 标准,支持通过 RMII 接口与以太网 MAC 层通信,内置 10 − BASE − T/100BASE − TX 全双工传输模块,支持 10 Mbps 和 100 Mbps。

LAN8720A 可以通过自协商的方式与目的主机协商最佳的连接方式(速度和双工模式),支持 HP Auto - MDIX 自动翻转功能,无须更换网线即可将连接更改为直连或交叉连接。LAN8720A 的主要特点如下:

> ➤ 高性能的 10 Mbps/100 Mbps 以太网传输模块;

> 支持 RMII 接口以减少引脚数；
> 支持全双工和半双工模式；
> 两个状态 LED 输出；
> 可以使用 25 MHz 晶振以降低成本；
> 支持自协商模式；
> 支持 HP Auto‐MDIX 自动翻转功能；
> 支持 SMI 串行管理接口；
> 支持 MAC 接口。

LAN8720A 功能框图如图 44.4 所示。LAN8720A 的引脚数是比较少的，因此，很多引脚具有多个功能。这里介绍几个重要的设置。

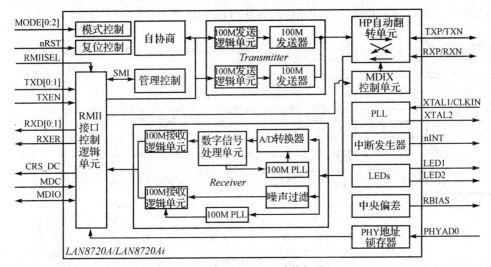

图 44.4 LAN8720A 功能框图

1) PHY 芯片地址设置

LAN8720A 可以通过 PHYAD0 引脚来配置，该引脚与 RXER 引脚复用，芯片内部自带下拉电阻。当硬复位结束后，LAN8720A 会读取该引脚电平，作为器件的 SMI 地址。接下拉电阻时（浮空也可以，因为芯片内部自带了下拉电阻），设置 SMI 地址为 0。当外接上拉电阻后，可以设置为 1。本章采用的是该引脚浮空，即设置 LAN8720 地址为 0。

2) nINT/REFCLKO 引脚功能配置

nINT/REFCLKO 引脚可以用作中断输出或者参考时钟输出。通过 LED2（nINT‐SEL）引脚设置，LED2 引脚的值在芯片复位后被 LAN8720A 读取，当该引脚接上拉电阻（或浮空，内置上拉电阻）时，那么正常工作后，nINT/REFCLKO 引脚将作为中断输出引脚（选中 REF_CLK IN 模式）。当该引脚接下拉电阻时，正常工作后，nINT/REF‐CLKO 引脚将作为参考时钟输出（选中 REF_CLK OUT 模式）。

在 REF_CLK IN 模式，外部必须提供 50 MHz 参考时钟给 LAN8720A 的 XTAL1（CLKIN）引脚。在 REF_CLK OUT 模式，LAN8720A 可以外接 25 MHz 石英晶振，通过内部倍频到 50 MHz，然后通过 REFCLKO 引脚输出 50 MHz 参考时钟给 MAC 控

制器,从而降低 BOM 成本。

本章设置 nINT/REFCLKO 引脚为参考时钟输出(REF_CLK OUT 模式),用于给 STM32F4 的 RMII 提供 50 MHz 参考时钟。

3) 1.2 V 内部稳压器配置

LAN8720A 需要 1.2 V 电压给 VDDCR 供电,不过芯片内部集成了 1.2 V 稳压器,可以通过 LED1(REGOFF)来配置是否使用内部稳压器。当不使用内部稳压器的时候,必须外部提供 1.2 V 电压给 VDDCR 引脚。这里使用内部稳压器,所以 LED1 接下拉电阻(浮空也行,内置了下拉电阻),以控制开启内部 1.2 V 稳压器。

最后看下 LAN8720A 同探索者 STM32F4 开发板的连接关系,如图 44.5 所示。可以看出,LAN8720A 总共通过 10 根线同 STM32F4 连接。注意:MDIO 同串口 2 的 TX 信号有共用,所以串口 2 和以太网功能不能同时使用,使用时需要注意这个问题。

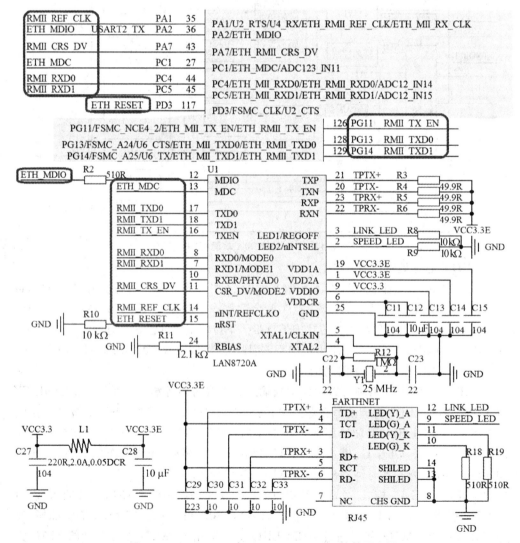

图 44.5　LAN8720A 与 STM32F407ZGT6 连接原理图

44.1.2 TCP/IP LWIP 简介

1. TCP/IP 简介

TCP/IP 中文名为传输控制协议/因特网互联协议,又名网络通信协议,是 Internet 最基本的协议、Internet 国际互联网络的基础,由网络层的 IP 协议和传输层的 TCP 协议组成。TCP/IP 定义了电子设备如何连入因特网以及数据如何在它们之间传输的标准。协议采用了 4 层的层级结构,每一层都呼叫它的下一层所提供的协议来完成自己的需求。通俗而言:TCP 负责发现传输的问题,一有问题就发出信号,要求重新传输,直到所有数据安全正确地传输到目的地。而 IP 是给因特网的每一台联网设备规定一个地址。

TCP/IP 协议不是 TCP 和 IP 这两个协议的合称,而是指因特网整个 TCP/IP 协议族。从协议分层模型方面来讲,TCP/IP 由 4 个层次组成:网络接口层、网络层、传输层、应用层。OSI 是传统的开放式系统互连参考模型,该模型将 TCP/IP 分为 7 层:物理层、数据链路层(网络接口层)、网络层(网络层)、传输层(传输层)、会话层、表示层和应用层(应用层)。TCP/IP 模型与 OSI 模型对比如表 44.1 所列。

本例程中的 PHY 层芯片 LAN8720A 相当于物理层,STM32F407 自带的 MAC 层相当于数据链路层,而 LWIP 提供的就是网络层、传输层的功能,应用层是需要用户自己根据自己想要的功能去实现的。

表 44.1 TCP/IP 模型与 OSI 模型对比

编 号	OSI 模型	TCP/IP 模型
1	应用层	应用层
2	表示层	
3	会话层	
4	传输层	传输层
5	网络层	互联层
6	数据链路层	链路层
7	物理层	

2. LWIP 简介

LWIP 是瑞典计算机科学院(SICS)的 Adam Dunkels 等开发的一个小型开源的 TCP/IP 协议栈,是 TCP/IP 的一种实现方式。LWIP 是轻量级 IP 协议,有无操作系统的支持都可以运行,LWIP 实现的重点是在保持 TCP 协议主要功能的基础上减少对 RAM 的占用,只需十几 KB 的 RAM 和 40 KB 左右的 ROM 就可以运行,这使 LWIP 协议栈适合在低端的嵌入式系统中使用。目前 LWIP 的最新版本是 1.4.1,本书采用的就是 1.4.1 版本的 LWIP。LWIP 的详细信息可以去 http://savannah.nongnu.org/ projects/lwip/网站查阅,主要特性如下:

- ➤ ARP 协议,以太网地址解析协议;
- ➤ IP 协议,包括 IPv4 和 IPv6,支持 IP 分片与重装,支持多网络接口下数据转发;
- ➤ ICMP 协议,用于网络调试与维护;
- ➤ IGMP 协议,用于网络组管理,可以实现多播数据的接收;
- ➤ UDP 协议,用户数据报协议;
- ➤ TCP 协议,支持 TCP 拥塞控制、RTT 估计、快速恢复与重传等;

> 提供 3 种用户编程接口方式:raw/callback API、sequential API、BSD - style socket API;
> DNS,域名解析;
> SNMP,简单网络管理协议;
> DHCP,动态主机配置协议;
> AUTOIP,IP 地址自动配置;
> PPP,点对点协议,支持 PPPoE。

从 LWIP 官网下载 LWIP 1.4.1 版本,打开后如图 44.6 所示。其中,包括 doc、src 和 test 这 3 个文件夹和 5 个其他文件。doc 文件夹下包含了几个与协议栈使用相关的 文本文档,doc 文件夹里面有两个比较重要的文档:rawapi. txt 和 sys_arch. txt。

图 44.6　LWIP 1.4.1 源码内容

rawapi. txt 告诉读者怎么使用 raw/callback API 进行编程,sys_arch. txt 包含了移植说明,移植 时会用到。src 文件夹是我们的重点,里面包含了 LWIP 的源码。test 是 LWIP 提供的一些测试程序, 方便大家使用 LWIP。打开 src 源码文件夹,如图 44.7 所示。src 文件夹由 4 个文件夹组成:api、core、 include、netif。api 文件夹里面是 LWIP 的 sequen- tial API(Netconn)和 socket API 两种接口函数的源 码,要使用这两种 API 需要操作系统支持。core 文 件夹是 LWIP 内核源码,实现了各种协议支持,in- clude 文件夹里面是 LWIP 使用到的头文件,netif 文 件夹里面是与网络底层接口有关的文件。

关于 LWIP 的移植,请参考"ALIENTEK

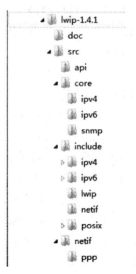

图 44.7　LWIP src 文件夹内容

STM32F4 LWIP 开发手册.pdf"(文档路径为本书配套资料中 6,软件资料→LWIP 学习资料)第 1 章,该文档详细介绍了 LWIP 在 STM32F4 上面的移植。

44.2　硬件设计

本节实验功能简介:开机后程序初始化 LWIP,包括初始化 LAN8720A、申请内存、开启 DHCP 服务、添加并打开网卡,然后等待 DHCP 获取 IP 成功。当 DHCP 获取成功后,在 LCD 屏幕上显示 DHCP 得到的 IP 地址;如果 DHCP 获取失败,那么将使用静态 IP(固定为 192.168.1.30),然后开启 Web Server 服务,并进入主循环,等待按键输入选择需要测试的功能:

> KEY0 按键,用于选择 TCP Server 测试功能。
> KEY1 按键,用于选择 TCP Client 测试功能。
> KEY2 按键,用于选择 UDP 测试功能。

TCP Server 测试的时候,直接使用 DHCP 获取到的 IP(DHCP 失败,则使用静态 IP)作为服务器地址,端口号固定为 8088。在计算机端,可以使用网络调试助手(TCP Client 模式)连接开发板,连接成功后,屏幕显示连接上的 Client 的 IP 地址,此时便可以互相发送数据了。按 KEY0 发送数据给计算机,计算机端发送过来的数据将会显示在 LCD 屏幕上。按 KEY_UP 可以退出 TCP Server 测试。

TCP Client 测试的时候,先通过 KEY0/KEY2 来设置远端 IP 地址(Server 的 IP),端口号固定为 8087。设置好之后通过 KEY_UP 确认,随后,开发板会不断尝试连接到所设置的远端 IP 地址(端口 8087),此时我们需要在计算机端使用网络调试助手(TCP Server 模式)设置端口为 8087,开启 TCP Server 服务,等待开发板连接。当连接成功后,测试方法同 TCP Server 测试的方法一样。

UDP 测试的时候,同 TCP Client 测试几乎一模一样,先通过 KEY0、KEY2 设置远端 IP 地址(计算机端的 IP),端口号固定为 8089,然后按 KEY_UP 确认。计算机端使用网络调试助手(UDP 模式)设置端口为 8089,开启 UDP 服务。不过对于 UDP 通信,我们得先按开发板 KEY0,发送一次数据给计算机,随后计算机才可以发送数据给开发板,实现数据互发。按 KEY_UP 可以退出 UDP 测试。

Web Server 的测试相对简单,只需要在浏览器端输入开发板的 IP 地址(DHCP 获取到的 IP 地址或者 DHCP 失败时使用的静态 IP 地址),即可登录一个 Web 界面,在 Web 界面,可以实现对 DS1(LED1)的控制、蜂鸣器的控制、查看 ADC1 通道 5 的值、内部温度传感器温度值以及查看 RTC 时间和日期等。DS0 用于提示程序正在运行。

本例程所要用到的硬件资源如下:指示灯 DS0、DS1,4 个按键(KEY0、KEY1、KEY2、KEY_UP),串口,TFTLCD 模块,ETH(STM32F4 自带以太网功能),LAN8720A。这几个部分我们都已经详细介绍过了。本实验测试需自备网线一根,路由器一个。

44.3 软件设计

本章综合了"ALIENTEK STM32F4 LWIP 开发手册.pdf"文档里面的 4 个 LWIP 基础例程：UDP 实验、TCP 客户端(TCP Client)实验、TCP 服务器(TCP Server)实验和 Web Server 实验。这些实验测试代码在工程 LWIP(lwip_app 文件夹下，如图 44.8 所示。

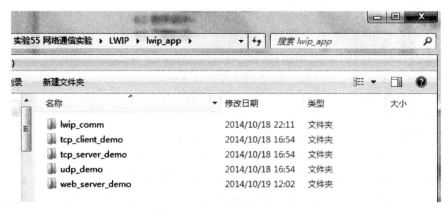

图 44.8　LWIP 文件夹内容

这里面总共 4 个文件夹：lwip_comm 文件夹，存放了 ALIENTEK 提供的 LWIP 扩展支持代码，方便使用和配置 LWIP，其他 4 个文件夹则分别存放了 TCP Client、TCP Server、UDP 和 Web Server 测试 demo 程序。详细的介绍请参考 "ALIENTEK STM32F4 LWIP 开发手册.pdf"。本例程工程结构如图 44.9 所示。

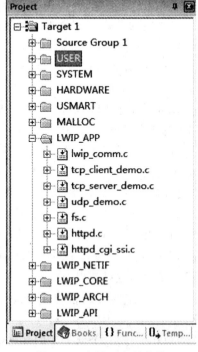

本章例程实现的功能全部由 LWIP_APP 组下的几个 .c 文件实现，这些文件的具体介绍在"ALIENTEK STM32F4 LWIP 开发手册.pdf"里面。

最后，我们来看看 test.c 里面的代码，如下：

```
//加载 UI
//mode:
//bit0:0,不加载;1,加载前半部分 UI;bit1:0,
//不加载;1,加载后半部分 UI
void lwip_test_ui(u8 mode)
{
        ……//省略部分代码
}
int main(void)
{
```

图 44.9　例程工程结构体

```
u8 t；
u8 key；
Stm32_Clock_Init(336,8,2,7);//设置时钟,168 MHz
……//省略部分代码
lwip_test_ui(1);                //加载前半部分 UI
//先初始化 lwIP(包括 LAN8720A 初始化),此时必须插上网线,否则初始化会失败
LCD_ShowString(30,110,200,16,16,"lwIP Initing...");
while(lwip_comm_init()!=0)
{
    LCD_ShowString(30,110,200,16,16,"lwIP Init failed!"); delay_ms(1200);
    LCD_Fill(30,110,230,110+16,WHITE);//清除显示
    LCD_ShowString(30,110,200,16,16,"Retrying...");
}
LCD_ShowString(30,110,200,16,16,"lwIP Init Successed");
//等待 DHCP 获取
 LCD_ShowString(30,130,200,16,16,"DHCP IP configing...");
while((lwipdev.dhcpstatus!=2)&&(lwipdev.dhcpstatus!=0XFF))//等待 DHCP 成功/超时
{
    lwip_periodic_handle();
}
lwip_test_ui(2);                        //加载后半部分 UI
httpd_init();                           //HTTP 初始化(默认开启 websever)
while(1)
{
    key = KEY_Scan(0);
    switch(key)
    {
        case KEY0_PRES:                 //TCP Server 模式
            tcp_server_test();
            lwip_test_ui(3);            //重新加载 UI
            break；
        case KEY1_PRES:                 //TCP Client 模式
            tcp_client_test();
            lwip_test_ui(3);            //重新加载 UI
            break；
        case KEY2_PRES:                 //UDP 模式
            udp_demo_test();
            lwip_test_ui(3);            //重新加载 UI
            break；
    }
    lwip_periodic_handle();
    delay_ms(2);
    t++；
    if(t==100)LCD_ShowString(30,230,200,16,16,"Please choose a mode!");
    if(t==200)
    {
        t=0;
        LCD_Fill(30,230,230,230+16,WHITE);     //清除显示
```

```
                LED0 = ! LED0 ;
            }
        }
    }
```

这里开启了定时器 3 来给 LWIP 提供时钟,然后通过 lwip_comm_init 函数初始化 LWIP,该函数处理包括初始化 STM32F4 的以太网外设、初始化 LAN8720A、分配内存、使能 DHCP、添加并打开网卡等操作。

这里特别注意:因为我们配置 STM32F4 的网卡使用自动协商功能(双工模式和连接速度),如果协商过程中遇到问题,则会进行多次重试,需要等待很久;而且如果协商失败,那么直接返回错误,导致 LWIP 初始化失败。所以,一定要插上网线,然后 LWIP 才能初始化成功,否则肯定会初始化失败,而这个失败不是硬件问题,是因为没插网线的缘故!

LWIP 初始化成功后进入 DHCP 获取 IP 状态,当 DHCP 获取成功后,显示开发板获取到的 IP 地址,然后开启 HTTP 服务。此时可以在浏览器输入开发板 IP 地址,登录 Web 控制界面进行 Web Server 测试。

在主循环里面可以通过按键选择:TCP Server 测试、TCP Client 测试和 UDP 测试等测试项目,主循环还调用了 lwip_periodic_handle 函数,周期性处理 LWIP 事务。

44.4   下载验证

在开始测试之前,我们先用网线(需自备)将开发板和计算机连接起来。对于有路由器的用户,直接用网线连接路由器,同时计算机也连接路由器,即可完成计算机与开发板的连接设置。对于没有路由器的用户,则直接用网线连接计算机的网口,然后设置计算机的本地连接属性,如图 44.10 所示。这里设置 IPV4 的属性,设置 IP 地址为 192.168.1.100(100 是可以随意设置的,但是不能是 30 和 1);子网掩码:255.255.255.0;网关:192.168.1.1;DNS 部分可以不用设置。设置完后单击"确定"即可完成计算机端设置,这样开发板和计算机就可以通过互相通信了。

然后,编译成功之后,通过下载代码到探索者 STM32F4 开发板上(这里以路由器连接方式介绍,下同,且假设 DHCP 获取 IP 成功),LCD 显示如图 44.11 所示界面。此时屏幕提示选择测试模式,可以选择 TCP Server、TCP Client 和 UDP 这 3 项测试。不过,我们先来看看网络连接是否正常。从图 44.10 可以看到,我们开发板通过 DHCP 获取到的 IP 地址为 192.168.1.105,因此,计算机上先来 ping 一下这个 IP,看看能否 ping 通,以检查连接是否正常(Start→运行→CMD),如图 44.12 所示。可以看到开发板所显示的 IP 地址是可以 ping 通的,说明我们的开发板和计算机连接正常,可以开始后续测试了。

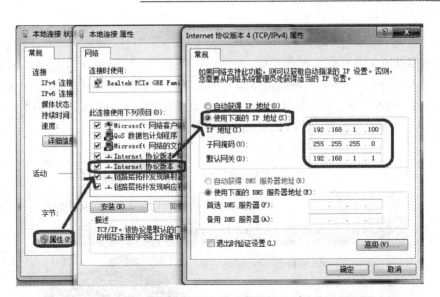

图 44.10　开发板与计算机直连时计算机本地连接属性设置

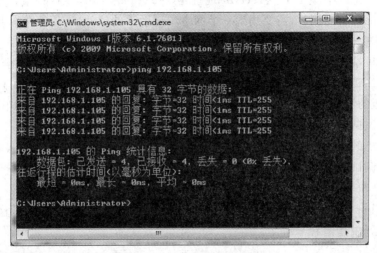

图 44.11　DHCP 获取 IP 成功

图 44.12　ping 开发板 IP 地址

44.4.1 Web Server 测试

这个测试不需要任何操作来开启,开发板在获取 IP 成功(也可以使用静态 IP)后即开启了 Web Server 功能。在浏览器输入 192.168.1.105(开发板显示的 IP 地址)即可进入一个 Web 界面,如图 44.13 所示。该界面总共有 5 个子页面:主页、LED/BEEP 控制、ADC/内部温度传感器、RTC 实时时钟和联系我们。

图 44.13　Web Server 测试网页

44.4.2 TCP Server 测试

在提示界面按 KEY0 即可进入 TCP Server 测试,此时,开发板作为 TCP Server,LCD 屏幕上显示 Server IP 地址(就是开发板的 IP 地址),Server 端口固定为 8088,如图 44.14 所示。图中显示了 Server IP 地址是 192.168.1.105,Server 端口号是 8088。上位机为了配合我们测试,需要用到一个网络调试助手的软件,该软件在本书配套资料的 6,软件资料→软件→网络调试助手→网络调试助手 V3.8.exe。

在计算机端打开网络调试助手,设置协议类型为 TCP Client,服务器 IP 地址为 192.168.1.105,服务器端口号为 8088,然后单击"连接"即可连上开发板的 TCP Sever,此时,开发板的液晶显示 Client IP:192.168.1.101(计算机的 IP 地址),如图 44.14 所示。而网络调试助手端则显示连接成功,如图 44.15 所示。

按开发板的 KEY0 按键即可发送数据给计算机。同样,计算机端输入数据,也可以通过网络调试助手发送给开发板,如图 44.14 和图 44.15 所示。按 KEY_UP 按键可以退出 TCP Sever 测试,返回选择界面。

TCP Client 和 UDP 测试和 TCP Server 测试大同小异,如有不懂,可参考《STM32F4 开发指南》。

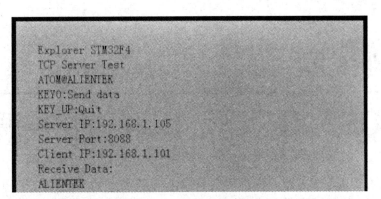

图 44.14　TCP Sever 测试界面

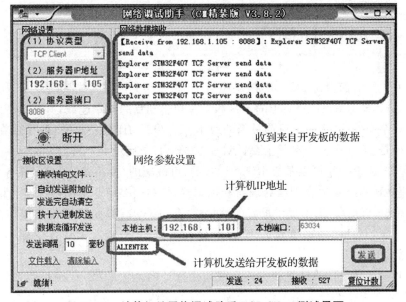

图 44.15　计算机端网络调试助手 TCP Client 测试界面

第 *45* 章

μC/OS‐Ⅱ 实验 1——任务调度

前面所有的例程都是跑的裸机程序（裸奔），从本章开始，我们将分 3 个章节介绍 μC/OS‐Ⅱ(实时多任务操作系统内核)的使用。本章介绍 μC/OS‐Ⅱ 最基本也是最重要的应用：任务调度。

45.1 μC/OS‐Ⅱ 简介

μC/OS‐Ⅱ 的前身是 μC/OS，最早出自于 1992 年美国嵌入式系统专家 Jean J. La‐brosse 在《嵌入式系统编程》杂志的 5 月和 6 月刊上刊登的文章连载，并把 μC/OS 的源码发布在该杂志的 BBS 上。目前最新的版本：μC/OS‐Ⅲ 已经出来，但是现在使用最为广泛的还是 μC/OS‐Ⅱ，本章主要针对 μC/OS‐Ⅱ 进行介绍。

μC/OS‐Ⅱ 是一个可以基于 ROM 运行的、可裁减的、抢占式、实时多任务内核，具有高度可移植性，特别适合于微处理器和控制器，是和很多商业操作系统性能相当的实时操作系统(RTOS)。为了提供最好的移植性能，μC/OS‐Ⅱ 最大程度上使用 ANSI C 语言进行开发，并且已经移植到近 40 多种处理器体系上，涵盖了从 8 位到 64 位各种 CPU(包括 DSP)。

μC/OS‐Ⅱ 是专门为计算机的嵌入式应用设计的，绝大部分代码是用 C 语言编写的。CPU 硬件相关部分是用汇编语言编写的，总量约 200 行的汇编语言部分被压缩到最低限度，为的是便于移植到任何一种其他的 CPU 上。用户只要有标准的 ANSI 的 C 交叉编译器，有汇编器、链接器等软件工具，就可以将 μC/OS‐Ⅱ 嵌入到开发的产品中。μC/OS‐Ⅱ 具有执行效率高、占用空间小、实时性能优良和可扩展性强等特点，最小内核可编译至 2 KB。μC/OS‐Ⅱ 已经移植到了几乎所有知名的 CPU 上。

μC/OS‐Ⅱ 构思巧妙，结构简洁精练，可读性强，同时又具备了实时操作系统的全部功能，虽然只是一个内核，但非常适合初次接触嵌入式实时操作系统的朋友，可以说是麻雀虽小，五脏俱全。μC/OS‐Ⅱ(V2.91 版本)体系结构如图 45.1 所示。

注意，本章使用的是 μC/OS‐Ⅱ 的 V2.91 版本，该版本 μC/OS‐Ⅱ 比早期的 μC/OS‐Ⅱ(如 V2.52)多了很多功能(比如多了软件定时器、支持任务数最大达到 255 个等)，而且修正了很多已知 BUG。不过，有两个文件：os_dbg_r.c 和 os_dbg.c，我们没有在图 45.1 列出，也不将其加入到我们的工程中，这两个主要用于对 μC/OS 内核进行调试支持，比较少用到。

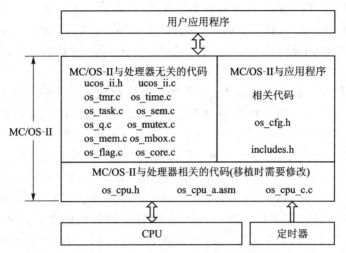

图 45.1　μC/OS‐II 体系结构图

从图 45.1 可以看出，μC/OS‐II 的移植只需要修改：os_cpu.h、os_cpu_a.asm 和 os_cpu.c 这 3 个文件即可，其中，os_cpu.h 用来定义数据类型、处理器相关代码和几个函数原型；os_cpu_a.asm 是移植过程中需要汇编完成的一些函数，主要就是任务切换函数；os_cpu.c 定义一些用户 HOOK 函数。

图中定时器的作用是为 μC/OS‐II 提供系统时钟节拍，实现任务切换和任务延时等功能。这个时钟节拍由 OS_TICKS_PER_SEC（在 os_cfg.h 中定义）设置，一般我们设置 μC/OS‐II 的系统时钟节拍为 1～100 ms，具体根据所用处理器和使用需要来设置。本章利用 STM32F4 的 SYSTICK 定时器来提供 μC/OS‐II 时钟节拍。

关于 μC/OS‐II 在 STM32F4 的详细移植过程请参考本书配套资料资料中"ALI-ENTEK STM32F4 UCOS 开发手册.pdf"，教程路径为书本配套资料中 6，软件资料→UCOS 学习资料→ALIENTEK STM32F4 UCOS 开发手册.pdf。

μC/OS‐II 早期版本只支持 64 个任务，但是从 2.80 版本开始，支持任务数提高到 255 个，不过 64 个任务都是足够多了，一般很难用到这么多个任务。μC/OS‐II 保留了最高 4 个优先级和最低 4 个优先级的总共 8 个任务，用于拓展使用，但实际上，μC/OS‐II 一般只占用了最低 2 个优先级，分别用于空闲任务（倒数第一）和统计任务（倒数第二），所以剩下给我们使用的任务最多可达 255−2＝253 个（V2.91）。

所谓的任务，其实就是一个死循环函数，该函数实现一定的功能。一个工程可以有很多这样的任务（最多 255 个），μC/OS‐II 对这些任务进行调度管理，让这些任务可以并发工作（注意不是同时工作，并发只是各任务轮流占用 CPU，而不是同时占用，任何时候还是只有一个任务能够占用 CPU），这就是 μC/OS‐II 最基本的功能。

前面学习的所有实验都是一个大任务（死循环），这样，有些事情就比较不好处理，比如音乐播放器实验中在音乐播放的时候，我们还希望显示歌词，如果是一个死循环（一个任务），那么很可能在显示歌词的时候，音频出现停顿（尤其是采样率高的时候），这主要是歌词显示占用太长时间，导致 I²S 数据无法及时填充而停顿。而如果用

μC/OS-II来处理,那么我们可以分2个任务,音乐播放一个任务(优先级高),歌词显示一个任务(优先级低)。这样,由于音乐播放任务的优先级高于歌词显示任务,音乐播放任务可以打断歌词显示任务,从而及时给I^2S填充数据,保证音频不断,而显示歌词又能顺利进行。这就是μC/OS-II带来的好处。

μC/OS-II的任何任务都是通过一个叫任务控制块(TCB)的东西来控制的,每个任务管理块有3个最重要的参数:任务函数指针、任务堆栈指针及任务优先级。任务控制块就是任务在系统里面的"身份证"(μC/OS-II通过优先级识别任务),详情请参考任哲的《嵌入式实时操作系统μC/OS-II原理及应用》一书第2章。

在μC/OS-II中使用CPU的时候,优先级高(数值小)的任务比优先级低的任务具有优先使用权,即任务就绪表中总是优先级最高的任务获得CPU使用权,只有高优先级的任务让出CPU使用权(比如延时)时,低优先级的任务才能获得CPU使用权。μC/OS-II不支持多个任务优先级相同,也就是每个任务的优先级必须不一样。

任务的调度其实就是CPU运行环境的切换,即PC指针、SP指针和寄存器组等内容的存取过程。关于任务调度的详细介绍,请参考《嵌入式实时操作系统μC/OS-II原理及应用》一书第3章相关内容。

μC/OS-II的每个任务都是一个死循环。每个任务都处在以下5种状态之一的状态下,这5种状态是:睡眠状态、就绪状态、运行状态、等待状态(等待某一事件发生)和中断服务状态。

睡眠状态:任务在没有被配备任务控制块或被剥夺了任务控制块时的状态。

就绪状态:系统为任务配备了任务控制块且在任务就绪表中进行了就绪登记,任务已经准备好了,但由于该任务的优先级比正在运行的任务的优先级低,还暂时不能运行,这时任务的状态叫就绪状态。

运行状态:该任务获得CPU使用权,并且正在运行中,此时的任务状态叫做运行状态。

等待状态:正在运行的任务,需要等待一段时间或需要等待一个事件发生再运行时,该任务就会把CPU的使用权让给别的任务而使任务进入等待状态。

中断服务状态:一个正在运行的任务一旦响应中断申请就会中止运行而去执行中断服务程序,这时任务的状态叫做中断服务状态。

μC/OS-II任务的5个状态转换关系如图45.2所示。接下来,我们看看在μC/OS-II中,与任务相关的几个函数。

1) 建立任务函数

如果想让μC/OS-II管理用户的任务,必须先建立任务。μC/OS-II提供了2个建立任务的函数:OSTaskCreate 和 OSTaskCreateExt。我们一般用 OSTaskCreate 函数来创建任务,该函数原型为:OSTaskCreate(void(* task)(void * pd), void * pdata, OS_STK * ptos, INTU prio)。该函数包括4个参数:task 是指向任务代码的指针; pdata 是任务开始执行时,传递给任务的参数的指针;ptos 是分配给任务的堆栈的栈顶指针;prio 是分配给任务的优先级。

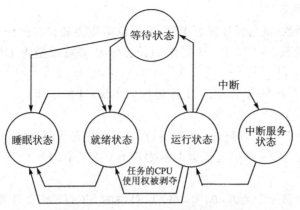

图 45.2 μC/OS-II任务状态转换关系

每个任务都有自己的堆栈,堆栈必须申明为 OS_STK 类型,并且由连续的内存空间组成。可以静态分配堆栈空间,也可以动态分配堆栈空间。

OSTaskCreateExt 也可以用来创建任务,详细介绍请参考《嵌入式实时操作系统μC/OS-II原理及应用》3.5.2小节。

2)任务删除函数

所谓的任务删除,其实就是把任务置于睡眠状态,并不是把任务代码给删除了。μC/OS-II 提供的任务删除函数原型为:INT8U OSTaskDel(INT8U prio),其中,参数 prio 就是我们要删除的任务的优先级,可见该函数是通过任务优先级来实现任务删除的。特别注意:任务不能随便删除,必须在确保被删除任务的资源被释放的前提下才能删除!

3)请求任务删除函数

前面提到,必须确保被删除任务的资源被释放的前提下才能将其删除,所以我们通过向被删除任务发送删除请求来释放自身占用资源后再删除。μC/OS-II 提供的请求删除任务函数原型为 INT8U OSTaskDelReq(INT8U prio),同样还是通过优先级来确定被请求删除任务。

4)改变任务的优先级函数

μC/OS-II 在建立任务时会分配给任务一个优先级,但是这个优先级并不是一成不变的,而是可以通过调用 μC/OS-II 提供的函数修改。μC/OS-II 提供的任务优先级修改函数原型为 INT8U OSTaskChangePrio(INT8U oldprio,INT8U newprio)。

5)任务挂起函数

任务挂起和任务删除有点类似,但是又有区别。任务挂起只是将被挂起任务的就绪标志删除,并做任务挂起记录,并没有将任务控制块链表里面的内容删除,也不需要释放其资源;而任务删除则必须先释放被删除任务的资源,并将被删除任务的任务控制块也给删了。被挂起的任务在恢复(解挂)后可以继续运行。μC/OS-II 提供的任务挂起函数原型为 INT8U OSTaskSuspend(INT8U prio)。

6）任务恢复函数

有任务挂起函数，就有任务恢复函数，通过该函数将被挂起的任务恢复，让调度器能够重新调度该函数。μC/OS-II 提供的任务恢复函数原型为 INT8U OSTaskResume(INT8U prio)。

最后，我们来看看在 STM32F4 上面运行 μCOS-II 的步骤：

1）移植 μC/OS-II

要想 μC/OS-II 在 STM32F4 正常运行，当然首先是需要移植 μC/OS-II，这部分我们已经为读者做好了（移植过程参考本书配套资料"ALIENTEK STM32F4 UCOS 开发手册.pdf"）。

这里要特别注意一个地方，ALIENTEK 提供的 SYSTEM 文件夹里面的系统函数直接支持 μC/OS-II，只需要在 sys.h 文件里面将 SYSTEM_SUPPORT_UCOS 宏定义改为 1，即可通过 delay_init 函数初始化 μC/OS-II 的系统时钟节拍，为 μC/OS-II 提供时钟节拍。

2）编写任务函数并设置其堆栈大小和优先级等参数

编写任务函数，以便 μC/OS-II 调用。设置函数堆栈大小，这个需要根据函数的需求来设置。如果任务函数的局部变量多，嵌套层数多，那么相应的堆栈就得大一些；如果堆栈设置小了，很可能出现的结果就是 CPU 进入 HardFault，遇到这种情况就必须把堆栈设置大一点了。另外，有些地方还需要注意堆栈字节对齐的问题，如果任务运行出现莫名其妙的错误（比如用到 sprintf 出错），须考虑是不是字节对齐的问题。

设置任务优先级，这个需要根据任务的重要性和实时性设置，记住高优先级的任务有优先使用 CPU 的权利。

3）初始化 μC/OS-II，并在 μC/OS-II 中创建任务

调用 OSInit，初始化 μC/OS-II，通过调用 OSTaskCreate 函数创建我们的任务。

4）启动 μC/OS-II

调用 OSStart，启动 μC/OS-II。

通过以上 4 个步骤，μC/OS-II 就开始在 STM32F4 上面运行了，这里还需要注意我们必须对 os_cfg.h 进行部分配置，以满足我们自己的需要。

45.2　硬件设计

本节实验功能简介：本章在 μC/OS-II 里面创建 3 个任务。开始任务、LED0 任务和 LED1 任务。开始任务用于创建其他（LED0 和 LED1）任务，之后挂起；LED0 任务用于控制 DS0 的亮灭，DS0 每秒钟亮 80 ms；LED1 任务用于控制 DS1 的亮灭，DS1 亮 300 ms，灭 300 ms，依次循环。

本实验所要用到的硬件资源如下：指示灯 DS0、DS1 这个在前面已经介绍过了。

45.3　软件设计

本章在第 6 章实验（实验 1）的基础上修改，在该工程源码下面加入 UCOSII 文件夹，存放 μC/OS-II 源码（我们已经将 μC/OS-II 源码分为 3 个文件夹：CORE、PORT 和 CONFIG）。

打开工程，新建 UCOSII-CORE、UCOSII-PORT 和 UCOSII-CONFIG 这 3 个分组，分别添加这 3 个文件夹下的源码，并将这 3 个文件夹加入头文件包含路径，最后得到工程如图 45.3 所示。

UCOSII-CORE 分组下面是 μC/OS-II 的核心源码，我们不需要做任何变动。UCOSII-PORT 分组下面是移植 μC/OS-II 要修改的 3 个代码，这个在移植的时候完成。UCOSII-CONFIG 分组下面是 μC/OS-II 的配置部分，主要由用户根据自己的需要对 μC/OS-II 进行裁减或其他设置。

本章对 os_cfg.h 里面定义 OS_TICKS_PER_SEC 的值为 200，也就是设置 μC/OS-II 的时钟节拍为 5 ms，同时设置 OS_MAX_TASKS 为 10，也就是最多 10 个任务（包括空闲任务和统计任务在内），其他配置请参考本实验源码。

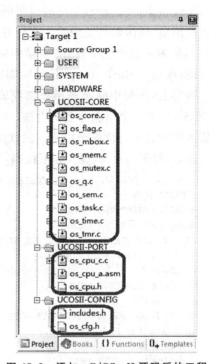

图 45.3　添加 μC/OS-II 源码后的工程

前面提到，我们需要在 sys.h 里面设置 SYSTEM_SUPPORT_UCOS 为 1，以支持 μC/OS-II。通过这个设置，我们不仅可以实现利用 delay_init 来初始化 SYSTICK，产生 μC/OS-II 的系统时钟节拍，还可以让 delay_us 和 delay_ms 函数在 μC/OS-II 下能够正常使用（实现原理请参考 5.1 节），这使得之前的代码可以十分方便地移植到 μC/OS-II 下。虽然 μC/OS-II 也提供了延时函数：OSTimeDly 和 OSTimeDLy-HMSM，但是这两个函数的最少延时单位只能是一个 μC/OS-II 时钟节拍，在本章，即 5 ms，显然不能实现 μs 级的延时，而 μs 级的延时在很多时候非常有用：比如 I^2C 模拟时序、DS18B20 等单总线器件操作。而通过我们提供的 delay_us 和 delay_ms，则可以方便地提供 μs 和 ms 的延时服务，这比 μC/OS-II 本身提供的延时函数更好用。

在设置 SYSTEM_SUPPORT_UCOS 为 1 之后，μC/OS-II 的时钟节拍由 SYSTICK 的中断服务函数提供，该部分代码如下：

```
//systick 中断服务函数，使用 μC/OS 时用到
void SysTick_Handler(void)
```

```
{
    OSIntEnter();                   //进入中断
    OSTimeTick();                   //调用 μC/OS 的时钟服务程序
    OSIntExit();                    //触发任务切换软中断
}
```

以上代码中,OSIntEnter 是进入中断服务函数,用来记录中断嵌套层数(OSInt-Nesting 增加 1);OSTimeTick 是系统时钟节拍服务函数,在每个时钟节拍了解每个任务的延时状态,使已经到达延时时限的非挂起任务进入就绪状态;OSIntExit 是退出中断服务函数,该函数可能触发一次任务切换(当 OSIntNesting==0 && 调度器未上锁 && 就绪表最高优先级任务!=被中断的任务优先级时),否则继续返回原来的任务执行代码(如果 OSIntNesting 不为 0,则减 1)。

事实上,任何中断服务函数都应该加上 OSIntEnter 和 OSIntExit 函数,这是因为 μC/OS-II 是一个可剥夺型的内核,中断服务子程序运行之后,系统会根据情况进行一次任务调度去运行优先级别最高的就绪任务,而并不一定接着运行被中断的任务!

最后,打开 test.c,输入如下代码:

```
//////////////////////////UCOSII 任务设置//////////////////////////////////////
//START 任务
# define START_TASK_PRIO              10            //设置任务优先级
# define START_STK_SIZE               64            //设置任务堆栈大小
OS_STK START_TASK_STK[START_STK_SIZE];              //任务堆栈
void start_task(void * pdata);                      //任务函数
//LED0 任务
# define LED0_TASK_PRIO               7             //设置任务优先级
# define LED0_STK_SIZE                64            //设置任务堆栈大小
OS_STK LED0_TASK_STK[LED0_STK_SIZE];                //任务堆栈
void led0_task(void * pdata);                       //任务函数
//LED1 任务
# define LED1_TASK_PRIO               6             //设置任务优先级
# define LED1_STK_SIZE                64            //设置任务堆栈大小
OS_STK LED1_TASK_STK[LED1_STK_SIZE];                //任务堆栈
void led1_task(void * pdata);                       //任务函数
//main 函数
int main(void)
{
    Stm32_Clock_Init(336,8,2,7);                    //设置时钟,168 MHz
    delay_init(168);                                //初始化延时函数
    LED_Init();                                     //初始化 LED 时钟
    OSInit();                                       //初始化 UCOSII
    OSTaskCreate(start_task,(void * )0,(OS_STK * )&START_TASK_STK[START_STK_SIZE
               -1],START_TASK_PRIO );               //创建起始任务
    OSStart();                                      //启动 UCOSII
}
//开始任务
void start_task(void * pdata)
{
    OS_CPU_SR cpu_sr = 0;
    pdata = pdata;
```

```
        OS_ENTER_CRITICAL();                              //进入临界区(无法被中断打断)
        OSTaskCreate(led0_task,(void *)0,(OS_STK *)&LED0_TASK_STK[LED0_STK_SIZE-1],
                LED0_TASK_PRIO);
        OSTaskCreate(led1_task,(void *)0,(OS_STK *)&LED1_TASK_STK[LED1_STK_SIZE-1],
                LED1_TASK_PRIO);
        OSTaskSuspend(START_TASK_PRIO);                   //挂起起始任务
        OS_EXIT_CRITICAL();                               //退出临界区(可以被中断打断)
}
//LED0 任务
void led0_task(void * pdata)
{
        while(1)
        {
                LED0 = 0; delay_ms(80);
                LED0 = 1; delay_ms(920);
        };
}
//LED1 任务
void led1_task(void * pdata)
{
        while(1)
        {
                LED1 = 0; delay_ms(300);
                LED1 = 1; delay_ms(300);
        };
}
```

　　该部分代码我们创建了 3 个任务:start_task、led0_task 和 led1_task,优先级分别是 10、7 和 6,堆栈大小都是 64(注意 OS_STK 为 32 位数据)。我们在 main 函数只创建了 start_task 一个任务,然后在 start_task 再创建另外两个任务,在创建之后将自身(start_task)挂起。这里单独创建 start_task,是为了提供一个单一任务,实现应用程序开始运行之前的准备工作(比如外设初始化、创建信号量、创建邮箱、创建消息队列、创建信号量集、创建任务、初始化统计任务等)。

　　在应用程序中经常有一些代码段必须不受任何干扰地连续运行,这样的代码段叫临界段(或临界区)。因此,为了使临界段在运行时不受中断所打断,在临界段代码前必须用关中断指令使 CPU 屏蔽中断请求,而在临界段代码后必须用开中断指令解除屏蔽使得 CPU 可以响应中断请求。µC/OS‑II 提供 OS_ENTER_CRITICAL 和 OS_EXIT_CRITICAL 两个宏来实现,这两个宏需要我们在移植 µC/OS‑II 的时候实现,本章采用方法 3(即 OS_CRITICAL_METHOD 为 3)来实现这两个宏。因为临界段代码不能被中断打断,会严重影响系统的实时性,所以临界段代码越短越好!

　　在 start_task 任务中,我们在创建 led0_task 和 led1_task 的时候,不希望中断打断,故使用了临界区。其他两个任务就不细说了,注意,这里使用的延时函数还是 delay_ms,而不是直接使用的 OSTimeDly。

　　另外,一个任务里面一般是必须有延时函数的,以释放 CPU 使用权,否则可能导致低优先级的任务因高优先级的任务不释放 CPU 使用权而一直无法得到 CPU 使用

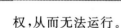

权,从而无法运行。

45.4　下载验证

编译成功之后,下载代码到探索者 STM32F4 开发板上,可以看到 DS0 一秒钟闪一次,而 DS1 则以固定的频率闪烁,说明两个任务(led0_task 和 led1_task)都已经正常运行了,符合我们预期的设计。

μC/OS－II 实验 2——信号量 和邮箱

第 45 章学习了如何使用 μC/OS－II,学习了 μC/OS－II 的任务调度,但是并没有用到任务间的同步与通信,本章将学习两个最基本的任务间通信方式:信号量和邮箱。

46.1 μC/OS－II 信号量和邮箱简介

系统中的多个任务在运行时,经常需要互相无冲突地访问同一个共享资源,或者需要互相支持和依赖,甚至有时还要互相加以必要的限制和制约,才保证任务的顺利运行。因此,操作系统必须具有对任务的运行进行协调的能力,从而使任务之间可以无冲突、流畅地同步运行,而不致导致灾难性的后果。

例如,任务 A 和任务 B 共享一台打印机,如果系统已经把打印机分配给了任务 A,则任务 B 因不能获得打印机的使用权而应该处于等待状态,只有当任务 A 把打印机释放后,系统才能唤醒任务 B 使其获得打印机的使用权。如果这两个任务不这样做,那么会造成极大的混乱。

任务间的同步依赖于任务间的通信。在 μC/OS－II 中,是使用信号量、邮箱(消息邮箱)和消息队列这些被称作事件的中间环节来实现任务之间的通信的。本章仅介绍信号量和邮箱,消息队列将会在下一章介绍。

1. 事　件

两个任务通过事件进行通信的示意图如图 46.1 所示。图中任务 1 是发信方,任务 2 是收信方。任务 1 负责把信息发送到事件上,这项操作叫做发送事件。任务 2 通过读取事件操作对事件进行查询:如果有信息则读取,否则等待。读事件操作叫做请求事件。

为了把描述事件的数据结构统一起来,μC/OS－II 使用叫事件控制块(ECB)的数据结构来描述诸如信号量、邮箱(消息邮箱)和消息队列这些事件。事件控制块中

图 46.1　两个任务使用事件进行通信的示意图

包含包括等待任务表在内的所有有关事件的数据,事件控制块结构体定义如下:

```
typedef struct
{
```

```
    INT8U   OSEventType;                        //事件的类型
    INT16U OSEventCnt;                          //信号量计数器
    void * OSEventPtr;                          //消息或消息队列的指针
    INT8U   OSEventGrp;                         //等待事件的任务组
    INT8U OSEventTbl[OS_EVENT_TBL_SIZE];        //任务等待表
    # if OS_EVENT_NAME_EN > 0u
        INT8U     * OSEventName;                //事件名
    # endif
} OS_EVENT;
```

2. 信号量

信号量是一类事件。使用信号量的最初目的是给共享资源设立一个标志，该标志表示该共享资源的占用情况。这样，当一个任务在访问共享资源之前，就可以先对这个标志进行查询，从而在了解资源被占用的情况之后，再来决定自己的行为。

信号量可以分为两种：一种是二值型信号量，另外一种是 N 值信号量。二值型信号量好比家里的座机，任何时候只能有一个人占用。而 N 值信号量则好比公共电话亭，可以同时由多个人（N 个）使用。

μC/OS-II 将二值型信号量称为互斥型信号量，将 N 值信号量称为计数型信号量，也就是普通的信号量。本章介绍的是普通信号量，互斥型信号量请参考《嵌入式实时操作系统 μC/OS-II 原理及应用》5.4 节。

接下来看看在 μC/OS-II 中与信号量相关的几个函数（未全部列出，下同）。

1) 创建信号量函数

在使用信号量之前，我们必须用函数 OSSemCreate 来创建一个信号量，该函数的原型为：OS_EVENT * OSSemCreate (INT16U cnt)。该函数返回值为已创建的信号量的指针，而参数 cnt 则是信号量计数器（OSEventCnt）的初始值。

2) 请求信号量函数

任务通过调用函数 OSSemPend 请求信号量，该函数原型如下：void OSSemPend (OS_EVENT * pevent, INT16U timeout, INT8U * err)。其中，参数 pevent 是被请求信号量的指针，timeout 为等待时限，err 为错误信息。

为防止任务因得不到信号量而处于长期的等待状态，函数 OSSemPend 允许用参数 timeout 设置一个等待时间的限制，当任务等待的时间超过 timeout 时，则可以结束等待状态而进入就绪状态。如果参数 timeout 被设置为 0，则表明任务的等待时间为无限长。

3) 发送信号量函数

任务获得信号量，并在访问共享资源结束以后，必须释放信号量。释放信号量也叫做发送信号量，发送信号通过 OSSemPost 函数实现。OSSemPost 函数在对信号量的计数器操作之前，首先要检查是否还有等待该信号量的任务。如果没有，就把信号量计数器 OSEventCnt 加一；如果有，则调用调度器 OS_Sched( )去运行等待任务中优先级别最高的任务。函数 OSSemPost 的原型为：INT8U OSSemPost(OS_EVENT * pevent)。其中，pevent 为信号量指针，该函数在调用成功后，返回值为 OS_ON_ERR，否则会根据具体错误返回 OS_ERR_EVENT_TYPE、OS_SEM_OVF。

4) 删除信号量函数

应用程序如果不需要某个信号量了,那么可以调用函数 OSSemDel 来删除该信号量,该函数的原型为:OS_EVENT * OSSemDel (OS_EVENT * pevent,INT8U opt, INT8U * err)。其中,pevent 为要删除的信号量指针,opt 为删除条件选项,err 为错误信息。

3. 邮 箱

在多任务操作系统中,常常需要在任务与任务之间通过传递一个数据(这种数据叫做"消息")的方式来进行通信。为了达到这个目的,可以在内存中创建一个存储空间作为该数据的缓冲区。如果把这个缓冲区称为消息缓冲区,则在任务间传递数据(消息)的最简单办法就是传递消息缓冲区的指针。我们把用来传递消息缓冲区指针的数据结构叫邮箱(消息邮箱)。

在 μC/OS - II 中,我们通过事件控制块的 OSEventPrt 来传递消息缓冲区指针,同时使事件控制块的成员 OSEventType 为常数 OS_EVENT_TYPE_MBOX,则该事件控制块就叫消息邮箱。

接下来我们看看在 μC/OS - II 中,与消息邮箱相关的几个函数。

1) 创建邮箱函数

创建邮箱通过函数 OSMboxCreate 实现,该函数原型为:OS_EVENT * OSMbox-Create (void * msg)。函数中的参数 msg 为消息的指针,函数的返回值为消息邮箱的指针。

调用函数 OSMboxCreate 须先定义 msg 的初始值。在一般的情况下,这个初始值为 NULL,但也可以事先定义一个邮箱,然后把这个邮箱的指针作为参数传递到函数 OSMboxCreate 中,使之一开始就指向一个邮箱。

2) 向邮箱发送消息函数

任务可以通过调用函数 OSMboxPost 向消息邮箱发送消息,这个函数的原型为:INT8U OSMboxPost (OS_EVENT * pevent,void * msg)。其中,pevent 为消息邮箱的指针,msg 为消息指针。

3) 请求邮箱函数

当一个任务请求邮箱时需要调用函数 OSMboxPend,这个函数的主要作用就是查看邮箱指针 OSEventPtr 是否为 NULL,如果不是 NULL 就把邮箱中的消息指针返回给调用函数的任务,同时用 OS_NO_ERR 通过函数的参数 err 通知任务获取消息成功;如果邮箱指针 OSEventPtr 是 NULL,则使任务进入等待状态,并引发一次任务调度。

函数 OSMboxPend 的原型为:void * OSMboxPend (OS_EVENT * pevent,INT16U timeout, INT8U * err)。其中,pevent 为请求邮箱指针,timeout 为等待时限,err 为错误信息。

4) 查询邮箱状态函数

任务可以通过调用函数 OSMboxQuery 查询邮箱的当前状态。该函数原型为:INT8U OSMboxQuery(OS_EVENT * pevent,OS_MBOX_DATA * pdata)。其中,

pevent 为消息邮箱指针,pdata 为存放邮箱信息的结构。

5)删除邮箱函数

在邮箱不再使用的时候,我们可以通过调用函数 OSMboxDel 来删除一个邮箱,该函数原型为:OS_EVENT * OSMboxDel(OS_EVENT * pevent,INT8U opt,INT8U * err)。其中,pevent 为消息邮箱指针,opt 为删除选项,err 为错误信息。

关于 μC/OS-II 信号量和邮箱的更详细介绍请参考《嵌入式实时操作系统 μC/OS-II 原理及应用》第 5 章。

46.2 硬件设计

本节实验功能简介:本章在 μC/OS-II 里面创建 6 个任务:开始任务、LED 任务、触摸屏任务、蜂鸣器任务、按键扫描任务和主任务,开始任务用于创建信号量、创建邮箱、初始化统计任务以及其他任务的创建,之后挂起;LED 任务用于 DS0 控制,提示程序运行状况;蜂鸣器任务用于测试信号量,是请求信号量函数,每得到一个信号量,蜂鸣器就叫一次;触摸屏任务用于在屏幕上画图,可以用于测试 CPU 使用率;按键扫描任务用于按键扫描,优先级最高,将得到的键值通过消息邮箱发送出去;主任务则通过查询消息邮箱获得键值,并根据键值执行 DS1 控制、信号量发送(蜂鸣器控制)、触摸区域清屏和触摸屏校准等控制。

所要用到的硬件资源如下:指示灯 DS0、DS1,4 个按键(KEY0、KEY1、KEY2、KEY_UP),蜂鸣器,TFTLCD 模块。这些都已经介绍过了。

46.3 软件设计

本章在第 26 章实验(实验 28)的基础上修改。首先,是 μC/OS-II 代码的添加,具体方法同第 45 章一模一样,本章就不详细介绍了。在加入 μC/OS-II 代码后,我们只需要修改 test.c 函数了,打开 test.c,输入如下代码:

```
///////////////////////μC/OS-II任务设置///////////////////////
//START 任务
#define START_TASK_PRIO              10        //设置任务优先级
#define START_STK_SIZE               64        //设置任务堆栈大小
OS_STK START_TASK_STK[START_STK_SIZE];         //任务堆栈
void start_task(void * pdata);
//触摸屏任务
#define TOUCH_TASK_PRIO              7         //设置任务优先级
#define TOUCH_STK_SIZE               64        //设置任务堆栈大小
OS_STK TOUCH_TASK_STK[TOUCH_STK_SIZE];         //任务堆栈
void touch_task(void * pdata);                 //任务函数
//LED 任务
#define LED_TASK_PRIO                6         //设置任务优先级
#define LED_STK_SIZE                 64        //设置任务堆栈大小
OS_STK LED_TASK_STK[LED_STK_SIZE];             //任务堆栈
```

```
void led_task(void * pdata);                              //任务函数
//蜂鸣器任务
#define BEEP_TASK_PRIO              5                     //设置任务优先级
#define BEEP_STK_SIZE               64                    //设置任务堆栈大小
OS_STK BEEP_TASK_STK[BEEP_STK_SIZE];                      //任务堆栈
void beep_task(void * pdata);                             //任务函数
//主任务
#define MAIN_TASK_PRIO              4                     //设置任务优先级
#define MAIN_STK_SIZE               128                   //设置任务堆栈大小
OS_STK MAIN_TASK_STK[MAIN_STK_SIZE];                      //任务堆栈
void main_task(void * pdata);                             //任务函数
//按键扫描任务
#define KEY_TASK_PRIO               3                     //设置任务优先级
#define KEY_STK_SIZE                64                    //设置任务堆栈大小
OS_STK KEY_TASK_STK[KEY_STK_SIZE];                        //任务堆栈
void key_task(void * pdata);                              //任务函数
///////////////////////////////////////////////////////////////////////
OS_EVENT * msg_key;                                       //按键邮箱事件块指针
OS_EVENT * sem_beep;                                      //蜂鸣器信号量指针
//加载主界面
void ucos_load_main_ui(void)
{
    ……//省略部分代码
}
int main(void)
{
    Stm32_Clock_Init(336,8,2,7);                         //设置时钟,168 MHz
    delay_init(168);                                     //延时初始化
    uart_init(84,115200);                                //初始化串口波特率为 115200
    LED_Init();                                          //初始化 LED
    BEEP_Init();                                         //蜂鸣器初始化
    KEY_Init();                                          //按键初始化
    LCD_Init();                                          //LCD 初始化
    tp_dev.init();                                       //触摸屏初始化
    ucos_load_main_ui();                                 //加载主界面
    OSInit();                                            //初始化 UCOSII
    OSTaskCreate(start_task,(void * )0,(OS_STK * )&START_TASK_STK[START_STK_SIZE
            - 1],START_TASK_PRIO );                       //创建起始任务
    OSStart();                                           //启动 UCOSII
}
//开始任务
void start_task(void * pdata)
{
    OS_CPU_SR cpu_sr = 0;
    pdata = pdata;
    msg_key = OSMboxCreate((void * )0);                  //创建消息邮箱
    sem_beep = OSSemCreate(0);                           //创建信号量
    OSStatInit();                                        //初始化统计任务.这里会延时 1 秒钟左右
    OS_ENTER_CRITICAL();                                 //进入临界区(无法被中断打断)
    OSTaskCreate(touch_task,(void * )0,(OS_STK * )&TOUCH_TASK_STK[TOUCH_STK_
            SIZE - 1],TOUCH_TASK_PRIO);
```

```
        OSTaskCreate(led_task,(void * )0,(OS_STK * )&LED_TASK_STK[LED_STK_SIZE - 1],
                LED_TASK_PRIO);
        OSTaskCreate(beep_task,(void * )0,(OS_STK * )&BEEP_TASK_STK[BEEP_STK_SIZE - 1],
                BEEP_TASK_PRIO);
        OSTaskCreate(main_task,(void * )0,(OS_STK * )&MAIN_TASK_STK[MAIN_STK_SIZE -
                1],MAIN_TASK_PRIO);
        OSTaskCreate(key_task,(void * )0,(OS_STK * )&KEY_TASK_STK[KEY_STK_SIZE - 1],
                KEY_TASK_PRIO);
        OSTaskSuspend(START_TASK_PRIO);                    //挂起起始任务.
        OS_EXIT_CRITICAL();                                //退出临界区(可以被中断打断)
}
//LED 任务
void led_task(void * pdata)
{
    u8 t;
    while(1)
    {
        t ++ ;
        delay_ms(10);
        if(t == 8)LED0 = 1;                               //LED0 灭
        if(t == 100){ t = 0; LED0 = 0;}                   //LED0 亮
    }
}
//蜂鸣器任务
void beep_task(void * pdata)
{
    u8 err;
    while(1)
    {
        OSSemPend(sem_beep,0,&err);
        BEEP = 1; delay_ms(60);
        BEEP = 0; delay_ms(940);
    }
}
//触摸屏任务
void touch_task(void * pdata)
{
    u32 cpu_sr;
    u16 lastpos[2];                                       //最后一次的数据
    while(1)
    {
        tp_dev.scan(0);
        if(tp_dev.sta&TP_PRES_DOWN)                       //触摸屏被按下
        {
            if(tp_dev.x[0]<lcddev.width&&tp_dev.y[0]<lcddev.height&&tp_dev.y[0]>120)
            {
                if(lastpos[0] == 0XFFFF){ lastpos[0] = tp_dev.x[0]; lastpos[1] = tp_
                                dev.y[0];}
                OS_ENTER_CRITICAL();//进入临界段,防止打断 LCD 操作,导致乱序.
                lcd_draw_bline(lastpos[0],lastpos[1],tp_dev.x[0],tp_dev.y[0],2,
                        RED);//画线
```

```
                OS_EXIT_CRITICAL();
                lastpos[0] = tp_dev.x[0];
                lastpos[1] = tp_dev.y[0];
            }
        }else lastpos[0] = 0XFFFF;//没有触摸
        delay_ms(5);
    }
}
//主任务
void main_task(void * pdata)
{
    u32 key = 0; u8 err; u8 tcnt = 0;
    u8 semmask = 0;
    while(1)
    {
        key = (u32)OSMboxPend(msg_key,10,&err);
        switch(key)
        {
            case 1: LED1 = ! LED1; break;//控制 DS1
            case 2: semmask = 1; OSSemPost(sem_beep); break;//发送信号量
            case 3: LCD_Fill(0,121,lcddev.width,lcddev.height,WHITE); break;//清除
            case 4://校准
                OSTaskSuspend(TOUCH_TASK_PRIO);      //挂起触摸屏任务
                 if((tp_dev.touchtype&0X80) == 0)TP_Adjust();
                 OSTaskResume(TOUCH_TASK_PRIO);      //解挂
                ucos_load_main_ui();                 //重新加载主界面
                break;
        }
        if(semmask||sem_beep->OSEventCnt)//需要显示 sem
        {
            POINT_COLOR = BLUE;
            LCD_ShowxNum(192,50,sem_beep->OSEventCnt,3,16,0X80);//显示信号量值
            if(sem_beep->OSEventCnt == 0)semmask = 0;      //停止更新
        }
        if(tcnt == 50)//0.5 秒更新一次 CPU 使用率
        {
            tcnt = 0;
            POINT_COLOR = BLUE;
            LCD_ShowxNum(192,30,OSCPUUsage,3,16,0);      //显示 CPU 使用率
        }
        tcnt ++ ;
        delay_ms(10);
    }
}
//按键扫描任务
void key_task(void * pdata)
{
    u8 key;
    while(1)
    {
        key = KEY_Scan(0);
```

```
        if(key)OSMboxPost(msg_key,(void * )key);//发送消息
        delay_ms(10);
    }
}
```

限于篇幅,以上代码省略了 lcd_draw_bline 函数的实现,具体请参考本例程源码。以上代码创建了 6 个任务:start_task、led_task、beep_task、touch_task、main_task 和 key_task,优先级分别是 10 和 7～3,堆栈大小除了 main_task 是 128,其他都是 64。

该程序的运行流程就比第 45 章复杂了一些,我们创建了消息邮箱 msg_key,用于按键任务和主任务之间的数据传输(传递键值);另外创建了信号量 sem_beep,用于蜂鸣器任务和主任务之间的通信。

本代码中使用了 μC/OS-II 提供的 CPU 统计任务,通过 OSStatInit 初始化 CPU 统计任务,然后在主任务中显示 CPU 使用率。另外,在主任务中用到了任务的挂起和恢复函数。在执行触摸屏校准的时候,我们必须先将触摸屏任务挂起,待校准完成之后再恢复触摸屏任务。这是因为触摸屏校准和触摸屏任务都用到了触摸屏和 TFTLCD,而这两个东西是不支持多个任务占用的,所以必须采用独占的方式使用,否则可能导致数据错乱。

46.4 下载验证

编译成功之后,下载代码到探索者 STM32F4 开发板上,可以看到 LCD 显示界面如图 46.2 所示。

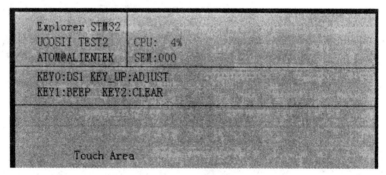

图 46.2　初始界面

可以看出,默认状态下,CPU 使用率仅为 4% 左右。此时,通过在触摸区域画图,可以看到 CPU 使用率飙升(20% 多),说明触摸屏任务是一个很占 CPU 的任务;通过按 KEY0,可以控制 DS1 的亮灭;通过按 KEY1 则可以控制蜂鸣器的发声(连续按下多次后,可以看到蜂鸣每隔 1 秒叫一次),同时,可以在 LCD 上面看到信号量的当前值;通过按 KEY2 可以清除触摸屏的输入;通过按 KEY_UP 可以进入校准程序,进行触摸屏校准(注意,电容触摸屏不需要校准,所以如果是电容屏,按 KEY_UP,就相当于清屏一次的效果,不会进行校准)。

μC /OS‑Ⅱ 实验 3——消息队列、信号量集和软件定时器

第 46 章学习了 μC/OS‑Ⅱ 的信号量和邮箱的使用,本章学习消息队列、信号量集和软件定时器的使用。

47.1 μC/OS‑Ⅱ消息队列、信号量集和软件定时器简介

1. 消息队列

使用消息队列可以在任务之间传递多条消息。消息队列由 3 个部分组成:事件控制块、消息队列和消息。当把事件控制块成员 OSEventType 的值置为 OS_EVENT_TYPE_Q 时,该事件控制块描述的就是一个消息队列。

消息队列的数据结构如图 47.1 所示,可以看到,消息队列相当于一个共用一个任务等待列表的消息邮箱数组,事件控制块成员 OSEventPtr 指向了一个叫队列控制块(OS_Q)的结构,该结构管理了一个数组 MsgTbl[],该数组中的元素都是一些指向消息的指针。

队列控制块(OS_Q)的结构定义如下:

```
typedef struct os_q
{
    struct os_q * OSQPtr;
    void * * OSQStart;
    void * * OSQEnd;
    void * * OSQIn;
    void * * OSQOut;
    INT16U  OSQSize;
    INT16U  OSQEntries;
} OS_Q;
```

该结构体中各参数的含义如表 47.1 所列。其中,可以移动的指针为 OSQIn 和 OSQOut,而指针 OSQStart 和 OSQEnd 只是一个标志(常指针)。当可移动的指针 OSQIn 或 OSQOut 移动到数组末尾,也就是与 OSQEnd 相等时,可移动的指针将会被调整到数组的起始位置 OSQStart。也就是说,从效果上来看,指针 OSQEnd 与 OSQStart 等值。于是,这个由消息指针构成的数组就头尾衔接起来形成了一个如图 47.2所示的循环的队列。

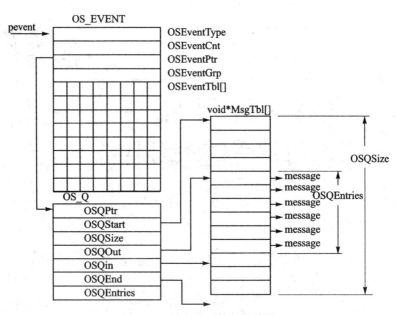

图 47.1　消息队列的数据结构

表 47.1　队列控制块各参数含义

参　数	说　明
OSQPtr	指向下一个空的队列控制块
OSQSize	数组的长度
OSQEntres	已存放消息指针的元素数目
OSQStart	指向消息指针数组的起始地址
OSQEnd	指向消息指针数组结束单元的下一个单元。它使得数组构成了一个循环的缓冲区
OSQIn	指向插入一条消息的位置。当它移动到与 OSQEnd 相等时,被调整到指向数组的起始单元
OSQOut	指向被取出消息的位置。当它移动到与 OSQEnd 相等时,被调整到指向数组的起始单元

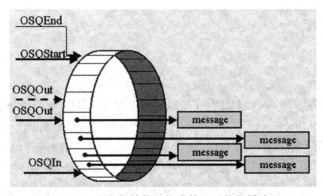

图 47.2　消息指针数组构成的环形数据缓冲区

在 μC/OS‐II 初始化时,系统将按文件 os_cfg.h 中的配置常数 OS_MAX_QS 定义 OS_MAX_QS 个队列控制块,并用队列控制块中的指针 OSQPtr 将所有队列控制块链接为链表。由于这时还没有使用它们,故这个链表叫空队列控制块链表。

接下来看看在 μC/OS‐II 中与消息队列相关的几个函数(未全部列出,下同):

1)创建消息队列函数

创建一个消息队列首先需要定义一个指针数组,然后把各个消息数据缓冲区的首地址存入这个数组中,然后再调用函数 OSQCreate 来创建消息队列。创建消息队列函数 OSQCreate 的原型为:OS_EVENT * OSQCreate(void * * start, INT16U size)。其中,start 为存放消息缓冲区指针数组的地址,size 为该数组大小。该函数的返回值为消息队列指针。

2)请求消息队列函数

请求消息队列的目的是从消息队列中获取消息。任务请求消息队列需要调用函数 OSQPend,该函数原型为:void * OSQPend(OS_EVENT * pevent, INT16U timeout, INT8U * err)。其中,pevent 为所请求的消息队列的指针,timeout 为任务等待时限,err 为错误信息。

3)向消息队列发送消息函数

任务可以通过调用 OSQPost 或 OSQPostFront 两个函数来向消息队列发送消息。函数 OSQPost 以 FIFO(先进先出)的方式组织消息队列,函数 OSQPostFront 以 LIFO(后进先出)的方式组织消息队列。这两个函数的原型分别为:INT8U OSQPost(OS_EVENT * pevent, void * msg)和 INT8U OSQPostFront (OS_EVENT * pevent, void * msg)。其中,pevent 为消息队列的指针,msg 为待发消息的指针。

消息队列还有其他一些函数,感兴趣的读者可以参考《嵌入式实时操作系统 μC/OS‐II 原理及应用》第 5 章,队列的详细介绍也可参考该书。

2. 信号量集

在实际应用中,任务常常需要与多个事件同步,即要根据多个信号量组合作用的结果来决定任务的运行方式。μC/OS‐II 为了实现多个信号量组合的功能定义了一种特殊的数据结构——信号量集。

信号量集所能管理的信号量都是一些二值信号,所有信号量集实质上是一种可以对多个输入的逻辑信号进行基本逻辑运算的组合逻辑,其示意图如图 47.3 所示。

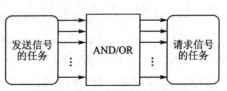

图 47.3 信号量集示意图

不同于信号量、消息邮箱、消息队列等事件,μC/OS‐II 不使用事件控制块来描述信号量集,而使用了一个叫标志组的结构 OS_FLAG_GRP 来描述。OS_FLAG_GRP 结构如下:

```
typedef struct
{
    INT8U     OSFlagType;              //识别是否为信号量集的标志
    void    * OSFlagWaitList;          //指向等待任务链表的指针
    OS_FLAGS  OSFlagFlags;             //所有信号列表
}OS_FLAG_GRP;
```

成员 OSFlagWaitList 是一个指针,当一个信号量集被创建后,这个指针指向了这个信号量集的等待任务链表。

与其他前面介绍过的事件不同,信号量集用一个双向链表来组织等待任务,每一个等待任务都是该链表中的一个节点(Node)。标志组 OS_FLAG_GRP 的成员 OSFlag-WaitList 就指向了信号量集的这个等待任务链表。等待任务链表节点 OS_FLAG_NODE 的结构如下:

```
typedef struct
{
    void    * OSFlagNodeNext;          //指向下一个节点的指针
    void    * OSFlagNodePrev;          //指向前一个节点的指针
    void * OSFlagNodeTCB;              //指向对应任务控制块的指针
    void * OSFlagNodeFlagGrp;          //反向指向信号量集的指针
    OS_FLAGS OSFlagNodeFlags;          //信号过滤器
    INT8U   OSFlagNodeWaitType;        //定义逻辑运算关系的数据
} OS_FLAG_NODE;
```

其中,OSFlagNodeWaitType 是定义逻辑运算关系的一个常数(根据需要设置),其可选值和对应的逻辑关系如表 47.2 所列。

表 47.2　OSFlagNodeWaitType 可选值及其意义

常　　数	信号有效状态	等待任务的就绪条件
WAIT_CLR_ALL 或 WAIT_CLR_AND	0	信号全部有效(全 0)
WAIT_CLR_ANY 或 WAIT_CLR_OR	0	信号有一个或一个以上有效(有 0)
WAIT_SET_ALL 或 WAIT_SET_AND	1	信号全部有效(全 1)
WAIT_SET_ANY 或 WAIT_SET_OR	1	信号有一个或一个以上有效(有 1)

OSFlagFlags、OSFlagNodeFlags 和 OSFlagNodeWaitType 三者的关系如图 47.4 所示。图中为了方便说明,我们将 OSFlagFlags 定义为 8 位,但是 μC/OS-II 支持 8 位、16 位、32 位定义,这个通过修改 OS_FLAGS 的类型来确定(μC/OS-II 默认设置 OS_FLAGS 为 16 位)。

图 47.4 清楚地表达了信号量集各成员的关系:OSFlagFlags 为信号量表,通过发送信号量集的任务设置;OSFlagNodeFlags 为信号滤波器,由请求信号量集的任务设置,用于选择性地挑选 OSFlagFlags 中的部分(或全部)位作为有效信号;OSFlag-

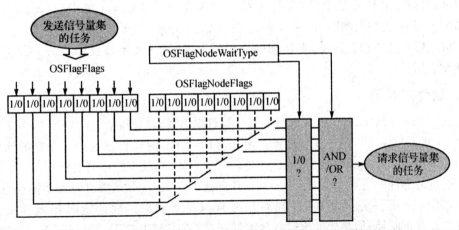

图 47.4　标志组与等待任务共同完成信号量集的逻辑运算及控制

NodeWaitType 定义有效信号的逻辑运算关系,也是由请求信号量集的任务设置,用于选择有效信号的组合方式(0/1,与/或)。

举个简单的例子,假设请求信号量集的任务设置 OSFlagNodeFlags 的值为 0X0F,设置 OSFlagNodeWaitType 的值为 WAIT_SET_ANY,那么只要 OSFlagFlags 低 4 位的任何一位为 1,请求信号量集的任务将得到有效的请求,从而执行相关操作;如果低 4 位都为 0,那么请求信号量集的任务将得到无效的请求。

接下来看看在 μC/OS - II 中与信号量集相关的几个函数。

1) 创建信号量集函数

任务可以通过调用函数 OSFlagCreate 来创建一个信号量集。函数 OSFlagCreate 的原型为:OS_FLAG_GRP　* OSFlagCreate (OS_FLAGS flags, INT8U * err)。其中,flags 为信号量的初始值(即 OSFlagFlags 的值),err 为错误信息,返回值为该信号量集的标志组的指针,应用程序根据这个指针对信号量集进行相应的操作。

2) 请求信号量集函数

任务可以通过调用函数 OSFlagPend 请求一个信号量集。函数 OSFlagPend 的原型为:OS_FLAGS OSFlagPend(OS_FLAG_GRP * pgrp, OS_FLAGS flags, INT8U wait_type, INT16U timeout, INT8U * err)。其中,pgrp 为所请求的信号量集指针,flags 为滤波器(即 OSFlagNodeFlags 的值),wait_type 为逻辑运算类型(即 OSFlag-NodeWaitType 的值),timeout 为等待时限,err 为错误信息。

3) 向信号量集发送信号函数

任务可以通过调用函数 OSFlagPost 向信号量集发信号。函数 OSFlagPost 的原型为:OS_FLAGS OSFlagPost (OS_FLAG_GRP * pgrp, OS_FLAGS flags, INT8U opt, INT8U * err)。其中,pgrp 为所请求的信号量集指针,flags 为选择所要发送的信号,opt 为信号有效选项,err 为错误信息。

所谓任务向信号量集发信号,就是对信号量集标志组中的信号进行置"1"(置位)或置"0"(复位)的操作。至于对信号量集中的哪些信号进行操作,用函数中的参数 flags

来指定;对指定的信号是置"1"还是置"0",用函数中的参数 opt 来指定(opt = OS_FLAG_SET 为置"1"操作;opt = OS_FLAG_CLR 为置"0"操作)。

信号量集就介绍到这里,更详细的介绍请参考《嵌入式实时操作系统 μC/OS - II 原理及应用》第 6 章。

3. 软件定时器

μC/OS - II 从 V2.83 版本以后加入了软件定时器,这使得 μC/OS - II 的功能更加完善,在其上的应用程序开发与移植也更加方便。在实时操作系统中一个好的软件定时器实现要求有较高的精度、较小的处理器开销,且占用较少的存储器资源。

通过前面的学习我们知道,μC/OS - II 通过 OSTimTick 函数对时钟节拍进行加 1 操作,同时遍历任务控制块,以判断任务延时是否到时。软件定时器同样由 OS-TimTick 提供时钟,但是软件定时器的时钟还受 OS_TMR_CFG_TICKS_PER_SEC 设置的控制,也就是在 μC/OS - II 的时钟节拍上面再做了一次"分频",软件定时器的最快时钟节拍就等于 μC/OS - II 的系统时钟节拍,这也决定了软件定时器的精度。

软件定时器定义了一个单独的计数器 OSTmrTime,用于软件定时器的计时。μC/OS - II 并不在 OSTimTick 中进行软件定时器的到时判断与处理,而是创建了一个高于应用程序中所有其他任务优先级的定时器管理任务 OSTmr_Task,在这个任务中进行定时器的到时判断和处理。时钟节拍函数通过信号量给这个高优先级任务发信号。这种方法缩短了中断服务程序的执行时间,但也使得定时器到时处理函数的响应受到中断退出时恢复现场和任务切换的影响。软件定时器功能实现代码存放在 tmr.c 文件中,移植时只需在 os_cfg.h 文件中使能定时器和设定定时器的相关参数。

μC/OS - II 中软件定时器的实现方法是将定时器按定时时间分组,使得每次时钟节拍到来时只对部分定时器进行比较操作,缩短了每次处理的时间,但这就需要动态地维护一个定时器组。定时器组的维护只是在每次定时器到时时才发生,而且定时器从组中移除和再插入操作不需要排序。这是一种比较高效的算法,减少了维护所需的操作时间。

μC/OS - II 软件定时器实现了 3 类链表的维护:

```
OS_EXT OS_TMR    OSTmrTbl[OS_TMR_CFG_MAX];                    //定时器控制块数组
OS_EXT OS_TMR  * OSTmrFreeList;                               //空闲定时器控制块链表指针
OS_EXT OS_TMR_WHEEL OSTmrWheelTbl[OS_TMR_CFG_WHEEL_SIZE];//定时器轮
```

其中,OS_TMR 为定时器控制块。定时器控制块是软件定时器管理的基本单元包含软件定时器的名称、定时时间、在链表中的位置、使用状态、使用方式,以及到时回调函数及其参数等基本信息。

"OSTmrTbl[OS_TMR_CFG_MAX];":以数组的形式静态分配定时器控制块所需的 RAM 空间,并存储所有已建立的定时器控制块,OS_TMR_CFG_MAX 为最大软件定时器的个数。

OSTmrFreeLiSt:为空闲定时器控制块链表头指针。空闲态的定时器控制块(OS_TMR)中,OSTmrnext 和 OSTmrPrev 两个指针分别指向空闲控制块的前一个和后一个,组织了空闲控制块双向链表。建立定时器时,从这个链表中搜索空闲定时器控制块。

OSTmrWheelTbl[OS_TMR_CFG_WHEEL_SIZE]:该数组的每个元素都是已开启定时器的一个分组,元素中记录了指向该分组中第一个定时器控制块的指针以及定时器控制块的个数。运行态的定时器控制块(OS_TMR)中,OSTmrnext 和 OSTmr-Prev 两个指针同样也组织了所在分组中定时器控制块的双向链表。软件定时器管理所需的数据结构示意图如图47.5 所示。

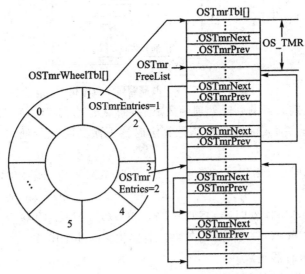

图 47.5 软件定时器管理所需的数据结构示意图

OS_TMR_CFG_WHEEL_SIZE 定义了 OSTmrWheelTbl 的大小,同时这个值也是定时器分组的依据。按照定时器到时值与 OS_TMR_CFG_WHEEL_SIZE 相除的余数进行分组:不同余数的定时器放在不同分组中;相同余数的定时器处在同一组中,由双向链表连接。这样,余数值为 0~OS_TMR_CFG_WHEEL_SIZE−1 的不同定时器控制块,正好分别对应了数组元素 OSTmr−WheelTbl[0]~OSTmrWheelTbl[OS_TMR_CFGWHEEL_SIZE−1]的不同分组。每次时钟节拍到来时,时钟数 OSTmr-Time 值加 1,然后也进行求余操作,只有余数相同的那组定时器才有可能到时,所以只对该组定时器进行判断。这种方法比循环判断所有定时器更高效。随着时钟数的累加,处理的分组也由 0~OS_TMR_CFG_WHE EL_SIZE−1 循环。这里推荐 OS_TMR_CFG_WHEEL_SIZE 的取值为 2 的 N 次方,以便采用移位操作计算余数,缩短处理时间。

信号量唤醒定时器管理任务计算出当前所要处理的分组后,程序遍历该分组中的所有控制块,将当前 OSTmrTime 值与定时器控制块中的到时值(OSTmrMatch)相比较。若相等(即到时),则调用该定时器到时回调函数;若不相等,则判断该组中下一个定时器控制块。如此操作,直到该分组链表的结尾。软件定时器管理任务的流程如图47.6 所示。

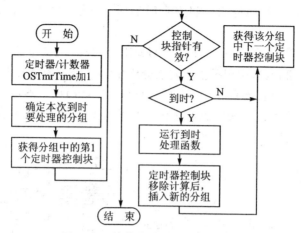

图 47.6 软件定时器管理任务流程

当运行完软件定时器的到时处理函数之后,需要进行该定时器控制块在链表中的移除和再插入操作。插入前需要重新计算定时器下次到时时所处的分组。计算公式如下:

定时器下次到时的 OSTmrTime 值(OSTmrMatch)＝定时器定时值＋当前 OST-
mrTime 值

新分组＝定时器下次到时的 OSTmrTime 值％OS_TMR_CFG_WHEEL_SIZE

接下来看看在 μC/OS‐Ⅱ 中,与软件定时器相关的几个函数。

1) 创建软件定时器函数

创建软件定时器通过函数 OSTmrCreate 实现。该函数原型为:OS_TMR ＊ OST-
mrCreate (INT32U dly, INT32U period, INT8U opt, OS_TMR_CALLBACK call-
back,void ＊ callback_arg, INT8U ＊ pname, INT8U ＊ perr)。

dly,用于初始化定时时间。对单次定时(ONE‐SHOT 模式)的软件定时器来说,这就是该定时器的定时时间,而对于周期定时(PERIODIC 模式)的软件定时器来说,这是该定时器第一次定时的时间,从第二次开始定时时间变为 period。

period,在周期定时(PERIODIC 模式),该值为软件定时器的周期溢出时间。

opt,用于设置软件定时器工作模式。可以设置的值为 OS_TMR_OPT_ONE_
SHOT 或 OS_TMR_OPT_PERIODIC,如果设置为前者,说明是一个单次定时器;设置为后者则表示是周期定时器。

callback,为软件定时器的回调函数,当软件定时器的定时时间到达时,会调用该函数。callback_arg,回调函数的参数。

pname,为软件定时器的名字。perr,为错误信息。

软件定时器的回调函数有固定的格式,必须按照这个格式编写。软件定时器的回调函数格式为:void (＊ OS_TMR_CALLBACK)(void ＊ ptmr, void ＊ parg)。其中,函数名可以自己随意设置,而 ptmr 这个参数,软件定时器用来传递当前定时器的控制块指针,所以一般设置其类型为 OS_TMR ＊ 类型,第二个参数(parg)为回调函数的参数,这个就可以根据自己需要设置了,也可以不用,但是必须有这个参数。

2) 开启软件定时器函数

任务可以通过调用函数 OSTmrStart 开启某个软件定时器,该函数的原型为: BOOLEAN OSTmrStart (OS_TMR * ptmr, INT8U * perr)。其中,ptmr 为要开启的软件定时器指针,perr 为错误信息。

3) 停止软件定时器函数

任务可以通过调用函数 OSTmrStop 停止某个软件定时器。该函数的原型为: BOOLEAN OSTmrStop (OS_TMR * ptmr,INT8U opt,void * callback_arg,INT8U * perr)。其中,ptmr 为要停止的软件定时器指针。

opt 为停止选项,可以设置的值及其对应的意义为:

➢ OS_TMR_OPT_NONE,直接停止,不做任何其他处理;

➢ OS_TMR_OPT_CALLBACK,停止,用初始化的参数执行一次回调函数;

➢ OS_TMR_OPT_CALLBACK_ARG,停止,用新的参数执行一次回调函数。

callback_arg,新的回调函数参数。perr,错误信息。

47.2　硬件设计

实验功能简介:本章在 μC/OS‑II 里面创建 7 个任务:开始任务、LED 任务、触摸屏任务、队列消息显示任务、信号量集任务、按键扫描任务和主任务。开始任务用于创建邮箱、消息队列、信号量集以及其他任务,之后挂起;触摸屏任务用于在屏幕上画图,测试 CPU 使用率;队列消息显示任务请求消息队列,在得到消息后显示收到的消息数据;信号量集任务用于测试信号量集,采用 OS_FLAG_WAIT_SET_ANY 的方法,任何按键按下(包括 TPAD),该任务都会控制蜂鸣器发出"嘀"的一声;按键扫描任务用于按键扫描,优先级最高,将得到的键值通过消息邮箱发送出去;主任务创建 3 个软件定时器(定时器 1,100 ms 溢出一次,显示 CPU 和内存使用率;定时器 2,200 ms 溢出一次,在固定区域不停的显示不同颜色;定时器 3,100 ms 溢出一次,用于自动发送消息到消息队列),并通过查询消息邮箱获得键值,根据键值执行 DS1 控制、控制软件定时器 3 的开关、触摸区域清屏、触摸屏校和软件定时器 2 的开关控制等。

所要用到的硬件资源如下:指示灯 DS0、DS1,4 个机械按键(KEY0、KEY1、KEY2、KEY_UP),TPAD 触摸按键,蜂鸣器,TFTLCD 模块。这些在前面的学习中都已经介绍过了。

47.3　软件设计

本章在第 31 章实验(实验 37)的基础上修改,首先是 μC/OS‑II 代码的添加,具体方法同第 46 章一模一样,本章就不再详细介绍了。另外,由于我们创建了 7 个任务,加上统计任务、空闲任务和软件定时器任务,总共 10 个任务;如果还想添加其他任务,须把 OS_MAX_TASKS 的值适当改大。

另外,我们还需要在 os_cfg.h 里面修改软件定时器管理部分的宏定义,修改如下:

```
# define OS_TMR_EN                    1u        //使能软件定时器功能
# define OS_TMR_CFG_MAX               16u       //最大软件定时器个数
# define OS_TMR_CFG_NAME_EN          1u        //使能软件定时器命名
# define OS_TMR_CFG_WHEEL_SIZE       8u        //软件定时器轮大小
# define OS_TMR_CFG_TICKS_PER_SEC    100u      //软件定时器的时钟节拍(10 ms)
# define OS_TASK_TMR_PRIO            0u        //软件定时器的优先级,设置为最高
```

这样我们就使能 μC/OS-II 的软件定时器功能了,并且设置最大软件定时器个数为 16,定时器轮大小为 8,软件定时器时钟节拍为 10 ms(即定时器的最少溢出时间为 10 ms)。

最后,我们只需要修改 test.c 函数了,打开 test.c,输入如下代码:

```
//////////////////////////μC/OS-II任务设置//////////////////////////////
//START 任务
# define START_TASK_PRIO            10        //设置任务优先级
# define START_STK_SIZE             64        //设置任务堆栈大小
OS_STK START_TASK_STK[START_STK_SIZE];        //任务堆栈
void start_task(void * pdata);                //任务函数
//LED 任务
# define LED_TASK_PRIO              7         //设置任务优先级
# define LED_STK_SIZE               64        //设置任务堆栈大小
OS_STK LED_TASK_STK[LED_STK_SIZE];            //任务堆栈
void led_task(void * pdata);                  //任务函数
//触摸屏任务
# define TOUCH_TASK_PRIO            6         //设置任务优先级
# define TOUCH_STK_SIZE             128       //设置任务堆栈大小
OS_STK TOUCH_TASK_STK[TOUCH_STK_SIZE];        //任务堆栈
void touch_task(void * pdata);                //任务函数
//队列消息显示任务
# define QMSGSHOW_TASK_PRIO         5         //设置任务优先级
# define QMSGSHOW_STK_SIZE          128       //设置任务堆栈大小
OS_STK QMSGSHOW_TASK_STK[QMSGSHOW_STK_SIZE];  //任务堆栈
void qmsgshow_task(void * pdata);             //任务函数
//主任务
# define MAIN_TASK_PRIO             4         //设置任务优先级
# define MAIN_STK_SIZE              128       //设置任务堆栈大小
OS_STK MAIN_TASK_STK[MAIN_STK_SIZE];          //任务堆栈
void main_task(void * pdata);                 //任务函数
//信号量集任务
# define FLAGS_TASK_PRIO            3         //设置任务优先级
# define FLAGS_STK_SIZE             128       //设置任务堆栈大小
OS_STK FLAGS_TASK_STK[FLAGS_STK_SIZE];        //任务堆栈
void flags_task(void * pdata);                //任务函数
//按键扫描任务
# define KEY_TASK_PRIO              2         //设置任务优先级
# define KEY_STK_SIZE               128       //设置任务堆栈大小
OS_STK KEY_TASK_STK[KEY_STK_SIZE];            //任务堆栈
void key_task(void * pdata);                  //任务函数
```

```
OS_EVENT  * msg_key;                //按键邮箱事件块
OS_EVENT  * q_msg;                  //消息队列
OS_TMR    * tmr1;                   //软件定时器 1
OS_TMR    * tmr2;                   //软件定时器 2
OS_TMR    * tmr3;                   //软件定时器 3
OS_FLAG_GRP * flags_key;            //按键信号量集
void * MsgGrp[256];                 //消息队列存储地址,最大支持 256 个消息
//软件定时器 1 的回调函数
//每 100 ms 执行一次,用于显示 CPU 使用率和内存使用率
void tmr1_callback(OS_TMR * ptmr,void * p_arg)
{
    static u16 cpuusage = 0; static u8 tcnt = 0;
    POINT_COLOR = BLUE;
    if(tcnt == 5)
    {
        LCD_ShowxNum(182,10,cpuusage/5,3,16,0);        //显示 CPU 使用率
        cpuusage = 0; tcnt = 0;
    }
    cpuusage + = OSCPUUsage;
    tcnt ++ ;
    LCD_ShowxNum(182,30,my_mem_perused(SRAMIN),3,16,0); //显示内存使用率
    LCD_ShowxNum(182,50,((OS_Q *)(q_msg - >OSEventPtr)) - >OSQEntries,3,16,0X80);
    //显示队列当前的大小
}
    //软件定时器 2 的回调函数
void tmr2_callback(OS_TMR * ptmr,void * p_arg)
{
    static u8 sta = 0;
    switch(sta)
    {
        case 0: LCD_Fill(131,221,lcddev.width - 1,lcddev.height - 1,RED); break;
        ……//省略部分代码
        case 6: LCD_Fill(131,221,lcddev.width - 1,lcddev.height - 1,BRRED); break;
    }
    sta ++ ;
    if(sta>6)sta = 0;
}
//软件定时器 3 的回调函数
void tmr3_callback(OS_TMR * ptmr,void * p_arg)
{
    u8 * p; u8 err;
    static u8 msg_cnt = 0;              //msg 编号
    p = mymalloc(SRAMIN,13);            //申请 13 个字节的内存
    if(p)
    {
        sprintf((char * )p,"ALIENTEK % 03d",msg_cnt);
        msg_cnt ++ ;
        err = OSQPost(q_msg,p);         //发送队列
        if(err! = OS_ERR_NONE)          //发送失败
        {
            myfree(SRAMIN,p);           //释放内存
```

```
                OSTmrStop(tmr3,OS_TMR_OPT_NONE,0,&err);        //关闭软件定时器 3
            }
        }
    }
    //加载主界面
    void ucos_load_main_ui(void)
    {
        ……//省略部分代码
    }
    int main(void)
    {
        Stm32_Clock_Init(336,8,2,7);          //设置时钟,168 MHz
        delay_init(168);                      //延时初始化
        uart_init(84,115200);                 //初始化串口波特率为 115200
        LED_Init();                           //初始化 LED
        LCD_Init();                           //初始化 LCD
        BEEP_Init();                          //蜂鸣器初始化
        KEY_Init();                           //按键初始化
        TPAD_Init(8);                         //初始化 TPAD
        my_mem_init(SRAMIN);                  //初始化内部内存池
            tp_dev.init();                    //初始化触摸屏
        ucos_load_main_ui();                  //加载主界面
        OSInit();                             //初始化 UCOSII
            OSTaskCreate(start_task,(void * )0,(OS_STK * )&START_TASK_STK[START_STK_SIZE
    - 1],START_TASK_PRIO );                   //创建起始任务
        OSStart();                            //启动 UCOSII
    }
    //开始任务
    void start_task(void * pdata)
    {
        OS_CPU_SR cpu_sr = 0; u8 err;
        pdata = pdata;
        msg_key = OSMboxCreate((void * )0);   //创建消息邮箱
        q_msg = OSQCreate(&MsgGrp[0],256);    //创建消息队列
        flags_key = OSFlagCreate(0,&err);     //创建信号量集
        OSStatInit();                         //初始化统计任务.这里会延时 1 秒钟左右
        OS_ENTER_CRITICAL();                  //进入临界区(无法被中断打断)
        OSTaskCreate(led_task,(void * )0,(OS_STK * )&LED_TASK_STK[LED_STK_SIZE - 1],
                    LED_TASK_PRIO);
        OSTaskCreate(touch_task,(void * )0,(OS_STK * )&TOUCH_TASK_STK[TOUCH_STK_
                    SIZE - 1],TOUCH_TASK_PRIO);
        OSTaskCreate(qmsgshow_task,(void * )0,(OS_STK * )&QMSGSHOW_TASK_STK
                    [QMSGSHOW_STK_SIZE - 1],QMSGSHOW_TASK_PRIO);
        OSTaskCreate(main_task,(void * )0,(OS_STK * )&MAIN_TASK_STK[MAIN_STK_SIZE
                    - 1],MAIN_TASK_PRIO);
        OSTaskCreate(flags_task,(void * )0,(OS_STK * )&FLAGS_TASK_STK[FLAGS_STK_
                    SIZE - 1],FLAGS_TASK_PRIO);
        OSTaskCreate(key_task,(void * )0,(OS_STK * )&KEY_TASK_STK[KEY_STK_SIZE - 1],
                    KEY_TASK_PRIO);
        OSTaskSuspend(START_TASK_PRIO);       //挂起起始任务
        OS_EXIT_CRITICAL();                   //退出临界区(可以被中断打断)
```

```
}
//LED 任务
void led_task(void * pdata)
{
    u8 t;
    while(1)
    {
        t ++ ; delay_ms(10);
        if(t == 8)LED0 = 1;                    //LED0 灭
        if(t == 100){ t = 0; LED0 = 0;}        //LED0 亮
    }
}

//触摸屏任务
void touch_task(void * pdata)
{
    u32 cpu_sr;
    u16 lastpos[2];                            //最后一次的数据
    while(1)
    {
        tp_dev.scan(0);
        if(tp_dev.sta&TP_PRES_DOWN)            //触摸屏被按下
        {
            if(tp_dev.x[0]<(130 − 1)&&tp_dev.y[0]<lcddev.height&&tp_dev.y[0]>(220 + 1))
            {
                if(lastpos[0] == 0XFFFF){ lastpos[0] = tp_dev.x[0]; lastpos[1] = tp_
dev.y[0];}

                OS_ENTER_CRITICAL();//进入临界段,防止打断 LCD 操作,导致乱序
                lcd_draw_bline(lastpos[0],lastpos[1],tp_dev.x[0],tp_dev.y[0],2,
                            RED);//画线
                OS_EXIT_CRITICAL();
                lastpos[0] = tp_dev.x[0]; lastpos[1] = tp_dev.y[0];
            }
        }else lastpos[0] = 0XFFFF;//没有触摸按下的时候
        delay_ms(5);
    }
}

//队列消息显示任务
void qmsgshow_task(void * pdata)
{
    u8 * p; u8 err;
    while(1)
    {
        p = OSQPend(q_msg,0,&err);//请求消息队列
        LCD_ShowString(5,170,240,16,16,p);//显示消息
        myfree(SRAMIN,p); delay_ms(500);
    }
}
//主任务
void main_task(void * pdata)
{
    u32 key = 0;u8 err;
```

```
u8 tmr2sta = 1;      //软件定时器 2 开关状态
u8 tmr3sta = 0;      //软件定时器 3 开关状态
u8 flagsclrt = 0;      //信号量集显示清零倒计时
tmr1 = OSTmrCreate(10,10,OS_TMR_OPT_PERIODIC,(OS_TMR_CALLBACK)
tmr1_callback,0,"tmr1",&err);      //100 ms 执行一次
tmr2 = OSTmrCreate(10,20,OS_TMR_OPT_PERIODIC,(OS_TMR_CALLBACK)
tmr2_callback,0,"tmr2",&err);      //200 ms 执行一次
tmr3 = OSTmrCreate(10,10,OS_TMR_OPT_PERIODIC,(OS_TMR_CALLBACK)
tmr3_callback,0,"tmr3",&err);      //100 ms 执行一次
OSTmrStart(tmr1,&err);//启动软件定时器 1
OSTmrStart(tmr2,&err);//启动软件定时器 2
while(1)
{
    key = (u32)OSMboxPend(msg_key,10,&err);
    if(key)
    {
        flagsclrt = 51;//500 ms 后清除
        OSFlagPost(flags_key,1<<(key-1),OS_FLAG_SET,&err);//设置信号量为 1
    }
    if(flagsclrt)//倒计时
    {
        flagsclrt -- ;
        if(flagsclrt == 1)LCD_Fill(140,162,239,162 + 16,WHITE);//清除显示
    }
    switch(key)
    {
        case 1：LED1 = ! LED1; break;//控制 DS1
        case 2：//控制软件定时器 3
            tmr3sta = ! tmr3sta;
            if(tmr3sta)OSTmrStart(tmr3,&err);
            else OSTmrStop(tmr3,OS_TMR_OPT_NONE,0,&err);//关闭软件定时器 3
             break;
        case 3：LCD_Fill(0,221,129,lcddev.height,WHITE); break;//清除
        case 4：//校准
            OSTaskSuspend(TOUCH_TASK_PRIO);            //挂起触摸屏任务
            OSTaskSuspend(QMSGSHOW_TASK_PRIO);            //挂起队列信息显示任务
            OSTmrStop(tmr1,OS_TMR_OPT_NONE,0,&err);    //关闭软件定时器 1
            if(tmr2sta)OSTmrStop(tmr2,OS_TMR_OPT_NONE,0,&err);  //关闭 2
                        if((tp_dev.touchtype&0X80) == 0)TP_Adjust();
            OSTmrStart(tmr1,&err);                    //重新开启软件定时器 1
            if(tmr2sta)OSTmrStart(tmr2,&err);            //重新开启软件定时器 2
            OSTaskResume(TOUCH_TASK_PRIO);            //解挂
            OSTaskResume(QMSGSHOW_TASK_PRIO);            //解挂
            ucos_load_main_ui();                    //重新加载主界面
            break;
        case 5：//软件定时器 2 开关
            tmr2sta = ! tmr2sta;
            if(tmr2sta)OSTmrStart(tmr2,&err);//开启软件定时器 2
            else
            {
                    OSTmrStop(tmr2,OS_TMR_OPT_NONE,0,&err);//关闭软件定时器 2
```

```
                        LCD_ShowString(148,262,240,16,16,"TMR2 STOP");//提示关闭了
                }
                break;
        }
        delay_ms(10);
    }
}
//信号量集处理任务
void flags_task(void * pdata)
{
    u16 flags;      u8 err;
    while(1)
    {
        flags = OSFlagPend(flags_key,0X001F,OS_FLAG_WAIT_SET_ANY,0,&err);//等待
         if(flags&0X0001)LCD_ShowString(140,162,240,16,16,"KEY0 DOWN   ");
        if(flags&0X0002)LCD_ShowString(140,162,240,16,16,"KEY1 DOWN   ");
        if(flags&0X0004)LCD_ShowString(140,162,240,16,16,"KEY2 DOWN   ");
        if(flags&0X0008)LCD_ShowString(140,162,240,16,16,"KEY_UP DOWN");
        if(flags&0X0010)LCD_ShowString(140,162,240,16,16,"TPAD DOWN   ");
        BEEP = 1;
        delay_ms(50);
        BEEP = 0;
        OSFlagPost(flags_key,0X001F,OS_FLAG_CLR,&err);//全部信号量清零
    }
}
//按键扫描任务
void key_task(void * pdata)
{
    u8 key;
    while(1)
    {
        key = KEY_Scan(0);
        if(key == 0) if(TPAD_Scan(0))key = 5;
        if(key)OSMboxPost(msg_key,(void * )key);//发送消息
         delay_ms(10);
    }
}
```

限于篇幅，以上代码省略了 lcd_draw_bline 函数的实现，具体请参考本例程源码。以上代码创建了 7 个任务、3 个软件定时器及其回调函数，所以，整个代码有点多，我们创建的 7 个任务为：start_task、led_task、touch_task、qmsgshow_task、flags_task、main_task 和 key_task，优先级分别是 10 和 7～2，堆栈大小除了 start_task 和 led_task 是64，其他都是 128。

我们还创建了 3 个软件定时器 tmr1、tmr2 和 tmr3，tmr1 用于显示 CPU 使用率和内存使用率，每 100 ms 执行一次；tmr2 用于在 LCD 的右下角区域不停的显示各种颜色，每 200 ms 执行一次；tmr3 用于定时向队列发送消息，每 100 ms 发送一次。

本章依旧使用消息邮箱 msg_key 在按键任务和主任务之间传递键值数据。我们创建信号量集 flags_key，在主任务里面将按键键值通过信号量集传递给信号量集处理

任务 flags_task,实现按键信息的显示以及发出按键提示音。

本章还创建了一个大小为 256 的消息队列 q_msg,通过软件定时器 tmr3 的回调函数向消息队列发送消息,然后在消息队列显示任务 qmsgshow_task 里面请求消息队列,并在 LCD 上面显示得到的消息。消息队列还用到了动态内存管理。

在主任务 main_task 里面,我们实现了 47.2 节介绍的功能:KEY0 控制 LED1 亮灭;KEY1 控制软件定时器 tmr3 的开关,间接控制队列信息的发送;KEY2 清除触摸屏输入;KEY_UP 用于触摸屏校准,在校准的时候,要先挂起触摸屏任务、队列消息显示任务,并停止软件定时器 tmr1 和 tmr2,否则可能对校准时的 LCD 显示造成干扰;TPAD 按键用于控制软件定时器 tmr2 的开关,间接控制屏幕显示。

47.4　下载验证

编译成功之后,下载代码到探索者 STM32F4 开发板上,可以看到 LCD 显示界面如图 47.7 所示。可以看出,默认状态下,CPU 使用率为 7% 左右。比第 46 章多出一些,这主要是 key_task 里面增加不停的刷屏(tmr2)操作导致的。

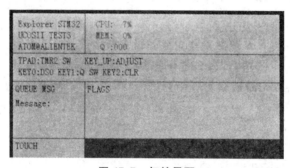

图 47.7　初始界面

通过按 KEY0 可以控制 DS1 的亮灭。通过按 KEY1 可以启动 tmr3 控制消息队列发送,可以在 LCD 上面看到 Q 和 MEM 的值慢慢变大(说明队列消息在增多,占用内存也随着消息增多而增大),在 QUEUE MSG 区开始显示队列消息,再按一次 KEY1 停止 tmr3,此时可以看到 Q 和 MEM 逐渐减小。当 Q 值变为 0 的时候,QUEUE MSG 也停止显示(队列为空)。通过 KEY2 按键清除 TOUCH 区域的输入。通过 KEY_UP 按键可以进行触摸屏校准。通过 TPAD 按键可以启动/停止 tmr2,从而控制屏幕的刷新。在 TOUCH 区域,可以输入手写内容。任何按键按下,蜂鸣器都会发出"嘀"的一声,提示按键被按下,同时在 FLAGS 区域显示按键信息。

第 **48** 章

探索者 STM32F4 开发板综合实验

前面已经讲了 42 个实例了,本章将设计一个综合实例,作为本书的最后一个实验,向读者展示 STM32F4 的强大处理能力,并且可以测试开发板的大部分功能。该实验代码非常多,涉及 GUI(ALIENTEK 编写,非 μC/GUI)、μC/OS-II、内存管理、图片解码、视频解码(AVI)、音频解码(WAV、MPE、APE、FLAC)、文件系统、USB(主机和从机)、IAP、LWIP(TCP、UDP、Web Server)、陀螺仪(MPU6050)、NES 模拟器、手写识别、汉字输入等非常多的内容。由于篇幅所限,本章只简单介绍综合实验的功能,详细请参考本书配套资料中"STM32F4 开发指南.pdf"的第 64 章。

探索者 STM32F4 开发板综合实验总共有 19 大功能,分别是电子图书、数码相框、音乐播放、视频播放、时钟、系统设置、FC 游戏机、记事本、运行器、手写画笔、照相机、录音机、USB 连接、网络通信、无线传书、计算器、拨号、应用中心和短信。

> 电子图书:支持.txt、.c、.h、.lrc 这 4 种格式的文件阅读。

> 数码相框:支持.bmp、.jpeg、.jpb、.gif 这 4 种格式的图片文件播放。

> 音乐播放:支持.mp3、.wav、.ape、.flac 这 4 种常见音频文件的播放,全部软解码实现。

> 视频播放:支持.avi 格式(MJPEG 编码)的视频播放(带音频),也是软解码实现。

> 时钟:支持温度、时间、日期、星期的显示,同时具有指针式时钟显示。

> 系统设置:整个综合实验的设置。

> FC 游戏机:支持绝大部分 NES 游戏(.nes),支持 USB 手柄/键盘控制,带声音,超 InfoNES。

> 记事本:可以实现文本(.txt、.c、.h、.lrc)记录编辑等功能,支持中英文输入,手写识别。

> 运行器:即 SRAM IAP 功能,支持.bin 文件的运行(文件大小+SRAM 大小≤120 KB)。

> 手写画笔:可以作画、对 bmp 图片进行编辑,支持画笔颜色、尺寸设置。

> 照相机:可以拍照(.bmp、.jpg 格式,需摄像头模块支持),并支持成像效果设置。

> 录音机:支持 wav 文件格式的录音(8~48 kHz、16 位立体声录音),支持 AGC设置。

> USB 连接:支持和计算机连接读、写 SD 卡、SPI FLASH 的内容。

> 网络通信：LWIP，支持 10/100M 自适应，支持 DHCP，支持 UDP、TCP、Web Server 测试。

> 无线传书：通过无线模块，实现两个开发板之间的无线通信。

> 计算器：一个科学计算器，支持各种运算，精度为 12 位，支持科学计数法表示。

> 拨号：支持拨打电话（需要 GSM 模块支持）。

> 应用中心：可扩展 16 个应用程序，我们实现了其中 2 个（红外遥控及陀螺仪），其他预留。

> 短信：支持短信读取、发送、删除等操作（需要 GSM 模块支持）。

最后我们看看综合实验的一些靓图。注意：综合实验支持屏幕截图（通过 USMART 控制，波特率为 115 200），本章所有图片均来自屏幕截图！

首先是综合实验的主界面，对于 2.8 寸和 3.5 寸液晶模块，将会有 2 页，通过滑动切换。每页 8 个图标＋底部 3 个固定图标，总共 19 个。对于 4.3 寸液晶模块，直接就是 1 页，4.3 寸屏不支持滑动，以下均以 4.3 寸屏为例进行介绍。主界面如图 48.1 所示。

图 48.1　综合实验系统主界面(4.3 屏版本)

其次，是音乐播放功能，如图 48.2 所示。

图 48.2　音乐播放

接着是视频播放功能,如图 48.3 所示。

图 48.3　视频播放

接着是 NES 游戏功能，如图 48.4 所示。

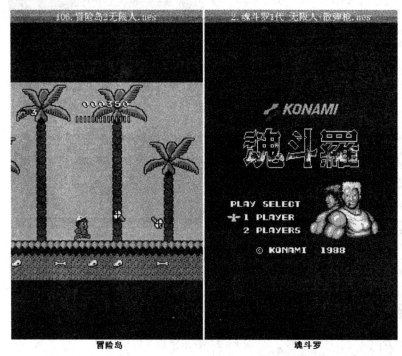

图 48.4　NES 游戏（冒险岛和魂斗罗）

接着是记事本功能，如图 48.5 所示。

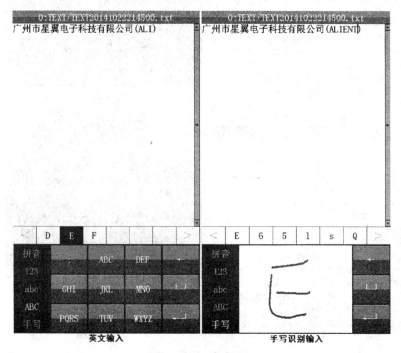

图 48.5　记事本功能

接着是网络通信功能，如图 48.6 所示。

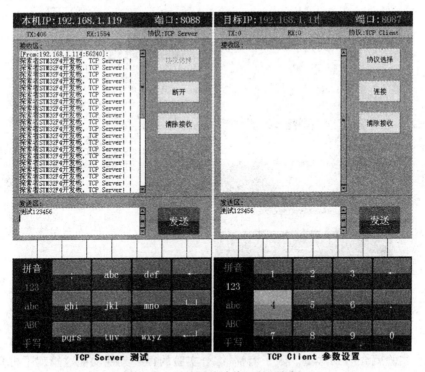

图 **48.6**　网络通信功能(TCP 测试)

接着是拨号功能，如图 48.7 所示。

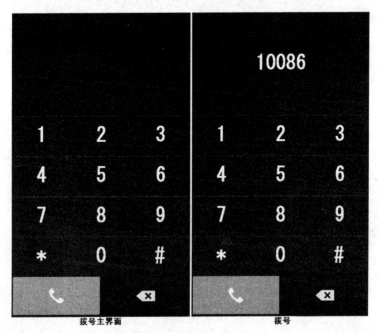

图 **48.7**　拨号主界面和拨号

最后是短信功能,如图 48.8 所示。

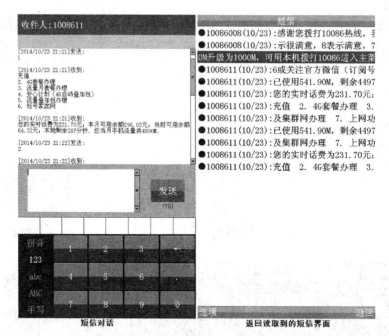

图 48.8　短信对话和重新回到读取到的短信界面

综合实验就介绍到这里。限于篇幅,综合实验的很多其他功能这里就不再介绍了,请参考本书配套资料中"STM32F4 开发指南(寄存器版本).pdf"的第 64 章。另外,本实验源码见本书配套资料中 4,程序源码→标准例程(寄存器版本)→实验 59 综合测试实验。

参考文献

[1]　刘军.原子教你玩 STM32(寄存器版).北京：北京航空航天大学出版社,2013.

[2]　刘军.例说 STM32[M].2 版.北京:北京航空航天大学出版社,2014.

[3]　意法半导体.STM32F4xx 中文参考手册.第 4 版.2013.

[4]　[英]Joseph Yiu,.ARM Cortex - M3 权威指南[M].宋岩,译.北京：北京航空航天大学出版社,2009.

[5]　刘荣.圈圈教你玩 USB[M].北京：北京航空航天大学出版社,2009.